煤岩显微组分彩色照片

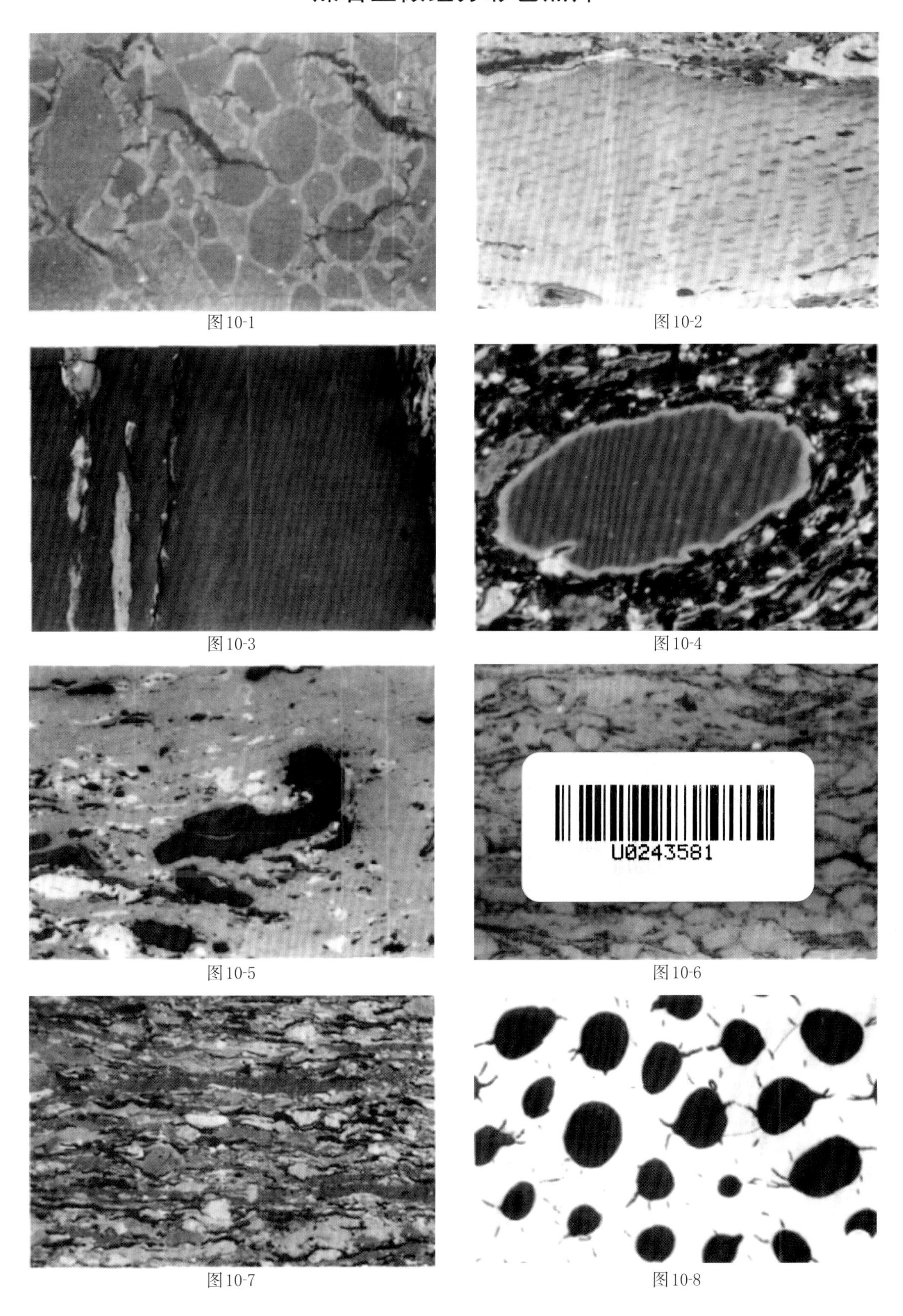

图10-1

图10-2

图10-3

图10-4

图10-5

图10-6

图10-7

图10-8

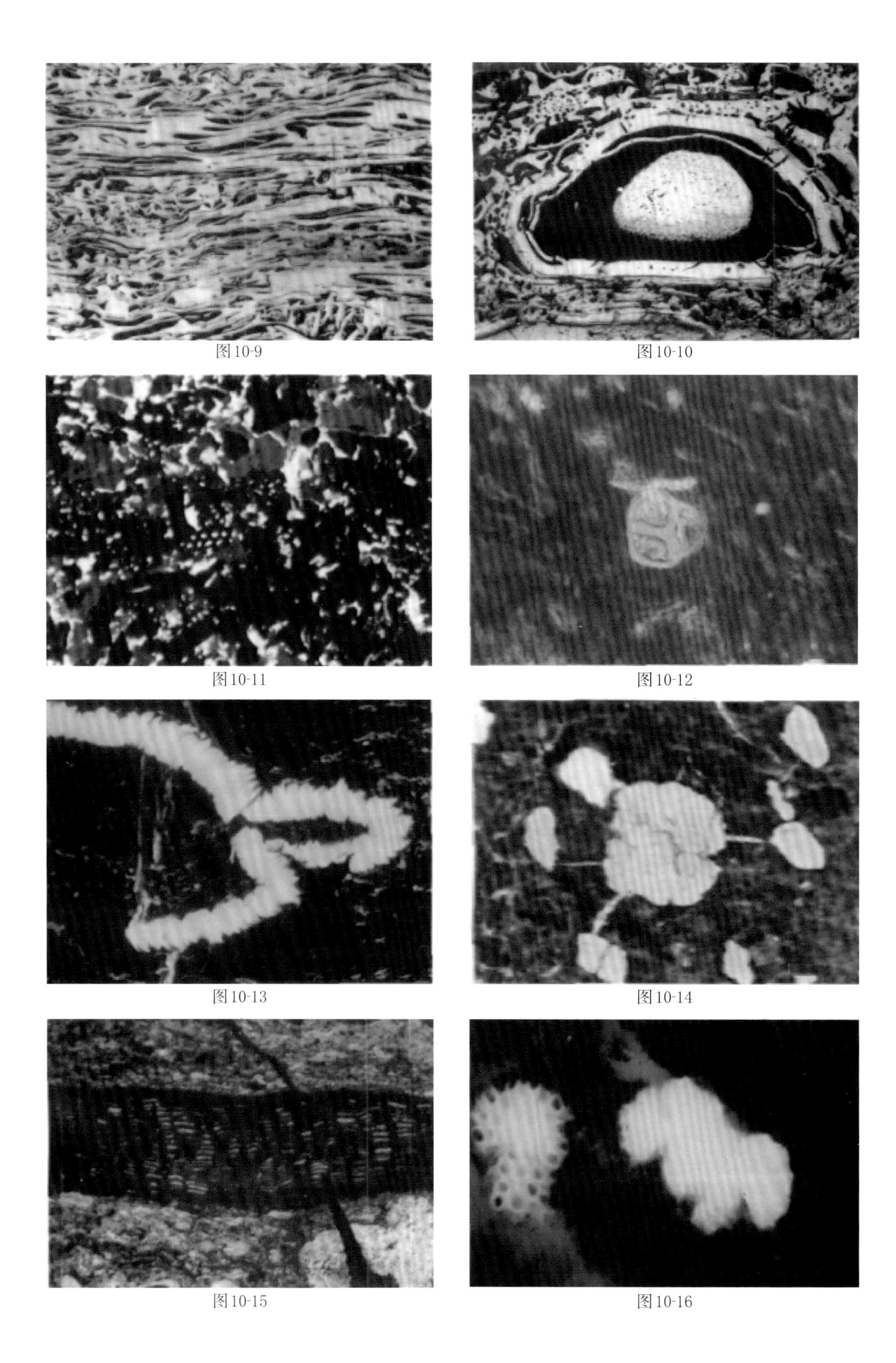

图10-9

图10-10

图10-11

图10-12

图10-13

图10-14

图10-15

图10-16

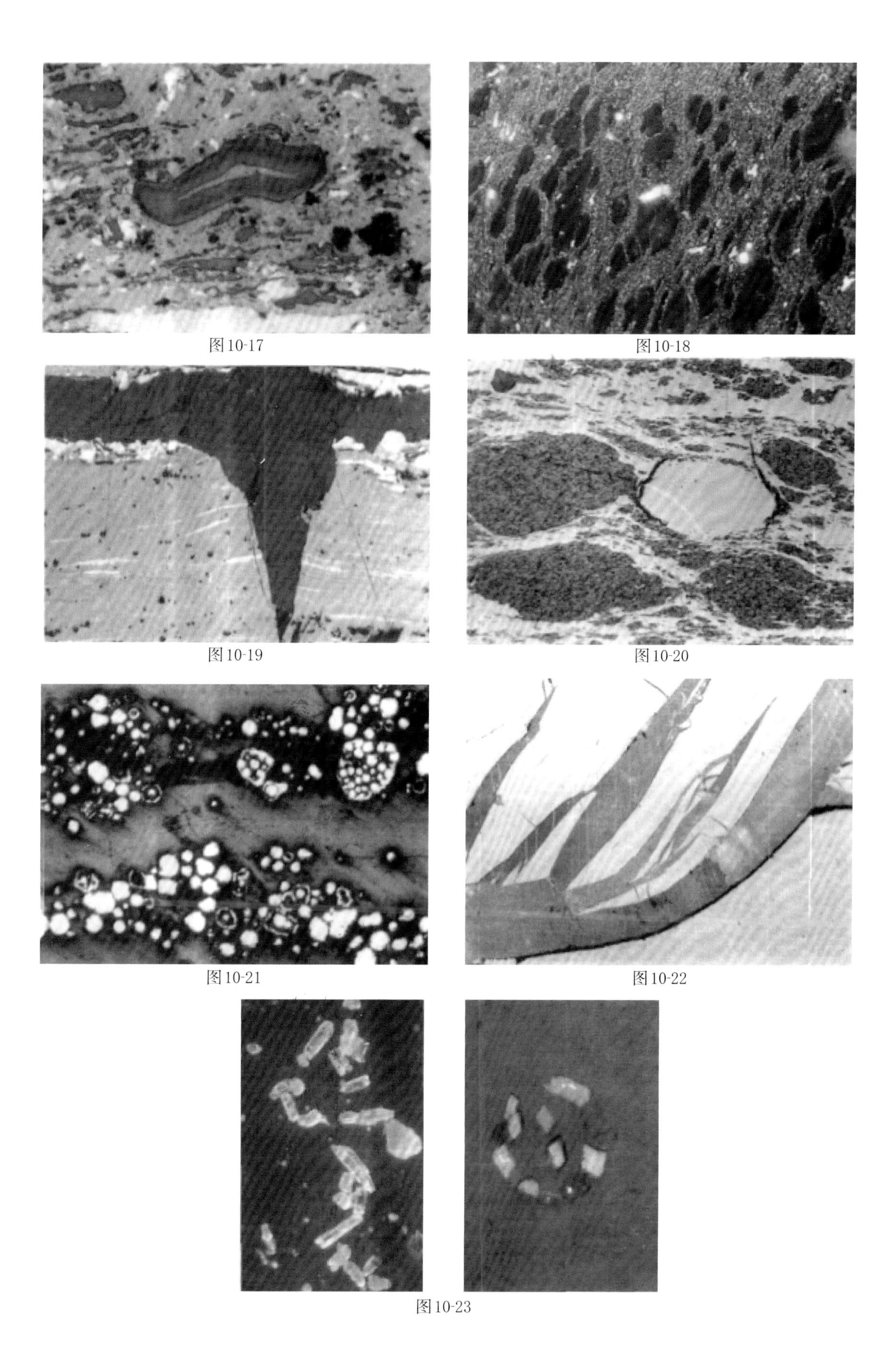

图10-17

图10-18

图10-19

图10-20

图10-21

图10-22

图10-23

焦炭光学组织彩色照片

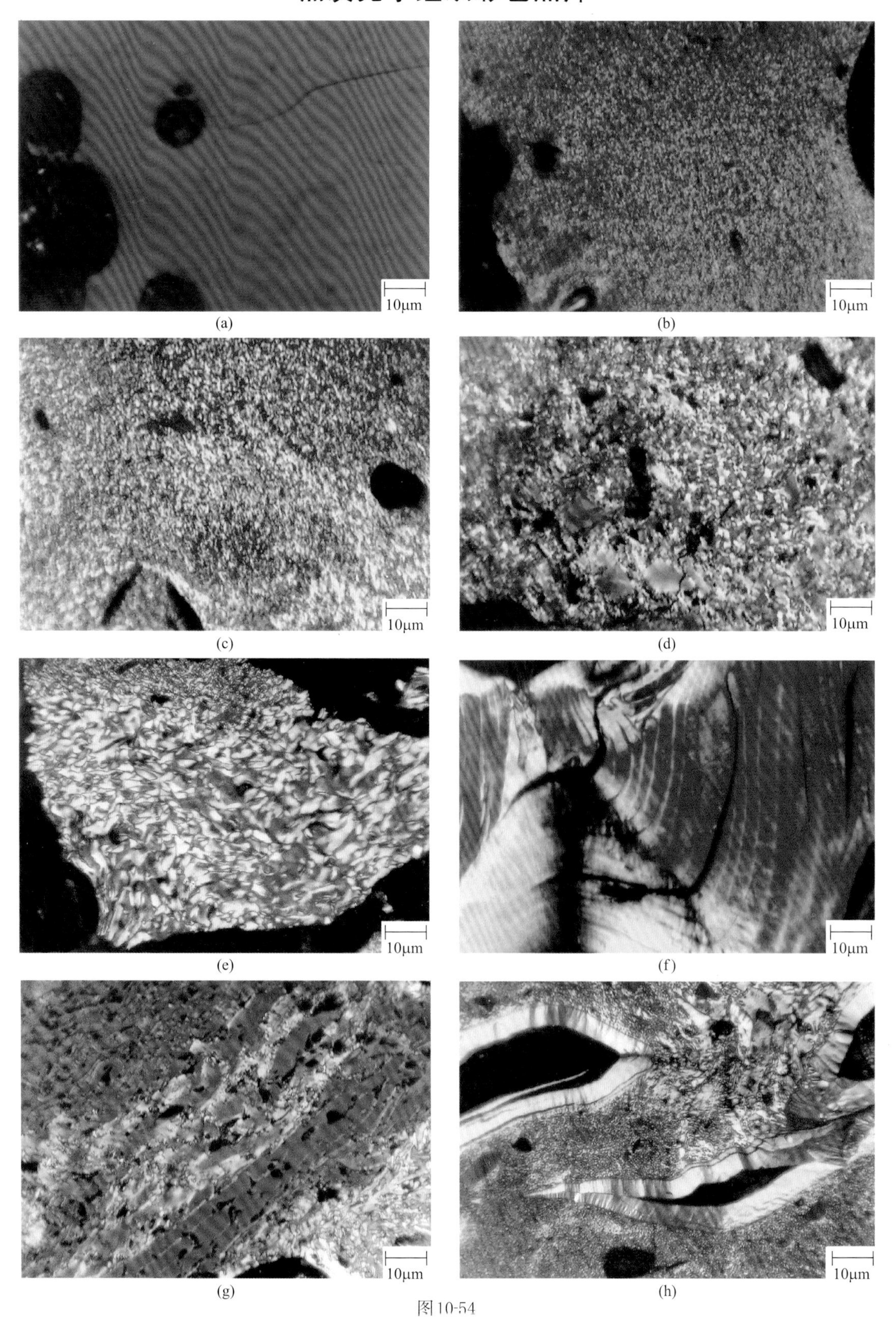

(a) (b) (c) (d) (e) (f) (g) (h)

图10-54

普 通 高 等 学 校 规 划 教 材

煤化工专业实验

李艳红　白宗庆　主　编

荣　霞　雷翠琼　王鹏程　毛学锋　副主编

化学工业出版社

·北京·

本书是编者根据长期从事煤化学实验教学、煤质化验和科学研究的经验，并吸取国内外新进展而编写的，具有实用性和先进性。全书分10章，共67个实验，包括煤炭实验室要求及煤质分析概述、煤炭制样和浮沉实验、工业分析和元素分析、煤灰成分和性质分析、煤结焦性分析、煤气化性质分析、煤岩分析、煤炭物理化学性质和机械性质分析、焦化产品分析和煤炭工艺学实验。分别讲述了实验目的、实验原理、实验设备、操作步骤、实验结果处理及其注意事项、文献知识介绍等内容。本书从培养学生基本实验技能出发，同时提供了规范性实验数据记录表，以培养学生的科学严谨精神。

本书可以作为化学工程与工艺专业、能源化学工程专业、矿物加工、应用化学、煤炭深加工和工业分析等专业的实验教材和煤化学、煤化工工艺学的教学参考书，也可供煤质化验、煤质管理及从事煤炭科学研究的工程技术人员参考，特别适用于作为分析人员的培训教材。各高校可以根据实际情况，有选择地选取实验内容。

图书在版编目（CIP）数据

煤化工专业实验/李艳红，白宗庆主编. —北京：化学工业出版社，2019.3

普通高等学校规划教材

ISBN 978-7-122-33755-9

Ⅰ.①煤… Ⅱ.①李…②白… Ⅲ.①煤-应用化学-化学实验-高等学校-教材 Ⅳ.①TQ53-33

中国版本图书馆CIP数据核字（2019）第027127号

责任编辑：张双进　　文字编辑：昝景岩

责任校对：宋　玮　　装帧设计：王晓宇

出版发行：化学工业出版社（北京市东城区青年湖南街13号　邮政编码100011）

印　　装：北京市白帆印务有限公司

787mm×1092mm　1/16　印张31　彩插2　字数808千字　2019年5月北京第1版第1次印刷

购书咨询：010-64518888　　售后服务：010-64518899

网　　址：http://www.cip.com.cn

凡购买本书，如有缺损质量问题，本社销售中心负责调换。

定　　价：89.00元

《煤化工专业实验》编写人员名单

主　　编	李艳红	昆明理工大学
	白宗庆	中国科学院山西煤炭化学研究所
副 主 编	荣　霞	云南省煤炭产品质量检验站
	雷翠琼	云南省煤炭产品质量检验站
	王鹏程	云南省煤炭产品质量检验站
	毛学锋	煤炭科学技术研究院有限公司
其他编写人员	杨明鹏	云南省煤炭产品质量检验站
	何智斌	云南省煤炭产品质量检验站
	陆松梅	云南省煤炭产品质量检验站
	杜　伟	云南省煤炭产品质量检验站
	兰珍富	云南省煤炭产品质量检验站
	王　越	煤炭科学技术研究院有限公司
	钟金龙	煤炭科学技术研究院有限公司
	李怀柱	中国科学院山西煤炭化学研究所
	郭振兴	中国科学院山西煤炭化学研究所
	崔文科	阳煤丰喜肥业（集团）有限责任公司
	朱慧颖	昆明煤炭科学研究所有限公司
	鲍俊芳	武汉钢铁有限公司
	宋子逵	武汉钢铁有限公司
	石　磊	北京化工大学
	贺琼琼	中国矿业大学（徐州）
	王美君	太原理工大学
	李志勤	西安石油大学
	刘春侠	昆明理工大学
	訾昌毓	昆明理工大学
	张登峰	昆明理工大学
	赵文波	昆明理工大学
	吴鹏飞	河北工业职业技术学院
	胡存良	长沙开元仪器股份有限公司
	董　佳	长沙开元仪器股份有限公司
	彭　广	河南海克尔仪器仪表有限公司

前言

当前煤炭在我国一次性常规能源中仍占有重要地位，在冶金、化工、电力等部门有广泛而大量的使用。新型煤化工近几年受到广泛重视，但无论是传统煤化工还是新型煤化工都必须首先对原料煤的煤质情况有全面、准确的了解和判定，从而做到因煤致用。这就离不开煤化工专业的分析化验、试验研究以及煤岩鉴定等实验。 煤是在漫长的地质时期中由各种植物遗体堆积，经过复杂的生物化学和物理化学等作用为主的地质作用下形成的可燃固体有机岩石。它是多种高分子化合物和矿物质组成的极其复杂的混合物。这就决定了煤质分析实验不同于其他矿产分析实验，有其自身的特殊性、多样性和操作严格的规范性。因此，从事煤化工科学与技术工作的专门人才需要掌握其分析技术。

工程教育专业认证标准和本科教学质量国家标准中都强调了要培养本科生的工程实践和实验能力。为了适应人才培养及教学改革的需要，提高教学效果和全面培养学生严谨求实的科学作风，编者结合多年的经验联合编写了此书。其中参加本书编撰单位之一的云南省煤炭产品质量检验站从 20 世纪 50 年代起就从事煤质分析、煤岩鉴定等业务，测试经验丰富，质量可靠。其所分析的煤种几乎涵盖了泥炭、褐煤、烟煤、无烟煤的全部煤种，为本书中的煤质分析实验项目提供了许多测试工作经验，以方便读者阅读和使用。

煤炭及其产品的分析方法都有严格的规定，必须遵守这些规范，然而多年的教学实践发现，仅仅靠标准和仪器说明书，在校生和刚毕业的大学生，在刚从事煤炭分析时，往往不能独立、准确地完成化验，或者在实验操作与实验结果报出时不严谨或者不规范。 众所周知，好教材对莘莘学子的培养有很重要的影响和引导作用，编写教材是一项需要静下心来、甘愿寂寞、费时费力的细致工作。编者为了一个共同的目标，那就是期望该书能为煤科学与技术方面的人才培养质量的提高做出应有的贡献。现在，终于实现了这个初衷。当然，能否实现编者的初衷，还有待读者去检验。

本书的特色：内容全面；实验步骤详细，每个实验附有设备实物图；附有实验结果记录表；增加了思考题或知识扩展部分。本书可以作为化学工程与工艺、能源化学工程、矿物加工、应用化工技术、工业分析等专业的实验教材和煤化学、煤化工工艺学的教学参考书，也可以作为企业对新职工进行技能培训的教材，或者高校新建煤化工专业时开设专业实验时参考。本书编写分工具体见每个实验，李艳红负责全书筹划、审核和统稿。

本书的编写得到了各参编单位领导的大力支持与帮助，参考了国家出版的标准、文献、书籍和仪器厂家的说明书，化学工业出版社编辑提出了许多建议，在此向他们表示诚挚的谢意！ 由于编者水平有限和时间仓促，书中难免有不妥之处，恳请读者和同仁批评指正，以便再版时改正。

编者

2018 年 12 月

目 录

第一章
煤炭实验室要求及煤质分析概述

第一节　煤炭实验室的基本要求

煤炭实验室可以参考 RB/T 214—2017《检验检测机构资质认定能力评价 检验检测机构通用要求》及 GB/T 27025—2008《检测和校准实验室能力的通用要求》进行建设，机构设置、人员管理、场所环境、设备设施、管理体系等要符合相关规定。除机构及人员要求外，煤炭实验室至少应包括以下几个方面的要求。

① 实验室要有相应的管理部门进行管理，并制定相应的规章制度。

② 实验室固定场所及其实验环境应满足相关法律法规及相关实验的要求，并制定文件。实验过程中要记录环境条件，当环境条件不利于实验时应停止实验。实验室还应保持良好的内务管理，并对不相容活动的相邻区域进行有效隔离，防止干扰或者交叉感染。

③ 实验室应配备相应的实验设备，并制定相应的设备使用、维护管理程序，还需登记设备使用记录和维护保养记录。贵重设备应对使用人员进行授权，非授权人禁止使用仪器。设备在投入使用前，应采用核查、检定或者校准等方式，以确定其是否满足实验要求，并标注使用状态和有效期。设备出现故障或者异常时，应停止使用并及时修复，使用前应通过核查、检定或者校准表明其能正常工作。标准物质一并按设备进行管理。

④ 实验室对于采购的试剂和消耗材料等要有购买、验收和存储的管理规定。对试剂和消耗材料的领用要做相关登记。

⑤ 实验原始记录的填写、数据处理和报告内容及格式需满足相关要求。

第二节　煤质分析的一般规定

煤质分析与一般原材料分析基本相似，但又有所不同。为此，各国煤质分析实验中都作了统一规定。我国制定了 GB/T 483—2007《煤炭分析试验方法一般规定》。

一、煤炭分析试验中常用数理统计术语及其定义

1. 观测值 observations

在试验中所测量或观测到的数值。

2. 总体 population

作为数理统计对象的全部观测值。

3. 个体 individual

总体中的一个，即指一个观测值。

4. 总体平均值 population mean

总体中全部观测值的算术平均值。

5. 极差 range

一组观测值中，最高值和最低值的差值。

6. 误差 error

观测值和可接受的参比值间的差值。

7. 方差 variance

分散度的量度。数值上为观测值与它们的平均值之差值的平方和除以自由度（观测次数减 1）。

8. 标准［偏］差 standard deviation

方差的平方根。

9. 变异系数 coefficient of variation

标准差对算术平均值的百分比，又称相对标准偏差。

10. 随机误差 random error

统计上独立于先前误差的误差。

注：这意味着一系列随机误差中任何两个都不相关，而且个体误差都不可预知。误差分为系统误差（偏倚）和随机误差，一观测系列中随着观测次数的增加，其随机误差的平均值趋于 0。

11. 准确度 accuracy

观测值与真值或约定真值间的接近程度。

12. 精密度 precision

在规定条件下所得独立实验结果间的符合程度。

注：它经常用一精密度指数，如两倍的标准差来表示。

13.［测量］不确定度 uncertainty［of a measurement］

表征合理地赋予被测量之值的分散性、与测量结果相联系的参数。

注：煤炭分析实验中常用测量标准差或其倍数量度。

14. 偏倚 bias

系统误差。它导致一系列结果的平均值总是高于或低于用一参比方法得到的值。

15. 最大允许偏倚 maximun tolerable bias

从实际结果考虑可允许的最大偏倚。

16. 实际性偏倚 relevant bias

具有实际重要性或各方同意的允许偏倚。

17. 离群值 outlier

在同组观测中，与其他结果相距较远，从而怀疑是错误的结果。

18. 置信度 degree of confidence；confidence probability

统计推断的可靠程度，常以概率表示。

19. 临界值 critical value

统计检验时，接受或拒绝的界限值。

20. 允许差 tolerance

在规定条件下获得的两个或多个观测值间允许的最大差值。

21. 重复性限 repeatability limit

一个数值。在重复条件下，即在用一实验室中、由同一操作者、同一仪器、对同一试样、于短期内所做的重复测定，所得结果间的差值（在95%概率下）的临界值。

22. 再现性临界差 reproducibility critical difference

一个数值。在再现条件下，即在不同实验室中，对从试样缩制最后阶段的同一试样中分取出来的、具有代表性的部分所做的重复测定，所得结果的平均值间的差值（在特定概率下）的临界值。

二、测定

1. 测定次数

除特别要求者外，每项分析实验对同一煤样进行2次测定（一般为重复测定）。2次测定的差值如不超过重复性限 T，则取其算术平均值作为最后结果；否则，需进行第3次测定。如3次测定值的极差小于或等于1.2T，则取3次测定值的算术平均值作为测定结果；否则，需要进行第4次测定。如4次测定值的极差小于或等于1.3T，则取4次测定值的算术平均值作为测定结果；如极差大于1.3T，而其中3个测定值的极差小于或等于1.2T，则可取此3个测定值的算术平均值作为测定结果。如上述条件均未达到，则应舍弃全部测定结果，并检查仪器和操作，然后重新进行测定。见表1-1。

表1-1　煤质分析中如何决定重复测定次数

测定	重复测定次数	允许差	结果
一般	2	极差＜T	2次平均
		极差＞T	做第3次
超差	3	极差＜1.2T	3次平均
		极差＞1.2T	做第4次
再超差	4	极差＜1.3T	4次平均
		极差＞1.3T，但有其中3个的极差＜1.2T	这3次平均
		极差＞1.3T，且任何3个的极差都＞1.2T	全部舍弃 检查

2. 水分测定期限

全水分应在煤样制备后立即测定，如不能立即测定，则应将之准确称量，置于不吸水、不透气的密闭容器中，并尽快测定。

凡需根据水分测定结果进行校正或换算的分析实验，应同时测定煤样水分；如不能同时进行，两者测定也应在尽量短的、煤样水分未发生显著变化的期限内进行，最多不超过5d。

三、结果表述

1. 结果表述符号

包括项目符号、细项目符号、基的符号。

（1）项目符号　煤炭分析实验，除少数惯用符号外，均采用各分析实验项目的英文名词的第一个字母或缩略字，以及各化学成分的元素符号或分子式作为它们的代表符号。

以下列出煤炭分析实验项目专用符号及其英文和中文名称：

a—maximun contraction，最大收缩度；

A—ash，灰分；

AI—abrasion index，磨损指数；

ARD—apparent relative density，视相对密度；

b—maximum dilatation，最大膨胀度；

CB—characteristic of char button，（挥发分测定）焦渣特征；

Clin—clinkering rate，结渣率；

CR—yield of coke residue，半焦产率；

CSN—crucible swelling number，坩埚膨胀序数；

DT—deformation temperature，（灰熔融性）变形温度；

E_{B}—yield of benzene-soluble extract，苯萃取物产率；

FC—fixed carbon，固定碳；

FT—flow temperature，（灰熔融性）流动温度；

$G_{R.I}$—caking index，黏结指数；

HA—yield of humic acids，腐植酸产率；

HGI—Hardgrove grindability index，哈氏可磨性指数；

HT—hemispherical temperature，（灰熔融性）半球温度；

M—moisture，水分；

MHC—moisture holding capacity，最高内在水分；

MM—mineral matter，矿物质；

P_{m}—transmittance，透光率；

Q—（quantity of heat）calorific value，发热量；

R—reflectance，反射率；

R. I—Roga index，罗加指数，

SS—shatter strength，落下强度；

ST—softening temperature，（灰熔融性）软化温度；

T_{ar}—yield of tar，焦油产率；

TRD—true relative density，真相对密度；

TS—thermal stability，热温度性；

V—volatile matter，挥发分；

Water—total water of distillation，干馏总水（产率）；

x—final contraction of coke residue，焦块最终收缩度；

y—maximum thickness of plastic layer，胶质层最大厚度；

α—conversion ratio of carbon dioxide，二氧化碳转化率。

（2）细项目符号　各项目的进一步划分，采用相应的英文名词的第一个字母或缩略字，标在项目符号的右下角表示。

煤炭分析实验涉及的细项目符号有：

b—bomb，弹筒；

f—free，外在或游离；

inh—inherent，内在；

o—organic，有机；

p—pyrite，硫化铁；

s—sulfate，硫酸盐；

gr，p—gross，at constant pressure，恒压高位；

gr，v—gross，at constant volume，恒容高位；

net，p—net，at constant pressure，恒压低位；

net，v—net，at constant volume，恒容低位；

t—total，全。

（3）基的符号　以不同基表示的煤炭分析结果，采用基的英文名称缩写字母、标在项目符号右下角、细项目符号后面，并用逗号分开表示。

煤炭分析实验常用基的符号有：

ad—air dried basis，空气干燥基；

ar—as received basis，收到基；

d—dry basis，干燥基；

daf—dry ash-free basis，干燥基；

dmmf—dry mineral matter-free basis，干燥无矿物质基；

maf—moist ash-free basis，恒湿无灰基；

m，mmf—moist mineral matter-free basis，恒湿无矿物质基。

（4）实例

空气干燥基全硫，$S_{t,ad}$；

干燥无矿物质基挥发分，V_{dmmf}；

收到基恒容低位发热量，$Q_{net,v,ar}$；

恒湿无灰基高位发热量，$Q_{gr,maf}$；

恒湿无矿物质基高位发热量，$Q_{gr,m,mmf}$。

2. 分析结果不同基的换算（参考 GB/T 35985—2018《煤炭分析结果基的换算》）

① 将有关数值代入表 1-2 所列相应已知基（行）与要求基（列）交叉处的相应公式中，再乘以已知基表示的分析结果，即可求得所要求的基表示的分析结果。

② 表 1-2 不适用于低位发热量的换算，低位发热量的换算按 GB/T 213 的规定进行。

③ 在有些直接牵涉到矿物质的测定中，在折算到干燥无矿物质基前，必须先对空气干燥基的结果进行校正。此校正取决于存在的矿物质的性质和数量。如果需要将用干燥无矿物质基表示的分析结果换算回其他基时，需在使用表 1-2 给出的公式前，将应用式(1-1)～式(1-11) 时所减去的校正值再加回给干燥无矿物质基的数值。

注：目前不推荐将焦炭的任何分析结果换算至干燥无矿物质基。

表 1-2　不同基的换算公式

已知基	要求基				
	空气干燥基 ad	收到基 ar	干燥基 d	干燥无灰基 daf	干燥无矿物质基 dmmf
空气干燥基 ad		$\frac{100-M_{ar}}{100-M_{ad}}$	$\frac{100}{100-M_{ad}}$	$\frac{100}{100-(M_{ad}+A_{ad})}$	$\frac{100}{100-(M_{ad}+MM_{ad})}$

续表

已知基	要求基				
	空气干燥基 ad	收到基 ar	干燥基 d	干燥无灰基 daf	干燥无矿物质基 dmmf
收到基 ar	$\frac{100-M_{ad}}{100-M_{ar}}$		$\frac{100}{100-M_{ar}}$	$\frac{100}{100-(M_{ar}+A_{ar})}$	$\frac{100}{100-(M_{ar}+MM_{ar})}$
干燥基 d	$\frac{100-M_{ad}}{100}$	$\frac{100-M_{ar}}{100}$		$\frac{100}{100-A_d}$	$\frac{100}{100-MM_d}$
干燥无灰基 daf	$\frac{100-(M_{ad}+A_{ad})}{100}$	$\frac{100-(M_{ar}+A_{ar})}{100}$	$\frac{100-A_d}{100}$		$\frac{100-A_d}{100-MM_d}$
干燥无矿物质基 dmmf	$\frac{100-(M_{ad}+MM_{ad})}{100}$	$\frac{100-(M_{ar}+MM_{ar})}{100}$	$\frac{100-MM_d}{100}$	$\frac{100-MM_d}{100-A_d}$	

④ 干燥无矿物质基的计算

a. 碳。干燥无矿物质基碳含量按式(1-1) 计算：

$$C_{dmmf}=[C_{ad}-0.2729(CO_2)_{ad}]\times\frac{100}{100-(M_{ad}+MM_{ad})} \tag{1-1}$$

式中 C_{dmmf}——干燥无矿物质基碳含量（质量分数），%；

C_{ad}——按 GB/T 476 或 GB/T 30733 测定的碳含量（质量分数），%；

0.2729——将二氧化碳折算成碳的系数；

$(CO_2)_{ad}$——按 GB/T 218 测定的碳酸盐二氧化碳含量（质量分数），%；

M_{ad}——一般分析实验煤样水分（质量分数），%；

MM_{ad}——按 GB/T 7560—2001 测定或计算的矿物质含量（质量分数），%，也可用式(1-2) 由灰分含量估算：

$$MM_{ad}=F_{MM}\times A_{ad} \tag{1-2}$$

式中 F_{MM}——校正因子，一般取 1.1。

b. 氢。干燥无矿物质基氢含量按式(1-3) 计算：

$$H_{dmmf}=(H_{ad}-0.1119M_{h,ad})\times\frac{100}{100-(M_{ad}+MM_{ad})} \tag{1-3}$$

式中 H_{dmmf}——干燥无矿物质基氢含量（质量分数），%；

H_{ad}——按 GB/T 476 或 GB/T 30733 测定的氢含量（质量分数），%；

0.1119——将水折算成氢的系数；

$M_{h,ad}$——矿物质结晶水含量（质量分数），%；

其余符号意义同前。

因矿物质中的结晶水不易测得，可通过对可能存在的矿物质的了解和矿物质的总量来进行估算。在没有相关资料的情况下，可按式(1-4) 估算：

$$M_{h,ad}=F_h\times A_{ad} \tag{1-4}$$

式中 F_h——校正因子，一般取 0.1；

A_{ad}——灰分（质量分数），%；

其余符号意义同前。

c. 氮。干燥无矿物质基氮含量按式(1-5) 计算：

$$N_{dmmf}=N_{ad}\times\frac{100}{100-(M_{ad}+MM_{ad})} \tag{1-5}$$

式中　N_{dmmf}——干燥无矿物质基氮含量（质量分数），%；

N_{ad}——按 GB/T 19227 或 GB/T 30733 测定的氮含量（质量分数），%。

其余符号意义同前。

d. 硫。干燥无矿物质基硫含量按式(1-6) 计算：

$$S_{o,dmmf}=(S_{t,ad}-S_{p,ad}-S_{s,ad})\times\frac{100}{100-(M_{ad}+MM_{ad})} \tag{1-6}$$

式中　$S_{o,dmmf}$——干燥无矿物质基硫含量（质量分数），%；

$S_{t,ad}$——按 GB/T 214 或 GB/T 25214 测定的全硫含量（质量分数），%；

$S_{p,ad}$——按 GB/T 215 测定的硫化铁硫含量（质量分数），%；

$S_{s,ad}$——按 GB/T 215 测定的硫酸盐硫含量（质量分数），%。

其余符号意义同前。

e. 氧。干燥无矿物质基氧含量按式(1-7) 计算：

$$O_{dmmf}=100-(C_{dmmf}+H_{dmmf}+N_{dmmf}+S_{o,dmmf}) \tag{1-7}$$

式中　O_{dmmf}——干燥无矿物质基氧含量（质量分数），%。

其余符号意义同前。

f. 氯。干燥无矿物质基氧含量按式(1-8) 计算：

$$Cl_{dmmf}=(Cl_{ad}-Cl_{inorg,ad})\times\frac{100}{100-(M_{ad}+MM_{ad})} \tag{1-8}$$

式中　Cl_{dmmf}——干燥无矿物质基氯含量（质量分数），%；

Cl_{ad}——按 GB/T 3558 测定的氯含量（质量分数），%；

$Cl_{inorg,ad}$——无机氯含量（质量分数），%。

其余符号意义同前。

无机氯的含量利用式(1-9) 估算：

$$Cl_{inorg,ad}=F_{Cl}\times Cl_{ad} \tag{1-9}$$

式中　F_{Cl}——校正因子，对于高变质程度煤，未发现有机氯的存在，可取 1 进行估算。

其余符号意义同前。

g. 挥发分。干燥无矿物质基挥发分按式(1-10) 计算：

$$V_{dmmf}=[V_{ad}-(CO_2)_{ad}-0.5\times S_{p,ad}-M_{h,ad}-Cl_{ad}]\times\frac{100}{100-(M_{ad}+MM_{ad})} \tag{1-10}$$

式中　V_{dmmf}——干燥无矿物质基挥发分（质量分数），%；

V_{ad}——按 GB/T 212 或 GB/T 30732 测定的挥发分（质量分数），%；

0.5——损失的硫化铁硫的折算系数。

其余符号意义同前。

当一般分析实验煤样中碳酸盐二氧化碳的质量分数大于 12%时，干燥无矿物质基挥发分按式(1-11) 计算：

$$V_{dmmf}=[V_{ad}-(CO_2)_{ad}-0.5\times S_{p,ad}-M_{h,ad}-Cl_{ad}+(CO_2)_{ad(焦渣)}]\times\frac{100}{100-(M_{ad}+MM_{ad})} \tag{1-11}$$

式中　$(CO_2)_{ad(焦渣)}$——焦渣中碳酸盐二氧化碳含量（质量分数），%。

其余符号意义同前。

3. 结果报告

（1）数据修约规则　凡末位有效数字后面的第一位数字大于 5，则在其前一位上增加 1，小于 5 则弃去。

［例 1-1］ 将 12.1498 修约到两位小数，得 12.15；将 12.1498 修约到一位小数，得 12.1。

凡末位有效数字后面的第一位数字等于 5，而 5 后面的数字并非全为 0，则在 5 的前一位上增加 1；5 后面的数字全部为 0 时，如 5 前面一位为奇数，则在 5 的前一位上增加 1，如前面一位为偶数（包括 0），则将 5 弃去。

［例 1-2］ 将 10.5002 修约到个数位，得 11；将 1.050 修约到一位小数，得 1.0；将 0.350 修约到一位小数，得 0.4。

注：负数修约时，先将它的绝对值按上述规定进行修约，然后在所得值前面加上负号。

所拟舍弃的数字，若为两位以上时，不得连续进行多次修约，应根据所拟舍弃数字中左边第一个数字的大小，按上述规则进行一次修约。

在具体实施中，有时测试与技术部门先将获得数值按指定的修约数位多一位或几位报出，而后由其他部门判定。为避免产生连续修约的错误，应按下述步骤进行。

报出数值最右的非零数字为 5 时，应在数值右上角加“＋”或加（－）或不加符号，分别表明已进行过舍、进或未舍未进。

［例 1-3］ 16.50^{+} 表示实际值大于 16.50，经修约舍弃为 16.50；16.50^{-} 表示实际值小于 16.50，经修约进一为 16.50。

如对报出值需进行修约，当拟舍弃数字的最左一位数字为 5，且其后无数字或皆为零时，数值右上角有“＋”者进一，有“－”者舍去，其他仍按数据修约规则的规定进行。

［例 1-4］ 将下列数字修约到个数位（报出值多留一位至一位小数）。

实测值	报出值	修约值
15.4546	15.5^{-}	15
－15.4546	-15.5^{-}	－15
16.5203	16.5^{+}	17
－16.5203	-16.5^{+}	－17
17.5000	17.5	18

［例 1-5］ 将 97.46 修约到个数位。正确的做法：97.46→97；不正确的做法：97.46→97.5→98。

（2）0.5 单位修约（半个单位修约） 0.5 单位修约是指按指定修约间隔对拟修约的数值 0.5 单位进行的修约。

0.5 单位修约方法如下：将拟修约数值 X 乘以 2，按指定修约间隔对 $2X$ 修约，所得数值（$2X$ 修约值）再除以 2。

［例 1-6］ 将下列数字修约到“个”数位的 0.5 单位修约。

拟修约数值 X	$2X$	$2X$ 修约值	X 修约值
60.25	120.50	120	60.0
60.38	120.76	121	60.5
60.28	120.56	121	60.5
－60.75	－121.50	－122	－61.0

（3）0.2 单位修约　0.2 单位修约是指按指定修约间隔对拟修约的数值 0.2 单位进行的修约。

0.2 单位修约方法如下：将拟修约数值 X 乘以 5，按指定修约间隔对 $5X$ 修约，所得数值（$5X$ 修约值）再除以 5。

［**例 1-7**］ 将下列数字修约到“百”数位的 0.2 单位修约

拟修约数值 X	$5X$	$5X$ 修约值	X 修约值
830	4150	4200	840
842	4210	4200	840
832	4160	4200	840
−930	−4650	−4600	−920

四、报告结果

煤炭分析实验结果，取 2 次或 2 次以上重复测定值的算术平均值，按修约规则修约到表 1-3 规定的位数。

表 1-3　测定值与报告值位数

测定项目	单位	测定值	报告值
锗 镓 氟 砷 硒 铬 铅 铜 镍 锌	μg/g	个位	个位
镉 钴	μg/g	小数点后一位	小数点后一位
哈氏可磨性指数 奥阿膨胀度 奥阿收缩度 黏结指数 磨损指数 罗加指数 年轻煤的透光率 钒 铀	无 %① %① 无 mg/kg %① % μg/g μg/g	小数点后一位	个位
全水分 煤对二氧化碳化学反应性	%	小数点后一位	小数点后一位
格金低温干馏焦油、半焦、干馏总水产率 热稳定性 最高内在水分 腐植酸产率 落下强度	%	小数点后二位	小数点后二位

续表

测定项目	单位	测定值	报告值
结渣性 工业分析 元素分析 全硫 各种形态硫 碳酸盐二氧化碳 褐煤的苯萃取物产率 灰中硅、铁、铝、钛、钙、镁、钾、硫、磷 矿物质 真相对密度 视相对密度	% % % % % % % % % 无 无	小数点后二位	小数点后二位
汞 氯 灰中锰 磷	μg/g % % %	小数点后三位	小数点后三位
发热量	MJ/kg J/g	小数点后三位 个位	小数点后二位 十位
灰熔融性特征温度 奥阿膨胀度特征温度 煤的着火温度 胶质层指数(*X*、*Y*) 坩埚膨胀序数	℃ ℃ ℃ mm 无	个位 个位 个位 0.5 1/2	十位 个位 十位 0.5 1/2

①应有百分数，但报出时不写百分数。

五、方法精密度

煤炭分析实验方法的精密度，以重复性限和再现性临界差表示。

重复性限：一个数值。在重复条件下，即在同一实验中、由同一操作者、用同一仪器、对同一试样于短期内所做的重复测定，所得结果间的差值（在95%概率下）的临界值。

再现性临界差：一个数值。在再现条件下，即在不同实验室中、对从试样缩制最后阶段的同一试样中分取出来的、具有代表性的部分所做的重复测定，所得结果的平均值间的差值（在特定概率下）的临界值。

重复性限和再现性临界差，按GB/T 6379.2通过多个实验室对多个试样进行的协同实验来确定。

重复性限按式(1-12)计算：

$$r=\sqrt{2}t_{0.05}s_{r} \tag{1-12}$$

再现性临界差按式(1-13)计算：

$$R=\sqrt{2}ts_{R} \tag{1-13}$$

式中 s_r——实验室内重复测定的单个结果的标准差；

s_R——实验室间测定结果（单个实验室重复测定结果的平均值）的标准差；

$t_{0.05}$——95%概率下的 t 值；

t——特定概率（视分析实验项目而定）下的 t 分布临界值。

六、实验记录

实验记录应按规定的格式、术语、符号和法定计量单位填写，并应至少包括以下内容：

分析实验项目名称及记录编号；

分析实验日期；

分析实验依据标准及主要使用仪器设备名称及编号；

分析实验数据；

分析实验结果及计算；

分析实验过程中发现的异常现象及其处理；

实验人员和审查人员；

其他需说明的问题。

七、极限数值的表示和判定（参考 GB/T 8170—2008）

所谓“极限数值”就是指标准要求的数值范围的界限。“极限数值”也称为“极限值”“临界值”“界限数值”。标准（或其他技术规范）中规定考核的以数量形式给出的指标或参数等，应当规定极限数值。极限数值表示符合该标准要求的数值范围的界限值，它通过给出最小极限值和（或）最大极限值，或给出基本数值与极限差值等方式表达。

标准中极限数值的表达形式及书写位数应适当，其有效数字应全部写出。书写位数表示的精确程度，应能保证产品或其他标准化对象应有的性能和质量。

表达极限数值的基本用语及符号见表 1-4。

表 1-4　表达极限数值的基本用语及符号

基本用语	符号	特定情形下的基本用语			注
大于 A	＞A		多于 A	高于 A	测定值或计算值恰好为 A 值时不符合要求
小于 A	＜A		少于 A	低于 A	测定值或计算值恰好为 A 值时不符合要求
大于或等于 A	≥A	不小于 A	不少于 A	不低于 A	测定值或计算值恰好为 A 值时符合要求
小于或等于 A	≤A	不大于 A	不多于 A	不高于 A	测定值或计算值恰好为 A 值时符合要求

注：1. A 为极限数值。

2. 允许采用以下习惯用语表达极限数值：

“超过 A”，指数值大于 A（＞A）；

“不足 A”，指数值小于 A（小于 A）；

“A 及以上”或“至少 A”，指数值大于或等于 A（≥A）；

“A 及以下”或“至多 A”，指数值小于或等于 A（≤A）。

基本用语可以组合使用，表示极限值范围。对特定的考核指标 X，允许采用下列用语和符号（见表 1-5）。同一标准中一般只应使用一种符号表示方式。

表 1-5　对特定的考核指标 X，允许采用的表达极限数值的组合用语及符号

组合基本用语	组合允许用语	符号		
		表示方式Ⅰ	表示方式Ⅱ	表示方式Ⅲ
大于或等于 A 且小于或等于 B	从 A 到 B	A≤X≤B	A≤·≤B	A～B
大于 A 且小于等于 B	超过 A 到 B	A＜X≤B	A＜·≤B	＞A～B
大于或等于 A 且小于 B	至少 A 不足 B	A≤X＜B	A≤·＜B	A～＜B
大于 A 且小于 B	超过 A 不足 B	A＜X＜B	A＜·＜B	

八、煤炭实验室常用质量控制方法（参考 GB/T 31429—2015）

煤炭实验室的检测人员应参与质量控制流程，实验室通过定期参加实验室间比对和能力验证活动来确保检测能力的保持。为保证日常检测为受控状态，实验室可使用标准煤样或监控样品对测试系统进行校核。对于连续测定（如一系列煤样中硫含量的测定），控制样品的检验应以适当的间隔分布在整个实验阶段。对于多个样品同时测定（如一批样品同时进行灰分的测定），控制样品应同时进行检验。

质控图是指对过程质量加以测定、记录从而评估和监察过程是否处于控制状态的一种统计方法设计的图。

图 1-1 上有中心线（即平均值）（CL）、上质控界限（UCL）和下质控界限（LCL），并有按时间顺序抽取的样本统计量值的描点序列。UCL、CL 与 LCL 统称为质控线。若质控图中的描点落在 UCL 与 LCL 之外或描点在 UCL 与 LCL 之间的排列不随机，则表明过程异常。质控图也是用于区分异常或特殊原因所引起的波动和过程固有的随机波动的一种特殊统计工具。

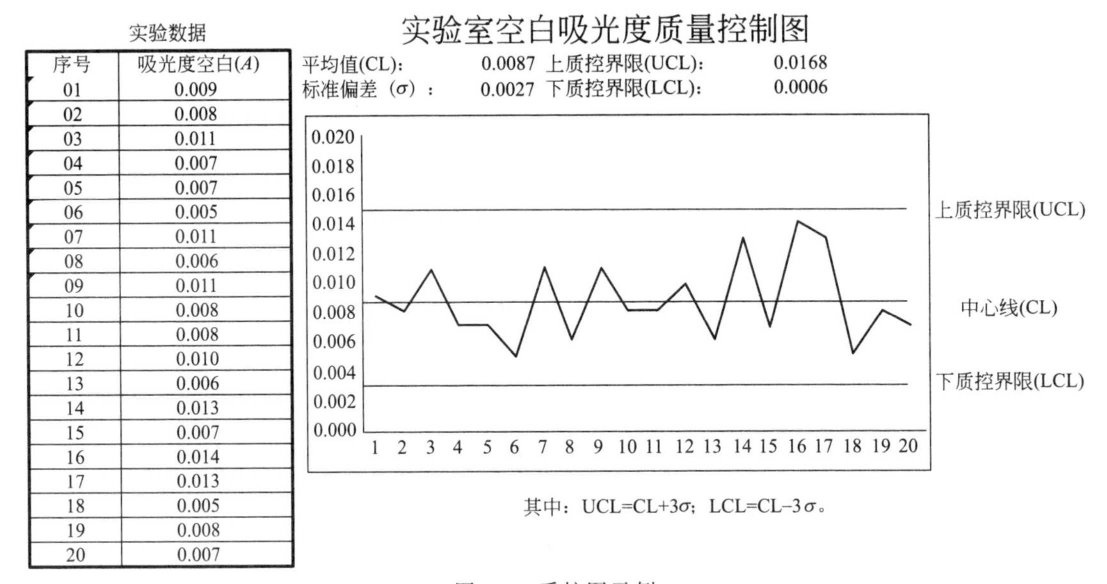
实验数据

序号	吸光度空白(A)
01	0.009
02	0.008
03	0.011
04	0.007
05	0.007
06	0.005
07	0.011
08	0.006
09	0.011
10	0.008
11	0.008
12	0.010
13	0.006
14	0.013
15	0.007
16	0.014
17	0.013
18	0.005
19	0.008
20	0.007

图 1-1 质控图示例

当出现下列现象之一时，就表明测试系统出现偏差，即为失控状态：

① 有 1 个或 1 个以上的数据高于上限或低于下限；

② 有 7 个连续数值位于中心线的一边；

③ 在 11 个连续数值中至少有 10 个位于中心线的一边；

④ 在 14 个连续数值中至少有 12 个位于中心线的一边；

⑤ 7 个或更多个连续点持续上升或下降。

当测定值超出控制限时，可采用下述方法进行处理：

① 确保采用合适的控制样品进行检验。

② 确保所有实验数据的完整无误，可与原始记录或计算机上的数据进行核对。

③ 检查实验条件是否正常，如仪器温度是否正确，实验气氛是否合适，实验时间是否满足方法要求等。

④ 复查所有实验记录。

⑤ 确保所有计算准确无误。

⑥ 若控制样品和实验样品同批进行检验，应将该批所有样品重新进行整批检测。

⑦ 若控制样品检测发生在样品检测间隔，则应重新检测控制样品。如果只有一个临界

值，且重新测定结果没有问题，则替换质控图中的错误值，并接受所有测定结果。如果控制样品重新测定值仍超出控制限，应对设备或程序进行排查，并舍弃自上以控制样品测定以来的所有检测结果。

⑧ 如果上述检查很难发现原因，实验人员应加上系统失控，并应全程跟踪测试过程，通过一系列的检查点来确定误差发生的位置。

九、煤炭实验室常用溶液及其浓度表示

煤质分析实验中常用的溶液，凡以水作溶剂的称为水溶液，简称溶液；以其他液体为溶剂的溶液，则在其前面冠以溶剂的名称，如以乙醇（或苯）为溶剂的溶液称为乙醇（或苯）溶液。

以下为煤炭分析实验中常用的溶液浓度。

1. 物质的量浓度

单位体积溶液中所含溶质的物质的量，单位为摩尔每升，符号为 mol/L。

物质的量的国际单位制基本单位是摩尔，其定义如下：摩尔是一系统的物质的量，该系统中所包含的基本单元数与 0.012kg 的碳－12 的原子数目相等。在使用摩尔时，基本单元应予指明，它可以是原子、分子、离子、电子及其他粒子，或是这些粒子的特定组合。

例如：

$c\left(\frac{1}{5}KMnO_4\right)=0.1mol/L$，表示溶质的基本单元是$\frac{1}{5}$个高锰酸钾分子，其摩尔质量为 31.6g/mol，溶液的浓度为 0.1 摩尔每升，即每升溶液中含有 0.1×31.6g 高锰酸钾。

$c\left(\frac{1}{2}Ca^{2+}\right)=1mol/L$，表示溶质的基本单元是$\frac{1}{2}$个钙阳离子，其摩尔质量为 20.04g/mol，溶液的浓度为 1 摩尔每升，即每升溶液中含 20.04g 钙阳离子。

2. 质量分数或体积分数

溶质的质量（或体积）与溶液质量（或体积）之比。如质量分数 5%，体积分数 5%。

3. 质量浓度

溶质的质量除以溶液的体积，以克每升或其倍数、分数单位表示，如 5g/L，5mg/mL。

4. 体积比或质量比

一试剂和另一试剂（或水）的体积比或质量比，以（V_1+V_2）或（m_1+m_2）表示，如体积比为（1+4）硫酸是指 1 体积相对密度 1.84 的硫酸与 4 体积水混合后的硫酸溶液；又如艾氏剂，是指 1 份质量的化学纯无水碳酸钠加 2 份质量的化学纯轻质氧化镁混匀并研细至粒度小于 0.2mm 而成。

十、常用计量器具检定时间（参考 YB/T 5155—2006）

推荐常用计量器具检定时间见表 1-6。国家要求强制检定的按要求检定，另外使用频繁的可以根据实际情况增加检定的频次。

表 1-6　常用计量器具检定时间表

计量器具名称	检定时间
精密温度计	每一年检定一次
粗温度计	
密度计	
分析天平	

续表

计量器具名称	检定时间
恩氏黏度计	黏度瓶半年检定一次,水值三个月检定一次
毫伏表	每两年检定一次
湿式气体流量计	每一年检定一次
热电偶	
马弗炉恒温区	
比色计及分光光度计	每一年检定一次
酸度计	
容量瓶	每三年检定一次
吸液管	
碱式滴定管	每一年检定一次
酸式滴定管	每三年检定一次
气压计	每两年检定一次

十一、煤炭分析常用标准物质

有证煤标准物质的定义：附有证书的煤标准物质，其一种或多种特性值用建立了溯源性的程序确定，使之可溯源到准确复现的用于表示该特性值的计量单位，而且每个标准值都附有给定置信水平的不确定度。

有证煤标准物质可用于仪器性能检验和仪器校准、方法确认和分析测量不确定度评定、实验室和分析人员能力检验及内部质量控制。对于无标准物质的煤质分析实验，一般是通过内部比对、参加能力验证、实验室间比对、协作区实验室能力验证等来确认。常用煤标准物质见表 1-7。

表 1-7　常用煤标准物质表

技术指标	标准物质编号	生产厂家	有效期	存放条件
全硫、灰分、挥发分、发热量、碳、氢、氮、真相对密度	GBW11101 * GBW11102 * GBW11103 * GBW11104 * GBW11105 * GBW11106 * GBW11107 * GBW11108 * GBW11109 * GBW11110 * GBW11111 * GBW11112 * GBW11113 * GBW11126 *	国家煤炭质量监督检验中心、山东省冶金科学研究院	一年	放在阴凉干燥处
黏结指数	GBW12020 * GBW12023 *	国家煤炭质量监督检验中心	3 个月	1～5℃冰箱存放
	GBW12021 * GBW12022 *		1 个月	

续表

技术指标	标准物质编号	生产厂家	有效期	存放条件
煤灰熔融性	GBW11124 * GBW11125 *	国家煤炭质量监督检验中心	长期稳定	放在阴凉干燥处
哈氏可磨性指数	GBW12005 GBW12006 GBW12007 GBW12008	国家煤炭质量监督检验中心	三年	放在阴凉干燥处
灰成分	GBW11127 * GBW11128 * GBW11129 * GBW11130 * GBW11131 * GBW11132 *	国家煤炭质量监督检验中心	长期稳定，暂定 5 年	放在阴凉干燥处
煤中氯	GBW11118 GBW11119 GBW11120	国家煤炭质量监督检验中心	五年	放在阴凉干燥处
煤中氟	GBW11121 GBW11122 GBW11123	国家煤炭质量监督检验中心	五年	放在阴凉干燥处
煤中磷、砷	GBW11115 * GBW11116 *	国家煤炭质量监督检验中心	五年	放在阴凉干燥处

注：* 表示某一批次。

十二、煤质分析结果的审查

判断煤的工业分析结果准确性的一些基本原则如下。

① 空气干燥基水分。空气干燥基水分随煤的变质程度加深而呈规律性变化：从泥炭→褐煤→烟煤→年轻无烟煤，水分逐渐减少，而从年轻无烟煤→年老无烟煤，水分又增加。

② 灰分。一般情况下，浮煤灰分要低于原煤灰分；当浮煤操作不规范时，会出现浮煤灰分高于原煤灰分的情况。

③ 挥发分。一般情况下，原煤挥发分高于浮煤挥发分；如果浮煤挥发分高出原煤 4%以上，应视为怀疑值，查明原因。

④ 焦渣特征。焦渣特征号随煤的黏结性强弱而升降，同一煤样的原煤焦渣特征号一般低于浮煤 1～2 号

⑤ 全硫和各种硫。黄铁矿硫和硫酸盐硫含量之和不能超过全硫值。我国煤中硫的成分多数是黄铁矿硫，硫酸盐硫在正常情况下不超过 0.1%，而有机硫则变化很大。以硫铁矿硫为主的高硫煤，易于浮选，浮煤全硫低于原煤全硫；全硫小于 0.5%的特低硫煤，多以有机硫为主，洗选后全硫略高于原煤也是正常的。

⑥ 发热量。以干燥无灰基高位发热量（$Q_{gr,daf}$）为例，对于同一煤层来说，灰分越高，发热量越低；在通常情况下，浮煤的发热量总是高于原煤，也有例外；发热量的最大值中，褐煤不超过 30.5MJ/kg，长焰煤、不黏煤不超过 33.9MJ/kg，焦煤最高可达 37.2MJ/kg，其他各类煤不超过 36.8MJ/kg。

⑦ 元素分析。原煤中碳含量较浮煤低，其差值一般在 2.5%以内；原煤和浮煤中氢含量互有高低，其差值多数在 0.40%以内；原煤和浮煤中氮含量相差很少。

煤质分析结果的审查人员在审查时，应将审查重点放在原始记录的审查上，而不仅仅是对最终数据的审查。审查的内容包括：称样质量是否合适、是否达到恒重状态（如有必要）、计算结果修约是否符合规定、测定值位数是否符合规定、两次测试结果是否满足重复性限要求等。

如果遇到相邻两个或两个以上样品的测试结果非常接近，在对样品信息不详的情况下，首先考虑是否因为称量过程中重复称量某一样品造成测试结果非常接近。

第三节　煤炭分类和煤炭分级

一、中国煤层煤分类

参考 GB/T 17607—1998。

1. 范围

规定了煤层煤按煤阶、显微组分组成及煤中矿物杂质含量（用灰分表示）的分类系统和命名表述方法，便于在国际与国内对腐植煤资源的质量与储量交流信息和进行评价。

适用于对腐植煤进行分类和命名。不适用于腐泥煤、泥炭（$M_t>75\%$）、碳质岩（$A_d>50\%$）和石墨（$H_{daf}<0.8\%$）。

2. 相关术语

（1）腐植煤 humic coal　指高等植物遗体在泥炭沼泽中，经成煤作用转变而成的煤。

（2）低煤阶煤 low rank coal　指恒湿无灰基高位发热量小于 24MJ/kg 的煤。

（3）中、高煤阶煤 medium and high rank coal　指恒湿无灰基高位发热量等于、大于 24MJ/kg 的煤。

3. 分类参数、基准及符号

（1）煤阶 rank　对于中、高煤阶煤，以镜质组平均随机反射率作为分类参数，$\overline{R}_{ran}$，%。

对于低煤阶煤，以恒湿无灰基高位发热量作为分类参数，$Q_{gr,maf}$，MJ/kg。

（2）显微组分组成 maceral group composition　以煤的显微组分组成中无矿物质基镜质组含量（%，V/V）表示，$V_{t,mmf}$（vol，%）。

（3）品位 grade　以干燥基灰分表示，A_d，%。

4. 分类方法与类别

（1）按煤阶分类

① 用恒湿无灰基高位发热量 $Q_{gr,maf}=24$MJ/kg 为界来区分低煤阶煤（<24MJ/kg）与中煤阶煤（≥24MJ/kg）。

② 用镜质组平均随机反射率 $\overline{R}_{ran}=2.0\%$ 为界来区分中煤阶煤（<2.0%）与高煤阶煤（≥2.0%）。

③ 规定 $\overline{R}_{ran}\geqslant 0.6\%$ 的煤必须按 $\overline{R}_{ran}$% 来分类；$\overline{R}_{ran}<0.6\%$ 的煤必须按 $Q_{gr,maf}$，MJ/kg 来分类。

在区分中煤阶煤与低煤阶煤时，计算恒湿无灰基高位发热量用最高内在水分（HMC）作恒湿基计算基准；

划分低煤阶煤小类时，用煤中全水分（M_t）作为计算恒湿无灰基高位发热量的计算基准。

低煤阶煤的分类：

$Q_{gr,maf}$ 从≥20MJ/kg～＜24MJ/kg 的煤称之为次烟煤（subbituminous coal）。

$Q_{gr,maf}$ 从≥15MJ/kg～＜20MJ/kg 的煤称之为高阶褐煤（meta-lignite）。

$Q_{gr,maf}$＜15MJ/kg 的煤称之为低阶褐煤（para-lignite）。

中煤阶煤的分类：

$Q_{gr,maf}$≥24MJ/kg 且 $\overline{R}_{ran}$＜0.6%的煤称之为低阶烟煤（para-bituminous coal）。

$\overline{R}_{ran}$ 从≥0.6%～＜1.0%的煤称之为高阶烟煤（ortho-bituminous coal）。

$\overline{R}_{ran}$ 从≥1.0%～＜1.4%的煤称之为超高阶烟煤（meta-bituminous coal）。

$\overline{R}_{ran}$ 从≥1.4%～＜2.0%的煤称之为中阶烟煤（per-bituminous coal）。

高煤阶煤的分类：

$\overline{R}_{ran}$ 从≥2.0%～＜3.5%的煤称之为低阶无烟煤（para-anthracite）。

$\overline{R}_{ran}$ 从≥3.5%～＜5.0%的煤称之为中阶无烟煤（ortho-anthracite）。

$\overline{R}_{ran}$ 从≥5.0%～≤8%的煤称之为高阶无烟煤（meta-anthracite）。

（2）按煤的显微组分组成分类　以无矿物质基镜质组含量（%，V/V）表示煤岩显微组分组成。

$V_{t,mmf}$（%，V/V）＜40%的煤称之为低镜质组（low vitrinite）煤。

$V_{t,mmf}$（%，V/V）≥40%～＜60%的煤称之为中镜质组（medium vitrinite）煤。

$V_{t,mmf}$（%，V/V）≥60%～＜80%的煤称之为较高镜质组（moderate high vitrinite）煤。

$V_{t,mmf}$（%，V/V）≥80%的煤称之为高镜质组（high vitrinite）煤。

（3）按煤的品位分类　以干燥基灰分表征煤的品位。

A_d＜10%的煤称之为低灰分（low ash）煤。

A_d 从≥10%～＜20%的煤称之为较低灰分（moderate low ash）煤。

A_d 从≥20%～＜30%的煤称之为中灰分（medium ash）煤。

A_d 从≥30%～＜40%的煤称之为较高灰分（moderate high ash）煤。

A_d 从≥40%～≤50%的煤称之为高灰分（high ash）煤。

5. 命名表述

煤类名称的冠名顺序以品位、显微组分组成、煤阶依次排列。

命名表述示例：

A_d/%	$V_{t,mmf}$/(vol,%)	$\overline{R}_{ran}$/%	$Q_{gr,maf}$/(MJ/kg)	命名表述
26.71	82	0.30	16.8	中灰分、高镜质组、高阶褐煤
8.50	65	0.58	23.8	低灰分、较高镜质组、次烟煤
22.00	50	0.70		中灰分、中等镜质组、中阶烟煤
10.01	60	1.04		较低灰分、较高镜质组、高阶烟煤
3.00	95	2.70		低灰分、高镜质组、低阶无烟煤

二、中国煤炭分类

中国煤炭分类（参考 GB/T 5751—2009）体系是一种应用型的技术分类体系，可以用于说明煤炭的类别，指导煤炭的利用，根据一些重要的煤质指标进行不同煤的煤质比较，指导选取适宜的煤炭分析测试方法等。

1. 分类用煤样的灰分

分类用煤样的干燥基灰分产率应小于等于10%。对于干燥基灰分产率大于10%的煤样，在测试分类参数前应采用重液方法进行减灰后再分类，所用重液的密度宜使煤样得到最高的回收率，并使减灰后煤样的灰分在5%～10%之间。对易泥化的低煤化程度褐煤，可采用灰分尽可能低的原煤。

2. 分类参数

分类参数有两类，即用于表征煤化程度的参数和用于表征煤工艺性能的参数：

用于表征煤化程度的参数：干燥无灰基挥发分（V_{daf}）、干燥无灰基氢含量（H_{daf}）、恒湿无灰基高位发热量（$Q_{gr,maf}$）、低煤阶煤透光率（P_m）。

用于表征煤工艺性能的参数：烟煤的黏结指数（$G_{R,I}$简记G）、烟煤的胶质层最大厚度（Y）、烟煤的奥阿膨胀度（b）。

采用煤化程度参数（主要是干燥无灰基挥发分）将煤炭划分为无烟煤、烟煤和褐煤。

注：褐煤和烟煤的划分，采用透光率作为主要指标，并以恒湿无灰基高位发热量为辅助指标。

无烟煤亚类的划分采用干燥无灰基挥发分和干燥无灰基氢含量作为指标，如果两种结果有矛盾，以按干燥无灰基氢含量划分的结果为准。

烟煤类别的划分，需同时考虑烟煤的煤化程度和工艺性能（主要是黏结性）。烟煤煤化程度的参数采用干燥无灰基挥发分作为指标；烟煤黏结性的参数，以黏结指数作为主要指标，并以胶质层最大厚度（或奥阿膨胀度）作为辅助指标，当两者划分的类别有矛盾时，以按胶质层最大厚度划分的类别为准。

褐煤亚类的划分采用透光率作为指标。

3. 煤类划分及代号

本分类体系中，先根据干燥无灰基挥发分等指标，将煤炭分为无烟煤、烟煤和褐煤；再根据干燥无灰基挥发分及黏结指数等指标，将烟煤划分为贫煤、贫瘦煤、瘦煤、焦煤、肥煤、1/3焦煤、气肥煤、气煤、1/2中黏煤、弱黏煤、不黏煤及长焰煤。各类煤的名称可用下列汉语拼音字母为代号表示：

WY—无烟煤；YM—烟煤；HM—褐煤。

PM—贫煤；PS—贫瘦煤；SM—瘦煤；JM—焦煤；FM—肥煤；1/3JM—1/3焦煤；QF—气肥煤；QM—气煤；1/2ZN—1/2中黏煤；RN—弱黏煤；BN—不黏煤；CY—长焰煤。

4. 编码

各类煤用两位阿拉伯数码表示。十位数系按煤的挥发分分组，无烟煤为0（$V_{daf} \leqslant$ 10.0%），烟煤为1～4（即V_{daf}>10.0%～20.0%，>20.0%～28.0%，>28.0%～37.0%和>37.0%），褐煤为5（V_{daf}>37.0%）。个位数，无烟煤类为1～3，表示煤化程度；烟煤类为1～6，表示黏结性；褐煤类为1～2，表示煤化程度。

5. 中国煤炭分类体系表

见表1-8～表1-12。

表1-8　无烟煤、烟煤及褐煤分类表

类别	代号	编码	分类指标	
			V_{daf}/%	P_m/%
无烟煤	WY	01,02,03	≤10.0	—

续表

类别	代号	编码	分类指标	
			V_{daf}/%	P_m/%
烟煤	YM	11,12,13,14,15,16	>10.0～20.0	—
		21,22,23,24,25,26	>20.0～28.0	
		31,32,33,34,35,36	>28.0～37.0	
		41,42,43,44,45,46	>37.0	
褐煤	HM	51,52	>37.0①	≤50②

①凡 $V_{daf}>37.0\%$，$G\leqslant5$，再用透光率 P_m 来区分烟煤和褐煤（在地质勘查中，$V_{daf}>37.0\%$，在不压饼的条件下测定的焦渣特征为1～2号的煤，再用 P_m 来区分烟煤和褐煤）。

②凡 $V_{daf}>37.0\%$，$P_m>50\%$者为烟煤；$30\%<P_m\leqslant50\%$的煤，如恒湿无灰基高位发热量 $Q_{gr,maf}>34$MJ/kg，划为长焰煤，否则为褐煤。恒湿无灰基高位发热量 $Q_{gr,maf}$ 的计算方法见下式：

$$Q_{gr,maf}=Q_{gr,ad}\times\frac{100(100-MHC)}{100(100-M_{ad})-A_{ad}(100-MHC)}$$

式中　$Q_{gr,maf}$——煤样的恒湿无灰基高位发热量，J/g；

$Q_{gr,ad}$——一般分析实验煤样的恒容高位发热量，J/g；

M_{ad}——一般分析实验煤样水分的质量分数，%；

MHC——煤样最高内在水分的质量分数，%。

表1-9　无烟煤亚类的划分

亚类	代号	编码	分类指标	
			V_{daf}/%	H_{daf}/%①
无烟煤一号	WY1	01	≤3.5	≤2.0
无烟煤二号	WY2	02	>3.5～6.5	>2.0～3.0
无烟煤三号	WY3	03	>6.5～10.0	>3.0

①在已确定无烟煤亚类的生产矿、厂的日常工作中，可以只按 V_{daf} 分类；在地质勘查工作中，为新区确定亚类或生产矿、厂和其他单位需要重新核定亚类时，应同时测定 V_{daf} 和 H_{daf}，按本表分亚类。如两种结果有矛盾，以按 H_{daf} 划亚类的结果为准。

表1-10　烟煤的分类

类别	代号	编码	分类指标			
			V_{daf}/%	G	Y/mm	b/%②
贫煤	PM	11	>10.0～20.0	≤5		
贫瘦煤	PS	12	>10.0～20.0	>5～20		
瘦煤	SM	13	>10.0～20.0	>20～50		
		14	>10.0～20.0	>50～65		
焦煤	JM	15	>10.0～20.0	>65①	≤25.0	≤150
		24	>20.0～28.0	>50～65		
		25	>20.0～28.0	>65①	≤25.0	≤150
肥煤	FM	16	>10.0～20.0	(>85)①	>25.0	>150
		26	>20.0～28.0	(>85)①	>25.0	>150
		36	>28.0～37.0	(>85)①	>25.0	>220
1/3焦煤	1/3JM	35	>28.0～37.0	>65①	≤25.0	≤220
气肥煤	QF	46	>37.0	(>85)①	>25.0	>220

续表

类别	代号	编码	分类指标			
			V_{daf}/%	G	Y/mm	b/%[2]
气煤	QM	34	>28.0～37.0	>50～65	≤25.0	≤220
		43	>37.0	>35～50		
		44	>37.0	>50～65		
		45	>37.0	>65[1]		
1/2 中黏煤	1/2ZN	23	>20.0～28.0	>30～50		
		33	>28.0～37.0	>30～50		
弱黏煤	RN	22	>20.0～28.0	>5～30		
		32	>28.0～37.0	>5～30		
不黏煤	BN	21	>20.0～28.0	≤5		
		31	>28.0～37.0	≤5		
长焰煤	CY	41	>37.0	≤5		
		42	>37.0	>5～35		

①当烟煤黏结指数测值 $G\leqslant 85$ 时，用干燥无灰基挥发分 V_{daf} 和黏结指数 G 来划分煤类。当黏结指数测值>85 时，用干燥无灰基挥发分 V_{daf} 和胶质层最大厚度 Y，或用干燥无灰基挥发分 V_{daf} 和奥阿膨胀度 b 来划分煤类。在 $G>85$ 的情况下，当 Y 大于 25.0mm 时，根据 V_{daf} 的大小可划分为肥煤或气肥煤；当 $Y\leqslant 25.0$mm 时，则根据 V_{daf} 的大小可划分为焦煤、1/3 焦煤或气煤。

②当 $G>85$ 时，用 Y 和 b 并列作为分类指标。当 $V_{daf}\leqslant 28.0\%$ 时，$b>150\%$ 的为肥煤；当 $V_{daf}>28.0\%$ 时，$b>220\%$ 的为肥煤或气肥煤。如按 b 值和 Y 值划分的类别有矛盾时，以用 Y 值划分的类别为准。

表 1-11　褐煤亚类的划分

类别	代号	编码	分类指标	
			P_m/%	$Q_{gr,maf}$/(MJ/kg)[1]
褐煤一号	HM1	51	≤30	—
褐煤二号	HM2	52	>30～50	≤24

①凡 $V_{daf}>37.0\%$，$P_m>30\%\sim50\%$ 的煤，如恒湿无灰基高位发热量 $Q_{gr,maf}>34$MJ/kg，则划为长焰煤。

表 1-12　中国煤炭分类简表

类别	代号	编码	分类指标					
			V_{daf}/%	G	Y/mm	b/%	P_m/%[2]	$Q_{gr,maf}$/(MJ/kg)[3]
无烟煤	WY	01,02,03	≤10.0					
贫煤	PM	11	>10.0～20.0	≤5				
贫瘦煤	PS	12	>10.0～20.0	>5～20				
瘦煤	SM	13,14	>10.0～20.0	>20～65				
焦煤	JM	24	>20.0～28.0	>50～65				
		15,25	>10.0～28.0	>65[1]	≤25.0	≤150		
肥煤	FM	16,26,36	>10.0～37.0	(>85)[1]	>25.0			
1/3 焦煤	1/3JM	35	>28.0～37.0	>65[1]	≤25.0	≤220		
气肥煤	QF	46	>37.0	(>85)[1]	>25.0	>220		

续表

类别	代号	编码	分类指标					
			V_{daf}/%	G	Y/mm	b/%	P_m/%②	$Q_{gr,maf}$/(MJ/kg)③
气煤	QM	34	>28.0~37.0	>50~65	≤25.0	≤220		
		43,44,45	>37.0	>35				
1/2中黏煤	1/2ZN	23,33	>20.0~37.0	>30~50				
弱黏煤	RN	22,32	>20.0~37.0	>5~30				
不黏煤	BN	21,31	>20.0~37.0	≤5				
长焰煤	CY	41,42	>37.0	≤35			>50	
褐煤	HM	51	>37.0				≤30	
		52	>37.0				>30~50	≤24

①在 $G>85$ 的情况下，用 Y 值或 b 值来区分肥煤、气肥煤与其他煤类，当 $Y>25.0$mm 时，根据 V_{daf} 的大小可划分为肥煤或气肥煤；当 $Y\leqslant25.0$mm 时，则根据 V_{daf} 的大小可划分为焦煤、1/3 焦煤或气煤。

按 b 值划分类别时，当 $V_{daf}\leqslant28.0\%$时，$b>150\%$的为肥煤；当 $V_{daf}>28.0\%$时，$b>220\%$的为肥煤或气肥煤。

如按 b 值和 Y 值划分的类别有矛盾时，以 Y 值划分的类别为准。

②对 V_{daf} 大于 37.0%，$G\leqslant5$ 的煤，再以透光率 P_m 来区分长焰煤或褐煤。

③对 V_{daf} 大于 37.0%，$P_m>30\%\sim50\%$的煤，再测 $Q_{gr,maf}$，如其值>24MJ/kg，应划分为长焰煤，否则为褐煤。

三、煤炭产品品种和等级划分（参考 GB/T 17608—2006）

1. 粒度的划分

各种煤的粒度划分见表 1-13、表 1-14。

表 1-13　无烟煤和烟煤粒度划分

序号	粒度名称	粒度/mm
1	特大块	>100
2	大块	>50~100
3	混大块	>50
4	中块	>25~50,>25~80
5	小块	>13~25
6	混中块	>13~50,>13~80
7	混块	>13,>25
8	混粒煤	>6~25
9	粒煤	>6~13
10	混煤	<50
11	末煤	<13,<25
12	粉煤	<6

注：1. 特大块最大尺寸不得超过 300mm。

2. 煤炭筛分应按 GB/T 477 执行。

表 1-14　褐煤粒度划分

序号	粒度名称	粒度/mm
1	特大块	>100
2	大块	>50~100
3	混大块	>50

续表

序号	粒度名称	粒度/mm
4	中块	>25～50,>25～80
5	小块	>13～25
6	末煤	<13,<25

注：1. 特大块最大尺寸不得超过300mm。
2. 煤炭筛分应按GB/T 477执行。

2. 品种的划分

煤炭产品按其用途、加工方法和技术要求划分为五大类，29个品种。煤炭产品的类别、品种名称和技术要求应符合表1-15的规定。

表1-15 煤炭产品的类别、品种和技术要求

产品类别	品种名称	技术要求			
		粒度/mm	发热量 $Q_{net,ar}$ /(MJ/kg)	灰分 A_d/%	最大粒度[①]上限/%
1 精煤	1-1 冶炼用炼焦精煤	<50,<100		≤12.50	≤5
	1-2 其他用炼焦精煤	<50,<100		12.51～16.00	
	1-3 喷吹用精煤	<25,<50	≥23.50	≤14.00	
2 洗选煤	2-1 洗原煤	<300	无烟煤、烟煤：≥14.50 褐煤：≥11.00	—	≤5
	2-2 洗混煤	<50,<100			
	2-3 洗末煤	<13,<20,<25			
	2-4 洗粉煤	<6			
	2-5 洗特大块	>100			
	2-6 洗大块	50～100,>50			
	2-7 洗中块	25～50			
	2-8 洗混中块	13～50,13～100			
	2-9 洗混块	>13,>25			
	2-10 洗小块	13～20,13～25			
	2-11 洗混小块	6～25			
	2-12 洗粒煤	6～13			
3 筛选煤	3-1 混煤	<50	同上	<40	≤5
	3-2 末煤	<13,<20,<25			
	3-3 粉煤	<6			
	3-4 特大块	>100			
	3-5 大块	50～100,>50			
	3-6 中块	25～50			
	3-7 混块	>13,>25			
	3-8 混中块	13～50,13～100			
	3-9 小块	13～25			
	3-10 混小块	6～25			
	3-11 粒煤	6～13			

续表

产品类别	品种名称	技术要求			
		粒度/mm	发热量 $Q_{net,ar}$/(MJ/kg)	灰分 A_d/%	最大粒度①上限/%
4 原煤	4-1 原煤，水采原煤	＜300	同上	＜40	
5 低质煤②	5-1 原煤	＜300	无烟煤、烟煤：＜14.50 褐煤：＜11.00	＞40	
	5-2 煤泥，水采煤泥	＜1.0，＜0.5		16.50～49.00	

①取筛上物累计产率最接近但不大于5%的那个筛孔尺寸，作为最大粒度。
②如用户需要，必须采取有效的环保措施，不违反环保法规的情况下供需双方协商解决。

3. 产品的质量指标的划分

（1）灰分（A_d） 各种煤的灰分等级划分见表1-16～表1-19。

表1-16 冶炼用炼焦精煤灰分等级划分

等级	灰分 A_d/%	等级	灰分 A_d/%
A-0	0～5.00	A-8	8.51～9.00
A-1	5.01～5.50	A-9	9.01～9.50
A-2	5.51～6.00	A-10	9.51～10.00
A-3	6.01～6.50	A-11	10.01～10.50
A-4	6.51～7.00	A-12	10.51～11.00
A-5	7.01～7.50	A-13	11.01～11.50
A-6	7.51～8.00	A-14	11.51～12.00
A-7	8.01～8.50	A-15	12.01～12.50

表1-17 其他用炼焦精煤煤灰分等级划分

等级	灰分 A_d/%	等级	灰分 A_d/%
A-1	12.51～13.00	A-5	14.51～15.00
A-2	13.01～13.50	A-6	15.01～15.50
A-3	13.51～14.00	A-7	15.51～16.00
A-4	14.01～14.50	—	—

表1-18 喷吹用精煤灰分等级划分

等级	灰分 A_d/%	等级	灰分 A_d/%
A-0	0～5.00	A-10	9.51～10.00
A-1	5.01～5.50	A-11	10.01～10.50
A-2	5.51～6.00	A-12	10.51～11.00
A-3	6.01～6.50	A-13	11.01～11.50
A-4	6.51～7.00	A-14	11.51～12.00
A-5	7.01～7.50	A-15	12.01～12.50
A-6	7.51～8.00	A-16	12.51～13.00
A-7	8.01～8.50	A-17	13.01～13.50
A-8	8.51～9.00	A-18	13.51～14.00
A-9	9.01～9.50	—	—

表 1-19　其他煤炭产品灰分等级划分

等级	灰分 A_d/%	等级	灰分 A_d/%
A-1	0～5.00	A-19	22.01～23.00
A-2	5.01～6.00	A-20	23.01～24.00
A-3	6.01～7.00	A-21	24.01～25.00
A-4	7.01～8.00	A-22	25.01～26.00
A-5	8.01～9.00	A-23	26.01～27.00
A-6	9.01～10.00	A-24	27.01～28.00
A-7	10.01～11.00	A-25	28.01～29.00
A-8	11.01～12.00	A-26	29.01～30.00
A-9	12.01～13.00	A-27	30.01～31.00
A-10	13.01～14.00	A-28	31.01～32.00
A-11	14.01～15.00	A-29	32.01～33.00
A-12	15.01～16.00	A-30	33.01～34.00
A-13	16.01～17.00	A-31	34.01～35.00
A-14	17.01～18.00	A-32	35.01～36.00
A-15	18.01～19.00	A-33	36.01～37.00
A-16	19.01～20.00	A-34	37.01～38.00
A-17	20.01～21.00	A-35	38.01～39.00
A-18	21.01～22.00	A-36	39.01～40.00①

①灰分 A_d>40%的低质煤，如需要并能保证环境质量的条件下，可双方协商解决。

（2）硫分（$S_{t,d}$）　各种煤的硫分等级划分见表 1-20、表 1-21。

表 1-20　精煤硫分等级划分

等级	硫分($S_{t,d}$)/%	等级	硫分($S_{t,d}$)/%
S-1	0～0.30	S-6	1.26～1.50
S-2	0.31～0.50	S-7	1.51～1.75
S-3	0.51～0.75	S-8	1.76～2.00
S-4	0.76～1.00	S-9	2.01～2.25
S-5	1.01～1.25	S-10	2.26～2.50

表 1-21　其他煤炭产品硫分等级划分

等级	硫分($S_{t,d}$)/%	等级	硫分($S_{t,d}$)/%
S-1	0～0.30	S-8	1.76～2.00
S-2	0.31～0.50	S-9	2.01～2.25
S-3	0.51～0.75	S-10	2.26～2.50
S-4	0.76～1.00	S-11	2.51～2.75
S-5	1.01～1.25	S-12	2.76～3.00
S-6	1.26～1.50	S-13	>3.00①
S-7	1.51～1.75	—	—

①如用户需要，必须采取有效的环保措施，在不违反环保法规的情况下，由供需双方协商解决。

（3）发热量（$Q_{net,ar}$）　各种煤的发热量等级划分见表1-22、表1-23。

表1-22　喷吹用精煤发热量等级划分

等级	编号	发热量($Q_{net,ar}$)/(MJ/kg)	等级	编号	发热量($Q_{net,ar}$)/(MJ/kg)
Q-1	305	>30.00	Q-9	265	26.01～26.50
Q-2	300	29.51～30.00	Q-10	260	25.51～26.00
Q-3	295	29.01～29.50	Q-11	255	25.01～25.50
Q-4	290	28.51～29.00	Q-12	250	24.51～25.00
Q-5	285	28.01～28.50	Q-13	245	24.01～24.50
Q-6	280	27.51～28.00	Q-14	240	23.51～24.00
Q-7	275	27.01～27.50	Q-15	235	23.01～23.50
Q-8	270	26.51～27.00		—	—

表1-23　其他煤炭产品发热量等级划分

等级	编号	发热量($Q_{net,ar}$)/(MJ/kg)	等级	编号	发热量($Q_{net,ar}$)/(MJ/kg)
Q-1	295	>29.00	Q-20	200	19.51～20.00
Q-2	290	28.51～29.00	Q-21	195	19.01～19.50
Q-3	285	28.01～28.50	Q-22	190	18.51～19.00
Q-4	280	27.51～28.00	Q-23	185	18.01～18.50
Q-5	275	27.01～27.50	Q-24	180	17.51～18.00
Q-6	270	26.51～27.00	Q-25	175	17.01～17.50
Q-7	265	26.01～26.50	Q-26	170	16.51～17.00
Q-8	260	25.51～26.00	Q-27	165	16.01～16.50
Q-9	255	25.01～25.50	Q-28	160	15.51～16.00
Q-10	250	24.51～25.00	Q-29	155	15.01～15.50
Q-11	245	24.01～24.50	Q-30	150	14.51～15.00①
Q-12	240	23.51～24.00	Q-31	145	14.01～14.50②
Q-13	235	23.01～23.50	Q-32	140	13.51～14.00②
Q-14	230	22.51～23.00	Q-33	135	13.01～13.50②
Q-15	225	22.01～22.50	Q-34	130	12.51～13.00②
Q-16	220	21.51～22.00	Q-35	125	12.01～12.50②
Q-17	215	21.01～21.50	Q-36	120	11.51～12.00②
Q-18	210	20.51～21.00	Q-37	115	11.01～11.50②
Q-19	205	20.01～20.50		—	—

①发热量（$Q_{net,ar}$）≤14.50MJ/kg的无烟煤、烟煤，如用户需要在不违反环保法规的情况下，由供需双方协商解决。

②只适用于褐煤。发热量（$Q_{net,ar}$）≤11.00MJ/kg的褐煤，如用户需要在不违反环保法规的情况下，由供需双方协商解决。

（4）块煤限下率　块煤限下率等级划分见表1-24。

表 1-24　块煤限下率等级划分

等级	1	2	3	4	5	6	7	8	9	10
块煤限下率/%	≤3.00	3.01～6.00	6.01～9.00	9.01～12.00	12.01～15.00	15.01～18.00	18.01～21.00	21.01～24.00	24.01～27.00	27.01～30.00

四、稀缺、特殊煤炭资源的划分与利用（参考 GB/T 26128—2010）

稀缺煤炭资源是指具有十分重要的工业用途，其利用途径具有一定的产业规模，需求量大但资源量又相对较少的优质煤炭资源。

特殊煤炭资源是指煤中某个或某些成分、性质与一般煤有所不同，其含量特高或特低，并具有一些特殊性质的煤炭资源。

煤炭类别为肥煤、焦煤、瘦煤的炼焦煤资源为稀缺炼焦用煤；

灰分（A_d）小于 17.00%，硫分（$S_{t,d}$）小于 1.00%的无烟煤资源为稀缺高炉喷吹用无烟煤；

灰分（A_d）小于 15.00%，硫分（$S_{t,d}$）小于 1.00%的贫煤、贫瘦煤资源为稀缺高炉喷吹用贫煤、贫瘦煤；

灰分（A_d）小于 10.00%，硫分（$S_{t,d}$）小于 0.50%的煤炭资源为特低灰、特低硫煤；

锗含量（G_{ed}）大于 30.0μg/g 的煤炭资源为高锗煤；

总腐植酸产率（$HA_{t,d}$）大于 40.00%的煤炭资源为高腐植酸煤；

褐煤蜡含量（苯萃取物产率 $E_{B,d}$）大于 3.00%的褐煤资源为高蜡褐煤；

挥发分（V_{daf}）大于 45.00%、焦油产率（$T_{ar,d}$）大于 12.00%的煤炭资源为特高挥发分、特高油含量煤；

可磨性（HGI）大于 100，灰分（A_d）小于 10.00%的煤炭资源为高可磨性、低灰煤；

850℃下，煤对 CO_2 反应性（α）达到 90%以上，灰分（A_d）小于 10.00%的煤炭资源为高活性、低灰煤；

真相对密度（TRD）达到 2.20，灰分（A_d）小于 10.00%，硫分（$S_{t,d}$）小于 0.50%的煤炭资源为高密度、低灰、低硫无烟煤；

铁含量（Fe_d）小于 0.30%，灰分（A_d）小于 5.00%的煤炭资源为特低铁、低灰煤。

五、质量分级

1. 煤的全水分分级（参考 MT/T 850—2000）

煤的全水分分级见表 1-25。

表 1-25　煤的全水分（M_t,%）分级

序号	级别名称	代号	分级范围 M_t/%
1	特低全水分煤	SLM	≤6.0
2	低全水分煤	LM	>6.0～8.0
3	中等全水分煤	MLM	>8.0～12.0
4	中高全水分煤	MHM	>12.0～20.0
5	高全水分煤	HM	>20.0～40.0
6	特高全水分煤	SHM	>40.0

2. 煤的挥发分产率分级（参考 MT/T 849—2000）

煤的干燥无灰基挥发分产率见表 1-26。

表 1-26　煤的干燥无灰基挥发分产率（V_{daf},%）分级

序号	级别名称	代号	分级范围 V_{daf}/%
1	特低挥发分煤	SLV	≤10.00
2	低挥发分煤	LV	>10.00～20.00
3	中等挥发分煤	MLV	>20.00～28.00
4	中高挥发分煤	MHV	>28.00～37.00
5	高挥发分煤	HV	>37.00～50.00
6	特高挥发分煤	SHV	>50.00

3. 煤灰熔融性分级（参考 MT/T 853—2000）

第一部分：煤灰软化温度分级 Classification for softening temperature of coal ash 见表 1-27。

表 1-27　煤灰熔融性软化温度（ST,℃）分级

序号	级别名称	代号	分级范围 ST/℃
1	低软化温度灰	LST	≤1100
2	较低软化温度灰	RLST	>1100～1250
3	中等软化温度灰	MST	>1250～1350
4	较高软化温度灰	RHST	>1350～1500
5	高软化温度灰	HST	>1500

注：煤灰熔融性测定时炉内气氛为弱还原性。

第二部分：煤灰流动温度分级 Classification for flow temperature of coal ash 见表 1-28。

表 1-28　煤灰熔融性流动温度（FT,℃）分级

序号	级别名称	代号	分级范围 FT/℃
1	低流动温度灰	LFT	≤1150
2	较低流动温度灰	RLFT	>1150～1300
3	中等流动温度灰	MFT	>1300～1400
4	较高流动温度灰	RHFT	>1400～1500
5	高流动温度灰	HFT	>1500

注：煤灰熔融性测定时炉内气氛为弱还原性。

4. 煤的热稳定性分级（参考 MT/T 560—2008）

煤的热稳定性分级见表 1-29。

表 1-29　煤的热稳定性分级

级别名称	代号	热稳定性范围 T_{S+6}/%
低热稳定性煤	LTS	≤60
中热稳定性煤	MTS	>60～70
中高热稳定性煤	MHTS	>70～80
高热稳定性煤	HTS	>80

5. 烟煤黏结指数分级（参考 MT/T 596—2008）

烟煤黏结指数分级见表 1-30。

表 1-30 烟煤黏结指数分级

级别名称	代号	黏结指数($G_{R.I}$)范围
无黏结煤	NCI	≤5
微黏结煤	FCI	>5～20
弱黏结煤	WCI	>20～50
中黏结煤	MCI	>50～80
强黏结煤	SCI	>80

6. 煤的固定碳分级（参考 MT/T 561—2008）

煤的固定碳分级见表 1-31。

表 1-31 煤的固定碳分级

级别名称	代号	热稳定性范围 FC_d/%
低固定碳煤	LFC	≤55.00
中固定碳煤	MFC	>55.00～65.00
中高固定碳煤	MHFC	>65.00～75.00
高固定碳煤	HFC	>75.00

7. 煤中碱金属（钾、钠）含量分级（参考 MT/T 1074—2008）

煤中碱金属（钾、钠）含量分级见表 1-32。

表 1-32 煤中碱金属（钾、钠）含量分级

级别名称	代号	碱金属(钾、钠)含量范围/%
特低碱煤	SLAM	≤0.10
低碱煤	LAM	>0.10～0.30
中碱煤	MAM	>0.30～0.50
高碱煤	HAM	>0.50

煤中钾和钠总量（以干燥基计）的计算方法：

$$w(K+Na)_d=[0.830w(K_2O)+0.742w(Na_2O)]\times A_d\div 100 \qquad (1\text{-}14)$$

式中 $w(K+Na)_d$——煤中钾和钠总量（以干燥基计），%；

0.830——钾占氧化钾的系数；

$w(K_2O)$——煤灰中氧化钾的含量，%；

0.742——钠占氧化钠的系数；

$w(Na_2O)$——煤灰中氧化钠的含量，%；

A_d——煤的干燥基灰分，单位为质量分数，%。

参考 GB/T 15224.1～3—2010。

8. 灰分（参考 GB/T 15224.1—2018）

各种煤的灰分分级见表 1-33～表 1-35。

表 1-33　煤炭资源评价灰分分级

序号	级别名称	代号	灰分(A_d)范围/%
1	特低灰煤	SLA	≤10.00
2	低灰煤	LA	10.01～20.00
3	中灰煤	MA	20.01～30.00
4	中高灰煤	MHA	30.01～40.00
5	高灰煤	HA	40.01～50.00

表 1-34　动力煤、其他精煤和原料用煤灰分分级

序号	级别名称	代号	灰分(A_d)范围/%
1	特低灰煤	SLA	≤10.00
2	低灰煤	LA	10.01～18.00
3	中灰煤	MA	18.01～25.00
4	中高灰煤	MHA	25.01～35.00
5	高灰煤	HA	>35.00

表 1-35　炼焦精煤、高炉喷吹用煤灰分分级

序号	级别名称	代号	灰分(A_d)范围/%
1	特低灰煤	SLA	≤6.00
2	低灰煤	LA	6.01～8.00
3	中灰煤	MA	8.01～10.00
4	中高灰煤	MHA	10.01～12.50
5	高灰煤	HA	>12.50

9. 硫分（参考 GB/T 15224.2—2010）

各种煤的硫分分级见表 1-36～表 1-39。

表 1-36　煤炭资源评价硫分分级

序号	级别名称	代号	干燥基全硫分($S_{t,d}$)范围/%
1	特低硫煤	SLS	≤0.50
2	低硫煤	LS	0.51～1.00
3	中硫煤	MS	1.01～2.00
4	中高硫煤	MHS	2.01～3.00
5	高硫煤	HS	>3.00

动力煤硫分分级时，应按发热量进行折算，折算的基准发热量值规定为 24.00MJ/kg。干燥基全硫按式(1-15）进行折算：

$$S_{t,d折算}=\frac{24.00}{Q_{gr,d实测}}\times S_{t,d实测} \tag{1-15}$$

式中　$S_{t,d折算}$——折算后的干燥基全硫，%；

$Q_{gr,d实测}$——实测干燥基高位发热量，MJ/kg；

$S_{t,d实测}$——实测的干燥基全硫，%。

表 1-37 动力煤硫分分级

序号	级别名称	代号	干燥基全硫分($S_{t,d折算}$)范围/%
1	特低硫煤	SLS	≤0.50
2	低硫煤	LS	0.51～0.90
3	中硫煤	MS	0.91～1.50
4	中高硫煤	MHS	1.51～3.00
5	高硫煤	HS	>3.00

表 1-38 炼焦精煤硫分分级

序号	级别名称	代号	干燥基全硫分($S_{t,d}$)范围/%
1	特低硫煤	SLS	≤0.30
2	低硫煤	LS	0.31～0.75
3	中硫煤	MS	0.76～1.25
4	中高硫煤	MHS	1.26～1.75
5	高硫煤	HS	1.76～2.50

表 1-39 高炉喷吹用煤、其他精煤和原料用煤硫分分级

序号	级别名称	代号	干燥基全硫分($S_{t,d}$)范围/%
1	特低硫煤	SLS	≤0.50
2	低硫煤	LS	0.51～0.90
3	中硫煤	MS	0.91～1.50
4	中高硫煤	MHS	1.51～3.00
5	高硫煤	HS	>3.00

10. 发热量（参考 GB/T 15224.3—2010）

煤炭发热量分级见表 1-40。

表 1-40 煤炭发热量分级

序号	级别名称	代号	发热量($Q_{gr,d}$)范围/(MJ/kg)
1	特高发热量煤	SHQ	>30.90
2	高发热量煤	HQ	27.21～30.90
3	中高发热量煤	MHQ	24.31～27.20
4	中发热量煤	MQ	21.31～24.30
5	中低发热量煤	MLQ	16.71～21.30
6	低发热量煤	LQ	≤16.70

其他分级参考如下标准：GB/T 20475.1—2006《煤中有害素含量分级 第 1 部分：磷》、GB/T 20475.2—2006《煤中有害素含量分级 第 2 部分：氯》、GB/T 20475.3—2012《煤中有害元素含量分级 第 3 部分：砷》、GB/T 20475.4—2012《煤中有害元素含量分级 第 4 部分：汞》、SN/T 4023—2013《进出口动力煤质量评价要求》、MT/T 560—1996《煤的热稳定性分级》、MT/T 596—1996《烟煤黏结指数分级》、MT/T 852—2000《煤的哈氏可磨性指数分级》、MT/T 964—2005《煤中铅含量分级》、MT/T 965—2005《煤中铬含量分级》、MT/T 966—2005《煤中氟含量分级》、MT/T 967—2005《煤中锗含量分级》、MT/T

1160—2011《煤的镜质组含量分级》、MT/T 1161—2011《煤的壳质组含量分级》。

六、商品煤质量要求

商品煤质量要求参考如下标准：GB/T 18342—2018《商品煤质量 链条炉用煤》、GB/T 26126—2018《商品煤质量 煤粉工业锅炉用煤》、GB/T 7562—2018《商品煤质量 发电煤粉锅炉用煤》、GB/T 7563—2018《商品煤质量 水泥回转窑用煤》、GB 34170—2017《商品煤质量 民用型煤》、GB 34169—2017《商品煤质量 民用散煤》、GB/T 31862—2015《商品煤质量 褐煤》。

七、用煤技术条件

各行业用煤技术条件参考如下标准：GB 25960《动力配煤规范》、GB/T 23251—2009《煤化工用煤技术导则》、GB/T 26126—2010《中小型煤粉工业锅炉用煤技术条件》、GB/T 18512—2008《高炉喷吹用煤技术条件》、GB/T 4063—2001《蒸汽机车用煤技术条件》、GB/T 397—2009《炼焦用煤技术条件》、GB/T 7562—2010《发电煤粉锅炉用煤技术条件》、GB/T 7563—2000《水泥回转窑用煤技术条件》、GB/T 9143—2008《常压固定床气化用煤技术条件》、MT/T 1010—2006《固定床气化用型煤技术条件》、GB/T 29721—2013《流化床气化用原料煤技术条件》、GB/T 29722—2013《气流床气化用原料煤技术条件》、GB/T 18342—2009《链条炉排锅炉用煤技术条件》、GB/T 23810—2009《直接液化用原料煤技术条件》、GB/T 25210—2010《兰炭用煤技术条件》、MT/T 1011—2006《煤基活性炭用煤技术条件》、MT/T 1030—2006《烧结矿用煤技术条件》。

第四节　煤炭仲裁方法简介

部分煤炭分析检测项目仲裁方法见表1-41。

表1-41　部分煤炭分析检测项目仲裁方法介绍

项目名称	方法及条款号	方法提要
煤中全水分的测定	GB/T 211—2017 方法 A1	一定量的粒度<13mm 的煤样，在温度不高于 40℃的环境下干燥到质量恒定，再将煤样破碎到粒度<3mm，于 105～110℃下，在氮气流中干燥到质量恒定。根据煤样两步干燥后的质量损失计算出全水分
一般分析实验煤样水分的测定	GB/T 212—2008 水分的测定方法 A	称取一定量的一般分析实验煤样，置于 105～110℃干燥箱中，在干燥氮气流中干燥到质量恒定。然后根据煤样的质量损失计算出水分的质量分数
煤中灰分的测定	GB/T 212—2008 灰分的测定方法 缓慢灰化法	称取一定量的一般分析实验煤样，放入马弗炉中，以一定的速度加热到(815±10)℃，灰化并灼烧到质量恒定。以残留物的质量占煤样质量的质量分数作为煤样的灰分
煤中全硫的测定	GB/T 214—2007 艾士卡法	将煤样与艾士卡试剂混合灼烧，煤中硫生成硫酸盐，然后使硫酸根离子生成硫酸钡沉淀，根据硫酸钡的质量计算煤中全硫的含量
煤中锗的测定	GB/T 8207—2007 蒸馏分离-苯芴酮比色法	将一般分析煤样灰化后，用硝酸、磷酸和氢氟酸混合酸分解，然后制成盐酸(6mol/L)溶液并进行蒸馏，使锗以四氯化锗的形态逸出，用水吸收并与干扰元素分离。在 1.2mol/L 盐酸溶液下用苯芴酮显色并用分光光度计进行光度测定
煤中砷的测定	GB/T 3058—2008 砷钼蓝分光光度法	将煤样和艾士卡试剂混合灼烧，用盐酸溶解灼烧物，加入还原剂，使五价砷还原成三价，加入锌粒，放出氢气，使砷形成氢化砷气体释出，然后被碘溶液吸收并氧化成砷酸，加入钼酸铵-硫酸肼溶液使之生成砷钼蓝，然后用分光光度计测定

续表

项目名称	方法及条款号	方法提要
煤中镓的测定	GB/T 8208—2007 碱熔融-萃取分离-罗丹明 B 分光光度法	煤样灰化后用碱熔融，盐酸酸化，蒸干使硅酸脱水。将熔融物用 6mol/L 盐酸溶解，加入三氯化钛溶液消除干扰元素的影响，加入罗丹明 B 溶液与氯镓酸形成有色络合物，用苯-乙醚萃取，然后用分光光度计进行测定

第五节　标准试验筛简介

标准筛主要用于各实验室、化验室、物品筛选、筛分、级配等检验部门对颗粒状、粉状物料的粒度结构、液体类固体物含量及杂物量的精确筛分、过滤、检测，该系列检验筛具有噪声低、标准筛体，筛、滤样品效率、精度高等优点，广泛用于冶金、粉粒、化工、医药、建材、地质、国防等部门的科研生产、实验室、质检室。

目数，就是孔数，是每平方英寸上的孔数目。标准筛的网目数表示筛孔尺寸的大小。目数越大，孔径越小。50 目就是指每平方英寸上的孔眼是 50 个。由于有网丝的存在，所以目数对应的筛孔尺寸或物料粒度不完全成线性关系。一般常用的目数和筛孔尺寸的对应粗算方法按式(1-16)、式(1-17)：

$$直径\ D=\frac{25.4}{目数}\times 0.65 \tag{1-16}$$

$$目数=\frac{25.4}{直径\ D}\times 0.65 \tag{1-17}$$

式中　D——筛孔尺寸或物料粒度，mm；

目数——筛网目数或筛分物料的目数。

我国筛孔尺寸与标准目数对应关系见表 1-42，常用冲框标准筛尺寸与筛网目数对应关系见表 1-43。

表 1-42　我国筛孔尺寸与标准目数对应表

筛孔尺寸/mm	标准目数/目	筛孔尺寸/mm	标准目数/目
4.75	4	0.355	45
4.00	5	0.300	50
3.35	6	0.250	60
2.80	7	0.212	70
2.36	8	0.180	80
2.00	10	0.150	100
1.70	12	0.125	120
1.40	14	0.106	140
1.18	16	0.090	170
1.00	18	0.0750	200
0.850	20	0.0630	230
0.710	25	0.0530	270
0.600	30	0.0450	325
0.500	35	0.0374	400
0.425	40	—	—

表 1-43　常用冲框标准筛尺寸与筛网目数对应表

筛孔尺寸/mm	筛号目数/目	筛孔尺寸/mm	筛号目数/目
6.0	3	0.45	40
5.0	4	0.4	45
4.0	5	0.355	50
3.0	6	0.315	55
2.5	8	0.30	60
2.00	10	0.25	70
1.6	12	0.22	75
1.4	14	0.20	80
1.18	16	0.17	90
1.0	18	0.15	100
0.9	20	0.125	120
0.85	24	0.106	140
0.71	26	0.10	150
0.63	28	0.098	160
0.60	30	0.09	180
0.5	35	0.075	200

（云南省煤炭产品质量检验站　王鹏程执笔）

第二章
煤炭采样、制备、筛分和浮沉实验

煤炭因其形成过程决定它是一种非均质的混合物，它的质量随产地、开采方式、储运方式的不同相差很大。为了对煤炭质量进行正确的评价，必须要有能够代表整个样品的煤样。一般来说，在煤质分析中，采样误差占总误差的80%，制样误差占总误差的16%，分析误差占4%。因此，采样和制样过程是正确开展煤炭质量评价的关键。

煤炭采样的目的就是为了采取有代表性的样品，以样品的质量推断整批煤的质量。煤炭采样的对象可以分为煤层煤样、生产煤样、商品煤样、煤芯煤样、煤岩煤样等，其采样方法也各不相同。在生产生活中，商品煤的质量涉及供需双方的利益，因此商品煤样的采取受关注度程度最高。采取商品煤样的目的是：确定商品煤的质量；根据商品煤样的化验结果，了解准备发运的煤炭是否符合合同规定的质量标准，并以此作为供需双方结算的依据。根据从商品煤样中分出的月综合煤样，可以求一个月中各品种所运出煤炭的平均质量，从而确定该矿（家）商品煤总的质量水平。影响采样精密度的因素有：煤炭的均匀程度、子样点的布置、子样的采取方法、子样数目、子样质量和采样工具的尺寸。

制样的目的是：经过一定的制样程序（破碎、筛分、混合、缩分、干燥等）将原始煤样的质量和粒度逐渐减小，最终达到分析试样。分析试样的化学组成和物理性质应与制样前煤样保持一致。制样过程中可能发生的误差有系统误差和缩分误差。实践证明，若制样方法不得当，制样误差并不一定比采样误差小，因而制样同样对最终结果有着重要影响。

煤炭筛分实验是测定煤的粒度组成和各粒级煤的质量（如灰分、水分、硫分、发热量等），也是制定煤炭产品质量标准和设计筛选厂的技术依据，又是煤炭合理加工利用的基础，并用于指导矿井和筛选厂的生产。

煤炭浮沉实验是将煤样用不同密度的重液分成不同的密度级，并测定各级产物的产率和特性，根据综合表，绘制可选性曲线，对煤炭进行可选性评定。它是选煤厂设计和指导选煤厂日常生产的基础资料，也是制定煤炭产品质量标准的依据。

实验一　煤炭采样
（参考GB/T 475—2008和GB/T 19494.1—2004）

一、实验目的

1.深刻领会采样环节在煤炭分析中的意义。

2. 学习和掌握煤样采取的方法及原理。

二、实验意义

煤炭分析由3个环节构成：采样、制样和化验。采样是最重要的环节，其次是制样，再次是化验。如果用它们在煤炭分析总误差（以方差计）中所占比例来评定，则采样方差占总方差80%，制样占16%，化验占4%。

过去人们片面认为煤炭分析质量好坏取决于煤炭化验质量的好坏，评价一个煤炭实验室的技术水平也往往仅着眼于煤炭化验仪器的现代化水平和化验人员的技术水平，其实不然，如果采样不正确，则最后的化验再准确也无济于事。

煤炭采样和制样是一门专门学科，从采制样程序（方法），到采制样设备，再到采制样操作，都有科学的理论和实践依据，都要遵循严格的规定。

三、采样通则

1. 采样（和制样）的目的

获得一个其组成和特性都能代表被采样批煤的实验煤样，或者说其实验结果能代表被采样批煤组成和特性的试样。

2. 采（制）样的基本过程

首先按规定的程序从分布于整个被采样批煤的许多不同部位各采取一份试样（即初级子样），然后将各初级子样合并成一个总样，再按规定的制样程序（包括筛分、破碎、缩分和空气干燥）制成要求数目和类型的实验煤样。

3. 采样的基本原则

被采样批煤的所有颗粒都可能进入采样设备，每一颗粒都有相等的概率被采入试样中。

4. 采样应考虑的因素

为了保证所采试样测定结果达到要求的精密度，采样时应考虑以下因素：

① 煤炭品质变异性；

② 从一批煤中采取的总样数；

③ 每个总样的子样数；

④ 与试样粒度相应的试样质量。

5. 采样方法选择

煤炭采样可用机械方法和人工方法进行，但人工采样存在许多缺点，故最好用机械方法。

四、仪器设备

1. 人工采样设备

标准采样铲、采样框、人工采样斗等。

2. 机械化采样设备

皮带采制样装置、桥式汽车（火车）采制装置等。

五、采样方案制定依据和步骤

1. 概述

为了获得具有代表性的煤样，无论机械化采样或人工采样都必须按照采样的基本原则，制定合理的采样方案。简单地讲，采样方案就是根据采样的目的、被采样煤的品质特性来制定一个采样的工作程序，主要包括期望精密度、采样单元数、每个采样单元的子样数、子样和总样质量、子样分布及其合成总样的方式等。

2. 采样方案制定的依据

制定采样方案就是根据以下因素来决定采样参数：

采样目的：煤炭品质综合研究、特定组成或特性测定和商业目的等；

被采样煤的特性：主要是品种、灰分、批量、变异性（均匀性）和标称最大粒度等；

要求的试样类型和数量：全水分煤样、一般分析煤样、共用煤样、特定组成和特性专用煤样等；

采样地点：移动煤流、火车或汽车载煤、船舶载煤和煤堆等；

期望精密度及其表达参数：一般以灰分表达精密度。

3. 采样方案制定需确定的参数

采样方案制定需确定的参数为：

一批煤划分的采样单元数，或者说一批煤所需采取的总样数；

每个采样单元的子样数；

总样和子样质量；

子样类型：完整煤流横截段、全煤柱、深部分层或表面子样；

子样采取方式：移动煤流时间基（或质量基）系统采样或随机分层采样、静止批煤系统采样或随机采样；

子样分布：移动煤流的子样间隔、静止批煤子样点的表面或立体分布；

子样合并方式：直接合并或缩分后合并；

试样的制备方法：在线制备或离线制备及其程序、试样的粒度和质量。

4. 采样对象、目的、试样类型和测定参数的确定

（1）采样对象　采样方案设计的第一步是确定欲采样的煤，包括煤的产地、品种、基本特性（如灰分、水分）、是原生产（使用）煤还是新生产（使用）煤、煤炭品质历史状况、批量和标称最大粒度等。

（2）采样目的　采样目的有技术评定，如综合品质评定、类别评定、可选性评定、加工利用特性（燃烧、气化、焦化、液化）评定、粒度组成和其他物理特性评定等；过程控制，如配煤、选煤、加工利用过程控制等；质量控制，如煤炭生产和加工产品品质测定和控制、产品抽查和商业目的等。

（3）试样类型　试样类型取决于采样目的。煤炭分析中使用的煤样有一般分析实验煤样、水分煤样、粒度分析煤样和其他物理化学特性测定专用煤样等。一般分析实验煤样用以进行煤的大多数物理化学特性参数测定，是技术评定、过程控制、品质控制和煤炭贸易的必需煤样；水分煤样用以测定煤的全水分，也是过程控制、品质控制和煤炭贸易的必需煤样；粒度分析煤样用以测定煤炭的粒度组成和各粒级煤的品质特性，为煤炭合理利用提供依据，同时还可测定煤的标称最大粒度和含矸率。

（4）测定参数的确定　表征煤炭特性的参数很多，通常使用的有工业分析、发热量、元素分析、气化和燃烧特性参数、焦化特性参数以及物理特性参数和粒度组成等。所采煤样的测定参数取决于采样目的和试样类型，如以技术评定为目的采取的一般分析实验煤样需要全面地进行煤炭特性参数测定；以过程或品质控制为目的采取的煤样，一般仅对少数有显著影响的参数进行测定，如洗煤过程控制只对灰分和硫分进行测定，动力用煤品质控制主要测定水分、挥发分、灰分或发热量和硫等。

备注：采样精密度、采样偏倚和煤的变异性等参数本科教育可不涉及。

六、移动煤流采样方法

1. 概述

（1）采样方法　移动煤流采样可用时间基系统采样或时间基分层随机采样，也可用质量基系统采样或质量基分层随机采样。从操作方便和经济角度考虑，以时间基采样为佳，故本实验教程只介绍时间基采样。如图 2-1 所示，为横卧式皮带自动采样设备。

（2）采样的基本要求　移动煤流采样应切取一完整的煤流横截段，即切取的子样应包含该段煤流的全宽度和全深度煤，而且采样器应有足够的容量将整个子样完全容纳或使之完全通过，试样不会充满采样器而从中溢出，否则会使子样失去代表性。

大多数采样机械的初级采样器采取的子样的质量，都远远大于构成一个总样所需的量，因此需要有子样缩分装置来将其质量减小到适当程度。

2. 时间基采样

（1）初级子样采取方法　初级子样按预先设定的时间间隔（一般为分钟）采取，但第一个子样在第一时间间隔内随机采取，其余子样按以第一个子样采取时间为起点的、相等的时间间隔采取，以避免产生偏倚。

如果预先设定的子样数已采够，但该采样单元煤尚未流完，则应按相同的时间间隔继续采样，直到煤流结束。

在整个采样过程中采样器应以恒定的速度、一次横切全煤流，以保证获得粒度组成与煤流相同的完整横截段子样。

（2）采样间隔　各子样的时间间隔 ΔT（min）按式(2-1）计算：

$$\Delta T=\frac{60M_0}{Gn} \tag{2-1}$$

式中　M_0——采样单元煤量，t；

G——煤流最大流量，t/h；

n——子样数。

图 2-1　横卧式皮带自动采样设备

七、静止煤机械采样方法

1. 概述

（1）一般原则

① 静止煤采样，首选在装煤（堆煤）或卸煤过程中，于移动煤流或小型转运工具载煤

中采样，不具备在装（卸）煤过程中采样条件时，方可直接对静止煤采样。

② 静止煤采样的子样有全煤柱子样［图 2-2(a)］、深部分层子样［图 2-2(b)］和表面子样［图 2-2(c)］。全煤柱子样代表性最好，深部分层子样次之，表面子样最差。因此原则上应采取全深度煤柱或不同深度（上中下或上下部）的分层子样；在保证品质均匀且没有不同品质煤分层装载时，也允许从装载工具顶部煤中采样。常见的火车或汽车采样设备如图 2-3。

③ 表面采样时应尽可能在煤炭装卸过程中从新暴露的煤表面采样，如经过储存或运输，则采样前应将表层剥去。在火车、汽车和驳船载煤顶部采样时，应在装车（船）后立即进行，否则应挖坑至 0.4～0.5m 采样，并在采样前将滚落在坑底的煤块或矸石除尽。

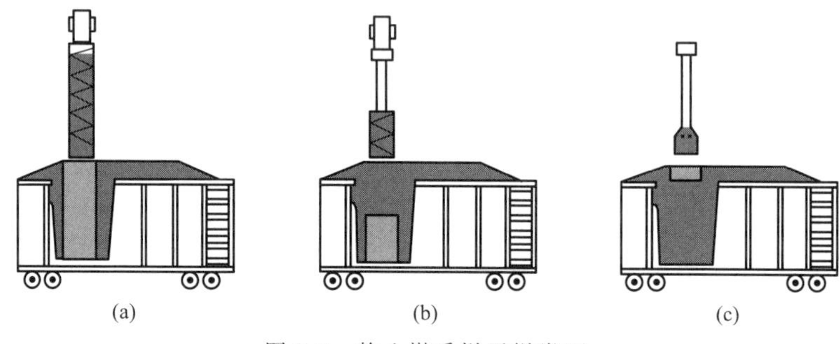

图 2-2　静止煤采样子样类型

图 2-3　桥式汽车自动采样设备

（2）静止煤子样分布原则　子样应立体遍布于被采样煤各部分，使各部分都有相同的概率被采取。

（3）子样分布方法

① 系统分布法。将车厢或驳船煤表面分成若干个边长为 1～2m 的小方块并编号（见图 2-4），然后依次轮流从各车（船）的各方块中采取 1 个子样，第一个子样的位置从第一车厢（船）的各方块中随机选取，其余子样从后继的车厢中顺序、轮流采取。

② 随机分布方法。将车厢分成若干个边长为 1～2m 的小块并编号，然后用随机方法依次选择各车厢的采样点位置。

1	4	7	10	13	16
2	5	8	11	14	17
3	6	9	12	15	18

图 2-4　火车、汽车采样子样分布方格编号图

2. 火车采样

火车和汽车采样按空间间隔分布子样，属于质量基采样，子样的分布可以采用系统方法和随机方法。

（1）各车子样数的确定

① 当要求的子样数少于或等于该采样单元车厢数时，每1个车厢采1个子样；

② 当要求的子样数大于该采样单元车厢数时，按以下两种方法来决定每个车厢的子样数：

子样数为车厢数的整数倍时，每车子样数=总子样数/车厢数；

子样数不是车厢数的整数倍时，按以下两种方法之一处理：

方法一，将子样数增加到车厢数的最小整数倍，然后按平均分布处理；

方法二，将子样数除以车厢数后的余数子样按系统或随机方法分布于该采样单元的各车厢中。

（2）自动采样设备均已随机设定好采样子样数和布点位置　当发生机械故障或管道堵塞等情况时需人工干预，手动操作多余自动采样一倍以上的子样数。

3. 汽车采样

载量20t以上的汽车采样，每车子样数的确定同火车采样。载量20t以下的汽车采样，每车子样数的确定按以下方法进行。

（1）各车子样数确定

① 要求的子样数等于该采样单元汽车数时，每车采取1个子样；

② 要求子样数大于该采样单元汽车数时，按以下方法之一进行：

子样数为汽车数的整数倍时，每车子样数=总子样数/汽车数；

子样数大于汽车数但不为整数倍时，按以下方法之一处理：

方法一：增加子样数使之成为汽车数的整数倍，然后每车采取相等的子样数；

方法二：用系统采样方法或随机采样方法将余数子样均匀分布于该采样单元的各汽车上。

③ 要求子样数小于车厢数时，按以下方法之一处理：

适当增加子样数，使之与汽车数相等，然后每车采取1个子样；

将整个采样单元均匀分成若干段（每段包括若干车），然后用系统或随机采样方法从每一段采取1个或数个子样。

（2）各车子样位置确定　与火车采样相同，仅划分的方块数较少而已。

4. 驳船采样

驳船采样在装煤或卸煤时按时间基直接在皮带上采取，方法参照移动煤流采样方法。

八、煤堆人工采样方法

1. 采样方法

由于技术和安全的原因，GB/T 475—2008和GB/T 19494.1—2004不推荐直接从大煤堆上采样，而应在堆堆或卸堆过程中的煤炭转运工具——皮带运输机或汽车等上采样。不得已且条件许可时，可按下述方法直接在煤堆上采样。

（1）薄煤堆（煤堆厚度小于2m或与机械采样器最大插入深度相近）采样　煤堆比较均匀时，将煤堆表面分成若干面积相等的小块，小块数至少等于应采子样数，必要时再将小块分成2～3层，然后从每一小块采取一个全深度煤柱子样或分层子样。

煤堆不均匀时，将煤堆分成体积相等的若干部分，体积份数至少等于应采子样数，必要时再将每部分分成2～3层，然后从每一部分采取一个全深度煤柱子样或分层子样。

薄煤堆采样见图 2-5 和图 2-6。

图 2-5　薄煤堆采样例图

图 2-6　薄煤堆采样痕迹例图

(2) 厚煤堆采样　(在堆或卸过程中) 将煤堆分成厚度与采样器最大插入深度相等的若干层，然后按下述方法进行。

① 由煤堆质量如按式(2-2) 计算应采子样数 N，用堆煤质量 M 和堆积密度 D 估算煤堆体积 V；将煤堆分成高度为 h 的若干层，按式(2-3) 计算每层子样间距 d_1。

采样单元煤量大于 1000t 时，每个采样单元子样数按式(2-2) 计算：

$$N=n\sqrt{\frac{M}{1000}} \tag{2-2}$$

式中　N——应采子样数；

n——表 2-1 规定的子样数；

M——被采样煤批量，t。

$$d_1=\sqrt{\frac{V}{Nh}} \tag{2-3}$$

表 2-1　基本采样单元最少子样数

品种	灰分范围 A_d	不同采样地点的最少子样数 n				
		煤流	火车	汽车	煤堆	船舶
原煤、筛选煤	>20%	60	60	60	60	60
	≤20%	30	60	60	60	60

续表

品种	灰分范围 A_d	不同采样地点的最少子样数 n				
		煤流	火车	汽车	煤堆	船舶
精煤	—	15	20	20	20	20
其他洗煤(包括中煤)	—	20	20	20	20	20

② 于每一层的任一边、距边线 $1/2d_1$ 处采取第 1 个子样，然后以此点为起点，以网格分布方法，每隔 d_1(m) 采取 1 个子样（见图 2-7），直到该层面采完。采样时，应将第一层煤表面剥去 0.2m；于底层采样时，采样点应距地面 0.5m。

实际分层采样见图 2-8 和图 2-9。

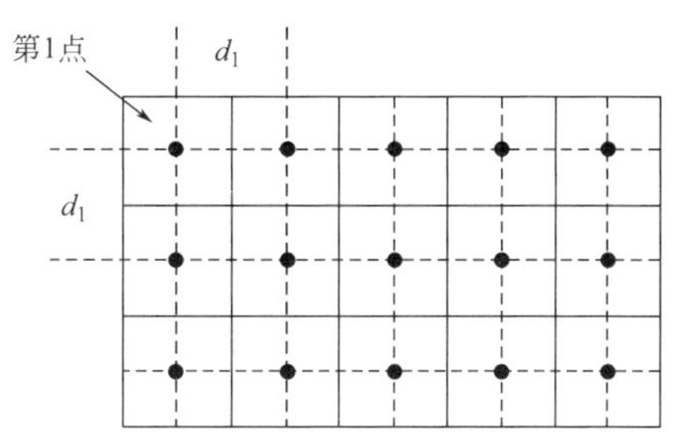

图 2-7　采样点布置图

图 2-8　分层采样例图

图 2-9　分层采样布点例图

③ 如果要进行多单元采样，则可以“层”来划分采样单元，并根据最小层的质量来计算子样间隔，各层都按此间隔采样，然后将同层子样合成一总样，以各层总样测定结果的（子样数）加权平均值为该堆煤的最后结果。

2. 采样方案

GB/T 475—2008 规定了两种采样方案：基本采样方案和专用采样方案。

例行采样原则上按基本采样方案进行，专用采样方案在本实验中不作介绍。

GB/T 475—2008 规定的基本采样方案适用于小批量煤人工采样，它是强制性的。其强制的核心是采样精密度核验。使用者在使用前必须进行采样精密度核验，核验合格则采用，核验不合格则应改进方案。不经核验即使用或核验不合格后不改进都视为不遵守标准。

（1）采样精密度　基本采样方案规定的不同品种煤的采样、制样和化验总精密度（以下简称采样精密度）如表 2-2 所示。

表 2-2　不同品种煤的采样精密度

原煤、筛选煤		精煤	其他洗煤(包括中煤)
$A_d \leqslant 20\%$	$A_d > 20\%$		
$\pm 0.1A_d$，但不小于±1%(绝对值)	±2%(绝对值)	±1%(绝对值)	±1.5%(绝对值)

（2）采样单元

① 商品煤分品种以 1000t 为一采样单元。按 GB/T 475 规定，不同品种煤应划分为不同的采样单元；但实际实施中，同一品种或同一批煤分发到不同用户也应按用户分成不同的采样单元。

② 批量大于或小于基本采样单元煤量（1000t）时，可以实际发运或接受量为一采样单元：

以一列火车或一轮船装载的煤为一采样单元；

以一定时间内（一天或一作业班）发运或接受的煤为一采样单元；

以一车或一船舱装载的煤为一采样单元。

③ 批量大于 1000t 时，也可按式(2-4) 分为若干采样单元：

$$m=\sqrt{\frac{M}{1000}} \tag{2-4}$$

式中　m——采样单元数；

M——被采样煤批量，t；

1000——基本采样单元煤量，t。

（3）采样单元子样数

① 基本采样单元（1000t）的子样数如表 2-1 所示。

② 批量少于基本采样单元煤量时，每个采样单元子样数。被采样煤批量小于基本采样单元煤量（1000t）时，子样数按表 2-1 中的规定值按比例递减，但最少不能低于表 2-3 规定数。

表 2-3　采样单元煤量少于 1000t 时的最少子样数

品种	灰分范围 A_d	不同采样地点的最少子样数 n				
		煤流	火车	汽车	煤堆	船舶
原煤、筛选煤	>20%	18	18	18	30	30
	≤20%	10	18	18	30	30
精煤	—	10	10	10	10	10
其他洗煤(包括中煤)	—	10	10	10	10	10

③ 批量大于基本采样单元煤量时，每个采样单元子样数。按照本实验“八、1.(2) 厚煤堆采样”部分执行。

(4) 采样记录　采样记录至少应包括以下内容：

煤炭名称、品种、产地、标称最大粒度和批量；

采样地点（煤流、火车、汽车、驳船、煤堆）和采样工具（名称和编号）；

采样开始和结束时间；

采样方式和采样基：连续采样、系统采样、随机采样或分层随机采样，时间基采样或质量基采样；

要求的采样、制样和化验总精密度；

采样单元煤量、划分的采样单元数和每个采样单元子样数；

子样间隔；

总样和平均子样质量估算值；

最后试样数、质量和粒度；

采样中观察到的非正常现象，排除时间和排除方法；

采样人员并签字。

(5) 采样报告　采样应有正式签发的、全面的采样和试样发送报告或证书。

采样报告或证书除了应有“(4) 采样记录”所述全部信息外，还应包括以下内容：

报告的名称、书写单位、采样人员和审批人员；

委托人的姓名和地址；

实验试样、仲裁试样和存查试样的最长保存期；

气候和其他可能影响测定结果的状况，如水分煤样的质量、空气干燥损失等；

任何偏离规定方法的采样和制样操作及其理由，以及采样和制样中观察到的任何异常情况。

九、采样方案制定示例

[例]　一处 8000t 的筛选煤煤堆，高约 4m，堆积密度 0.8t/m^3，预采用 GB/T 475—2008 基本采样方案，按一个采样单元、分成 2 层（每层 2m）采样，子样应如何布置？

解： ① 按式(2-2) 计算子样数：

$$N=n\times\sqrt{\frac{M}{1000}}=60\times\sqrt{\frac{8000}{1000}}=70 \tag{2-5}$$

② 计算煤堆体积：

$$V=\frac{M}{D}=\frac{8000}{0.8}=10000\text{m}^3 \tag{2-6}$$

③ 按式(2-3) 计算子样间隔：

$$d_1=\sqrt{\frac{V}{Nh}}=\sqrt{\frac{10000}{170\times 2}}=5.42\text{m} \tag{2-7}$$

于煤堆顶部任一距边缘 $\frac{1}{2}\times 5.42=2.71\text{m}$ 处采取第 1 个子样，然后按网格分布法每隔 5.42m 采取 1 个子样，直至顶部层采完；待顶部煤均匀卸去 2m 后，再按相同方法进行第 2 层采样。

十、思考题

1.什么叫采样？采样的目的、基本原则和基本过程是什么？

2.什么叫煤样？什么叫商品煤样？

3.子样、总样、采样单元和批的概念是什么？

4.什么是时间基采样？GB/T 475—2008规定的人工采样的基本采样方案是什么？它在什么情况下适用？

5.什么是基本采样单元？如何确定采样单元数？

6.GB/T 475—2008人工采样的基本采样方案如何确定子样数？

7.如何进行移动煤流系统采样？

十一、知识扩展

[1] 张宪民，单天泉，李海量.浅谈如何提高商品煤人工采样精密度[J].煤质技术，2013，A01：65-66.

[2] 刘占宾，刘秀玲，姚健.神华准混煤堆人工采样精密度测定[J].煤质技术，2011，C00：58-60.

（云南省煤炭产品质量检验站 杜伟执笔）

实验二 煤样的制备
（参考GB 474—2008）

一、实验目的

1.理解煤样制备环节在煤炭检测中的意义。

2.理解各制备程序及作用。

3.掌握全水分煤样、一般分析煤样和存查煤样的制备。

二、制备总则

1.试样制备的目的和基本要求

（1）试样制备的目的 通过破碎、缩分、混合和干燥等步骤将采集的煤样制备成能代表原来煤的分析（实验）用煤样。

（2）试样制备的基本要求 煤样无偏倚地被制备，组成和特性不发生变化，不被污染。

2.制样程序和各程序的作用

（1）试样制备的程序 试样制备的程序包括混合、破碎、缩分，有时还包括空气干燥和筛分。

（2）各程序的作用

① 混合的作用：增加煤样中各种颗粒的分散度，以减小缩分误差。

② 破碎的作用：减小试样粒度，增加试样颗粒数，以减小缩分误差。

③ 缩分的作用：减少试样质量，使之达到分析实验所需的程度，或将试样分成若干分离的部分。

④ 空气干燥的作用：除去煤样中部分水分，使之顺利通过破碎机和缩分机；

使煤样达到空气干燥状态（和环境湿度达到接近平衡），使实验过程中煤样水分变化达到最小程度，保证分析实验结果的准确度和精密度；

测定煤样的外在水分。

⑤ 筛分的作用：将试样分成不同粒度的组分，得到需要粒度范围的样品；将大于要求粒度范围的煤样分离出来进一步破碎。

三、制样设备

1. 颚式破碎机

颚式破碎机见图 2-10。

图 2-10　颚式破碎机

2. 密封锤式破碎缩分机

密封锤式破碎缩分机见图 2-11。

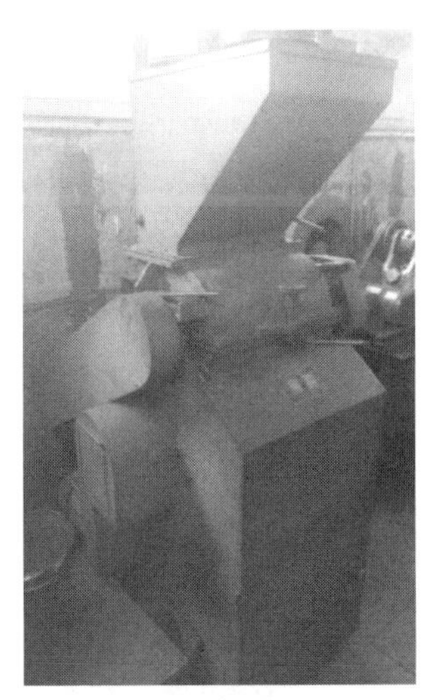

图 2-11　密封锤式破碎缩分机

3. 数控式球磨机

数控式球磨机见图 2-12。

图 2-12　数控式球磨机

4. 二分器

二分器见图 2-13。

图 2-13　二分器

5. 干燥箱

干燥箱见图 2-14。

图 2-14　干燥箱

6. 各种孔径的圆孔筛

各种孔径的圆孔筛见图 2-15。

图 2-15　圆孔筛

四、各种煤样的制备

1. 全水分煤样制备

(1) 一般制样程序　图 2-16 为全水分煤样制备一般程序。

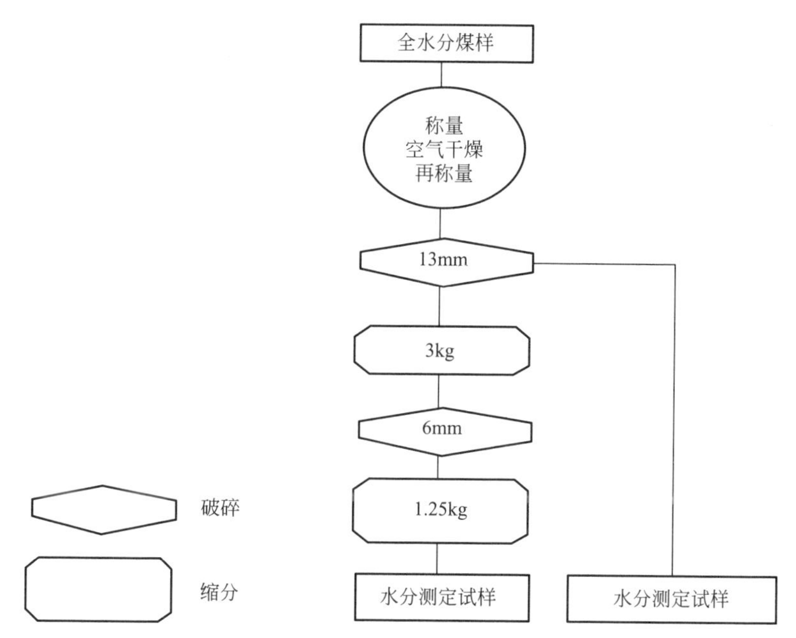

图 2-16　全水分煤样制备流程

备注：该程序仅为示例，实际制样中可根据具体情况调整。

(2) 制备全水分煤样时应该注意的问题

① 当煤样水分较低而且使用无实质性偏倚的破碎和缩分机械时，可一次破碎至 6mm，然后缩分至 1.25kg。

② 如煤样量或粒度过大，则可在破碎到 13mm 粒度之前使用颚式破碎机粗碎。

③ 破碎应使用不明显生热、机内空气流动很小的破碎设备或用人工破碎，以免破碎过程中水分损失。

破碎一般应在空气干燥之后进行，如因煤样粒度过大需先进行破碎时，应事先进行偏倚实验，证明水分无实质性偏倚。

④ 在实际操作中，全水分煤样缩分一般分两种情况：粒度 13mm 以上试样缩分和 13mm 以下试样缩分。13mm 以上试样缩分一般应在空气干燥之后进行；13mm 以下试样缩分分两种情况：一种是用九点法直接缩取出 3kg 水分实验试样；另一种是用机械法或人工法缩分出 3kg，破碎到 6mm 粒度后再缩分出 1.25kg。在后一种情况下如煤样在破碎到 13mm 前已经空气干燥，或者煤样水分较低，直接缩分不会导致实质性偏倚，则不必再进行空气干燥。

2. 一般分析实验煤样制备

（1）一般制样程序　图 2-17 为一般分析实验煤样制备的一般程序。该图为 4 阶段制样程序，每个阶段由干燥（需要时）、破碎、混合（需要时）和缩分构成。为了减少缩分误差，实际制样中制样阶段应尽量少，一般为 2～3 个。必要时可根据具体情况改变各阶段的粒度和留样量，但每个阶段的缩分后试样粒度和质量应符合 GB 474—2008《煤样的制备方法》中表 1 的要求。

一般分析实验煤样的粒度、质量和完整性应满足一般参数测定有关国家标准要求。

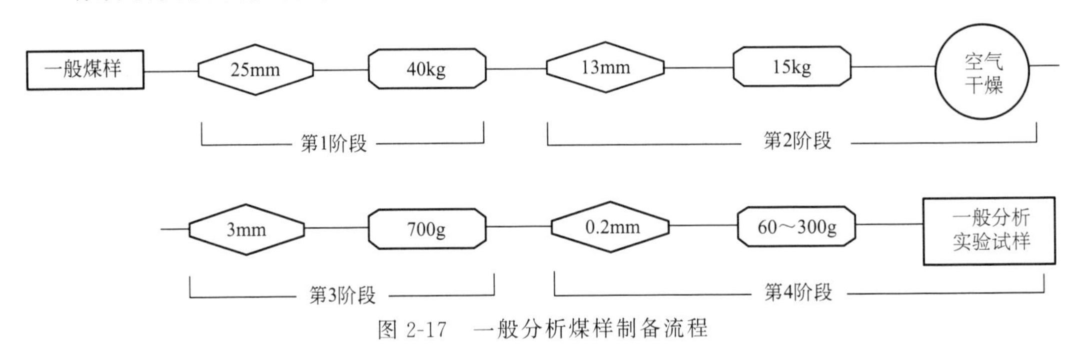

图 2-17　一般分析煤样制备流程

（2）一般分析实验煤样制备需要注意的问题

① 制样守则。除非制备有粒度范围要求的分析实验煤样，一般不要采用逐级破碎法，即将粒度大于要求粒度的煤样筛分出来、破碎到要求粒度后与原样合并，然后进一步制备。因为，此时很难将两部分煤样混合均匀，从而导致缩分误差。

制备有粒度范围要求的分析实验煤样时，每次缩分前应将煤样充分混匀，并用二分器缩分。

② 空气干燥。空气干燥的目的有两个，一是为了使试样顺利通过破碎机和缩分器；另一是为了使试样在随后的分析实验过程中水分不发生显著变化，提高分析的准确度和精密度。前一目的的干燥只在试样过湿、不能顺利通过破碎或缩分设备时进行，而且不必使煤样与大气达到湿度平衡；后一目的的干燥一般在制样最后阶段进行而且煤样必须与大气达到湿度平衡。

空气干燥可在任一制样阶段进行。

③ 破碎。破碎应使用机械方法。如煤样粒度太大，则可用人工方法将大块破碎到破碎机的最大供料粒度以下；如煤样过湿，则应先进行空气干燥，也可改用人工破碎，如滚压、碾等方式。

在使用机械破碎时，应尽可能将煤样一次破碎到较小粒度如 3mm，以减少制样阶段，减小缩分误差，同时减小下阶段的制样工作量。

④ 缩分。缩分最好用机械方法，如用人工方法应首选二分器法，其次是棋盘法和条带法并至少取 20 个子样，最后是堆锥四分法。粒度小于 13mm 时，应使用二分器法。

⑤ 粒度小于 3mm 试样的特殊处理。粒度小于 3mm 的试样，如使之全部通过 3mm 圆孔筛，则可用二分器缩分出不少于 100g 的煤样，直接粉碎到 0.2mm，制成一般分析实验

煤样。

⑥ 装瓶。在将煤样粉碎到 0.2mm 粒度之前，应用磁铁吸去其中的铁屑，再粉碎到全部通过孔径 0.2mm 的筛子，然后使之达到空气干燥状态，再装入煤样瓶。装煤量不应超过煤样瓶容积的 3/4，以便取样时混合。

3. 共用煤样制备

（1）共用煤样制备程序　图 2-18 为全水分和一般分析实验共用煤样的制备程序。

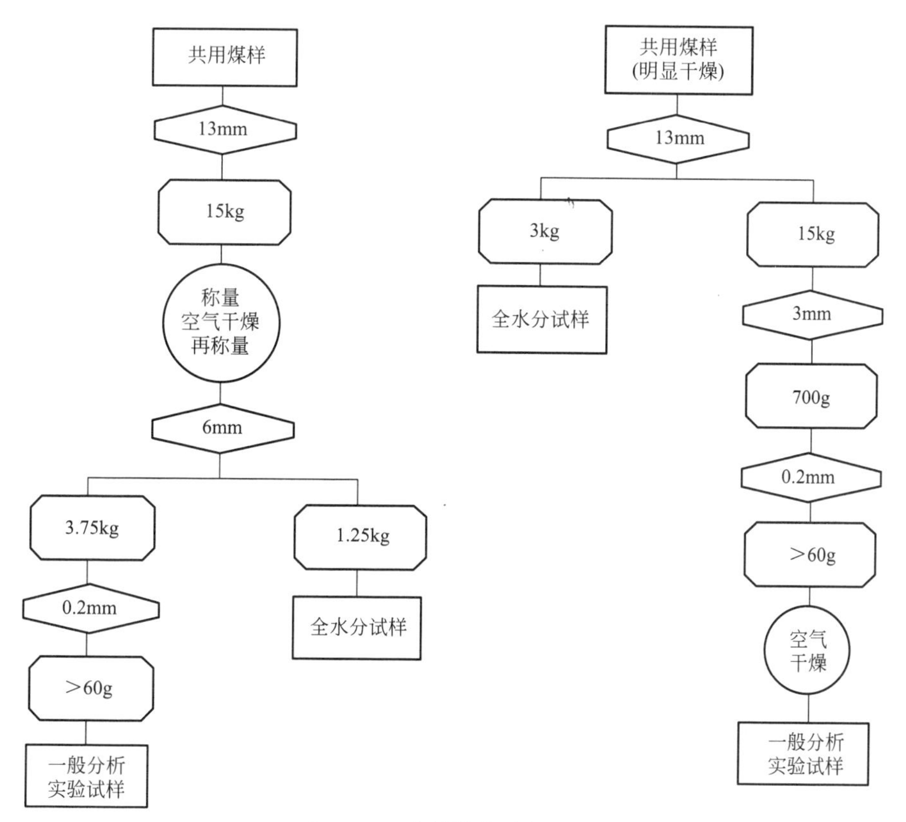

图 2-18　共用煤样制备流程

制备该种共用煤样时，应同时满足 GB/T 211 和一般分析实验项目国家标准的要求，包括试样粒度、试样量和试样完整性等。

图 2-18 给出两个程序，左图所示程序用于水分较高的煤样制备，与图 2-16 全水分煤样制备程序图相比，由于此时试样量较大，难以全部进行空气干燥，故先破碎、缩分再干燥。此时应使用水分无显著损失的密封破碎和缩分设备，如做不到这点，则应先空气干燥再破碎和缩分。

（2）全水分煤样的分取

① 用机械缩分法取全水分煤样。

② 用九点法抽取全水分煤样：用堆锥法将试样掺和一次后摊开成厚度不大于标称最大粒度 3 倍的圆饼状，然后用取样铲从图 2-19 所示的 9 点中取 9 个子样，合成一全水分试样。

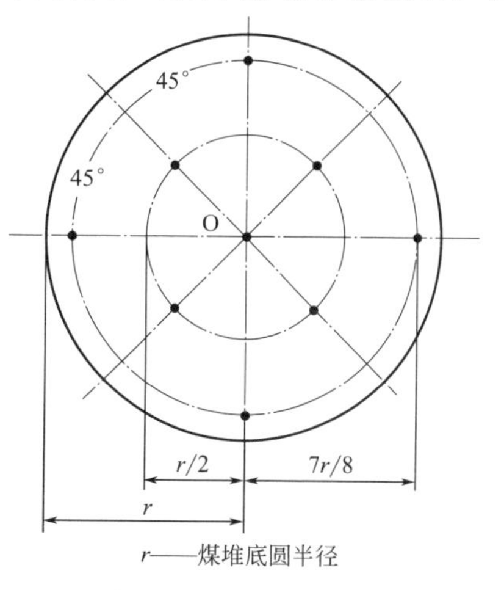

图 2-19　九点取样法

注意事项：本实验推荐二分器法和九点法分取。为避免水分损失，空气干燥前的煤样应尽量少处理（破碎、缩分和混合等），空气干燥后的煤样处理也应遵守全水分煤样制备规定。抽取全水分试样后余下的煤样，除九点法取样的余样外，可用以制备一般分析实验煤样。分取全水分煤样后的留样用以制备一般分析煤样。但用九点法抽取全水分煤样的余样，不能用以制备一般分析煤样，必须先将其分成两部分，一部分制全水分煤样，另一部分制一般分析煤样。

4. 有特殊粒度范围要求的试样煤样制备

制备有粒度范围要求的专用煤样，如可磨性和黏结指数测定用煤样时，应用对辊破碎机破碎并采用逐级破碎法，即试样破碎后用筛分法分出粒度大于粒度范围上限的试样，需要时也分出粒度小于粒度范围下限的试样；将粒度大于粒度上限的试样返回破碎机破碎，然后再筛分再破碎，直到全部试样通过粒度范围上限筛。用逐级破碎法制备试样时，每次缩分前必须将试样充分混匀，并最好用二分器缩分。混合最好用机械方法或用二分器法。用后一种方法时，将煤样反复多次（至少 3 次）通过二分器，每通过一次后将两侧试样合并，再通过二分器。

5. 存查煤样制备

存查煤样应在分析实验煤样制备的同时，于制样过程中的任一阶段分取。存查煤样的质量和粒度根据实验室的储存能力和煤的特性而定，但其粒度应尽可能大，量应尽可能多。存查煤样的粒度和质量应匹配，即满足 GB/T 19494.2 或 GB 474 规定的相应粒度的总样的缩分后最小质量的要求。如无特殊需要，一般可以取 100g 粒度为 3mm 的试样为存查煤样。存查煤样的保存期根据需要和实验室的存放能力而定，其最长期限不能超过煤炭品质发生显著变化的最短时间。对商品煤样，一般存放期限为从结果报出日算起的 2 个月。

五、思考题

1. 煤样制备的重要意义是什么？
2. 煤样制备包括哪些程序？各程序的作用是什么？
3. 什么是二分器缩分法？如何操作？
4. 什么是堆锥四分缩分法？如何操作？
5. 如何制备全水分煤样？应注意什么问题？
6. 查煤样的作用是什么？如何制备存查煤样？

六、知识扩展

1. 什么叫空气干燥？空气干燥的目的是什么？

将煤样暴露在实验室大气中，使之部分或全部脱去外在水分的过程称之为空气干燥。空气中干燥的目的有以下三个方面：

① 除去煤样中部分水分，使之顺利通过破碎机和缩分机；

② 使煤样达到空气干燥状态（和周围大气湿度达到接近平衡），使实验过程中煤样水分变化达到最小程度，保证分析实验结果的准确度和精密度；

③ 测定煤样的外在水分。

2. 如何对煤样进行空气干燥？煤样达到空气干燥状态的判断标准是什么？

将煤样铺成均匀的薄层（煤层厚度不能超过煤样标称最大粒度的 1.5 倍或为 $1g/cm^3$，哪个厚选用哪个），在环境温度下于大气中暴露至质量恒定，煤样连续干燥 1h 后质量变化不超过总质量的0.1%，即为达到空气干燥状态。煤样水分较高难以顺利通过破碎和缩分设备时，也可先在温度不超过50℃（低阶煤如褐煤则不宜超过45℃）的干燥箱中干燥一定时间，然后取出置于实验室大气中使之达到空气干燥平衡状态。为方便起见，空气干燥可按表2-4规定采用在实验室大气中暴露足够时间的方法进行。

表2-4　不同环境温度下煤样达到空气状态的时间

环境温度/℃	干燥时间/h
20	≤24
30	≤6
40	≤4

3.制备黏结指数、胶质层指数等焦化指标的煤样时，干燥的温度不宜超过40℃，温度过高煤样易氧化，会对测试结果造成较大的影响，导致结果偏低。

［1］　李毓良.浅谈减少煤样制备过程中的误差［J］.煤质技术，2011，1：40-41，47.

［2］　刘建平.煤样制备误差因素分析［J］.煤炭技术，2015，34（3）：295-297.

（云南省煤炭产品质量检验站　杜伟执笔）

实验三　煤炭的筛分
（参考GB/T 477—2008）

一、实验目的

1.了解煤炭筛分实验的作用和意义。

2.基本掌握筛分实验的流程和数据处理。

二、实验设备

1.大筛分的筛子规格

100mm、50mm、25mm、13mm、6mm、3mm和0.5mm，如图2-20～图2-22所示。

图2-20　100mm和50mm筛子

图2-21　25mm和13mm筛子

2.小筛分的筛子规格

0.500mm、0.250mm、0.125mm、0.075mm、0.045mm，如图2-23所示。

图 2-22　6mm、3mm 和 0.5mm 筛子

图 2-23　小筛分套筛

3. 称量设备

500kg、100kg、20kg 的台秤；5kg 的电子台秤。

4. 实验环境要求

筛分应在室内进行，面积不少于 $120m^2$，地面为光滑水泥地，人工破碎区域应铺有钢板，并保证配备除尘通风设施。

三、筛分操作流程

1. 大筛分

一般规定：筛分操作从最大筛孔向最小筛孔进行。如果煤样中大粒度含量不多，可先用 13mm 或 25mm 的筛子筛分，然后对其筛上物和筛下物分别从大的筛孔向小的筛孔逐级进行筛分，各粒级产物应分别称量。如图 2-24 所示。

注意事项如下。

① 筛分煤样应是空气干燥状态，本实验对潮湿且急需筛分的煤样不作要求。

② 根据经验，在实验前（或是收到煤样后）随机采取 10～20 个子样混合成总样制备全水煤样。

③ 必要时对小于 50mm 各粒级的筛分检查是否筛净，方法参照 GB/T 477—2008 标准中“7.1.6 条款”。

④ 完成各粒级的筛分后应制备化验煤样，其质量应符合 GB/T 477—2008 标准中“8.2 条款”。

⑤ 小筛分煤样留取的质量不少于 2kg。

2. 小筛分的操作流程

① 把煤样在温度不高于 75℃的恒温箱内烘干，取出冷却至空气干燥状态后，缩分，称取 200.0g。

② 金属盆盛水的高度约为试验筛高度的 1/3，在第一个盆内放入该次筛分中孔径最小的试验筛。

③ 把煤样倒入烧杯内加入少量清水，用玻璃棒充分搅拌使煤样完全润湿，然后倒入试验筛内，用清水冲洗烧杯和玻璃棒上黏着的煤粉。

④ 在水中轻轻摇动试验筛进行筛分，在第一盆水中尽量筛净，然后再把试验筛放入第二盆水中，依次筛分至水清为止。

⑤ 把筛上物倒入金属盘内，并冲洗粘在筛子上的煤粒，筛下煤泥经过滤后放入另一盘内，然后把筛上物和筛下物分别放入温度不高于 75℃的干燥箱内烘干。

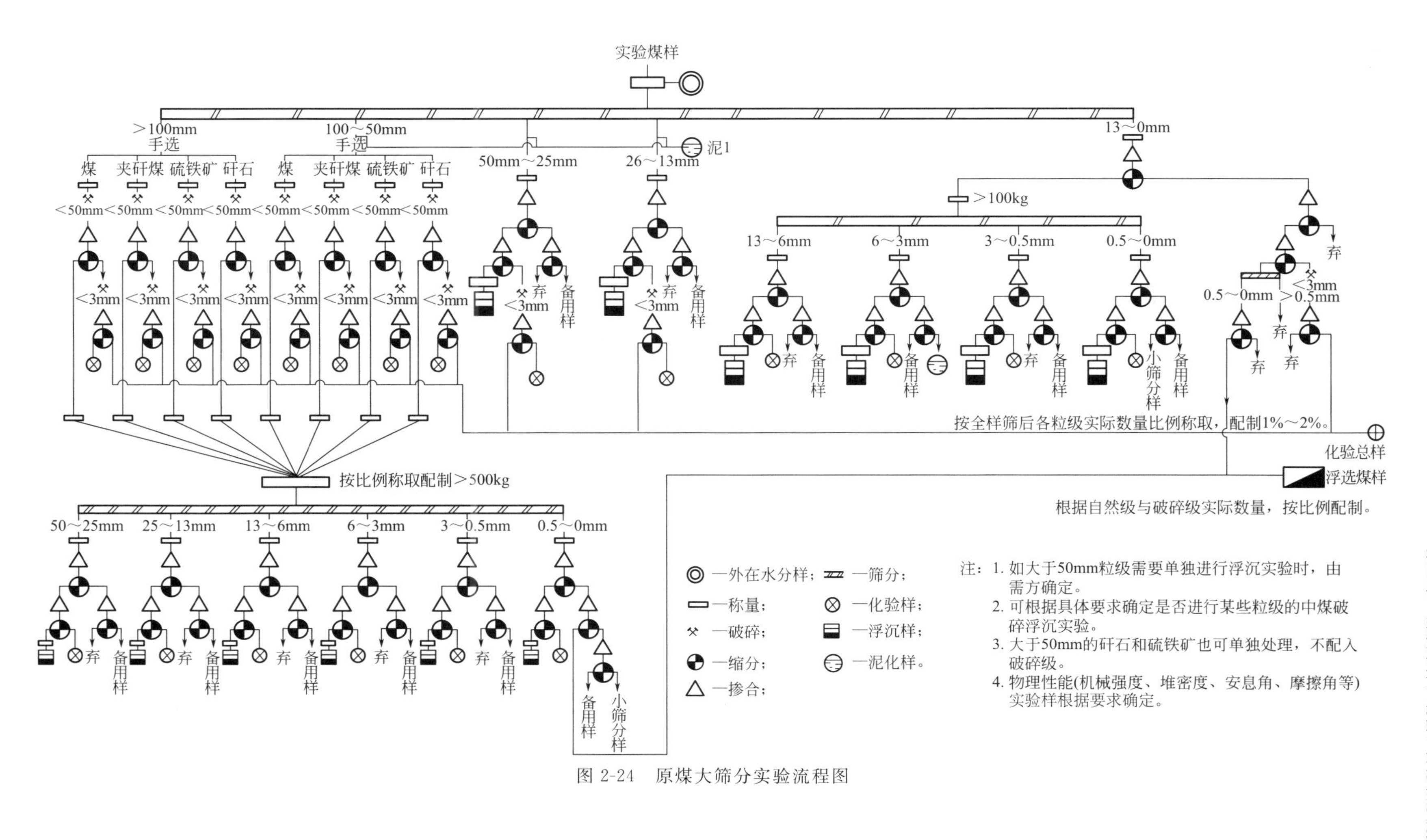

图 2-24　原煤大筛分实验流程图

⑥ 把试验筛按筛孔由大到小自上而下排列好，把烘干的筛上物倒入最上层试验筛上，盖上筛盖。

⑦ 把套筛置于振筛机上，启动机器，每隔 5min 停机一次。检查各粒级是否筛净。

⑧ 筛完后，逐级称量（称准至 0.1g）。

注意事项：筛分过程中不准用刷子或其他外力强制煤粒过筛。

四、数据整理

1. 大筛分实验的准确性验证

筛分前煤样总质量与筛后各粒级产物质量之和的差值不应超过筛分前总质量的 1%；同时总样灰分与各粒级产物灰分加权平均的差值验证，在灰分小于 20%时相对差值不应超过 10%，在灰分大于或等于 20%时绝对差值不应超过 2%，否则该次实验无效。

2. 小筛分实验的准确性验证

筛分后各粒级产物质量之和与筛分前煤样质量的相对差值不应超过 1%；同时用筛分后各粒级产物灰分加权平均值与筛分前煤样灰分的差值验证，当灰分小于 10%时绝对差值不应超过 0.5%，当灰分在 10%～30%时绝对差值不应超过 1%，当灰分大于 30%绝对差值不应超过 1.5%，否则实验无效。

3. 各粒级产率计算

以筛分后各粒级产物质量之和作为 100%分别计算各粒级产物的产率（%）。

五、筛分实验示例

有一洗选设计煤样，总质量为 11015.6kg，最大粒度：360mm×310mm×210mm，现进行筛分实验，请参照标准 GB/T 477—2008 执行。

实验步骤及其结果：

（1）随机采取 15 个子样后混合制备成全水分煤样。

（2）使用 13mm 筛子截筛，然后对其筛上物和筛下物分别从大筛孔向小的筛孔逐级筛分，自然级各粒级产物分别称量。

（3）自然级各粒级产物分别使用机械缩分机缩分 1.40%的煤样用来配制总样。

（4）自然级各粒级产物质量和配制总样的各粒级煤样详见表 2-5。

（5）破碎级各粒级产物质量详见表 2-6。

（6）小筛分各粒级产物质量详见表 2-7。

（7）大筛分实验准确性验证

① 质量的相对差值为：$\frac{11015.6-10980.8}{11015.6}\approx 0.32\%$，此值小于标准规定的限定值；

② 灰分的绝对差值为：$|31.95-30.88|=1.07$，此值小于标准规定的限定值。

大筛分实验准确性验证结论：实验有效。

（8）小筛分实验准确性验证

① 质量的相对差值为：$\frac{200.0-198.6}{200.0}\approx 0.7\%$，此值小于标准规定的限定值；

② 灰分的绝对差值为：$|18.95-19.30|=0.25\%$，此值小于标准规定的限定值。

小筛分实验准确性验证结论：实验有效。

表 2-5　自然级筛分结果

实验编号：××-××

筛分前煤样总质量：11015.6kg，最大粒度（mm）：360×310×210

粒径/mm	产物	各级质量/kg	所占百分比（产率）/%	配制总样时各粒级质量/kg	A_d/%
>100	煤	144.2	1.31	2.02	17.45
	夹矸煤	198.8	1.81	2.78	35.41
	硫铁矿	6.8	0.06	0.10	
	矸石	472.8	4.31	6.62	72.45
	小计	822.6	7.49		
100～50	煤	863.8	7.87	12.09	18.91
	夹矸煤	146.4	1.33	2.05	33.14
	硫铁矿	17.0	0.15	0.24	
	矸石	651.0	5.93	9.11	78.10
	小计	1678.2	15.28		
大于 50 的各粒级产物总质量		2500.8	22.77		
50～25	煤	1836.4	16.72	25.71	18.11
25～13	煤	1469.2	13.38	20.57	20.48
13～6	煤	1689.6	15.39	23.65	19.55
6～3	煤	886.4	8.07	12.41	20.51
3～0.5	煤	2060.8	18.77	28.85	17.48
0.5～0	煤	537.6	4.90	7.53	18.95
小于 50mm 的各粒级产物总质量		8480.0	77.23		
各粒级产物总质量		10980.8	100.00		
原煤总计(除去大于 50mm 级矸石和硫铁矿)/kg		9833.2			
总样			1.40	153.73	31.95

负责：　　　　实验人员：　　　　审核：　　　　日期：

表 2-6　破碎级筛分结果

实验编号：××-××

粒径/mm	产物	各级质量/kg	所占破碎级百分比/%	所占全样百分比/%
50～25	煤	382.4	56.58	5.18
25～13	煤	103.4	15.30	1.40
13～6	煤	94.3	13.95	1.28
6～3	煤	22.8	3.37	0.31
3～0.5	煤	50.8	7.52	0.69
0.5～0	煤	22.2	3.28	0.30
小于 50 的各粒级产物总质量		675.9	100.00	9.16

负责：　　　　实验人员：　　　　审核：　　　　日期：

表 2-7 小筛分实验结果

实验编号：××-××

粒径/mm	各级质量/g	所占百分比(产率)/%	A_d/%
≥0.500	0.0	0.00	
0.500～0.250	78.4	39.48	20.45
0.250～0.125	48.1	24.44	19.21
0.125～0.075	31.3	15.76	20.16
0.075～0.045	22.5	11.33	18.78
<0.045	18.3	9.21	17.88
合计	198.6	100.00	
采取的小筛分试样	200.0		18.95

负责： 实验人员： 审核： 日期：

六、思考题

1. 如何编制筛分实验流程？筛分总样及各粒级产品应进行哪些项目化验？
2. 为什么要规定筛分实验试样总质量？应如何确定？
3. 为什么要对筛分前后煤样质量变化范围作出规定？

七、知识扩展

[1] 刘海军，李军. 提高细粒量多的煤炭筛分试验有效性的做法 [J]. 煤质技术，2010，3：56-58.

[2] 吴继红. 煤炭筛分浮沉试验应注意的问题 [J]. 煤质技术，2014，4：29-31.

（云南省煤炭产品质量检验站 杜伟执笔）

实验四 煤的简易可选性实验（参考 GB/T 30049—2013）

一、实验目的

1. 了解煤样进行可选性实验的目的和意义。
2. 学会浮沉重液的配制，掌握煤炭浮沉实验的步骤。
3. 了解煤炭筛分、浮沉实验结果的综合整理，并根据综合表绘制可选性曲线图。

二、煤的可选性实验的意义

原煤由于矿物质含量高或不同程度地混入了矸石，不利于直接为工业所用。因此，在我国《煤炭工业技术政策》中明确规定：炼焦用煤、出口煤一般要求全部洗选加工。通过洗选可以从煤中选除部分夹矸和较集中的矿物质，降低精煤灰分产率和全硫等有害杂质的含量，改善煤质，提高工业利用价值，减轻环境污染等。

一般来说，外来矸石粒度粗、密度大，容易选除；颗粒细且均匀分布于煤中的原生矿物难以选除。为了达到工业用煤指标而从原煤中选除矿物质的难易程度，称为煤的可选性。在勘探阶段进行可选性研究，可初步了解区内各煤层可选性的好坏，各种洗选产品的回收率和质量。尤其是精煤回收率的高低，是作为选煤设计确定合理的分选比重和工业评价的依据。对选煤厂来说，可根据浮沉实验所得的理论精煤回收率和生产所得的实际精煤回收率及时考查洗选效果。

国家标准 GB/T 478—2008《煤炭的浮沉试验方法》适用于生产大样。煤矿要新建设计选煤厂或对选煤厂进行改造时需做此可选性实验。但是生产大样需要的煤样量较大，实验过程较为繁琐，因此日常生产中较少涉及。GB/T 30049—2013《煤芯煤样可选性试验》针对的是煤芯煤样或是生产型矿井的简易可选性实验；在不具备采取大样的条件下，也可用简易可选性实验来取得必需的资料。因此简易可选性实验在实际生产中应用较多。

大样和简易可选性样二者基本的区别就在于煤样数量的多少和粒度的大小。生产大样作为设计用煤样时一般要求煤样量达到 10t 以上；作为矿井生产用煤样时不少于 5t。生产大样浮沉粒度包括自然级和破碎级，从 50mm 以下对各粒级煤样进行实验。简易可选性实验煤样量一般只要求 5～13kg，粒度为破碎至 13mm 以下的各粒级。故本实验参照标准 GB/T 30049—2013《煤芯煤样可选性试验》编制，只要求对 GB/T 478—2008 做一般性介绍。

三、浮沉实验煤样

① 浮沉煤样的缩制按 GB/T 474—2008 规定执行。应指出大于 50mm 的手选矸石、黄铁矿，因其不影响煤的可选性而不必配入浮沉煤样中。

② 浮沉煤样的质量，可根据实验目的不同有所变化。一般煤样质量应符合表 2-8 的规定。

表 2-8　浮沉煤样质量

粒级/mm	最小质量/kg	粒级/mm	最小质量/kg
>100	150	13	7.5
100	100	6	4
50	30	3	2
25	15	0.5	1

③ 浮沉煤样必须是空气干燥状态。

四、浮沉实验室

浮沉实验应在浮沉实验室内进行，要求室内面积不小于 $36m^2$，室温不低于 20℃。

五、实验设备

（1）重液桶　陶瓷缸或用塑料板制成，桶高不低于 600mm，容积不少于 50L，如图 2-25 所示；

（2）滤布　选用锦纶或丙纶斜纹的滤布，具体要求参考 JB/T 11094—2011 中滤布要求部分；

（3）密度计　分度值为 $0.002g/cm^3$；

（4）干燥箱　自控温度，带有鼓风机；

（5）台称　最大称量为20kg和5kg各一台，其最小刻度值应符合标准GB/T 478—2008中“表2”的规定。每次称量物料的质量不得少于台秤最大称量的1/5；

（6）电子天平　最大称量为1kg，感量1g；

（7）捞勺　用网孔尺寸为0.5mm的金属丝编织方孔网制成；

（8）搪瓷盘　尺寸不小于46cm×36cm×4cm。

图2-25　重液桶实照

六、筛分实验

① 将煤样晾至空气干燥状态，称量至0.01kg。如在潮湿地区可放入温度不超过35℃的干燥箱中干燥。

② 将煤样用孔径为13mm的筛子过筛，筛上物全部用颚式破碎机破碎至13mm以下。全部煤样按GB/T 477规定进行大筛分和小筛分实验，大筛分实验筛最大孔径为13mm，实验流程见GB/T 477规定。

③ 称量各产物质量，计算产率，并进行灰分化验。

④ 缩取大筛分各粒级产物质量的1/4，按原比例配制化验总样，总样的化验项目需满足可选性实验和判定牌号的最低要求。

⑤ 筛分实验有效性验证具体参照GB/T 30049“5.5”和“5.6”款的规定。

⑥ 汇总大、小筛分结果。

七、浮沉重液的配制（参考国标GB/T 478—2008《煤炭的浮沉试验方法》）

一般选用氯化锌作为浮沉介质。氯化锌易溶于水，可参考表2-9用水配制重液。氯化锌具有腐蚀性，在配制重液和浮沉时避免与皮肤接触，应穿戴胶鞋、口罩、胶皮手套、护目镜和胶皮围裙等劳保用品。

表2-9　浮沉重液配制表

密度/(kg/L)	1.30	1.40	1.50	1.60	1.70	1.80	1.90	2.00
氯化锌含量/%	31	39	46	52	58	63	68	72

配制重液如图2-26所示。

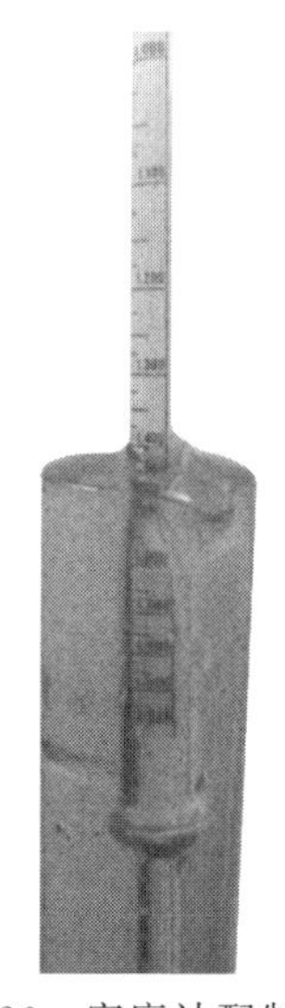

图 2-26　密度计配制重液

八、浮沉实验步骤（参考国标 GB/T 478—2008《煤炭的浮沉试验方法》）

（1）煤样可按以下密度分成不同的密度级：1.30kg/L、1.40kg/L、1.50kg/L、1.60kg/L、1.70kg/L、1.80kg/L、2.00kg/L。无烟煤浮沉实验可根据具体情况适当增减某些密度级。

（2）将配好的重液（密度值准确到 0.003kg/L）装入重液桶，按密度大小依次排好。每桶重液的液面不低于 350mm。用最低一个密度的重液再装入另一个重液桶中，作为每次实验时的缓冲溶液使用。

（3）浮沉一般是从低密度逐渐向高密度顺序进行。如果煤样中含有易泥化的矸石或高密度物含量多时，可先在最高的密度液内浮沉，携出的产物仍由低密度至高密度的顺序进行浮沉。如图 2-27 所示。

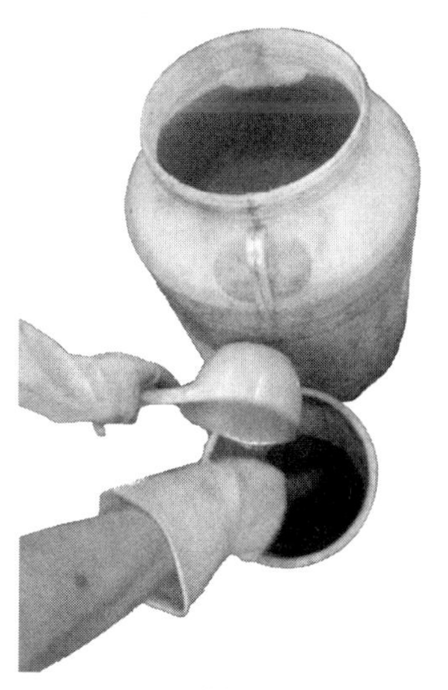

图 2-27　煤样浮沉实图

（4）浮沉实验之前先将煤样称量，放入网底桶内。每次放入的煤样厚度一般不超过

100mm，用水洗净附着在煤块上的煤泥，滤去泥水再进行浮沉实验。收集同一粒级冲洗出的煤泥水，用澄清法或过滤法回收煤泥，干燥后称量。此煤泥通常称为浮沉煤泥。

（5）进行浮沉实验时，将盛有煤样的网底桶放在最低密度的缓冲液内浸润一下（同理，如先浮沉高密度物，也应在该密度的缓冲液内浸润一下），然后提起斜放在桶边上滤尽重液，再放入最低密度的重液桶内，用木棒轻轻搅动或将网底桶缓缓地上下移动。使浮物静止分层，分层时间不少于下列规定：

① 粒度大于 25mm 时，分层时间为 1～2min；

② 最小粒度为 3mm 时，分层时间为 2～3min；

③ 最小粒度为 1～0.5mm 时，分层时间为 3～5min。

（6）按一定方向小心地使用捞勺捞取浮物，捞取深度不得超过 100m。捞取时，注意勿使沉物搅起混入浮物中。待大部分浮物捞出后再用木样搅动沉物，然后用上述方法捞取浮物。反复操作，直到捞尽为止。如图 2-28 所示。

图 2-28　浮物捞取和冲洗实图

（7）将装有沉物的网底桶慢慢提起，斜放在桶边上，滤尽重液，然后再把它放入下一个密度的重液桶中。用同样方法顺序进行，直到该粒级煤样全部做完为止。最后将沉物倒入盘中。在实验中应注意回收氯化锌溶液。

（8）在整个实验过程中，应随时调整重液的密度，保证密度值的准确。

（9）各密度级产物应分别滤去重液，用水冲净产物上残存的氯化锌（最好用热水冲洗），然后放入温度不高于 100℃的干燥箱内干燥。干燥后取出冷却，达到空气干燥状态再称量。

（10）测定各密度级产物的产率，并将各密度级产物按 GB/T 474—2008 制成分析煤样，进行化验分析（一般测水分、灰分）。根据要求增减分析化验项目。当原煤的全硫超过 1.5%时，各密度级都应测定全硫（$S_{t,d}$）。

九、浮沉实验结果的整理

（1）各密度级产物的产率和灰分用百分数表示，取到小数点后两位。

（2）浮沉实验误差

① 浮沉实验前空气干燥状态的煤样质量与浮沉实验后各密度级产物的空气干燥状态质量之和的差值，不得超过浮沉实验前煤样质量的 2%，否则应重新进行浮沉实验。

② 浮沉实验前煤样灰分与浮沉实验后各密度级产物灰分的加权平均值的差值应符合下列规定：

煤样灰分<15%时，相对差值不得超过 20%，即式(2-8)：

$$\left|\frac{A_d-\overline{A}_d}{A_d}\right|\times100\%\leqslant20\% \tag{2-8}$$

煤样灰分≥15%时，相对差值不得超过 3%，即式(2-9)：

$$|A_d-\overline{A}_d|\leqslant3\% \tag{2-9}$$

式中，A_d 为浮沉实验前煤样的灰分，%；$\overline{A}_d$ 为浮沉实验后各密度级产物的加权平均灰分，%。

（3）将原煤总样、各粒级筛分和浮沉结果填入筛分浮沉实验报告表中。

（4）汇总 13～0.5mm 粒级原煤浮沉实验综合表，并绘制可选性曲线。可选性曲线包含：浮物曲线 β、沉物曲线 θ、密度曲线 δ、灰分特性曲线 λ 和密度±0.1 曲线 ε。曲线绘制可采用计算机软件实现。

十、示例

有一生产型煤矿井下煤芯煤样，样重 5.375kg，请进行简易可选性实验，并绘制可选性曲线和判定牌号。

实验过程如下：

（1）进行大、小筛分实验，并称量各粒度产物，计算产率　汇总见表 2-10 和表 2-11。

表 2-10　大筛分实验报告表

实验编号：　2018×—××　　实验日期：2018 年 7 月 30 日至 8 月 3 日

灰分（A_d）：　20.20　%　　试样质量：　5.375　kg

全硫（$S_{t,d}$）：　1.51　%

粒级/mm	质量/kg	产率/%	质量特征		
			M_{ad}/%	A_d/%	$S_{t,d}$/%
13～6	2.355	43.937	1.08	21.44	1.44
6～3	1.345	25.093	1.08	19.09	1.24
3～0.5	0.960	17.910	1.09	18.28	1.25
0.5～0	0.700	13.060	1.04	18.23	1.19
合计	5.360	100.000	1.08	19.87	1.32

表 2-11　煤粉（0.5～0mm）筛分实验报告表

实验编号：　2018×—××　　实验日期：

实验前质量：　200.00g　　灰分（A_d）：

粒度级别/mm	质量/kg	产率/%	A_d/%	$S_{t,d}$/%
0.500～0.250	68.63	34.32	19.41	0.44
0.250～0.125	52.15	26.08	19.16	0.45

续表

粒度级别/mm	质量/kg	产率/%	A_d/%	$S_{t,d}$/%
0.125～0.075	37.43	18.72	19.58	0.46
0.075～0.045	23.81	11.92	20.83	0.45
< 0.045	17.91	8.96	25.42	0.41
合计	199.93	100.00	—	—

（2）配制化验总样　按标准制备分析煤样和存样，并用 1.40g/cm^3 的重液浮煤，判定牌号。化验结果见表 2-12。

表 2-12　煤样煤质结果汇总

来样编号	实验编号	工业分析					全硫	各种形态硫			发热量	黏结指数	煤的分类		
		M_{ad}	A_d	V_{daf}	焦渣特征	FC_{ad}	$S_{t,d}$	$S_{p,d}$	$S_{s,d}$	$S_{o,d}$	$Q_{gr,d}$	$G_{R.I}$	类别	代号	编码
		%	%	%	1～8	%	%	%	%	%	MJ/kg				
××煤矿井下煤芯煤样	2018×-××	0.94	20.20	22.30	6	61.42	1.51	0.89	0.04	0.58	27.55	—	—	—	—
	浮煤	0.76	11.02	18.23	7	72.20	1.13	—	—	—	—	73	焦煤	JM	15

（3）大小筛分有效性验证　结论：大小筛分有效（见表 2-13）。

表 2-13　筛分有效性验证

质量			灰分			
计算核查	（计算）	判定结果	判定结果		灰分（计算）	灰分（测值）
大筛分级	0.28%	<2%	灰分<20%	相对差值≤15%	1.66	20.20
			灰分≥20%	绝对差值≤3%	0.33	20.20
小筛分级	0.02%	<1%	—	—	—	—

（4）汇总各粒度级和煤泥的筛分浮沉结果　见表 2-14 和表 2-15。

表 2-14　筛分浮沉实验综合报告表

实验编号	2018×-××						实验日期		2018 年 7 月 30 日至 8 月 3 日			
密度级/(g/cm^3)	13～6mm			6～3mm			3～0.5mm			13～0.5mm		
	产率/%	灰分/%		产率/%	灰分/%		产率/%	灰分/%		产率/%	灰分/%	
	43.937	21.44		25.093	19.09		17.910	18.28		86.940	20.11	
	占本级产率/%	占全样产率/%	灰分产率/%	占本级产率/%	占全样产率/%	灰分产率/%	占本级产率/%	占全样产率/%	灰分产率/%	占本级产率/%	占全样产率/%	灰分产率/%
<1.30	0.00	0.000	0.00	0.00	0.000	0.00	0.00	0.000	0.00	0.00	0.000	0.00
1.30～1.40	33.09	14.457	13.33	50.26	12.560	11.49	58.36	10.394	9.95	43.25	37.411	11.77

续表

实验编号	2018×-××						实验日期		2018年7月30日至8月3日			
密度级/(g/cm^3)	13～6mm			6～3mm			3～0.5mm			13～0.5mm		
	产率/%	灰分/%		产率/%	灰分/%		产率/%	灰分/%		产率/%	灰分/%	
	43.937	21.44		25.093	19.09		17.910	18.28		86.940	20.11	
	占本级产率/%	占全样产率/%	灰分产率/%	占本级产率/%	占全样产率/%	灰分产率/%	占本级产率/%	占全样产率/%	灰分产率/%	占本级产率/%	占全样产率/%	灰分产率/%
1.40～1.50	42.87	18.728	19.38	29.21	7.298	19.69	23.82	4.242	19.35	35.00	30.269	19.45
1.50～1.60	13.03	5.695	26.76	9.70	2.424	27.72	5.57	0.992	29.37	10.53	9.111	27.30
1.60～1.70	4.27	1.865	32.06	3.30	0.825	33.09	2.23	0.397	34.68	3.57	3.088	32.67
1.70～1.80	2.42	1.055	38.05	2.99	0.748	38.46	2.65	0.471	38.70	2.63	2.275	38.32
1.80～2.0	0.67	0.295	47.87	1.14	0.284	46.91	1.95	0.347	44.58	1.07	0.926	46.34
>2.0	3.65	1.595	71.32	3.41	0.851	69.20	5.43	0.967	60.62	3.95	3.414	67.76
合计	100.00	43.691	21.42	100.00	24.990	19.35	100.00	17.811	18.01	100.00	86.492	20.12
煤泥	0.56	0.245	27.77	0.41	0.103	33.17	0.55	0.099	34.70	0.52	0.448	30.55
总计	100.00	43.937	21.46	100.00	25.093	19.40	100.00	17.910	18.10	100.00	86.940	20.17

表 2-15　13～0.5mm 粒级浮沉实验综合表

实验编号	2018×-××			实验日期		2018年7月30日至8月3日		
密度级/(g/cm^3)	产率/%	灰分/%	浮物累计		沉物累计		分选密度±0.1	
			产率/%	灰分/%	产率/%	灰分/%	密度/(g/cm^3)	产率/%
1	2	3	4	5	6	7	8	9
<1.30	0.00	0.00	0.00	0.00	0.00	0.00	1.30	43.25
1.30～1.40	43.25	11.77	43.25	11.77	100.00	20.12	1.40	78.25
1.40～1.50	35.00	19.45	78.25	15.21	56.75	26.48	1.50	45.53
1.50～1.60	10.53	27.30	88.78	16.64	21.75	37.79	1.60	14.10
1.60～1.70	3.57	32.67	92.35	17.26	11.22	47.65	1.70	6.20
1.70～1.80	2.63	38.32	94.98	17.84	7.65	54.64	1.80	3.16
1.80～2.0	1.07	46.34	96.05	18.16	5.02	63.19	1.90	1.07
>2.0	3.95	67.76	100.00	20.12	3.95	67.76	—	—
合计	100.00	20.12	—	—	—	—	—	—
煤泥	0.52	30.55	—	—	—	—	—	—
总计	100.00	20.17	—	—	—	—	—	—

（5）浮沉有效性验证　结论：浮沉有效（见表 2-16）。

表 2-16 浮沉有效性验证

质量			灰分			
计算核查	（计算）	判定结果	判定结果		灰分（计算）	灰分（测值）
浮沉级（13～6）	0.44	＜2％	灰分＜15％	相对差值≤20％	0.08	21.44
			灰分≥15％	绝对差值≤3％	0.02	21.44
浮沉级（6～3）	0.71	＜2％	灰分＜15％	相对差值≤20％	1.64	19.09
			灰分≥15％	绝对差值≤3％	0.31	19.09
浮沉级（3～0.5）	0.82	＜2％	灰分＜15％	相对差值≤20％	0.97	18.28
			灰分≥15％	绝对差值≤3％	0.18	18.28

（6）绘制可选性曲线 见图 2-29。

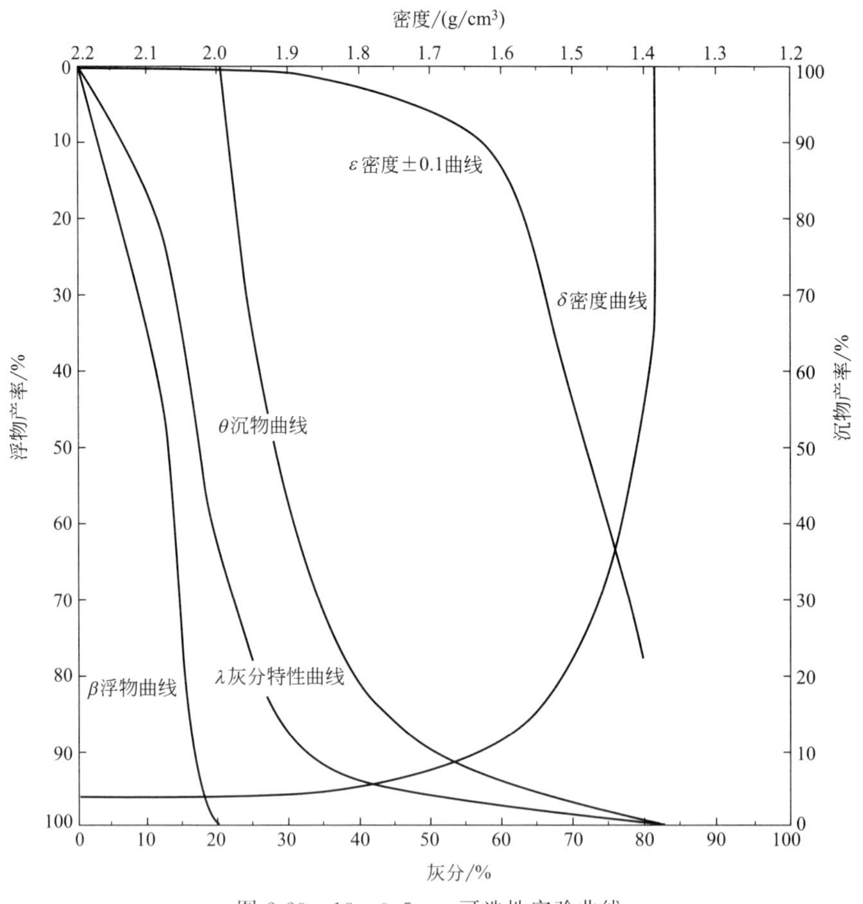

图 2-29 13～0.5mm 可选性实验曲线

十一、可选性曲线的绘制

1. 可选性曲线

共有五条：浮物曲线（β）、沉物曲线（θ）、密度曲线（δ）、灰分特性曲线（λ）、密度±0.1 曲线（ε）。详见图 2-29。

取长宽各为 200mm 的方格纸，用纵坐标表示产率的百分数，横坐标表示灰分百分数，方格的顶部横向从右至左表示密度。在方格纸的左侧的纵轴上，标出浮物的质量分数，上端为0，下端为100％，中间分为100等份；在右侧的纵轴上标出沉物的质量分数，下端为0，上端为100％，与左侧纵轴方向正相反。

（1）浮物曲线（β）　将表2-15中第4、5栏数据在坐标纸上由上而下、由左至右地标出相应的各点，将这些点连成平滑的曲线，即可得出浮物曲线（β）。该曲线表示浮煤的累计产率和其累计灰分的关系，利用它可以查出某一精煤（浮煤）灰分的精煤理论产率。

（2）沉物曲线（θ）　沉物曲线表示沉物累计产率和累计灰分的关系。因浮物产率＋沉物产率＝100％，所以右边的纵坐标是从下向上标度的，沉物曲线的上部起点，一定是原煤灰分的数量。下部终点与λ曲线相一致。依据浮沉实验综合表2-15中第6、7两栏的数据，找出各点，连成一条平滑曲线，即为沉物曲线θ。

（3）密度曲线（δ）　在图的上横坐标由右向左标出密度数量，密度（g/cm^3）从1.3～2.0，将－1.3、－1.4、－1.5、－1.6、－1.7、－1.8、－2.0与相应产率（表2-15中第4栏数据）得到的各点连成一条平滑曲线即密度曲线δ。在此曲线上的任意一点，即可在左边纵轴上找出相应的浮物产率，从而可选择适当的分选密度。

密度曲线的形状还表示煤粒的密度和数量在原煤中的变化关系。例如：δ曲线上段近于垂直的线段表示原煤中的低密度的煤粒很多；曲线的另一端距离下面的横坐标较远并且接近于水平，这表示原煤中高密度的矸石较多。而曲线的中间过渡线斜率变化越缓慢，表示中间密度煤粒越多。

（4）灰分特性曲线（λ）　λ曲线表示煤中浮物（或沉物）产率与分界灰分的关系，用表2-15中第3、4栏数据绘制而成。先用第4栏数据在左纵坐标上定出相应点并分别画横坐标平行线，将－1.3、1.3～1.4、1.4～1.5、1.5～1.6、1.6～1.7、1.7～1.8、1.8～2.0和＋2.0各密度级产率在图上用七条横线隔开，然后用表2-15中第3栏数据在下横坐标上定出相应的点，并向上做垂线。由于第3栏数据为各密度物的平均灰分，因此，把各密度物平均灰分标在相应的各密度物产率的中点上，连接各点为一平滑曲线，即为λ曲线。λ曲线的起点必须与β曲线的起点相重合，λ曲线的终点必须与θ曲线的终点相重合，λ曲线上任何一点都表示某一密度范围无限窄的密度物的灰分，λ曲线以下部分的面积代表该煤的总灰分量，总灰分量被煤的总质量除即为总平均灰分。

（5）密度±0.1曲线（ε）　在浮沉实验综合表中，只有几个分选密度的条件下，很难满足选煤工作人员要求。在生产实践中，需要知道在任意情况下的可选性难易情况，因而要绘制ε曲线。

依据浮沉实验表中的密度和产率两栏计算密度±0.1含量。利用浮沉实验综合表2-15中的第8、9两栏数据绘制密度±0.1含量曲线。

曲线上任意一点，即为该分选密度条件下的±0.1的含量，根据可选性等级标准，确定其等级。

2.可选性曲线的应用

可选性曲线能全面、细致地反映出原煤性质，帮助选煤工作者判断一些选煤的工艺问题，查找理论工艺指标。可选性曲线的用途是：确定理论分选指标，判定煤的可选性难易和评价选煤效率。

十二、思考题

1.针对示例，密度液在1.30g/cm^3和1.40g/cm^3之间是否有必要增加一级浮煤？密度液配制在多少较为合适？

2. 如何利用可选性曲线判定煤炭可选性等级?(具体方法参照 GB/T 16417—2011)

十三、知识扩展

[1] GB/T 478—2008 煤炭的浮沉试验方法.

[2] GB/T 16417—2011 煤炭可选性评定方法.

[3] 张名泉,朱长生,赵彩凤,等.滇东北镇雄煤田晚二叠系煤中硫的可选性[J].煤田地质与勘探,2008,4:34-36.

[4] 周娉,崔彬,肖正辉,等.大方理化煤矿煤质特征及可选性研究[J].中国矿业,2011,8:95-97.

[5] 周娉,崔彬.滇东旧堡煤矿煤的可选性研究[J].煤炭科技,2011,4:88-89.

(云南省煤炭产品质量检测站 杜伟执笔)

第三章
煤的工业分析、元素分析和发热量的测定

煤的工业分析与元素分析是煤质分析的基本内容，工业分析和元素分析的结果与煤的成因、煤化度以及岩相组成有密切的关系。煤的工业分析包括水分、灰分和挥发分以及固定碳4个项目，用作评价煤质的基本依据。根据煤的水分和灰分的测定结果，可以大致了解煤中有机质或可燃物的百分含量，根据煤的挥发分产率可以了解煤中有机质的性质，浮煤挥发分产率又是煤分类的主要指标。通常水分、灰分和挥发分直接测定，固定碳以差减法得出。从广义上说，煤的工业分析还包括煤的发热量和煤中全硫测定。为了工作上的方便，一般不将煤的发热量和煤中全硫测定列为工业分析。煤的最高内在水分又称为平衡水，它是指煤的毛细孔达到饱和吸水状态时的水分，或者说是煤在饱和水蒸气（相对湿度为100%）气氛中达到平衡时除去外在水以外的水分。最高内在水分在绝大多数情况下取决于煤的内表面积。在煤的最高内在水分测定中，由于在100%的相对湿度下外在水分很难除去，所以一般系在96%的相对湿度下进行。由于煤的吸水性具有滞后效应（即煤从饱和润湿状态逐步降低平衡水蒸气压测得的含水量比煤从干燥状态逐渐增加平衡水蒸气压测得的含水量高），为保持煤粒原有的吸水特性，所以最高内在水分测定方法标准都是从饱和润湿状态开始湿度平衡，而且使用的煤样不能过分干燥。

煤中硫含量高低与成煤时代的沉积环境有密切关系。煤中硫对炼焦、气化、燃烧都是十分有害的物质，所以硫是评价煤质的重要指标之一。不同形态的硫对煤质有不同的影响，在洗选时脱硫效果也不相同。因此，除测定全硫外还需测定各种形态硫。发热量是动力用煤的主要质量指标。在燃煤工艺过程中的热平衡、耗煤量、热效率等的计算，都是以所用煤的发热量为基础的。

煤中除含有矿物质和水以外，其余都是有机物质。煤中有机质主要是由碳、氢、氧、氮、硫等五种元素组成。其中又以碳、氢、氧为主——其总和占有机质的95%以上。氮的含量变化范围不大，硫的含量则随原始成煤物质和成煤时的沉积条件不同而会有很大的差异。煤中碳含量随着煤的煤化程度的加深而增加，如泥炭 C_{daf} 约占50%～60%，褐煤 C_{daf} 约占60%～75%，无烟煤 C_{daf} 约占90%～98%。相应地，煤中氢和氧的含量则随煤的煤化程度的加深而显著降低。中国煤炭分类标准把 H_{daf} 作为划分无烟煤小类的指标之一。

实验五　煤中全水分的测定
（参考 GB/T 211—2017）

一、实验目的

1. 掌握煤中全水分的测定原理及方法。
2. 了解煤中全水分测定的目的和意义。
3. 了解煤中水分存在的形态。

二、实验原理

称取一定量的粒度为 6mm 的煤样，于 105～110℃下，在氮气流中或空气流中干燥到质量恒定，然后根据煤样干燥后的质量损失计算出全水分。氮气干燥法适用于任何煤种，空气干燥法适用于烟煤和无烟煤，不适用于褐煤。本实验以 GB/T 211 中的方法 B 一步法为例。

煤的外在水分和内在水分之和叫煤的全水分，它代表刚开采出来，或使用单位刚刚接收到货或即将投入使用的状态下的煤的水分。本实验依据的标准 GB/T 211—2017《煤中全水分的测定》中规定了测定全水分的方法有一步法和两步法两种，而每一种方法根据所使用的干燥设备不同又分为通氮干燥、空气干燥以及微波干燥；试样粒度也有 13mm 和 6mm 两种。在两步法中测定外在水分时要求的试样粒度均为 13mm；在一步法中，用通氮干燥时试样粒度必须制备成 6mm 的，在空气干燥中可以用 6mm 或 13mm 粒度的。标准中规定 13mm 粒度的称样量较大，单次称样量就需要 490～510g，但在煤质检测工作中委托检验时客户的送样量经常达不到 13mm 所要求的质量，因此在实际工作中一般用 6mm 粒度试样和一步法进行全水分的测定。

三、仪器设备和实验材料

（1）通氮干燥箱　长沙开元仪器股份有限公司生产的 5E-MIN6150 型充氮干燥箱，带有自动控温和鼓风装置，并能保持温度在 105～110℃范围内。可容纳适量的称量瓶，且具有较小的自由空间，有氮气进、出口，每小时可换气 15 次以上。如图 3-1、图 3-2 所示。

图 3-1　两种不同型号的通氮干燥箱

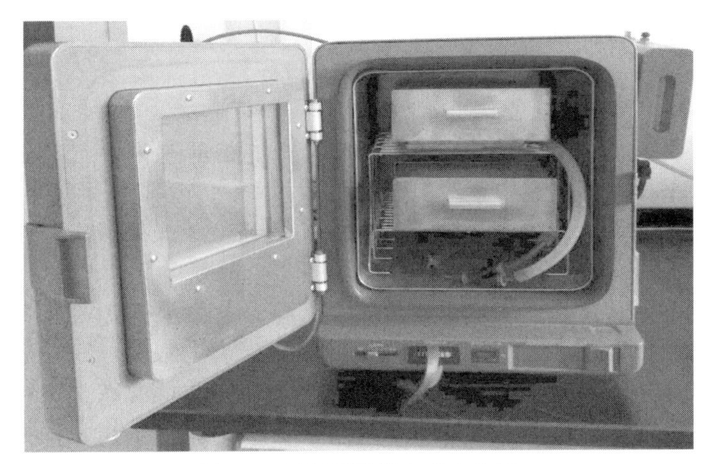

图 3-2　通氮干燥箱内部实物图

（2）空气干燥箱　重庆四达试验设备有限公司生产的 CS101-3EB 型电热鼓风干燥箱，带有自动控温和鼓风装置，并能保持温度在 105～110℃范围内。有气体进、出口，有足够的换气量，每小时可换气 5 次以上。如图 3-3 所示。

图 3-3　空气干燥箱内部实物图

（3）干燥器　内装变色硅胶或粒状无水氯化钙。

（4）玻璃称量瓶　直径 70mm，高 35～40mm，并带有严密的磨口盖。一般选用 70mm×35mm 型号的。

（5）分析天平　分度值 0.001g。

（6）工业天平　分度值 0.1g。

（7）无水氯化钙　化学纯，粒状。

（8）变色硅胶　工业品。

（9）氮气　纯度大于 99.9%，含氧量小于 0.01%。

四、准备工作

① 称取试样之前，应将密封容器中的试样充分混合均匀（混合时间不少于 1min）。

② 预先把玻璃称量瓶烘干，放在干燥器中冷至室温备用。

③ 预先把氮气干燥箱通入氮气，并加热升温到 105～110℃。

④ 空气干燥箱加热升温到105～110℃。

五、测定步骤

① 用预先干燥并称量过（称准至0.001g）的称量瓶迅速称取已制好的煤样10～12g（称准至0.001g），平摊在称量瓶中，盖上瓶盖。

② 打开称量瓶盖，放入预先加热到105～110℃的通氮干燥箱或空气干燥箱中，烟煤干燥2h，无烟煤干燥3h。褐煤必须在通氮干燥箱中干燥3h。

③ 干燥时间到时，从干燥箱中取出称量瓶，立即盖上盖，在空气中冷却约5min，然后放入干燥器中，冷却至室温（约20min），称量（称准至0.001g）。

④ 进行检查性干燥，每次30min，直到两次干燥煤样质量的减少不超过0.01g或质量有所增加为止。在后一种情况下，应采用质量增加前一次的质量作为计算依据。全水分在2%以下时，不必进行检查性干燥。

六、结果处理及精密度

1. 全水分按式(3-1) 计算

$$M_t=\frac{m_1}{m}\times 100 \tag{3-1}$$

式中 M_t——煤中的全水分，%；

m——称取试样的质量，g；

m_1——试样干燥后的质量损失，g。

计算结果修约至小数点后一位。

2. 方法精密度

全水分测定结果的重复性限应符合表3-1的规定。

表3-1 全水分测定结果的重复性限

全水分/%	重复性/%
<10	0.4
≥10	0.5

3. 煤中全水分测定

原始记录可参考表3-2。

表3-2 煤中全水分测定原始记录表

<table>
<tr><td colspan="2">实验编号</td><td colspan="2"></td><td colspan="2"></td></tr>
<tr><td colspan="2">样品名称</td><td colspan="4">□原煤 □焦炭 □褐煤 □其他</td></tr>
<tr><td colspan="2">称量瓶号</td><td></td><td></td><td></td><td></td></tr>
<tr><td colspan="2">瓶+样质量 m_{11}/g</td><td></td><td></td><td></td><td></td></tr>
<tr><td colspan="2">瓶质量 m_{10}/g</td><td></td><td></td><td></td><td></td></tr>
<tr><td colspan="2">样品质量 $m=m_{11}-m_{10}$/g</td><td></td><td></td><td></td><td></td></tr>
<tr><td>第一次干燥质量/g</td><td rowspan="3">m_{12}</td><td></td><td></td><td></td><td></td></tr>
<tr><td>第二次干燥质量/g</td><td></td><td></td><td></td><td></td></tr>
<tr><td>第三次干燥质量/g</td><td></td><td></td><td></td><td></td></tr>
</table>

续表

损失量 $m_1 = m_{11} - m_{12}$/g				
$M_t\left(=\frac{m_1}{m}\times 100\right)$/%				
平均值 M_t/%				
执行标准	□GB/T 211—2017 煤中全水分的测定方法 □GB/T 2001—2013 焦炭工业分析测定方法 □GB/T 28733—2012 固体生物质燃料全水分测定方法			
使用天平号				
使用仪器号				
环境条件	温度______℃　湿度______%			
备注：				

测定者：　　　　审核者：　　　　日期：　　　　年　　　月　　　日

七、注意事项

煤的全水分测定中的关键问题是要保证原来煤样的水分没有损失也没有增加，即从制样到测试前的全过程中煤样中水分没有变化，因此必须注意以下几个问题：

① 采集的全水分保存在密封良好的容器内，并放于阴凉地方。全水分试样送到实验室后应立即测定。制备好的全水分试样如不立即测定，则应准确称量，以便进行水分损失（或吸收）校正。

② 制样操作要快，最好用密封式破碎机。

③ 全水分试样的称取速度要快，称好后应立即盖上磨口瓶盖。

④ 试样在干燥过程中应把瓶盖打开。从干燥器中取出的煤样以及进行每次干燥性检查实验冷却的温度要一致。

八、思考题

1. 什么是煤的全水分？

2. 氮气干燥法和空气干燥法分别适用于什么煤种？

3. 为什么每次称量之前温度冷却要一致？

九、知识扩展

GB/T 2001—2013《焦炭工业分析测定方法》中焦炭全水分的测定。其测定原理与煤的全水分测定一样，但是试样粒度、称取试样的质量、干燥时间、干燥温度和方法精密度不同。请注意比较区分。

实验步骤如下：

① 用已知质量的干燥、清洁的浅盘称粒度小于13mm的焦炭试样（500±10)g，精确到0.1g，平摊在浅盘中。

② 将装有试样的浅盘放入预先鼓风并已加热到170～180℃的干燥箱中。在一直鼓风的条件下干燥1h。

③ 从干燥箱中取出浅盘，冷却5min，称量。

④ 进行检查性干燥，每次10min，直到连续两次干燥煤样质量差不超过1g或质量增加

时为止。计算时取最后一次的质量，若有增加，则采用质量增加前一次的质量为计算依据。焦炭不论全水分是多少都要进行干燥性检查实验。

⑤ 结果的计算：计算公式同式(3-1)。

⑥ 方法精密度：焦炭全水分的重复性限如表 3-3 所示。

表 3-3　焦炭全水分重复性限的规定值

全水分/%	重复性 r/%
＜10	0.4
5～10	0.6
＞10	0.8

（云南省煤炭产品质量检验站　陆松梅执笔）

实验六　煤的最高内在水分的测定（参考 GB/T 4632—2008）

一、实验目的

1. 了解和熟悉煤的最高内在水分在煤炭领域的运用；
2. 掌握和学习煤的最高内在水分测定方法。

二、实验原理

煤样达到饱和吸水后，用恒湿纸除去大部分外在水分，在温度 30℃、相对湿度为 96%，在通氮常压下达到湿度平衡，然后在 105～110℃的温度下干燥，以其质量损失的百分数表示煤的最高内在水分。本实验主要介绍常压测定方法。依据的标准方法为 GB/T 4632—2008《煤的最高内在水分测定方法》。

煤的最高内在水分又称平衡水，它是指煤的毛细孔达到饱和吸水状态时的水分，或者说是煤在饱和水蒸气（相对湿度 100%）气氛中达到平衡时除去外在水以外的水分。由于上述条件很难达到，实际测定时是在温度为 30℃、相对湿度为 96%～97%的条件下达到吸湿平衡时的内在水分。煤的最高内在水分在绝大多数情况下取决于煤的内表面积，因此它与煤的结构和变质程度有一定关系。在煤炭分类中，用最高内在水分将发热量折算成恒湿无灰基高位发热量，据此来划分长焰煤和褐煤。

三、仪器设备及试剂

（1）硫酸钾晶体及其饱和溶液　大约以硫酸钾 10g 和蒸馏水 3mL 的比例混合而成。

（2）氮气　纯度 99.9%，含氧量小于 100μL/L。

（3）干燥剂　硅胶或其他干燥剂。

（4）充氮常压法最高内在水分测定仪　煤炭科学研究院试制工厂生产的 WCN-A6 型最高内在水分测定仪，如图 3-4～图 3-6 所示。能维持温度在（30±0.1）℃，并能连续运转 72h 以上。

（5）振荡机　振幅 40mm，频率 240/min。

（6）充氮干燥箱　如长沙开元仪器股份有限公司生产的 5E-MIN6150 型充氮干燥箱，如图 3-1 和图 3-2，带有自动控温装置，能保持温度在 105～110℃范围内。可以通氮气。

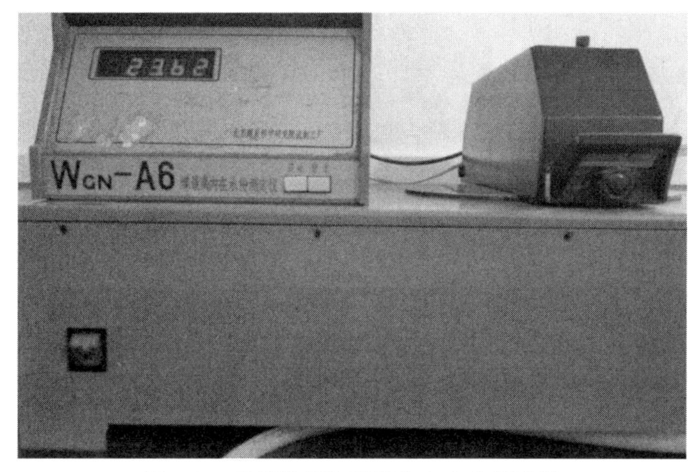

图 3-4　充氮常压法最高内在水分测定仪

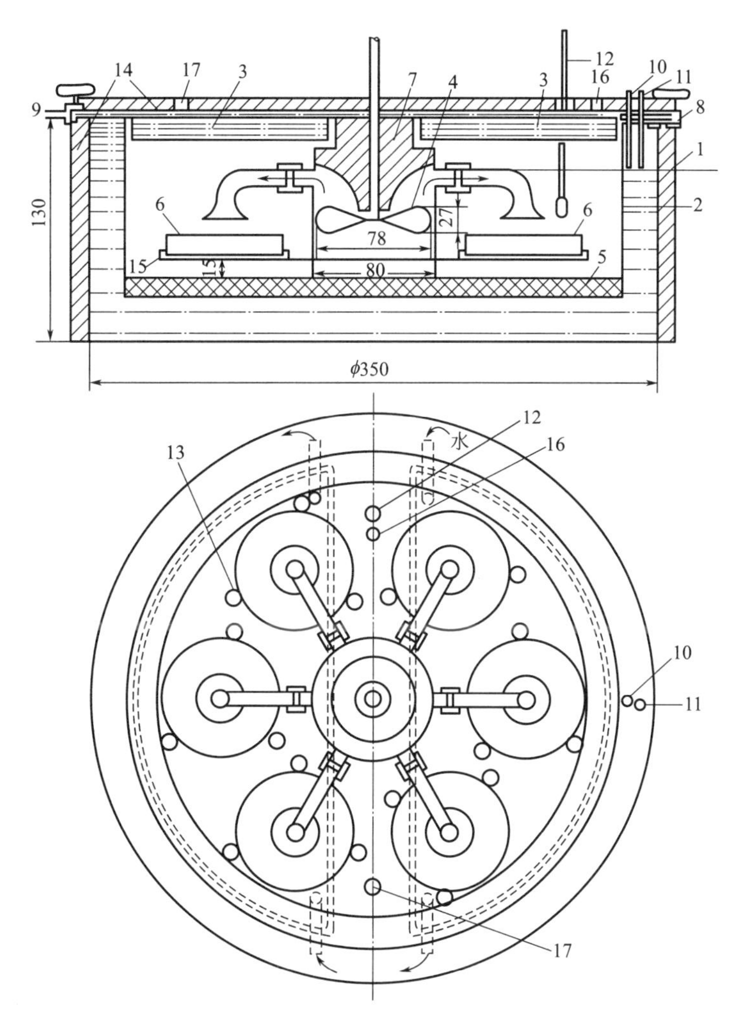

图 3-5　调湿箱内部示意图

1—水槽外壳；2—调湿气器壁；3—双重盖；4—螺旋桨；5—硫酸钾饱和溶液及其结晶；6—样皿；7—赛状气体循环器；8—螺旋夹；9—橡皮衬垫；10—加热器；11—温度控制器；12—温度计；13—样品定位销；14—泡沫塑料；15—样品托架；16,17—氮气出、入口

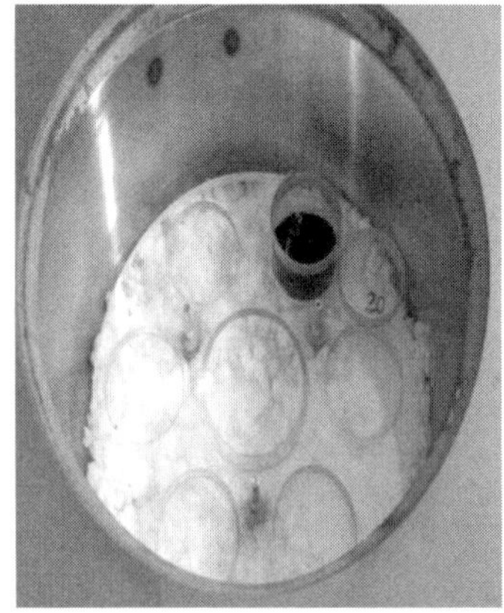

图 3-6 调湿箱内部图

（7）天平　感量 0.1mg。

（8）水浴　能控温在（30±1）℃，用于处理煤样。

（9）真空泵　见图 3-7。

图 3-7 真空泵抽滤示意图

（10）吸滤瓶　容积 3L，见图 3-7。

（11）布氏漏斗　直径 100mm。

（12）锥形瓶　容积 250mL。

（13）标准筛　孔径为 0.6mm 及 0.45mm 的筛子各一个。

（14）恒湿纸　将大张定性滤纸切成 10mm×10mm 的小块，使用时往纸上喷水，使其含水量为 13%～15%。

（15）潮湿箱　尺寸为 25mm×25mm×15mm 的带盖木箱，箱内四周衬两层草板纸，使用时用水浸湿。

（16）样皿　直径为 50mm、高约 30mm 的带盖称量瓶。

四、实验步骤

1. 仪器准备

在调湿器底部放置 15～20mm 厚的饱和硫酸钾溶液及其固体晶体混合物，再往水槽中注入足够量的蒸馏水，连接好仪器，启动最高内在水测定仪，并将调湿器内的温度控制在（30±0.1）℃。

2. 煤样预处理

取煤样约 20g 于锥形瓶中，加入 100mL 蒸馏水。将锥形瓶置于振荡机上振荡 30min，然后放入（30±1）℃的水浴中保持 3h 并在其间适当摇动几次。取出锥形瓶，将煤样倒入铺有滤纸的布氏漏斗中，用真空泵抽滤至煤样刚露出水面。照此操作继续用蒸馏水冲洗 2 次，每次用水 25mL 左右。然后用小铲轻轻将煤样混合均匀，从中取出 4g 左右（其余用滤纸包住并用水浸湿，储于气密的容器里备用）用双层滤纸包裹，用手用力攥一下，然后放在潮湿箱内的筛子上。将煤样于恒湿纸混合，并使煤团散开而落在下面的筛子上。再在下筛上进行同样的操作，最后使煤样落在箱底的道林纸上。从中取出 1～2g 放在已称量过的样皿中，将煤样摊平。

3. 湿度调节

将带样的样皿和盖一并放在调湿器的样皿托架上，样皿放在中间气体循环器喇叭口的正下方，打开样皿盖子，盖上调湿器盖并紧固。启动仪器并以 1L/min 的速度往调湿器内通氮气 10min，关闭氮气出入口，记录调湿开始时间，24h 后称量一次，以后每调湿 6h 称量一次直到相连两次称量的质量差不超过称样量的 0.3%（达到湿度平衡）为止。打开调湿器盖子，立刻盖上样皿盖，擦干样皿外壁的蒸汽，在实验室气氛下放置 5min 然后称量。

4. 水分的测定

将经湿度调节后的带样样皿打开盖子放入预先加热到 105～110℃的通氮干燥箱中，关闭箱门，并以 350mL/min 的速度通入氮气，2h 后打开干燥箱门，盖严样皿盖，于室温下冷却 5min，再移入干燥器内放置 15min 称量（称准至 0.0002g）。然后以同样的程序进行检查性干燥实验，每次 30min，直到相连两次干燥的质量减少不超过 0.0010g 或质量增加时为止。

五、结果表示

① 煤样最高内在水分 MHC 以质量分数计，按式(3-2) 计算：

$$MHC=\frac{(m_2-m_3)}{(m_2-m_1)}\times 100\% \quad (3\text{-}2)$$

式中　m_1——样皿及盖的质量，g；

m_2——湿度平衡后的煤样、样皿及盖的质量，g；

m_3——干燥后煤样、样皿及盖的质量，g。

② 取平行测定结果的平均值，修约至小数点后一位报出结果。

③ 最高内在水分测定原始记录可见表 3-4。

表 3-4　最高内在水分测定原始记录

实验编号				
样品名称	□褐煤　□浮煤		□褐煤　□浮煤	
调湿温度及时间				
瓶号				
空瓶质量/g				
第一次调湿质量/g				
第二次调湿质量/g				
第三次调湿质量/g				
第四次调湿质量/g				
称量瓶号				

续表

样品质量/g				
第一次干燥后质量/g				
第二次干燥后质量/g				
第三次干燥后质量/g				
损失量/g				
MHC/%				
MHC 平均值/%				
执行标准	GB/T 4632—2008 煤的最高内在水分测定方法			
使用天平号				
使用仪器号				
环境条件	温度　℃　湿度　%			
备注				

测定者：　　　　审核者：　　　　日期　　年　　月　　日

六、精密度

精密度见表 3-5。

表 3-5　煤的最高内在水分精密度

最高内在水分 MHC	重复性限/%	再现性临界差/%
	0.5	1.2

七、注意事项

(1) 煤样的干湿状态　由于煤干燥后其毛细管结构发生了变化，直接用干燥过的煤做实验比用预先用水浸泡的湿煤进行调湿平衡所得的结果要低，特别对褐煤影响比较大偏低约 0.3%～1%。

(2) 过度脱水　煤样用水浸湿后要滤去多余水分，但必须防止过度抽滤，以免煤毛细管中的水脱除，使结果偏低。

(3) 温度和湿度　实验过程中必须保证调湿器内温度在 (30±0.1)℃，湿度 96%～97%。这是因为硫酸钾饱和溶液，只有在 30℃时的水蒸气分压才是 4.1kPa (30.6mmHg)，即相对湿度为 96%～97%。

(4) 煤样粒度　煤的粒度大其毛细管完整性好，粒度小，毛细管易被破坏，因此，煤的最高内在水分有随粒度减小而降低的趋势。但是粒度若在 0.1～6mm 范围内变化不明显。

八、思考题

1. 测定最高内在水分的意义是什么？
2. 说明最高内在水分、分析水分、全水分之间的区别和联系。
3. 煤的最高内在水与挥发分有什么关系？原因何在？
4. 如何判断试样已经达到平衡？
5. 影响煤的最高内在水分测定的主要因素是什么？为什么？

6. 有人说全水应比内在水分高，这种说法是否正确？

九、知识扩展

［1］ 孙越. 煤的最高内在水分测定方法探讨［J］. 煤炭与化工，2017，10：125-126.

［2］ 王晓玉. 影响煤的最高内在水分测定结果的因子分析［J］. 陕西煤炭，2016，5：37-38.

（云南省煤炭产品质量检验站　何智斌执笔）

实验七　煤的工业分析
（参考 GB/T 212—2008）

一、实验目的

1. 学习和掌握测定煤样水分的方法及原理。

2. 学习和掌握煤灰分产率的测定方法和原理，了解煤的灰分与煤中矿物质的关系。

3. 掌握煤的挥发分产率测定方法及固定碳计算，学会运用挥发分产率和焦渣特征判断煤化程度，初步确定煤的加工利用途径。

二、实验原理

煤样在 105～110℃下于干燥箱中加热至恒重测定水分 M_{ad}；在（900±10)℃下在马弗炉中隔绝空气加热 7min 测定挥发分 V_{ad}；在（815±10)℃下在马弗炉中加热至恒重测定灰分 A_{ad}。

煤的工业分析也称为煤的技术分析或实用分析。它包括水分、挥发分、灰分的测定和固定碳的计算。煤的工业分析目的在于确定煤的性质、评价煤的质量与合理利用煤炭资源。根据煤的工业分析可以初步判断煤的种类、加工利用途径及效果。工业分析数据还可以计算煤的发热量和焦化产品的产率等。对煤样的工业分析分析方法同样可以用于焦、油页岩、生物质等含碳能源物质的测定。

三、水分的测定

水分测定包括以下三种方法：通氮干燥法（适用于褐煤、无烟煤、烟煤和水煤浆）和空气干燥法（适用于烟煤与无烟煤)、微波干燥法。其中，通氮干燥法属于仲裁法。空气干燥法测定烟煤和无烟煤水分的测定结果与通氮干燥法结果相比并无显著差异，空气干燥法简单易操作，测定时间少于通氮干燥法；微波干燥法虽与通氮干燥法具有一致性，但微波干燥中煤样可能会有微小的分解，因此本实验未采用微波干燥法。

（一）空气干燥法

1. 实验原理

称取一定量的一般分析实验煤样，置于 105～110℃鼓风干燥箱中，在干燥空气流中干燥到质量恒定。然后根据煤样的质量损失计算出水分的质量分数。

2. 实验设备和材料

（1）电热鼓风干燥箱　长沙开元仪器股份有限公司生产的 5E-DHG6310 电热恒温鼓风干燥箱［如图 3-8 所示，高校和化验机构采用较多，控温范围：（室温＋10℃）～250℃］或

5E-MHG6090K 电热恒温鼓风干燥箱［如图 3-9 所示，工厂采用较多，带网络接口，可以上传数据，到了规定的时间停止加热。控温范围：(室温＋10℃)～200℃］。仪器温度以及鼓风速度均可于控制区域调节。

图 3-8　5E-DHG6310 电热恒温鼓风干燥箱

图 3-9　5E-MHG6090K 电热恒温鼓风干燥箱

(2) 分析天平　感量 0.0001g。

(3) 试剂与材料

无水氯化钙（HGB 3208）：化学纯，粒状；

变色硅胶：工业用品；

玻璃称量瓶：直径 40mm，高 25mm，并带有严密的磨口盖；

干燥器：内装有变色硅胶或无水氯化钙。

3. 准备工作

称取试样前需将试样混合均匀；玻璃称量瓶干燥至恒重并称量；分析天平调平；电热鼓风干燥箱恒温鼓风至指定温度 105～110℃。

4. 实验步骤

① 在预先干燥和已称量过的称量瓶内称取粒度小于 0.2mm 的一般分析实验煤样(1±0.1)g，称准至 0.0002g，平摊在称量瓶中，盖上瓶盖。

② 打开称量瓶盖，放入预先鼓风并已加热到 105～110℃的干燥箱中。在一直鼓风的条件下，烟煤干燥 1.0h，无烟煤干燥 1.5h。预先鼓风是为了温度均匀，可将装有煤样的称量瓶放入干燥箱前 3～5min 就开始鼓风。

③ 从干燥箱中取出称量瓶，立即盖上盖，放入干燥器中冷却至室温（约 20min）后称量。

④ 进行检查性干燥，每次 30min，直到连续两次干燥煤样质量的减少不超过 0.0010g 或质量增加时为止。在后一种情况下，采用质量增加前一次的质量为计算依据。当水分在 2.00%以下时，不必进行检查性干燥。

5. 实验结果

(1) 数据处理　按式(3-3) 计算一般分析实验煤样的水分：

$$M_{ad}=\frac{m_1}{m}\times 100 \tag{3-3}$$

式中 M_{ad}——一般分析实验煤样水分的质量分数，%；

m——称取的一般分析实验煤样的质量，g；

m_1——煤样干燥后失去的质量，g。

（2）报告 可参考表 3-6。

表 3-6 水分测定原始数据记录表

实验编号					
样品名称		□原煤 □浮煤 □焦炭 □褐煤 □矿石 □其他			
称量瓶号					
瓶＋样质量 m_{11}/g					
瓶质量 m_{10}/g					
样品质量 $m=m_{11}-m_{10}$/g					
第一次干燥质量/g	m_{12}				
第二次干燥质量/g					
第三次干燥质量/g					
损失量 $m_1=m_{11}-m_{12}$/g					
$M_{ad}\left(=\frac{m_1}{m}\times 100\right)$/%					
平均值 M_{ad}/%					
执行标准		□GB/T 212—2008 煤的工业分析测定方法 □GB/T 2001—2013 焦炭工业分析测定方法 □GB/T 28731—2012 固体生物质燃料工业分析方法			
使用天平号					
使用仪器号					
环境条件		温度_______℃ 湿度_______%			
备注：					

测定者： 审核者： 日期： 年 月 日

（3）精密度 水分测定的精密度如表 3-7 规定。

表 3-7 水分测定结果的重复性限

水分质量分数(M_{ad})/%	重复性限/%
<5.00	0.20
5.00～10.00	0.30
>10.00	0.40

6. 注意事项

从干燥箱中取出的试样及每次干燥性检查的试样冷却时间要一致，因为冷却的时间也会影响煤的水分。

（二）通氮干燥法

1. 实验原理

称取一定量的一般分析实验煤样，置于 105～110℃鼓风干燥箱中，在干燥氮气流中干燥到质量恒定。然后根据煤样的质量损失计算出水分的质量分数。

2. 实验设备和材料

（1）5E-MIN6150 智能通氮干燥箱　长沙开元仪器股份有限公司生产的 5E-MIN6150 智能通氮干燥箱［控温范围：（室温＋20℃）～200℃］，设备外形参考图 3-1 和图 3-2。

（2）分析天平　感量 0.0001g。

（3）试剂与材料

无水氯化钙（HGB 3208）：化学纯，粒状；

变色硅胶：工业用品；

玻璃称量瓶：直径 40mm，高 25mm，并带有严密的磨口盖；

氮气：纯度 99.9%，含氧量小于 0.01%。

3. 准备工作

称取试样前需将试样混合均匀；玻璃称量瓶干燥至恒重并称量；分析天平调平；通氮干燥箱恒温鼓风至指定温度 105～110℃。

4. 实验步骤

① 在预先干燥和已称量过的称量瓶内称取粒度小于 0.2mm 的一般分析实验煤样（1±0.1)g，称准至 0.0002g，平摊在称量瓶中，盖上瓶盖。

② 打开称量瓶盖，放入预先通入干燥氮气并已加热到 105～110℃的干燥箱中。烟煤干燥 1.5h，褐煤和无烟煤干燥 2h。在称量瓶放入干燥箱前 10min 开始通氮气，氮气流量以每小时换气 15 次为准。

预先通氮气的目的是驱除干燥箱内的空气。所谓“每小时换气 15 次”即每小时通入的氮气量为干燥箱箱膛体积的 15 倍。

③ 从干燥箱中取出称量瓶，立即盖上盖，放入干燥器中冷却至室温（约 20min）后称量。

④ 进行检查性干燥，每次 30min，直到连续两次干燥煤样质量的减少不超过 0.0010g 或质量增加时为止。在后一种情况下，采用质量增加前一次的质量为计算依据。当水分在 2.00%以下时，不必进行检查性干燥。

5. 实验结果

参考空气干燥法。

四、灰分的测定

灰分可分为缓慢灰化法（仲裁法）和快速灰化法。

（一）缓慢灰化法

1. 实验原理

称取一定量的一般分析实验煤样，放入马弗炉中，以一定的速度加热到（815±10)℃，灰化并灼烧到质量恒定。以残留物的质量占煤样质量的质量分数作为煤样的灰分。

2. 实验设备和材料

（1）5E-MF6100K 智能马弗炉　长沙开元仪器股份有限公司生产的 5E-MF6100K 智能马弗炉，如图 3-10 所示，仪器上方为工作区域，下方为控制区域。炉膛具有足够的恒温区，能保持温度为（815±10)℃。炉后壁的上部带有直径为 20～30mm 的烟囱，下部离炉膛底 20～30mm 处有一个插热电偶的小孔。炉门上有一个直径为 20mm 的通气孔。仪器控温范围：300～900℃。仪器自带专用测定程序四个（慢灰、快灰、挥发分、黏结指数）和通用测定程序一个。也可使用专用测试程序来控制反应。

注：马弗炉的恒温区应在关闭炉门下测定，并至少每年测定一次；高温计（包括毫伏计

和热电偶）至少每年校准一次；未使炉膛受热均匀，保护炉膛和加热元件，在初次使用或长期（一个月）未使用的情况下，马弗炉必须进行烘炉操作。

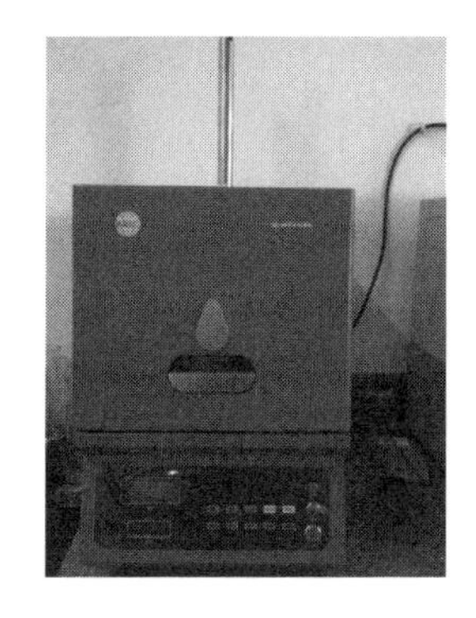

图 3-10　马弗炉

图 3-11　灰皿

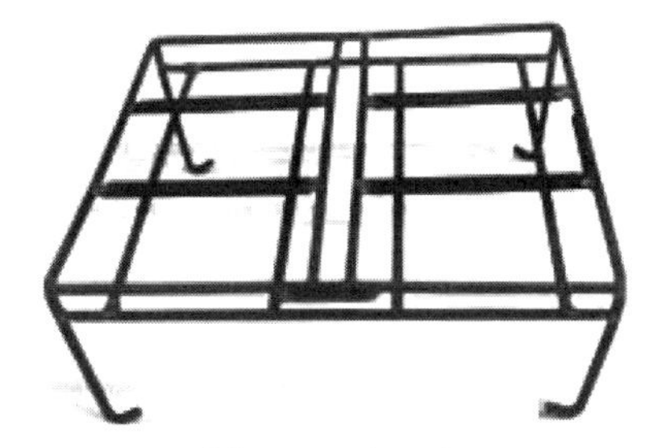

图 3-12　灰皿架

（2）分析天平　感量 0.0001g。

（3）实验试剂与材料

无水氯化钙（HGB 3208）：化学纯，粒状；

变色硅胶：工业用品；

灰皿：瓷质，长方形，底长 45mm，底宽 22mm，高 14mm，如图 3-11 所示；

干燥器：内装变色硅胶或粒状无水氯化钙；

耐热瓷板或石棉板；

耐热灰皿架：镍铬金属制，如图 3-12 所示。

3. 准备工作

① 灰皿需清扫并把新灰皿放于灰皿架上置于马弗炉中［（815±10)℃］灼烧至恒重；

② 从干燥箱中取出干燥到恒重的灰皿放于干燥器中，冷却至室温，备用；

③ 称量试样之前先把试样充分混合均匀；

④ 按照以下程序设置慢灰程序实验参数：慢灰测试需设置 2 个温度参数和 2 个时间参数，每个温度参数可达 999℃，时间参数可达 24h，具体如表 3-8 所示，设置步骤如下：

按 2 次“设置”键，在显示“000”时键入密码“115”，按“开始”键确认。

此时温度显示处显示上一次设置的温度 T_0（初始温度）并闪烁，使用“百位”、“十位”和“个位”键设置温度，然后按“开始”键确认。

进入下一个参数的设置。此时时间显示上一次设置的时间 t_1，分钟挡闪烁，按“百位”键，闪烁位在时、分、秒处循环（闪烁位表明可以输入），再按“十位”、“个位”键设置需要的恒温时间（即按“百位”键选择时、分、秒，按“十位”和“个位”键输入时间）。设置好后按“开始”键确认。

参数设置的顺序为：$T_0-t_0-T_1-t_1-T_2-t_2-T_3-t_3-T_4-t_4-T_5-t_5-T_6-t_6$（$T_0$、$T_1$、$T_2$、$T_3$、$T_4$、$T_5$、$T_6$ 为温度参数，t_0、t_1、t_2、t_3、t_4、t_5、t_6 为时间参数）

所有参数设置好后，按“开始”键确认后程序复位。

表 3-8　慢灰实验参数说明

阶段		参数	说明
初始阶段	温度 T_0	0℃	等待按“开始”键开始实验
	时间 t_0	0	
第 1 阶段	温度 T_1	500℃	温度 T_1(500℃)和温度(0℃)不相同，表明 30min(t_1)从室温升到 500℃
	时间 t_1	30min	
第 2 阶段	温度 T_2	500℃	温度 T_2 和温度 T_1 相同，表明在 500℃恒温 30min(t_2)
	时间 t_2	30min	
第 3 阶段	温度 T_3	815℃	温度 T_2 和温度 T_3 不相同，时间 t_3 为 0，表明温度从 500℃快速升温至 815℃
	时间 t_3	0min	
第 4 阶段	温度 T_4	815℃	温度 T_4 和温度 T_3 相同，不升温，表明在 815℃下恒温 60min(t_4)
	时间 t_4	60min	
第 5 阶段	温度 T_5	815℃	等待“开始”键(进入检查性灼烧过程)。T_5 需要设置足够大，否则 t_5 到了会直接进入第 6 阶段
	时间 t_5	10h	
第 6 阶段	温度 T_6	815℃	检查性灼烧 20min，灼烧完成后返回第 5 阶段
	时间 t_6	20min	

4. 实验步骤

① 在预先灼烧至恒重的灰皿中，称取粒度小于 0.2mm 的一般分析实验煤样（1±0.1)g，称准至 0.0002g，均匀地摊平在灰皿中，使其每平方厘米的质量不超过 0.15g。

② 在初始状态下（仪器屏幕显示“FL000”提示符)，首先通过设置键设置好慢灰实验的温度参数 $T_0 \sim T_6$ 和时间参数 $t_0 \sim t_6$（若实验参数与上一次相同，则不需要设置)。待测样品放入炉膛后，先拔出炉口左侧支板，再关闭炉门，使炉门留有 15mm 的缝隙。然后按下面板的“慢灰”键，面板上的慢灰指示灯被点亮，然后按下“开始”键确认，实验过程将自动完成。

③ 从炉中取出放有灰皿的灰皿架，放在耐热瓷板或石棉板上，在空气中冷却 5min 左右，移入干燥器中冷却至室温（约 20min）后称量。

④ 进行检查性灼烧，温度为（815±10)℃，每次 20min，直到连续两次灼烧后的质量变化不超过 0.0010g 为止。以最后一次灼烧后的质量为计算依据。灰分小于 15.00%时，不必进行检查性灼烧。

注意事项：电子锁在实验开始后 3s 锁门，在实验结束前 2s 开锁。如果在开锁前开门，可能会造成电子锁被卡不能打开的情况。此时，需要先轻关炉门，等电子锁打开后再开门。

实验结束前 15 秒，声光蜂鸣器持续报警，提示用户实验即将完成。

测试过程中如果需要中断实验，按“复位”键退出慢灰测试程序。

（二）快速灰化法

1. 实验原理

将装有煤样的灰皿由炉外逐渐送入预先加热至（815±10)℃的马弗炉中灰化并灼烧至质

量恒定。以残留物的质量占煤样质量的质量分数作为煤样的灰分。

2. 实验设备和试剂与材料

同缓慢灰化法实验。

3. 准备工作

① 灰皿清扫：把新灰皿放于灰皿架上置于马弗炉中（815±10)℃灼烧至恒重；

② 从干燥箱中取出干燥到质量恒定的灰皿放于干燥器中，冷却至室温，备用；

③ 称量试样之前先把试样充分混合均匀；

④ 按照以下程序设置快灰程序实验参数：快灰测试需设置2个温度参数和2个时间参数，每个温度参数可达999℃，时间参数可达24h，具体如表3-9所示，设置步骤如下：

按2次“设置”键，在显示“000”时键入密码“114”，按“开始”键确认。

此时温度显示处显示上一次设置的温度T_0（初始温度）并闪烁，使用“百位”、“十位”和“个位”键设置温度，然后按“开始”键确认。

进入下一个参数的设置。此时时间显示上一次设置的时间t_1，分钟挡闪烁，按“百位”键，闪烁位在时、分、秒处循环（闪烁位表明可以输入），再按“十位”、“个位”键设置需要的恒温时间（即按“百位”键选择时、分、秒，按“十位”和“个位”键输入时间）。设置好后按“开始”键确认。

参数设置的顺序为：T_0-t_0-T_1-t_1-T_2-t_2-T_3-t_3-T_4-t_4-T_5-t_5-T_6-t_6（T_0、T_1、T_2、T_3、T_4、T_5、T_6为温度参数，t_0、t_1、t_2、t_3、t_4、t_5、t_6为时间参数）。

所有参数设置好后，按“开始”键确认后程序复位。

表 3-9　快灰实验参数说明

阶段		参数	说明
初始阶段	温度T_0	850℃	先升温至850℃，就绪灯亮，仪器准备就绪。用户送样完成后，按“开始”键开始实验
	时间t_0	0	
第1阶段	温度T_1	815℃	送样过程中，炉温低于815℃，快速升温到815℃
	时间t_1	0	
第2阶段	温度T_2	815℃	温度T_2和温度T_1相同，时间t_2为0，表明略过此阶段
	时间t_2	0	
第3阶段	温度T_3	815℃	温度T_2和温度T_3相同，时间t_3为0，表明略过此阶段
	时间t_3	0min	
第4阶段	温度T_4	815℃	温度T_4和温度T_3相同，不升温，表明在815℃下恒温40min(t_4)
	时间t_4	40min	
第5阶段	温度T_5	815℃	等待“开始”键(进入检查性灼烧过程)。t_5需要设置足够大，否则t_5到了会直接进入第6阶段
	时间t_5	10h	
第6阶段	温度T_6	815℃	检查性灼烧20min，灼烧完成后返回第5阶段
	时间t_6	20min	

4. 实验步骤

① 在预先灼烧至恒重的灰皿中，称取粒度小于0.2mm的一般分析实验煤样（1±0.1)g，称准至0.0002g，均匀地摊平在灰皿中，使其每平方厘米的质量不超过0.15g。

② 在初始状态下（仪器屏幕显示“FL000”提示符），首先通过设置键设置好慢灰实验的温度参数T_0～T_6和时间参数t_0～t_6（若实验参数与上一次相同，则不需要设置）。待测

样品放入炉膛后，先拨出炉口左侧支板，再关闭炉门，使炉门留有 15mm 的缝隙。然后按下面板的“快灰”键，面板上的慢灰指示灯被点亮，然后按下“开始”键确认，实验过程将自动完成。

③ 从炉中取出放有灰皿的灰皿架，放在耐热瓷板或石棉板上，在空气中冷却 5min 左右，移入干燥器中冷却至室温（约 20min）后称量。

④ 进行检查性灼烧，温度为（815±10）℃，每次 20min，直到连续两次灼烧后的质量变化不超过 0.0010g 为止。以最后一次灼烧后的质量为计算依据。灰分小于 15.00%时，不必进行检查性灼烧。

5. 实验结果

（1）数据处理　按式(3-4)计算煤样的空气干燥基灰分：

$$A_{ad}=\frac{m_1}{m}\times 100 \tag{3-4}$$

式中　A_{ad}——空气干燥基灰分的质量分数，%；

m——称取的一般分析实验煤样的质量，g；

m_1——灼烧后残留物的质量，g。

（2）报告　实验报告可参考表 3-10。

表 3-10　灰分测定原始数据记录表

实验编号				
样品名称	□原煤　□浮煤　□焦炭　□褐煤　□其他			
灰皿号				
(皿+样质量)m_{11}/g				
灰皿质量 m_{10}/g				
样品质量/g $m=m_{11}-m_{10}$				
(皿+灰的质量)m_{12}/g				
灰的质量/g $m_1=m_{12}-m_{10}$				
$A_{ad}\left(=\frac{m_1}{m}\times 100\right)$/%				
平均值 $\overline{A}_{ad}$/%				
$A_{ad}\left(=\frac{\overline{A}_{ad}}{100-M_{ad}}\times 100\right)$/%				
M_{ad}/%				
执行标准	□GB/T 212—2008 煤的工业分析测定方法 □GB/T 2001—2013 焦炭工业分析测定方法 □YS/T 587.1—2006 炭阳极用煅后石油焦检测方法第一部分灰分含量的测定 □GB/T 28731—2012 固体生物质燃料工业分析方法 □GB/T 1429—2009 炭素材料灰分含量的测定方法			
使用天平号				
使用仪器号				
环境条件	温度________℃　　湿度________%			
备注				

测定者：　　　　审核者：　　　　日期：　　年　　月　　日

（3）精密度　灰分测定的精密度如表 3-11 规定。

表 3-11　灰分测定的精密度

灰分质量分数/%	重复性限 A_{ad}/%	再现性临界差 A_d/%
<15.00	0.20	0.30
15.00～30.00	0.30	0.50
>30.00	0.50	0.70

6. 注意事项

① 每次称灰之前，冷却时间及温度要保持一致。

② 煤样要均匀平铺于灰皿中，以避免局部过厚，一方面避免燃烧不完全，另一方面可防止局部煤样中硫化物生成的二氧化硫被上部碳酸盐分解生成的氧化钙固定。

③ 若是同时烧的灰多，则在达到（815±10）℃时，要适当地延长灼烧时间。

④ 缓慢灰化法测定灰分时，切记速度不可快，不然发生爆燃，必须按规定时间、速度进行。

五、挥发分的测定

1. 实验原理

称取一定量的一般分析实验煤样，放在带盖的瓷坩埚中，在（900±10）℃下，隔绝空气加热 7min。以减少的质量占煤样质量的质量分数，减去该煤样的水分含量作为煤样的挥发分。

2. 实验设备与试剂和材料

（1）设备　同缓慢灰化法。

（2）试剂与材料

无水氯化钙（HGB 3208）：化学纯，粒状；

变色硅胶：工业用品；

挥发分坩埚：带有配合严密盖的瓷坩埚，坩埚总质量为 15～20g，如图 3-13 所示。

坩埚架：如图 3-14 所示。

坩埚架钳：如图 3-15 所示。

干燥器：内装变色硅胶或粒状无水氯化钙。

压饼机：能压制直径约 10mm 的煤饼，如图 3-16 所示。

图 3-13　挥发分坩埚

图 3-14　坩埚架

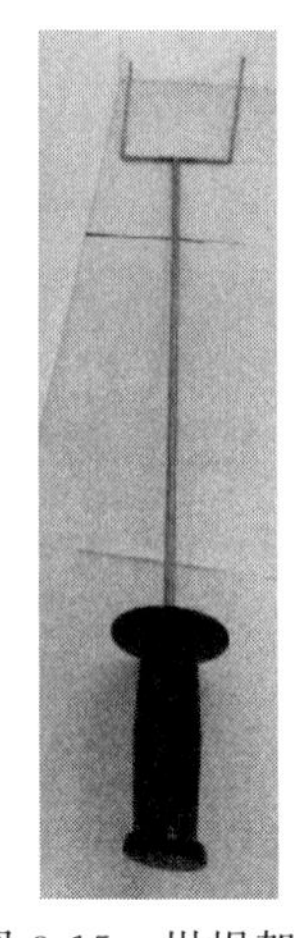
图 3-15　坩埚架钳

图 3-16　压饼机

3. 准备工作

① 清扫并使坩埚灼烧至恒重：清扫坩埚并把新坩埚放于坩埚架上放于马弗炉中（900±10)℃灼烧至恒重；

② 从干燥箱中取出干燥到质量恒定的坩埚放于干燥器中，冷却至室温，备用；

③ 称量试样之前先把试样充分混合均匀；

④ 按照以下程序设置挥发分程序实验参数：挥发分测试需设置 2 个温度参数和 2 个时间参数，每个温度参数可达 999℃，时间参数可达 24h，具体如表 3-12 所示，设置步骤如下：

按 2 次“设置”键，在显示“000”时键入密码“113”，按“开始”键确认。

此时温度显示处显示上一次设置的温度 T_0（初始温度）并闪烁，使用“百位”、“十位”和“个位”键设置温度，然后按“开始”键确认。

进入下一个参数的设置。此时时间显示上一次设置的时间 t_1，分钟挡闪烁，按“百位”键，闪烁位在时、分、秒处循环（闪烁位表明可以输入），再按“十位”、“个位”键设置需要的恒温时间（即按“百位”键选择时、分、秒，按“十位”和“个位”键输入时间）。设置好后按“开始”键确认。

参数设置的顺序为：T_0-t_0-T_1-t_1-T_2-t_2-T_3-t_3-T_4-t_4-T_5-t_5-T_6-t_6（T_0、T_1、T_2、T_3、T_4、T_5、T_6 为温度参数，t_0、t_1、t_2、t_3、t_4、t_5、t_6 为时间参数）。

所有参数设置好后，按“开始”键确认后程序复位。

表 3-12　挥发分实验参数说明

阶段		参数	说明
初始阶段	温度 T_0	920℃	先升温至 850℃，就绪灯亮，仪器准备就绪。用户送样完成后，按“开始”键开始实验
	时间 t_0	0	
第 1 阶段	温度 T_1	900℃	温度 T_1(900℃)，然后直接进入第二阶段(即直接略过此阶段)
	时间 t_1	0	
第 2 阶段	温度 T_2	900℃	温度 T_2 和温度 T_1 相同，时间 t_2 为 7min。程序控制 3min 温度回到(900±10)℃，并在该阶段实验 7min
	时间 t_2	7min	

续表

阶段		参数	说明
第3阶段	温度 T_3	920℃	温度 T_2 和温度 T_3 不相同，时间 t_3 为0，温度快速升温至920℃
	时间 t_3	0min	
第4阶段	温度 T_4	920℃	温度与上一阶段相同，时间 t_4 为0，略过此阶段
	时间 t_4	0min	
第5阶段	温度 T_5	920℃	温度与上一阶段相同，时间 t_5 为0，略过此阶段
	时间 t_5	0	
第6阶段	温度 T_6	920℃	略过此阶段，程序返回初始阶段
	时间 t_6	0	

4. 实验步骤

① 在预先于900℃温度下灼烧至质量恒定的带盖瓷坩埚中，称取粒度小于0.2mm的一般分析实验煤样（1±0.1）g，称准至0.0002g，然后轻轻振动坩埚，使煤样摊平，盖上盖，放在坩埚架上。褐煤和长焰煤应预先压饼，并切成宽度约3mm的小块。

② 在初始状态下（仪器屏幕显示“FL000”提示符），首先通过设置键设置好慢灰实验的温度参数 $T_0 \sim T_6$ 和时间参数 $t_0 \sim t_6$（若实验参数与上一次相同，则不需要设置）。待测样品放入炉膛后，然后按下面板的“挥发分”键，面板上的慢灰指示灯被点亮，然后按下“开始”键确认，实验过程将自动完成。

③ 从炉中取出坩埚，放在空气中冷却5min左右，移入干燥器中冷却至室温（约20min）后称量。

5. 实验结果

（1）数据处理 按式(3-5)计算煤样的空气干燥基挥发分：

$$V_{ad}=\frac{m_1}{m}\times 100-M_{ad} \tag{3-5}$$

式中 V_{ad}——空气干燥基挥发分的质量分数，%；

m——一般分析实验煤样的质量，g；

m_1——煤样加热后减少的质量，g；

M_{ad}——一般分析实验煤样水分的质量分数，%。

（2）报告 实验报告可参考表3-13。

表3-13 挥发分测定原始数据记录表

实验编号				
样品名称	□原煤 □浮煤 □焦炭 □褐煤 □其他			
坩埚号				
坩埚+样 m_{11}/g				
坩埚质量 m_{10}/g				
样品质量/g $m=m_{11}-m_{10}$				
坩埚+焦渣 m_{12}/g				
损失量/g $m_1=m_{11}-m_{12}$				

续表

$V_{ad}\left(=\dfrac{m_1}{m}\times 100-M_{ad}\right)/\%$				
平均值 $\overline{V}_{ad}/\%$				
计算值 $V_d\left(=\dfrac{\overline{V}_{ad}}{100-M_{ad}}\times 100\right)/\%$				
计算值 $V_{daf}\left(=\dfrac{\overline{V}_{ad}}{100-M_{ad}-A_{ad}}\times 100\right)/\%$				
焦渣特征号				
基准计算用相关指标	$M_{ad}/\%$		$M_{ad}/\%$	
	$A_{ad}/\%$		$A_{ad}/\%$	
	合计		合计	
固定碳计算 $FC_{ad}=100-(M_{ad}+A_{ad}+V_{ad})$	□$FC_{ad}=$　　　%		□$FC_{ad}=$　　　%	
执行标准	□GB/T 212—2008 煤的工业分析测定方法 □GB/T 2001—2013 焦炭工业分析测定方法 □GB/T 28731—2012 固体生物质燃料工业分析方法 □YS/T 587.3—2007 炭阳极用煅后石油焦检测方法　第三部分挥发分含量的测定			
使用天平号				
使用仪器号				
环境条件	温度________℃　湿度________%			
备注				

测定者：　　　　审核者：　　　　日期：　　年　　月　　日

（3）精密度　挥发分测定的精密度如表 3-14 规定。

表 3-14　挥发分测定的精密度

挥发分质量分数/%	重复性限 V_{ad}/%	再现性临界差 V_d/%
<20.00	0.30	0.50
20.00～40.00	0.50	1.00
>40.00	0.80	1.50

6. 注意事项

测定温度应严格控制在（900±10）℃，为此必须做到以下两点：

① 定期对热电偶及毫伏计进行校正，校正和使用热电偶的冷端应放入冰水或将零点调到室温，或采用冷端补偿器。

② 定期测定马弗炉的恒温区，装有煤样的坩埚必须放在马弗炉的恒温区内。

7. 焦渣特征分类

测定挥发分所得焦渣的特征，按下列规定加以区分，为了简便起见，通常用下列序号作为各种焦渣特征的代号。外形图可参考图 3-17～图 3-20。

① 粉状（1 型）：全部是粉末，没有相互黏着的颗粒；

② 黏着（2 型）：用手指轻碰即成粉末或基本上是粉末，其中较大的团块轻轻一碰即成粉末；

③ 弱黏结（3 型）：用手指轻压即成小块；

④ 不熔融黏结（4 型）：以手指用力压才裂成小块，焦渣上表面无光泽，下表面稍有银白色光泽；

⑤ 不膨胀熔融黏结（5 型）：焦渣形成扁平的块，煤粒的界线不易分清，焦渣上表面有明显银白色金属光泽，下表面银白色光泽更明显；

⑥ 微膨胀熔融黏结（6 型）：用手指压不碎，焦渣的上、下表面均有银白色金属光泽，但焦渣表面具有较小的膨胀泡（或小气泡）；

⑦ 膨胀熔融黏结（7 型）：焦渣上、下表面有银白色金属光泽，明显膨胀，但高度不超过 15mm；

⑧ 强膨胀熔融黏结（8 型）：焦渣上、下表面有银白色金属光泽，焦渣高度大于 15mm。

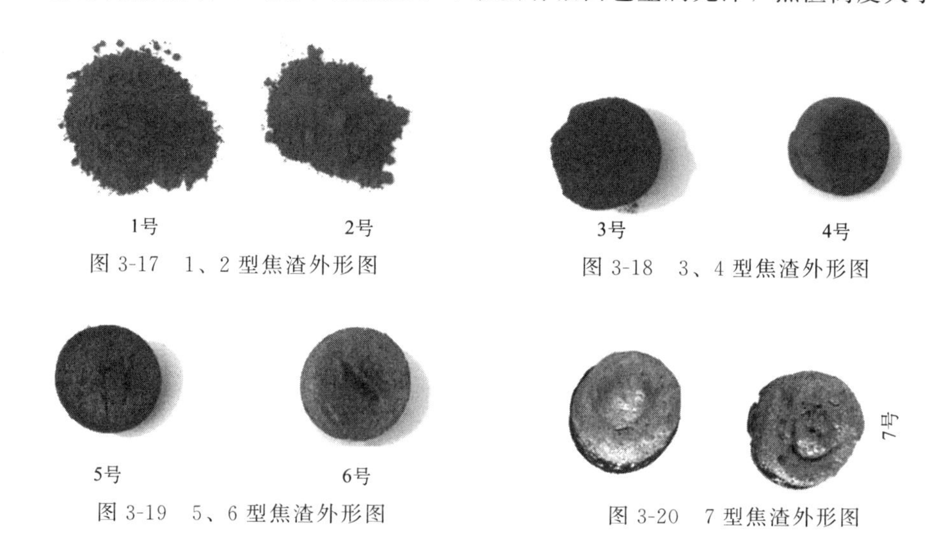

图 3-17　1、2 型焦渣外形图

图 3-18　3、4 型焦渣外形图

图 3-19　5、6 型焦渣外形图

图 3-20　7 型焦渣外形图

六、固定碳的计算

按式(3-6) 计算空气干燥基固定碳：

$$FC_{ad}=100-(M_{ad}+A_{ad}+V_{ad}) \tag{3-6}$$

式中　FC_{ad}——空气干燥基固定碳的质量分数，%；

M_{ad}——一般分析实验煤样水分的质量，%；

A_{ad}——空气干燥基灰分的质量分数，%；

V_{ad}——空气干燥基挥发分的质量分数，%。

七、各基准的换算

各基准换算计算公式见表 1-2。

八、思考题

1. 测定煤工业分析的意义是什么？
2. 比较煤中的矿物质和煤的灰分差异。
3. 比较煤的碳元素与煤固定碳的差异。
4. 从褐煤到长焰煤到烟煤再到无烟煤，煤的工业分析参数各会发生怎样的变化？原因是什么？
5. 影响灰分测定结果的主要因素有哪些？

6.测定挥发分后发现坩埚盖上有灰白色的物质是怎么回事？应如何避免这种现象？

7.为什么测定灰分时要使用带有烟囱的马弗炉？测定挥发分时所用的坩埚为什么质量不能超过20g?

九、知识扩展

［1］ 涂华，刘淑云，吴宽鸿.煤的工业分析与发热量在应用中的误解及辨析［J］.煤质技术，2010，6：14-16.

［2］ 张贵红.煤工业分析中灰分测定方法的改进探讨［J］.煤质技术，2010，3：20-23.

［3］ 谢晓霞，付利俊，庞文娟.影响煤工业分析特性指标检测的关键步骤［J］.煤质技术，2010，63：33-34.

（昆明理工大学 訾昌毓、李艳红执笔）

实验八 煤的工业分析（仪器法）
（参考GB/T 30732—2014）

一、实验目的

1.学习和掌握测定煤样水分的方法及原理；

2.学习和掌握煤灰分产率的测定方法和原理，了解煤的灰分与煤中矿物质的关系；

3.掌握煤的挥发分产率测定方法及固定碳计算，学会运用挥发分产率和焦渣特征判断煤化程度，初步确定煤的加工利用途径。

二、实验原理

称取一定量的一般分析实验煤样，于加热炉Ⅱ内，在105～110℃下于空气或氮气流中干燥至质量恒定，根据煤样的质量损失计算煤样的水分质量分数。称取一定量的一般分析实验煤样，于加热炉Ⅱ内，按规定的程序加热至（815±10)℃，并在此过程中于空气或氧气流中灰化并灼烧至质量恒定，根据残留物的质量计算煤样的灰分质量分数。

称取一定量的一般分析实验煤样，于加热炉Ⅰ内，在（900±10)℃的温度下隔绝空气加热7min，以减少的质量占煤样的质量分数，减去该煤样的水分质量分数作为煤样的挥发分质量分数。

煤的工业分析也称为煤的技术分析或实用分析。它包括水分、挥发分、灰分的测定和固定碳的计算。工业分析的结果是煤炭分类、加工利用和科学研究的基础技术参数，具有十分重要的意义。

三、实验设备和试剂

1.实验设备

长沙开元仪器股份有限公司生产的5E-MAG6700全自动工业分析仪，外形如图3-21所示。如图3-22所示，其主要由测试仪主机（仪器的控制与温度的采集、可控温加热炉、内置万分之一的精密电子天平）、计算机系统（应用软件一套）、打印机与气源等部分组成。采用热重分析，将远红外加热设备与称量用的进口电子天平结合在一起，在规定的气氛条件、规定温度、规定的时间内对受热过程中的试样予以称重，并以此自动计算出试样的水分、灰分及挥发分等工业分析指标。

如图 3-23 所示，分析系统Ⅰ测挥发分。如图 3-24 所示，分析系统Ⅱ测水分和灰分。炉温范围为 100～1000℃。试样质量 0.5000～1.2000g。水分、灰分部分采用浅壁坩埚 20 个，可同时测试 19 个试样；挥发分部分采用深壁坩埚 20 个，每次送 2 个坩埚到高温炉恒温 7min。

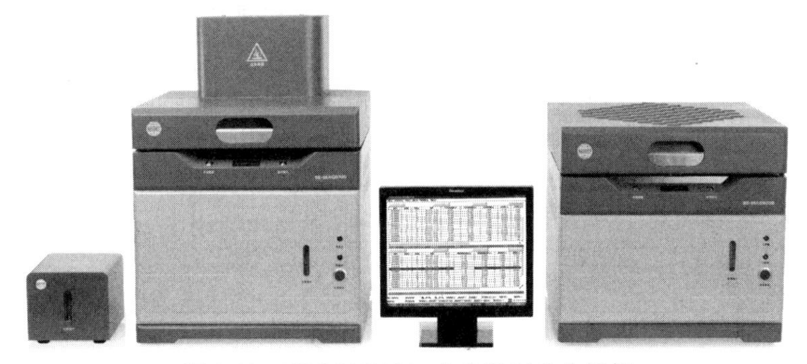

图 3-21　5E-MAG6700 全自动工业分析仪

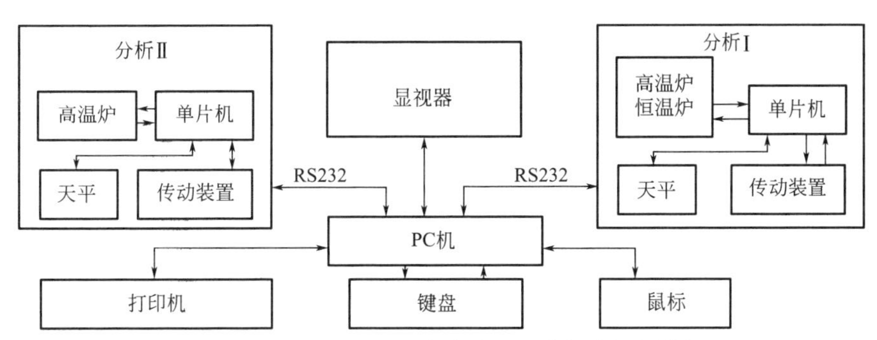

图 3-22　5E-MAG6700 全自动工业分析仪整机结构

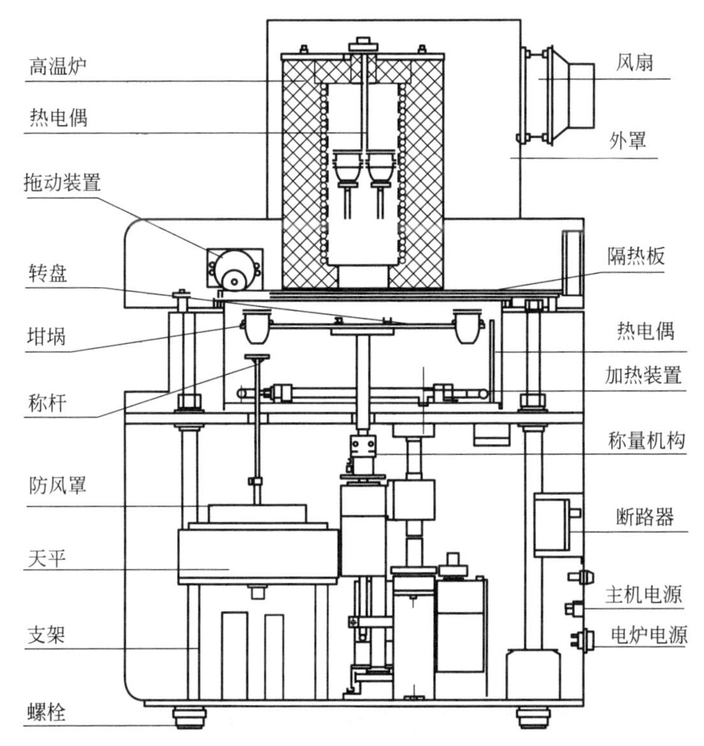

图 3-23　测挥发分的分析仪器Ⅰ内部结构示意图

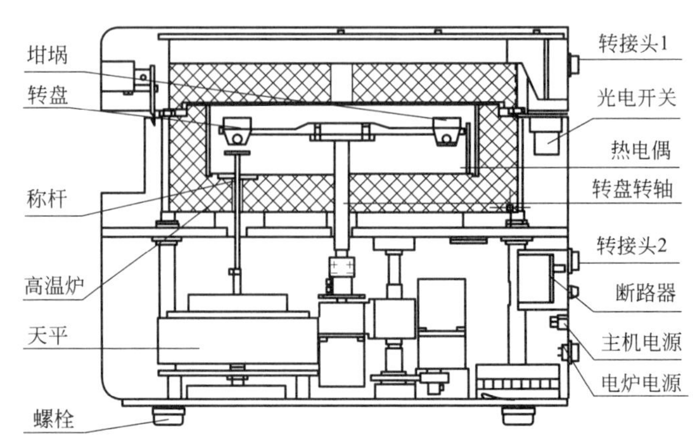

图 3-24　测水分和灰分的分析仪器Ⅱ内部结构示意图

2. 实验材料

(1) 氮气　纯度>99.9%；减压后压力 0.1MPa。

(2) 氧气　纯度>99.9%；减压后压力 0.1MPa；使用自带气泵组件，不需要通氧气。

(3) 减压器　高端 0～25MPa，低端 0～0.4MPa。

(4) 天平最小分度值 0.1mg。

(5) 有证煤标准物质。

(6) 螺旋式或杠杆式压饼机，能压制直径约 10mm 的煤饼。

四、实验步骤

① 按顺序打开打印机、计算机、测试仪主机的电源开关。进行测试前（称重前），仪器必须预热半小时以上，否则可能会使测试结果不准确。

② 按照规定，制备煤样和称重煤样。

③ 在电脑桌面上双击“5E 全自动工业分析仪测试系统”图标进入工作程序。主菜单如图 3-25 所示。主菜单分为“设置”“开始测试”“功能”“查看”“数据管理”“帮助”六个部分。

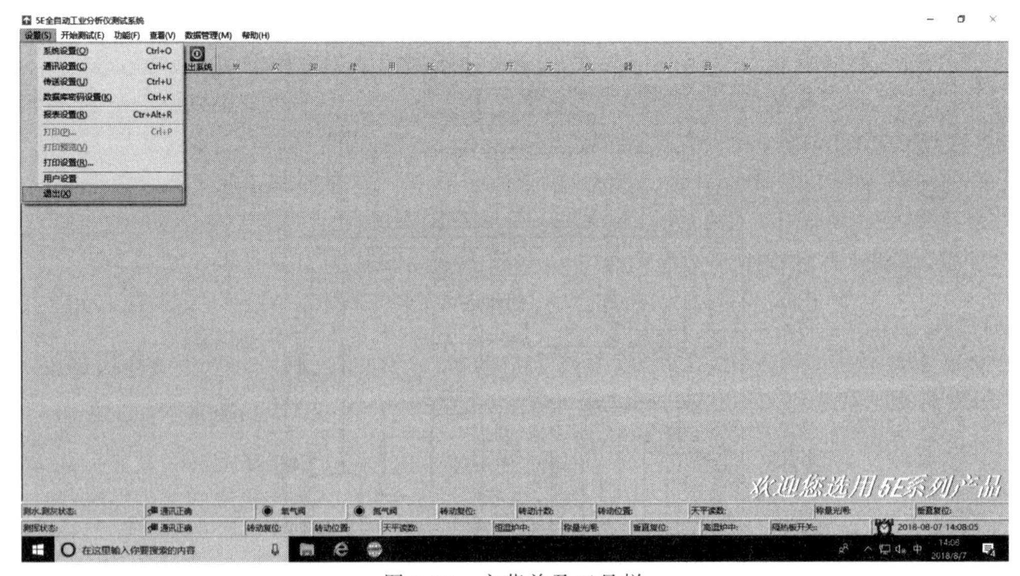

图 3-25　主菜单及工具栏

④ 单击“设置”菜单→“系统设置”，出现如图 3-26 所示界面。设置好各栏目后，然后单击“功能”菜单→“硬件调试”。硬件调试窗体包括如图 3-27 所示“测水，灰部分”（分析仪Ⅱ）和如图 3-28 所示“测挥发分”（分析仪Ⅰ）部分。试运行分析仪的各部件是否正常。单击“转动复位”按钮，看转盘是否回零号位置。

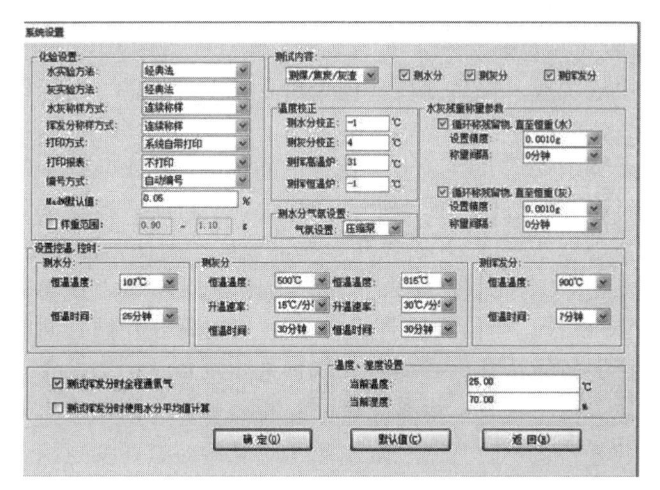

图 3-26　系统设置界面

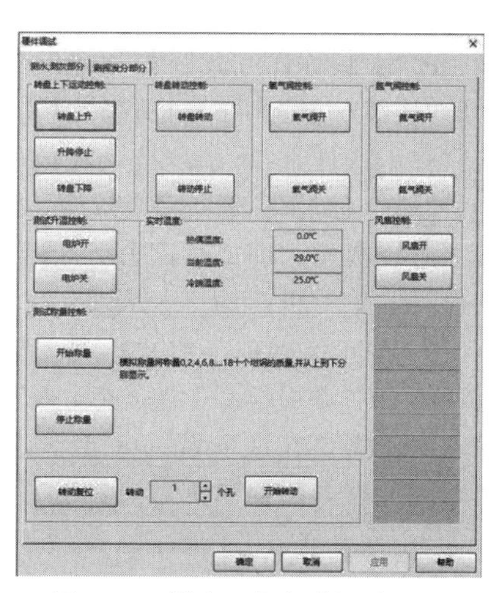

图 3-27　测水，灰部分调试界面

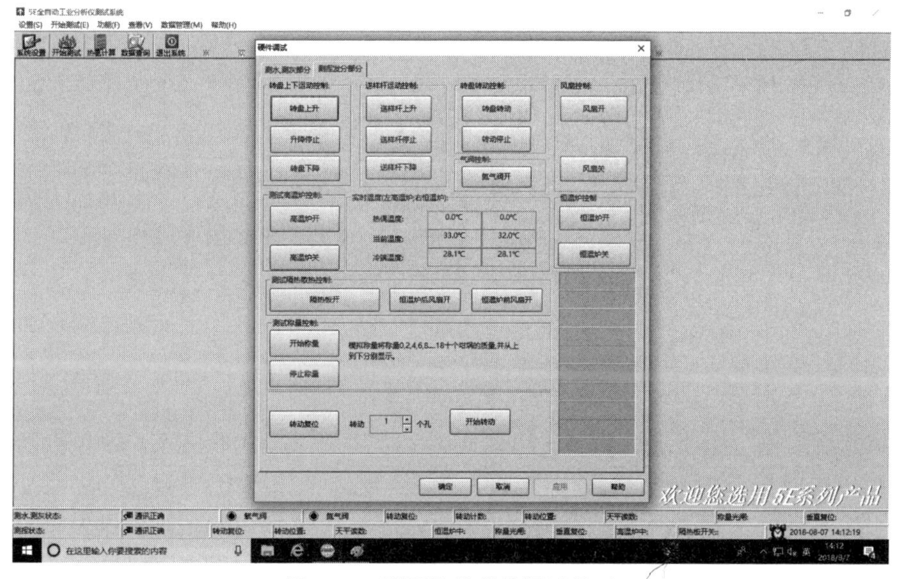

图 3-28　测挥发分部分调试界面

化验设置说明：

a.“水实验方法”对话框。设定水实验方法分为经典法与快速法两种。“经典法”（适用于仲裁）：水分测试时煤样在 107℃恒温 45min 后（默认恒温时间为 45min，用户可自定义恒温时间），称量到坩埚恒重时，经坩埚动态校正后得出水分。“快速法”（仅适用于指导生产）：水分测试时煤样直接加热到 135℃后，恒温 10min（默认恒温时间为 10min，用户可自定义恒温时间），称量到坩埚恒重时，经 0 号坩埚校正后得出水分。

b.“灰实验方法”对话框。设定灰实验方法分为经典法与快速法两种。“经典法”（适用于仲裁)：灰分测试时，煤样在500℃恒温30min后（默认恒温时间为30min，用户可自定义恒温时间)，再加热到815℃，恒温30min后（默认恒温时间为30min，用户可自定义恒温时间)，称量到坩埚恒重时，经坩埚动态校正后得出灰分。“快速法”（仅适用于指导生产)：灰分测试时煤样直接加热到815℃后，恒温30min（默认恒温时间为30min，用户可自定义恒温时间)，称量到坩埚恒重时，经0号坩埚校正后得出灰分。

c.“水灰称样方式”和“挥发分称样方式”对话框。

“连续称量”：在分析仪转盘上坩埚中依次放入样品并摊平摇匀后，盖上上炉盖，鼠标单击“称水灰样重”，系统自动完成所有坩埚称重。

“单个称量”：系统称完分析仪转盘上空坩埚后，打开上炉盖，鼠标单击“称水灰样重”，按照系统提示，即放样即称。(主机天平读数显示屏可以实时显示样品质量功能，转盘下降到位后，单片机叫两声，天平显示屏读数为0.0000时开始放样，按下放样“确认”按钮。)

⑤ 如正常则单击“开始测试”菜单，进入测试数据输入界面，如图3-29所示。该界面对话框有“添加样品”“位置输入”两个对话框。当需要将挥发分和水灰实验分开做且同时进行时，需要在这个界面点击“显示＞＞”按钮，弹出界面，其中前面坩埚示意图为设置水灰坩埚位置，后面坩埚示意图为设置挥发分坩埚位置。设置完毕后，单击“下一步”进入如图3-30所示测试工作界面。

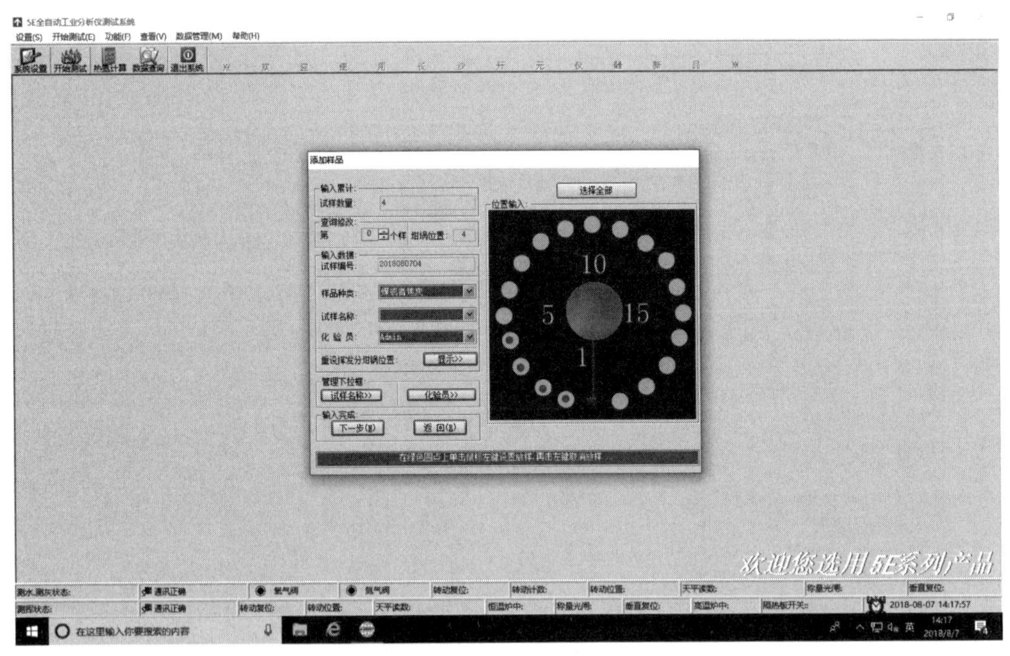

图3-29 测试数据输入界面

⑥ 测试工作界面是程序的主界面，是实验的核心界面。该界面上半部分是分析仪Ⅱ（水灰）试样的数据表格，下半部分是分析仪Ⅰ（挥发分）试样的数据表格。

⑦ 在“系统设置-测试内容”中，如果选择了不测试水分的测试方法，系统会要求逐个输入每个试样的水分含量，以便计算挥发分、固定碳等数据。其他操作均可按系统提示进行操作，详细操作步骤参阅说明书。

⑧ 选择了测试内容后，在系统的模拟转盘上顺次选取坩埚位置。如果测试试样不足19个，请从1号位置开始按顺序将试样坩埚放置到转盘上，为保持水灰转动平稳，水灰转盘的其他位子也请放上坩埚。称量坩埚或试样时分析仪必须盖上炉盖。空坩埚称量完毕（系统自

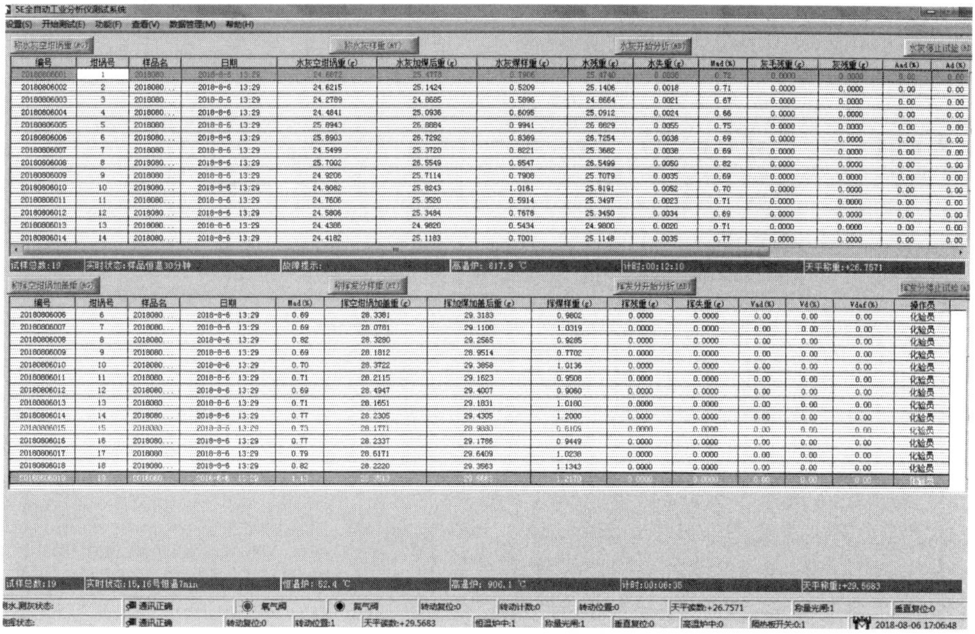

图 3-30　测试工作界面

动记录空坩埚质量）就可加入试样，试样称量完毕后，高温炉开始升温进行测试。其他操作均可按系统提示进行操作，详细操作步骤参阅说明书。

a.分析仪Ⅰ测定流程。进入测试程序工作测试菜单，输入相关的试样信息后仪器自动称量挥发分空坩埚（注意：坩埚应该带盖。如果单测挥发分，在称量前系统会提示输入水分数值），空坩埚称量完毕，系统提示放置试样，然后系统称量试样质量并开始加热高温炉。当高温炉温度到达900℃后，恒温2min，打开隔热板送0号空白坩埚和19号坩埚至高温炉中后关闭隔热板灼烧7min，7min到后打开隔热板将0号坩埚和19号坩埚送回恒温炉中，然后送第1、2号坩埚到高温炉中关闭隔热板并灼烧7min，7min后打开隔热板将1、2号坩埚送回到恒温炉中，待所有分析样品灼烧完毕后，恒温炉开始加热至130℃，所有分析样品在恒温炉中恒温一段时间后，以减少质量占样品的百分数减去该煤样空气干燥基水分含量作为煤样的挥发分。系统报出挥发分测定结果，并打印结果或报表（如果在系统设置中设置了打印）。（备注：如果本次实验还测水灰，则分析仪Ⅱ也分析完毕才自动打印报表。）

b.分析仪Ⅱ测定流程。进入测试程序工作测试菜单，输入相关的试样信息后仪器自动称量空坩埚，空坩埚称量完毕，系统提示放置试样，然后系统称量试样质量并开始加热高温炉（系统会打开氮气阀，向高温炉内通氮气，气体流量控制在4～5L/min）先将高温炉加热到107℃恒温45min（按国标方法，温度与恒温时间可自定义设置）后开始称量坩埚并进行检查性干燥，当坩埚质量变化不超过系统设定值（推荐为0.0007g）时水分分析结束，系统报出水分测定结果，同时关闭氮气阀，打开氧气阀，高温炉继续加热至500℃恒温30min（快速法在此不恒温）后再加热至815℃恒温，之后系统开始称量坩埚并进行检查性灼烧，当坩埚质量变化不超过系统设定值（推荐为0.0007g）时灰分分析结束，系统报出灰分测定结果，并打印结果或报表（如果在系统设置中设置了打印）。（备注：如果本次实验还测挥发分，则分析仪Ⅰ也分析完毕才自动打印报表。）

⑨ 测试结束后，单击“数据管理”菜单，进行数据查询和打印实验数据操作，如图 3-31 和图 3-32 所示。实验结果示例如图 3-33 所示。

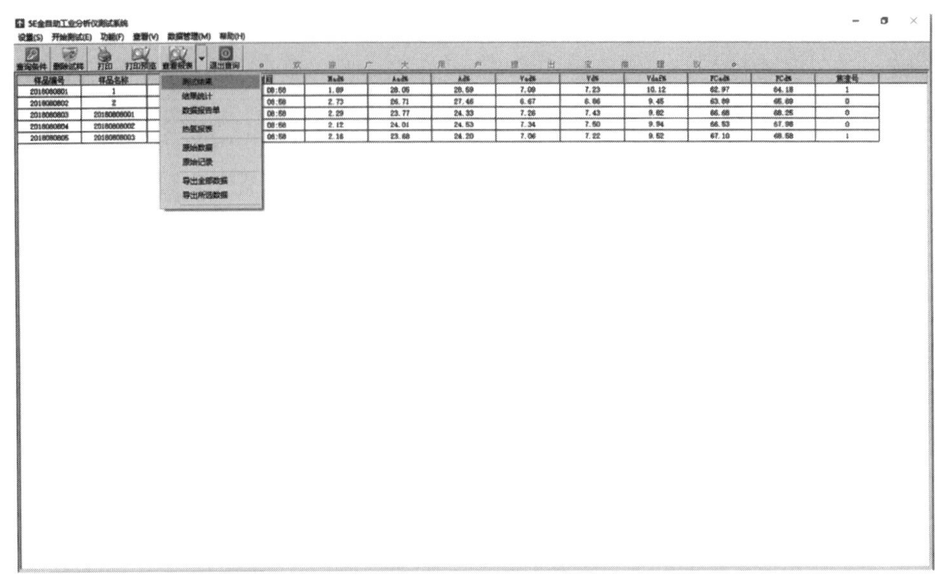

图 3-31　数据查询界面

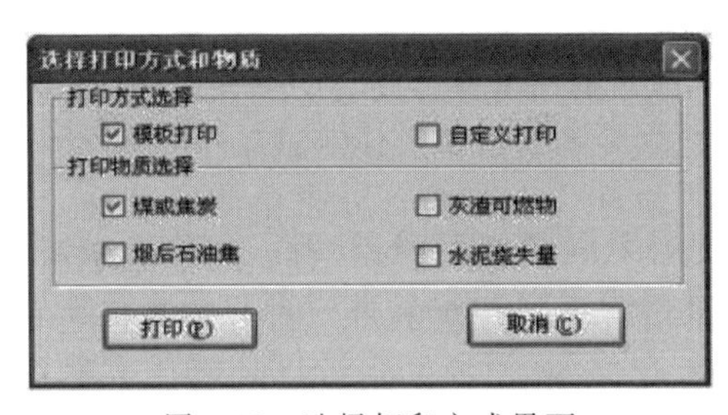

图 3-32　选择打印方式界面

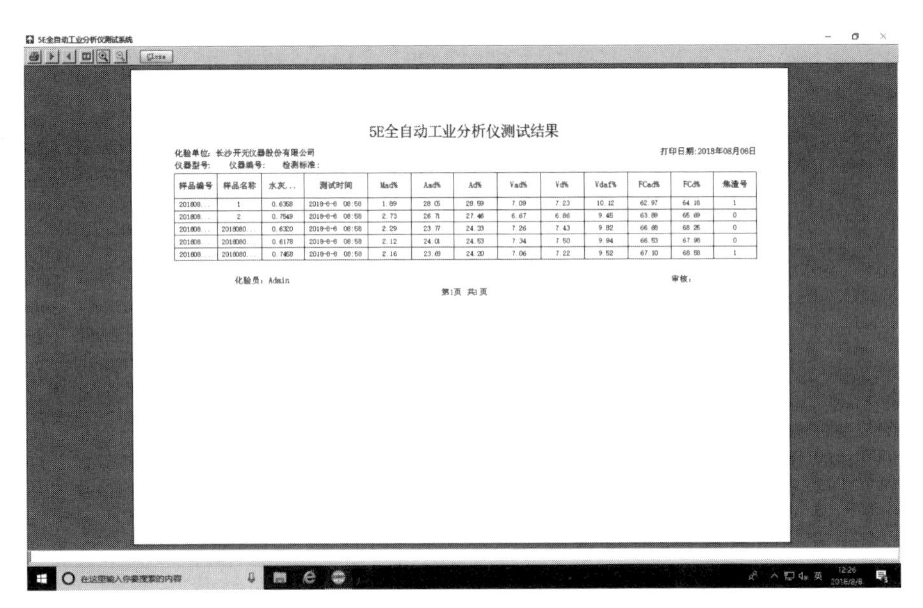

5E全自动工业分析仪测试结果

化验单位：长沙开元仪器股份有限公司　　打印日期:2018年08月06日

仪器型号：　仪器编号：　检测标准：

样品编号	样品名称	水灰...	测试时间	Mad%	Aad%	Ad%	Vad%	Vd%	Vdaf%	FCad%	FCd%	焦渣号
201808...	1	0.6368	2018-8-6 08:58	1.89	28.05	28.59	7.09	7.23	10.12	62.97	64.18	1
201808...	2	0.7549	2018-8-6 08:58	2.73	26.71	27.46	6.67	6.86	9.45	63.89	65.69	0
201808...	2018080...	0.6320	2018-8-6 08:58	2.29	23.77	24.33	7.26	7.43	9.82	66.68	68.25	0
201808...	2018080...	0.6178	2018-8-6 08:58	2.12	24.01	24.53	7.34	7.50	9.94	66.53	67.98	0
201808...	2018080...	0.7458	2018-8-6 08:58	2.16	23.68	24.20	7.06	7.22	9.52	67.10	68.58	1

化验员：Admin　　审核：

第1页　共1页

图 3-33　打印的实验结果示例

⑩ 退出测试软件，关闭计算机。

⑪ 每次测试完成后需打开加热炉炉门，将坩埚从转盘上取出，并使用散热组件进行散热，待转盘和加热炉内腔表面温度降到室温后方可进行第二次实验，否则可能会使测试结果不准确。

⑫ 测试结束后，请小心取出坩埚，将其放置在专用工作台面上，因为此时坩埚温度很高，所以请不要将坩埚随意乱放，以免烫伤。

五、精密度

空气干燥基水分、灰分的精密度分别如表 3-15 所示，挥发分的精密度如表 3-16 所示。

表 3-15 水分和灰分的精密度

M_{ad}/%	重复性限/%	A_{ad}/%	重复性限/%	再现性限/%
$M_{ad}<5.00$	0.20	$A_{ad}<5.00$	0.20	0.30
$5.00\leqslant M_{ad}\leqslant 10.00$	0.30	$15.00\leqslant A_{ad}\leqslant 30.00$	0.30	0.50
$M_{ad}>10.00$	0.40	$A_{ad}>30.00$	0.50	0.70

表 3-16 挥发分的精密度

V_{ad}/%	重复性限/%	再现性限/%
$V_{ad}<20.00$	0.30	0.50
$20.00\leqslant V_{ad}\leqslant 40.00$	0.50	1.00
$V_{ad}>40.00$	0.80	1.50

六、注意事项

① 炉体在加热或散热过程中，请不要用手或其他物体接触高温炉壁，以防灼伤手或损坏其他物体。在放试样时请戴上清洁、干燥的手套。

② 为了获得和 GB/212 一致的结果，不推荐使用一个炉膛连续测定水分、灰分和挥发分的设备，应使用具有两个炉膛的设备，因为挥发分应单独一个炉膛测定。

③ 使用 5E-MAG6700 全自动工业分析仪时，推荐使用水分、灰分和挥发分同时测定的程序，仪器应定期用标煤检验。

④ 热电偶应每年检定一次，也需每年校准一次炉温，以确保样品受热温度控制在规定范围内。

⑤ 高温时物体所受的浮力作用的影响不能忽略，必须对此进行校正。

七、知识扩展

康坚. 煤的工业分析仪器法的影响因素 [J]. 内蒙古石油化工，2017，43 (5)：83-84.

（昆明理工大学 李艳红和长沙开元仪器股份有限公司 胡存良、董佳执笔）

实验九　煤中碳、氢、氮、硫含量的测定（仪器法）（参考 GB/T 30733—2014）

一、实验目的

掌握褐煤、烟煤和无烟煤中元素分析的快速测定方法的原理、步骤。

二、实验原理

已知质量的煤样在高温和氧气流中充分燃烧，煤中的碳、氢、氮、硫完全燃烧生成二氧化碳、水、氮气/氮氧化物混合物、二氧化硫和三氧化硫混合物，由特定的处理系统滤除对测定有干扰的影响因素，并将氮氧化物还原为氮气，三氧化硫还原为稳定的二氧化硫，煤中碳、氢、氮、硫的含量分别以二氧化碳、水蒸气、氮气和二氧化硫的形式由特定的检测系统定量测定。

三、仪器

德国 Elementar 公司 vario MACRO cube 元素分析仪，仪器主要包括进样、燃烧和反应、混合气体分离、检测四部分。图 3-34 为仪器后侧，图 3-35 为加热炉部分，主电源开关在仪器右侧。

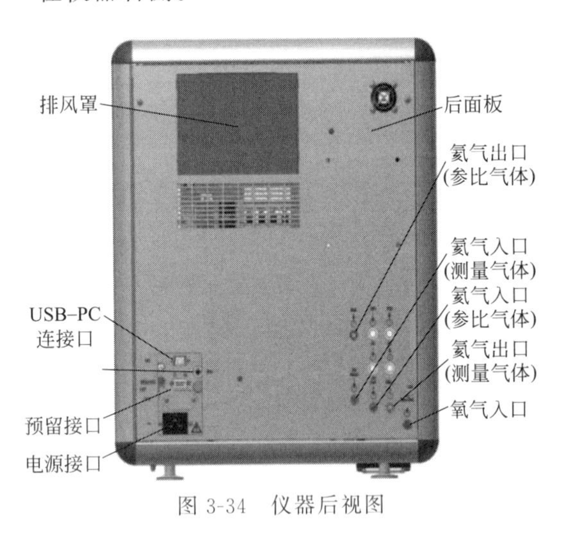

图 3-34　仪器后视图

图 3-35　加热炉部分

四、试剂和材料

氧化还原管，线状铜，三氧化钨，锡舟，干燥管，球阀，石英桥等；氧气，氦气。

五、准备工作

① 开启计算机并打开操作程序菜单，检查各更换件测试次数的剩余是否还能满足此次测试，通常最应该注意的是还原管、干燥管以及灰分管。

② 将燃烧管、二次燃烧管及还原管温度设为 0，执行检漏测试。通常有更换仪器中任何管路中的备件、重新装填试剂、打开管路中任何接口、仪器长时间未开机使用、仪器在高温

下断电十几分钟以上中任一情形，都需要检漏。

③ 拔掉主机尾气的堵头。

六、实验步骤

(1) 开机

① 将主机的进样盘拿开后，开启主机电源，待进样盘底座自检转动完毕（即自转至零位）后，将进样盘样品孔位手动调到 0 位后放回原处。

② 启动操作软件。

③ 通入氧气，将减压阀的输出压力调至 0.20～0.22MPa，打开氦气，调节压力至 0.12～0.13MPa，确认操作程序状态栏中的 Press 显示为 1200～1250mbar。

(2) 选择标样　进入操作程序 Options＞Setting＞Standards 的窗口，确认要使用标样的名称。

(3) 炉温设定　进入操作程序 Options＞Settings＞Parameters，确认加热炉设定温度，其中燃烧管设为 1150℃，还原管设为 850℃。

(4) 输入样品名称、样品重量，选择测试方法

① 测试空白值，在 Name 中选择 blank，在 Weight 一栏输入假设样品重，在 Method 栏选择 Blank O_2。

② 做 4 次条件化测试，样品名选择 runin，使用磺胺标样，约 20mg，通氧方法选择 Sulf 1。

③ 做 4 次磺胺标样测试，样品名选择 sulfanilamide，精确称重约 20mg，通氧方法选择 Sulf 1。

④ 称取煤样，可进行 40～60 次样品测试。

(5) 校正因子计算

① 进入 Options＞settings＞Calculations，选择激活 Factor Determination 中 sequentially，检查几次标样测试的数据是否平行，若平行，点击 Math.＞Factor，出现的对话框中点 Yes，完成校正因子计算。

② 若标样几次测试的数据存在不平行，可在选择的平行标样数据行上做标记，此时点击 Math.＞Factor，在出现的对话框中激活 Follow tagged standard samples only，再点 Yes，完成校正因子计算。

(6) 关机

① 在 Sleep/Wake Up 功能对话框中手动启动睡眠（点 Sleep Now），待 3 个反应管加热炉都降温至 100℃以下。

② 关闭氦气和氧气。

③ 退出操作软件。

④ 关闭主机电源，开启主机加热炉室的门，让其长时间散去余热。

⑤ 将主机后面的尾气出口堵住。

⑥ 关闭计算机、打印机和天平等外围设备。

七、注意事项

① 煤样被污染将影响分析结果，水分不仅会影响氢的测试结果，而且含水样品的重量因素也会影响到其他元素的测试含量结果，故避免触摸样品造成污染。

② 仪器加热炉温度很高，即使关闭了仪器，这些部件的热量还会保留很长时间，此时

请勿触摸避免被灼伤。

③ 如进样盘的孔位中已经放进了多个样品，无论何时对进样盘的孔位进行变更，都会造成进样盘中的多个样品一起落入进样球阀中，所以在改变进样盘孔位之前，必须将上面的所有样品取下。

八、标定

可选用磺胺、苯基丙氨酸等纯净物质建立标准校正曲线，标准物质测试方法与煤样测试方法一致，标准物质测试完后，选取用于校正的数据，进行校正操作。

九、精密度

精密度见表 3-17。

表 3-17 精密度表

元素	重复性限(以 X_{ad})/%	再现性临界差(以 X_d)/%
C	0.50	1.30
H	0.15	0.40
N	0.08	0.15
$S_t \leqslant 1.50\%$	0.05	0.15
$1.50 < S_t \leqslant 4.00\%$	0.10	0.25
$S_t > 4.00\%$	0.20	0.35

十、报告

实验报告可以参考表 3-18。

表 3-18 煤中碳氢氮硫的实验报告

样品名称		样品编号	
依据标准		检测者	
测试项目	第一次测试值	第二次测试值	平均值
煤样质量/mg			
C_{ad}/%			
H_{ad}/%			
N_{ad}/%			
S_{ad}/%			
备注			

十一、思考题

1. 煤中碳氢氮硫测定的原理是什么?
2. 影响实验结果的主要因素有哪些?

十二、知识扩展

[1] SN/T 4764—2017 煤中碳、氢、氮、硫含量的测定元素分析仪法.

［2］ SN/T 3005—2011 有机化学品中碳、氢、氮、硫含量的元素分析仪测定方法.

［3］ GB/T 30733—2014 煤中碳氢氮的测定仪器法.

［4］ 冯涛，连进京，陈彤，等. 测定煤中碳氢氮硫的方法比较分析［J］. 煤质技术，2016（5）：50-52，58.

［5］ 甄志，李宇，陈鸿伟. Vario EL Ⅲ元素分析仪测硫方法分析［J］. 电力科学与工程，2002，4：43-45.

（中国科学院山西煤炭化学研究所 李怀柱、白宗庆执笔）

实验十 煤中碳和氢的测定
（参考 GB/T 476—2008）

一、实验目的

1. 了解煤中碳和氢测定的意义。
2. 学习和掌握用二节炉法测定煤中碳和氢的方法及原理。
3. 学习了解电量——重量法测定煤中碳和氢的原理。

二、实验原理

1. 实验方法简介

目前测定煤中碳和氢的方法有：重量法、电量-重量法、红外法等，但是各国的标准方法大都采用经典的化学试剂吸收的重量法，即用氯化钙或高氯酸镁来吸收水分，用碱石棉或碱石灰来吸收二氧化碳。本实验依据的标准为：GB/T 476—2008《煤中碳和氢的测定方法》，采用的也有这种经典的化学试剂吸收重量法，其中又包括三节炉法和二节炉法两种。由于二节炉法的试剂配制、操作过程相对简便，测定时间较短，实验成本较三节炉低，而且在许多煤质检验机构已应用多年，因此本实验重点介绍的是二节炉法。

2. 二节炉法测定煤中碳和氢的实验原理

一定量的煤样在氧气流中燃烧，煤中碳生成二氧化碳，氢生成水。生成的二氧化碳和水分别被二氧化碳吸收剂和吸水剂吸收，根据吸收剂的增量，计算煤中碳氢含量。试样中硫和氯对碳测定的干扰，二节炉法中用高锰酸银热解产物除去；氮对碳测定的干扰，由粒状二氧化锰除去。

（1）煤的燃烧反应 如式(3-7)：

$$\text{煤}+O_2 \xrightarrow[800℃]{\text{催化剂}} CO_2\uparrow+CO\uparrow+H_2O+SO_x\uparrow+Cl_2\uparrow+N_2\uparrow+NO_x\uparrow+CH_4\ \text{等烃类} \tag{3-7}$$

（2）脱除杂质的反应 煤经燃烧后生成的硫、氮等酸性氧化物和氯气，必须除去，否则将被二氧化碳吸收剂吸收，影响碳的测值。煤中硫和氯对碳测定的干扰在二节炉中用高锰酸银热解产物消除，氮对碳测定的干扰用粒状二氧化锰消除。

① 脱除硫、氯的反应，如式(3-8)～式(3-10)：

$$2Ag\cdot MnO_2+2SO_2+2O_2 \xrightarrow{500℃} Ag_2SO_4\cdot MnO_2+MnSO_4 \tag{3-8}$$

$$2Ag\cdot MnO_2+SO_3+0.5O_2 \xrightarrow{500℃} Ag_2SO_4\cdot MnO_2 \tag{3-9}$$

$$2Ag\cdot MnO_2+Cl_2 \xrightarrow{500℃} 2AgCl\cdot MnO_2 \tag{3-10}$$

② 脱除氮的反应，如式(3-11)～式(3-12)：

$$MnO_2 + H_2O \longrightarrow MnO(OH)_2 \tag{3-11}$$

$$MnO(OH)_2 + 2NO_2 \longrightarrow Mn(NO_3)_2 + H_2O \tag{3-12}$$

碳是煤中有机质的主要成分，也是煤燃烧过程中产生热量的重要元素。随着变质程度（煤化程度）的加深，碳含量逐渐增加；氢也是煤中有机质的重要元素，其燃烧时所产生的热量约为碳的4.2倍。煤中氢含量随煤化程度的加深而降低。因此煤的碳、氢含量在一定程度上反映了煤质及其变化特征，并影响到煤的加工和利用，它们和煤中其他特性指标也存在着密切的相关性。因此，煤中碳和氢的含量可作为煤炭科学分类的依据。在我国煤的分类中，以 H_{daf} 作为划分无烟煤小类的指标。另外，在煤的低位发热量计算中，氢是一个不可缺少的数值。

三、仪器设备和试剂材料

1. 仪器设备

（1）管式电炉（双管式）　炉膛直径35mm，两节。第一节长230mm，可加热到850℃，能沿水平方向移动；第二节长330～350mm，可加热到500℃，每节电炉都分别装有热电偶和控温装置。如图3-36所示。

图3-36　二节管式电炉

（2）分析天平　感量0.0001g。

（3）燃烧管　素瓷管，长800mm，内径20～22mm，壁厚约2mm。

（4）气体干燥塔　容量约500mL。

（5）吸收管　玻璃制U形管，磨口塞气密性应良好。

（6）燃烧舟　长>7mm，素瓷。如图3-37所示。

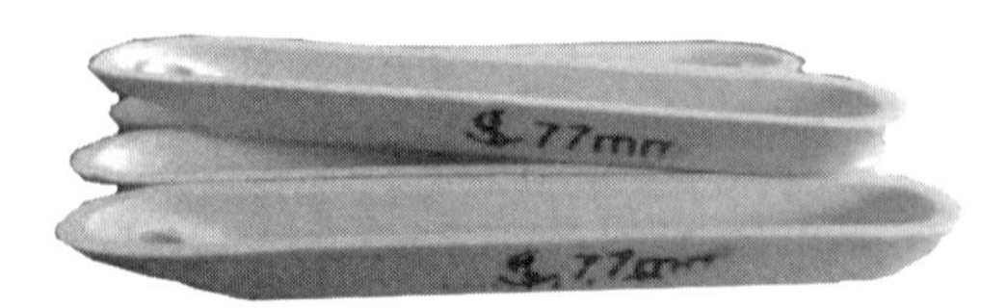

图3-37　燃烧舟

2. 试剂和材料

（1）无水高氯酸镁　分析纯，粒度1～3mm；或无水氯化钙：分析纯，粒度2～5mm。

（2）粒状二氧化锰　化学纯，市售或用硫酸锰和高锰酸钾制备（制备方法详见GB/T 476—2008)。如图3-38所示。

图 3-38 自制粒状二氧化锰

(3) 铜丝网 0.15mm (100 目);铜丝卷:丝直径约 0.5mm,使用前在 300℃马弗炉中灼烧 1h。如图 3-39 所示。

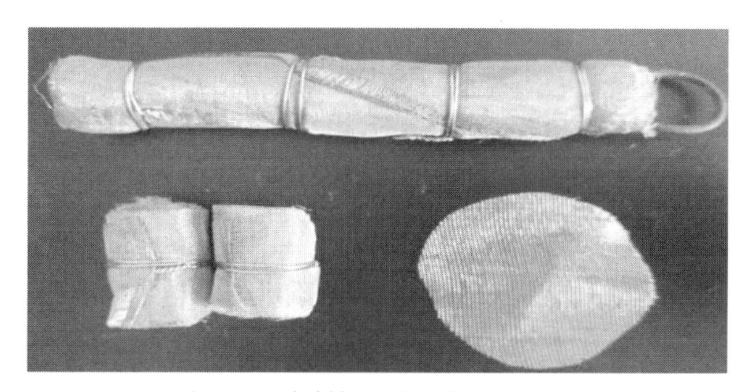

图 3-39 自制铜丝卷、铜丝网垫片

(4) 氧气 99.9%,不含氢。

(5) 三氧化钨 分析纯。

(6) 碱石棉 化学纯,粒度 1~2mm;或碱石灰:化学纯,粒度 0.5~2mm。

(7) 真空硅脂。

(8) 硫酸 化学纯。

(9) 高锰酸银热解产物 依据 GB/T 476—2008 中的制备方法制备,生成的深紫色晶体应用蒸馏水洗涤数次,将其在 60~80℃下干燥 1h 后,在电炉上缓缓加热至骤然分解成银灰色疏松状产物方可使用。如图 3-40 所示。

图 3-40 自制高锰酸银热解产物

四、实验步骤

1. 实验装置

由氧气净化系统、吸收系统和燃烧系统 3 个主要部分组成。

（1）氧气净化系统包括两个气体干燥塔　一个气体干燥塔下部（约 1/3）装钠石灰，上部（约 2/3）装无水氯化钙；另一个装无水氯化钙。如图 3-41 所示。

图 3-41　净化系统气体干燥塔

（2）吸收系统由 4 个 U 形管组成　依次为吸水管（内装无水氯化钙），除氮管（前 2/3 装二氧化锰，后 1/3 装无水氯化钙）和两个二氧化碳吸收管（前 2/3 装钠石灰，后 1/3 装无水氯化钙）。吸收系统末端连接一个空 U 形管（防止硫酸倒吸）和一个装有浓硫酸的气泡计。如图 3-42 所示。

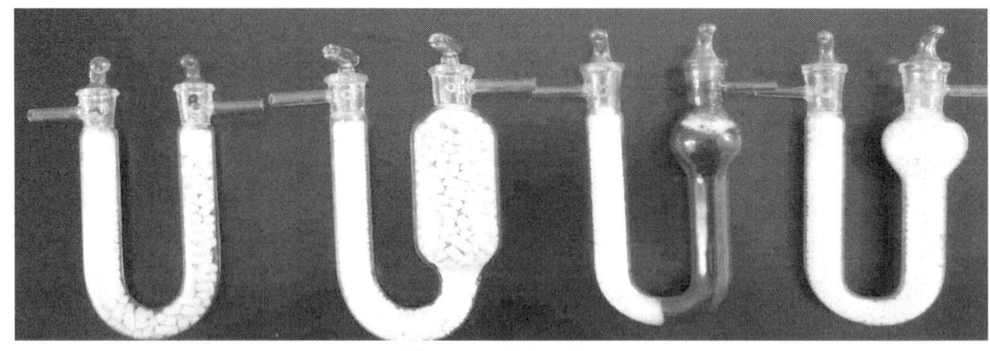

图 3-42　吸收系统

（从左向右依次为 1 号、2 号吸碳管，除氮管，吸水管）

（3）燃烧系统由燃烧管构成，燃烧管按下述方式充填　前端充填约 120mm 的高锰酸银热解产物，做两个长约 10mm 和一个长约 100mm 的铜丝卷。如图 3-43 所示。

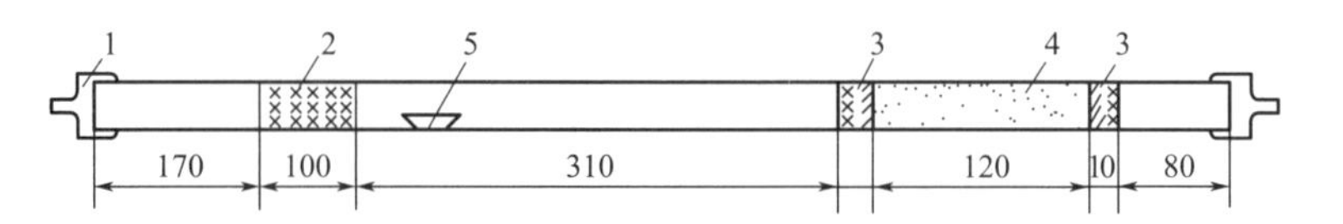

图 3-43　二节炉燃烧管填充示意图

1—橡皮塞；2—铜丝卷；3—铜丝网圆垫片；4—高锰酸银热解产物；5—瓷舟

2. 空白实验

装置连接好后，检查整个系统的气密性，直到各部分都不漏气为止。开始通电升温并接通氧气，在升温过程中，将第一节电炉往返移动数次，新装好的吸收系统通气20min左右。取下吸收系统，用绒布擦净，在天平旁放置10min后称量。在燃烧舟中放入适量催化剂三氧化钨。打开橡皮塞，取出铜丝卷，将装有催化剂的燃烧舟推到第一节炉入口处。塞紧橡皮塞，调节氧气量为120mL/min。1min后向净化系统移动第一节炉，使燃烧舟的一半进入炉子；2min后，移动炉体，使燃烧舟全部进入炉子；再2min后，使燃烧舟位于第一节炉中心，保温13min，将第一节炉移回原位。2min后取下吸收管，用绒布擦净，放置10min后称量，水分吸收管的增加量就是空白值。重复上述实验，直到连续两次所得空白值相差不超过0.0010g为止，取最后两次空白值的平均值作为当天的空白值。

3. 试样测定

在预先灼烧过的瓷舟中称取粒度小于0.2mm的空气干燥煤样0.2g（称准到0.0002g），在煤样上铺一层三氧化钨，放入不加干燥剂的干燥器内待测。将已恒重的吸收系统U形管磨口塞旋开后，接入燃烧系统，以每分钟120mL的流量通入氧气。打开入口端的橡皮塞，取出铜丝卷，将盛有煤样的瓷舟迅速放入燃烧管中，使瓷舟前端刚好在第一节炉口。放入铜丝卷，塞上橡皮塞，通入氧气，流量保持在120mL/min，之后的操作步骤与空白实验一样。拆下吸收系统的U形管，用绒布擦净后称量。

五、结果处理及精密度

1. 测定结果

按式(3-13)和式(3-14)计算：

$$C_{ad}=\frac{0.2729m_1}{m}\times 100 \tag{3-13}$$

$$H_{ad}=\frac{0.1119(m_2-m_3)}{m}\times 100-0.1119M_{ad} \tag{3-14}$$

式中　C_{ad}——试样中碳的质量分数，%；

H_{ad}——试样中氢的质量分数，%；

m——空气干燥煤样质量，g；

m_1——二氧化碳吸收管的增量，g；

m_2——水分吸收管的增量，g；

m_3——空白值，g；

M_{ad}——空气干燥煤样水分，%。

2. 测定结果

煤中碳、氢的精密度见表3-19。

表3-19　煤中碳、氢测定的精密度

C_{ad} 重复性≤0.50%	再现性≤1.00%
H_{ad} 重复性≤0.15%	再现性≤0.25%

六、电量-重量法测定煤中碳和氢的原理

将一定量的煤样（50mg左右）推至850℃的石英管中燃烧分解，用净化的氧气为载气，吹进了高锰酸银热解产物进行催化氧化，使煤中氢转化为水，碳转化为CO_2，将燃烧

分解生成的水和二氧化碳载过铂-五氧化二磷电解池。电解池与仪器之间组成一电化学系统，未进样时电解池内阻很大，正负极之间呈开路状态，无电流流过，当含有水分的气体通过电解池时，水被五氧化二磷吸收生成偏磷酸，电解池内阻减小，启动电解，电解池内电流大于50mA。电解生成的氧气和氢气随气流排出，而五氧化二磷得以再生复原。随着电解反应的进行，HPO_3 越来越少，电解电流也随之下降，当下降到 5mA 终点电流时，终点控制器动作，切断电解电源，电解终止，这段时间内的电流与时间的积分值，即为电解所耗用的电量，根据法拉第电解定律可以计算出氢的质量。碳的测定和二节炉法一致。电量-重量法碳氢测定仪主要由氧气净化系统、燃烧装置、铂-五氧化二磷电解池、电量积分器和吸收系统等构成。仪器外形如图 3-44、图 3-45 所示。

用电量-重量法测定仪测定时，碳和氢的测定可以分开进行。在许多煤质检验机构更多的是用该测定系统中电量法自动测氢的部分进行氢的测定。因为相较于重量法测氢，用电量法测定时间短，效率更高。在实际的检验检测工作中，如果只需要氢的数据用于计算低位发热量，则仅使用电量法；如果需要做元素分析的项目，则用二节炉法同时测定碳和氢。根据工作实际需要和各检测方法的特点灵活选择相应的检测方法会使工作效率提高。

图 3-44　电量法半自动碳氢测定仪

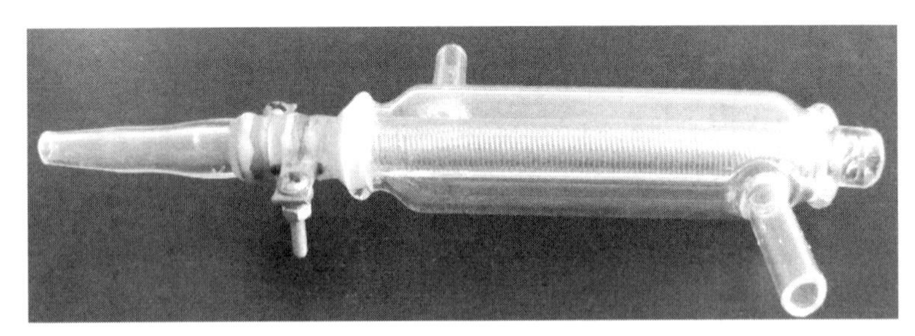

图 3-45　铂-五氧化二磷电解池

煤中碳和氢测定的原始记录可参考表 3-20。

表 3-20　煤中碳和氢测定原始数据记录表

<table>
<tr><td>试验编号</td><td colspan="2"></td><td>样品名称</td><td colspan="3">□原煤　□浮煤　□焦炭　□褐煤　□其他</td></tr>
<tr><td>相关指标</td><td>$M_{ad}/\%$</td><td></td><td>$A_{ad}/\%$</td><td></td><td>$100-M_{ad}-A_{ad}/\%$</td><td></td></tr>
<tr><td colspan="7">□电量法测定碳、氢</td></tr>
<tr><td colspan="2">样品质量 m/mg</td><td colspan="2"></td><td></td><td colspan="2">平均值</td></tr>
<tr><td colspan="2">碳 C_{ad}</td><td colspan="2"></td><td></td><td colspan="2"></td></tr>
<tr><td colspan="2">氢 H_{ad}</td><td colspan="2"></td><td></td><td colspan="2"></td></tr>
</table>

续表

□重量分析法							
样品质量 m/g				样品碳的含量	Ⅱ号U形管增后质量/g		
样品氢的含量	Ⅰ号U形管增后质量/g				Ⅱ号U形管原质量/g		
	Ⅰ号U形管原质量/g				Ⅱ号U形管增加质量/g		
	Ⅰ号U形管增加质量 m_2/g				Ⅲ号U形管增后质量/g		
	测定空白值 m_3/g				Ⅲ号U形管原质量/g		
	$H_{ad}\left(=\frac{0.1119(m_2-m_3)}{m}\times100-0.1119M_{ad}\right)/\%$				Ⅲ号U形管增加质量/g		
					Ⅱ+Ⅲ号U形管总质量 m_1/g		
					$C_{ad}=\frac{0.2729m_1}{m}\times100\%$		
	平均值 H_{ad}/%				平均值 C_{ad}/%		
	$H_{daf}=\frac{H_{ad}}{100-M_{ad}-A_{ad}}\times100\%$				$C_{daf}=\frac{C_{ad}}{100-M_{ad}-A_{ad}}\times100\%$		
	$H_d=\frac{H_{ad}}{100-M_{ad}}\times100\%$				$C_d=\frac{C_{ad}}{100-M_{ad}}\times100\%$		
执行标准：		□GB/T 476—2008 煤中碳和氢的测定方法 □GB/T 28734—2012 固体生物质燃料碳氢测定方法					
使用天平号：				使用仪器号：			
环境条件：		温度/℃ 湿度/%					
备注：							

测定者： 审核者： 日期： 年 月 日

七、注意事项

① 在碳氢测定中影响其准确度的最主要且最难以把握的问题就是气密性。一旦系统漏气或气路不畅，就会使测定结果严重偏离其真值，而且它的发生往往是随机的，且规律性不强，多具隐蔽性，因此，每次测定前，系统气密性的检查很重要。一般应在冷态下进行：关闭系统最后一个活塞，如果氧气流量从120mL/min降至20mL/min，则表明系统气密性良好。

② 系统中的各种试剂应根据国标中的规定及时更换，试剂失效均会导致测值不准确。

③ 每次更换系统之后应对系统进行可靠性检验，用标准煤样做此项检验，当测定值与标准值之差在不确定度范围内方可正式做样。

④ 褐煤或水分较高的煤样应在测试前再称量。

八、思考题

1.二节炉法测定煤中碳和氢的方法原理是什么？实验装置由哪几部分组成？

2.干扰煤中碳和氢测定的因素有哪些？分别用什么试剂来排除？

3.影响煤中碳和氢测定结果准确性的因素有哪些？

4.阅读GB/T 476—2008《煤中碳和氢的测定方法》后比较二节炉法与三节炉法的区别。

5.碳、氢含量与煤的变质程度之间关系如何？不同变质程度煤的碳、氢含量范围是多少？

6.为什么要测定空白值？空白值的来源是什么？

7.吸水管、二氧化碳吸水管及除氮管中的试剂应何时更换？若不更换，会带来什么后果？

8.碳氢测定过程为什么要控制试样的推进速度？如何控制？

九、知识扩展

[1] GB/T 30733—2014 煤中碳氢氮的测定仪器法.

[2] GB/T 28734—2012 固体生物质燃料中碳氢测定方法.

[3] 石岩.影响煤中碳和氢准确测定的若干因素及解决办法 [J].煤质技术，2011，4：35-36.

[4] 荣霞.二节炉法快速测定碳氢含量的准确度影响因素分析 [J].煤质技术，2013，4：18-20.

（云南省煤炭产品质量检验站　荣霞执笔）

实验十一　煤中氮的测定（参考 GB/T 19227—2008）

一、实验目的

1.了解煤中氮测定的意义。

2.学习和掌握用半微量开氏法测定煤中氮的方法及原理。

二、实验原理

煤样在催化剂存在下用浓硫酸加热分解，使煤中绝大部分的氮转化为硫酸氢铵。然后加入过量的氢氧化钠溶液，把氨蒸出并用硼酸溶液吸收。最后用硫酸标准溶液滴定，根据硫酸的用量，计算样品中氮的含量。本实验依据的标准方法为：GB/T 19227—2008《煤中氮的测定方法》。各步骤的化学反应如式(3-15)～式(3-20)。

1. 消化反应

$$煤\xrightarrow[催化剂]{浓硫酸}NH_4HSO_4+N_2(极少量)+CO_2+H_2O+SO_2+SO_3+Cl_2+H_3PO_4 \quad (3\text{-}15)$$

2. 蒸馏反应

$$NH_4HSO_4+2NaOH\longrightarrow NH_3\uparrow+Na_2SO_4+2H_2O \quad (3\text{-}16)$$

3. 吸收反应

$$NH_3+H_3BO_3\longrightarrow NH_4H_2BO_3 \quad (3\text{-}17)$$

或

$$2NH_3+H_2SO_4\longrightarrow(NH_4)_2SO_4 \quad (3\text{-}18)$$

4. 滴定反应

硼酸吸收：$$2NH_4H_2BO_3+H_2SO_4\longrightarrow(NH_4)_2SO_4+2H_3BO_3 \quad (3\text{-}19)$$

或硫酸吸收：$$H_2SO_4(过量)+2NaOH(回滴)\longrightarrow Na_2SO_4+2H_2O \quad (3\text{-}20)$$

煤中的氮主要以有机氮的形态存在。煤燃烧产生大量的氮氧化物，是大气中氮氧化物的主要人为来源。煤在燃烧时生成氨等气体，会腐蚀燃煤设备及管道，但这些气体又可以被回收利用，用来生产化工产品。因此，煤在环保及加工利用方面都需要测定煤中氮的含量。

三、仪器设备和试剂材料

1. 仪器设备

（1）消化装置

① 开氏瓶：容量 50mL，如图 3-46 所示。

② 铝加热体：具有良好的导热性能以保证温度均匀（使用时，四周以绝热材料缠绕，如石棉绳等），如图 3-47 所示。

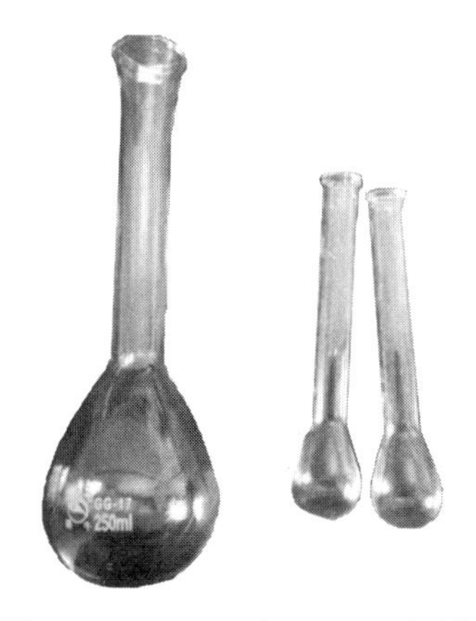

图 3-46　250mL 和 50mL 开氏瓶

图 3-47　铝加热体实物图

③ 电炉：带有控温装置，能控温在 350℃。

④ 短颈玻璃漏斗：直径约 30mL。

（2）蒸馏及滴定装置　蒸馏装置如图 3-48、图 3-49 所示。

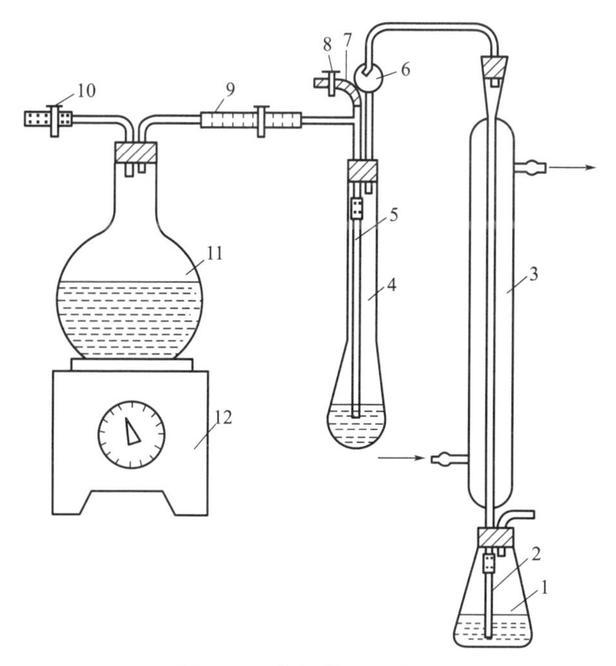

图 3-48　蒸馏装置示意图

1—锥形瓶；2,5—玻璃管；3—直形玻璃冷凝管；4—开氏瓶；6—开氏球；7,9—橡胶管；8,10—夹子；11—圆底烧瓶；12—加热电炉

图 3-49　蒸馏装置

① 开氏瓶：容量 250mL，如图 3-46 所示。

② 锥形瓶：容量 250mL。

③ 开氏球：直径约 55mm。

④ 直形玻璃冷凝管：长约 300mL。

⑤ 圆底烧瓶：容量 1000mL。

⑥ 加热电炉：额定功率 1000W，功率可调。

⑦ 微量滴定管：A 级，10mL，分度值为 0.05mL。

⑧ 分析天平：感量 0.1mg。

2. 试剂和材料

(1) 混合催化剂　将无水硫酸钠、硫酸汞和化学纯硒粉按质量比 64∶10∶1 混合，研细混匀后备用。

(2) 硫酸

(3) 蔗糖

(4) 无水碳酸钠　优级纯、基准试剂或碳酸钠纯度标准物质。

(5) 混合碱溶液　将氢氧化钠 370g 和硫化钠 30g 溶解于水中，配制成 1000mL 溶液。

(6) 硼酸溶液 (30g/L)　将 30g 硼酸溶入 1L 热水中，配制时需加热溶解并滤去不溶物。

(7) 高锰酸钾或铬酸酐

(8) 甲基橙指示剂 (1g/L)　将 0.1g 甲基橙溶于 100mL 水中。

(9) 甲基红和亚甲基蓝混合指示剂

① 称取 0.175g 甲基红，研细，溶入 50mL 95%乙醇中并存于棕色瓶中。

② 称取 0.083g 亚甲基蓝，溶入 50mL 95%乙醇中并存于棕色瓶中。

③ 使用时将①和②按体积比 1∶1 混合。混合指示剂的使用期一般不要超过 1 周。

3. 硫酸标准溶液 $\left[c\left(\frac{1}{2}H_2SO_4\right)=0.025mol/L\right]$

① 硫酸标准溶液的配制：于 1000mL 容量瓶中，加入约 40mL 蒸馏水，用移液管吸取 0.7mL 硫酸缓缓加入容量瓶中，加水稀释至刻度，充分振荡均匀。

② 硫酸标准溶液的标定：于锥形瓶中称取 0.02g (称准至 0.0002g) 预先在 130℃下干燥到质量恒定的无水碳酸钠，加入 50～60mL 蒸馏水使之溶解，然后加入 2～3 滴甲基橙指示剂，用硫酸标准溶液滴定到由黄色变为橙色。放在电炉上煮沸，赶出二氧化碳，冷却后，继续滴定到橙色。

按式(3-21) 计算硫酸标准溶液的浓度：

$$c=\frac{m}{0.053V} \tag{3-21}$$

式中　c——硫酸标准溶液的浓度，mol/L；

m——称取的碳酸钠的质量，g；

V——硫酸标准溶液用量，mL；

0.053——碳酸钠的摩尔质量，g/mmol。

③ 硫酸标准溶液需 2 人标定，每人各做 4 次重复标定，8 次重复标定结果的极差不大于 0.00060mol/L，以其算术平均值作为硫酸标准溶液的浓度，保留 4 位有效数字。若极差超过 0.00060mol/L，再补做 2 次实验，取符合要求的 8 次结果的算术平均值作为硫酸标准溶液的浓度；若任何 8 次结果的极差都超过 0.00060mol/L，则舍弃全部结果，并对标定条件和操作技术仔细检查和纠正存在问题后，重新进行标定。

四、实验步骤

1. 消化过程

在滤纸上称取分析煤样（0.2±0.01)g，把煤样包好放入 50mL 开氏瓶中，加入混合催化剂 2g 和浓硫酸 5mL。如图 3-50 所示。然后将开氏瓶放入铝加热体的孔中，在加热体中心的小孔中放温度计接通电源，缓缓加热，使温度约达 350℃。保持此温度直到溶液清澈透明，漂浮的黑色颗粒完全消失为止。(消化不完全的煤样和无烟煤，可将 0.2mm 的试样磨细至 0.1mm 以下，再加入高锰酸钾 0.2～0.5g，加热消化直到为草绿色，表示消化完毕。)

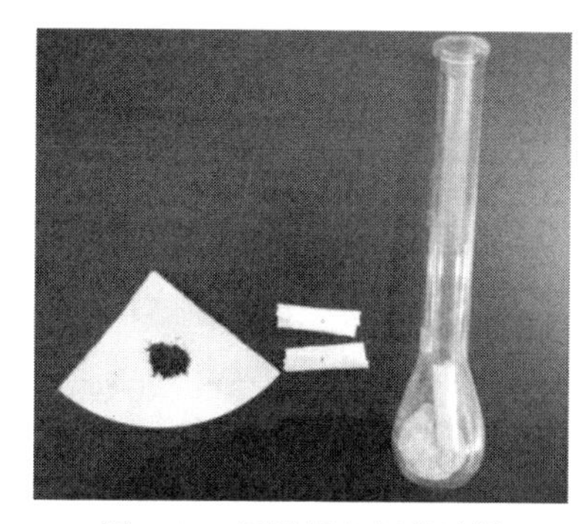

图 3-50 用滤纸包好的试样

2. 蒸馏过程

将冷却后的溶液用少量蒸馏水稀释后，移至 250mL 开氏瓶中，用蒸馏水充分洗净原开氏瓶中的剩余物，然后将盛溶液的开氏瓶放在蒸馏装置上准备蒸馏。把直形冷凝管的上端连到开氏瓶上，下端用橡皮管连上玻璃管，直接插入一个盛有 20mL 硼酸溶液和 1～2 滴混合指示剂的锥形瓶中。在 250mL 开氏瓶中注入 25mL 混合碱溶液，然后通入蒸汽进行蒸馏，蒸馏至锥形瓶中溶液的总体积达到 80mL 为止，此时硼酸溶液已由紫色变成绿色。

3. 滴定

蒸馏完毕时，拆下开氏瓶并停止供给蒸汽，移开锥形瓶，用硫酸标准溶液滴定其中的氮，直到溶液由绿色变成钢灰色即为终点。

4. 空白实验

用 0.2g 蔗糖代替煤样，与煤样一起进行实验。以硫酸标准溶液滴定体积相差不超过 0.05mL 的 2 个空白测定平均值作为当天的空白值。因为蔗糖是纯碳氢化合物，本身并不含有机氮化物。在空白测定中加入蔗糖主要是使空白测定的基体与煤相似，以提高空白值的准确性。

五、结果处理

1. 测定结果

按式(3-22) 计算：

$$N_{ad}=\frac{c(V_1-V_2)\times 0.014}{m}\times 100 \tag{3-22}$$

式中 N_{ad}——空气干燥煤样中氮的质量分数，%；

c——硫酸标准溶液的浓度，mol/L；

V_1——硫酸标准溶液的用量，mL；

V_2——空白实验时硫酸标准溶液的用量，mL；

0.014——氮的摩尔质量，g/mmol；

m——分析煤样的质量，g。

2. 测定值的重复性限

不得超过0.08%。

3. 氮的测定检测原始记录

可参考表3-21。

表3-21 氮测定原始记录表

实验编号				
样品名称	□原煤 □浮煤 □无烟煤 □褐煤 □其他			
管号				
样品质量 m/g				
硫酸标液的用量 V_1/mL				
空白所用硫酸标液量 V_2/mL				
$c(1/2H_2SO_4)$/(mol/L)				
计算公式	$N_{ad}=\frac{c(V_1-V_2)\times 0.014}{m}\times 100$			
N_{ad}/%				
平均值 N_{ad}/%				
N_d/%				
N_{daf}/%				
M_{ad}/%				
A_{ad}/%				
执行标准	□GB/T 19227—2008 煤中氮的测定方法 □GB/T 30728—2014 固体生物质燃料中氮的测定方法			
使用天平号				
使用仪器号				
环境条件	温度/℃ 湿度/%			
备注				

测定者： 审核者： 日期： 年 月 日

六、注意事项

① 消化试样时的温度应控制在350℃左右，并且要缓慢升温。

② 消化后的溶液应是清澈透明的，如有漂浮的黑色颗粒应继续消化或采取相应的措施。

③ 贫煤和无烟煤一般较难消化，所以在称样前应提前将样品研磨到0.1mm以下，或者再加入0.2～0.5g高锰酸钾进行消化。

④ 蒸馏前应先检查蒸馏系统的气密性，并且将蒸馏系统用蒸汽进行冲洗空蒸，以达到清洗的目的。

⑤ 混合指示剂应保存在棕色瓶里，最好现用现配。

⑥ 每次实验时都应同时进行空白的测定，更换水、试剂或仪器设备后也应进行空白实验。

⑦ 消化时遇到易喷溅的试样可以在开氏瓶口放置短颈玻璃漏斗，可防止试样在消化过

程中溅出瓶外。

七、思考题

1. 开氏法测定煤中氮的方法原理是什么？
2. 实验过程由哪几个步骤组成？
3. 影响煤中氮的测定结果准确性的因素有哪些？
4. 为什么空白实验要用蔗糖？
5. 混合催化剂由哪些化学试剂组成？各组分的作用是什么？
6. 混合碱液由什么组成？各组分的作用是什么？
7. 每天开始蒸馏前，为什么要用水蒸气冲洗冷凝管等蒸汽通道？

八、知识扩展

[1]　GB/T 31391—2015 煤的元素分析.

[2]　GB/T 30733—2014 煤中碳氢氮的测定仪器法.

[3]　GB/T 30728—2014 固体生物质燃料中氮的测定方法.

[4]　孙刚.《煤中氮的测定方法》标准修订要点与解析 [J] 煤质技术，2008，3：43-45.

[5]　戴体伟，杨钊，王康.浅谈煤中氮含量测定的影响因素及对策 [J].能源技术与管理，2014，5：134-135.

（云南省煤炭产品质量检验站　荣霞执笔）

实验十二　煤中全硫的测定
（参考 GB/T 214—2007）

一、实验目的

1. 了解测定煤中全硫的意义。
2. 学习和掌握煤中硫测定的原理、方法和步骤。

二、实验方法

（一）艾士卡法

1. 实验原理

将煤样与艾士卡试剂混合灼烧，煤中硫生成硫酸盐，然后使硫酸根离子生成硫酸钡沉淀，根据硫酸钡的质量计算煤中全硫的含量。

本实验依据的检测方法为 GB/T 214—2007 煤中全硫的测定方法，适用于褐煤、烟煤、无烟煤和焦炭。煤中全硫的测定方法很多，主要是艾氏卡重量法、库仑法、高温燃烧中和法。艾士卡法为测定煤中全硫的经典方法，它采用重量分析方法，操作虽然复杂，测试周期也长，但它以测定结果准确著称，常用作仲裁方法及研制标准煤样中的定值方法。现在已有不少单位采用红外吸收法。

所谓煤中全硫是指煤中各种形态硫的总和。通常分为两大类，一是以有机物存在的硫，叫做有机硫。另一类以无机物存在的硫，叫做无机硫。另外，还有少数煤中含有以单质状态存在的单质硫。

有机硫（S_O）主要以硫醇类、噻吩类、硫醌类、硫醚类、硫蒽类官能团存在于煤中。无机硫分为硫化铁硫（S_P）和硫酸盐硫（S_S）。硫化铁硫中绝大部分是黄铁矿硫（FeS_2），硫酸盐硫主要以硫酸钙（$CaSO_4$）的形式存在于煤中。有的煤中还含有单质硫。一般在低硫煤中以有机硫为主，高硫煤中则大多是以黄铁矿硫（FeS_2）为主。只有少数特殊的高硫煤中的硫是以有机硫为主。有机硫、黄铁矿硫和单质硫都能在空气中燃烧，所以它们都是可燃硫。硫酸盐硫是固定硫，为不可燃硫。由于有机硫属于煤的有机质组成，分布均匀。如果用重力洗选的方法是无法将其脱去的。

2. 试剂和材料

（1）艾士卡试剂（以下简称艾氏剂） 以2份质量的化学纯轻质氧化镁与1份质量的化学纯无水碳酸钠混匀并研细至粒度小于0.2mm后，保存在密闭容器中。

（2）盐酸溶液 （1＋1），1体积盐酸加1体积水混匀。

（3）氯化钡溶液 100g/L，10g氯化钡溶于100mL水中。

（4）甲基橙溶液 2g/L，0.2g甲基橙溶于100mL水中。

（5）硝酸银溶液 10g/L，1g硝酸银溶于100mL水中，加入几滴硝酸，贮于深色瓶中。

（6）瓷坩埚 容量为30mL和10～20mL两种。

（7）滤纸 中速定性滤纸和致密无灰定量滤纸。

3. 仪器设备

（1）分析天平 感量0.1mg。

（2）马弗炉 带温度控制装置，能升温到900℃，温度可调并可通风。

4. 实验步骤

① 在30mL瓷坩埚内称取粒度小于0.2mm的空气干燥煤样（1.00±0.01)g（称准至0.0002g）和艾氏剂2g（称准至0.1g），仔细混合均匀，再用1g（称准至0.1g）艾氏剂覆盖在煤样上面。全硫含量5%～10%时称取0.5g煤样，全硫含量大于10%时称取0.25g煤样。

② 将装有煤样的坩埚移入通风良好的马弗炉中，在1～2h内从室温逐渐加热到800～850℃，并在该温度下保持1～2h。

③ 将坩埚从马弗炉中取出，冷却到室温。用玻璃棒将坩埚中的灼烧物仔细搅松、捣碎(如发现有未烧尽的煤粒，应继续灼烧30min)，然后把灼烧物转移到400mL烧杯中。用热水冲洗坩埚内壁，将洗液收入烧杯，再加入100～150mL刚煮沸的蒸馏水，充分搅拌。如果此时尚有黑色煤粒漂浮在液面上，则本次测定作废。

④ 用中速定性滤纸以倾泻法过滤，用热水冲洗3次，然后将残渣转移到滤纸中，用热水仔细清洗至少10次，洗液总体积为250～300mL。

⑤ 向滤液中滴入2～3滴甲基橙指示剂，用盐酸溶液中和并过量2mL，使溶液呈微酸性。将溶液加热到沸腾，在不断搅拌下缓慢滴加氯化钡溶液10mL，并在微沸状况下保持约2h，溶液最终体积约为200mL。

⑥ 溶液冷却或静置过夜后用致密无灰定量滤纸过滤，并用热水洗至无氯离子为止（硝酸银溶液检验无浑浊），溶液过滤如图3-51所示。

⑦ 将带有沉淀的滤纸转移到已知质量的瓷坩埚中，低温灰化滤纸后（300℃左右），在温度为800～850℃的马弗炉内灼烧20～40min，取出坩埚，在空气中稍加冷却后放入干燥器中冷却到室温后称量。

⑧ 每配制一批艾氏剂或更换其他任何一种试剂时，应进行2个以上空白实验（除不加煤样外，全部操作按“4.实验步骤”进行），硫酸钡沉淀的质量极差不得大于0.0010g，取算术平均值作为空白值。

图 3-51　沉淀后溶液过滤图

5. 结果计算

测定结果按式(3-23) 计算：

$$S_{t,ad}=\frac{(m_1-m_2)\times 0.1374}{m}\times 100 \qquad (3\text{-}23)$$

式中　$S_{t,ad}$——一般分析煤样中全硫质量分数，%；

m_1——硫酸钡质量，g；

m_2——空白实验的硫酸钡质量，g；

0.1374——由硫酸钡换算为硫的系数；

m——煤样质量，g。

6. 方法的精密度

艾士卡法全硫测定的重复性限和再现性临界差如表 3-22 规定。

表 3-22　煤中全硫测定（艾士卡法）的重复性和再现性

全硫质量分数 S_t/%	重复性限($S_{t,ad}$)/%	再现性临界差($S_{t,d}$)/%
≤1.50	0.05	0.10
1.50(不含)～4.00	0.10	0.20
>4.00	0.20	0.30

7. 注意事项

(1) 煤样　粒度<0.2mm；样重 1g（全硫含量 5%～10%，称取 0.5g；全硫大于 10%时取 0.25g）(称准至 0.0002g)。

(2) 艾士卡试剂　2 份化学纯轻质氧化镁与 1 份化学纯无水碳酸钠混匀，并研细至小于 0.2mm，保存于密闭容器中。

(3) 测定步骤及技术要点

① 熔样。利用艾士卡试剂与煤样一起熔融，艾士卡试剂中的氧化镁可以防止碳酸钠在较低温度下熔化，使煤样与艾士卡试剂保持疏松状态有利于氧的渗入，促进氧化反应的进行。同时，硫的氧化物也可直接与氧化镁反应，在空气氧的作用下，最后生成硫酸镁。反应方程式见式(3-24)～式(3-28)。

$$\text{煤}+O_2 \longrightarrow CO_2+SO_2+SO_3+N_2+H_2O \qquad (3\text{-}24)$$

$$2Na_2CO_3+2SO_2+O_2 \longrightarrow 2Na_2SO_4+2CO_2 \qquad (3\text{-}25)$$

$$Na_2CO_3+SO_3 \longrightarrow Na_2SO_4+CO_2 \qquad (3\text{-}26)$$

$$2MgO+SO_2+O_2 \longrightarrow 2MgSO_4 \qquad (3\text{-}27)$$

$$MgO+SO_3 \longrightarrow MgSO_4 \qquad (3\text{-}28)$$

煤中不可燃硫，如硫酸钙在受热的条件下则与艾士卡试剂中的碳酸钠发生复分解反应，也转化为硫酸钠。如式(3-29）所示。

$$CaSO_4 + Na_2CO_3 \longrightarrow CaCO_3 + Na_2SO_4 \qquad (3\text{-}29)$$

由此可知，艾士卡试剂可使得煤中的可燃硫及不可燃硫均转为可溶性的硫酸钠与硫酸镁而进入溶液。

艾士卡试剂，有现成试剂，也有的要自己配制，所用氧化镁及无水碳酸钠，最好用一级品即保证试剂（G·R），如实在无一级品，则用二级试剂，即分析试剂（A·R）。一般说来，试剂纯度越差，则杂质含量越高，空白实验值也越大。

无水碳酸钠暴露在空气中会吸水后结块，这将大大降低艾士卡试剂的作用，同时，也无法与煤样混合均匀，故受潮的无水碳酸钠不宜使用。

② 硫酸盐溶解。煤与艾士卡试剂在氧渗入的条件下反应，生成的硫酸钠与硫酸镁是易溶于水的盐类。用热浸取熔融物，煮沸数分钟后就可使它们进入溶液，用定性滤纸过滤，把滤液收集起来进行下一步操作，为了防止可溶性硫酸盐附着于滤渣上，要用热水充分洗涤滤纸上的沉淀物，以防测定结果偏低，一般都得用热水吹洗十遍以上。

③ 硫酸钡沉淀。在一定酸度下，硫酸钠与硫酸镁与氯化钡发生如式(3-30）所示的反应：

$$Na_2SO_4 + MgSO_4 + 2BaCl_2 \longrightarrow 2BaSO_4 \downarrow + 2NaCl + MgCl_2 \qquad (3\text{-}30)$$

这一操作主要控制好沉淀条件：一定要控制好硫酸钡沉淀时溶液的酸度；二是控制沉淀生成速度及适当保温。

过滤时应采用致密定量滤纸过滤，并用热水多次洗涤直至无氯离子为止。过滤时，应注意防止硫酸钡的细小颗粒浮游于滤纸上造成损失，故过滤时应避免滤纸上积存滤液过多。

④ 沉淀物灼烧及结果计算。将带有沉淀的滤纸转移至已恒重的坩埚中，可先在低温下令滤纸灰化，而后转入高温炉中，将炉温升至850℃。为了减少检查性灼烧这一环节，一般可按规定要求适当延长灼烧时间。

为了由 $BaSO_4$ 量计算出含硫量，就应该知道硫在硫酸钡中的比率，即

$$S/BaSO_4 = 32.066/(137.36 + 32.066 + 64) = 0.1374 \qquad (3\text{-}31)$$

8. 思考题

(1）用艾士卡试剂与煤样混合熔样时应注意些什么？

在熔样时，必须使煤样与艾士卡试剂充分混匀，为防止挥发物过快逸出，试样应从低温放入炉中熔化，并缓缓升温，同时要求在煤样与艾士卡试剂混合物上再覆盖1g艾士卡试剂，这样就可确保硫氧化物与硫酸钠及氧化镁反应完全。

熔样是艾士卡法测定全硫中特别重要的一个环节，熔样的温度与时间要掌握好，温度太低、时间太短或艾士卡试剂与煤样混合不均匀，均可能导致燃烧不完全。如在燃烧产物中发现未燃尽煤粒，则应继续灼烧一段时间，直至试样燃烧完全为止。

(2）用艾士卡法测定全硫时为什么要测定空白？

由于艾士卡试剂及实验用水纯度的限制，它们多少可能含有一点硫酸盐，故应进行空白实验。显然更换了一批艾士卡试剂，就需要重新确定空白实验值。在测定煤样时，硫酸镁的量应减去空白实验的硫酸钡量，才是煤中硫所转成的硫酸钡量。

(3）硫酸钡沉淀时要注意些什么？

主要控制好沉淀条件：一定要控制好硫酸钡沉淀时溶液的酸度；二是控制沉淀生成速度及适当保温。为了控制好上述操作条件，可这样进行：加入氯化钡溶液前，滤液可控制在250～300mL（太少，则稀释；太多，则蒸发），然后滴加1+1盐酸，使溶液呈中性后再加

入 2mL。在这种微酸性条件下，可溶性硫酸盐可与氯化钡反应生成硫酸钡沉淀。因硫酸钡颗粒很细，易透过滤纸，为了能获得较粗的硫酸钡沉淀颗粒，最好将沉淀保温静置过夜，至少也应在温热处保温 2～4h。

（4）艾士卡法测定煤中全硫，具有哪些优点？

艾士卡法测定煤中全硫，具有如下特点：①该法测定结果准确可靠，其准确程度列各测定方法之首；②测定一个煤样约需 12～16h，故更适合批量测定；③该法不用专门的仪器设备，一般煤质实验室就具备测定条件。

（二）库仑滴定法

1. 实验原理

煤样在催化剂作用下，于空气流中燃烧分解，煤中硫生成二氧化硫被碘化钾溶液吸收，以电解碘化钾溶液所产生的碘进行滴定，根据电解所消耗的电量计算煤中全硫的含量。测定装置为库仑测硫仪，它由空气预处理及输送装置、库仑积分仪、燃烧炉、温度控制器、电解池、搅拌器及程序控制器等组成。流程示意图见图 3-52。

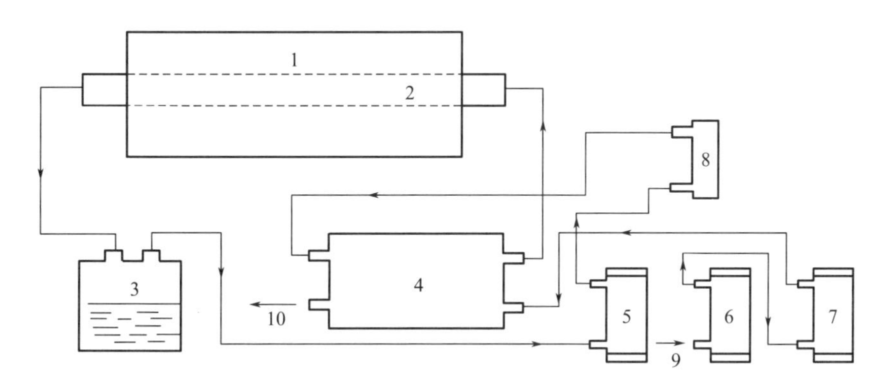

图 3-52　库仑滴定法流程示意图

1—高温炉；2—异径燃烧管（石英或刚玉管）；3—电解池；4—电磁泵；5,6—吸收管（硅胶）；7—吸收管（NaOH）；8—浮子流量计；9—空气入口；10—排气口

2. 试剂和材料

（1）三氧化钨

（2）变色硅胶　工业品；

（3）氢氧化钠　化学纯；

（4）电解液　称取碘化钾、溴化钾各 5.0g，溶于 250～300mL 水中并在溶液中加入冰乙酸 10mL。

（5）燃烧舟　素瓷或刚玉制品，装样部分长约 60mm，耐温 1200℃以上，如图 3-53。

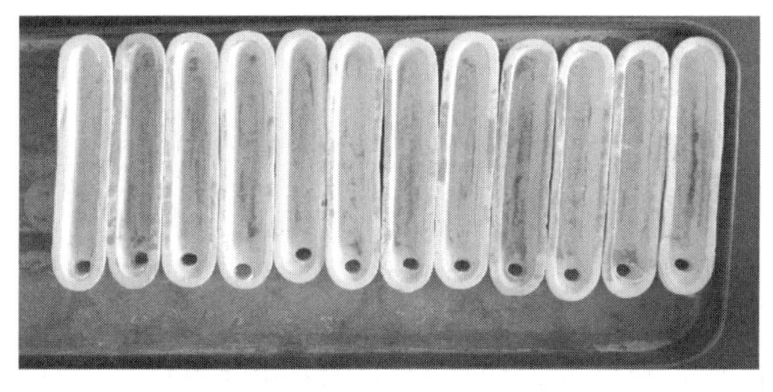

图 3-53　素瓷燃烧舟

3. 仪器设备

(1) 库仑测硫仪　江苏江分电分析仪器有限公司生产的 CLS-5E 型库伦测硫仪如图 3-54。

图 3-54　库仑测硫仪

(2) 管式高温炉　能加热到 1200℃ 以上，并有至少 70mm 长的 (1150±10)℃ 高温恒温带，带有铂铑-铂热电偶测温及控温装置，炉内装有耐温 1300℃ 以上的异径燃烧管，如图 3-55。

图 3-55　石英管

(3) 电解池和电磁搅拌器　电解池高 120～180mm，容量不少于 400mL，内有面积 150mm^2 的铂电解电极对和面积约 15mm^2 的铂指示电极对。指示电极响应时间应小于 1s，电磁搅拌器转速约 500r/min 且连续可调，电解池、电磁搅拌器、空气过滤器、流量计如图 3-56 所示。

图 3-56　电解池、电磁搅拌器、空气过滤器、流量计

(4) 库仑积分器　电解电流 0～350mA 范围内积分线性误差应小于 0.1%，配有 4～6 位数字显示器或打印机。

(5) 送样程序控制器　可按规定的程序灵活前进、后退。

(6) 空气供应及净化装置　由电磁泵和净化管组成。供气量约 1500mL/min，抽气量约 1000mL/min，净化管内装氢氧化钠及变色硅胶，如图 3-56 所示。

4. 实验准备

① 将管式高温炉升温至 1150℃，用另一组铂铑-铂热电偶高温计测定燃烧管中高温带的位置、长度及 500℃ 的位置。

② 调节送样程序控制器，使煤样预分解及高温分解的位置分别处于500℃和1150℃处。

③ 在燃烧管出口处充填洗净、干燥的玻璃纤维棉；在距出口端80～100mm处充填厚度约3mm的硅酸铝棉。

④ 将程序控制器、管式高温炉、库仑积分器、电解池、电磁搅拌器和空气供应及净化装置组装在一起。燃烧管、活塞及电解池之间连接时应口对口紧接，并用硅橡胶管密封。

⑤ 开动抽气和供气泵，将抽气流量调节到1000mL/min，然后关闭电解池与燃烧管间的活塞，若抽气量能降到300mL/min以下，则证明仪器各部件及各接口气密性良好，可以进行测定，否则检查仪器各个部件及其接口情况。

5. 仪器标定

（1）标定方法　使用有证煤标准物质，按以下方法之一进行测硫仪标定。

① 多点标定法：用硫含量能覆盖被测样品硫含量范围的至少3个有证煤标准物质进行标定；

② 单点标定法：用与被测样品硫含量相近的标准物质进行标定。

（2）标定程序

① 按GB/T 212测定煤标准物质的空气干燥基水分，计算其空气干燥基全硫$S_{t,ad}$标准值。

② 按实验步骤，用被标定仪器测定煤标准物质的硫含量。每一标准物质至少重复测定3次，以3次测定值的平均值为煤标准物质的硫测定值。

③ 将煤标准物质的硫测定值和空气干燥基标准值输入测硫仪（或仪器自动读取），生成校正系数。

注：有些仪器可能需要人工计算校正系数，然后再输入仪器。

（3）标定有效性核验　另外选取1～2个煤标准物质或者其他控制样品，用被标定的测硫仪按照实验步骤测定其全硫含量。若测定值与标准值（控制值）之差在标准值（控制值）的不确定度范围（控制限）内，说明标定有效，否则应查明原因，重新标定。

6. 实验步骤

① 将管式高温炉升温并控制在(1150±10)℃。

② 开动供气泵和抽气泵并将抽气流量调节到1000mL/min。在抽气下，将电解液加入电解池内，开动电磁搅拌器。

③ 在瓷舟中放入少量非测定用的煤样，按照实验步骤进行终点电位调整实验。如实验结束后库仑积分器的显示值为0，应再次测定，直至显示值不为0。

④ 在瓷舟中称取粒度小于0.2mm的空气干燥煤样(0.05±0.005)g（称准至0.0002g)，并在煤样上均匀覆盖一薄层三氧化钨。将瓷舟放在送样的石英托盘上，开启送样程序控制器，煤样即自动送进炉内，库仑滴定随即开始。实验结束后，库仑积分器显示出硫的质量（mg）或质量分数，库伦测硫仪工作界面如图3-57，或由打印机打印。

7. 标定检查

仪器测定期间应使用煤标准物质或者其他控制样品定期（建议每10～15次测定后）对测硫仪的稳定性和标定的有效性进行核查，如果煤标准物质或者其他控制样品的测定值超出标准值的不确定度范围（控制限)，应按上述步骤重新标定仪器，并重新测定自上次检查以来的样品。

8. 结果计算

当库仑积分器最终显示数为硫的质量（mg）时，全硫质量分数按式(3-32）计算：

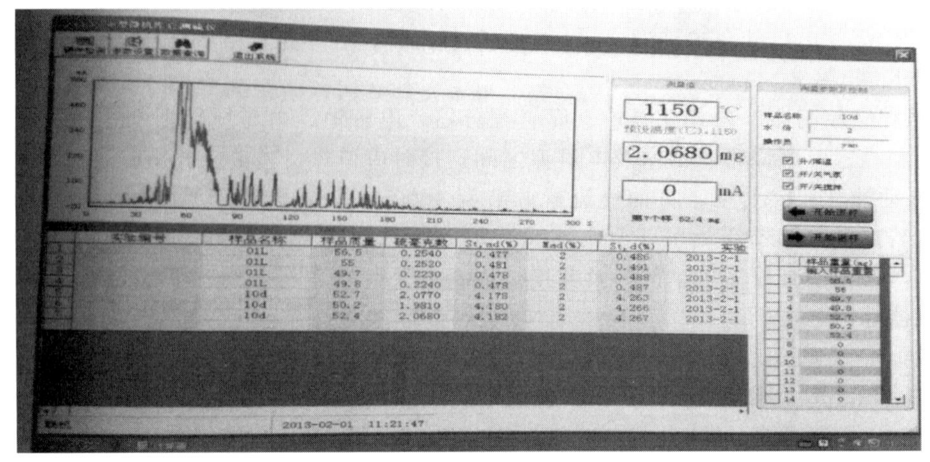

图 3-57 库仑测硫仪工作界面图

$$S_{t,ad}=\frac{m_1}{m}\times 100 \tag{3-32}$$

式中 $S_{t,ad}$——空气干燥煤样中全硫含量，%；

m_1——库仑积分器显示值，mg；

m——煤样质量，mg。

9. 方法的精密度

库仑滴定法全硫测定的重复性限和再现性临界差如表 3-23 规定。

表 3-23 煤中全硫测定（库仑滴定法）的重复性和再现性临界差

全硫质量分数 S_t/%	重复性限($S_{t,ad}$)/%	再现性临界差($S_{t,d}$)/%
≤1.50	0.05	0.15
1.50(不含)～4.00	0.10	0.25
>4.00	0.20	0.35

10. 注意事项

（1）实验准备过程要求

① 在进行测试之前，仪器必须预热半小时以上，否则可能会使测试结果不准确。

② 仪器使用时温度非常高，为避免烫伤，在取试样坩埚时应始终使用钳子或镊子。

③ 仪器应防止灰尘及腐蚀性气体侵入，并置于干燥环境中使用，若长期不用应罩好，并定期通电升温并做几个废样。

（2）实验测定过程要求

① 将炉温恒定在（1150±5)℃。

② 加入电解液。

③ 在供气和抽气条件下将流量计调节到 1000mL/min，开启搅拌器，并检查气密性。调节旋转速度，使搅拌子快速旋转，但不可过快，以免搅拌子跳动打坏铂电极。

④ 准确称取规定粒度煤样，于瓷舟中铺平，盖一层薄 WO_3。将瓷舟放在仪器的石英舟内，按照仪器提示符进行操作。

（3）仪器使用要点

① 在测硫过程中，应保持系统气路通畅。燃烧管进出口连接管应使用耐温的硅橡胶管，

各吸收管、电磁泵之间的连接管也应使用优质细口径乳胶管，对发黏、老化的乳胶管应及时更换；在燃烧管出口端的硅酸铝棉也应定期更换，防止在其上黏附三氧化钨粉末及未燃尽的煤粉等。

② 新配制的电解液为淡黄色，pH 值应在 1～2 之间。当电解次数增多，电解液酸度增大，当电解液的 pH<1 或浑浊不清时应更换，以免影响精度，电解液应密封避光保存。电解液酸度增加，导致测硫结果偏低。

③ 电解池内的铂电极及玻璃熔板应保持洁净。一般要求每测试 200 个样品左右就要清洗电极片，先用酒精棉擦洗，然后用蒸馏水冲洗。在测定煤样时，要求电解池保持完全密封，并要防止电解液倒吸。

④ 库仑滴定时，搅拌速度不能太慢。搅拌速度太慢则电解生成的碘得不到迅速扩散，会使终点控制失灵，无法测得准确的全硫值。

⑤ 正确清洗电解池内的烧结玻璃熔板。当烧结玻璃熔板及玻璃管道内有黑色沉积物时，应及时清洗，否则会堵塞气路，减少空气流量，使结果偏低。清洗方法如下：

a. 清洗有机玻璃制电解池。取下电解池（不必将盖打开），在电解池内先放入少量水并以不漫到熔板为宜。将电解池倾斜放置，用滴管往熔板的支管中注入新配制的洗液（5g 重铬酸钾加入 10mL 水中，加热溶解，冷却后缓缓加入 100mL 浓硫酸），待洗液流尽后，再加入洗液 2～3 次，即可除去熔板及其支管中的黑色沉积物。从电解池的加液漏斗中注入自来水，让其充满并自然溢出，用洗耳球从熔板支管中抽水，直至不残留洗液，使熔板“洁白如初”。

b. 清洗玻璃制电解池。将玻璃磨口盖打开，取出搅拌子，将池体的下口密封。向池体内倒入洗液使其浸没玻璃熔板，用洗耳球向熔板支管加负压，将洗液吸入支管后静置一段时间，再用自来水反复冲洗池体、熔板和支管，即可洗净。

⑥ 每天正式测定煤样前，宜先用废煤样测定（不计结果），以消除电解液存放过程中产生的碘与溴，以免测定结果偏低。

⑦ 为保证测定结果的可靠性，应先用标准煤样（与待测煤样含硫量相近）对仪器的有效性加以检验，每测定 10～15 个煤样应再进行有效性核验。

⑧ 测高硫煤时应注意的事项。用库仑法测定含硫量高于 10%的煤样时，应采用手动方式适当延长试样在高温炉 500～600℃处的停留时间，或重新设定 500～600℃温度区段的停留时间，一般以 5min 为宜。试样进入高温区后，待积分器上显示的数字不再变化后退出瓷舟。这样就可保证高硫煤的测量值不会明显偏低。

11. 思考题

（1）实验过程中载气流量对测定结果有何影响?

实验中选用干燥空气作载气，流量不应低于 1000mL/min。因为 SO_2 可与空气中氧气（O_2）发生反应生成 SO_3。所以从 SO_2 和 SO_3 的可逆平衡来考虑，必须保持较低的氧气分压，才能提高 SO_2 的生成率。实验证明，空气流量低于 1000mL/min 时，有些煤样在 5min 内燃烧不完全；而且气流速度低，对电解池内溶液的搅拌、电生碘和溴的迅速扩散亦不利。所以空气流量不能低于 1000mL/min。用未经干燥的空气作载气会使 SO_2（SO_3）在进入电解池前就形成 H_2SO_3（H_2SO_4），吸附在管路中，使测定结果偏低。

（2）燃烧管内为什么要放置硅酸铝棉?

燃烧管内放置硅酸铝棉可以防止煤样爆燃后部分煤样喷出燃烧管。剪一块尺寸与燃烧管内径相适应，厚度 3～4mm 的硅酸铝棉圆块，用头部直径与此圆块相近的推棒，将硅酸铝棉推到燃烧管高温区后沿。

(3) 库仑法测硫时，电解液为什么要保持在 pH 为 1～2 之间？

电解液的 pH 值小于 1 时要更换。

随着电解液使用次数的增加，由于以下反应的多次进行而使其酸度不断增加：

$$Br_2 + H_2SO_3 + H_2O \xlongequal{} 2Br^- + H_2SO_4 + 2H^+ \tag{3-33}$$

$$I_2 + H_2SO_3 + H_2O \xlongequal{} 2I^- + H_2SO_4 + 2H^+ \tag{3-34}$$

当电解液呈强酸性后，I^-（Br^-）的光敏反应增强而额外生成 I_2（Br_2）：

$$4I^- + O_2 + 4H^+ \xlongequal{} 2I_2 + 2H_2O \tag{3-35}$$

$$4Br^- + O_2 + 4H^+ \xlongequal{} 2Br_2 + 2H_2O \tag{3-36}$$

这些 I_2（Br_2）是非电解产生的，将导致硫值偏低。所以当电解液 pH 值小于 1 后要及时更换。

电解液可重复使用，重复使用的次数视试样分析次数和试样含硫量高低而定。一般中午休息，或一天所做分析试样较少时（pH 值在 1～2 之间），放出的电解液可供下午或第二天、第三天使用，此时需用煤样（50mg 左右）进行 1～2 次测定（不计值），使电解液中碘-碘离子电对的电极电位校正到仪器所需数值，然后再正式进行分析。如一天分析次数较多，试样硫含量也高，电解液的 pH 值小于 1，则此电解液应废弃。

(4) 如何进行气路的气密性检查？

气路分三个步骤进行检查：

首先，取下电解池，用乳胶管将电解池的抽气管与烧结玻璃板的支管连接起来，在电解池内注满水，关闭加液漏斗的活塞。打开电解池的放液管，如水面不下降，表示电解池已不漏气；或用乳胶管将电解池的放液管与烧结玻璃熔板支管连接起来，关闭加液漏斗的活塞并将电解池浸没在水中，经电解池抽气管充气，如没有气泡从电解池中逸出，则表示电解池气密性良好。

其次，将经检查不漏气的电解池装入测定系统中，开动电磁泵，调节载气到规定的流量（1000mL/min)，关闭燃烧管与电解池间气路的玻璃活塞，观察空气流量计的转子是否下降，如浮子下降则表示接电解池的净化系统也不漏气。

再次，开动电磁泵，调节到规定流量，塞住燃烧管的开口端（进样处），如空气流量计的转子下降，则表示燃烧管也完好。

(5) 煤样上应为什么要覆盖一层三氧化钨？

从 SO_2 和 SO_3 的可逆平衡来考虑，必须保持较高的燃烧温度才能提高二氧化硫的生成率，但温度过高会缩短燃烧管的寿命，因此，不得不降低燃烧温度。而为使煤中硫酸盐硫在较低温度（1150～1200℃）下完全分解，所以在煤样上覆盖一层催化剂。经过各种不同的催化剂进行实验，发现三氧化钨是一种非常好的促进硫酸盐硫分解的催化剂。

三、结果表述

每个试样做两次重复测定，按 GB/T 483 规定的数据修约规则，修约至小数点后两位，测定结果取两次测定的平均值换算成干燥基，结果保留小数点后两位报出。全硫分析原始记录可参考表 3-24。

表 3-24　全硫测定原始记录

实验编号			
样品名称	□原煤　□浮煤　□焦炭　□褐煤　□矿石　□其他		

续表

□库仑法测定全硫					
样品质量 m/mg					
$S_{t,ad}$/%					
平均值 $S_{t,ad}$/%					
$S_{t,d}$/%					
□重量法测定全硫					
坩埚号					
样品质量 m/g					
坩埚$+BaSO_4$ 质量/g					
坩埚质量/g					
$BaSO_4$ 质量 m_1/g					
空白 m_2/g					
$S_{t,ad}[=(m_1-m_2)\times 0.1374\times 100/m]$/%					
平均值 $S_{t,ad}$/%					
$S_{t,d}$/%					
M_{ad}/%					
执行标准	□GB/T 214—2007 煤中全硫的测定方法 □GB/T 2286—2008 焦炭全硫含量的测定方法 □MT/T 750—2007 工业型煤中全硫测定方法 □GB/T 28732—2012 固体生物质燃料全硫测定方法				
使用天平号		使用仪器号			
环境条件	温度 ℃ 湿度 %				
备注					

测定者： 审核者： 日期： 年 月 日

（云南省煤炭产品质量检验站 雷翠琼执笔）

实验十三 煤中全硫测定（红外光谱法）（参考 GB/T 25214—2010）

一、实验目的

掌握红外光谱法测定煤中全硫的基本原理、方法和步骤。本方法适用于褐煤、烟煤、无烟煤和焦炭。

二、实验原理

如图 3-58 所示，试样在高温（1300℃）和氧气流的作用下充分燃烧，样品中各种形态的硫快速转化成 SO_2，真空泵按一定的流量，连续不断地将燃烧后的气体依次送入干燥剂管、过滤器和红外分析气室，最后排出机外。红外检测部件连续检测 SO_2 气体浓度，再经计算机采集和软件处理，得出该样品的硫含量。当检测到浓度低于某一比较水平或分析时间到达最长时限时，便自动结束分析，输出结果。

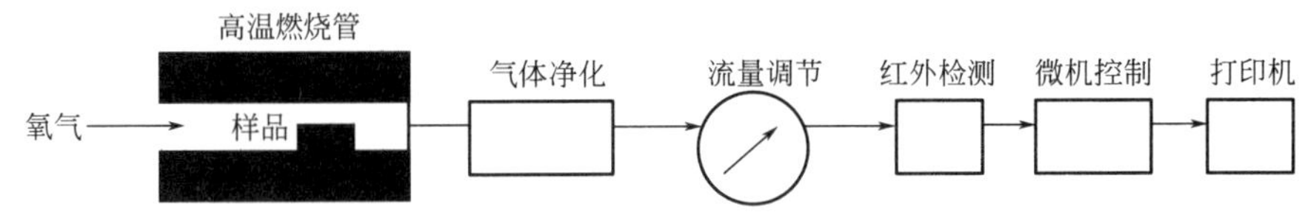

图 3-58　红外光谱法测硫工作原理示意图

红外检测池选择性吸收 SO_2 特征波长下的辐射能，根据吸收能的大小，计算煤中全硫的含量。少量三氧化硫在该特征波长下不产生吸收而导致的系统误差通过用煤的标准物质对仪器进行标定而校正。煤燃烧生成的颗粒和水蒸气产生的干扰被玻璃棉与高氯酸镁吸收而消除。本方法对燃烧管的气密性要求严格。

三、实验仪器

长沙开元 5E-IRS 3000 型自动红外测硫仪，如图 3-59 所示，主要由高温炉、分析系统和控制电路等组成。

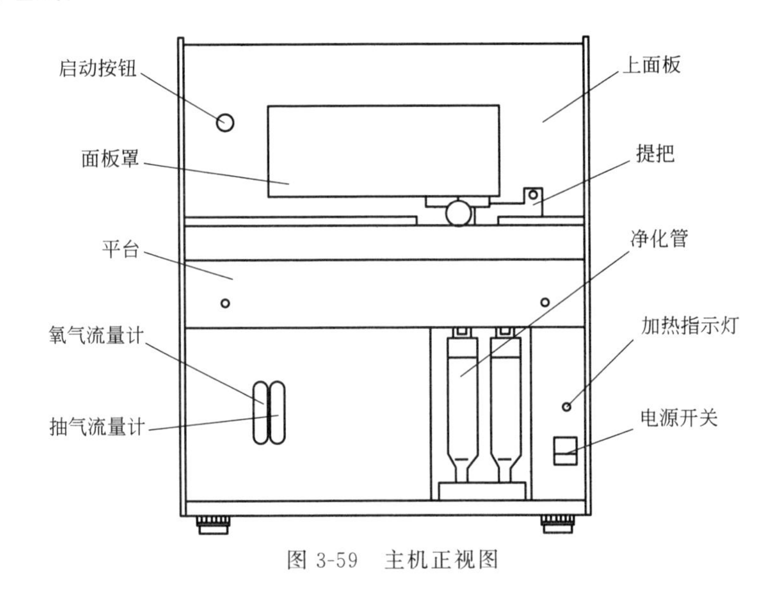

图 3-59　主机正视图

① 高温炉位于主机箱的右上部，它是试样的燃烧场所。高温炉的炉温可设定，仪器默认 1300℃。高温炉由保温炉体、硅碳管、内外燃烧管、燃烧管连接块、堵头（舟挡）、热电偶、氧气管（氧枪）等组成。炉口即进样口在面板的上部，炉口外有一个长方形的平台用于放置试样舟（坩埚）。热电偶用于检测炉温，位于炉体的右侧。

② 前面板下方的氧气流量计指示送入燃烧管的氧气流量，流量大小由节流阀调节（机箱右侧内，见图 3-60）。抽气流量计指示流经红外池的气体流量，由流量控制器（机箱左侧内，见图 3-61）调节。

③ 干燥剂管位于前面板，它的上下部填充玻璃棉，中部填充干燥剂，作用是吸收气体中的水分并起到一定的过滤作用。在主机箱右侧内（图 3-60），有一个与真空泵在气路上串联的细过滤器（金属外壳），用于滤除气体中的尘粒。

④ 电源插座在主机的背面。其中控制电源为 AC220V，它为电路板、恒温室加热器、电磁阀及真空泵提供工作电源，控制电源的电源开关位于前面板；加热电源专供高温炉使用，电压为

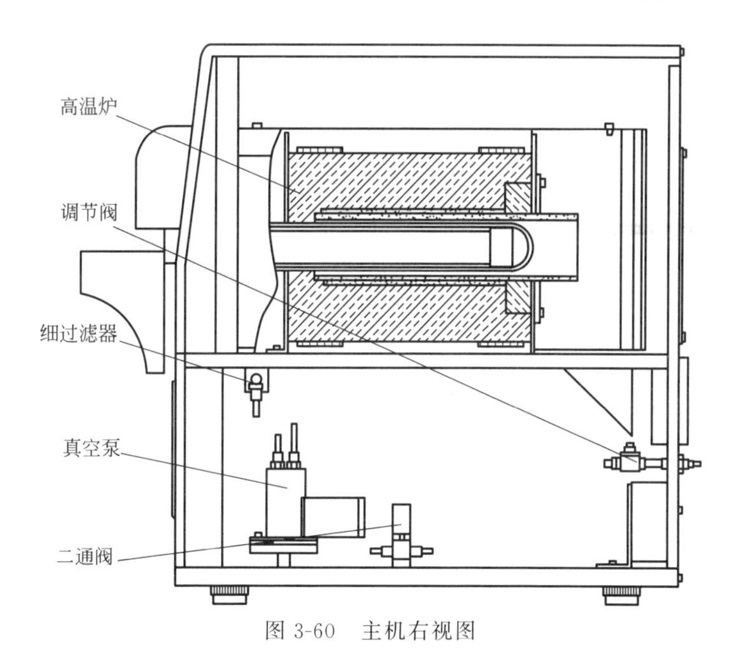

图 3-60 主机右视图

AC（110V～120V），由市电经调压器降压得到。加热开关是一个漏电断路器，具有过载保护、漏电保护和开关的综合功能。加热指示灯指示高温炉的状态，加热时指示灯亮，不加热时指示灯灭，控温状态时指示灯时亮时灭。仪器的背面还有通信接口、排气口及氧气进气口等。

⑤ 启动按钮的功能与工作测试界面上的“开始分析”软按钮相同，都用于启动一次分析。

⑥ 机箱右侧内，装有氧气电磁阀和节流阀、细过滤器、真空泵、电源变压器、电源滤波器、保护继电器、固态继电器等。

⑦ 机箱左侧上部，从左至右分别为测量板、主板和电源板。下部是恒温室和红外池。加热器装在红外池固定板的背面。左侧还有报警器、流量控制器等（见图 3-61）。

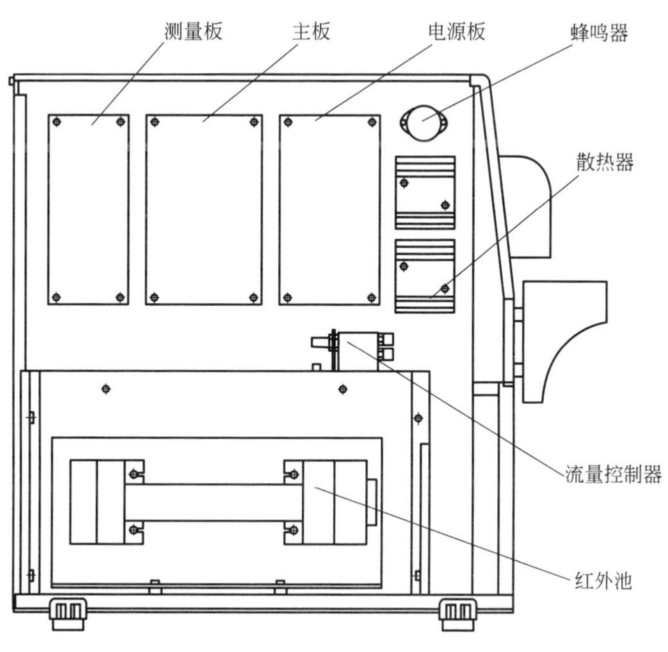

图 3-61 主机左视图

四、试剂和材料

（1）无水高氯酸镁　颗粒度 2～5mm 的专用试剂。

（2）氧气　纯度不小于 99.5%，不能使用电解氧。

（3）高温棉

（4）燃烧舟　耐温 1300℃以上。

（5）煤标样物质　带有全硫含量的有证煤标准物质。

五、准备工作

① 气密性检查，确保氧气压力为 0.20MPa（氧气流量为 3L/min，抽气流量为 3L/min）。

② 判断干燥剂是否需要更换，依据是干燥管内结块和颜色分层。做 100～200 次实验或干燥剂呈现潮解、结块、变色时，结果明显不符时需要进行更换。一般在左侧管干燥剂失效而右侧管还不明显时进行，这时只更换左侧管的干燥剂，并将左右干燥剂管交换位置安装。干燥剂为强氧化剂，不能用普通脱脂棉或其他有机材料来代替高温棉。更换下来的干燥剂应单独放置，不能与煤样等混放。

六、实验步骤

① 依次打开仪器、计算机的电源开关。

② 进入“温度设置”设定“恒温室温度”为 48℃，“高温炉温度”为 1300℃。

③ 检查干燥剂是否失效。

④ 恒温 0.5h 后（一般为开机 1h）才可以进行实验。

⑤ 称取待测样品：称取煤样质量为 0.3g（准确至 0.0002g），粒度小于 0.2mm，样品应均匀平埔燃烧舟底。

⑥ 添加试样：进入“工作测试”界面，单击“添加试样”，然后输入“试样名称”“试样质量”“水分”，选择“方法”。

⑦ 打开氧气。

⑧“测试”菜单打开“待机吹扫”3～5min（吹扫灯、真空泵灯红亮）。

⑨ 测试：把要测试的样品放在链条式的放样平台上，一排放六个样，最多可以放 48 个样，放样时必须注意放样要整齐，位置对好。等到实验菜单下的状态栏显示为“准备就绪”，单击“开始分析”，就开始测试了，分析完成后燃烧舟自动放到弃样盘中。

⑩ 全部试样测试结束后关闭氧气。

⑪ 将“高温炉温度”设置为 0℃，在高温炉温度低于 500℃后关闭仪器。

⑫ 依次关闭计算机和仪器电源。

七、注意事项

① 仪器开机后，须观察仪器是否升温（仪器约 30min 达到设定温度），再恒温 0.5h 后（一般为开机 1h）才可以进行实验。

② 在吹扫和测试过程中应经常观察抽气流量（约 3L），抽气流量变化后应调整流量控制器或重新标定仪器。

③ 每批实验，应先做 2～3 个废样，调理仪器的状态，再接着做正式样。

④ 分析时间变长的原因有：干燥剂失效；炉门口进气管的位置不正确；炉温偏低；气路漏气；抽气流量变小。

⑤ 仪器准备就绪的条件：恒温室温度为 45℃±0.5℃；高温炉温度为 1300℃±13℃；红外池电压跳动不大于 15mV。

⑥ 全硫含量大于 4%时，适当减少称样量，比如 0.20g，采用此方法时建议全硫含量小于 5%时采用。

八、标定

仪器初次使用时、改变实验条件时，或分析结果有超差的趋势时，均应进行校正。

1. 本仪器有“常规校正”和“漂移校正”两种

在新仪器初次使用时或改变测量条件时（如改变气体压力/流量、炉温、工作流程，更换红外池等），应采用常规校正，常规校正用 3～5 种标煤，校正效果较好。平时一般采用漂移校正，漂移校正用于补偿仪器的漂移，它只用一种标煤。但当漂移校正的效果不理想时仍应采用常规校正。

2. 定义标样

在系统校正之前应将标样的标准值输入到计算机。在主界面单击“功能”菜单，再单击“定义标样”，或在工具栏单击“定义标样”，显示定义标样对话框（见图 3-62）。单击“添加”，接着输入标样名和硫含量，重复操作，将用到的标样都输入到表中。

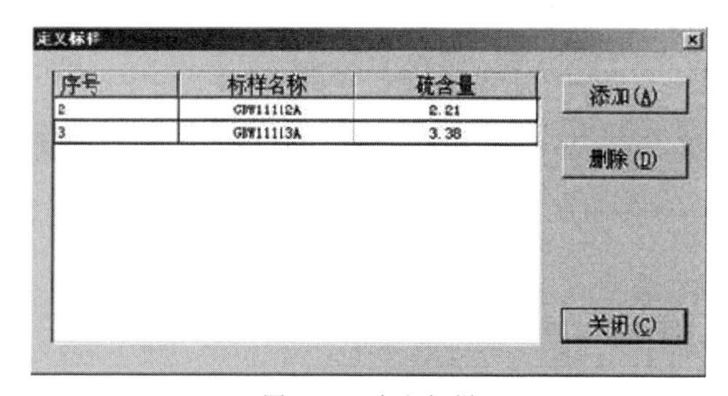

图 3-62　定义标样

3. 定义方法

要建立一种新方法，在主界面单击“功能”，再单击“定义方法”，或在工具栏单击“定义方法”，显示定义方法对话框（见图 3-63）。单击“新方法”键，接着输入方法名，如输入“方法 1”，再输入其他参数（最短时间仪器默认 60s，最长时间煤样可设为 200s，对于焦炭可设为 300s，比较水平、空白值可设为 0，截距 0，一次系数为 1，二次系数为 0，三次系数为 0）。

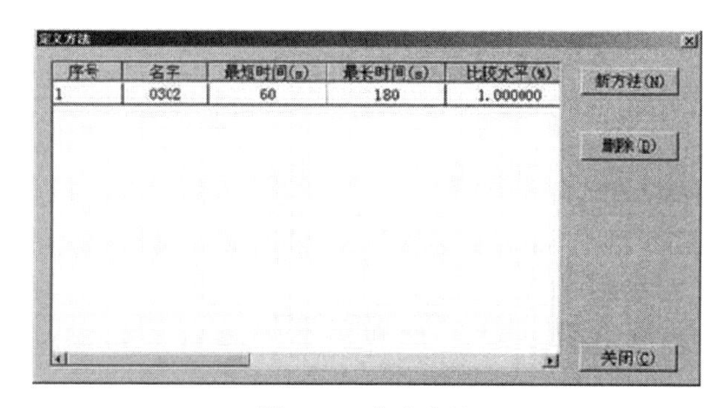

图 3-63　定义方法

4. 校正步骤

（1）准备标样　常规校正时，选用含量从低到高（不超过5%）的3～5种标样，每种标样2～5个平行样，质量均为300mg左右。用较多的标样，效果较好。

漂移校正时，选用一种含量不超过5%的标样，3～5个平行样，含量尽可能接近未知试样。

（2）分析全部标样，生成系数　如图3-64所示，常规校正时，可选“直线校正”（仪器默认，应优先选用）、“二次曲线”或“三次曲线”。漂移校正时，只能选择“漂移校正”。

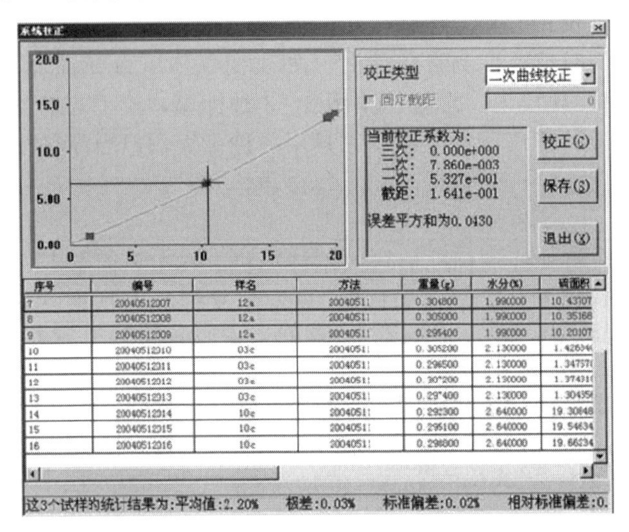

图3-64　校正

九、精密度

全硫测定的重复性限和再现性临界差如表3-25规定。

表3-25　红外光谱法测定煤中全硫精密度

全硫含量范围 S_t/%	重复性限 $S_{t,ad}$/%	再现性临界差 $S_{t,d}$/%
<1.5	0.05	0.15
1.5～4.00	0.10	0.25
>4.00	0.20	0.35

十、数据记录与报告

实验记录可参考表3-26。

表3-26　实验记录

试样名称	方法	质量/g	$S_{t,ad}$/%
测定人		审核人	
备注		日期	

十一、思考题

1.煤中硫元素的来源、分类有哪些？

2.测定开机时需注意什么？

3.校正曲线时有几种类型？每种类型选择时有何不同？

4.若实验中出现测量值偏高或者偏低，其可能原因有哪些？

十二、知识扩展

［1］　丁蕾.红外光谱法测定煤中全硫浅探［J].煤质技术，2013，C1：57-58.

［2］　吴霞红.高温燃烧红外吸收法测定煤中全硫［J].浙江冶金，2012，2：34-36.

（中国科学院山西煤炭化学研究所　郭振兴、白宗庆执笔）

实验十四　煤中各种形态硫的测定
（参考 GB/T 215—2003）

一、实验目的

1.了解煤中各种形态硫的存在状态和测定意义。

2.学习和掌握煤中各种形态硫的测定方法。

二、硫酸盐硫的测定

1.实验原理

硫酸盐硫能溶于稀盐酸，而硫化铁硫和有机硫均不与稀盐酸作用。因此，用稀盐酸煮沸煤样，浸取煤中硫酸盐硫并使其生成硫酸钡沉淀，根据硫酸钡的质量，计算煤中硫酸盐硫含量。反应方程式如式(3-37)～式(3-39)：

$$CaSO_4 \cdot 2H_2O + 2HCl \longrightarrow CaCl_2 + H_2SO_4 + 2H_2O \tag{3-37}$$

$$FeSO_4 \cdot 7H_2O + 2HCl \longrightarrow FeCl_2 + H_2SO_4 + 7H_2O \tag{3-38}$$

$$H_2SO_4 + BaCl_2 \longrightarrow BaSO_4 \downarrow + 2HCl \tag{3-39}$$

2.试剂和材料

所用的水均为实验室用二级水。

（1）盐酸溶液　$c(HCl)=5mol/L$，取417mL盐酸，加水稀释至1L，摇匀备用。

（2）氨水溶液　体积比为1+1。

（3）氯化钡溶液　100g/L，称取氯化钡10g溶于100mL水中。

（4）过氧化氢

（5）硫氰酸钾溶液　20g/L，称取2g硫氰酸钾溶于100mL水中。

（6）硝酸银溶液　10g/L，称取1g硝酸银溶于100mL水中，并滴加数滴硝酸，混匀，储于棕色瓶中。

（7）乙醇　95％以上。

（8）甲基橙溶液　2g/L，称取0.2g甲基橙溶于100mL水中。

（9）铝粉　分析纯。

（10）锌粉　分析纯。

（11）滤纸　慢速定性滤纸和慢速定量滤纸。

3. 实验设备

(1) 分析天平　感量为0.1mg。

(2) 马弗炉　能升温到900℃并可调节温度，煤质分析仪器通风良好。如图3-65所示。

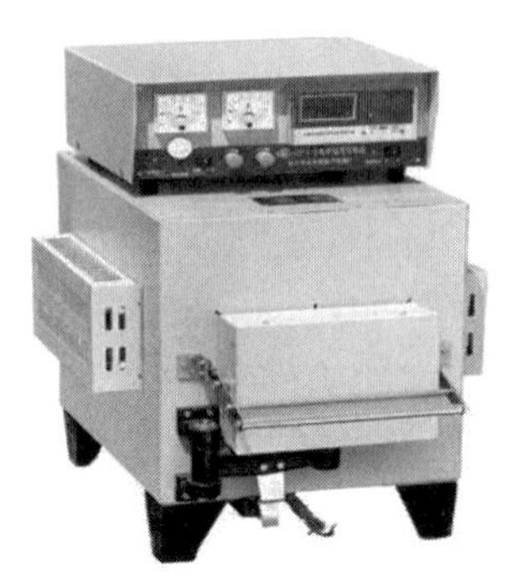

图3-65　马弗炉

(3) 电热板或沙浴　温度可调。如图3-66所示。

图3-66　可调式电热板

(4) 烧杯　容量250～300mL。

(5) 表面皿　直径100mm。

(6) 瓷坩埚　光滑，容量10～20mL。

4. 实验步骤

① 准确称取粒度小于0.2mm的空气干燥煤样(1±0.1)g(称准到0.0002g)，放入烧杯中，加入0.5～1mL乙醇润湿，然后加入50mL浓度为5mol/L的盐酸溶液，盖上表面皿，摇匀，在电热板上加热，微沸30min。

② 稍冷后，先用倾泻法通过慢速定性滤纸过滤，用热水洗煤样数次，然后将煤样全部转移到滤纸上，并用热水洗到无铁离子为止(用20g/L硫氰酸钾溶液检查，如溶液无色，说明无铁离子)。过滤时如有煤粉穿过滤纸，则重新过滤，如滤液呈黄色，需加入0.1g铝粉或锌粉，微热使黄色消失后再过滤，用水洗到无氯离子为止(用10g/L硝酸银溶液检查，如溶液不浑浊，说明无氯离子)，过滤毕，将煤样与滤纸一起叠好后放入原烧杯中，供测定硫化铁硫用。

说明： Fe^{3+}与CNS^-反应生成血红色的$Fe(CNS)^{2+}$，借此检查Fe^{3+}的存在。如果有煤粉穿过滤纸，则一方面与硫酸钡一起沉淀，使硫酸盐测值偏高，另一方面由于部分煤样损失而使以后测定的硫化铁硫结果偏低。

③ 向滤液中加入2～3滴甲基橙指示剂，用氨水中和至微碱性(溶液呈黄色)，再加盐酸调至溶液成微酸性(溶液呈红色)，再过量2mL，加热到沸腾，在不断搅拌下滴加10%氯化钡溶液10mL，放在电热板上或沙浴上微沸2h或放置过夜，最后保持溶液的体积在200mL左右。溶液颜色和体积如图3-67所示。

图 3-67　测定硫酸盐硫的溶液体积和颜色

④ 用慢速定量滤纸过滤，并用热水洗到无氯离子为止。

⑤ 将沉淀连同滤纸移入已恒重的瓷坩埚中，先在低温下（300℃左右）灰化滤纸，然后在温度 800～850℃马弗炉中灼烧 40min。取出坩埚，在空气中稍稍冷却后，放入干燥器中冷却至室温，称量。

⑥ 按照（1）～（5）规定的步骤（不加煤样）进行空白测定，取两次测定的平均值作为空白值。

5. 结果计算

空气干燥煤样中硫酸盐硫（$S_{s,ad}$）的质量分数（%）按式(3-40）计算：

$$S_{s,ad}=\frac{(m_1-m_0)\times 0.1374}{m}\times 100 \tag{3-40}$$

式中　m_1——煤样测定的硫酸钡质量，g；

m_0——空白测定的硫酸钡质量，g；

m——煤样质量，g；

0.1374——硫酸钡换算为硫的系数。

6. 方法精密度

硫酸盐硫测定的重复性限和再现性临界差如表 3-27 规定。

表 3-27　硫酸盐硫测定的重复性限和再现性

重复性限 $S_{s,ad}$/%	再现性临界差 $S_{s,d}$/%
0.03	0.10

三、硫化铁硫的测定

（一）方法 A——氧化法

1. 实验原理

用盐酸浸取煤中非硫化铁中的铁，浸取后的煤样用稀硝酸浸取，以重铬酸钾滴定硝酸浸取液中的铁，再以铁的质量计算煤中硫化铁硫含量。硫化铁硫能溶于稀硝酸，其中硫氧化成硫酸根离子，铁氧化成铁二价离子，其反应方式如式(3-41)。

$$FeS_2+4H^++5NO_3^-\longrightarrow Fe^{3+}+2SO_4^{2-}+5NO\uparrow+2H_2O \tag{3-41}$$

2. 试剂和材料

所用的水均为实验室用二级水。

（1）硝酸溶液　体积比为（1+7）。

（2）氨水溶液　体积比为（1+1）。

（3）过氧化氢

（4）盐酸溶液　c(HCl)=5mol/L，取417mL盐酸加水稀释至1L，摇匀备用。

（5）硫酸-磷酸混合液　量取150mL硫酸（相对密度1.84）和150mL磷酸小心混合，将此混合液倒入700mL水中，混匀，备用。

（6）二氯化锡溶液　100g/L。称取10g二氯化锡溶于50mL浓盐酸中，加水稀释到100mL（用时现配）。

（7）氯化汞饱和溶液　称取80g氯化汞溶于1000mL水中。

（8）重铬酸钾标准溶液　$c(1/6K_2Cr_2O_7)=0.05mol/L$。准确称取预先在150℃下干燥至质量恒定的优级纯重铬酸钾2.4518g，溶于少量水中。溶液转入1L容量瓶中，用水稀释到刻度。

（9）二苯胺磺酸钠指示剂　2g/L。称取0.2g二苯胺磺酸钠溶于100mL水中，储于棕色瓶中备用。

（10）硫氰酸钾　20g/L。称取2g硫氰酸钾溶于100mL水中。

（11）滤纸　慢速和快速定性滤纸。

3. 实验设备

（1）干燥箱　能保持温度（150±5）℃。

（2）表面皿　直径100mm。

（3）烧杯　容量250～300mL。

4. 实验步骤

① 在盐酸浸取的煤样中加入50mL硝酸溶液，盖上表面皿，煮沸30min，用水冲洗表面皿，用慢速定性滤纸过滤，并用热水洗到无铁离子为止（用硫氰酸钾溶液检查）。

② 在滤液中加入2mL过氧化氢，煮沸约5min，以消除由于煤样分解产生的颜色（对于煤化程度低的煤种，可多加过氧化氢直至棕色消失）。

说明：用盐酸浸取后的煤样与硝酸一起煮沸时，在溶出硫化铁硫的同时，其中一部分有机硫也被溶解下来，尤其是低变质程度的褐煤，会生成硝基腐植酸，使浸出液呈棕褐色。用氨水中和成弱碱性溶液时，将会有不溶性腐植酸形成，它们与氢氧化铁共沉淀，一方面给铁的分离洗涤带来困难，另一方面，当用重铬酸钾溶液滴定时，腐植酸也被滴定，导致测定结果偏高。

消除溶液颜色的方法是在沉淀氢氧化铁以前，加入过氧化氢溶液并煮沸5min。根据溶液颜色的深浅决定加入的量，或反复多次加入，以破坏形式浸出液中的有机物，使溶液褪色。如果颜色是呈棕褐色，不必到无色，溶液稍有浅黄色即可。

③ 在煮沸的溶液中加入氨水溶液至出现氢氧化铁沉淀，待沉淀完全时，再加2mL。将溶液煮沸，用快速定性滤纸过滤，用热水冲洗沉淀和烧杯壁1～2次。穿破滤纸，用热水把沉淀洗到原烧杯中，把沉淀转移到滤纸中，并用10mL盐酸溶液冲洗滤纸四周，以溶下滤纸上痕量铁，再用热水洗涤滤纸数次至无铁离子为止。

④ 盖上表面皿，将溶液加热到沸腾，至溶液体积约为20～30mL，测定硫化铁硫溶液体积和颜色，如图3-68所示。在不断搅拌下，滴加二氯化锡溶液直到黄色消失并多加2滴，迅速冷却后，用水冲洗表面皿和烧杯壁，加入10mL氯化汞饱和溶液直到白色丝状的氯化亚汞沉淀形成。放置片刻，用水稀释到100mL，加入15mL硫酸-磷酸混合液和5滴二苯胺磺酸钠指示剂，用重铬酸钾标准溶液滴定，直到溶液呈稳定的紫色，记下消耗的标准溶液

体积。

说明： 氯化亚锡溶液加入量不能过多，否则生成的氯化亚汞沉淀会进一步被还原成黑色的金属汞，它能被重铬酸钾氧化，从而使铁的测定值偏高。

使用氯化亚锡还原三价铁离子时，应保持较小的体积和较高的酸度，否则氯化亚锡容易水解。

在用氯化汞氧化过量的氯化亚锡时，氧化反应不能瞬间完成，加入氯化汞后要放置片刻。

硫酸-磷酸混合酸应在滴定前加入，因为二苯胺磺酸钠是一种氧化还原指示剂，还原态为无色，氧化后变为紫红色。

⑤ 按照（1）～（4）规定的步骤（不加煤样）进行空白测定，取两次测定的平均值作为空白值。

图 3-68　测定硫化铁硫溶液体积和颜色

5. 结果计算

空气干燥煤样中硫化铁硫（$S_{p,ad}$）的质量分数（%）按式(3-42)计算：

$$S_{p,ad}=\frac{(V_1-V_0)c}{m}\times 0.05585\times 1.148\times 100 \tag{3-42}$$

式中　V_1——煤样测定时重铬酸钾标准溶液用量，mL；

V_0——空白测定时重铬酸钾标准溶液用量，mL；

c——重铬酸钾标准溶液的浓度，mol/L；

0.05585——铁的毫摩尔质量，g/mmol；

1.148——由铁换算成硫化铁硫的系数；

m——煤样质量，g。

（二）方法 B——原子吸收分光光度法

1. 实验原理

用盐酸浸取煤中非硫化铁中的铁，浸取后的煤样用稀硝酸浸取，以原子吸收分光光度法测定硝酸浸取液中的铁，再按 FeS_2 中的铁与硫的比值计算煤中硫化铁硫的含量。

2. 试剂和材料

所用的水均为实验室用一级水（GB/T 6682）。

（1）硝酸溶液　体积比为 1+7。

（2）硝酸溶液　体积比为 1+1。

（3）铁标准储备溶液　1mg/mL。称取 1.0000g（称准到 0.0002g）高纯铁（99.99%）

于 300mL 烧杯中，加 50mL 硝酸，置于电热板上缓缓加热至溶解完全，然后冷至室温，移入 1000mL 容量瓶中，用水稀释到刻度，摇匀转入塑料瓶中。

（4）铁标准工作溶液　200μg/mL。准确吸取铁标准储备溶液 100mL 于 500mL 容量瓶中，加水稀释至刻度，摇匀转入塑料瓶中。

（5）硫氰酸钾溶液　20g/L。称 2g 硫氰酸钾溶于 100mL 水中。

（6）滤纸　慢速定性滤纸。

3. 实验设备

（1）原子吸收分光光度计　北京普析通用仪器有限责任公司生产的 TAS-990 型原子吸收分光光度计，如图 3-69 所示。

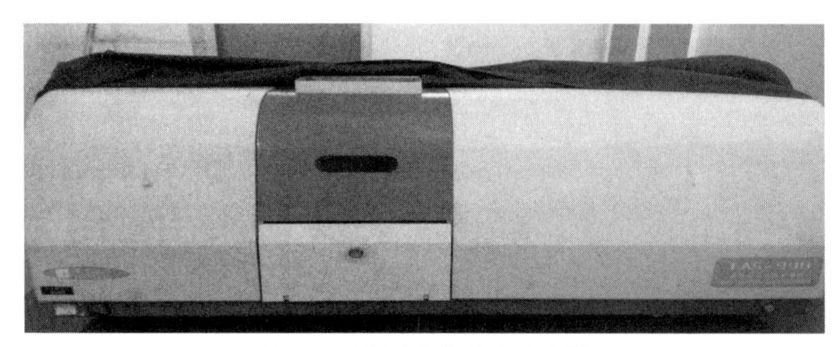

图 3-69　原子吸收分光光度计

（2）光源　铁元素空心阴极灯。如图 3-70 所示。

图 3-70　空心阴极灯

（3）电热板　温度可调，如图 3-66 所示。

（4）容量瓶　容量 200mL 和 100mL。

（5）烧杯　容量 250～300mL。

（6）表面皿　直径 100mm。

4. 实验步骤

（1）样品母液的制备　在盐酸浸过的煤样中加入 50mL 体积比为 1+7 的硝酸溶液，盖上表面皿，置于电热板上加热微沸 30min 后，用慢速定性滤纸过滤于 200mL 容量瓶中，用热水洗到无铁离子为止（用硫氰酸钾溶液检查），冷至室温后加水至刻度，摇匀。

（2）用移液管从上述母液中准确吸取 5mL 于 100mL 容量瓶中，加 2mL 体积比为 1+1 的硝酸溶液，用水稀释至刻度，摇匀。此标准系列的铁的浓度为 0μg/mL、1μg/mL、2μg/mL、3μg/mL、4μg/mL、5μg/mL。

（3）空白溶液的制备　按照（1）～（2）规定的步骤（不加煤样）制备空白溶液。

（4）标准系列溶液的制备　用单标记移液管吸取铁标准工作液 0mL、1.0mL、2.0mL、3.0mL、4.0mL、5.0mL、分别置于 200mL 容量瓶中，加入 4mL 体积比为 1+1 的硝酸溶液，加水稀释到刻度，摇匀。此标准系列的铁的浓度为 0μg/mL、1.0μg/mL、2.0μg/mL、3.0μg/mL、4.0μg/mL、5.0μg/mL。标准系列的间隔可根据所用仪器的性能工作曲线线性关系增大或缩小。

(5) 仪器工作条件的确定　除表 3-28 所规定的铁的分析波长和使用的火焰气体外，仪器的其他参数——灯电流、通带宽度、燃烧高度、燃助比等调至最佳值。

表 3-28　测定铁使用的条件

元素	分析线波长	火焰气体
Fe	248.3nm	空气-乙炔

(6) 铁的测定　用北京普析通用仪器有限责任公司生产的 TAS-990 型原子吸收分光光度计，按确定的仪器工作条件，分别测定样品溶液、空白溶液和标准系列溶液的吸光度。

以标准系列中铁的浓度（μg/mL）为横坐标，以相应溶液的吸光度为纵坐标，绘制铁的工作曲线，根据样品溶液和空白溶液的吸光度，从工作曲线上查出铁的浓度。原子吸收分光光度计如图 3-71 所示。

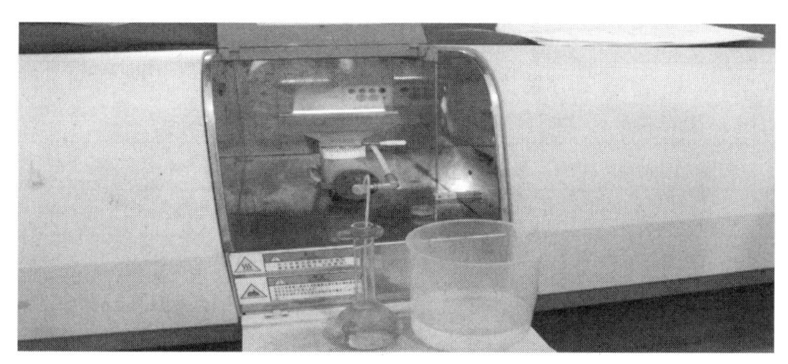

图 3-71　原子吸收分光光度计工作图

5. 结果计算

空气干燥煤样中硫化铁硫（$S_{p,ad}$）的质量分数（%）按式(3-43) 计算：

$$S_{p,ad}=\frac{c_1-c_0}{mV}\times 1.148\times 2 \tag{3-43}$$

式中　$S_{p,ad}$——空气干燥煤样中硫化铁硫的质量分数，%；

c_1——待测样品溶液中铁的浓度，μg/mL；

c_0——空白溶液中铁的浓度，μg/mL；

V——分取的样品母液的体积，mL；

1.148——由铁换算成硫化铁硫的系数；

m——煤样质量，g。

6. 方法精密度

硫化铁硫测定的重复性限和再现性临界差如表 3-29 规定。

表 3-29　硫化铁硫测定的重复性限及再现性

硫化铁硫的质量分数/%	重复性限($S_{s,ad}$)/%	再现性临界差($S_{p,d}$)/%
<1.00	0.05	0.10
1.00～4.00	0.10	0.20
>4.00	0.20	0.30

四、有机硫的计算

有机硫的计算按式(3-44)。

$$S_{o,ad}=S_{t,ad}-(S_{p,ad}+S_{s,ad}) \tag{3-44}$$

式中　$S_{o,ad}$——空气干燥煤样中有机硫含量，%；

$S_{t,ad}$——空气干燥煤样中全硫含量，%；

$S_{p,ad}$——空气干燥煤样中硫酸盐硫含量，%；

$S_{s,ad}$——空气干燥煤样中硫化铁硫含量，%。

五、实验报告

每个试样做两次重复测定，按 GB/T 483 规定的数据修约规则，测定结果取两次重复测定结果的平均值换算成干燥基并修约到小数点后两位。结果保留两位小数报出。原始记录可参考表 3-30。

表 3-30　煤中各种形态硫测定原始记录

实验编号		$S_{t,d}$/%		$S_{s,d}$/%	
样品名称	□原煤　□浮煤 □褐煤　□夹矸	M_{ad}/%		$S_{p,d}$/%	
				$S_{o,d}$/%	
分析项目	S_s		S_p		
坩埚号			序号		
样品质量 m/g			样品质量 m/g		
埚+$BaSO_4$ 质量/g			重铬酸钾标准溶液浓度 $c(1/6K_2Cr_2O_7)$/(mol/L)		
坩埚质量/g					
$BaSO_4$ 质量/g			重铬酸钾标准溶液用量 V/mL		
空白/g			空白/mL		
$S_{s,ad}$/%			$S_{p,ad}$/%		
平均值 $S_{s,ad}$/%			平均值 $S_{p,ad}$/%		
$S_{s,d}$/%			$S_{p,d}$/%		
执行标准：	GB/T 215—2003 煤中各种形态硫的测定方法				
使用天平号					
使用仪器号					
环境条件	温度　　℃　　湿度　　%				
备注					

测定者：　　　　审核者：　　　　日期：　　年　　月　　日

六、思考题

1. 测定煤中形态硫时，三种形态硫如何分离？
2. 有机硫的计算中，如何解释有机硫为负值？
3. 测定煤中硫化物硫时，使铁的测定值偏高的原因有哪些？
4. 测定煤中硫化物硫时，二苯胺磺酸钠指示剂为什么不能提前加入？

5. 用稀硝酸处理煤样后滤液呈黄色，对测定结果的影响如何消除？

6. 重铬酸钾滴定铁应注意哪些问题？

七、知识扩展

煤中的硫通常以有机硫和无机硫的形态存在。煤中各种形态的硫分的总和称为全硫。煤中的硫对炼焦、气化、燃烧等都是有害的杂质，它使钢铁热脆、设备腐蚀并燃烧生成 SO_2 造成大气污染，所以硫分是评价煤质的重要指标之一。

煤的有机质中所含的硫称为有机硫。有机硫主要来自成煤植物中的蛋白质和微生物的蛋白质。蛋白质中含硫 0.3%～2.4%，而植物整体的含硫量一般都小于 0.5%。一般煤中有机硫的含量较低，但组成很复杂，主要由硫醚或硫化物、二硫化物、硫醇、巯基化合物、噻吩类杂环硫化物及硫醌化合物等组分或官能团所构成。有机硫与煤的有机质结为一体，分布均匀，很难清除，用一般物理洗选方法不能脱除。一般低硫煤中以有机硫为主，经过洗选，精煤全硫因灰分减少而增高。

无机硫又分为硫铁矿硫和硫酸盐硫两种，有时也有微量的单质硫。硫化物硫与有机硫合称为可燃硫，硫酸盐硫则为不可燃硫。硫化物硫中绝大部分以黄铁矿硫形态存在，有时也有少量的白铁矿硫。它们的分子式都是 FeS_2，但黄铁矿是正方晶系晶体，多呈结核状、透镜状、团块状和浸染状等形态存在于煤中；白铁矿则是斜方晶系晶体，多呈放射状存在，它在显微镜下的反射率比黄铁矿低。硫化物硫清除的难易程度与矿物颗粒大小及分布状态有关，颗粒大的可利用黄铁矿与有机质相对密度不同洗选除去，但以极细颗粒均匀分布在煤中的黄铁矿则即使将煤细碎也难以除掉。

定量测定煤中各种形态硫对高硫煤的脱硫有极大的指导意义。目前，国内外已有成熟的设备，通过优化洗选工艺，达到脱硫的目的。目前脱硫方法可分为干法和湿法。干法就是重选，做得很好的就是中国矿大的陈清如，用重介质分选，但局限性较大，应用面很窄；湿法则有重选、浮选、生物选矿，重选可考虑跳汰、螺旋溜槽。浮选应用较好是 Jameson 浮选机，常规脱硫药剂，也就是浮选黄铁矿之类的药剂即可；生物选矿适合微细粒嵌布矿石，周期较长。但是以上只针对无机硫，也就是黄铁矿之类的脱除。

（云南省煤炭产品质量检验站　雷翠琼执笔）

实验十五　煤的发热量的测定
（参考 GB/T 213—2008）

一、实验目的

1. 了解煤的发热量测定的意义。

2. 掌握相关的定义及单位。

3. 学习和掌握恒温式量热仪测定发热量的方法步骤及原理。

4. 掌握仪器热容量标定方法。

二、实验方法原理

（1）氧弹量热法的基本原理　是称取一定量的试样放入充有过量氧气的密封的氧弹内燃烧，试样燃烧所放出的热量被一定量的水吸收，根据水温的升高来计算试样的发热量。

（2）按照这一原理准确地测得试样的发热量必须解决的问题。

① 试样燃烧后放出的热量不仅由水来吸收，而且还被氧弹本身、水筒、水中的搅拌器和温度计吸收。解决的方法是用基准量热物质苯甲酸来标定量热系统的热容量，即量热系统产生单位温度变化所需的热量。

② 量热系统与外界热交换的问题。解决的方法是通过在量热系统周围加一双壁水套，通过控制水套的温度消除或者校正量热系统与外界热交换。通过水套温度不同控制方式，形成了恒温式和绝热式两种热量计，目前国内大量使用的是恒温式量热仪，所以本实验介绍的是恒温式量热仪。

发热量是评价煤质的一项重要指标，也是供热用煤的一个主要质量指标。煤的收到基低位发热量是动力用煤计价结果的依据。煤的燃烧和气化须用发热量计算其热平衡、热效率和耗煤量，也是燃烧设备和气化设备的设计依据之一。另外，在煤的国际分类和中国煤炭分类中，采用恒湿无灰基高位发热量（$Q_{gr,maf}$）来划分褐煤和长焰煤。

三、相关的定义和单位

（1）发热量（Q） 单位质量的煤完全燃烧所放出的热量。其测定结果以 MJ/kg 表示。

（2）弹筒发热量（Q_b） 单位质量的试样在充有过量氧气的氧弹内燃烧，其燃烧产物组成为氧气、氮气、二氧化碳、硝酸和硫酸、液态水以及固态灰时放出的热量称为弹筒发热量。仅供计算高位发热量和低位发热量时用。单位：MJ/kg 或 J/g。

（3）恒容高位发热量（$Q_{gr,v}$） 由弹筒发热量减去硝酸形成热及硫酸校正热后得到的发热量。一般是用于煤质研究工作和评价煤质情况的一个综合指标。单位：MJ/kg 或 J/g。

（4）恒容低位发热量（$Q_{net,v}$） 由高位恒容发热量减去水的汽化热后得到的发热量。最接近工业锅炉燃烧的实际发热量，常用于设计计算。单位：MJ/kg 或 J/g。

（5）热量计的热容量（E） 量热系统在实验条件下温度上升 1K 所需的热量，以 J/K 表示。

四、仪器设备和试剂材料

1. 恒温式量热仪

长沙开元仪器股份有限公司生产的自动量热仪，包括氧弹、内筒、外筒、搅拌器等主件和附件。外形如图 3-72、图 3-73 所示。

图 3-72 5E-C5500 自动量热仪（卧式）

（1）氧弹 由耐热、耐腐蚀的镍铬或镍铬钼合金制成，需具备以下三个条件：耐高温、耐腐蚀；耐高压；实验过程中能保持完全气密。另外，还应定期对氧弹进行 20.0MPa 的水

图 3-73　5E-AC/PL 自动量热仪（立式）

压实验，证明无问题后方能使用。每次水压实验后，氧弹的使用时间不能超过 2 年。氧弹外形如图 3-74 所示。

图 3-74　氧弹实物图

（2）内筒　用紫铜、黄铜和不锈钢制成，断面可为圆形、菱形或其他适当形状。筒内装水 2000～3000mL，以能浸没氧弹（进、出气阀和电极除外）为准。内筒外面应电镀抛光，以减少与外筒间的辐射作用。

（3）外筒　为金属制成的双壁容器，有上盖，外壁为圆形，内壁形状则依内筒的形状而定，原则上要保持两者之间有 10～12mm 的间距。外筒底部有绝缘支架，以便放置内筒。

（4）搅拌器　螺旋桨式搅拌器，转速以 400～600r/min 为宜，并保持稳定，既要求有较高的搅拌效率，又要避免产生过多的搅拌热（当内、外筒温度和室温一致时，连续搅拌 10min 所产生的热量不应超过 120J）。

（5）量热温度计　发热量实际上是通过测定内筒水温温升计算出来的，所以测准水温是特别重要的。目前的量热仪都采用数字显示温度计。

2. 附属设备

（1）燃烧皿　也称坩埚，是用来盛试样的，一般用镍铬钢制成。外形如图 3-75 所示。

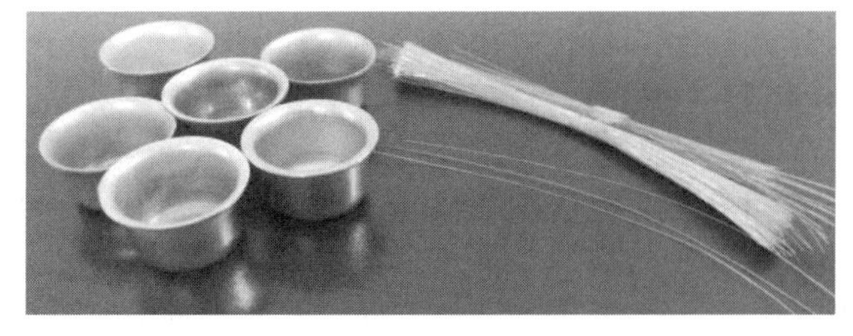

图 3-75　镍铬坩埚和镍铬点火丝

（2）点火装置　点火方式有熔断式和非熔断式两种。长沙开元仪器股份有限公司生产的自动量热仪为熔断式，由两个电极组成。

（3）压力表和氧气导管　压力表应由两个表头组成，一个指示氧气瓶中的压力，另一个指示充氧时氧弹内的压力。表头上应装有减压阀和保险阀。压力表每 2 年应经计量部门检定一次，以保证指示正确和操作安全。

（4）分析天平　感量 0.1mg。

（5）压饼机　螺旋式或杠杆式，能压制直径 10mm 的煤饼或苯甲酸饼。模具及压杆应用硬质钢制成，表面光洁，易于擦拭。如图 3-76 所示。

（6）充氧仪　是将钢瓶中的氧气充入氧弹中的装置，分为手动式、半自动式和全自动式几种形式。

（7）放气阀　是实验完成后将氧弹中的废气放出的装置，分为手动式和自动式两种形式。如图 3-77 所示。

图 3-76　杠杆式压饼机

图 3-77　手动式放气阀

3. 试剂和材料

（1）氧气　99.5%纯度，不含可燃成分，不允许使用电解氧。

（2）点火丝　直径为 0.1mm 左右的铂、铜、镍丝或其他已知热值的金属丝或棉线。如图 3-75 所示。

（3）苯甲酸　基准量热物质，二等或二等以上。其标准热值应经权威计量机构确定。如图 3-78 所示。

（4）酸洗石棉绒　使用前在 800℃下烧 30min。如图 3-79 所示。

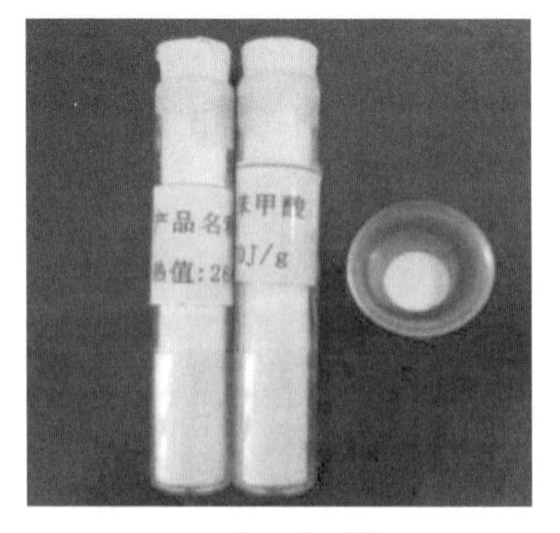

图 3-78　标准物质苯甲酸

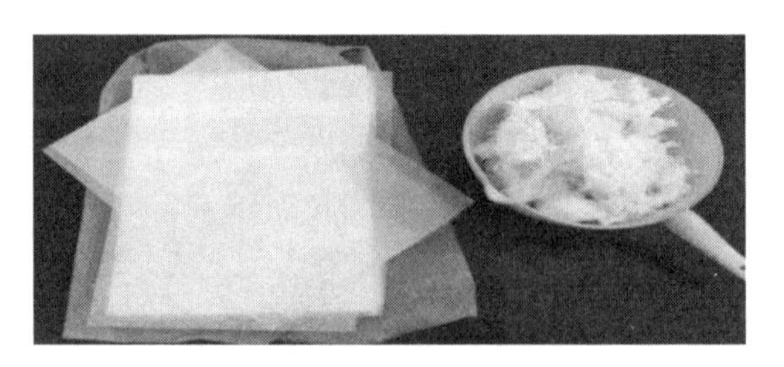

图 3-79　左为擦镜纸，右为灼烧过的酸洗石棉绒

（5）擦镜纸　如图 3-79 所示。使用前先测出燃烧热：抽取 3～4 张纸，团紧，称准质量，放入燃烧皿中，然后按常规方法测定发热量。取三次结果的平均值作为擦镜纸的热值，并将该热值输入到热量计软件系统中的系统设置菜单里“添加物热值”一栏中保存，单位为 J/g。

五、实验步骤

① 在燃烧皿中精确称取分析试样（小于 0.2mm）0.9～1.1g（称准到 0.0002g）。对于燃烧时易于飞溅的试样，可先用已知质量及热值的擦镜纸包紧再进行测试，如图 3-80 所示。不易燃烧完全的试样，可先在燃烧皿底部铺上一层已灼烧过的石棉绒作衬垫，然后用手压实，如图 3-81 所示，再在上面称样。如加衬垫仍然燃烧不完全，可提高充氧压力至 3.2MPa，或用已知质量和热值的擦镜纸包裹称好的试样并用手压紧，然后放燃烧皿中。

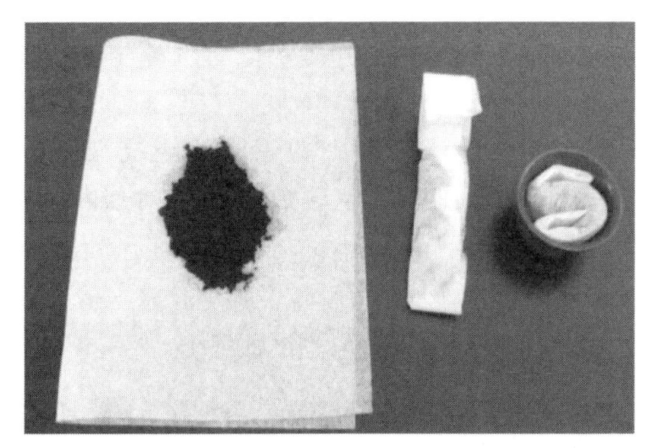

图 3-80　用擦镜纸包裹煤样步骤图

图 3-81　在燃烧皿底部垫石棉绒

② 在熔断式点火的情况下，取一段已知质量的点火丝，把两端分别接在氧弹的两个电极柱上。弯曲点火丝接近试样，注意与试样保持良好接触或保持微小的距离，并注意勿使点火丝接触燃烧皿的底部和四周，以免形成短路而导致点火失败，甚至烧毁燃烧皿。同时还应注意防止两电极间以及燃烧皿与另一电极之间的短路。如图 3-82 所示。

图 3-82　正确安装点火丝示范图

图 3-83　充氧中的手持式充氧仪及压力表

③ 往氧弹中加入 10mL 蒸馏水，小心拧紧氧弹盖。注意避免燃烧皿和点火丝的位置因受震动而改变。将手持式充氧仪套在氧弹头上，用手指推动充氧推杆，开始自动充氧，直至压力达 2.8～3.0MPa。达到压力后的持续充氧时间不得少于 15s，如图 3-83 所示。如果不小心充氧压力超过 3.2MPa，停止实验。放掉氧气后，重新充氧至 3.2MPa 以下。当钢瓶中氧气压力降到 5.0MPa 以下时，充氧时间应酌量延长，压力降到 4.0MPa 以下时，应更换新的钢瓶氧气。

④ 充氧结束后，应检查氧弹是否漏气。把氧弹放入装好水的内筒中，如氧弹中无气泡漏出，则表明气密性良好；如果氧弹内有气泡冒出，则表明氧弹有漏气，应找出漏气部位，检查并更换垫圈等。重新充氧再检查，直至氧弹不漏气为止。

⑤ 把氧弹放在热量计内筒中的三脚绝缘支架上，盖上热量计的盖子。氧弹应轻拿轻放，任何时候都不能让氧弹出现震动。在自动量热仪的电脑上运行发热量测试程序，进入“测试”，按“开始试验”，输入“试样编号”“试样重量”“试样名称”；如有添加物则需输入“添加物重”等数据后点击“开始”即可。如图 3-84 所示。

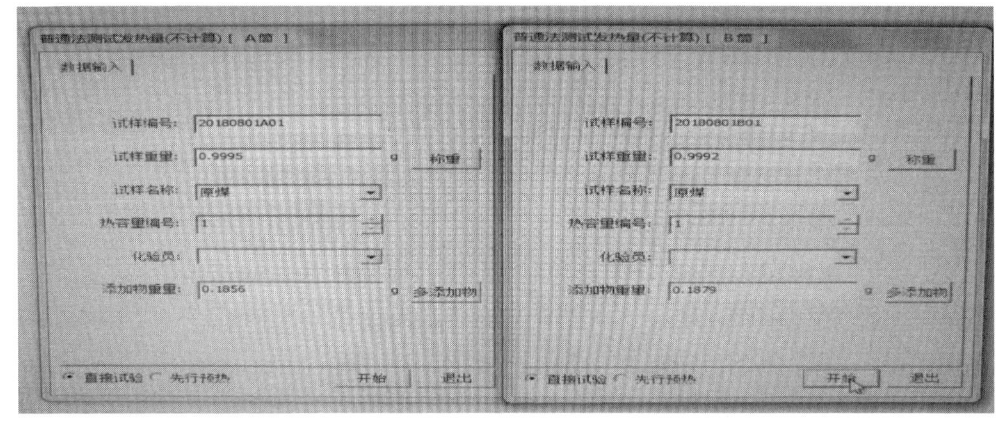

图 3-84　量热仪测试程序中开始试验窗口

⑥ 实验完成后，取出氧弹，用放气阀将气体放尽，取出氧弹头，仔细观察氧弹内试样有否溅出或燃烧皿底部是否有炭黑存在，如果有则应重做。燃烧皿底部有炭黑则表示试样没有燃烧完全，应在燃烧皿底部垫上酸洗石棉绒或用擦镜纸包裹试样重新测定。

⑦ 将氧弹各部件用自来水清洗干净并擦干，氧弹内部用蒸馏水清洗。燃烧皿清洗干净后放在干燥箱中干燥，冷却后待用。

⑧ 实验完成后将实验结果打印到原始记录纸上，关闭各部件电源，关闭氧气瓶总阀门。

六、热容量的标定

① 量热仪的热容量要用经过计量机关检定并标明热值的二等或二等以上的苯甲酸来标定。选用苯甲酸作为量热标准物质是因为它容易获得稳定的固态构型，比较容易提纯，不易

吸湿，常温下没有明显的挥发性，在氧弹中能定量燃烧，且易被压成片。苯甲酸在使用前应在盛有 H_2SO_4 的干燥器中干燥 3 天或在 60～70℃的烘箱中干燥 3～4h，冷却后用压饼机压片。压片后的苯甲酸一定要紧实、光滑，疏松、有裂纹的压饼都能使其燃烧不完全。苯甲酸片的质量以 0.9～1.1g 为宜。

② 运行量热仪测试程序，打开“设置”菜单下的“系统设置”，在“苯甲酸热值”一栏里输入本次标定热容量所用苯甲酸的热值，再选择测量内容为“苯甲酸标热容量”。如图 3-85 所示。

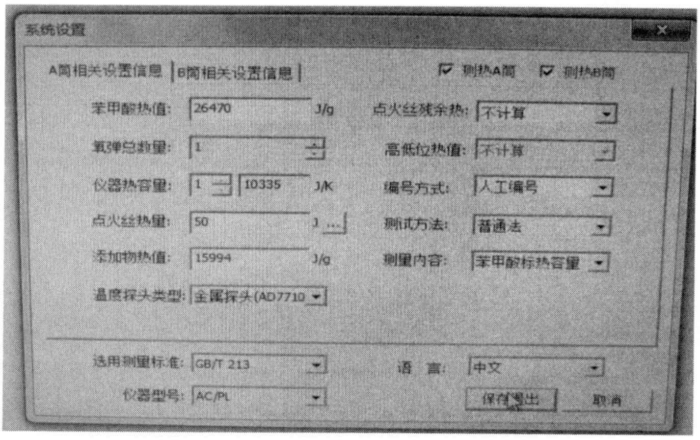

图 3-85　量热仪测试程序中标定热容量设置窗口

③ 将称好质量的苯甲酸片放入燃烧皿中（标定热容量时应使用专用的燃烧皿，不要和测定煤样的燃烧皿混用），然后安装点火丝。其余步骤与测定煤的发热量步骤一样。

④ 热容量的标定一般应进行 5 次重复实验，计算 5 次重复实验结果的平均值和相对标准差，其相对标准差［计算方法见式(3-45)～式(3-47)］不应超过 0.20%；若超过 0.20%，再补做一次实验，取符合要求的 5 次结果的平均值，作为该仪器的热容量。若任何 5 次结果的相对标准差>0.20%，则应对实验条件和操作技术仔细检查并纠正存在问题后，舍弃已有的全部结果，重新进行标定。

$$S=\sqrt{\frac{\sum x_i^2-\frac{1}{n}(\sum x_i)^2}{n-1}} \tag{3-45}$$

$$相对标准差=(S/\overline{X})\times 100 \tag{3-46}$$

式中　x_i——苯甲酸燃烧实验中热容量值；

$\overline{X}$——苯甲酸燃烧实验结果的平均值。

⑤ 热容量标定的有效期为 3 个月。遇到下列情况时应重新标定热容量：

a. 更换量热温度计；

b. 更换热量计大部件如氧弹头、连接环（由厂家供给的小部件如氧弹的密封圈、电极柱、螺母等不在此列）；

c. 标定热容量和测定发热量时的内筒温度相差超过 5K；

d. 热量计经过较大的搬动或变换了环境之后。

如果热量计量热系统没有显著改变，重新标定的热容量值与前一次的热容量值相差应≤0.25%，否则，应检查实验程序，解决问题之后再重新进行标定。

热容量计算见式(3-47)：

$$E=\frac{Qm+q_1+q_n}{(t_n-t_o)+C}=\frac{Qm+q_1+q_n}{\Delta+C} \tag{3-47}$$

式中　E——热容量，J/℃或J/K；

m——试样质量，g；

Q——苯甲酸热值，J/g；

q_1——点火丝热量，J；

q_n——硝酸生成热，J；

t_o——搅拌器搅动5min后读取的内筒的初始温度，K或℃；

t_n——终点温度，K或℃；

Δ——主期温升，K或℃（$\Delta=t_n-t_o$）；

C——温升冷却校正值，K或℃。

七、结果处理及方法精密度

1. 几种发热量的计算

（1）弹筒发热量　按式(3-48)计算：

$$Q_{b,ad}=\frac{E(\Delta+C)-q_1-q_2}{m} \tag{3-48}$$

式中　$Q_{b,ad}$——弹筒发热量，J/g或MJ/kg；

E——热容量，J/k或J/℃；

m——试样质量，g；

Δ——主期温升，℃；

q_1——点火丝热量，J；

q_2——添加物热量，J；

C——冷却校正值，℃。

（2）高位发热量　按式(3-49)计算：

$$Q_{gr,ad}=Q_{b,ad}-(94.1S_{b,ad}+\alpha Q_{b,ad}) \tag{3-49}$$

式中　$Q_{gr,ad}$——空气干燥煤样的高位发热量，J/g或MJ/kg；

$S_{b,ad}$——当$S_{t,ad}<4.00\%$或$Q_{b,ad}>14.60$MJ/kg时，可用$S_{t,ad}$代替$S_{b,ad}$；

α——硝酸形成热校正系数：

当$Q_{b,ad}\leqslant16.70$MJ/kg，$\alpha=0.0010$；

当$16.70<Q_{b,ad}\leqslant25.10$MJ/kg时，$\alpha=0.0012$；

当$Q_{b,ad}>25.10$MJ/kg时，$\alpha=0.0016$。

（3）恒容低位发热量计算及基准换算　按式(3-50)计算：

$$Q_{net,V,M}=(Q_{gr,ad}-206H_{ad})\times100\frac{100-M}{100-M_{ad}}-23M \tag{3-50}$$

式中　$Q_{net,V,M}$——水分为M的煤的恒容低位发热量，J/g或MJ/kg；

H_{ad}——空气干燥煤样的氢含量，%；

M——煤样的水分，%，空气干燥基时$M=M_{ad}$，干基时$M=0$，收到基时$M=M_t$。

2. 量热仪准确度和精密度的要求

（1）精密度　5次苯甲酸重复测定结果的相对标准差不大于0.20%。

（2）准确度　用两种以上标准煤样测定发热量，其测试结果与标准值之差在不确定度范围内，则认为准确度合格；或者用苯甲酸作为样品进行5次发热量测定，其平均值与苯甲酸的标准热值之差不大于 50J/g，则认为准确度合格。

3. 测定结果的精密度

如表 3-31 所示。

表 3-31　发热量测定的重复性限和再现性临界差

高位发热量/(J/g)	重复性限 $Q_{gr,ad}$	再现性临界差 $Q_{gr,d}$
	120	300

测定结果记录可直接打印，弹筒发热量和高位发热量的结果计算到 1J/g，取高位发热量的两次重复测定的平均值，按 GB/T 483 修约到最接近 10J/g 的倍数，一般以 MJ/kg 的形式报出。

八、注意事项

① 自动量热仪对环境温度要求较高，应设在一单独房间内，不得在同一房间内同时进行其他实验项目。室温应保持恒定，每次测定温度变化不应超过 1K，冬夏季室温最好保持在 15～30℃范围内，最好装有空调。室内应无强烈的空气对流，因此不应有强烈的热源和风扇等，实验过程中应避免开启门窗。实验室最好朝北，以避免阳光照射，否则热量计应放在不受阳光照射的地方。

② 氧气钢瓶压力要求≥4.0MPa，低于 4.0MPa 时需要更换氧气。充氧时当充氧仪压力表稳定后，需继续保持 15s 以上。

③ 氧弹应定期进行水压实验，每次水压实验后，氧弹的使用时间不能超过 2 年。

④ 每次实验前都应检查氧弹是否漏气；实验结束后应认真检查氧弹内是否有试样溅出，燃烧皿内是否有炭黑存在，如果有则应采取相应措施重新测定。

⑤ 热容量标定的有效期为 3 个，应定期标定。

⑥ 试样装上点火丝后，氧弹应轻拿轻放，任何时候都不能让氧弹出现震动。

九、思考题

1. 什么叫弹筒发热量、高位发热量和低位发热量？为什么说低位发热量是工业燃烧设备所获得的最大理论热值？

2. 什么叫做热容量？如何标定热容量？什么情况下应该重新标定热容量？

3. 标定时为什么要选苯甲酸作为量热标准物质？

4. 热容量标定前对苯甲酸应做如何处理？对苯甲酸压片有什么要求？

5. 量热仪对实验室的环境有什么要求？

6. 对量热仪的准确度和精密度是如何要求的？

7. 发热量测定中应注意哪些安全问题？

8. 导致发热量测定结果不准确的主要原因有哪些？

十、知识扩展

［1］ GB/T 30727—2014 固体生物质燃料发热量测定方法.

［2］ 陈仕陆，刘登云，马蓉，等. 煤的发热量测定中的注意事项 [J]. 煤质技术，2015，增刊 1：43-44.

［3］ 冯丽楠. 关于酸洗石棉绒在煤的发热量测定中的应用问题探讨 [J]. 煤质技术，2015，2：47-48.

（云南省煤炭产品质量检验站　荣霞执笔）

第四章

煤灰成分、性质和煤的微量元素测定

煤灰成分是指煤中矿物质经燃烧后生成的各种金属和非金属的氧化物与盐类（如硫酸钙等），其中主要成分为二氧化硅、三氧化二铝、三氧化二铁、氧化钙、氧化镁、四氧化三锰、二氧化钛、五氧化二磷、三氧化二磷、三氧化硫、氧化钾和氧化钠等，此外还有极少量的钒、钼、钍、锗、镓等的氧化物。而煤中矿物质是与煤结合或附着在煤中的无机物如黏土、石英、高岭土、方解石和黄铁矿等矿物杂质。煤灰成分是煤炭利用中一项重要的参数。根据煤灰成分可以大致推测煤的矿物组成；在动力燃烧中，根据煤灰成分可以初步判断煤灰熔点的高低；根据煤灰中碱性成分（钾、钠、钙等氧化物）的高低，可以大致判断它对燃烧室的腐蚀程度；在粉煤灰和煤矸石的利用中，根据其成分数据可以帮助判断其最佳利用途径。

煤灰黏度和灰熔融性是动力用煤和气化用煤的重要指标。煤灰熔融性是表征煤灰在一定条件下随加热温度而变化的变形、软化、呈半球和流动特征的物理状态。煤中矿物成分在高温下产生氧化、分解、复分解等作用，反应后的产物性质和含量是决定灰熔融温度的主要因素。煤灰熔融性对锅炉燃烧有重要影响。在固态排渣锅炉和气化炉中，结渣是生产中的一个严重问题，结渣给锅炉燃烧带来困难，影响锅炉正常运行，甚至造成停炉事故；对气化炉来说，则会造成煤气质量下降。因此，在固态排渣的锅炉和气化炉中，原料煤的灰熔融温度越高越好。液态排渣炉能提高燃烧效率，减少飞灰对金属的磨损。煤灰黏度是表征灰渣在熔化状态时的流动状态的重要指标，它对确定熔渣的出口温度有着重要的作用。用于液态排渣炉的煤，不仅要求有较低的灰熔融温度，并且需要了解煤灰的化学性质和黏温特性。如有些碱性很强的煤灰，虽然灰熔融温度很低，但这种灰对耐火材料和金属材料有严重的腐蚀；又如熔融温度相同的煤灰，但它们的黏温特性不同，因之在同一温度时的灰渣流动性有很大差别。这就需要通过灰黏度的测定，才能了解灰渣的这种特性，从而选择较为理想的燃料和确定排渣口的温度。

研究微量元素在煤层中赋存有 3 个意义：①研究微量元素在煤中富集程度与成煤的地质条件之间关系，以及微量元素在煤层中的分布规律；②调查稀有元素在煤层的储量，提供开辟电子工业或核工业所急需的矿产资源；③研究燃煤过程某些微量元素在环境中的累积所引起的环境污染问题。为此，通常把锗、镓、钒、铀等称为有用元素，把磷、砷、氟、氯、汞等称为有害元素。煤中这些元素的含量是汇编地质资料和煤炭利用中环境影响评价的必备资料。

实验十六　煤和焦炭灰中常量和微量元素的测定（X荧光光谱法）（参考MT/T 1086—2008）

一、实验目的

掌握波长型X射线荧光测定煤和焦炭灰中元素含量的测定原理、步骤、设备构造。

二、实验原理

煤或焦炭灰样用无水四硼酸锂或其他合适的助熔剂熔融成玻璃状的圆片，制好的样品片被高能X射线照射，原子在初级或入射X射线作用下发出特征（次级）X射线（或称X荧光）并被色散，灵敏探测器在各选定波长下测量其强度。探测器的输出通过标定曲线或复杂的数据处理与被测元素含量有关，据此可得到被测元素的含量。

三、仪器

布鲁克公司的波长型X射线荧光S8 TIGER。

（1）X射线的光路图（图4-1）　样品在光谱仪内被高达60keV能量的X射线照射，从而激发出X射线荧光。初级谱线的光谱可以通过插入初级滤光片改变。例如为了更容易地激发重元素谱线，可以插入滤光片修改激发光谱。为了减少错误信号和背景，样品激发出来的谱线通过准直器面罩和准直器来变成平行谱线。准直器可以根据角度区分，用于限制激发谱线的光束发散性。射线经过准直器后照射到分光晶体上，分光晶体是天然晶体或人工多层膜材料组成的。分光晶体分光出来的射线被两个探测器中的其中一个测量，即闪烁计数器或正比计数器。

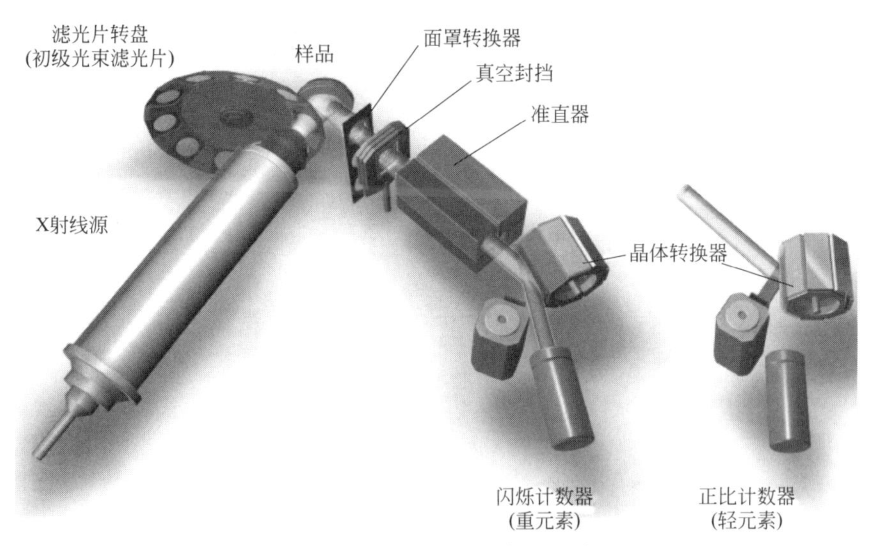

图4-1　S8 TIGER的X射线光路图

（2）仪器的外部及内部构造视图（图4-2～图4-5）　仪器的正面视图显示了开关机按钮、射线警告灯和需要经常关注仪器状态的发光二极管。进样器有64位样品位，机械手自动抓取样品放入测量的样品室。仪器的面板移开后可以看到光谱室、真空泵、面罩转换器、控制线路板和内循环水的注入口等部件。

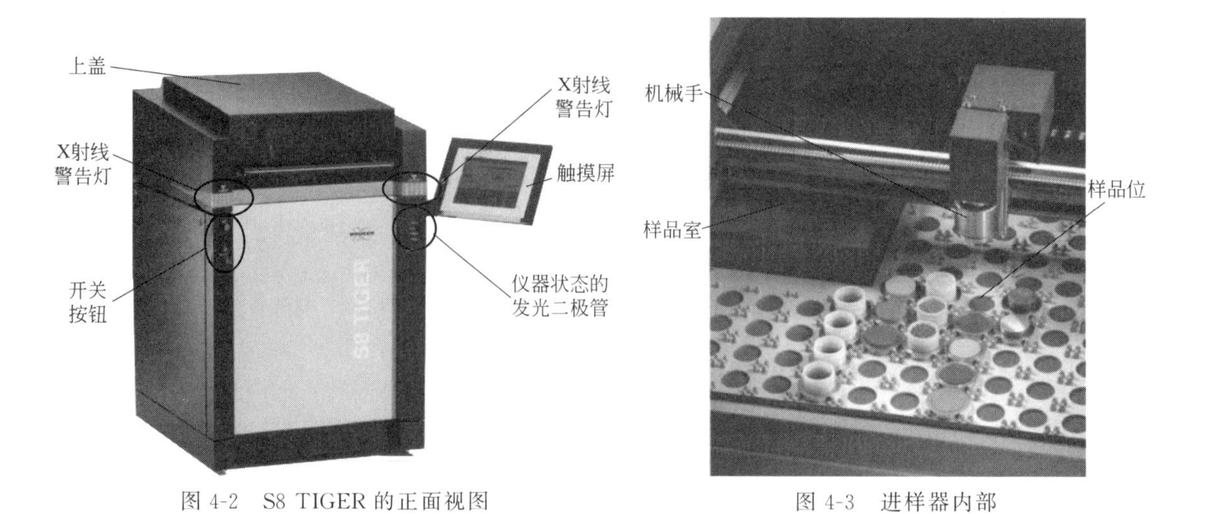

图 4-2　S8 TIGER 的正面视图

图 4-3　进样器内部

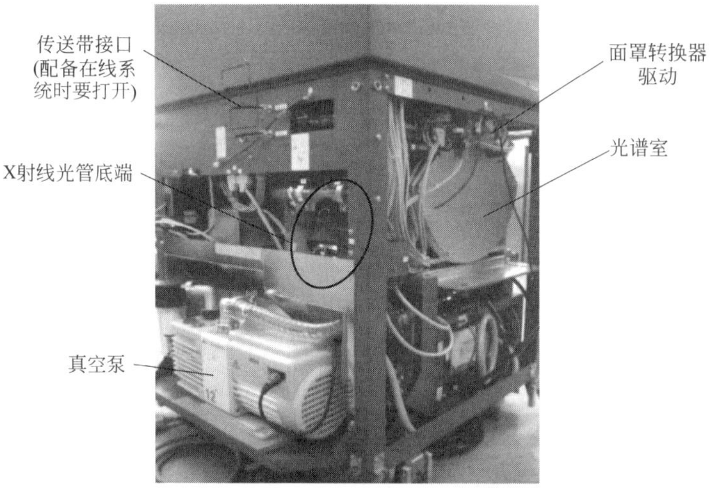

图 4-4　移去后面板和左面板的仪器视图

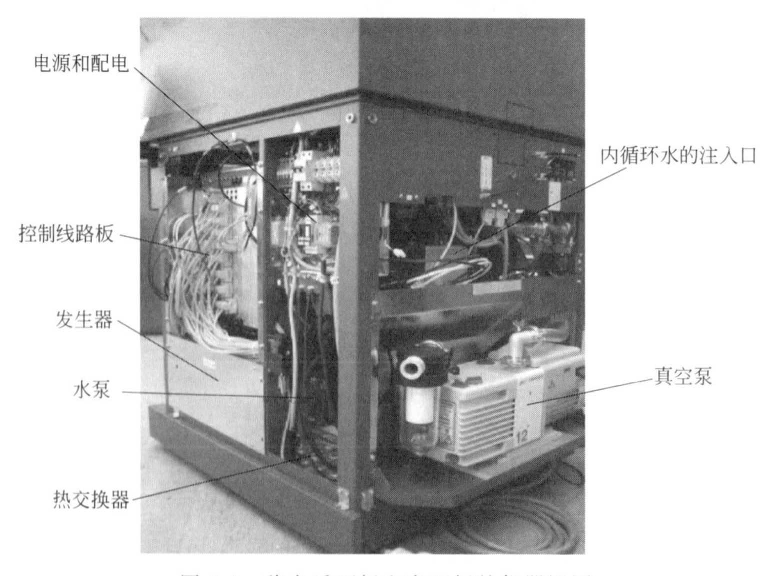

图 4-5　移去后面板和右面板的仪器视图

四、试剂和材料

（1）P10 气体　甲烷 10.0%，氩气 90.0%。

（2）助熔剂　四硼酸锂和偏硼酸锂混合物。

（3）脱模剂　碘化铵。

（4）蒸馏水　屈臣氏蒸馏水。

五、制样仪器设备

（1）马弗炉　见 GB/T 212 的规定。

（2）熔样机或助熔设备　最低温度 1000℃。

（3）熔融坩埚　铂金坩埚，高 22mm，内径 18mm。

（4）研钵和研棒　玛瑙、莫来石或碳化钨制品。

六、准备工作

① 确认仪器已接上电源，电脑开启。

② 检查外部冷却水系统已正常开启。所有与仪器连接的阀已打开，气管连接正确。

③ 检查 P10 气体输出为 0.05MPa。

④ 按光谱仪前面的绿色“power-on”按钮，所有 4 个灯将亮约 30s。

⑤ 将软件中的光谱室状态设为真空模式。对仪器进行初始化，绿色和红色的灯将亮起。

⑥ 顺时针拧高压发生器的钥匙，打开高压发生器，仪器的“Ready”灯闪烁，高压加上后“Ready”灯将常亮。松开钥匙，钥匙自动弹回中间位置。

⑦ 关机时将高压钥匙逆时针旋转，光谱室模式设为空气，然后按红色的关机按钮，最后关气体和外部冷却水。

七、实验步骤

1. 灰样的制备

① 称取煤或焦炭样品平铺于灰皿中，使其每平方厘米不超过 0.15g。

② 将灰皿放入温度不超过 100℃的马弗炉中，在自然通风和炉门留有 15mm 左右的缝隙，用 30min 缓慢升至 500℃，在此温度保持 30min 后，升至（815±10)℃，然后关上炉门，在此温度下灼烧 2h，取出冷却后，研磨全部通过 0.1mm 标准筛，再于（815±10)℃下灼烧 1h，灼烧后的灰样放入真空干燥器冷却保存。

③ 将制好的灰样再次按照上述步骤进行灼烧，确保样品灰化完全，质量恒定。

2. 熔融玻璃片的制备

① 在熔融坩埚中称取助熔剂 6g（称准至 0.0002g)，再称取混合均匀的灰样 0.6g（称准至 0.0002g)，脱模剂 0.1g（称准至 0.0002g)，最后用定量滤纸拧成一个小纸棒将坩埚中的样品搅匀并插入其中。

② 将坩埚置于熔样机中，在 1050℃下熔融，熔融时应不时旋转或振荡坩埚，防止样品挂坩埚壁上，保证熔融均匀，熔融时间内须保证样品完全分解。

③ 将熔融液体浇入一个模具中，形成玻璃圆片，并用合适的速度冷却玻璃圆片，防止离析而使玻璃圆片破裂。制备的圆片应表面均匀，平滑无气泡。

④ 所有的实验样片和标定用的标准物质的分析样品全部制备程序都必须严格保持一致，即便选择的程序稍有变化也会影响融好的圆片成分。

3. 仪器测定熔融玻璃片

① 打开软件的“测量”界面，输入样品名称、样品质量、助熔剂质量、测试方法，最后点击发送，样品室中的机械手自动抓取样品至光谱室测试。

② 测试结果在软件“结果”中按照时间顺序自动排序给出。

③ 每个试样准备和分析两个样品片，每片测试两次。

八、注意事项

① 在测量过程中，不能突然断电，建议配置 UPS。

② 不能直接分析低熔点的样品，例如低熔点的沥青、苯酚、油漆等。

③ 每三个月检查仪器内部循环水水位、电导率及水流量。

④ 将样品放在样品室时，不要用手触摸和污染样品测试表面。

九、标定

① 选择一定数量的煤灰标准样品，按照上述制备方法准确称量，熔片并保存至干燥器待用。

② 在软件“应用”中打开 Application wizard 程序，如图 4-6 所示，按照左边的向导建立工作曲线。

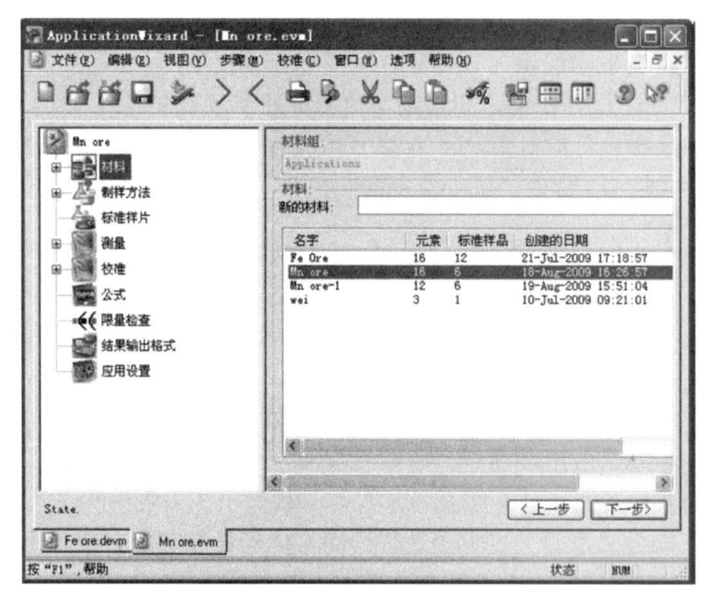

图 4-6 工作曲线的命名

③ 定义分析方法时依次将分析方法的名称、要分析的成分、已有的标准样品的名称及含量一一输入，最终形成一个系列标准样品清单，如图 4-7 所示。

④ 定义制样方法时将添加物（即助熔剂）的质量成分输入，定义熔片的尺寸，如图 4-8 所示。

⑤ 定义测量方法是选择测量谱线，定义每条谱线的最佳测量参数和测量时间，然后根据已定义的条件去测量每个标准样品，并将谱线强度采集下来，如图 4-9 所示。

⑥ 绘制工作曲线首先确定分析谱线，然后找出明显偏离工作曲线的点，找出绝对偏差

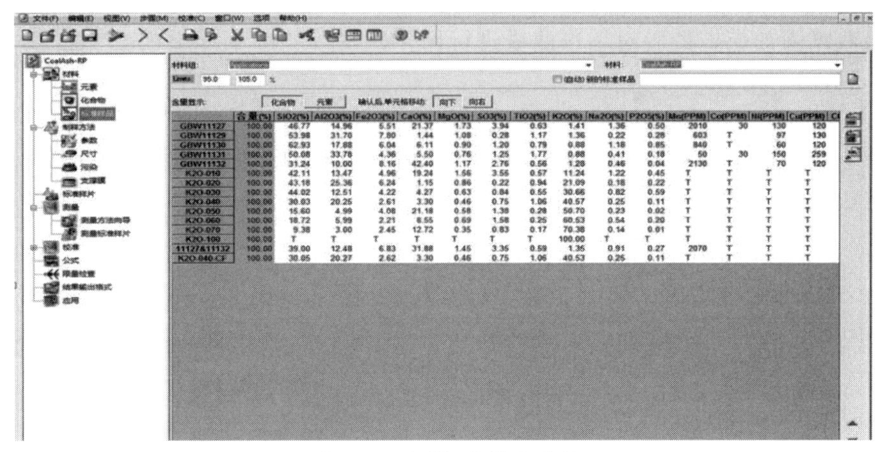

	含量(%)	SiO2(%)	Al2O3(%)	Fe2O3(%)	CaO(%)	MgO(%)	SO3(%)	TiO2(%)	K2O(%)	Na2O(%)	P2O5(%)	Mn(PPM)	Co(PPM)	Ni(PPM)	Cu(PPM)
GBW11127	100.00	46.77	14.96	5.51	21.37	1.73	3.94	0.63	1.41	1.36	0.50	2010	30	130	120
GBW11129	100.00	53.98	31.70	7.80	1.44	1.08	0.28	1.17	1.36	0.22	0.28	603	T	97	130
GBW11130	100.00	62.93	17.88	6.04	6.11	0.90	1.20	0.79	0.88	1.18	0.85	840	T	60	120
GBW11131	100.00	50.08	33.78	4.36	5.50	0.76	1.25	1.77	0.88	0.41	0.18	50	30	150	259
GBW11132	100.00	31.24	10.00	8.16	42.40	1.17	2.76	0.56	1.28	0.46	0.04	2130	T	70	120
K2O-010	100.00	42.11	13.47	4.96	19.24	1.56	3.56	0.57	11.24	1.22	0.45	T	T	T	T
K2O-020	100.00	43.18	25.36	6.24	1.15	0.86	0.22	0.94	21.09	0.18	0.22	T	T	T	T
K2O-030	100.00	44.02	12.51	4.22	4.27	0.63	0.84	0.55	30.66	0.82	0.59	T	T	T	T
K2O-040	100.00	30.03	20.25	2.61	3.30	0.46	0.75	1.06	40.57	0.25	0.11	T	T	T	T
K2O-050	100.00	15.60	4.99	4.08	21.18	0.58	1.38	0.28	50.70	0.23	0.02	T	T	T	T
K2O-060	100.00	18.72	5.99	2.21	8.55	0.69	1.58	0.25	60.53	0.54	0.20	T	T	T	T
K2O-070	100.00	9.38	3.00	2.45	12.72	0.35	0.83	0.17	70.38	0.14	0.01	T	T	T	T
K2O-100	100.00	T	T	T	T	T	T	T	100.00	T	T	T	T	T	T
11127&11132	100.00	39.00	12.48	6.83	31.88	1.45	3.35	0.59	1.35	0.91	0.27	2070	T	T	T
K2O-040-CF	100.00	30.05	20.27	2.62	3.30	0.46	0.75	1.06	40.53	0.25	0.11	T	T	T	T

图 4-7　系列标准样品清单

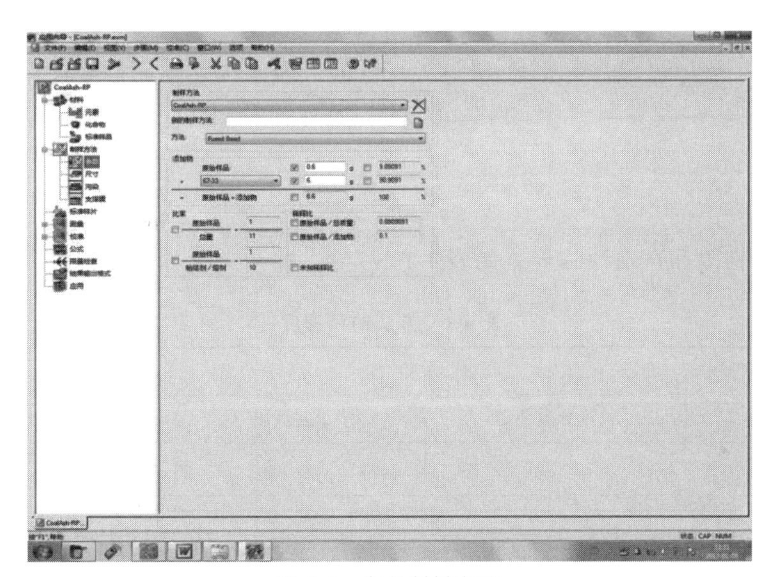

图 4-8　定义制样方法

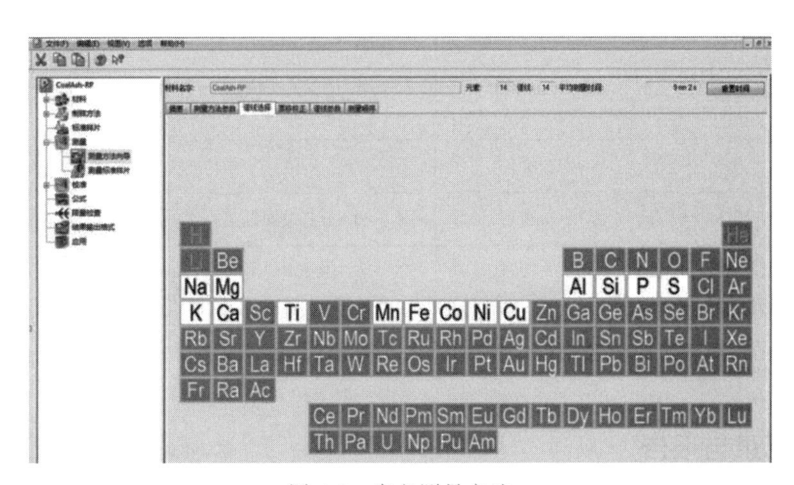

图 4-9　定义测量方法

有无超出允许的分析误差范围，再判断是否有谱线发生重叠，用经验或者理论系数法来校正元素间的吸收增强效应，最后对工作曲线进行保存。如图 4-10 所示。

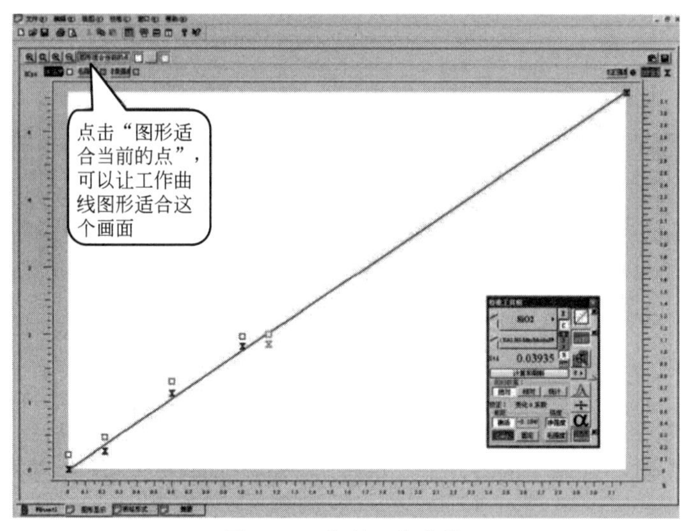

图 4-10　绘制工作曲线

十、精密度

方法的重复性限和再现性临界差如表 4-1 规定。

表 4-1　方法的精密度

元素氧化物	质量分数/%		
	质量分数范围	重复性限	再现性临界差
SiO_2	33.2～57.5	1.26	4.39
Al_2O_3	11.6～33.1	0.83	$0.51+0.10X$
Fe_2O_3	3.1～41.8	$0.21+0.005X$	$0.99+0.035X$
CaO	1.5～25.2	$0.16+0.01X$	$0.22+0.07X$
MgO	0.4～4.5	$0.09+0.04X$	$0.14+0.09X$
Na_2O	0.2～7.41	0.20	0.42
K_2O	0.3～3.1	0.14	0.16
P_2O_5	0.1～3.4	$0.05+0.04X$	0.23
TiO_2	0.5～1.5	0.06	0.24
SO_3	0.41～14.72	$0.20+0.09X$	$0.52+0.30X$

注：X 为被测组分质量分数。

十一、数据记录与报告

实验数据记录可参考表 4-2。

表 4-2　实验记录

试样名称	测试次数	SiO_2/%	Al_2O_3/%	Fe_2O_3/%	CaO/%	MgO/%
试样名称	测试次数	Na_2O/%	K_2O/%	P_2O_5/%	TiO_2/%	SO_3/%
测定人		日期		备注		

十二、思考题

1. X 射线荧光光谱仪不适合用来测定哪些元素？
2. 煤或焦炭中的灰分中矿物质的形态有哪些？
3. 绘制工作曲线时应注意哪些影响因素？

十三、知识扩展

[1]　MT/T 1086—2008 煤和焦炭灰中常量和微量元素测定方法 X 荧光光谱法.
[2]　SN/T 2696—2010 煤灰和焦炭灰成分中主、次元素的测定 X 射线荧光光谱法.
[3]　SN/T 2697—2010 进出口煤炭中硫、磷、砷和氯的测定 X 射线荧光光谱法.
[4]　ASTM D 4326-13 Standard Test Method for Major and Minor Elements in Coal and Coke Ash By X-Ray Fluorescence.

（中国科学院山西煤炭化学研究所　郭振兴、白宗庆执笔）

实验十七　电感耦合等离子体发射光谱仪测定煤中灰成分（参考 MT/T 1041—2006）

一、实验目的

1. 了解电感耦合等离子体发射光谱仪在检测煤灰中元素的应用。
2. 掌握电感耦合等离子体仪器的实验原理。
3. 掌握煤灰中元素电感耦合等离子体发射光谱仪的测定方法。

二、实验原理以及意义

1. 实验原理

其原理还是基于原子发射光谱法，不同点在于所采用的激发光源是电感耦合等离子体。它是一种电离度大于 0.1% 的电离气体，由电子、正离子、原子和分子组成。由于其电子数目和正离子数目基本相等，所以整体呈电中性。它是高频电能通过感应线圈耦合到等离子体所得到外观类似火焰，但不是火焰的高频放电光源。其“气体”温度可以高达 7000～8000K，同时实验气溶胶会在等离子体中心停留 2～3ms，就能更好地使试样充分原子化，既提高了测定的灵敏度，又有效地消除化学干扰。激发后的电磁辐射经色散后得到了排列有序的光谱，针对不同波长的辐射，检测器依次检测，从而达到对试样进行定性以及定量的分析。可以分析元素周期表中的所有金属元素还有大部分非金属元素，金属元素的检出限在

10^{-9} 以下，一些非金属元素的检出限低于 10^{-8}，Cl、Br、I 检出限大于 10^{-8}。H、N、O、F 无法采用该方法检测。

2. 意义

煤灰中主要元素有硅、铁、铝、钙、钠、钾、磷、镁、钛以及硫，占了灰中元素 90% 以上。这类元素影响着灰的熔点，在燃烧的时候会对锅炉造成不同程度的腐蚀。传统的分析检测手段是采用化学法，动物凝胶固定煤灰中的硅，剩余元素采用 EDTA 分析法分析。耗时较长，操作复杂，整个实验中采用了大量的浓盐酸。然而传统的化学法还是不能够检测钠和钾两个活性较强的元素，还是需要借助仪器。采用等离子体发射光谱仪检测煤灰中的元素能够大大提升检测效率，提高灵敏度，操作方便。

三、仪器

采用美国 PEKIN ELMER 生产的 ICP 等离子体发射光谱仪，外观见图 4-11。

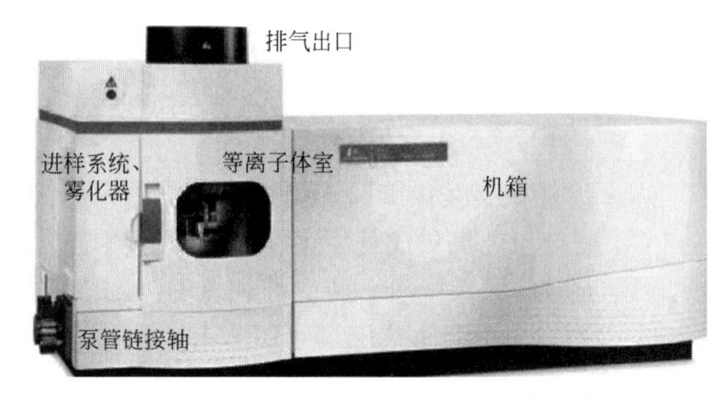

图 4-11 PEKIN ELMER 生产的等离子体发射光谱仪

该仪器主要由以下几个方面组成。

(1) 气体系统 主要是由产生等离子体的气体氩气系统和尾焰切割气体（空气）两部分组成。

(2) 设备主体以及数据处理系统 该设备主体是由进样系统、等离子体光源、光谱仪以及数据系统四部分组成，如图 4-12 所示。

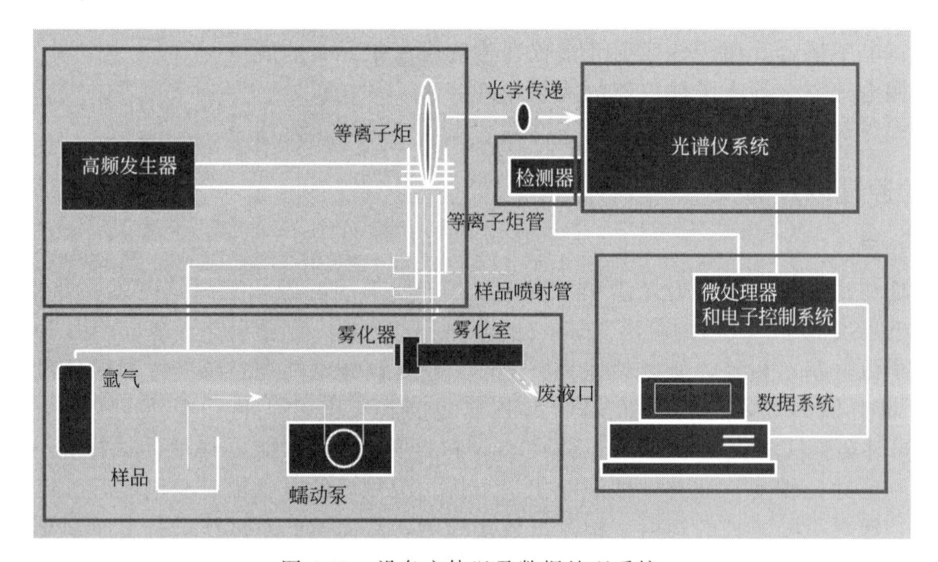

图 4-12 设备主体以及数据处理系统

ICP光源：如图4-13所示，它是由高频感应电流产生的类似火焰的激发光源。仪器主要由高频发生器、电浆炬管、雾化器组成。高频发生器以前采用的是感应线圈，之后PE公司将其改为两片感应片，能更好地减小损耗，其作用是产生高频的电磁场供给电浆能量，频率27～50MHz。内芯是一个同心的石英炬管，主要分三层。最外层通氩气为保护气，沿切线方向吹入，流量7～15L/min，作用是将等离子体和炬管分开，保证石英炬管不被烧毁。炬管内的中层管通道中通入辅助气，用于点燃电浆。中心层是氩气，为载气，目的是把经过雾化器的试样以气溶胶的形式引入到电浆中，流量为1.0～1.5L/min。

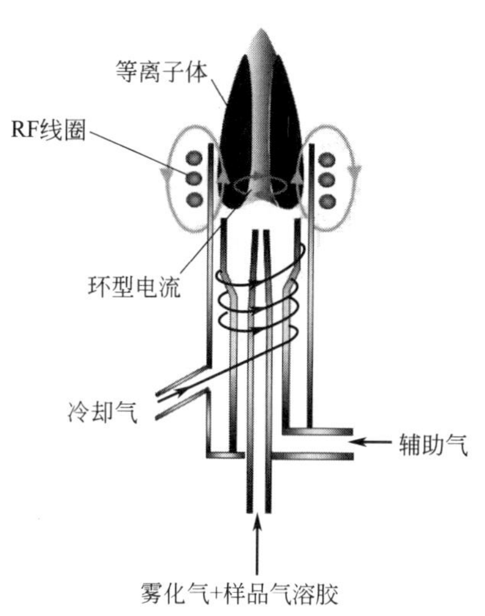

图4-13　ICP光源结构图

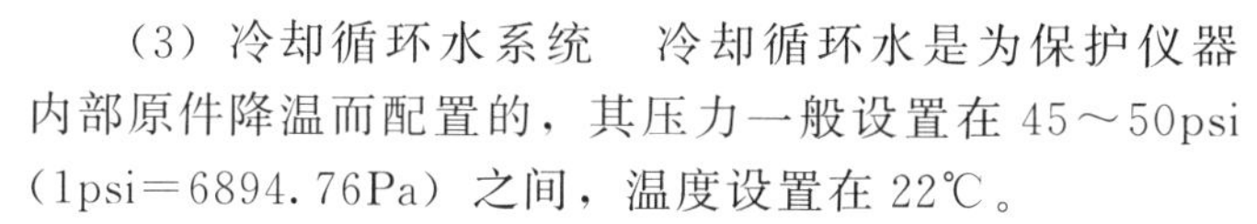
(3) 冷却循环水系统　冷却循环水是为保护仪器内部原件降温而配置的，其压力一般设置在45～50psi(1psi=6894.76Pa)之间，温度设置在22℃。

(4) 抽风系统　置于等离子高频发生器上端出口15cm之上，主要目的是将实验过程中产生的废气（含有离子化的试样）以及氩气及时排除。

四、材料及试剂

1. 蠕动泵管

仪器配置红色以及黑色两种类型的泵管，红色是废液管，黑色是进样管。

2. 试剂

(1) 氢氟酸、盐酸、高氯酸　均为优级纯。

(2) 氩气　纯度在99.99%以上。

3. 现场准备

实验室温度在25～30℃，湿度40%～65%，工作电压200～240V，接地电阻小于2Ω（装机的时候都会调试好）。

五、实验操作

1. 电源

打开电源，观察电压是否在220～240V之间。

2. 打开排风系统

正常风速为5600L/min ($200ft^3/min$)，氩气旋钮，空气切割气以及水冷系统，检查氩气、空气输出压力为80～120psi (1psi=6894.76Pa)。检查蠕动管是否需要更换，水冷系统中循环输出水压45～80psi (1psi=6894.76Pa)，温度20℃。连接氩气快接口，泵管环绕于泵上，关上侧门。如图4-14所示。

3. 开机

首先打开电脑，之后将仪器主电源打开，之后再开连接仪器的软件“WinLab32 for ICP”，然后弹出一个界面。等待仪器连接成功，棕色的显示框会消失。

4. 新建方法

在视窗上面点击“新建方法”对话框，出现图4-15界面。

默认无机液相，选择确定，进入下一步骤，出现图4-16界面。

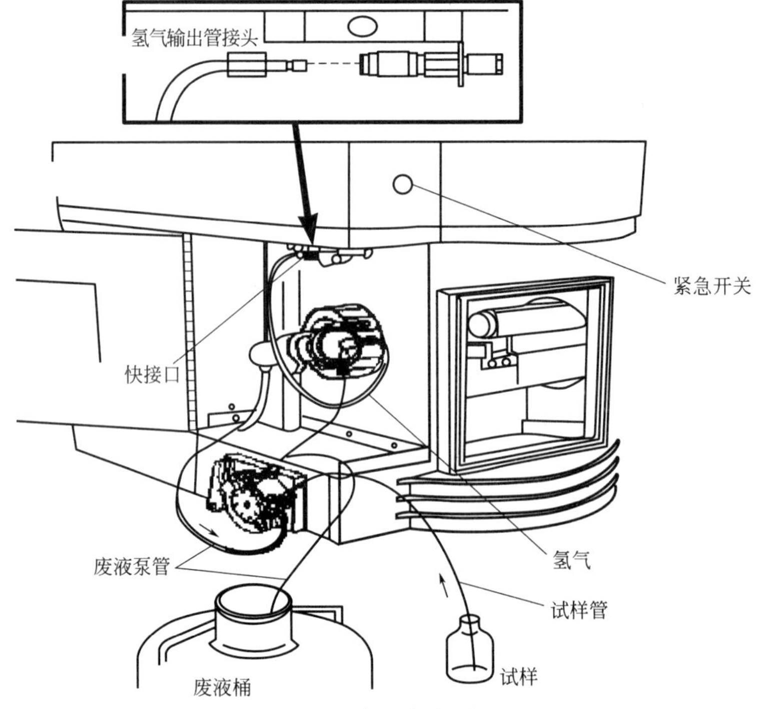

图 4-14 仪器侧门图示

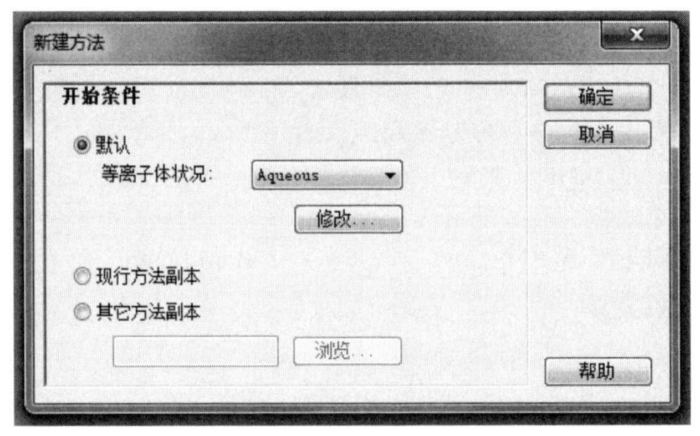

图 4-15 新建方法对话框

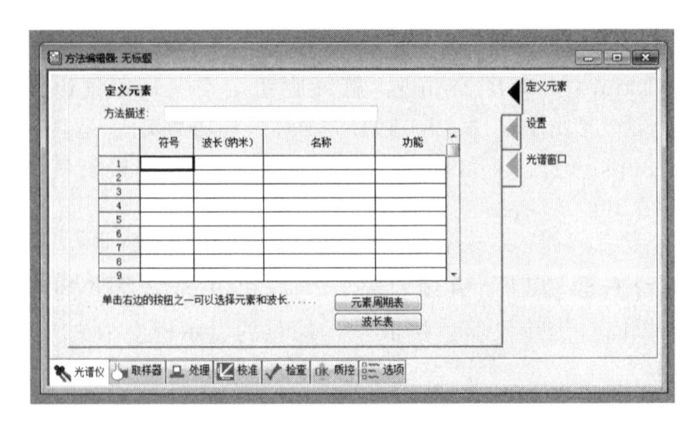

图 4-16

在图 4-16 界面中，选择“元素周期表”，出现图 4-17 界面。

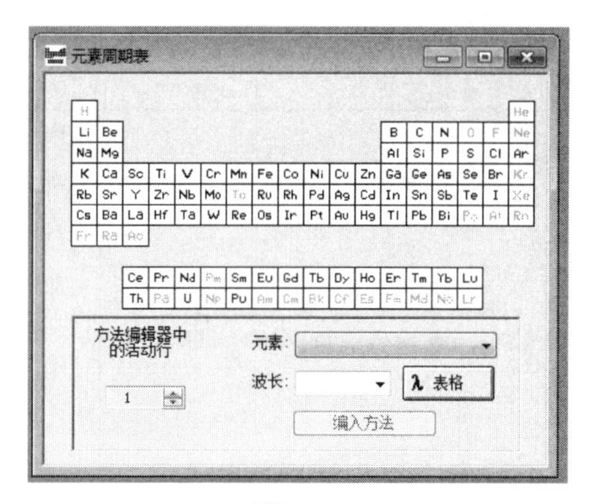

图 4-17

在图 4-17 界面中，选择相应的元素，进入波长表，如图 4-18 所示。

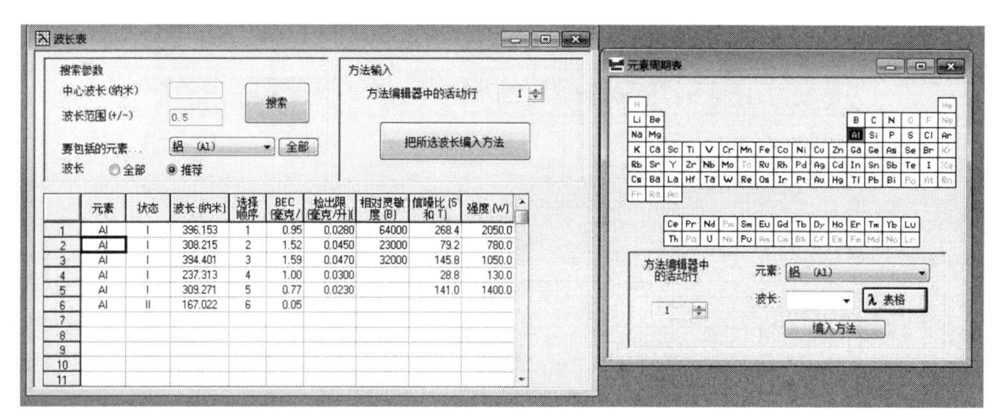

图 4-18

所显示的波长是按照仪器调试时，其分析性能较好的排在首位，可以按照仪器推荐进行选择，也可以按照自己要求选择该元素相应的波长，然后在图 4-18 界面，单击“编入方法”。选择第二个选项卡，如图 4-19 所示，设置光谱和读取参数，吹扫气流正常，对于分析痕量的元素可以选择高吹扫，读取参数中延迟时间 60s 或者更高，重复次数按要求设置。

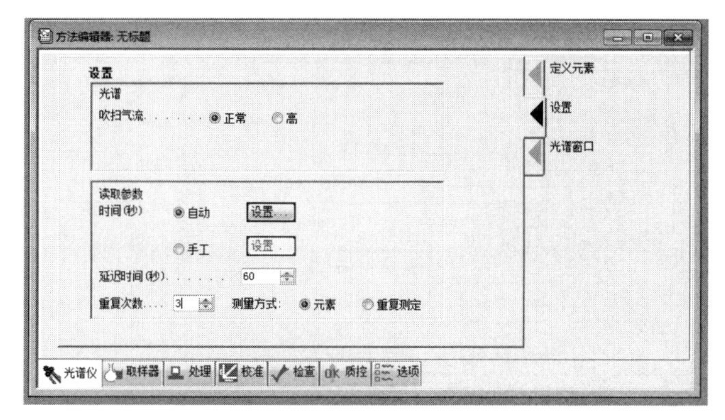

图 4-19

如图 4-20 所示，对于“取样器”选项卡，可以设置等离子体观测方向，选轴向或者径向，由于所分析的是煤灰中常量元素，选择径向分析。

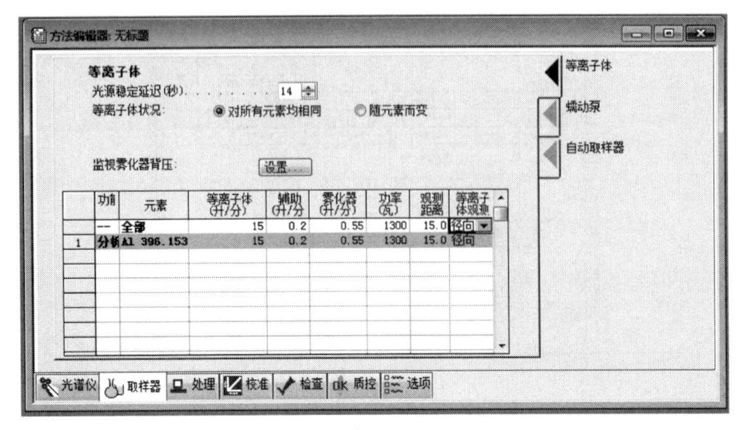

图 4-20

如图 4-21 所示，在“处理”选项卡中，有一个内标选项，若是没有内标，则勾选否。

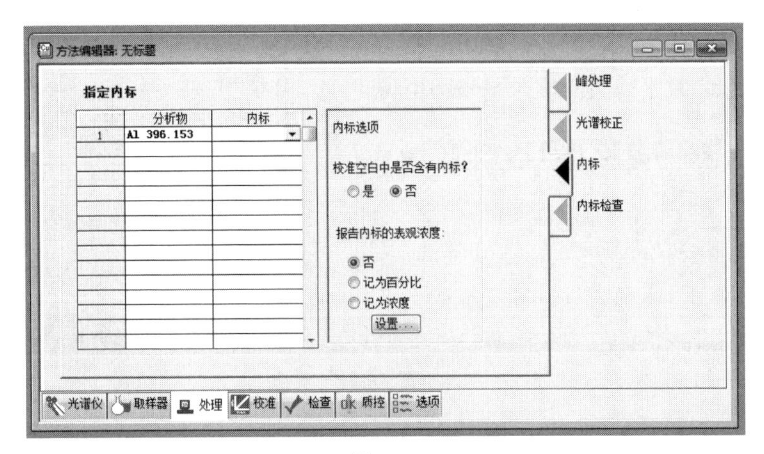

图 4-21

如图 4-22 所示，“校准”，针对标准曲线，设置了几个标准点，就输入几个标准样品（图 4-22 举例三个标准点）。

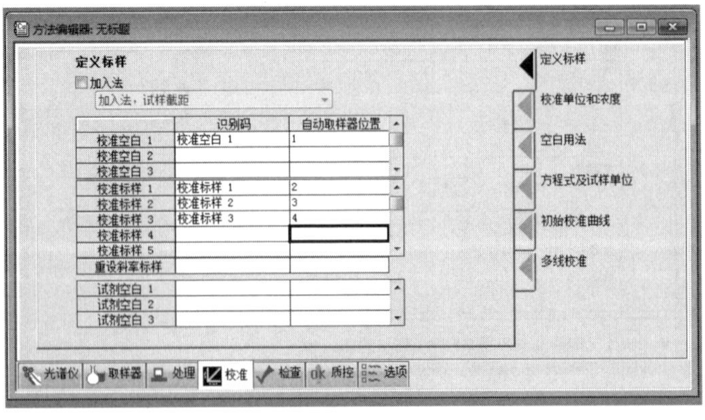

图 4-22

如图 4-23 所示，右侧有标准单位选项卡，修改校准单位并输入标准曲线点的含量（示例：八个元素的校准结果见图 4-24）。

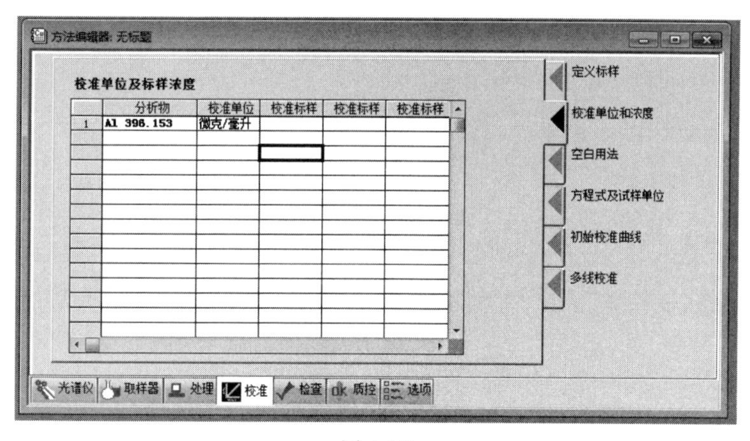

方法编辑器: 无标题
校准单位及标样浓度
分析物 校准单位 校准标样 校准标样 校准标样
1 Al 396.153 微克/毫升
定义标样
校准单位和浓度
空白用法
方程式及试样单位
初始校准曲线
多线校准
光谱仪 取样器 处理 校准 检查 质控 选项

图 4-23

方法编辑器: 灰成分(8元素)
校准单位及标样浓度
分析物 校准单位 GBW11130 GBW11130 GBW11130
1 Al 308.215 mg/L 42.30 137.40 206.19
2 Fe 259.939 mg/L 18.88 61.34 92.05
3 Ca 315.887 mg/L 19.52 63.41 95.15
4 Mg 279.553 mg/L 2.43 7.88 11.83
5 Ti 334.940 mg/L 2.12 6.88 10.32
6 K 766.490 mg/L 3.27 10.61 15.92
7 Na 589.592 mg/L 3.91 12.71 19.08
8 P 213.617 mg/L 1.66 5.39 8.08
定义标样
校准单位和浓度
空白用法
方程式及试样单位
初始校准曲线
多线校准
光谱仪 取样器 处理 校准 检查 质控 选项

图 4-24

如图 4-25 所示，校准空白的选择：选择校准曲线的空白取用值。

方法编辑器: 无标题
校准及试剂空白的用法
功能 元素 使用校准空白 减去试剂空白
1 分析 Al 396.153 校准空白 1 N/A
定义标样
校准单位和浓度
空白用法
方程式及试样单位
初始校准曲线
多线校准
光谱仪 取样器 处理 校准 检查 质控 选项

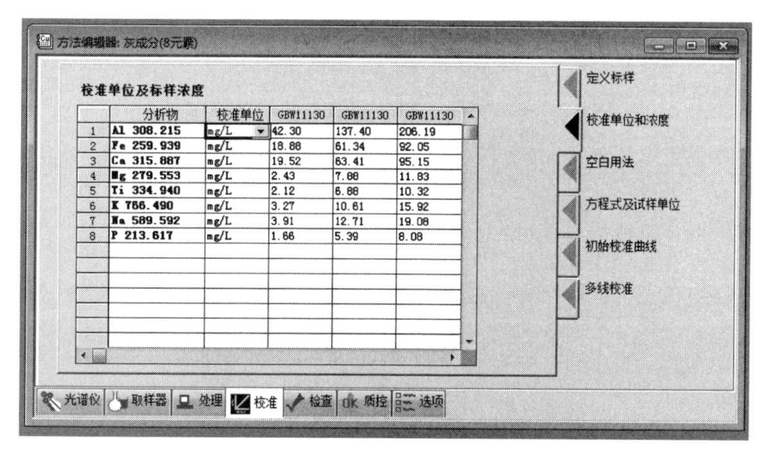

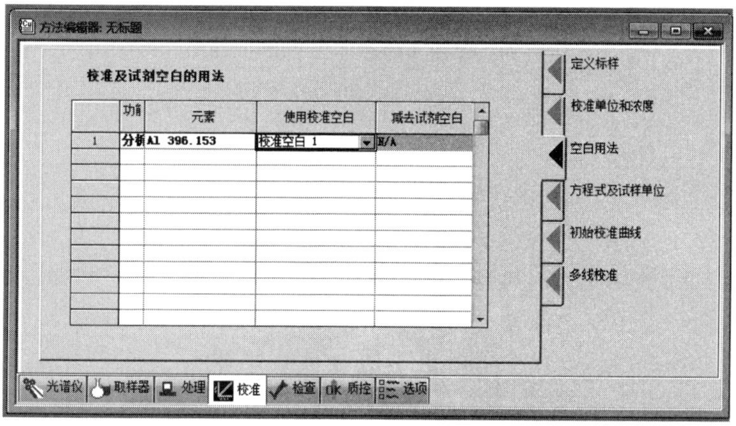

图 4-25

其余的选项默认设置不动，最后是实验结果显示，按图 4-26 勾选即可。

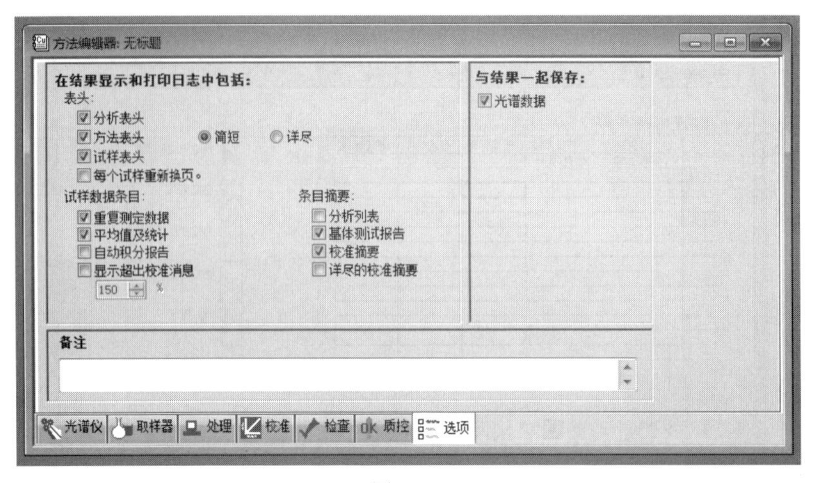

图 4-26

然后保存方法，如图 4-27 所示，在“WinLab32 for ICP”软件界面的左上角，单击“文件”→“保存”→“方法”。

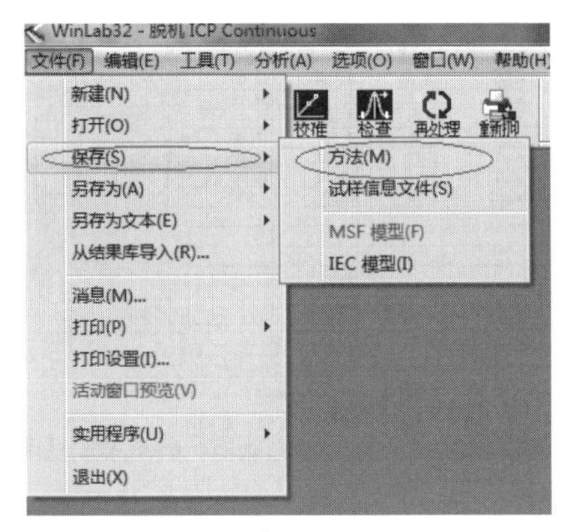

图 4-27

单击保存中的方法选项，之后输入保存方法名称，如图 4-28 所示，单击“确定”。

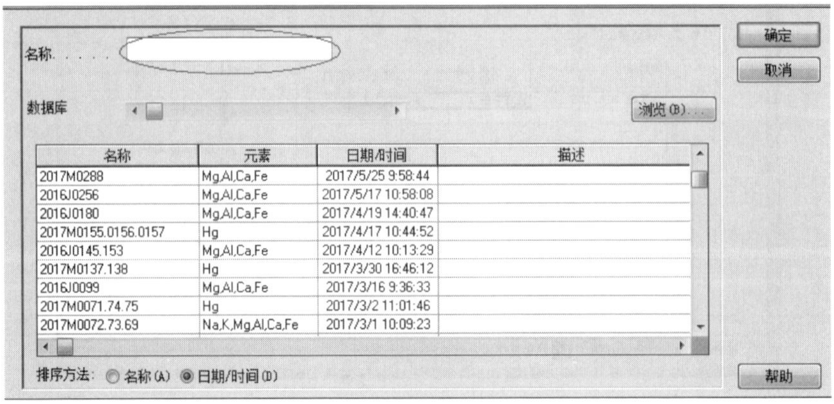

名称. . . . .

数据库　　浏览(B)...

确定　取消

名称	元素	日期/时间	描述
2017M0288	Mg,Al,Ca,Fe	2017/5/25 9:58:44	
2016J0256	Mg,Al,Ca,Fe	2017/5/17 10:58:08	
2016J0180	Mg,Al,Ca,Fe	2017/4/19 14:40:47	
2017M0155.0156.0157	Hg	2017/4/17 10:44:52	
2016J0145.153	Mg,Al,Ca,Fe	2017/4/12 10:13:29	
2017M0137.138	Hg	2017/3/30 16:46:12	
2016J0099	Mg,Al,Ca,Fe	2017/3/16 9:36:33	
2017M0071.74.75	Hg	2017/3/2 11:01:46	
2017M0072.73.69	Na,K,Mg,Al,Ca,Fe	2017/3/1 10:09:23	

排序方法: ○名称(A) ◉日期/时间(D)　　帮助

图 4-28

然后编辑试样信息，在如图 4-29 所示的视窗中单击“试样信息”，出现如图 4-30 所示的对话框。

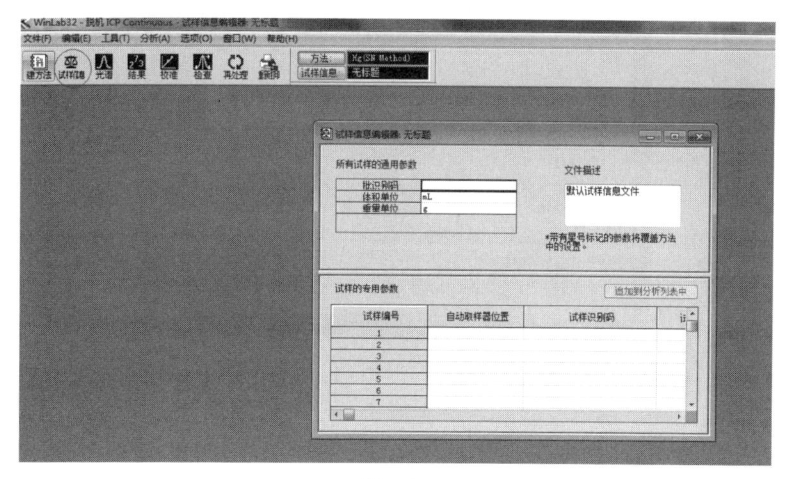

图 4-29

然后在红色框中输入对应的信息。

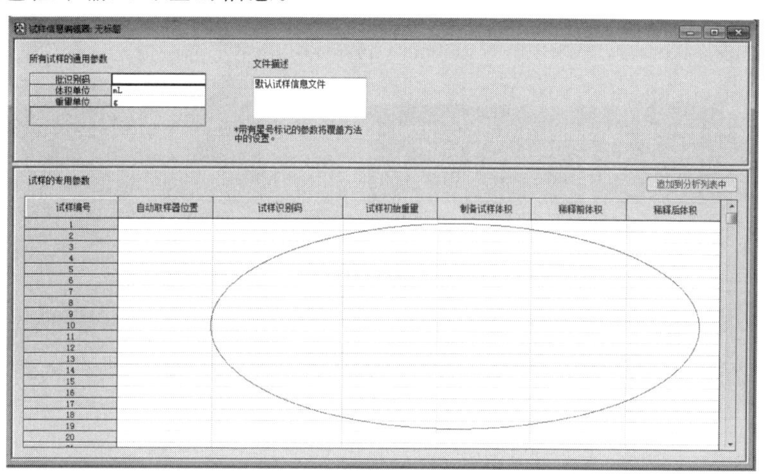

图 4-30

最后是保存试样信息。如图 4-31 所示，单击“文件”→“保存”→“试样信息文件”，里面有试样信息文件。

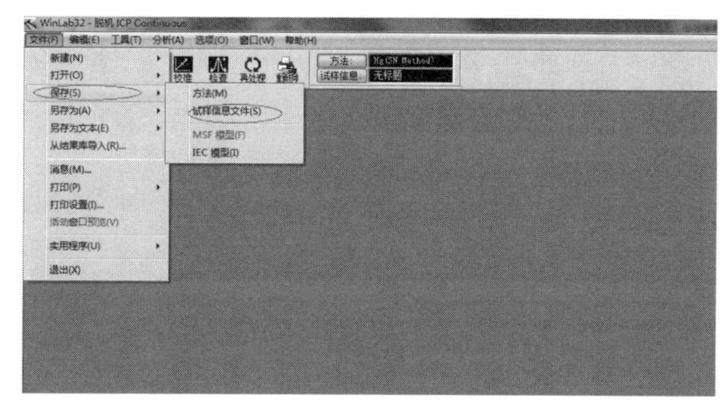

图 4-31

如图 4-32 所示，输入试样信息文件名称，单击“保存”即可。

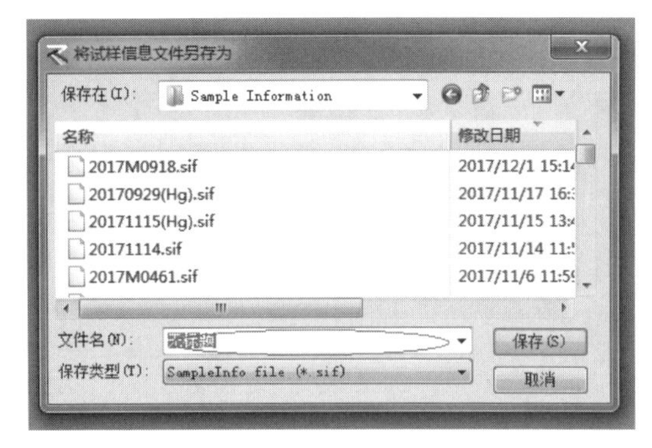

图 4-32

5. 点火

将 等离子体 相机 点开，如图 4-33 所示。

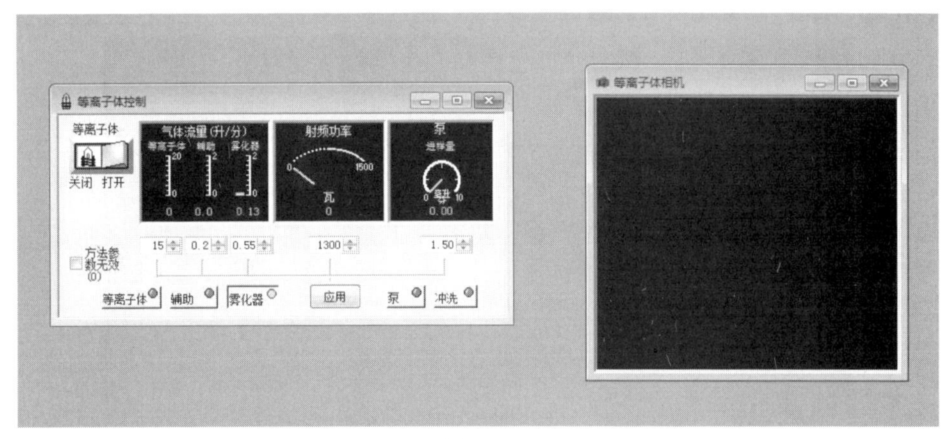

图 4-33

点火成功后，如图 4-34 所示。

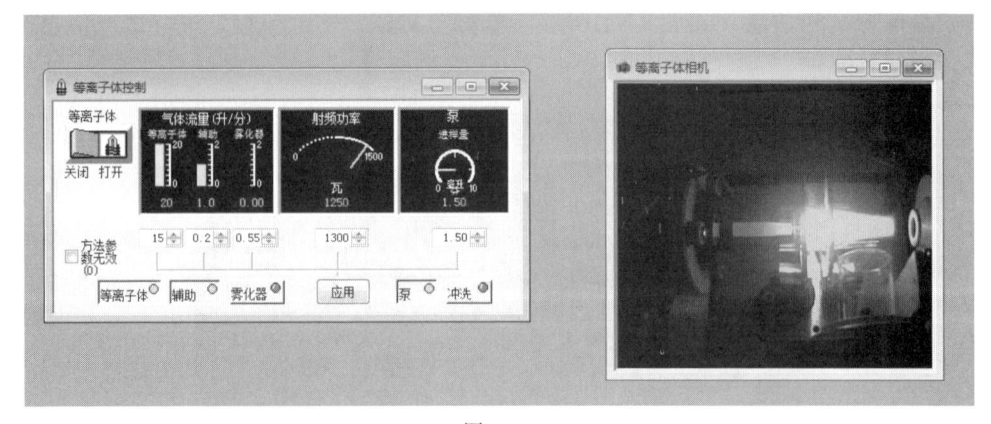

图 4-34

6. 光学初始化

选择 系统(S) 中的诊断，观察初始化进程，如图 4-35 所示。

图 4-35

单击“工具”的“光谱仪设置”对仪器进行初始化设置，弹出图 4-36 界面。

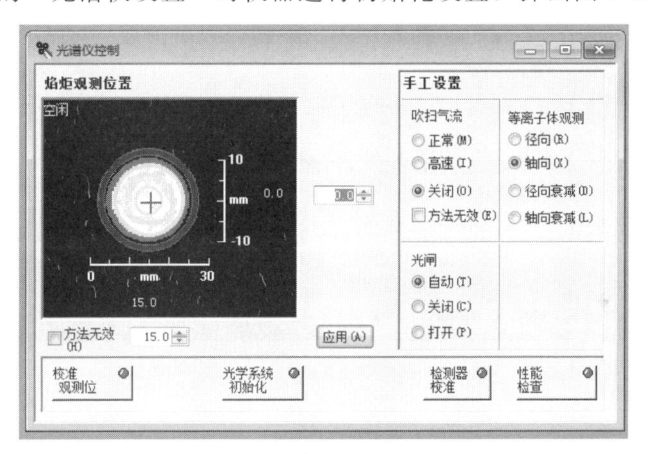

图 4-36

图 4-36 中的光学系统初始化，等离子体观测选定径向，如图 4-37 所示。

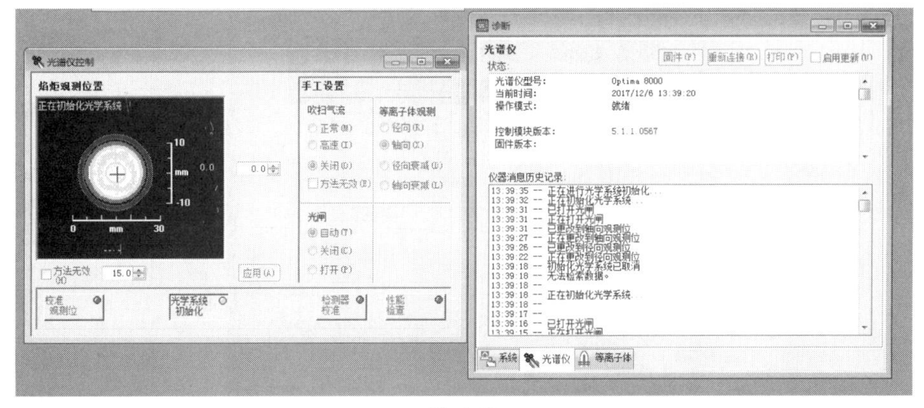

图 4-37

7. 保存实验信息

初始化完成后，打开上浮视窗的 ，如图 4-38 所示，单击“打开”，对要保存的数据进行保存，如图 4-39 所示。保存完毕后，可以开始做实验了。

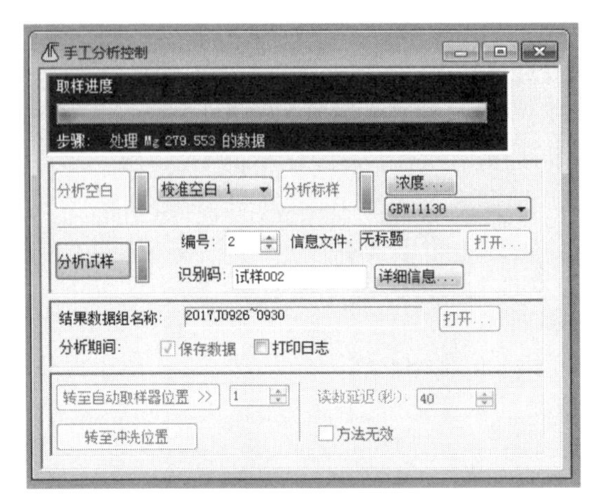

图 4-38

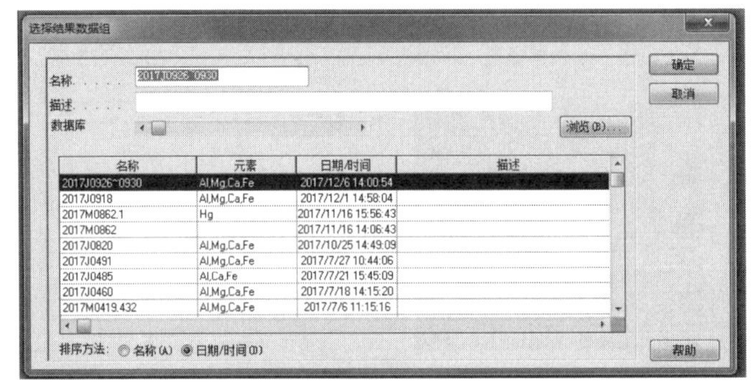

图 4-39

8. 开始实验

首先测定标准空白，其次是标准溶液，最后是试样。如图 4-40 所示，空白分析，单击“分析空白”，标样分析单击“分析标样”，最后是分析试样，单击“分析试样”。

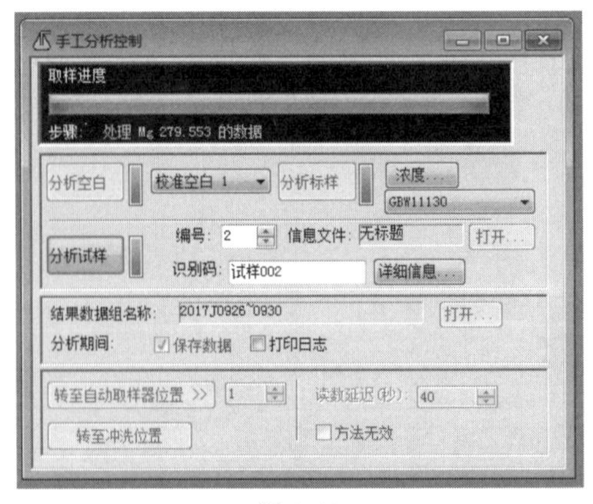

图 4-40

在分析过程中将以下几个视窗打开：光谱 结果 校准 检查，以便于观测标准曲线的情况、每个元素的光谱情况以及结果显示，如图 4-41 所示。

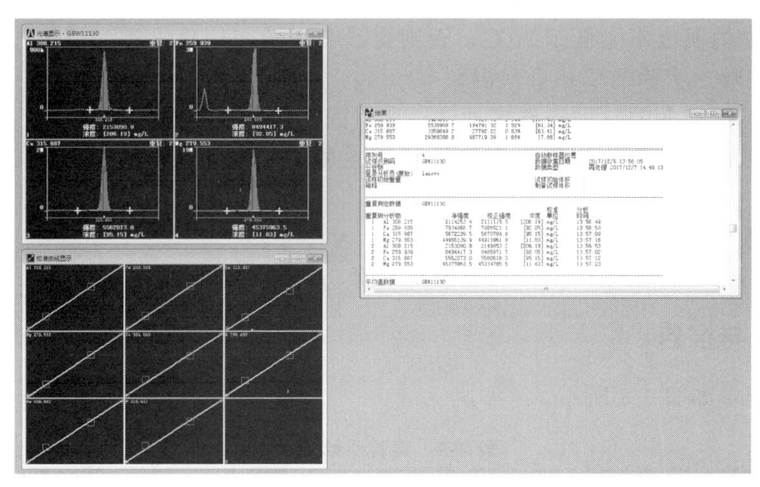

图 4-41

9. 关机

所有实验完毕后要对仪器进行冲洗，首先采用 2％的硝酸进样 2～5min，之后换成去离子水进样 2～5min。然后进入关机程序，首先关闭等离子体。

待等离子体熄灭后，如图 4-42 所示，在“等离子体控制”视窗单击“泵”开关，目的是排出雾化器、泵管内的剩余液体，关闭“泵”开关。打开“文件”，退出系统，这时会跳出如图 4-43 所示的视窗，单击“确定”。

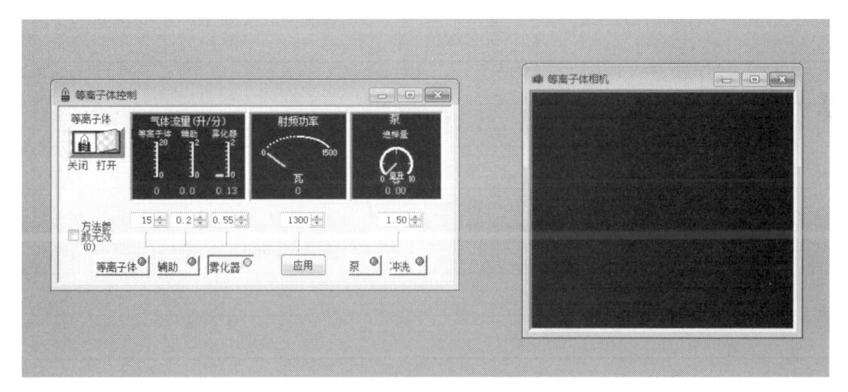

图 4-42

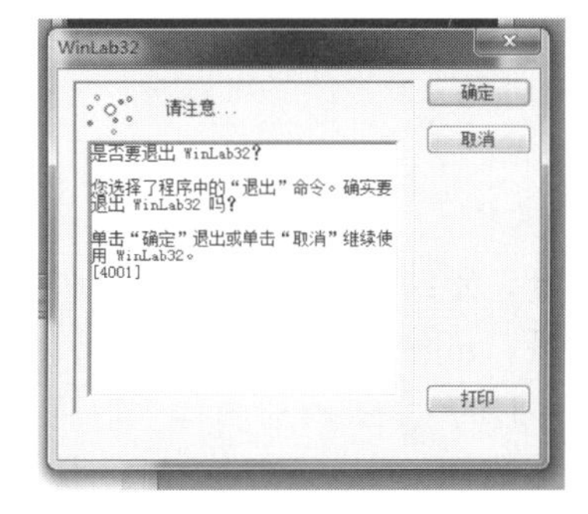

图 4-43

六、注意事项

① 氩气气罐在每次实验前要及时检查气量是否够，不够要及时更换。

② 实验时室内温度不能低于20℃，否则会影响光学初始化进程，温度过低或者过高都会造成初始化失败，实验前要检查室温。

③ 每次做标准空白的时候需要多冲洗一段时间，以保证不被污染。

④ 标准溶液的储存需要放置在四氟乙烯带盖瓶子中，并且放置于冰箱中，存放期限3个月。

⑤ 开机以及关机程序不可倒置。

⑥ 定期对等离子体室做清扫，以及更换泵管。

七、数据记录与报告

实验数据记录如表4-3所示。

表4-3 实验原始记录

试验编号		称量质量/g		日期	
氧化物	含量 C_1-C_0/(mg/L)	系数 f_1	稀释倍数 f_2	体积 V/L	结果 X/%
Al_2O_3		1.8895			
Fe_2O_3		1.4298			
CaO		1.3992			
K_2O		1.2047			
Na_2O		1.3479			
MgO		1.6581			
P_2O_5		2.2914			
TiO_2		1.6681			
BaO		1.1165			
MnO_2		1.5825			
SrO		1.1826			
室温/℃			湿度/%		
备注					
使用设备					

八、结果计算

结果计算参考式(4-1)。

$$X=\frac{(C_1-C_0)Vf_1f_2}{10000m} \tag{4-1}$$

式中 X——待测金属氧化物含量，%；

C_1-C_0——仪器测得元素的含量，mg/L；

V——上机测试试样体积，L；

f_1——元素对应氧化物的系数；

f_2——浓度过高时的稀释倍数；

m——试样称量质量，g。

九、精密度

等离子体发射光谱仪是一部高精度的分析设备，对于分析含量 10^{-6} 级及以上的实验对象，其 RSD 均小于 5%。

十、思考题

1. 采用 ICP-AES 较传统化学分析的优缺点。
2. 在对试样做分析前需要注意些什么？
3. 等离子体光源有何优点？

十一、知识拓展

1. ICP-AES 是实验精密度较高的现代分析设备，在冶金行业应用广泛。其特性是能够较好地分析 0.1×10^{-6} 级及以上的元素，高的可以到百分含量。其观测视窗有两个：轴向以及径向，对于分析实验低含量的元素可以使用轴向观测窗，反之则可以使用径向。径向的光强度要比轴向的低一个数量级。

2. ICP 的优越性不表现在常量分析上，因此对于煤灰中含量较高的金属氧化物比如铁、钙，当其含量超过 20 的时候还是建议采用化学分析。

MT/T 1014—2006 标准中没有硅和硫两个元素的 ICP 测定方法，分析这两个元素可采用 GB/T 1574—2007《煤灰成分分析方法》中推荐的方法，也可采用 XRF 法测定。电力标准 DL/T 1037—2016《煤灰成分分析方法》与 GB/T 1574—2007《煤灰成分分析方法》类似。

3. 微波灰化在 Milestone 公司的 ETHOS ONE 微波消解仪上进行，煤样灰化的主要步骤如下：

① 将煤按照国标要求在 815℃下灼烧至灰分恒定；

② 称取煤灰 0.1g 至微波消解仪罐中；

③ 加入硝酸 3mL，高氯酸 2mL，氢氟酸 3mL；

④ 在微波消解仪中设置温度控制为 100℃20min、180℃40min 进行消解；

⑤ 消解罐泄压后置于电热板上，赶酸，温度为 180℃，至冒白烟，白烟冒尽后，加入 5mol/L 的盐酸溶液溶解盐类，准备定容备用。

（昆明煤炭科学研究所有限公司　朱慧颖执笔）

实验十八　煤灰熔融性的测定（参考 GB/T 219—2008）

一、实验目的

掌握角锥法测定煤灰熔融性的操作方法，了解煤灰熔融特性，能正确观察和确定煤灰熔融的特征温度。

二、实验原理

将煤灰制成一定尺寸的角锥，在一定气氛的高温炉内以一定升温速度加热，观察并记录四个特征温度，特征温度时灰锥变化如图 4-44 所示。

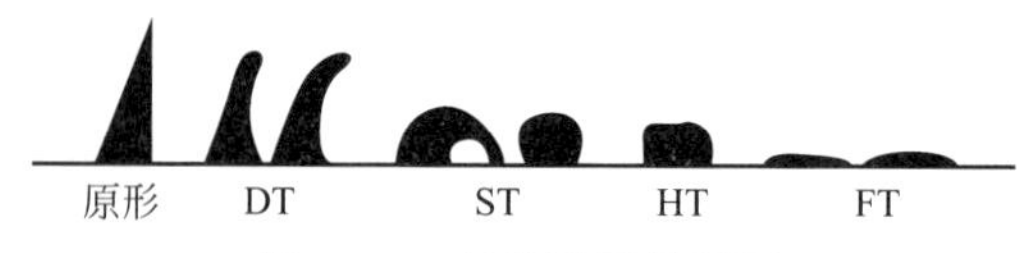

图 4-44　灰锥熔融特征图

1. 变形温度 DT

灰锥尖端开始变圆或弯曲时的温度。对于高熔融温度的煤灰样主要是以锥体尖端或棱角变圆为判断特征。锥体倾斜但其尖端未变圆或未明显弯曲，则不能视作 DT。

2. 软化温度 ST

当锥体弯曲至锥尖触及托板，或灰锥变成球形，或高度≤底长的半球形时的温度。当灰锥高度≤底长时，如果样体棱角分明，则不能视为 ST，只有棱角消失并变为球形或半球形时的温度才是真正的 ST。

3. 半球温度 HT

灰锥变形至近似半球形，即高约等于底长的一半时的温度。

4. 流动温度 FT

灰锥完全熔融成为液体或展开成厚度＜1.5mm 的薄层时的温度。有的试样在高温下挥发以致明显缩小到接近消失，但并非“展开”状态，则不应视为 FT。

煤灰熔融性和煤灰黏度是动力用煤和气化用煤的重要指标，也是判断结渣性的主要参数之一。煤灰是由多种矿物质构成的复杂混合物，这种混合物并没有一个特定的熔点，而只有一个熔化温度的范围。煤灰各种组分在一定温度下还会形成一种共熔体，这种共熔体在熔化转态时有熔解煤灰中其他高熔点物质的性能，从而改变熔体的成分及其熔化温度。煤灰熔融性是表征煤灰在一定条件下随加热温度而变化的变形、软化、呈半球和流动特征的物理状态。

煤灰熔融性对锅炉燃烧有重要影响，在一般的固态排渣锅炉和气化炉中，结渣是一个严重的问题，会给锅炉燃烧带来困难，影响正常运行。煤灰熔融性的测定具有现实的意义。

煤灰熔融性的测定方法有角锥法、热显微镜法和熔融曲线法等，本实验依据的标准方法为 GB/T 219—2008《煤灰熔融性的测定方法》中的角锥法。

三、仪器设备和试剂

1. 灰熔点测定炉

河南鹤壁智胜科技有限公司 ZRC2000 智能灰熔融性测定仪，如图 4-45～图 4-47 所示。测定灰熔点用的高温炉应符合下列四个条件：

图 4-45　灰熔融性测定仪全图

① 炉中心的恒温带须大于 60mm，且其各部位温差≤5℃。

② 能按照规定的升温速度加热到 1500℃以上。

③ 能控制炉内的气氛为弱还原性或氧化性。

④ 能随时清晰地观察到试样受热过程中的变化情况。

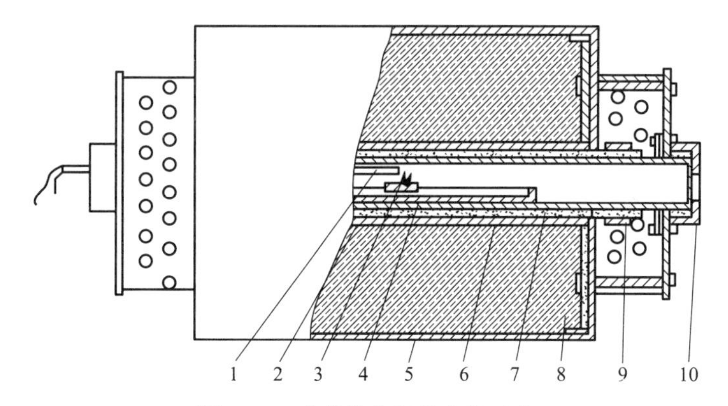

图 4-46 硅碳管高温炉内部示意

1—热电偶；2—硅碳管；3—灰锥；4—刚玉舟；5—炉壳；6—刚玉外套管；7—刚玉内套管；8—泡沫氧化铝保温砖；9—电极片；10—观察孔

图 4-47 管式高温炉外形

2. 灰锥模

如图 4-48～图 4-50 所示，由对称的两个半块组成，可用黄铜或不锈钢制作。

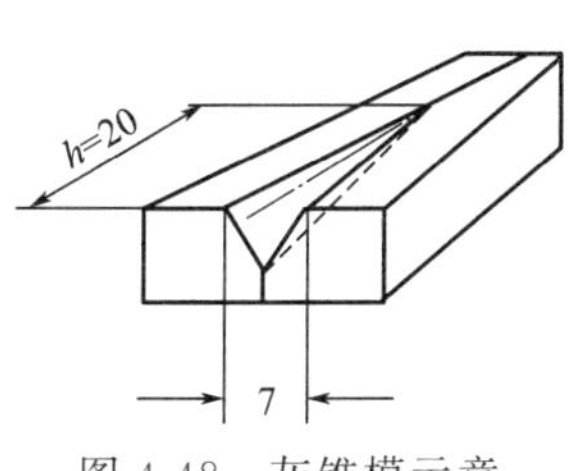

图 4-48 灰锥模示意

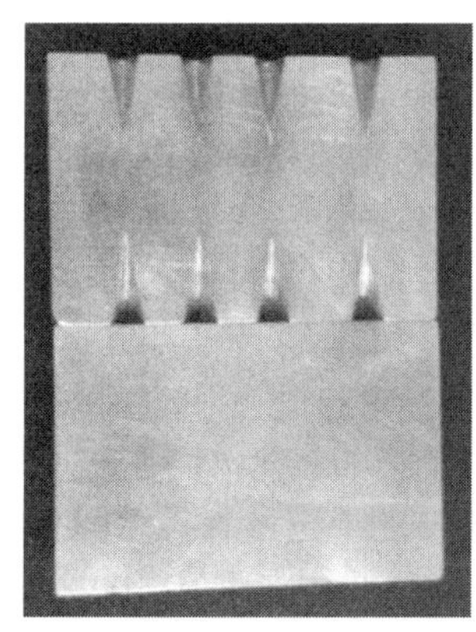

图 4-49 黄铜灰锥模具（侧面）

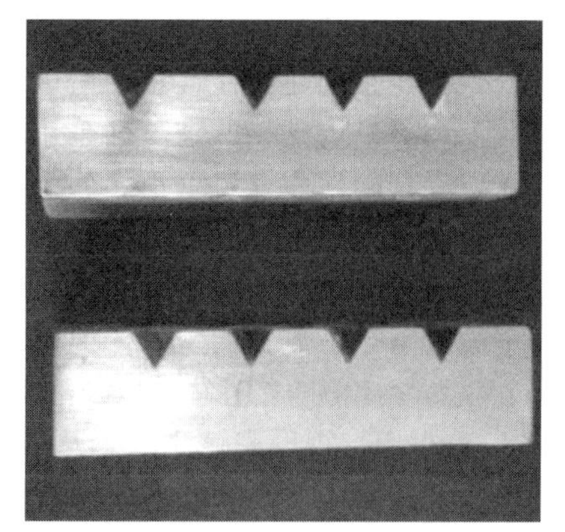

图 4-50 黄铜灰锥模具（正面）

3. 灰锥托板

如图 4-51、图 4-52 所示，用氧化铝制成或用镁砂制成。

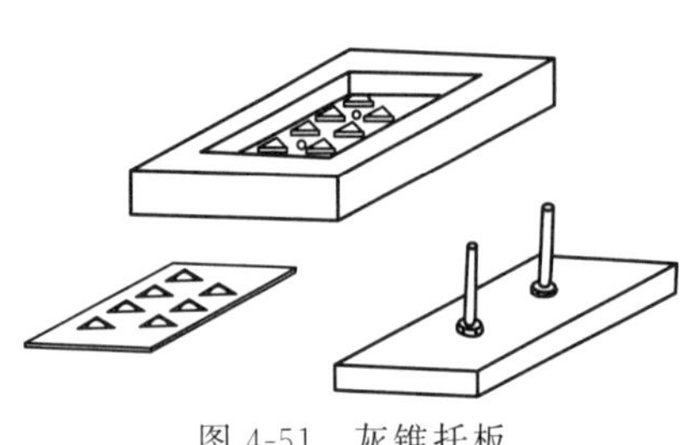

图 4-51 灰锥托板

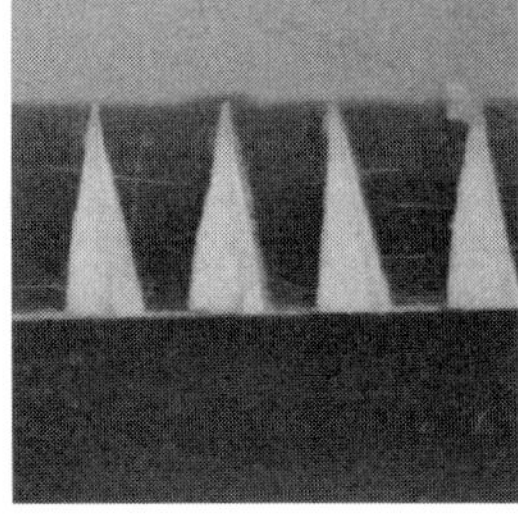

图 4-52 灰锥托板及灰锥

4. 刚玉舟

四、实验准备

1. 灰锥制备

将粒度小于 0.2mm 的空气干燥煤样放入大灰皿中，移入箱形电炉 815℃下完全灰化。将所得煤灰用玛瑙研钵研细至 0.1mm 以下。取 1～2g 煤灰放在瓷板或玻璃板上，用数滴糊精溶液润湿并调成可塑状，然后用小尖刀铲入灰锥模中挤压成型。用小尖刀将模内灰锥小心地推至瓷板或玻璃板上，于空气中风干或于 60℃下干燥备用。注意，制成的灰锥形状不得歪斜，尤其是不能缺失棱角的尖端。

2. 实验气氛

（1）弱还原性气氛　本仪器的高温炉膛有两种，即气密的刚玉管和气疏的刚玉管（通常仪器配套的是气疏的刚玉管），其弱还原性气氛的控制方法分别是：

① 气密刚玉管：于炉膛中央放置石墨（粒度≤0.2mm，灰分≤15%）5～6g，或通入 50%±10%氢气和 50%±10%CO_2 的混合气体，通气速度≥100mL/min。

② 气疏刚玉管：于炉膛中央放置石墨（粒度≤0.2mm，灰分≤15%）15～20g，石墨两侧放置无烟煤（粒度≤0.5mm，灰分≤15%）30～40g。

封入的含碳物质除石墨、无烟煤外，也可是木炭、焦炭、石油焦等。它们的粒度、数量和放置部位视具体情况而定。

（2）氧化性气氛　炉内不放任何含碳物质，并使炉内空气自由流通。

在实际的测试工作中大多采用弱还原性气氛，因为在工业锅炉的燃烧或气化室中形成的气氛主要是弱还原性气氛，所以煤灰熔融性测定也应在与之相似的弱还原性气氛中进行。

（3）炉内气氛鉴定　当采用封入含碳物质的办法来产生弱还原性气氛时，需用下列方法之一来判断炉内气氛（本实验采用标准物质测定法）。

① 标准物质测定法：选取含三氧化二铁 20%～30%的煤灰熔融性标准物质，制成灰锥并测定其熔融的特征温度（ST、HT 和 FT）。如其实际测定值与弱还原性气氛中下的标准值相差不超过 40℃，则证明炉内气氛为弱还原性；如超过 40℃，则根据它们与强还原性或氧化性下气氛的参比值的接近程度以及刚玉舟中碳物质的氧化情况来判断炉内气氛，并加以调整。

② 用一根气密性刚玉管从炉子高温带以一定的速度（以不改变炉内气体组成为准，一般为 6～7mL/min）取出气体并进行成分分析。如果在 1000～1300℃范围内，还原性气体（一氧化碳、氢气和甲烷）的体积分数为 10%～70%，同时在 1100℃以下它们的总体积和二氧化碳的体积比不大于 1∶1，氧含量低于 0.5%，则炉内气氛为弱还原性。

五、实验步骤

① 将带有灰锥的托板置于刚玉舟凹槽上。打开高温炉炉盖，将刚玉舟徐徐推入炉内高温带，并使灰锥紧邻热电偶的热端约 2mm 处，注意热电偶热端不能触及炉壁。

② 关上炉盖，打开计算机电源，打开灰熔融性控制箱电源，在电脑上打开“ZRC2000 智能灰熔点测定仪”程序，屏幕出现主程序画面。

③ 用鼠标单击“开始升温”按钮，仪器进入工作状态，开始加热。在 900℃以前升温速度为 15～20℃/min，900℃以后升温速度为（5±1）℃/min。

④ 当炉温升至 1500℃后，系统将自动结束测试。

a. 在测试完成后，可通过用鼠标单击图像重放按钮来观看测试过程图像。如果用鼠标单击最右侧小箭头按钮则是按温度来前进，单击进程条则是快放。当挑出合适的图像后，判定形态特征，得出判定温度。

通过“位 1”“位 2”“位 3”“位 4”键可确定实验对应的实验编号。

b. 实验结束程序自动保存数据，需要调取图像进入计算机 D 盘，按实验日期编码即可找到当天对应图像，如果当天有多次实验则以最后一位数字区分。

⑤ 炉子冷却后，取出刚玉舟，仔细检查托板表面，如发现试样与托板共熔，则应另换一种托板重新进行实验。

六、实验记录和结果处理

① 记录四个熔融特征温度——DT、ST、HT、FT，计算重复测定值的平均值并修约到 10℃报出（见表 4-4）。

② 记录实验气氛性质及其控制方法。

③ 记录托板材料及实验后的表面状况。

④ 记录实验过程中产生的烧结、收缩、膨胀和鼓包等现象及其相应温度。

表 4-4　煤灰熔融性测定原始记录

<table>
<tr><td colspan="2">实验编号</td><td colspan="2"></td><td colspan="2"></td></tr>
<tr><td colspan="2">样品名称</td><td colspan="4">□原煤　□焦炭　□褐煤　□无烟煤　□其他</td></tr>
<tr><td colspan="2">测定次数</td><td>1</td><td>2</td><td>1</td><td>2</td></tr>
<tr><td rowspan="3">DT/℃</td><td>显示温度</td><td></td><td></td><td></td><td></td></tr>
<tr><td>修约温度</td><td></td><td></td><td></td><td></td></tr>
<tr><td>平均值</td><td colspan="2"></td><td colspan="2"></td></tr>
<tr><td rowspan="3">ST/℃</td><td>显示温度</td><td></td><td></td><td></td><td></td></tr>
<tr><td>修约温度</td><td></td><td></td><td></td><td></td></tr>
<tr><td>平均值</td><td colspan="2"></td><td colspan="2"></td></tr>
<tr><td rowspan="3">HT/℃</td><td>显示温度</td><td></td><td></td><td></td><td></td></tr>
<tr><td>修约温度</td><td></td><td></td><td></td><td></td></tr>
<tr><td>平均值</td><td colspan="2"></td><td colspan="2"></td></tr>
<tr><td rowspan="3">FT/℃</td><td>显示温度</td><td></td><td></td><td></td><td></td></tr>
<tr><td>修约温度</td><td></td><td></td><td></td><td></td></tr>
<tr><td>平均值</td><td colspan="2"></td><td colspan="2"></td></tr>
</table>

续表

灰化记录	灰色		
	灰皿号		
	第一次称量/g		
	第二次称量/g		
执行标准		□GB/T 219—2008 煤灰熔融性的测定方法 □GB/T 30726—2014 固体生物质燃料灰熔融性测定方法	
使用天平号			
使用仪器号			
环境条件		温度　　℃　　湿度%	
备注			

测定者：　　　　　审核者：　　　　　日期：　　年　　月　　日

七、精密度

精密度见表 4-5。

表 4-5　煤灰熔融性精密度表　　单位：℃

灰熔融特征温度	精密度	
	重复性限	再现性临界差
DT	≤60	
ST	≤40	≤80
HT	≤40	≤80
FT	≤40	≤80

八、注意事项

1. 炉内气氛

实验炉内气氛是影响煤灰熔融温度的主要因素，这是因为煤灰中含有的铁在不同气氛中将会以不同价态出现，在氧化介质中是三价铁（Fe_2O_3），在弱还原介质中是二价铁（FeO），在强还原介质中则转变为金属铁（Fe），三者的熔点以 FeO 最低，Fe_2O_3 最高。

2. 温度特征判定

变形温度：①对某些高熔融温度煤灰出现锥尖微弯或在较低温度下微弯，然后又变直，再变弯的现象，此时不应判为 DT；②锥体倾斜但锥尖为变圆或为弯曲，不应判为 DT；③锥体整个缩小但锥尖为变圆或弯曲不应判为 DT。

软化温度：①在高度等于底长的情况下，应注意样块是否成球形。若此时样块棱角分明，则不应把此时温度记为 ST；②有时由于锥体向后倾斜而倒在托板上，使得从正面看去见到一个等边三角形，此时不可算做 ST。

流动温度：①判定 FT 时，应以试样在托板上展开为主要依据，有些煤灰缩小到接近消失，但不是展开成厚度小于 1.5mm 状态，此种情况不应记为 FT；②当可看到试样上表面处有一条亮线时，试样已熔化成液体，应判为 FT；③试样展开成厚度小于 1.5mm 的层，但表面有明显的起伏或冒泡现象，试样已熔化成液体，应判为 FT。

3. 灰锥托板的选用

在实验中煤灰会和酸、碱性相反的托板作用，而造成测定的误差。因此在实验中应根据煤灰选择不同材质的托板，碱性灰应选择氧化镁制的托板，酸性灰应选择氧化铝制的托板。

九、思考题

1. 煤灰熔融性测定的实验气氛有几种？如何控制？
2. 发散思考煤灰成分与煤灰熔融性之间有什么联系。
3. 煤灰熔融性在工业生产中有何用途？
4. 影响煤灰熔融性测定结果的因素有哪些？

十、知识扩展

［1］ 白亚亚，盛婕，刘燕萍，等. SDAF2000 灰熔融性测试影响因素分析及处理［J］. 石油化工应用，2018，37（2）：142-145.

［2］ 江宁川，杨佳，王振国，等. 灰熔融性测定仪计量校准方法探讨［J］. 计测技术，2015，3：67-69.

（云南省煤炭产品质量检验站　何智斌执笔）

实验十九　煤灰黏度测定（旋转法）（参考 GB/T 31424—2015）

一、实验目的

1. 学习和掌握煤灰黏度的测定原理和方法、步骤，了解高温黏度计的基本构造。

2. 熔渣的流动性质是决定液态排渣气化炉长周期稳定运行的关键因素，而熔渣的黏温特性是高温下定量描述煤灰流动性质的最重要参数，也是决定液态排渣气化炉操作温度的重要依据。

二、实验原理

将煤灰在高温电炉中预熔得到的渣样加入坩埚中，再将坩埚置于高温旋转黏度计炉体内部，待温度达到设定的最高温度后，将转子浸于熔体中，采用降温测定方法，测定转子持续旋转形成的扭矩，由于扭矩与黏性拖拉形成的阻力成比例，因此与黏度也成比例，从而得到高温下样品的黏度值。

三、实验仪器

美国 THETA 公司 RV DV-Ⅲ型高温旋转黏度仪，图 4-53 是高温旋转黏度仪示意图。

仪器主要由高温炉、黏度计和控制器三部分组成，高温炉由 6 根 U 形硅钼棒作为加热元件，通过热电偶对炉子的温度进行测量，采用了真空保护管设计，实验可在氧化性、还原性和惰性气氛等不同气氛下进行。

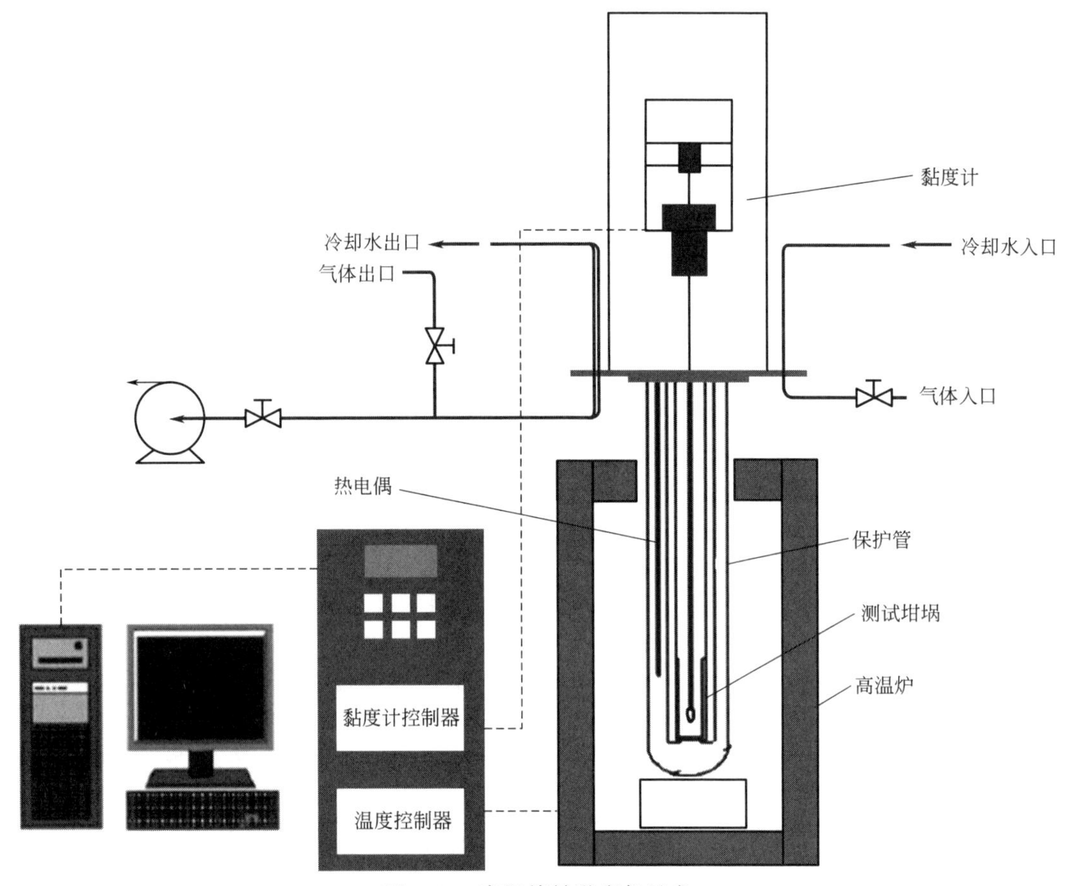

图 4-53　高温旋转黏度仪示意

四、试剂和材料

（1）转子　直径 12mm，刚玉材质。

（2）测试坩埚　氧化铝坩埚，高 100mm，外径 35mm，壁厚 3mm。

五、制样仪器设备

（1）马弗炉　见 GB/T 212 的规定。

（2）高温电炉　最高温度 1650℃。

（3）预熔坩埚　氧化铝坩埚，高 120mm，外径 70mm，壁厚 4mm。

六、准备工作

1. 灰样的制备

① 称取煤样平铺于灰皿中，使其每平方厘米不超过 0.15g。

② 将灰皿放入温度不超过 100℃的马弗炉中，在炉门留有 15mm 左右的缝隙自然通风，30min 缓慢升至 500℃，在此温度保持 30min 后，升至（815±10)℃。然后关上炉门，在此温度下灼烧 2h，取出冷却后，研磨全部通过 0.1mm 标准筛，再于（815±10)℃下灼烧 1h，灼烧后的灰样放入真空干燥器冷却保存。

③ 将制好的灰样再次灼烧，在马弗炉中按照上述步骤进行，确保样品灰化完全，质量

恒定。

2. 灰渣预熔

① 把 90g 左右烧制好的煤灰放入预熔坩埚里。

② 预熔样品的恒温点以及最高温度和样品具体的情况有关系，例如煤灰流动温度在 1200℃左右，可在 1200℃左右恒温 20min，然后再加热到最高温度，最高温度一般设置为高于流动温度 200℃左右，在最高温度处恒温 20min。

③ 待降温后，取出预熔坩埚并砸碎，把没有和刚玉直接接触的灰渣样品放入测试坩埚，灰渣样品高温下熔融后一定要把转子的大头全部泡在里面，一般取 50g 灰渣样品即可。

3. 装样

① 先用扳手卸下真空顶盖，然后把测试头升起来（装卸真空盖的时候测试头都需要在最底部的位置），卸下刚玉转轴，换上新转子。

② 把装好样品的测试坩埚放在黏度计支架上，小心地套上刚玉保护管，轻轻地把固定保护管的螺钉旋上，把测试头放到炉膛中，固定好盖子的螺钉。

4. 设置测试程序

① 双击桌面上的 DilaSoft for Windows 图标打开软件，在软件中选 Change 设置原始数据文件名，如图 4-54 所示。

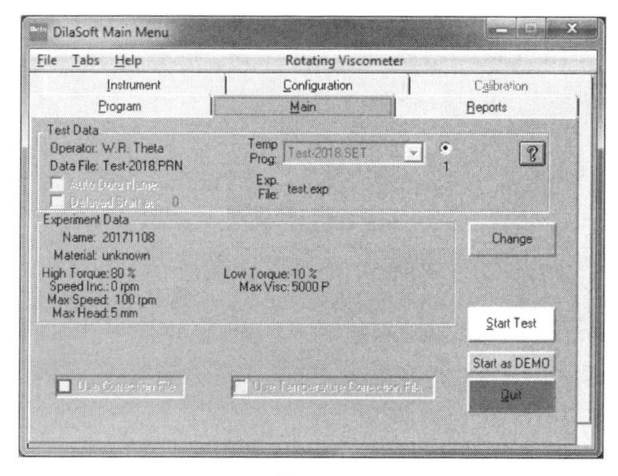

图 4-54

② 在软件中选 Program>Open 打开一个已有的温度程序，如图 4-55 所示。

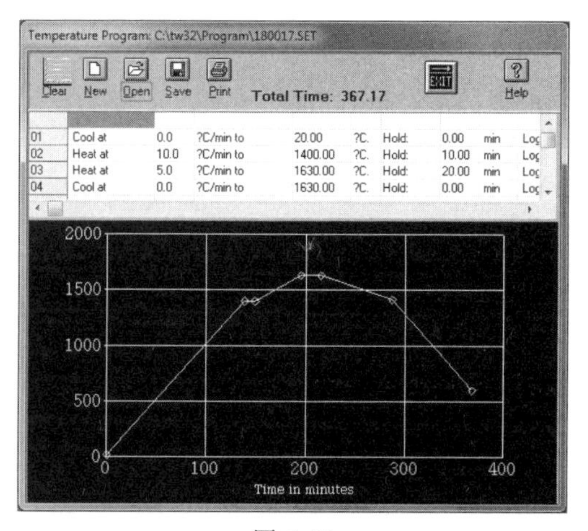

图 4-55

③ 双击温度程序进入程序修改页面，这里以一个温度程序举例说明，第一段通过手动模式预加热到20℃不恒温，待程序进入第二段后手动切换到自动模式，如图4-56所示。

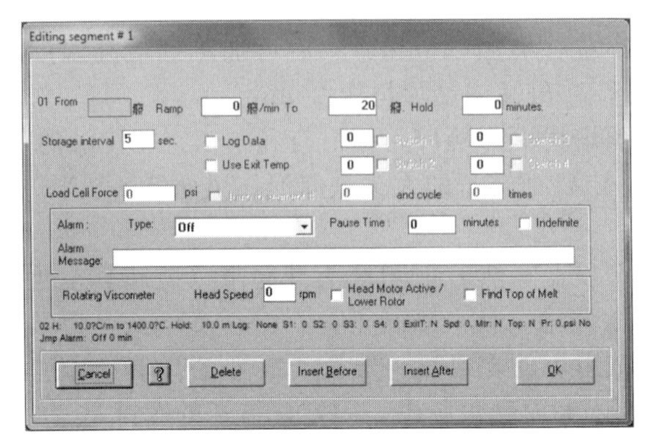

图 4-56

④ 第二段以10℃/min升温到1400℃恒温20min，如图4-57所示。

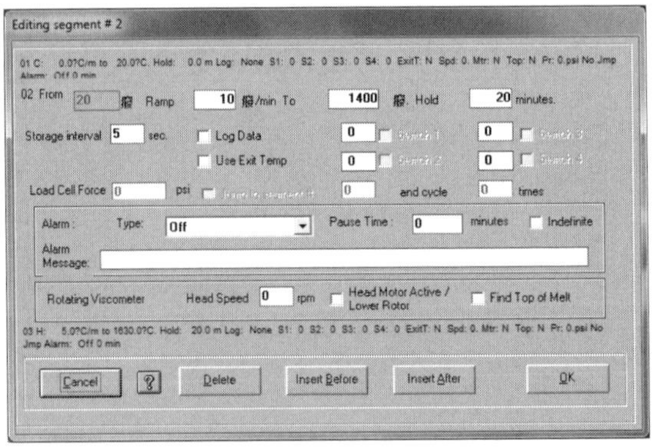

图 4-57

⑤ 第三段以5℃/min升温到1630℃恒温20min，如图4-58所示。

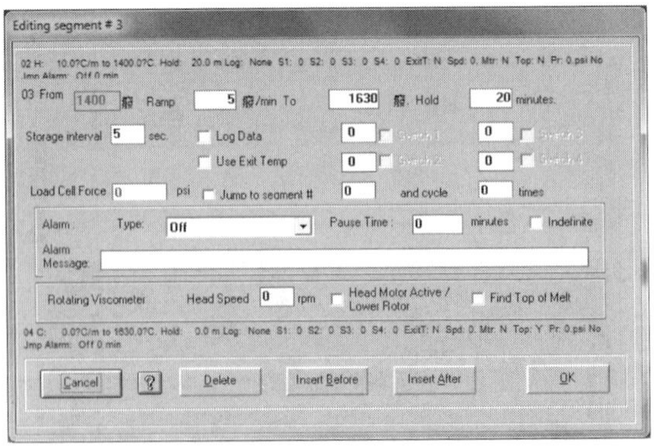

图 4-58

⑥ 第四段待第三段程序恒温结束后找液面，可在Head Speed（转速）中设定一个较小的值，选择Find Top of Melt（找液面），如图4-59所示。

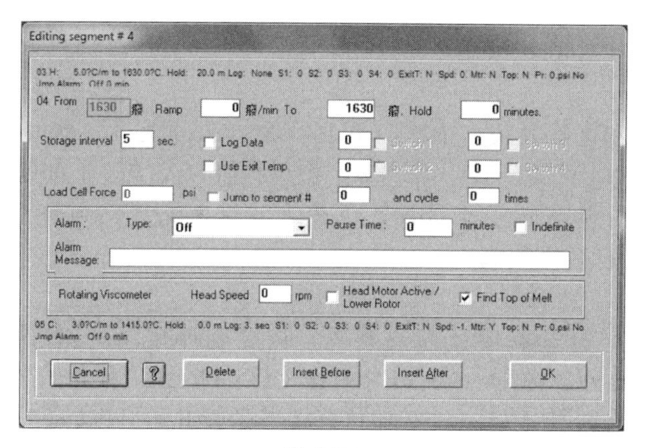

图 4-59

⑦ 第五段开始测试，以 1℃/min 降温到 1300℃，如图 4-60 所示，Head Speed（转速）设定值为−1，选择 Log Data（记录数据），选择 Head Motor Active/Lower Rotor（马达活动/降下转子）。

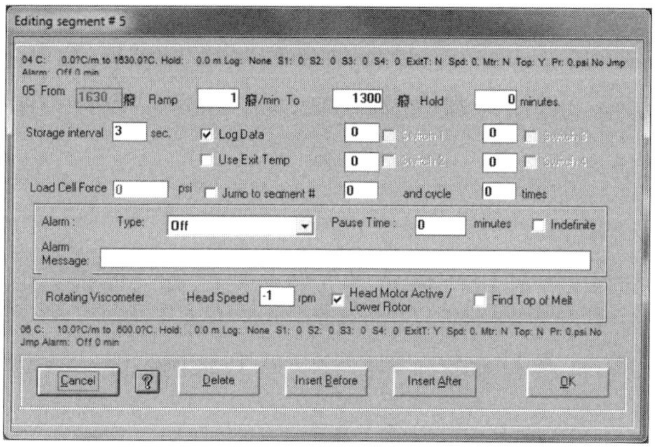

图 4-60

⑧ 第六段降温并结束程序，以 10℃/min 降温到 600℃，选择 Use Exit Temp（退出程序），如图 4-61 所示。

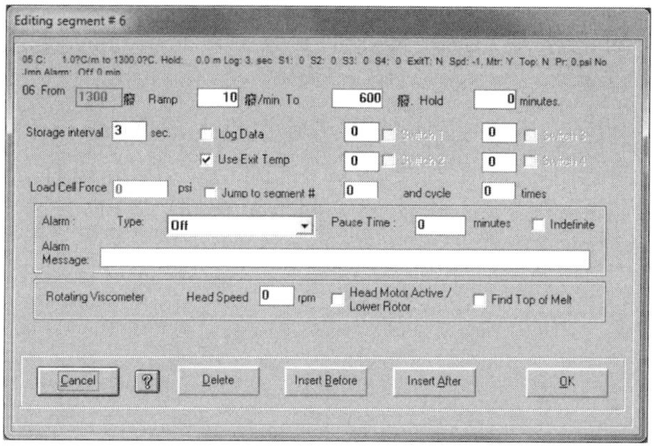

图 4-61

七、实验步骤

1. 抽真空及充气

① 关闭排气开关和进气开关，依次打开真空泵电源开关、气体开关，抽气10min左右后关闭真空泵气体开关，再关闭真空泵电源，把保护管以及盖子上的螺钉旋紧。

② 打开进气开关，调节转子流量计，以较大的流速充气，到真空表显示为0的时候，再过2min左右，然后打开排气阀。

2. 开始实验

① 打开电源开关，打开黏度计控制开关，待黏度计显示：EXTERNAL CONTROL，STANDALONE，选择外部控制（EXTERNAL CONTROL）操作。

② 确认通入气体及冷却水后，打开加热开关，炉膛开始升温，并在软件上点开始测试，待达到预加热设置的温度时，手动切换到自动模式，计算机自动控制加热升温程序。

③ 当加热到最高温度，系统开始恒温，待恒温开始10min时，可以把转子缓慢放入液面中，放入位置请参考深度尺上的刻度，恒温结束，当系统提示“降下转子”时，按OK键确认操作，黏度计开始测试并实时显示黏度及温度值。

3. 结束实验

① 测试完毕以后，按系统提示升起转子，进入降温程序，开始降温，待程序结束后，可关闭加热开关。

② 待温度接近室温后，关闭冷却水及气体开关，关闭黏度计控制开关及电源开关，导出数据并关闭计算机。

八、注意事项

① 严格遵守实验室制度，使用易燃易爆气体，要配备气体报警器，并在通风橱中完成实验。

② 实验过程中需要有人全程看管仪器，注意冷却水的流量、气体流量以及温度变化的情况。

③ 实验过程中，如遇突发情况黏度计停止测试，应该立刻把温控仪自动模式切换到手动模式，调整一个合适的输出功率控制降温速率，防止高温下快速降温损坏仪器。

④ 还原性气氛下，固定转子用钼丝；氧化性气氛下，固定转子用铂丝。

九、标定

黏度机校正过程与测定过程大致一样，主要区别就是测试时候由计算机控制，自动化高，而校正过程需要单机操作。

① 转轴和转子参数设置。同时按住黏度测量主机上的MOTOR ON/OFF/ESCAPE和9键，然后打开黏度控制器开关。在黏度测量主机的显示屏出现有显示后松开按键。进入Set up程序，按黏度测量主机的ENTER进入设定程序。

显示PRINT PARAM RAM？按3/NO键。

显示SPECIAL SPINDLE？按1/YES键。

```
显示 SPECIAL SPINDLE # 1
        NAME  = AA
        SMC   =
        SRC   =
```

现在黏度测量主机已经准备好接受新的转轴/转子的 SMC 和 SRC 的参数，五个转轴对应的名称：1/AA，2/BB，3/CC，4/DD，5/EE。

对于 12mm 直径的转子，SMC 参数的范围在 58～74，比如可以设定 5 个 SMC 值为 56，58，60，62，64。所有的 SRC 的参数常设定在 0.25。

在 SMC＝后按数字键输入数值，按 ENTER；在 SRC＝后输入数值，按 ENTER。

按 ENTER 依次输入 SPINDLE 1～5 的 SMC 和 SRC 的参数，SMC 的参数是依次递增。

显示 SAVE NEW SPINDLES? 按 1/YES 键确认。

关闭黏度控制器的开关。

② 用干净的刚玉坩埚装约 50g 717a 标准玻璃，按测定过程开始升温，待达到设定最高温度（通常设置为 1420℃）并恒温 20min 后，把温控仪自动模式切换到手动模式，关闭软件及黏度控制器开关。

③ 重新打开黏度控制器的开关，选择单机操作，按黏度测量主机的 MOTOR ON/OFF/ESCAPE 键对黏度计扭矩进行自动调零，待自动调零完成，按任意键进入操作界面。

④ 向坩埚中缓慢降低转子使其完全浸入到液体中，待温度恒定后，按 SELECT SPDL 键，显示 SPINDLE 99，然后再次按 SELECT SPDL 键，显示 SPECIAL SPINDLES 1AA　2BB　3CC　4DD　5EE，按 1 键选择 SPINDLE 1，黏度计显示屏右上角可以看见 AA 字样，按 MOTOR ON/OFF 键转动马达，显示屏显示出扭矩值的百分值，通过直接输入数字缓慢增加马达的转速，直到显示扭矩 80%～90%为止。

⑤ 按 SELECT DISP 键切换到黏度值显示界面以后，待黏度值显示稳定后，记录黏度值，这个黏度值就是 1AA 转子所对应的黏度，通过按 SELECT SPDL 键，显示 SPINDLE 99 后再按 SELECT SPDL 键，选择 2～5 依次改变转轴号，记录不同的转轴号下显示的黏度值。

⑥ 依照公式 $\lg V=-2.5602+4852.2/(t-192.462)$（$V$ 为黏度值，单位 Pa·s；t 为温度值，单位℃）计算目前温度下的黏度值。

⑦ 记录下的 5 个黏度值与⑥中计算得到的黏度值相比较，如果其正负误差小于 1%，则相应的转子号就是找到的 SMC 值，重新按两次 SELECT SPDL 键，选择找到的转子号，以后测试实验中就不需要修改了。

⑧ 如果 5 个黏度值都不一致，这时应该升起转子，重新设定 SMC 的参数，直到设定好的 SMC 参数的转轴号测量出黏度值与标准黏度一致时，校准结束，停止转子的转动，提起转子到液面以上。

⑨ 找到 SMC 值以后，如果想测试标准玻璃的黏温曲线，目前是温控仪手动控温状态，重新打开黏度计主机选择外部控制，重新打开软件，重新设置一个测量程序，开始实验。

⑩ 将测试数据与 717a 标准玻璃证书上的数据对比，如果在标准规定的范围内则视为合格。

十、结果

测试完成后，双击 Data Analysis 进入数据分析软件，选 File>Open Data File 查看原始数据，如图 4-62 所示。

选 Plots>Viscosity vs. Temperature 查看黏温曲线图，如图 4-63 所示。

可将原始数据导出，以温度为横坐标，黏度值为纵坐标，作黏度-温度曲线，根据曲线判断渣型，对于结晶型渣，可作曲线的两条切线，读出切线交点对应的温度值，即为临界黏度温度。

Data Analysis - Rotating viscometer - [A180002]

File Edit Plots Data Options Window Help

	A(Y) Time	B(Y) Viscosity Poise	C(Y) Temperature	D(Y) RTD	E(Y) Torque %	F(Y) Speed rpm	G(Y) Shear Stress dyne/cm^2	H(Y) Shear Rate 1/sec	I(Y) Setpoint	J(Y) Log Viscosity Poise	K(Y) Calc.Temp. Deg C	L(Y) Abs.Temp. Deg C	M(Y) Temp.Dev. Deg C	N(Y) Force
1	"10:19:13.000"	0	-1.9	0	0	0	0	0	20.00	0	-1.90	-1.90	0	0
2	"10:19:18.000"	0	-1.3	0	0	0	0	0	20.00	0	-1.27	-1.27	0	0
3	"10:19:18.000"	0	-1.3	0	0	0	0	0	20.00	0	-1.27	-1.27	0	0
4	"10:19:24.000"	0	-2.0	0	0	0	0	0	21.17	0	-2.90	-2.80	0	0
5	"10:19:29.000"	0	-2.7	0	0	0	0	0	21.67	0	-2.70	-2.70	0	0
6	"10:19:35.000"	0	-1.2	0	0	0	0	0	22.67	0	-1.20	-1.20	0	0
7	"10:19:40.000"	0	-2.1	0	0	0	0	0	23.83	0	-2.10	-2.10	0	0
8	"10:19:46.000"	0	-0.7	0	0	0	0	0	24.83	0	-0.70	-0.70	0	0
9	"10:19:52.000"	0	-0.2	0	0	0	0	0	25.50	0	-0.20	-0.20	0	0
10	"10:19:58.000"	0	0.3	0	0	0	0	0	26.67	0	0.30	0.30	0	0
11	"10:20:04.000"	0	0.7	0	0	0	0	0	27.67	0	0.70	0.70	0	0
12	"10:20:10.000"	0	2.0	0	0	0	0	0	28.50	0	2.00	2.00	0	0
13	"10:20:15.000"	0	2.4	0	0	0	0	0	29.50	0	2.40	2.40	0	0
14	"10:20:21.000"	0	1.8	0	0	0	0	0	30.50	0	1.80	1.80	0	0
15	"10:20:27.000"	0	2.3	0	0	0	0	0	31.50	0	2.30	2.30	0	0
16	"10:20:33.000"	0	2.1	0	0	0	0	0	32.33	0	2.10	2.10	0	0
17	"10:20:39.000"	0	1.4	0	0	0	0	0	33.50	0	1.40	1.40	0	0
	20:45.000"	0	1.7	0	0	0	0	0	34.50	0	1.70	1.70	0	0
	20:50.000"	0	1.2	0	0	0	0	0	35.33	0	1.20	1.20	0	0
	20:56.000"	0	1.2	0	0	0	0	0	36.33	0	1.20	1.20	0	0
	21:02.000"	0	0.4	0	0	0	0	0	37.33	0	0.40	0.40	0	0
	21:08.000"	0	0.3	0	0	0	0	0	38.33	0	0.30	0.30	0	0
	21:14.000"	0	1.2	0	0	0	0	0	39.33	0	1.20	1.20	0	0
	21:21.000"	0	0.4	0	0	0	0	0	40.67	0	0.40	0.40	0	0
	21:27.000"	0	-0.3	0	0	0	0	0	41.33	0	-0.30	-0.30	0	0
	21:33.000"	0	-0.1	0	0	0	0	0	42.67	0	-0.10	-0.10	0	0
	21:39.000"	0	0.1	0	0	0	0	0	43.33	0	0.10	0.10	0	0
	21:45.000"	0	0.3	0	0	0	0	0	44.50	0	0.30	0.30	0	0
	21:51.000"	0	-0.4	0	0	0	0	0	45.50	0	-0.40	-0.40	0	0
30	"10:21:57.000"	0	-0.3	0	0	0	0	0	46.50	0	-0.30	-0.30	0	0
31	"10:22:03.000"	0	0.2	0	0	0	0	0	47.50	0	0.20	0.20	0	0
32	"10:22:08.000"	0	0.4	0	0	0	0	0	48.33	0	0.40	0.40	0	0
33	"10:22:14.000"	0	-1.0	0	0	0	0	0	49.50	0	-1.00	-1.00	0	0
34	"10:22:20.000"	0	-1.1	0	0	0	0	0	50.33	0	-1.10	-1.10	0	0
35	"10:22:26.000"	0	0.7	0	0	0	0	0	51.33	0	0.70	0.70	0	0
36	"10:22:32.000"	0	-0.5	0	0	0	0	0	52.33	0	-0.50	-0.50	0	0
37	"10:22:38.000"	0	-0.1	0	0	0	0	0	53.17	0	-0.10	-0.10	0	0
38	"10:22:44.000"	0	-1.1	0	0	0	0	0	54.50	0	-1.10	-1.10	0	0
39	"10:22:50.000"	0	0.1	0	0	0	0	0	55.50	0	0.10	0.10	0	0
40	"10:22:56.000"	0	-0.6	0	0	0	0	0	56.50	0	-0.60	-0.60	0	0
41	"10:23:03.000"	0	-0.1	0	0	0	0	0	57.33	0	-0.10	-0.10	0	0
42	"10:23:09.000"	0	0.1	0	0	0	0	0	58.50	0	0.10	0.10	0	0
43	"10:23:15.000"	0	-0.2	0	0	0	0	0	59.33	0	-0.20	-0.20	0	0
44	"10:23:21.000"	0	-1.2	0	0	0	0	0	60.50	0	-1.20	-1.20	0	0
45	"10:23:26.000"	0	0.1	0	0	0	0	0	61.50	0	0.10	0.10	0	0
46	"10:23:32.000"	0	0.5	0	0	0	0	0	62.33	0	0.50	0.50	0	0
47	"10:23:38.000"	0	-0.4	0	0	0	0	0	63.17	0	-0.40	-0.40	0	0
48	"10:23:44.000"	0	0.6	0	0	0	0	0	64.17	0	0.60	0.60	0	0
49	"10:23:50.000"	0	0.4	0	0	0	0	0	65.33	0	0.40	0.40	0	0
50	"10:23:56.000"	0	0.5	0	0	0	0	0	66.33	0	0.50	0.50	0	0

Tools

10:43 AM 6/4/2018

图 4-62

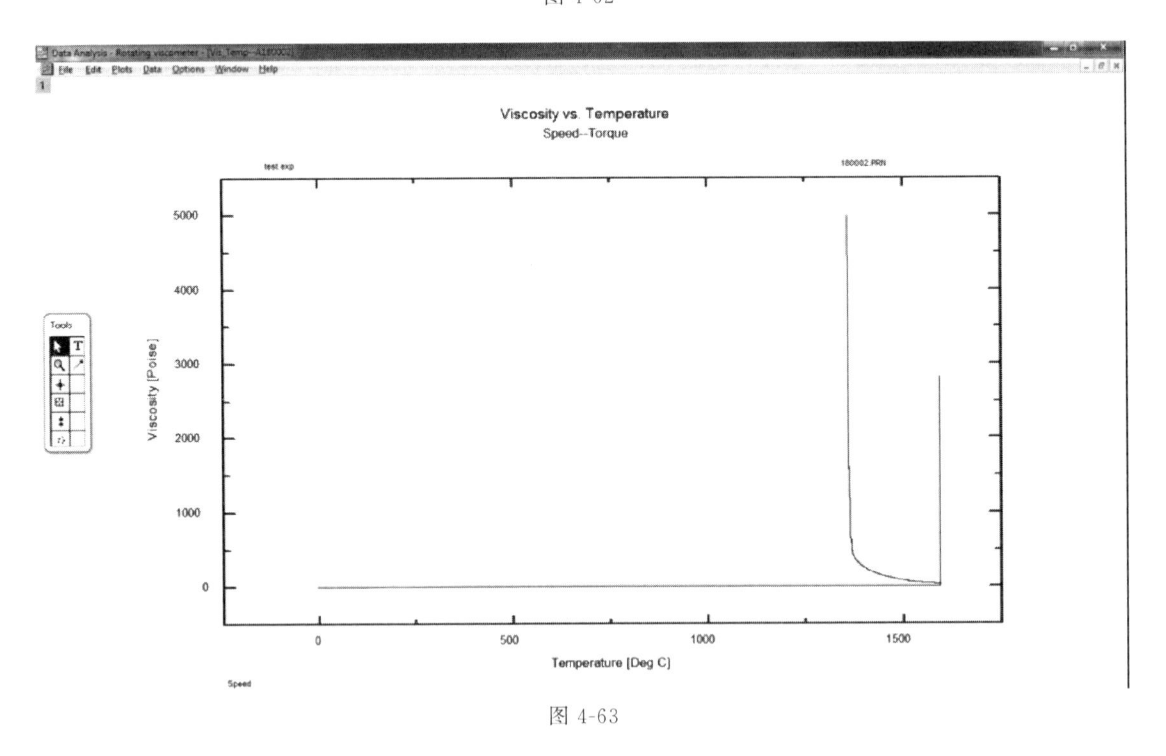

图 4-63

十一、精密度

煤灰黏度的精密度如表 4-6 规定。

表 4-6　煤灰黏度测定结果的重复性限

黏度范围	重复性限
≥临界黏度	20%
<临界黏度	10%

十二、报告

煤灰黏度的实验报告如表4-7。

表4-7　煤灰黏度试验报告

样品名称		样品编号	
依据标准		样品来源	
实验气氛		检测者	
黏度-温度曲线			
T_2		T_5	
T_{10}		T_{25}	
T_{40}		T_{CV}	
渣型			
备注			

注：T_2、T_5、T_{10}、T_{25}、T_{40}、T_{CV} 表示黏度值分别为2Pa·s、5Pa·s、10Pa·s、25Pa·s、40Pa·s及临界黏度对应的温度值。

十三、思考题

1. 影响煤灰黏度测定结果的主要因素是什么？
2. 测定煤灰黏度的意义是什么？

十四、知识扩展

① 我国煤灰黏度一般在5～25Pa·s范围，熔渣式固定床气化炉，一般将渣黏度控制在小于5Pa·s，而熔渣式气流床气化炉渣黏度应控制在小于25Pa·s，对于水冷壁结构气化炉，为了保证挂渣黏度还应控制在大于2.5Pa·s。

② 煤灰黏度的大小主要取决于煤中矿物组成及组成间的相互作用。煤灰成分中，影响黏度的主要组成是二氧化硅、氧化铝、氧化铁、氧化钙以及氧化镁。通常 SiO_2 和 Al_2O_3 含量的增加能提高灰黏度，而 Fe_2O_3、CaO 和 MgO 含量的增加能降低灰的黏度；Fe_2O_3 对熔渣黏度的影响与 $Fe^{2+}/(Fe^{3+}+Fe^{2+})$ 密切相关，其他条件相同时，该比值越高，熔渣黏度越小。这是由于 Fe^{2+} 为网络结构的修饰体，起到破坏熔渣网络结构的作用，降低了熔渣中的固相含量。

灰渣的流动性不仅取决于它的化学成分，也取决于它的矿物质组成，化学成分相同但矿物组成不同的灰渣，完全可能有不同的流动性。

③ 用灰成分来预测其流动性的方法，比较成熟和广泛应用的是当量二氧化硅百分率和碱酸比法，其基本出发点是：在真液状态下，当量二氧化硅百分率或碱酸比相同的灰渣，具有相同的流动性。这两个参数的定义如式(4-2)～式(4-4)：

$$\text{当量}\ SiO_2=\frac{SiO_2}{SiO_2+CaO+MgO+(Fe_2O_3+1.11FeO+1.43Fe)} \tag{4-2}$$

$$\text{当量}\ Fe_2O_3=Fe_2O_3+1.11FeO+1.43Fe \tag{4-3}$$

$$碱酸比=\frac{Fe_2O_3+CaO+MgO+K_2O+Na_2O}{SiO_2+Al_2O_3+TiO_2} \tag{4-4}$$

以上三公式中各化学式代表该成分在煤灰中的质量分数。

④ FeO 和 Fe 都比 Fe_2O_3 熔点低，是更强的助熔剂，在一般的还原性气氛中，主要以 FeO 状态存在；在氧化性气氛中，则呈 Fe_2O_3 状态；在强还原性气氛下，以单质铁形式析出，使熔渣中固相含量迅速增加，黏度升高并发生结晶，导致气化炉渣口堵渣。因此，提出当量氧化铁指标，用以表达煤灰及灰渣中铁的氧化程度。

⑤ 煤灰熔融性在一定程度上可以粗略地判断煤灰的流动性。一般熔融特征温度高的煤灰，其流动性就差。但熔融特征温度接近的煤灰，不一定具有相同的流动性。

李文，白进. 煤的灰化学 [M]. 北京：科学出版社，2013.

（中国科学院山西煤炭化学研究所　李怀柱　白宗庆执笔）

实验二十　煤中氟的测定
（参考 GB/T 4633—2014）

一、实验目的

1. 了解煤中氟的测定方法测定的意义。
2. 学习和掌握煤中氟测定的方法、原理及测定范围。

二、实验原理

煤样在氧气和水蒸气混合气流中燃烧和水解，煤中氟全部转化为挥发性氟化物（SiF_4 及 HF）并定量地溶于水中。以氟离子选择性电极为指示电极，饱和甘汞电极为参比电极，用标准加入法测定样品溶液中氟离子浓度，计算出煤中总氟量。

本实验依据的检测方法为 GB/T 4633—2014《煤中氟的测定方法》，本标准规定了用高温燃烧水解-氟离子选择性电极法测定煤中总氟量的方法，适用于褐煤、烟煤、无烟煤和石煤中氟的测定。

氟是有害元素之一，燃烧时氟几乎全部转化为挥发性化合物排放到大气中，然后固定在土壤或流入水中。生长在高氟土壤中的植物会通过根部吸收氟化物，人或牲畜则会因食用高氟食物或饮用高氟水而中毒。我国煤氟含量一般在 50～300μg/g 之间，少数矿区则高达 3000μg/g。氟是一种化学性质十分活泼的元素，它不和其他元素或化合物生成有色络合物或沉淀，很难用一般的化学分析方法测定煤中的氟含量。常用的测定煤中氟含量的方法有半熔法、氧弹燃烧法、高温燃烧水解法等。选用高温燃烧水解-氟离子选择性电极法测定煤中总氟量具有灵敏度高、重现性好、干扰少等优点。

三、实验设备与材料

1. 仪器设备

设备外形如图 4-64 所示，为江苏江分电分析仪器有限公司生产的 FCL-100 型煤中氟氯测定仪。

（1）高温燃烧-水解装置　如图 4-65 所示。

① 单节高温炉：常用温度 1100℃，有 80～100mm 长的恒温区（1100±5)℃，附自动温度控制器。

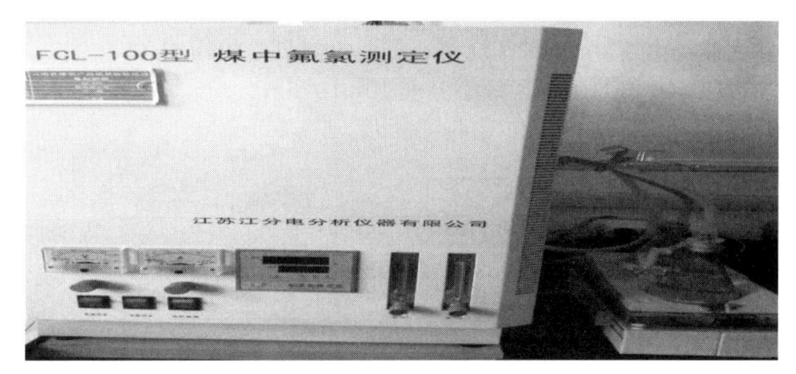

图 4-64　FCL-100 型煤中氟氯测定仪

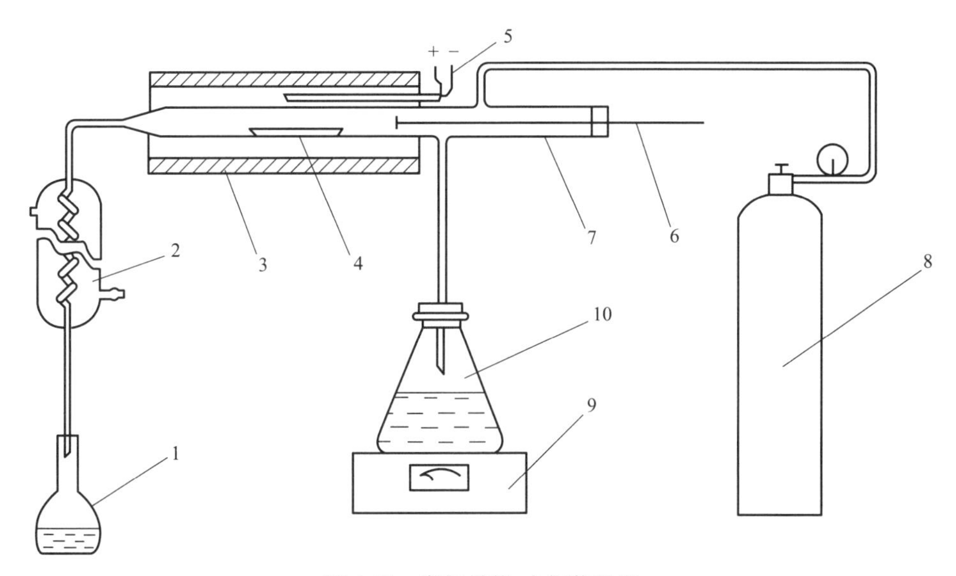

图 4-65　高温燃烧-水解装置图

1—容量瓶；2—冷凝管；3—高温炉；4—瓷舟；5—铂铑-铂热电偶；6—进样推棒；7—燃烧管；8—氧气钢瓶；9—调温电炉；10—平底磨口烧瓶

② 燃烧管：透明石英管，能耐温 1300℃，规格尺寸见图 4-66。

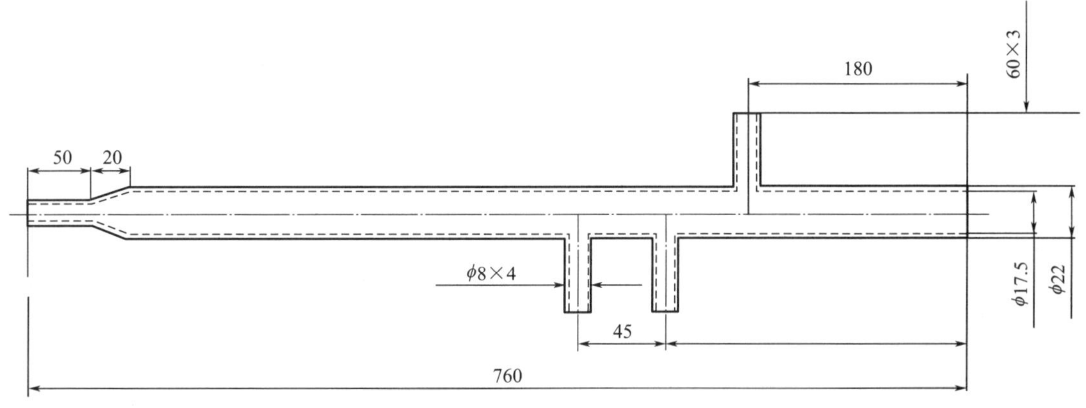

图 4-66　燃烧管（单位：mm）

③ 球形冷凝管。

④ 水蒸气发生器：由500mL平底烧瓶和可调压圆盘电炉构成。

⑤ 流量计：量程1000mL/min，最小分度10mL/min。

(2) 测量电位仪器　如图4-67和图4-68所示。

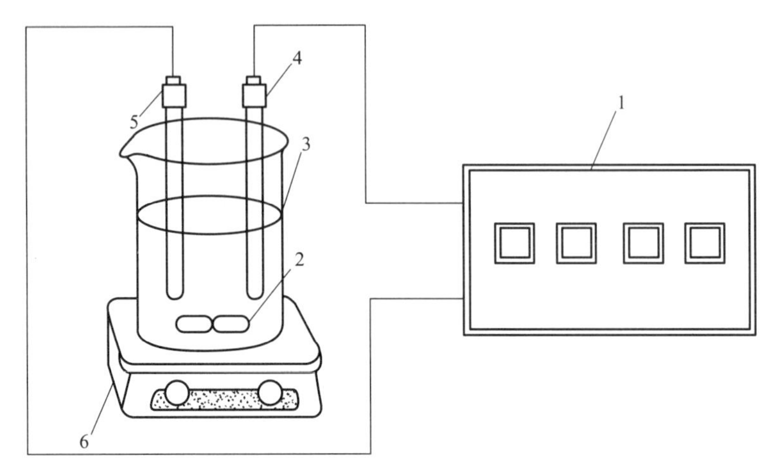

图4-67　测量电位装置示意图

1—数字式离子计/毫伏计；2—搅拌子；3—烧杯；4—饱和甘汞电极；5—氟离子选择电极；6—电磁搅拌器

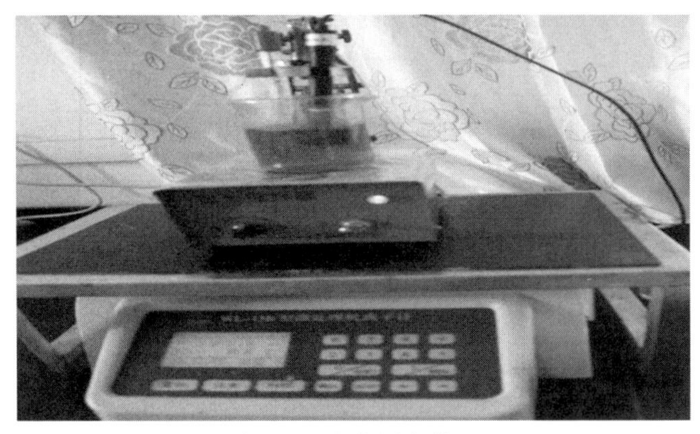

图4-68　电位测定装置

① 电磁搅拌器：连续可调。

② 氟离子选择性电极：如图4-69，测量线性范围10^{-1}～10^{-5}mol/L。

③ 饱和甘汞电极，如图4-70所示。

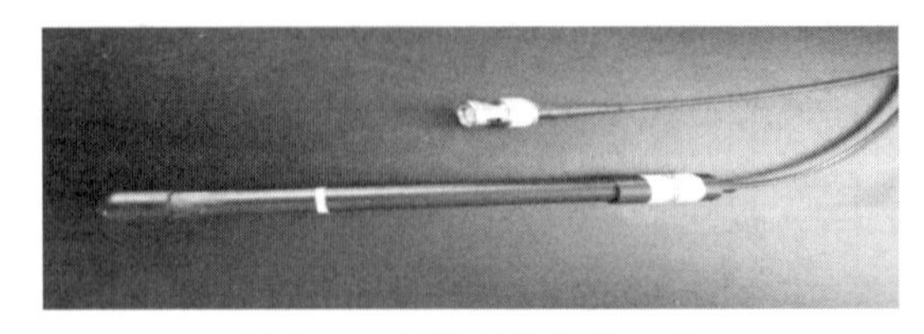

图4-69　氟离子选择性电极

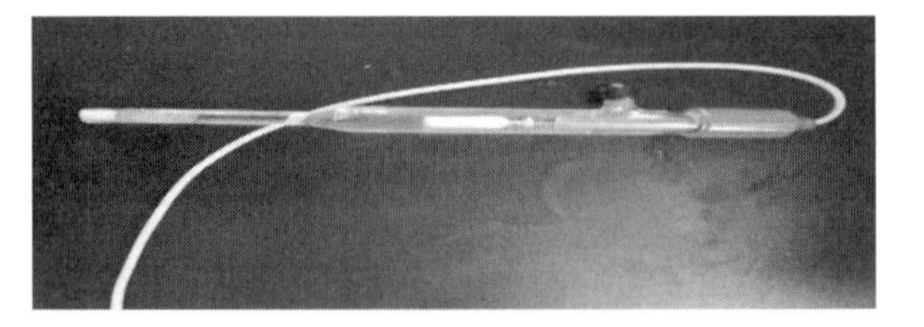

图4-70　饱和甘汞电极

④ 数字式离子计：输入阻抗大于1011Ω，精度0.1mV，也可用性能相同的数字式毫伏

计代替，如图 4-71。

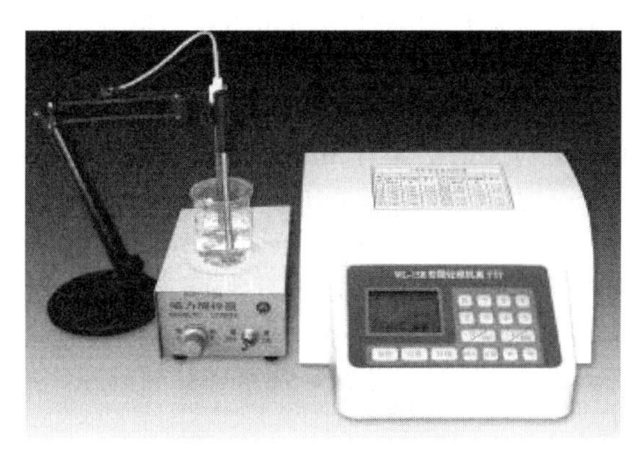

图 4-71　数字式离子计

2. 实验材料

（1）器皿、容器　本方法所用的器皿、容器原则上应是塑料制品。

（2）燃烧舟　瓷质，长 77mm，高 8mm，上宽 12mm。

（3）分析天平　感量 0.1mg。

（4）水　本方法使用的水均为电阻率大于 3MΩ/cm 的去离子水。

（5）石英砂　化学纯，粒度 0.5～1mm。

（6）氢氧化钠溶液　10g/L。将 1g 优级纯氢氧化钠溶于 100mL 水中。

（7）硝酸溶液　1+5($V+V$)。将 20mL 优级纯硝酸加入 100mL 水中混匀。

（8）溴甲酚绿指示剂　1g/L 乙醇溶液。将 0.1g 溴甲酚绿指示剂溶于 100mL 乙醇中。

（9）氟标准储备溶液　称取预先在 120℃ 干燥约 2h 的优级氟化钠 2.2101g 于烧杯中，加水溶解，用水洗入 1000mL 容量瓶中并稀释到刻度，摇匀，储于塑料瓶中备用。此溶液 1mL 含氟 1000μg，作为储备液。

（10）氟标准工作溶液　用储备溶液分别配制 1mL 含氟 100μg、250μg 和 500μg 的工作溶液，储于塑料瓶中备用。

（11）总离子强度调节缓冲溶液　称取 294g 化学纯柠檬酸三钠（$Na_3C_6H_5O_7 \cdot 2H_2O$）（HG 3-1298）和 20g 化学纯硝酸钾溶于约 800mL 水中，用硝酸溶液调节 pH 为 6.0，再用水稀释到 1L。储于塑料瓶中备用。

（12）氧气　纯度 99%以上。

四、准备工作

按图 4-65 所示，装配好全套仪器装置，连接电路、气路、水路各个系统。将单节高温炉升温到 1100℃，往烧瓶内加入约 300mL 水并加热至沸腾。冷凝管通入冷水，塞紧进样推棒橡皮塞，调节氧气流量为 400mL/min，检查不漏气后，通水蒸气和氧气 15min。此项操作每天只需进行一次。

五、实验步骤

1. 待测溶液的制备

① 称取（0.5±0.0002)g 一般分析实验煤样和 0.5g 石英砂放在燃烧舟里混合，再用适量石英砂铺盖在上面。

② 将 100mL 容量瓶放在冷凝管下端接收冷凝液。取下进样推棒，把燃烧舟放入管内，插入进样推棒，塞紧橡皮塞。将瓷舟前端推到预先测好的低温区（约 300℃），为了防止煤样爆燃，此后在 15min 内分三段把燃烧舟推到恒温区。拔出进样推棒以免熔化。燃烧舟在恒温区继续停留 15min。在整个操作过程中，调节烧瓶内水的蒸发量，以控制收集的冷凝液体积。前 15min，每分钟收集约 3mL，后 15min，每分钟收集约 2.5mL。最后总体积应控制在 85mL 以内。

③ 燃烧-水解完成后，把水蒸气发生器的电压调到“零”位置。移走容量瓶，停止通氧气。取下进样推棒，用带钩的镍铬丝取出燃烧舟。

④ 往盛有冷凝液的容量瓶中加 3 滴溴甲酚绿指示剂，用氢氧化钠溶液中和到指示剂刚变蓝色。加入 10mL 总离子强度调节缓冲溶液，用水稀释到刻度，摇匀。放置半小时后按下述第 2、3 条规定测量电位。

2. 测量电位

① 按图 4-67 连接好仪器装置，开动搅拌器，更换烧杯中水数次，直至毫伏计显示的电位达到氟电极的空白电位。

② 氟电极实际斜率测定。由于氟电极实际斜率往往偏离理论值（59.2），因此应定期测试氟电极的实际斜率。校正斜率方法如下：

在 5 个用水冲洗过的 100mL 容量瓶中，分别加入含氟（F^-）为 100μg/mL 标准溶液 1mL、3mL、5mL、7mL、10mL，加入 3 滴溴甲酚绿指示剂，10mL 总离子强度调节缓冲溶液，用水稀释到刻度，摇匀，斜率校正记录如表 4-8 所示。

表 4-8　校正斜率方法

序号	加入标准氟溶液/mL	加入标准氟/μg	校正到 100mL 混合氟量/μg	响应电位/mV
1	0	100	100	E_1
2	2	300	294	E_2
3	2	500	481	E_3
4	2	700	660	E_4
5	3	1000	917	E_5

将溶液倒入 100mL 烧杯中，插入氟电极及甘汞电极，用电位测量仪测量电位。测量每个标准溶液时，电极插入深度、搅拌速度等要求一致。

以各种浓度溶液的响应电位（mV）为纵坐标，相应的浓度对数为横坐标，在单对数坐标纸上作图。曲线上 $\lg C=0$ 和 $\lg C=1$ 两点所对应的响应电位之差求出该电极的实际斜率。

3. 样品溶液电位测量

将制备好的样品溶液移入 100mL 烧杯中，放入搅拌子，插入氟电极和甘汞电极（插入深度及搅拌速度应和测量电极实际斜率时一样），开动搅拌器，待电位稳定后记录下响应电位 E_1，立即加入 1.00mL 氟标准溶液，待电位稳定后记录下响应电位 E_2。

六、实验结果

1. 煤中氟的含量 F_{ad}

按式(4-5) 计算，测定结果修约到个位。

$$F_{ad}=\frac{C_s}{\operatorname{antilg}\frac{\Delta E}{S}-1}\times\frac{1}{m} \tag{4-5}$$

式中 F_{ad}——干燥空气中含氟量，μg/g；

S——氟电极的实测斜率；

ΔE——E_1-E_2，mV；

C_s——氟标准溶液的浓度，μg/mL；

m——煤样质量，g。

2. 结果表述

每个试样做两次重复测定，按 GB/T 483 规定的数据修约规则，用测得的电位差计算出相应的氟含量，修约至整数位，测定结果取两次测定的平均值换算成干燥基，结果保留整数位报出。原始记录可参考表 4-9。

表 4-9 煤中氟测定原始记录

实验编号				
样品名称/种类	☐原煤 ☐浮煤 ☐焦炭 ☐褐煤 ☐矿石 ☐其他			
序号				
样品质量 m/g				
斜率 S				
E_1/mV				
E_2/mV				
$E(=E_1-E_2)$/mV				
C_s/μg				
$F_{ad}=\dfrac{C_s}{\text{antilg}\dfrac{\Delta E}{S}-1}\times\dfrac{1}{m}$				
平均值 F_{ad}/(μg/g)				
F_d/(μg/g)				
M_{ad}/%				
执行标准	☐GB/T 4633—2014 煤中氟的测定方法			
使用天平号				
使用仪器号				
环境条件	温度 ℃ 湿度 %			
备注				

测定者： 审核者： 日期： 年 月 日

3. 方法的精密度

高温燃烧水解-氟离子选择性电极法测定煤中氟的重复性限和再现性临界差如表 4-10 规定。

表 4-10 煤中氟测定的重复性和再现性

氟含量范围 F_{ad}/(μg/g)	重复性限(以 F_{ad} 表示)	再现性临界差(以 F_d 表示)
150	15μg/g(绝对)	20μg/g(绝对)
<150	10%(相对)	15%(相对)

七、注意事项

① 电极斜率的确定：一定温度下，选择性电极的斜率是常数。如果电极连续使用，不

必每天都测定。如果电极干放时间超过一星期，再使用时就应测定。当电极实际斜率低于55时，则应将电极抛光一次，或更换新的电极。

② 加入的标准氟量的确定：加入的标准氟量（CS. VS）应控制在试液中氟量（CX. VX）1～4倍为宜，在实际操作中可根据 E_1 的数值选择加入标准溶液的浓度，控制 ΔE 在 20～40mV。

③ 分解样品前要先通水蒸气15min。实验过程中发现，如果分解样品前不先通水蒸气15min以上，第一个样品分析结果会偏低。原因是：由于冷凝管系统未经冷凝水湿润，容易吸附 SiF_4 化合物，从而造成结果偏低。

④ 加入总离子强度调节缓冲溶液的作用：TISAB是用柠檬酸三钠、硝酸钾配制的，用硝酸中和到pH=6。作用有：a. 柠檬酸根与进入试液的铝、铁、硅等生成络合物，保障氟以 F^- 形态存在于溶液中；b. 加入TISAB可以控制溶液的酸度（pH=6），减少测量电位的误差；c. 大量 K^+ 存在，可以使标准溶液和样品溶液的总离子强度一致。

⑤ 使用甘汞电极应注意：a. 甘汞电极有温度滞后现象；一般在70℃以下的电解液中工作，电位比较稳定，稳定波动越小，电位值越稳定。b. 甘汞电极是一种非极化电极，只有在接近零电流条件下进行测量才不会偏离平衡电位。因此测量电位使用的毫伏表应是高阻抗的。c. 甘汞电极与待测溶液接触时应防止试液中某些物质与甘汞或KCl溶液起反应，直接影响甘汞电极的电位，使用过程中通过增高甘汞电极内渗液的液面（一般要求高出试液液面2cm）来防止内扩散。d. 不用甘汞电极时，应在甘汞电极的加液口和液接口套上无硫橡胶帽。e. 使用甘汞电极前应将电极内所有空气排出，否则会引起测量回路断路或读数不稳。f. 常用的多孔陶瓷液接口甘汞电极，其渗漏速度为每小时6滴左右。

⑥ 离子选择性电极分析对离子计的要求：a. 由于离子选择性电极分析方法是在接近零电流条件下进行测量，为了防止有较大电流经过测量系统，造成明显的电极极化，离子计的内阻应大于1011Ω。b. 为了保证测量精度，离子计的最小分度不能过大，一般要求读到0.1mV。

八、思考题

1. 测定煤中氟时，煤样为什么要与石英砂搅拌均匀？
2. 测定煤中氟时，对石英砂的粒度有什么要求？
3. 测定样品前为什么要通气15min？

九、知识扩展

现有仪器方法难以直接测定其中的氟和氯元素含量，需要将煤消解成为溶液进行检测。目前常用的煤消解方法有熔融法（如艾士卡法）、溶解法、水解法、微波消解法和卡修斯法(Carius)、燃烧法，其中燃烧法包括高温燃烧水解法和氧弹燃烧法。氟和氯具有挥发性，因此采用燃烧法进行前处理可以获得较高的回收率，同时具有便利性，处理后的溶液通常采用电位滴定法和离子色谱法测定其中的氟和氯含量。有报道称，采用高温水解-离子色谱法测量氟含量，可以获得良好的准确度。

高温燃烧水解-离子色谱法测定煤中氟和氯含量的方法。间隔测量煤标准物质和待测煤样，以煤标准物质特性量值的变化扣除系统漂移的影响，提高了测定结果的准确度和重复性。氟含量在0.042～2.018μg/mL范围内与其色谱峰面积呈良好的线性关系，线性相关系数 $r=0.9958$，检出限为0.011μg/g，测量结果相对标准偏差为6.32%（$n=6$）；氯含量在0.046～2.292μg/mL范围内与其色谱峰面积呈良好的线性关系，线性相关系数 $r=0.9998$，检出限为0.010μg/g，测量结果的相对标准偏差为0.7%（$n=6$）。用该方法对煤标准物质进行测定，氟、氯测定结果与标准值一致。该方法简便快速，灵敏度高，结果准确，可用于煤中氟和氯含量的测定。自动快速燃烧炉（AQF）-离子色谱联用技术已经广泛应用于各类材料中氟和氯的测定，与电位滴定法相比，离子色谱法的灵敏度更高，可以同时测量氟和氯，具有较高的准确度。因此高温燃烧水解-离子色谱测量煤中氟和氯含量的测量方法，解决了测量系统漂移导致的随机误差，提高了测量结果的准确性。

（云南省煤炭产品质量检验站　雷翠琼执笔）

实验二十一　煤中砷的测定
（参考GB/T 3058—2008）

一、目的

1.了解煤中砷测定的意义。

2.学习和掌握煤中砷测定的方法及原理。

二、实验原理

将煤样与艾氏卡试剂混合灼烧，用盐酸溶解灼烧物，加入还原剂，使五价砷还原成三价，加入锌粒，放出氢气，使砷形成氢化砷气体释出，然后被碘溶液吸收并氧化成砷酸，加入钼酸铵-硫酸肼溶液使之生成砷钼蓝，然后用分光光度计测定。

本实验依据的检测方法为GB/T 3058—2008《煤中砷的测定方法》。目前我国煤中砷检测主要有砷钼蓝分光光度法（仲裁法）和氢化物-原子吸收法。适用于褐煤、烟煤和无烟煤。砷是煤中常见有害元素之一，主要以硫化物的形态与黄铁矿结合在一起，也有少数以有机砷、砷酸盐等形态赋存于煤中。砷的化合物一般为剧毒物质，煤中的砷经燃烧后释放到大气中，从而污染环境，危害人体健康；另外，冶炼过程中砷使钢铁制品变脆，因此研究和检测煤中砷有着很大的意义。我国煤中砷含量一般为10μg/g以下，少数矿区达到10～100μg/g，极个别地区的煤中砷高达1000μg/g以上。

三、实验设备与试剂

1.仪器设备

（1）砷测定仪　结构如图4-72所示。

砷测定仪应严格符合图4-72规定。对于新购置和使用的砷测定仪，都应检查其尺寸是否合格，各磨口处是否紧密。然后用下述方法检查砷测定仪是否符合要求：在每个测定仪中加入10μg或20μg砷标准工作溶液，按实验步骤进行测定，然后与直接法（砷标准工作溶液不经过氢化砷发生步骤，而直接显色）的测定结果相比较，计算其回收率，选择回收率不小于90%者作为日常使用仪器，砷测定装置如图4-73所示。

（2）分光光度计　波长范围200～1000nm，上海精密科学仪器有限公司生产的722N型可见光分光光度计，如图4-74所示。

（3）水浴

（4）马弗炉　鹤壁市智胜科技有限公司生产的XL-1型马弗炉，能在2h内从室温加热到（800±10）℃，通风良好，如图3-65所示。

（5）分析天平　感量0.1mg。

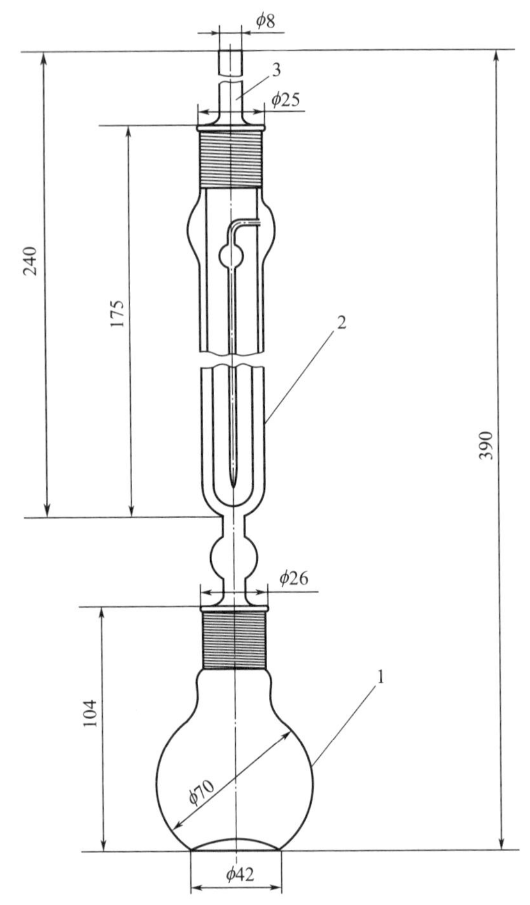

图 4-72 砷测定仪图（单位：mm）

1—圆烧瓶；2—外套管；3—吸收器

图 4-73 砷测定装置

（6）分析天平 感量 0.01g。

（7）分析天平 感量 0.1g。

（8）单刻度移液管 1mL，2mL，3mL，4mL，5mL（建议采用 10mL、0.05mL 分度的微量滴定管）。

图 4-74　可见光分光光度计

2. 试剂和材料

（1）水　本实验使用的水应符合三级水的规格要求。

（2）无砷金属锌　颗粒状，粒度约 5mm。

（3）艾氏卡试剂（以下简称艾氏剂）　市购或以 2 份质量的化学纯轻质氧化镁与 1 份质量的化学纯无水碳酸钠混匀并研细至粒度小于 0.2mm 后，保存在密闭容器中。

（4）盐酸　相对密度 1.18。

（5）硫酸　相对密度 1.84。

（6）盐酸溶液　$c(HCl)=6mol/L$。1 体积盐酸与 1 体积水混合均匀。

（7）硫酸溶液　$c(1/2H_2SO_4)=6mol/L$。量取硫酸 167mL 缓慢加入适量水中，边加边搅拌，然后用水稀释至 1L。

（8）硫酸溶液　$c(1/2H_2SO_4)=5mol/L$。量取硫酸 139mL 缓慢加入适量水中，边加边搅拌，然后用水稀释至 1L。

（9）碘化钾溶液　176.5g/L。将 3.0g 碘化钾溶于 17mL 水中，使用前现配。

（10）氯化亚锡溶液　666.7g/L。将 2.0g 氯化亚锡溶于 12mL 盐酸中，使用前现配。

（11）碘溶液　1.5g/L。将 9g 碘化钾和 1.5g 碘用少量水溶解后，稀释到 1L。

（12）钼酸铵溶液　10g/L。将 10.0g 钼酸铵溶解于体积为 1L 的 5mol/L 硫酸溶液中。

（13）硫酸肼溶液　1.2g/L。将 1.2g 硫酸肼溶于 IL 水中。

（14）钼酸铵-硫酸肼混合溶液　将 1 体积钼酸铵溶液和 1 体积硫酸肼溶液混合均匀，使用前现配。

（15）碳酸氢钠溶液　40g/L。将 40.0g 碳酸氢钠溶于 1L 水中。

（16）氢氧化钠溶液　$c(NaOH)=6mol/L$。称取 48.0g 氢氧化钠用少量水溶解后，稀释到 200mL。

（17）砷标准储备溶液　100μg/mL。准确称取已在 105～110℃下干燥约 2h 的优级纯三氧化二砷 0.1320g，溶于 2mL 的 6mol/L 氢氧化钠溶液中，加入约 50mL 水，待完全溶解后，再加 6mol/L 硫酸 2.5mL，用水稀释至 1000mL。

注：砷标准储备溶液也可使用市售有证砷标准物质溶液。

（18）砷标准工作溶液　10μg/mL。准确吸取 100μg/mL 的砷标准储备溶液 50mL 于 500mL 容量瓶中，用水稀释至刻度，摇匀，转入塑料瓶中储存备用。

（19）乙酸铅棉　将脱脂棉在浓度为 400g/L 的乙酸铅溶液中充分浸泡，取出，拧干，在 80～100℃下烘干，存放在干燥器中备用。

（20）瓷坩埚　容量为 30mL。内表面瓷釉完好。

四、实验准备

1. 测试样品溶液的制备

① 在瓷坩埚内称取艾氏剂 2g（称准至 0.01g），然后称取粒度小于 0.2mm 的空气干燥煤样 1.0000g±0.0002g（称准至 0.0002g），用玻璃棒仔细搅拌均匀，再用 1g（称准至 0.01g）艾氏剂均匀覆盖在混匀的煤样上面（见不到黑色的煤炭颗粒）。

注：称取煤量可根据其砷含量适当增减。

② 将坩埚放入马弗炉中，在约 2h 内从室温加热到（800±10）℃，并在此温度下保持 2～3h，取出坩埚，冷却至室温。

③ 将灼烧物转移到砷测定仪圆烧瓶中，用 6mol/L 硫酸 20mL 分 2～3 次冲洗坩埚，将坩埚内洗液小心转移至烧瓶中，再用 6mol/L 盐酸 30mL 分数次洗坩埚，把坩埚内洗液小心全部转移至烧瓶中，摇动烧瓶使灼烧物充分溶解至不再冒气泡，然后按实验步骤进行操作。

2. 样品空白溶液的制备

每分析一批煤样应同时制备一个样品空白溶液，制备方法同测试样品溶液的制备，但不加煤样。

五、实验步骤

1. 工作曲线的绘制

① 分别用单刻度移液管（实际分析中可用微量滴定管）吸取 0.00mL，1.00mL，2.00mL，3.00mL，4.00mL，5.00mL 的浓度为 10μg/mL 砷标准溶液于砷测定仪圆烧瓶中，先加入浓度为 6mol/L 硫酸 10mL，再加入浓度为 6mol/L 盐酸 20mL，用水稀释至 50mL。

② 加入 2mL 碘化钾溶液、1mL 氯化亚锡溶液，摇匀，在室温下放置 15min。

③ 用移液管往砷测定仪吸收器中加入 3mL 碘溶液、1mL 碳酸氢钠溶液、6mL 水，将吸收器插入装有乙酸铅棉的吸收器套管中。

④ 往圆烧瓶中加入 5.0g 无砷金属锌，立即将吸收器套管与烧瓶连接好，确认仪器各接口不漏气后，让发生过程持续约 1h，吸收过程如图 4-75 所示。

⑤ 取出吸收器，加入 5mL 钼酸铵-硫酸肼混合溶液，并用洗耳球从吸收器侧孔往内打气约 10 次，使吸收液充分混合均匀。将吸收器放在沸腾的水浴中加热 20min，取出，冷却至室温，显色完成后如图 4-76 所示。

图 4-75　砷吸收过程

图 4-76　显色反应完成后

⑥ 用上海精密科学仪器有限公司生产的 722N 型分光光度计，用 10mm 比色皿于

830nm（或700nm）波长下以标准空白溶液为参比，测量各标准溶液的吸光度。相同浓度的砷在830nm波长下吸光度是700nm波长下吸光度的3倍左右，煤中砷含量较低时，最好在830nm波长下测定吸光度。

⑦ 以标准系列溶液中砷质量（μg）为横坐标，相应的吸光度为纵坐标，绘制工作曲线。绘制工作曲线应与煤样分析同时进行，每次测定应绘制工作曲线。

2. 煤样中砷含量测定

按照上述工作曲线的绘制过程中（2）～（7）规定的方法测定样品空白溶液和样品溶液的吸光度，从绘制的工作曲线上查得相应砷的质量（μg）。

六、实验结果

1. 空气干燥煤样中砷的质量分数

按式(4-6)计算

$$w(\mathrm{As_{ad}})=\frac{m_1-m_0}{m} \tag{4-6}$$

式中　$w(\mathrm{As_{ad}})$——空气干燥煤样中砷的质量分数，μg/g；

m_1——从工作曲线上查得样品溶液中砷的质量，μg；

m_0——从工作曲线上查得样品空白溶液中砷的质量，μg；

m——空气干燥煤样质量，g。

2. 方法的精密度

砷钼蓝分光光度法测定煤中砷的重复性限和再现性临界差如表4-11规定。

表4-11　砷钼蓝分光光度法测定煤中砷的重复性限和再现性临界差

砷的质量分数 $w(\mathrm{As_{ad}})/(\mu g/g)$	重复性限 $w(\mathrm{As_{ad}})/(\mu g/g)$	再现性临界差 $w(\mathrm{As_d})/(\mu g/g)$
<6	1	2
6～20	2	3
>20～60	3	4
>60	10	20

3. 结果表述

每个试样做两次重复测定，按GB/T 483规定的数据修约规则，用测得的吸光度，从砷标准曲线上查得相应的砷含量，修约至小数点后一位，取两次重复测定结果的平均值换算成干燥基并修约到个位数报出。砷分析原始记录可参考表4-12。

表4-12　煤中砷分析原始记录

<table>
<tr><td colspan="2">实验编号</td><td colspan="2"></td><td colspan="2"></td></tr>
<tr><td colspan="2">样品名称</td><td colspan="4">□原煤　□浮煤　□焦炭　□矿石　□其他</td></tr>
<tr><td rowspan="3">标准工作溶液</td><td>浓度/(μg/mL)</td><td colspan="4"></td></tr>
<tr><td>用量/mL</td><td colspan="4"></td></tr>
<tr><td>吸光度(E)</td><td colspan="4"></td></tr>
<tr><td colspan="2">序号</td><td></td><td></td><td></td><td></td></tr>
<tr><td colspan="2">样品质量 m/g</td><td></td><td></td><td></td><td></td></tr>
</table>

续表

待测溶液吸光度(E_1)				
空白吸光度(E_0)				
测定成分浓度 $M/\mu g$				
结果计算/% $As_{ad}=M/m$				
平均值 As_{ad}/%				
As_d/%				
M_{ad}/%				
执行标准	□GB/T 3058—2008 煤中砷的测定方法 □SN/T 2263—2009 焦炭中砷的测定			
使用天平号				
使用仪器号				
设备参数	波长:700nm　比色皿:10mm			
环境条件	温度　　℃　湿度　　%			
备注				

测定者：　　审核者：　　　　日期：　　年　　月　　日

七、实验过程应注意的问题

1. 试剂的配制

① 碘化钾溶液在阳光下或室温中都会缓慢被氧化，因此碘化钾必须密闭保存于深色瓶中，并置于阴凉处。碘化钾溶液必须实验时现配现用。

② 氯化亚锡和硫酸肼都是强还原剂，$SnCl_2$ 将煤样溶解物中的五价砷还原为三价，硫酸肼将砷钼黄还原为砷钼蓝。它们极其容易被氧化。因此最好现配现用，至少不能超过一周，并且要用磨砂瓶口密闭保存。

③ 氯化亚锡、硫酸肼、钼酸铵均为有毒物质，会明显刺激呼吸道黏膜，并且它们都易挥发至空气中。尤其硫酸肼如果吸入过多会导致晕厥和痉挛，长期接触会导致内脏功能受损。建议检测人员应佩戴口罩和橡胶手套做好预防，并且配制溶液在通风橱内进行。

④ 某些厂家的钼酸铵可能会失效，具体原因不明，曾在实验中遇到一次这种情况，连续几批样品检测结果均接近空白，实验作废。更换其他厂家的钼酸铵后，检测结果正常。

⑤ 配制艾氏卡试剂中的氧化镁露置空气中易吸收水分和二氧化碳而逐渐成为碱式碳酸镁，轻质较重质更快。所以配制好的艾氏卡试剂需密闭保存。并且，如果用纯度不够、劣质的氧化镁会显著影响检测结果。如果发现酸溶样后溶液异常浑浊，以及试剂正常（0mol 砷标准溶液）而空白检测（只加艾氏卡试剂不加煤样）较大，那么需要更换轻质氧化镁。

2. 灼烧物的溶解

酸溶解灼烧物时，必须先用 5mol/L 硫酸溶解，再用 6mol/L 盐酸溶解、冲洗坩埚，否则会因反应太过剧烈而导致样品飞溅，导致检测结果偏低。坩埚至少用盐酸分三次冲洗，如果仍然有残留黄色液体，应再续加 6mol/L 盐酸冲洗。不需要担心酸度被改变，因为续加的盐酸仍然是 6mol/L，不会导致酸度的变化。

另砷化氢的定量析出与溶液的酸度有关。当酸度过低时，钼酸铵本身还原为蓝色；酸度过高时，砷钼蓝显色不完全。

3. 醋酸铅棉

套管中的醋酸铅棉是用来吸收溶液中产生的少量 H_2S 气体，排除其干扰。在使用一段时间后醋酸铅棉会颜色变黑而失效。因此应注意定期更换醋酸铅棉。

4. 对于高砷煤

如果煤样中的砷含量太高时会超出分光光度计的检出限。而且煤中砷含量接近检出限的时候，测定结果会系统性偏低。比如在检测工作中使用的 723N 分光光度计的检出限为吸光度 3.00，当待测溶液达到 2.50 以上检测结果就会明显偏低。因此当发现分光光度计的吸光度达到 2.00 以上的时候（以本实验室所用 722N 分光光度计为例），就要将样品的称样量减少为 0.5g。如果吸光度仍然大于 2.00，则应将称样量减少至 0.3g 或 0.2g 或更少。

八、思考题

1. 锌粒的性状对测定结果有何影响？
2. 煤样灼烧对测定结果有何影响？
3. 显色时水浴中水的水位、显色时间对测定结果有何影响？

九、知识扩展

煤中砷测定通常采用的是砷钼蓝分光光度法，存在的主要问题是手续繁杂，分析速度缓慢，不能适应快速、大批量分析的要求。原子荧光法技术灵敏度高、基体效应小、稳定性高、线性动态范围宽、分析速度快，已经在各个领域的分析测试中广泛应用。

采用艾氏卡法对无烟煤和烟煤进行前处理，用廊坊开元高技术开发公司生产的 XGY-1011A 型原子荧光仪对煤中砷含量进行检测。该方法快速简便，准确度高，精密度好，检出限低，分析结果可靠，可满足煤质分析的要求。

（云南省煤炭产品质量检验站　雷翠琼执笔）

实验二十二　煤中磷的测定
（参考 GB/T 216—2003）

一、实验目的

1. 了解煤中磷测定的意义。
2. 学习和掌握煤中磷测定的方法及原理。

二、实验原理

将煤样灰化后用氢氟酸-硫酸分解，脱除二氧化硅，然后加入钼酸铵和抗坏血酸，生成磷钼蓝后，用分光光度计测定吸光度。

在酸性溶液中正酸与钼酸作用生成磷钼酸，然后抗坏血酸还原成蓝色的磷钼酸络合物，其反应及磷钼蓝的组成，至今尚无统一意见，其中的一种观点认为，如式(4-7) 和式(4-8)：

$$H_3PO_4 + 12H_2MoO_4 \longrightarrow H_3[P(Mo_3O_{10})_4] + 12H_2O \tag{4-7}$$

$$H_3[P(Mo_3O_{10})_4] + 4C_6H_8O_6 \longrightarrow (2MoO_2 \cdot 4MoO_3)_2 \cdot H_3PO_4 + 4C_6H_6O_6 + 4H_2O \tag{4-8}$$

当磷含量较低时，其蓝色强度与磷含量成正比。

煤中的磷主要以无机磷存在，如磷灰石[$3Ca_3(PO_4)_2 \cdot CaF_2$]，也有微量的有机磷，由于无机磷的沸点很高（一般为1700℃以上），所以在煤灰化过程中磷不会挥发损失，而含量甚微虽然挥发，但对结果影响不大。国际标准和我国现行标准都采用还原磷钼酸分光光度法，其优点是，灵敏度高，结果可靠，实验简捷快速，干扰元素易于分离和消除，它用于微量磷的分析。煤中磷是有害元素之一，在炼焦时煤中磷进入焦炭，炼铁时磷又从焦炭进入生铁，当其含量超过0.05%时就会使钢铁产生冷脆性，因此，磷含量是煤质的重要指标之一。本实验依据的检测方法为GB/T 216—2003《煤中磷的测定方法》，适用于褐煤、烟煤、无烟煤和焦炭。

三、实验设备与试剂

1. 仪器设备

（1）分析天平　感量0.1mg。

（2）分光光度计　上海精密科学仪器有限公司生产的722N型可见光分光光度计，波长范围200～1000nm，如图4-74所示。

（3）马弗炉　鹤壁市智胜科技有限公司生产的XL-1型马弗炉，带有调温装置和烟囱，能在2h内从室温加热到（800±10)℃，通风良好。如图3-65所示。

（4）铂或聚四氟乙烯坩埚　容量25～30mL，如图4-77所示。

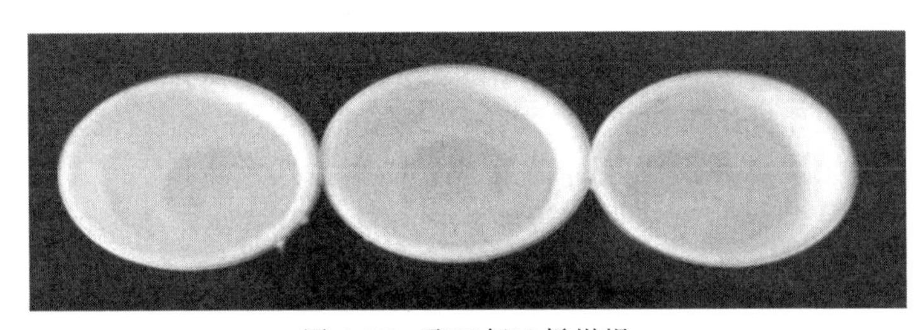

图4-77　聚四氟乙烯坩埚

（5）容量瓶　容量50mL、100mL、1000mL。

（6）电热板　北京市永光明医疗仪器有限公司生产的DB-型数显电热板，温度可调。如图3-66所示。

2. 试剂

（1）氢氟酸　40%（质量分数)；

（2）硫酸溶液　$c(1/2H_2SO_4)=10mol/L$，量取浓硫酸278mL缓慢加入适量水中，边加边搅拌，然后用水稀释至1000mL；

（3）硫酸溶液　$c(1/2H_2SO_4)=7.2mol/L$，量取浓硫酸200mL缓慢加入适量水中，边加边搅拌，然后用水稀释至1000mL；

（4）钼酸铵-硫酸溶液　将17.2g钼酸铵溶解在适量7.2mol/L硫酸溶液中，并用7.2mol/L硫酸溶液稀释至1000mL；

（5）抗坏血酸溶液　称取抗坏血酸5g，溶于100mL水中，现用现配；

（6）酒石酸锑钾溶液　称取酒石酸锑钾0.34g，溶于250mL水中；

（7）混合溶液　往35mL钼酸铵-硫酸溶液中加入10mL抗坏血酸溶液和5mL酒石酸锑钾溶液混匀，使用时现配；

（8）磷标准储备溶液0.1mg/mL　准确称取在110℃干燥1h的优级纯磷酸二氢钾0.4392g溶于水中，并用水稀释至1000mL；

(9) 磷标准工作液(0.01mg/mL) 取10.0mL浓度为0.1mg/mL的磷标准储备溶液，用水稀释至100mL，使用时配制。

四、实验准备

1. A法(称取灰样法)

① 煤样灰化：GB/T 212中规定的慢速灰化煤样，研细到全部通过0.1mm的筛子。

② 灰的酸解：准确称取0.05～1g(准确至0.0002g)于聚四氟乙烯(或铂)坩埚中，加10mol/L硫酸2mL、氢氟酸5mL，放在电热板上缓慢加热蒸发(温度约100℃)直到氢氟酸白烟冒尽，冷却，再加入10mol/L硫酸0.5mL，升高温度继续蒸发，直至冒硫酸白烟(但不要干涸)，冷却，加数滴冷水并摇动，然后再加20mL热水继续加热至近沸，冷却至室温，转移到100mL容量瓶中用水稀释至刻度，混匀澄清后备用。

③ 空白样品的制备，分解一批样品应同时制备一个样品空白溶液，制备方法同上，但不加灰样。

2. B法(称取煤样法)

① 煤样灰化：准确称取粒度小于0.2mm的空气干燥煤样0.5～1.0g(使其灰的质量在0.05～0.1g)于灰皿中，称准至0.0002g，轻轻摇动使其铺平，如图4-78所示，然后置于马弗炉中，半启炉门从室温缓慢升温至(815±10)℃，并在该温度下灼烧至少1h，直至无含碳物，如图4-79所示。

图4-78 煤样灰化前

图4-79 煤样灰化后

② 灰的酸解：将上述灰样全部转入聚四氟乙烯坩埚中，按A法中灰的酸解进行酸解，如图4-80、图4-81所示。

图4-80 聚四氟乙烯坩埚分析样品

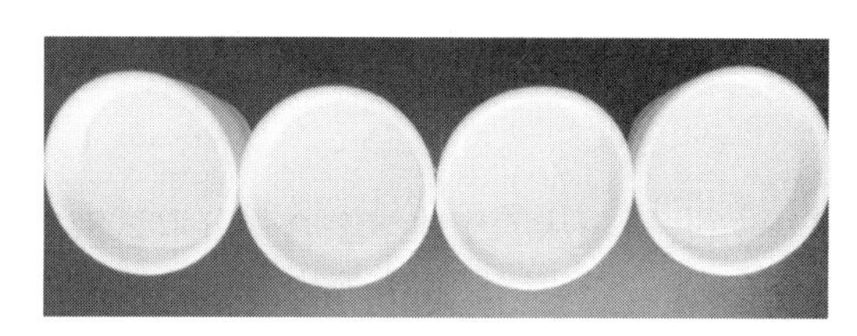

图4-81 样品分解完成后待测溶液

③ 空白样品的制备：分解一批样品应同时制备一个样品空白溶液，制备方法同上，但不加灰样。

④ 待测溶液显色：待测溶液显色后如图 4-82 所示。

图 4-82　分取待测溶液显色后

五、实验步骤

（1）标准工作曲线的绘制　分别吸取磷标准工作溶液 0mL、1.0mL、2.0mL、3.0mL 于 50mL 容量瓶中，加入混合溶液 5mL，用水稀释至刻度，混匀，于室温（高于 10℃）下放置 1h，然后移入 10mm 的比色皿内，用上海精密科学仪器有限公司生产的 722N 型分光光度计，在波长 650nm 下，以空白溶液为参比，测定其吸光度，以磷含量为横坐标、吸光度为纵坐标绘制工作曲线。

（2）测定　吸取酸溶解定容后的澄清溶液 10mL 和空白溶液 10mL，分别移入 50mL 容量瓶中，然后按以上步骤测定其吸光度。

（3）复吸情况　若分取的 10mL 试液中磷的质量超过 0.030mg，应少取溶液或减少称样量，计算时作相应的校正。

（4）A 法（称取灰样法）与 B 法（称取煤样法）实验步骤一致。

六、实验结果

1. A 法（称取灰样法）

空气干燥煤样中磷的质量分数 P_{ad}/%按式(4-9) 计算：

$$P_{ad}=\frac{m_1}{10mV}\times A_{ad} \tag{4-9}$$

式中　m_1——从工作曲线上查得分取试液的磷含量，mg；

V——从试液总溶液中分取的试液体积，mL；

m——灰样质量，g；

A_{ad}——空气干燥煤样灰分，%。

2. B 法（称取煤样法）

空气干燥煤样中磷的质量分数 P_{ad}/%按式(4-10) 计算：

$$P_{ad}=\frac{10m_1}{mV} \tag{4-10}$$

式中　m_1——从工作曲线上查得分取试液的磷含量，mg；

V——从试液总溶液中分取的试液体积，mL；

m——煤样质量，g。

3. 结果表述

每个试样做两次重复测定，按 GB/T 483 规定的数据修约规则，用测得的吸光度，从磷标准曲线上查得相应的磷含量，修约至小数点后三位，测定结果取两次测定的平均值换算成干燥基，结果保留小数点后三位报出。磷分析原始记录可参考表 4-13。

表 4-13　煤中磷分析原始记录

□磷　□五氧化二磷分析原始记录

实验编号					
样品名称		□原煤　□浮煤　□焦炭　□褐煤　□矿石　□煤灰　□其他			
标准工作溶液	浓度/(μg/mL)				
	用量/mL				
	吸光度(E)				
序号					
样品质量 m/g					
稀释总体积 V/mL		100		100	
分取体积 V_1/mL					
待测溶液吸光度(E_1)					
空白吸光度(E_0)					
测定溶质含量 m_1/mg					
□P_{ad}(%)=$10m_1/(mV)$ □P_2O_5(%)=$2.292\times10m_1/(mV)$					
平均值	□P_{ad}/%				
	□P_2O_5/%				
P_d/%					
M_{ad}/%					
执行标准		□GB/T 216—2003 煤中磷的测定方法 □GB/T 1574—2007 煤灰成分分析方法 □SN/T 1083.2—2002 焦炭中磷的测定			
使用天平号			使用仪器号		
设备参数		波长：　　nm；比色皿：　　mm			
环境条件		温度　　℃；湿度　　%			
备注					

测定者：　　　　　　　　审核者：　　　　　　　　日期：　　　年　　月　　日

4. 方法的精密度

磷钼蓝分光光度法测定煤中磷的重复性限和再现性临界差如表 4-14 规定。

表 4-14　煤中磷测定的重复性限和再现性临界差

磷的质量分数/%	重复性限 P_{ad}/%	在线性临界差 P_d/%
<0.02	0.002(绝对)	0.004(绝对)
≥0.02	10%(相对)	20%(相对)

七、注意事项

(1) 干扰元素的消除　主要干扰元素有砷、锗、硅。其消除办法如下：

硅的干扰，可用硫酸-氢氟酸分解样品使硅与氢氟酸作用生成 SiF_4 除去。

锗和砷的干扰，可通过严格控制磷钼蓝的显色酸度来消除。当显色时控制硫酸浓度为1.8mol/L，有磷钼酸生成，并被抗坏血酸还原成蓝色，而砷和锗在该酸度下不与钼酸作用，还原时也不会显色。

（2）灰化过程的控制　用硫酸-氢氟酸分解灰时不要蒸干，否则在加水稀释时会看到少量片状不溶物，其原因是将可溶解的磷酸盐变成不溶解的磷的氧化物，使结果偏低。

在分解灰时，开始温度要低，一般在130℃左右，以便氢氟酸与硅充分作用并生成SiF_4逸出，温度过高，氢氟酸易分解，不能将硅完全除去，之后升温至400℃左右，这样的高温有助于硫酸分解灰样，此时坩埚中溶液迅速减少，在10min左右，溶液减少到只能盖住坩埚的底部，这时就迅速降低温度，准备下一步工作，这样就可以确保灰化过程的完整和减少损失到最低。

（3）本标准在0～0.03mg磷时符合朗伯-比尔定律　因此，要注意使取试液的磷量在这个范围内，当含磷含量高时要少取试液，再用水稀释至10mL，保证显色过程中硫酸的浓度控制在1.8mol/L。

（4）使用分光光度计应注意的问题

① 环境温度一定要控制在20℃以上，而且温度要稳定。

② 仪器必须要在实验开始前半小时开启，以获得稳定的读数。

③ 显色过程后最好在4h以内完成比色过程。

④ 比色皿一定要干净，不能残留水分，否则对比色的结果影响很大。

（5）酸度对显色的影响　当硫酸浓度$c(1/2H_2SO_4)$为1.8mol/L时，磷钼蓝显色完全而砷、锗不产生干扰。$c(1/2H_2SO_4)$低于1.8mol/L时，砷首先显色，低于1.2mol/L时锗将显色，小于1.0mol/L时钼酸被还原显色，它们都会使结果偏高；当显色时控制硫酸浓度高于2mol/L时，虽然砷和锗不显色，但磷钼蓝显色不完全，因为随酸度的增长，磷酸和磷钼酸的量逐渐减少，这样会使结果偏低。

加入不同的酸对测定结果的影响：若溶液中盐酸浓度高于硫酸浓度时，溶液颜色会发绿，使吸光度降低；若溶液中有硝酸，它会破坏磷钼蓝的颜色，使结果偏低。

（6）测定方法　一般情况下采用B法，如果煤样灰分小于5%，考虑采用A法。因为灰样小于0.05g，灰样量太少，这样得出的结果的代表性较差。

八、思考题

1.称取煤样法中，如果煤样灰分较低，灰的质量小于0.05g～0.1g，对测定结果有无影响？

2.样品分解过程中，如果冒硫酸白烟后，坩埚内样品干涸，对测定结果有无影响？

3.样品分解完成后待测溶液不透明，对测定结果有无影响？

九、知识扩展

① ICP-OES法测定煤样中磷、铜、铅、锌、镉、铬、镍、钴等元素。采用硝酸-氢氟酸-高氟酸混合体系，微波消解样品，用ICP-OES法测定煤样中微量元素P、Cu、Pb、Zn、Cr、Dd、Ni、Co，快速简便，准确度高。该测定方法精密度好，检出限低，其分析结果可靠，可满足煤质分析的要求。

② 煤中磷测定仪介绍。HTCP-9000煤中磷测定仪是根据GB/T 216—2003《煤中磷的测定方法》最新设计的一款新产品，采用新型独特的光路设计和1200线/mm高性能高质量激光全息衍射光栅，具有杂光低、单色性好的特点。

波长范围：320～1100nm；光谱带宽：4nm；波长精度：±2nm；波长重复性：±1nm；光度精度：±0.5%T(0～100%T)；杂散光：≤0.2%T。

③ 焦炭中磷测定方法有 GB/T 35069—2018《焦炭　磷含量的测定　还原磷钼盐酸分光光度法》，SN/T 1083.2—2002《焦炭中磷含量的测定　磷钼酸还原比色法》。

（云南省煤炭产品质量检验站　雷翠琼执笔）

实验二十三　煤中锗的测定
（参考 GB/T 8207—2007）

一、实验目的

1. 了解测定煤中锗的意义和用途。
2. 学习和掌握煤中锗的测定方法及原理。

二、蒸馏分离-苯芴酮分光光度法原理

将煤样按照一般方法灰化后用硝酸、磷酸和氢氟酸混合酸分解，然后制成盐酸（6mol/L）溶液并进行蒸馏，使锗以四氯化锗的形态逸出，用水吸收并与干扰元素分离。在 1.2mol/L 盐酸溶液下用苯芴酮显色并用分光光度计进行光度测定。

本实验依据的检测方法为 GB/T 8207—2007《煤中锗的测定方法》，规定了煤中锗的蒸馏分离-苯芴酮分光光度法和萃取分离-苯芴酮分光光度法。在仲裁分析时，应采用蒸馏分离-苯芴酮比色法。本标准适用于褐煤、烟煤和无烟煤。测量范围为 1～200μg/g。

锗是稀散元素，在地壳中平均含量为 7×10^{-6}，独立的锗矿床很少，大部分是以杂质状态存在于其他矿物中。伴生在煤中的锗一般在 10μg/g 以下，有的煤层锗含量达 20μg/g 以上，甚至更高，达到了提取利用的品位。尽管一般煤中锗的含量比较低，但是由于我国煤的储藏量和开采量很大，含锗矿区或含锗煤层较多，因此，近年来把煤作为提取锗的重要资源。锗是电子工业的重要原材料，可用来制造超高速微秒电子计算机。在国际工业上用来制造雷达、无线电导向器、导弹和红外线远程探测仪。

三、实验设备与试剂

1. 仪器设备

（1）分析天平　感量 0.1mg。

（2）分光光度计　上海精密科学仪器有限公司生产的 722N 型可见光分光光度计，波长范围 200～1000nm，精度±1nm，如图 4-74 所示。

（3）马弗炉　鹤壁市智胜科技有限公司生产的 XL-1 型马弗炉，控温范围 500～800℃，控温精度±10℃，如图 3-65 所示。

（4）电热板　北京市永光明医疗仪器有限公司生产的 DB-型数显电热板，温度可调，如图 3-66 所示。

（5）聚四氟乙烯坩埚　容量 50mL。

（6）容量瓶　容量 50mL。

（7）灰皿　瓷质。

（8）锗的蒸馏装置　如图 4-83 所示。

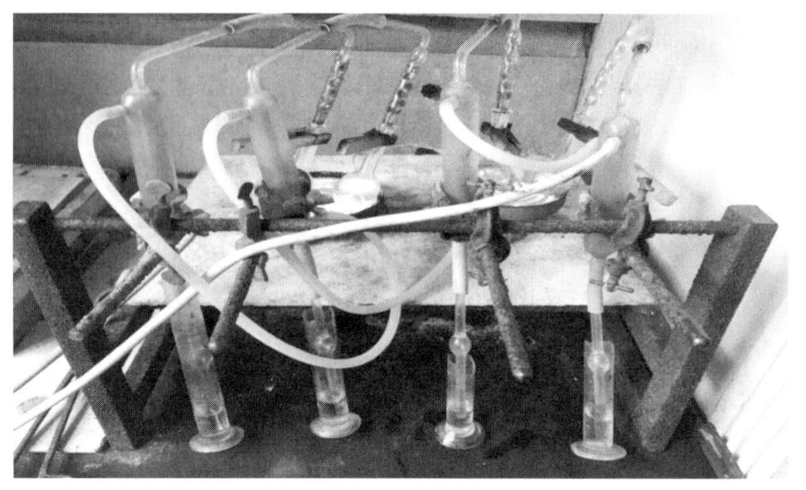

图 4-83　锗的蒸馏装置

2. 试剂和材料

（1）水　去离子水或同等纯度的蒸馏水。

（2）硝酸　相对密度 1.42。

（3）磷酸　相对密度 1.88。

（4）氢氟酸　相对密度 1.15。

（5）盐酸　相对密度 1.19。

（6）硫酸　相对密度 1.84。

（7）盐酸溶液　6mol/L，1 体积盐酸加入 1 体积水中，混匀。

（8）盐酸溶液　7mol/L，580mL 盐酸加入 420mL 水中，混匀。

（9）盐酸溶液　0.1mol/L，8mL 盐酸加入 992mL 水中，混匀。

（10）氢氧化钠溶液　0.1mol/L，4g 氢氧化钠溶于 1000mL 水中。

（11）硼酸。

（12）乙醇　95%以上。

（13）亚硫酸钠溶液　12g/100mL，12g 无水亚硫酸钠溶于 100mL 水中。

（14）动物胶溶液　10mg/mL。称取 1g 动物胶溶于 100mL 80～90℃的水中并过滤，使用前配制。

（15）锗储备标准溶液　100μg/mL。称取光谱纯二氧化锗 0.1441g 于 400mL 烧杯中，加氢氧化钠溶液 1mL 和水 50mL，加热至完全溶解。加入 0.1mol/L 盐酸溶液 1mL 中和并过量 1mL，冷却后将溶液转入 1L 容量瓶中，用水洗净烧杯，洗液并入容量瓶中。溶液稀释到刻度，摇匀备用。

或称取高纯金属锗 0.1000g 于盛有微氨性水溶液的烧杯中，滴加 6%过氧化氢，在水浴上加热，使其慢慢溶解，然后用水洗入铂坩埚中并蒸干。加入 5g 无水碳酸钠于高温下熔融，然后用热水浸出；于浸出液中加入几滴硫酸，煮沸赶净二氧化碳，冷却或转入 1000mL 容量瓶中，用水洗净烧杯，洗液并入容量瓶中。溶液稀释到刻度，摇匀备用。

注：锗储备标准溶液也可使用市售有证标准溶液。

（16）锗中间标准溶液　10μg/mL。准确吸取浓度为 100μg/mL 的锗储备标准溶液 10mL 至 100mL 容量瓶中，用水稀释至刻度，摇匀备用。

（17）锗工作标准溶液　1μg/mL。准确吸取锗中间标准溶液 10mL 至 100mL 容量瓶中，用水稀释至刻度，摇匀备用。

（18）苯芴酮乙醇溶液　0.5g/L。称取分析纯苯芴酮 0.5g 于 1000mL 烧杯中，加入盐酸 4.3mL 和乙醇 400mL，加热溶解后将溶液转入 1000mL 容量瓶中，用乙醇洗净烧杯，洗液并入容量瓶中。溶液稀释到刻度，摇匀备用。

四、实验准备

1. 标准曲线的绘制

分别准确吸取浓度为 1μg/mL 的锗工作标准溶液 0mL，1mL，5mL 和 10mL 和浓度为 10μg/mL 的锗中间标准溶液 2mL，3mL 和 4mL 于 50mL 容量瓶中，加入 6mol/L 盐酸溶液 10mL、亚硫酸钠溶液 2mL、动物胶溶液 3mL；摇匀，再加入苯芴酮乙醇溶液 5mL，用水稀释到刻度，在室温 15～30℃下放置 1h；用 10mm 厚比色皿，在 510nm 波长下，以标准空白溶液为参比，用上海精密科学仪器有限公司生产的 722N 型分光光度计测定标准系列的吸光度。以锗的含量（0μg，1μg，5μg，10μg，20μg，30μg，40μg）为横坐标，吸光度为纵坐标，绘制锗的标准曲线。

工作曲线的绘制与样品溶液的测定同时进行。

2. 待测样品溶液的制备

（1）煤样的灰化　称取一般分析煤样 1g（称准至 0.0002g）于灰皿中，铺平，放入马弗炉中，半开炉门，由室温逐渐升温到（550±10)℃（至少 30min），并在此温度下保持 2h，然后再升温至（625±10)℃，灰化 2h 以上至无黑色炭粒为止。

注：煤中锗含量大于 40μg/g 时，可适当减少称样量。

（2）灰样的处理　将灰样全部转入聚四氟乙烯坩埚中，用少量水将灰样润湿，加入硝酸 1mL、磷酸 2mL、氢氟酸 5～7mL（可根据硅含量多少而增减）。把坩埚放在低温电热板上缓缓加热至白烟冒尽后再适当提高温度，直到分解物呈糖浆状（体积约 2mL）为止。取下坩埚，稍冷后加入 2mL 水，放在电热板上加热至近沸。

（3）样品处理空白溶液的制备　分解一批样品应同时制备一个空白溶液，制备操作除不加灰样外，其余同灰样的处理。

五、实验步骤

1. 锗的蒸馏分离

将灰分解物倒入蒸馏装置的蒸馏瓶中，用 15mL 浓度为 7mol/L 的盐酸分三次冲洗坩埚，每次约 5mL，将洗液全部收集到蒸馏瓶中，加入 0.2g 硼酸，按图 4-83 把蒸馏装置连接好，往接收器中加入 10mL 水，并使冷凝管尾端浸入水中，冷凝管通入冷却水，电炉通电加热，以 1.5～2.0mL/min 的速度进行蒸馏，当蒸出液达 10mL 时停止蒸馏，拆开分馏柱和冷凝管连接胶管，用少量水冲洗冷凝管及其尾端，将洗液和接收器中的溶液转入 50mL 容量瓶中。按同样的方法处理空白样品。

2. 煤样中锗含量测定

往上述容量瓶中加入亚硫酸钠溶液 2mL、动物胶溶液 3mL，摇匀，加入苯芴酮乙醇溶液 5mL，用水稀释到刻度。摇匀，在室温下放置 1h，显色后溶液如图 4-84 所示，用 1cm 厚比色皿，在 510nm 波长下，以样品空白溶液为参比，用上海精密科学仪器有限公司生产的 722N 型分光光度计，测定样品溶液的吸光度，从标准曲线上查得样品溶液锗含量（μg）。

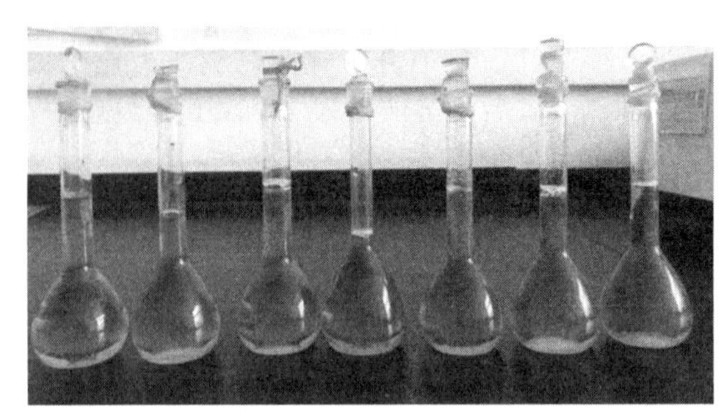

图 4-84　显色后溶液

六、实验结果

1. 一般分析煤样中锗的质量分数 Ge_{ad}(μg/g)

按式(4-11)计算：

$$Ge_{ad}=\frac{m_1}{m} \tag{4-11}$$

式中　m_1——从工作曲线上查得样品溶液中锗的质量，μg；

m——样品的质量，g。

2. 测定煤中锗的重复性限和再现性临界差

如表 4-15 规定。

表 4-15　蒸馏分离-苯芴酮分光光度法测定煤中砷的重复性限和再现性临界差

锗的质量分数 Ge_d/(μg/g)	重复性限 Ge_{ad}	再现性临界差 Ge_d
10	1μg/g	2μg/g
>10	10%(相对)	20%(相对)

3. 结果表述

每个试样做两次重复测定，按 GB/T 483 规定的数据修约规则，用测得的吸光度，从锗标准曲线上查得相应的锗含量，测定结果修约到小数点后 1 位。取两次重复测定结果的平均值换算成干燥基并修约到个位数报出。锗分析原始记录可参考表 4-16。

表 4-16　煤中锗分析原始记录

<table>
<tr><td colspan="2">实验编号</td><td colspan="2"></td><td colspan="2"></td></tr>
<tr><td colspan="2">样品名称</td><td colspan="2">□原煤　□褐煤　□其他</td><td colspan="2">□原煤　□褐煤　□其他</td></tr>
<tr><td rowspan="3">标准工作溶液</td><td>浓度/(μg/mL)</td><td colspan="4"></td></tr>
<tr><td>用量/mL</td><td colspan="4"></td></tr>
<tr><td>吸光度(E)</td><td colspan="4"></td></tr>
<tr><td colspan="2">序号</td><td></td><td></td><td></td><td></td></tr>
<tr><td colspan="2">样品质量 m/g</td><td></td><td></td><td></td><td></td></tr>
<tr><td colspan="2">稀释总体积 V/mL</td><td colspan="2"></td><td colspan="2"></td></tr>
<tr><td colspan="2">分取体积 V_1/mL</td><td colspan="2"></td><td colspan="2"></td></tr>
<tr><td colspan="2">待测溶液吸光率(E_1)</td><td></td><td></td><td></td><td></td></tr>
</table>

续表

空白吸光率(E_0)				
标准曲线查得值 m_1/μg				
结果计算/(μg/g) $Ge_{ad}=m_1V/(mV_1)$				
平均值 Ge_{ad}/(μg/g)				
Ge_d/(μg/g)				
M_{ad}/%				
执行标准	GB/T 8207—2007 煤中锗的测定方法			
使用天平号				
使用仪器号				
设备参数	波长:510nm 比色皿:10mm			
环境条件	温度　　℃;湿度　　　%			
备注				

测定者:　　　　　　　　　　　　审核者:　　　　　　　　　　　　日期:　　　　年　　月　　日

七、实验过程应注意的问题

1. 灰化条件的控制

煤在灰化时若灰化条件控制不当，则锗就会挥发损失。如 GeO 在 710℃升华，GeS_2 在 600℃以上升华，GeS 在 430℃以上升华。因此，必须在升温速度慢、灰化温度低、供氧充足的条件下进行灰化，使煤中锗慢慢转化为高价锗固定下来。

我国标准采用的灰化条件是，将煤样平铺于灰皿中，置于马弗炉中，在空气流通的情况下约 30min 从室温逐渐升温到 550℃并保温 2h，然后再升温到 625℃左右，保温 2h 以上，至无黑色煤粒止。

2. 用硝酸-磷酸-氢氟酸混合酸分解样品的作用

硝酸使低价的砷、锑氧化成高价，磷酸除分解灰样外，还能与锡、钼形成络合物，目的是在蒸馏分离时能与低沸点的四氯化锗（86℃）分开。氢氟酸与硅作用生成 SiF_4 而逸出。

3. 显色的最佳条件

液相显色的最佳条件是：①酸度为 1.2mol/L 盐酸最佳（范围为 1～1.5mol/L），小于 1.0mol/L 时，吸光度随酸度的减小而增大；大于 1.5mol/L 时，吸光度随酸度的增加而降低；②苯芴酮用量要适量，太少则锗-苯芴酮络合物不能全部生成，太多则使溶液底色太深；显色液中苯芴酮浓度为 0.005%时最佳，即 50mL 溶液中加入 5mL 浓度 0.05%的苯芴酮-乙醇溶液时吸光度稳定；③显色温度为 10～30℃；④显色时间为 1h；⑤显色稳定时间约 8h (随悬浮剂的质量变化)。

有机相显色的最佳条件是：①加入 0.2mL 乙酰苯酮足够将微量的铁、锡杂质掩蔽；②盐酸浓度为 0.01～0.07mol/L 时吸光度稳定，本标准采用 0.01mol/L 盐酸；③苯芴酮-乙醇溶液加入的量要严格控制，因吸光度随其加入量增加而增加，本标准规定加入量为 0.005%；④显色 3～4min 后颜色稳定，10h 内颜色不变。

八、思考题

1. 蒸馏时锗与干扰元素如何分离?
2. 加入试剂的顺序对显色有何影响?

九、知识扩展

锗的分析方法主要有比色法、原子荧光光谱法、电感耦合等离子体原子发射光谱法、电感耦合等离子体质谱法、碘酸钾滴定法等。

锗量的测定：电感耦合等离子体原子发射光谱法。

本方法拟采用硝酸、氢氟酸（氟化铵）、磷酸和高锰酸钾分解，然后加入盐酸进行蒸馏，使锗以四氯化锗的形态逸出，用水吸收并与干扰元素分离，在盐酸介质中，使用美国 PE 公司生产的 Avio 200 型 ICP 电感耦合等离子体原子发射光谱法进行锗含量测定。

（云南省煤炭产品质量检验站　雷翠琼执笔）

实验二十四　煤中镓的测定
（参考 GB/T 8208—2007）

一、实验目的

1. 了解测定煤中镓的意义和作用。
2. 学习和掌握煤中镓测定的方法、原理及测定范围。

二、实验原理

煤样灰化后用碱熔融，盐酸酸化，蒸干使硅酸脱水。或用盐酸、硫酸、氢氟酸混合酸分解。将熔融物或分解物用 6mol/L 盐酸溶解，加入三氯化钛溶液消除干扰元素的影响，加入罗丹明 B 溶液与氯镓酸形成有色络合物，用苯-乙醚萃取，然后用分光光度法测定。

本实验依据的标准为 GB/T 8208—2007《煤中镓的测定》。测定方法有煤中镓的碱熔融-萃取分离-罗丹明 B 分光光度法和酸熔融-萃取分离-罗丹明 B 分光光度法，其中碱熔融-萃取分离-罗丹明 B 分光光度法为仲裁方法。

本标准适用于褐煤、烟煤和无烟煤，测量范围是 1～100μg/g。

罗丹明 B 又称玫瑰精 B 或蔷薇红 B。其显色原理是在 6mol/L 盐酸介质中，氯镓酸络阴离子 $GaCl_4^-$ 与罗丹明 B(R) 生成氯镓酸罗丹明 B 有色络合物[$(RH)GaCl_4$](R＝罗丹明 B)。反应式如下：

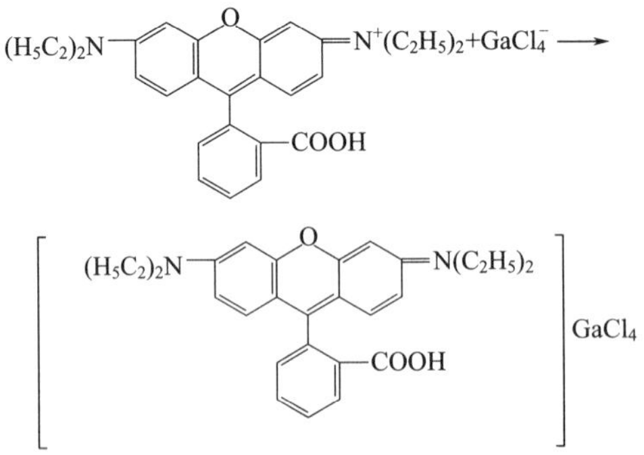

$$(H_5C_2)_2N\text{—[xanthene, O]—}{=}N^+(C_2H_5)_2\ (\text{—C}_6\text{H}_4\text{—COOH}) + GaCl_4^- \longrightarrow \left[(H_5C_2)_2N\text{—[xanthene, O]—}{=}N(C_2H_5)_2\ (\text{—C}_6\text{H}_4\text{—COOH})\right]GaCl_4 \quad (4\text{-}12)$$

氯镓罗丹明 B 有色络合物用苯-四氯化碳、苯-乙醚或甲苯-甲基异丁酮等混合溶剂萃取，有机层呈荧光红紫色，借此进行比色。

镓是电子工业的重要原料，如砷化镓可作莱塞元件，代替过去的气体莱塞。还可作太阳能电池用于人造卫星。磷化镓可作发光二极管，钒化镓可代替铌-钽系材料，作为良好的超导体材料。镓是一种稀散元素，迄今尚未发现它的单独矿石。伴生在煤中的镓一般含量多在10μg/g左右，少数煤中含量可达50μg/g以上。某些煤烟尘中含镓竟达0.04%～1.58%。

近年来，许多产镓国家在从煤烟飞灰及煤灰中提取锗时作为副产品回收镓。尽管煤中镓品位很低，但由于煤的储藏量和开采量大，所以煤已成为镓的重要来源。用来制作光学玻璃、真空管、半导体的原料，装入石英温度计可测量高温，加入铝中可制得易热处理的合金。镓和金的合金应用在装饰和镶牙方面，也用来作有机合成的催化剂。镓是银白色金属，密度5.904g/cm^3，熔点29.78℃，沸点2403℃，化合价2和3，第一电离能5.999eV，凝固点很低。由于稳定固体的复杂结构，纯液体有显著的过冷的趋势，可以放在冰浴内几天不结晶。质软、性脆，在空气中表现稳定。加热可溶于酸和碱；与沸水反应剧烈，但在室温时仅与水略有反应。高温时能与大多数金属作用。由液态转化为固态时，膨胀率为3.1%，宜存放于塑料容器中。

三、实验设备与材料

1. 仪器设备

（1）分析天平　感量0.1mg；

（2）分光光度计　上海精密科学仪器有限公司生产的722N型可见光分光光度计，如图4-74所示；

（3）马弗炉　鹤壁市智胜科技有限公司生产的XL-1型马弗炉，控温范围500～800℃，控温精度±10℃，如图3-65所示；

（4）电热板　北京市永光明医疗仪器有限公司生产的DB-型数显电热板，温度可调，如图3-66所示；

（5）银坩埚　容量30mL，带盖。

（6）比色管　带盖，容量25mL。

（7）灰皿　瓷质。

（8）烧杯　容量250～300mL。

（9）表面皿　直径100mm。

2. 实验材料

（1）水　去离子水或同等纯度的蒸馏水。

（2）硫酸溶液　体积比为（1+1），1体积浓硫酸加入1体积水中。

（3）盐酸溶液　约6mol/L，1体积盐酸加入1体积水中，混匀。

（4）氢氧化钠

（5）乙醇　95%以上。

（6）三氯化钛　质量分数为15.0%～20.0%。

（7）罗丹明B　5g/L。称取5g罗丹明B溶于1000mL（1+1）盐酸溶液中。

（8）镓储备标准溶液　100μg/mL。称取光谱纯二氧化镓0.1344g于200mL烧杯中，加入（1+1）盐酸20～30mL，加热至完全溶解。冷却后将溶液转入1L容量瓶中，用盐酸洗液洗净烧瓶，洗液并入容量瓶中。用盐酸溶液稀释到刻度，摇匀备用。

注：镓储备标准溶液也可使用市售有证标准溶液。

（9）镓中间标准溶液　10μg/mL。准确吸取镓储备标准溶液10mL至100mL容量瓶中，用水稀释至刻度，摇匀备用。

（10）镓工作标准溶液　1μg/mL。准确吸取镓中间标准溶液10mL至100mL容量瓶中，用水稀释至刻度，摇匀备用。

（11）苯-乙醚溶液　体积比为（3+1）（3体积苯与1体积乙醚混匀）。

四、实验准备

1. 煤样的灰化

称取一般分析煤样1.0g（称准至0.0002g）于灰皿中，铺平，放入马弗炉中，半开炉门，由室温逐渐升温到（550±10）℃（至少30min），并在（550±10）℃下保温2h，然后再升温至（700±10）℃，灰化2h至无黑色炭粒为止。

2. 灰样的处理

（1）碱熔法　将灰样全部转移到银坩埚中，加入少量乙醇将灰润湿，加入氢氧化钠4g。盖上坩埚盖，放入马弗炉中，在保证熔样不飞溅和不溢出的情况下，由室温逐渐加热到（700±10）℃，在此温度下熔融15min，取出坩埚并冷却至室温。将坩埚和盖平放在250mL烧杯中，往坩埚中加入100mL沸水，立即盖上表面皿，待浸取完全后，用热水洗涤坩埚和盖。沿烧杯壁加入浓盐酸10mL，盖上表面皿，待熔融物溶解完全后，取下并用热水冲洗表面皿。将烧杯放在电热板上加热，当盐类析出并略干涸时，用平头玻璃棒不断搅拌并研碎盐块，直到完全干涸为止，如图4-85所示。取下烧杯，稍加冷却后加入1+1盐酸充分搅拌至溶解，转入50mL容量瓶中，用1+1盐酸定容备用。

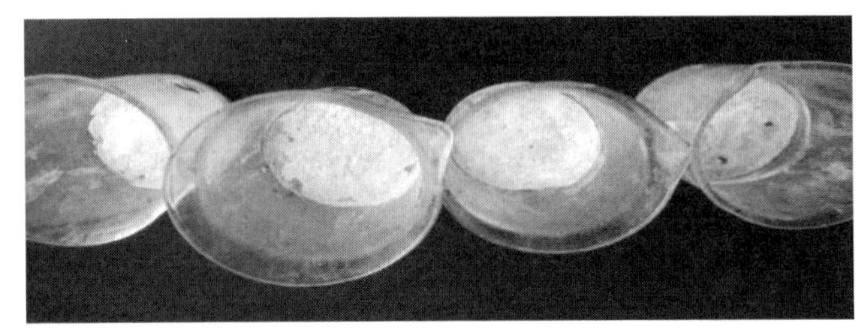

图4-85　熔融物加酸溶解后蒸干

（2）酸熔法　将灰样全部转入聚四氟乙烯坩埚中，加入少量水将灰润湿，加入硫酸溶液0.5mL、盐酸溶液2mL、氢氟酸5～7mL（根据硅含量多少而增减），把坩埚放在低温电热板上缓缓加热（温度约为100℃）至氢氟酸驱尽后再适当提供温度继续加热，直至冒硫酸酐白烟（但不要干涸）为止。稍冷，加入盐酸溶液5mL，继续加热至完全溶解，取下坩埚，稍冷后将溶液转入50mL容量瓶中，用盐酸溶液洗坩埚，洗液并入容量瓶中，用盐酸定容后待用。

（3）分解一批样品　应同时制备一个空白溶液，空白溶液的制备除不加灰样外，其余同样品分解。

五、实验步骤

① 用单刻度移液管分别准确吸取样品溶液和空白溶液各10mL（样品溶液的镓含量高时，适当减少吸液量，并用6mol/L盐酸稀释到10mL）于25mL的带盖比色管中，然后再在比色管中加1mL三氯化钛溶液，出现稳定的紫色摇匀，放置2min，再加2mL罗丹明B溶液、6mL苯-乙醚溶液。盖上盖，摇匀，放置5min以上，如图4-86所示，用10mm比色皿，在波长560nm下用上海精密科学仪器有限公司生产的722N型分光光度计比色，记录吸光度。

② 在取样品测定的同时，要取一系列的标准溶液作参比。用移液管分别取0.0mL，0.1mL，0.3mL，0.5mL，0.7mL，0.9mL，1.0mL，1.5mL，2.0mL，3.0mL镓工作标

准溶液于 25mL 带盖比色管中，用浓度为 6mol/L 盐酸溶液补足到 10mL；然后加入的溶液与处理样品的一样，放置 5min 以上，与样品一起进行比色。

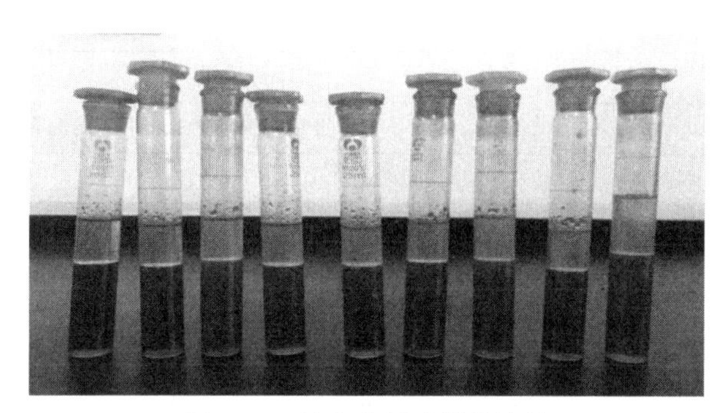

图 4-86　显色分层后样品溶液

③ 绘制工作曲线。以待测元素的浓度（μg/mL）为横坐标、吸光度为纵坐标，在坐标纸上绘制待测元素的工作曲线。

六、实验结果

1. 一般分析煤样中镓的质量分数 Ga_{ad} (μg/g)

按式(4-13) 计算：

$$Ga_{ad}=\frac{m_1}{m} \tag{4-13}$$

式中　m_1——从工作曲线上查得样品溶液中镓的质量，μg；

m——样品的质量，g。

2. 结果表述

每个试样做两次重复测定，按 GB/T 483 规定的数据修约规则，用测得的吸光度，从镓标准曲线上查得相应的镓含量，修约至小数点后一位，测定结果取两次测定的平均值换算成干燥基，结果保留整数位报出。镓分析原始记录可参考表 4-17。

表 4-17　煤中镓分析原始记录

实验编号					
样品名称		□原煤　□褐煤　□其他		□原煤　□褐煤　□其他	
标准工作溶液	浓度/(μg/mL)				
	用量/mL				
	吸光度(E)				
序号					
样品质量 m/g					
稀释总体积 V/mL		50		50	
分取体积 V_1/mL					
待测溶液吸光率(E_1)					
空白吸光率(E_0)					
标准曲线查得值 m_1/μg					
结果计算/(μg/g) $Ga_{ad}=m_1V/(mV_1)$					

续表

平均值 $Ga_{ad}/(\mu g/g)$		
$Ga_d/(\mu g/g)$		
$M_{ad}/\%$		
执行标准	GB/T 8208—2007 煤中镓的测定方法	
使用天平号		
使用仪器号		
设备参数	波长：560nm 比色皿：10mm	
环境条件	温度　　℃　湿度　　%	
备注		

测定者：　　审核者：　　日期：　　年　　月　　日

3. 方法精密度

碱熔融-萃取分离-罗丹明 B 分光光度法测定煤中镓的重复性限和再现性临界差如表 4-18 规定。

表 4-18　煤中镓测定的重复性限和再现性临界差

镓的质量分数 $Ga_d/(\mu g/g)$	重复性限 Ga_{ad}	再现性临界差 Ga_d
<10	2μg/g	3μg/g
10～50	20%（相对）	30%（相对）
>50	15%（相对）	20%（相对）

七、实验过程中应该注意的问题

1. 萃取镓的最佳条件是什么？

萃取镓的最佳条件是：①试液的盐酸浓度为 5.5～7.5mol/L，因为此时三氯化镓易被含氧的有机溶剂，如乙醚萃取（酸度在 6mol/L 时效果更好，萃取率可达 98%以上）；②试液与混合萃取剂的比例不小于 5∶3；③三氯化钛溶液加入量应小于 4mL，因其盐酸浓度为 4.7mol/L，若加入过多时会将试液的盐酸浓度稀释，影响萃取率；④萃取时间在 1min 以上，2min 最好。

2. 显色的最佳条件是什么？

显色的最佳条件是：①在 10mL 6mol/L 的盐酸介质中加入三氯化钛溶液约 1mL，0.5%罗丹明 B 溶液 2mL；②显色时间大于 5min，氯镓酸罗丹明 B 络合物的颜色成稳定状态，至少在 24h 内不变。

3. 比色的最佳条件是什么？

比色的最佳条件是：①在 6mL 苯-乙醚中含镓 5μg 以下时符合郎伯-比尔定律；②分光光度计测定时波长 560nm 最好；③分光光度计测定时用 10mm 的较好。

八、思考题

1. 煤样在碳化过程中要控制灰化条件的原因是什么？怎样控制？

2. 碱熔法分解灰的主要作用是什么？在盐酸介质中蒸干的作用是什么以及应注意事项有哪些？

3. 用煤中镓的测定方法测定镓时主要干扰元素及消除方法有哪些？

4.有时候氯镓酸罗丹明B络合物不呈荧光红紫色而呈深紫色，有时浑浊不易分层的原因及处理方法是什么？

九、知识扩展

镓、钒、钍、磷是煤中常见的微量元素，煤中镓采用的是比色法，存在的主要问题是手续繁杂，分析速度缓慢，分析结果受分析人员及各种试剂等因素影响较大，不能适应快速、大批量分析的要求。近年来兴起的ICP-OES技术灵敏度高、基体效应小、稳定性高、线性动态范围宽、分析速度快，已经在各个领域的分析测试中广泛应用。

采用硝酸-氢氟酸-高氟酸混合体系，微波消解样品，利用电感耦合等离子体发射光谱法同时测定煤中镓、钒、钍、磷等多元素的测定方法，精密度好，检出限低，分析结果可靠，可满足煤质分析的要求。

（云南省煤炭产品质量检验站　雷翠琼执笔）

实验二十五　煤中铬、镉、铅的测定（参考GB 16658—2007）

一、实验目的

1.了解煤中铬、镉、铅测定的意义。

2.学习和掌握煤中铬、镉、铅测定的方法及原理。

二、实验原理

煤样灰化后，用氢氟酸-高氯酸分解，在硝酸介质中加入硫酸钠消除镁等共存元素对铬的干扰，用原子吸收法进行测定。

本实验依据的标准为GB 16658—2007《煤中铬、镉、铅的测定方法》，适用于褐煤、烟煤、无烟煤。铬、镉、铅属于煤中痕量元素，在煤中的含量较低，一般均小于0.01%。它们主要以无机形态存在煤中。燃烧时，这些痕量元素不同程度释放到环境中，造成对环境的污染。因此，准确测定煤中铬、镉、铅的含量对环境意义重大。

三、实验设备与试剂

1.仪器设备

（1）原子吸收分光光度计　北京普析通用仪器有限责任公司生产的TAS-990型原子吸收分光光度计，带背景扣除装置。

（2）光源　铬、镉、铅元素空心阴极灯。

（3）分析天平　感量0.1mg。

（4）电热板　北京市永光明医疗仪器有限公司生产的DB-型数显电热板，温度可调，如图3-66所示。

（5）马弗炉　带有调温装置和烟囱，能保持温度500℃±10℃，长沙开元仪器股份有限公司生产的5E-MF6100K智能马弗炉，如图3-10。

（6）聚四氟乙烯坩埚　30mL。

2.实验材料

除非另有说明，本实验所用试剂均为优级纯，所用水为去离子水。

（1）氢氟酸　40%以上。

（2）高氯酸　70%以上。

（3）硝酸溶液　体积比为（1+1）。

（4）硝酸溶液　体积比为（1+99）。

（5）硫酸钠溶液　200g/L。称取200g无水硫酸钠于1000mL烧杯中，加少量水溶解后，转入1000mL塑料瓶中。

（6）镉标准储备溶液　1mg/mL。称取1.0000g（称准至0.0002g）高纯金属镉（质量分数为99.99%）于300mL烧杯中，加入浓度为体积比（1+1）的硝酸溶液50mL，待全部溶解后移入1000mL容量瓶中，用水稀释至刻度，摇匀。转入塑料瓶中。

（7）铅标准储备溶液　1mg/mL。称取1.0000g（称准至0.0002g）高纯金属铅（质量分数为99.99%）于300mL烧杯中，加入浓度为体积比（1+1）的硝酸溶液50mL，待完全溶解后移入1000mL容量瓶，用水稀释至刻度，摇匀。转入塑料瓶中。

（8）铬标准储备溶液　1mg/mL。称取光谱纯重铬酸钾2.8288g（称准至0.0002g）于300mL烧杯中，加入水和浓度为体积比（1+1）的硝酸溶液各50mL，待完全溶解后移入1000mL容量瓶中，加水稀释至刻度，摇匀。转入塑料瓶中。

（9）镉、铅混合标准工作溶液　各20mg/mL。准确吸取浓度为1mg/mL镉标准储备溶及浓度为1mg/mL铅标准储备溶液各10mL于500mL容量瓶中，用体积比为（1+99）的硝酸溶液稀释至刻度，摇匀。转入塑料瓶中。

（10）铬标准工作溶液　20μg/mL。准确吸取浓度为1mg/mL铬标准储备溶液10mL于500mL容量瓶中，用体积比为（1+99）的硝酸溶液稀释至刻度，摇匀。转入塑料瓶中。

四、实验准备

1. 样品溶液的制备

① 称取一般分析煤样1.9～2.1g（称准至0.0002g）于灰皿中，铺平，放入马弗炉中，由室温缓慢加热至500℃±10℃，在此温度下灼烧至无含碳物为止（至少4h）。注：煤样灰分不小于30%时称取1g。

② 将上述灰样全部转入聚四氟乙烯坩埚中，用少量水润湿，加高氯酸4mL、氢氟酸10mL，置于电热板上缓缓加热，蒸至近干。取下坩埚，稍冷后用少量水将坩埚内壁的水珠冲下，再加氢氟酸10mL，继续在电热板加热至白烟冒尽。取下坩埚，稍冷，加体积比为（1+1）的硝酸溶液10mL、蒸馏水10mL，放在电热板加热至近沸并保持1min。取下坩埚，用热水将坩埚中溶液转入100mL容量瓶中，冷至室温，加水稀释至刻度，摇匀。此溶液为样品溶液。

2. 样品空白溶液的制备

每分解一批样品应同时制备一个样品空白溶液，样品空白溶液的制备除不加试样外，其余操作同样品溶液的制备。此溶液为样品空白溶液。

3. 待测样品溶液的制备

（1）铬待测样品溶液　准确吸取样品溶液和样品空白溶液各25mL于50mL容量瓶中，加硫酸钠溶液7.5mL，用水稀释至刻度，摇匀。制备好的待测样品溶液如图4-87所示。

（2）镉、铅待测样品溶液　即样品溶液和样品空白溶液。

4. 系列标准溶液的制备

（1）铬系列标准溶液　取6个100mL容量瓶，分别加入浓度为20μg/mL的铬标准工作溶液0mL，1mL，2mL，3mL，4mL，5mL，体积比为（1+1）的硝酸溶液4mL及硫酸钠

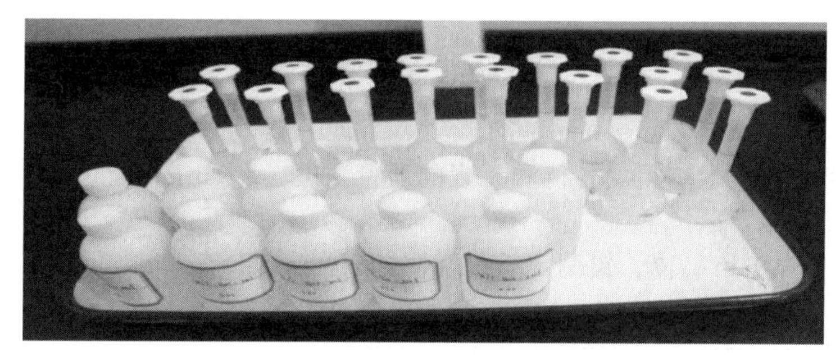

图 4-87　制备好的待测样品溶液

溶液 15mL，用水稀释至刻度，摇匀。

（2）镉、铅系列标准溶液　取 6 个 100mL 容量瓶，分别加入浓度为 20mg/mL 的镉、铅混合标准工作溶液 0mL，1mL，2mL，3mL，4mL，5mL 及体积比为（1+1）的硝酸溶液 4mL，用水稀释至刻度，摇匀。系列标准溶液如图 4-88 所示。

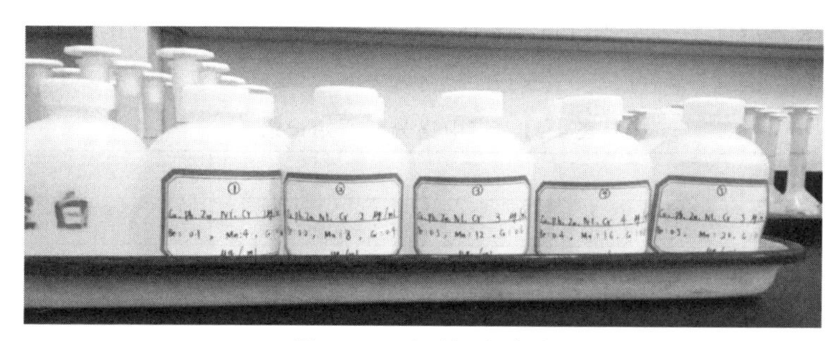

图 4-88　系列标准溶液

五、实验步骤

（1）北京普析通用仪器有限责任公司生产的 TAS-990 型原子吸收分光光度计工作条件的确定除表 4-19 所规定的各元素的分析线和所使用的火焰气体外，仪器的其他参数——灯电流、通带宽度、燃烧器高度及燃气与助燃气流量等，应通过实验调至最佳值。

表 4-19　各元素的分析线和所使用的火焰气体

元素	分析线/nm	火焰气体
Cr	357.9	乙炔-空气
Cd	228.8	乙炔-空气
Pb	217.0	乙炔-空气

（2）工作曲线的绘制　在确定的仪器工作条件下，以标准空白溶液调零，测定铬系列标准溶液和镉、铅系列标准溶液中各元素的吸光度，以各待测元素的浓度（μg/mL）为横坐标、吸光度为纵坐标，绘制各待测元素的工作曲线。

（3）样品测定　在确定的仪器工作条件下，以待测样品空白溶液调零，测定铬待测样品溶液和镉、铅待测样品溶液中各元素的吸光度，然后从工作曲线上查出各元素的浓度。

六、实验结果

1.空气干燥煤样中铬、镉和铅的质量分数（μg/g）分别按式(4-14）和式(4-15）计算：

$$Cr_{ad}=\frac{200\rho}{m} \tag{4-14}$$

$$Cd(Pb)_{ad}=\frac{100\rho}{m} \tag{4-15}$$

式中 ρ——从工作曲线上查得的各待测元素的质量浓度，μg/mL；

m——样品质量，g。

2. 方法精密度煤中铬、镉、铅测定重复性限如表 4-20 规定。

表 4-20 煤中铬、镉、铅测定的重复性

元素	质量分数/(μg/g)	重复性限/(μg/g)
Cr_{ad}	5～50	3
Cd_{ad}	1～20	0.5
Pb_{ad}	10～100	5

3. 结果表述每个试样做两次重复测定，结果按 GB/T 483 数字修约规则，取两次重复测定结果的平均值换算成干燥基，铬和铅修约至整数，镉修约至小数点后一位报出。原始记录可参考表 4-21～表 4-23。

表 4-21 煤中铬分析原始记录

<table>
<tr><td colspan="2">实验编号</td><td colspan="2"></td><td colspan="2"></td></tr>
<tr><td colspan="2">样品名称</td><td colspan="2">原煤</td><td colspan="2">原煤</td></tr>
<tr><td rowspan="3">标准工作溶液</td><td>浓度/(μg/mL)</td><td colspan="4"></td></tr>
<tr><td>用量/mL</td><td colspan="4"></td></tr>
<tr><td>吸光度(E)</td><td colspan="4"></td></tr>
<tr><td colspan="2">序号</td><td></td><td></td><td></td><td></td></tr>
<tr><td colspan="2">样品质量/g</td><td></td><td></td><td></td><td></td></tr>
<tr><td colspan="2">稀释总体积 V/mL</td><td colspan="2">100</td><td colspan="2">100</td></tr>
<tr><td colspan="2">分取体积 V_1/mL</td><td colspan="2"></td><td colspan="2"></td></tr>
<tr><td colspan="2">待测溶液吸光度(E)</td><td></td><td></td><td></td><td></td></tr>
<tr><td colspan="2">空白吸光度(E_0)</td><td colspan="4"></td></tr>
<tr><td colspan="2">测定成分浓度 C/(μg/mL)</td><td></td><td></td><td></td><td></td></tr>
<tr><td colspan="2">Cr_{ad}(=200C/m)/(μg/g)</td><td></td><td></td><td></td><td></td></tr>
<tr><td colspan="2">平均值 Cr_{ad}/(μg/g)</td><td colspan="2"></td><td colspan="2"></td></tr>
<tr><td colspan="2">Cr_d/(μg/g)</td><td colspan="2"></td><td colspan="2"></td></tr>
<tr><td colspan="2">M_{ad}/%</td><td colspan="2"></td><td colspan="2"></td></tr>
<tr><td colspan="2">A_d/%</td><td colspan="2"></td><td colspan="2"></td></tr>
<tr><td colspan="2">执行标准</td><td colspan="4">GB/T 16658—2007 煤中铬、镉、铅的测定方法</td></tr>
<tr><td colspan="2">使用天平号</td><td></td><td colspan="2">使用仪器号</td><td></td></tr>
<tr><td colspan="2">设备参数</td><td colspan="4">波长： nm 灯电流： mA
负高压： mV 狭缝： mm</td></tr>
<tr><td colspan="2">环境条件</td><td colspan="4">温度 ℃ 湿度 %</td></tr>
<tr><td colspan="2">备注</td><td colspan="4"></td></tr>
</table>

测定者： 审核者： 日期： 年 月 日

表 4-22　煤中镉分析原始记录

实验编号					
样品名称		原煤		原煤	
标准工作溶液	浓度/(μg/mL)				
	用量/mL				
	吸光度(*E*)				
序号					
样品质量/g					
稀释总体积 *V*/mL		100		100	
分取体积 V_1/mL					
待测溶液吸光度(*E*)					
空白吸光度(E_0)					
测定成分浓度 *C*/(μg/mL)					
Cd_{ad}(=100*C*/*m*)/(μg/g)					
平均值 Cd_{ad}/(μg/g)					
Cd_d/(μg/g)					
M_{ad}/%					
A_d/%					
执行标准		GB/T 16658—2007 煤中铬、镉、铅的测定方法			
使用天平号			使用仪器号		
设备参数		波长：　nm　灯电流：　mA 负高压：　mV　狭缝：　mm			
环境条件		温度　℃　湿度　%			
备注					

测定者：　　　　审核者：　　　　日期：　　年　　月　　日

表 4-23　煤中铅分析原始记录

实验编号					
样品名称		原煤		原煤	
标准工作溶液	浓度/(μg/mL)				
	用量/mL				
	吸光度(*E*)				
序号					
样品质量/g					
稀释总体积 *V*/mL		100		100	
分取体积 V_1/mL					
待测溶液吸光度(*E*)					
空白吸光度(E_0)					
测定成分浓度 *C*/(μg/mL)					
Pb_{ad}(=100*C*/*m*)/(μg/g)					

续表

平均值 Pb_{ad}/(μg/g)			
Pb_d/(μg/g)			
M_{ad}/%			
A_d/%			
执行标准	GB/T 16658—2007 煤中铬、镉、铅的测定方法		
使用天平号		使用仪器号	
设备参数	波长：　nm　灯电流：　mA 负高压：　mV　狭缝：　mm		
环境条件	温度　℃　湿度　%		
备注			

测定者：　　审核者：　　日期：　年　月　日

七、实验过程应注意的问题

1. 煤样灰化温度的影响

通过灰化温度对煤中铬、镉、铅测定结果的影响实验，规定灰化温度为500℃。

2. 介质酸度的影响

通过对使用硝酸、盐酸、硫酸及其浓度对煤中铬、镉、铅测定结果的影响实验，说明硫酸对铅影响严重，分解样品过程中生成硫酸铅沉淀所致；盐酸浓度高时对铬稍有影响；硝酸在实验浓度下对铬、镉、铅测定结果无影响。

3. 共存元素的干扰及干扰消除

在样品溶液中除了待测元素铬、镉、铅外，还含有硅、铁、铝、钙、镁等多种共存元素，通过共存元素对铬、镉、铅测定的影响和干扰消除实验表明，硅、铁、镁等18种元素对镉、铅的测定无影响；硅、铁、铝、钙、镁、锰、钒对铬的测定有负干扰，加入3%的硫酸钠即可消除此干扰。

4. 仪器工作条件的选择

在标准中规定了各测定元素的分析线、燃气和助燃气比例、灯电流、狭缝宽度、燃烧器高度等；根据不同型号仪器和不同操作人员及其他不同条件，最佳仪器参数主要从灵敏度、稳定性、干扰情况三个方面考虑。

八、思考题

1. 为什么规定灰化温度为500℃？
2. 哪些共存元素对测定有干扰？
3. 分解样品时，酸的浓度对测定结果有何影响？
4. 测定元素铬时，溶液中为什么要加入硫酸钠？
5. 用空气-乙炔火焰测定元素铬时，为什么通常采用富氧火焰？

九、知识扩展

铬、镉、铅是煤中常见的有害重金属元素，煤中铬、镉、铅采用的是原子吸收法，存在的主要问题是手续繁杂，分析速度缓慢，不能适应快速、大批量分析的要求。近年来兴起的ICP-OES技术灵敏度高、基体效应小、稳定性高、线性动态范围宽、分析速度快，已经在各个领域的分析测试中广泛应用。

ICP-OES 法测定煤样中磷、铜、铅、锌、镉、铬、镍、钴等元素。采用硝酸-氢氟酸-高氯酸混合体系，微波消解样品，用 ICP-OES 法测定煤样中微量元素 P、Cu、Pb、Zn、Cr、Dd、Ni、Co，快速简便、准确度高。该测定方法精密度好，检出限低，其分析结果可靠，可满足煤质分析的要求。

（云南省煤炭产品质量检验站　雷翠琼执笔）

实验二十六　电感耦合等离子体质谱法测定煤或焦炭中砷、溴、碘的含量（参考 SN/T 2263—2017）

一、实验目的

掌握电感耦合等离子体质谱法测定煤或焦炭中砷、溴、碘含量的原理及方法。

二、实验原理

试样采用高温压力微波密闭消解-混合酸溶处理，再经氧化剂稳定，稀释定容后，用铟做内标进行 ICP-MS 测定，以质荷比强度与其元素浓度的定量关系，测定样品中砷、溴、碘含量。

电感耦合等离子体质谱仪工作原理：测定时样品由载气（氩气）引入雾化系统进行雾化后，以气溶胶形式进入等离子体中心区，在高温和惰性气氛中被去溶剂化、汽化解离和电离，转化成带正电荷的正离子，经离子采集系统进入质谱仪，质谱仪根据质荷比进行分离，根据元素质谱峰强度测定样品中相应元素的含量。

三、仪器与材料

1. 仪器

以美国 PE 公司生产的 ELAN DRC 电感耦合等离子体质谱仪（如图 4-89 所示）为例。仪器主要由进样系统、电感耦合等离子体离子源（ICP）、接口（采样锥和截取锥）、离子光学系统、动态反应池（DRC）、四极杆质谱仪（MS）和检测器等主要部件构成。除了这些部件，仪器还包括一个内置于质谱仪中的真空系统，整个仪器由软件进行自动控制，如图 4-90 所示。

图 4-89　ELAN DRC 电感耦合等离子体质谱仪

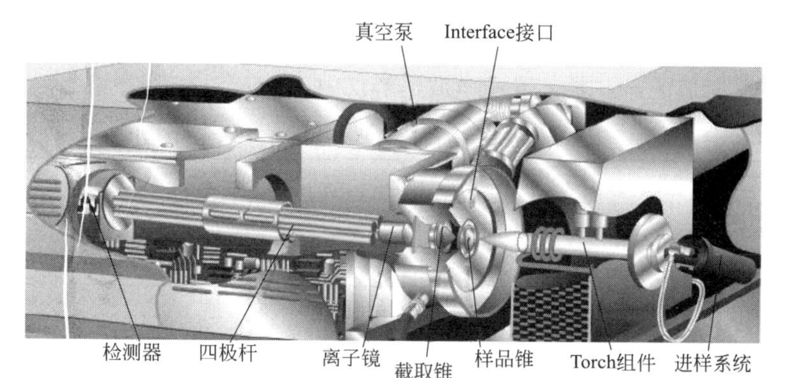

图 4-90　仪器内部结构

2. 材料

（1）试剂纯度　优级纯。

（2）实验用水　GB/T 6682 规定的一级水。

（3）硝酸　ρ=1.42g/mL，65%。

（4）氢氟酸　HF>40%。

（5）过氧化氢　ρ=1.10g/mL，H_2O_2 39%。

（6）四氟硼酸　50%（质量分数）。

（7）硝酸银　0.1%（质量分数），硝酸（1+99）介质。

（8）过硫酸钠　10%（质量分数）。准确称取 10g 过硫酸钠溶于 90mL 水中，存于棕色试剂瓶中，现用现配。

（9）高纯氩气　纯度大于 99.999%。

（10）移液枪　200μL、1000μL。

四、标准溶液配制

1. 标准储备液

（1）砷、溴和碘元素标准储备液　砷、溴和碘质量浓度均为 1000mg/L，硝酸（2+98）介质。直接购买有标准物质证书且在有效期内的元素标液，也可采用纯度大于 99.999%的标准碘酸钾、溴酸钾试剂，按照 GB/T 602 方法进行配制。

（2）铟标准储备液　质量浓度为 1000mg/L，直接购买有标准物质证书且在有效期内的元素标液。

2. 中间储备液配制

（1）砷、溴和碘元素中间储备液　质量浓度均为 1mg/L，硝酸（2+98）介质。准确移取 0.1mL 砷、溴和碘标准储备液，加入 2mL 硝酸，蒸馏水定容于 100mL 容量瓶中。密闭、避光、室温下保存 30d。

（2）铟中间储备液　质量浓度均为 1mg/L，硝酸（2+98）介质。准确移取 0.1mL 铟标准储备液，加入 2mL 硝酸，蒸馏水定容于 100mL 容量瓶中。密闭、室温下保存 30d。

3. 工作液配制

准确移取 0mL、0.10mL、0.50mL、1.50mL 砷、溴和碘元素中间储备液于 100mL 容量瓶中，分别加入 1.0mL 铟中间储备液作为内标，加入 10%过硫酸钠 1mL 和 1 滴 0.1%硝酸银溶液，放置 3～5min，氧化后，2%硝酸定容。

五、样品处理

将试料置于高温压力密封消解罐中，加入 8mL 硝酸、2mL 过氧化氢、2mL 氢氟酸或四氟硼酸，摇匀，盖上盖子，拧紧，置于微波消解仪中，按表 4-24 程序进行消解。

表 4-24　微波消解样品控制程序

步骤	时间/min	温度/℃
升温 1	5	120
升温 2	10	160
恒温 3	10	190
降温 4	—	0

消解完成后，将微波消解罐取出，冷却至室温，打开消解罐，将消解后的澄清溶液直接

转移至 100mL 聚乙烯材料容量瓶中，用蒸馏水清洗消解罐 3～5 次，清洗液并入容量瓶中，加入 10%过硫酸钠 1mL 和 1 滴 0.1%硝酸银溶液，室温下，放置 3～5min，待充分氧化后，加入 0.1g 硼酸，再加入 1.0mL 铟中间储备液作为内标，蒸馏水稀释定容，待测。同时做空白实验。

注：若消解后的溶液浑浊不澄清，可补加 1～2mL 硝酸和 0.5mL 氢氟酸或四氟硼酸于消解罐中，按照消解程序重复消解一次，消解时间减半，可得到澄清透明溶液。若消解前加四氟硼酸，消解后溶液可不加硼酸。

六、实验步骤

1. 开机

① 打开稳压电源。

② 打开排风机。

③ 打开氩气，分压表头设置为 0.6～0.8MPa。

④ 开计算机。

⑤ 开仪器主机。开机顺序为 CB2—CB4—CB3—CB1，至少间隔 5s，如图 4-91 所示。

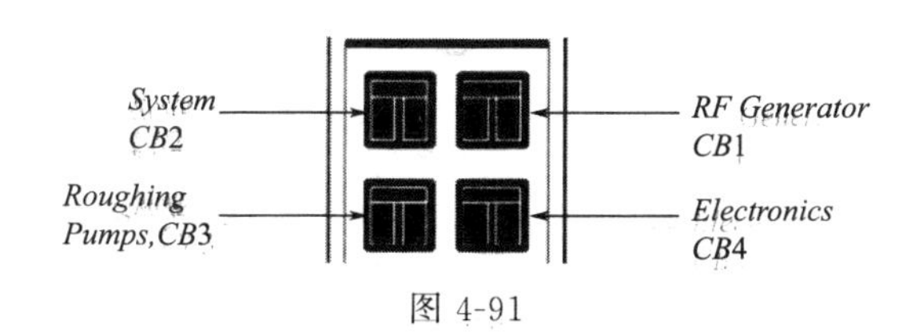

图 4-91

⑥ 开软件。双击 进入软件，点“Instrument”，出现图 4-92，单击“Vaccum”栏中的“Start”开始抽真空，一般需要 5min 才能准备好，停机时间长则需要的时间还要长一些，真空度达到 6×10^{-6}Torr（1Torr＝133.322Pa）左右。此处抽真空只抽真空腔室，正常情况下未点等离子体期间氩气消耗量小，真空保持状态不要停止氩气的供给。

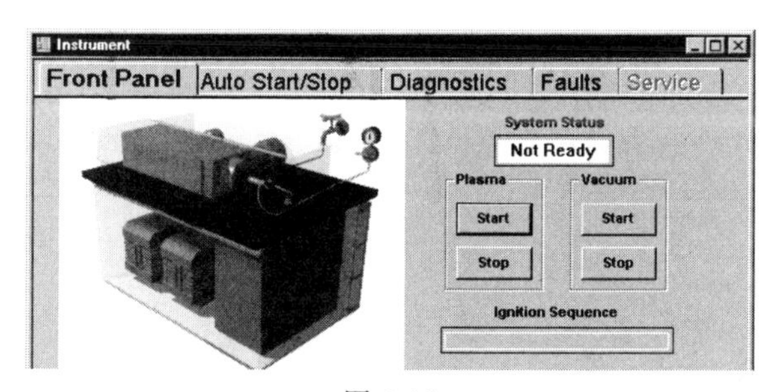

图 4-92

2. 点炬

① 检查排风。

② 检查氩气总压及分压。

③ 打开循环水机，等待 5min，左边是压力，右边是温度，一般设置为 16℃。

④ 安装泵管，单击“Devices”，出现图 4-93。单击“Fast”，转动泵，检查进样系统进排液是否正常（若不正常可调节泵夹紧螺钉或换泵管），正常后单击“Stop”停泵。

⑤ 在“Instrument”控制界面（图 4-94）中，单击“Plasma”栏中的“Start”，仪器自

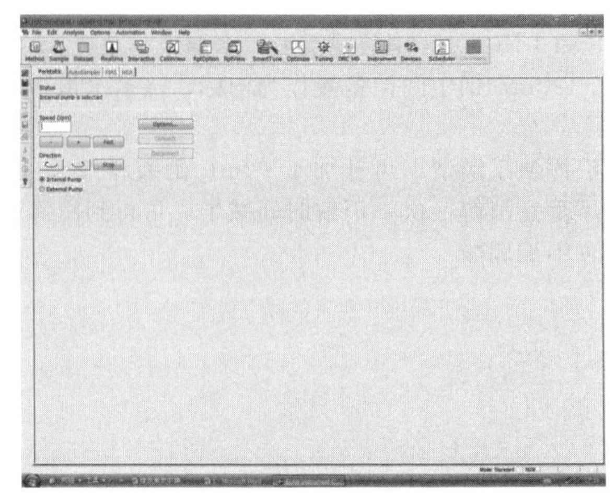

图 4-93

动完成点炬。如果点火时听见噼噼啪啪的放电声，则应立即按住机器上的“Stop”键中断点火，中断点火后打开“TorchBox”检查是否有放电痕迹。

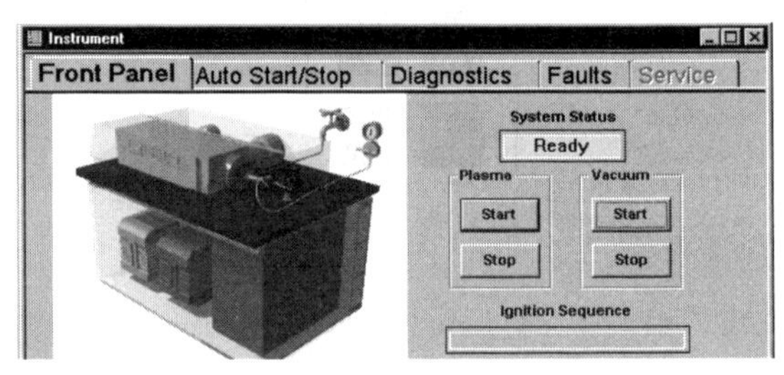

图 4-94

3. 检查仪器性能状态

① 稳定“Plasma” 5～10min。

② 单击，出现图 4-95，选中“Daily Performance. mth”，单击“Open”。

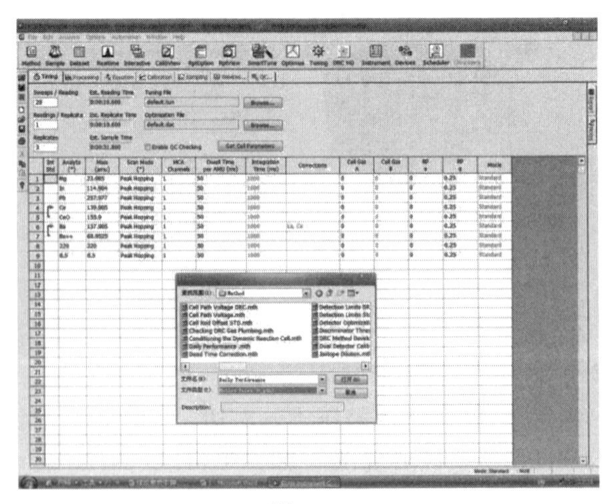

图 4-95

③ 单击“Sample”，出现图 4-96。因为方法“Daily Performance.mth”设置中选用的是 Mg、In 和 U 等元素（也可根据实际情况改设置，如选用 Mg、In 和 Pb），所以吸入 1ng/mL 的 Mg、In 和 U 的混合溶液，单击“Analyze Sample”分析样品。样品分析完后，单击“RptView”，检查“Daily”报告，看看是否需要优化，要求指标：满足 $Ba^{2+}/Ba<3\%$，$CeO/Ce<3\%$的情况下 Mg、In、U 的灵敏度尽可能地大，8.5(Mass) 和 220(Mass) 处的背景值尽可能低，一般小于 10。

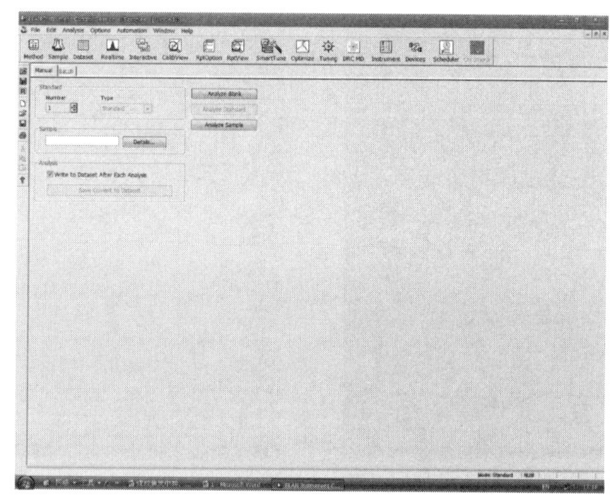

图 4-96

4. 优化

日常用需要掌握的优化有 *X*/*Y* 轴调整、雾化气流量优化和 AutoLens 的优化。

(1) *X*、*Y* 轴调整　当进行了取样锥、截取锥的清洗或更换，或维护了炬管组件，包括炬管、线圈等后进行 *X*、*Y* 轴调整，以期获得较好的代表性元素强度及 Ba^{2+}/Ba 和 CeO/Ce 值。

旋钮图 4-97 中左边的硬件 *X*、*Y* 轴，同时单击软件中“Realtime”观察代表元素实时强度及 Ba^{2+}/Ba 和 CeO/Ce 值，可选择“Signal”或“Numeric”显示。

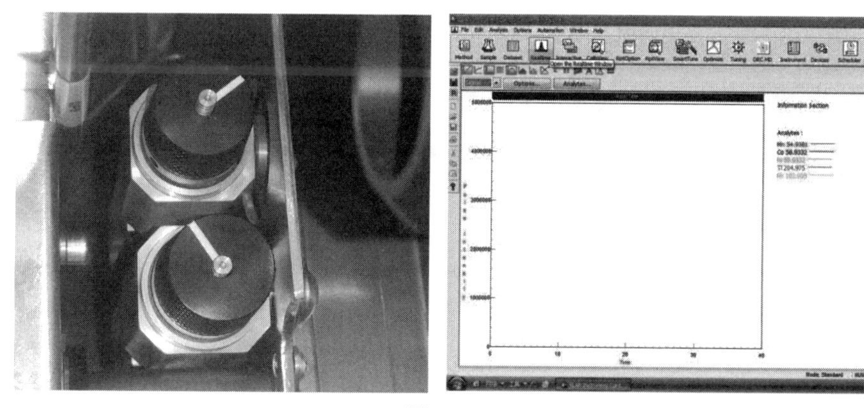

图 4-97

(2) 雾化气流量优化　此项优化一般在每次操作仪器时进行，一般采用手动修改 Neb 的值来优化，修改后再看看日常优化指标值的变化。

① 打开日常分析的工作区域：File—open workspace—daily performance—open。

② 单击“Optimize”打开“Optimize”文件，出现图 4-98。修改其中“Nebulizer Gas

Flow (NEB) ”的值。

③ 单击“Sample”，出现图 4-99。吸入 1ng/mL 的 Mg、In 和 U 的混合溶液，单击“Analyze Sample”分析样品。样品分析完后，检查“Daily”报告，看看优化指标值是变好了还是变差了。

注：减小雾化气流量会增加等离子体的温度，从而增加 M^{2+}，减小 MO（M 表示某个元素）。

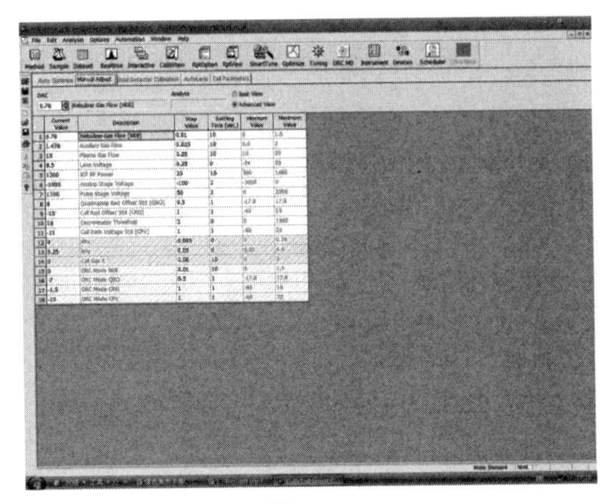

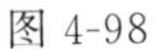

图 4-98

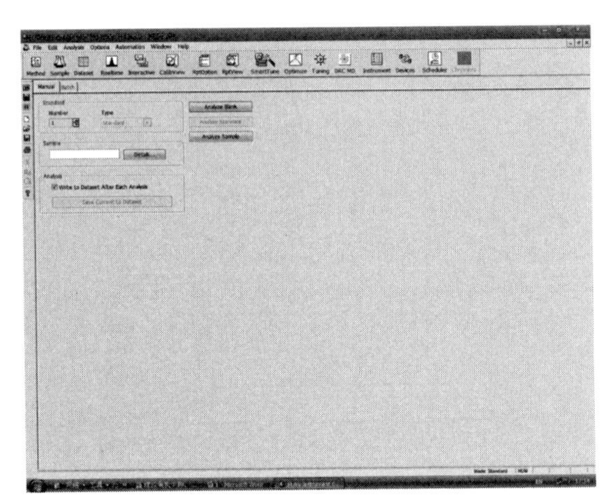

图 4-99 （图片大小有修改）

④ 保存最佳的 NEB 值（即保存“Optimize”文件）。单击一下 Optimize 的窗口激活该窗口，依次单击“File—Save”。

⑤ 注意事项：Neb 的优化也可以在“SmartTune”中进行，使用“nebulizer gas flow (NEB) ”。

(3) AutoLens 的优化　此项优化一般在雾化气流量或 RF 功率在优化后发生了大的变化，或样品基体复杂，难以达到好的效果时进行。

① 单击“SmartTune”，出现图 4-100。图 4-100 中提示了 AutoLens 优化时使用的“Optimization”文件，“Tuning”文件及数据结果保存位置。如果使用手动进样，则需要勾中“Use Manual Sampling”。

② 单击“Edit List…”，出现图 4-101。

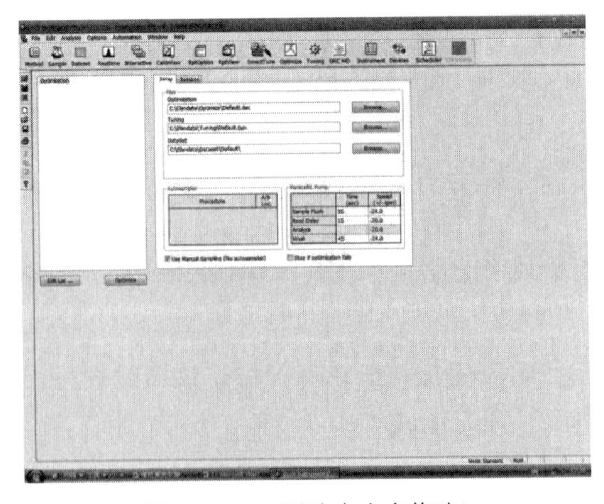

图 4-100 （图片大小有修改）

③ 选中“AutoLens”，单击[>]，再单击 OK，出现图 4-102。

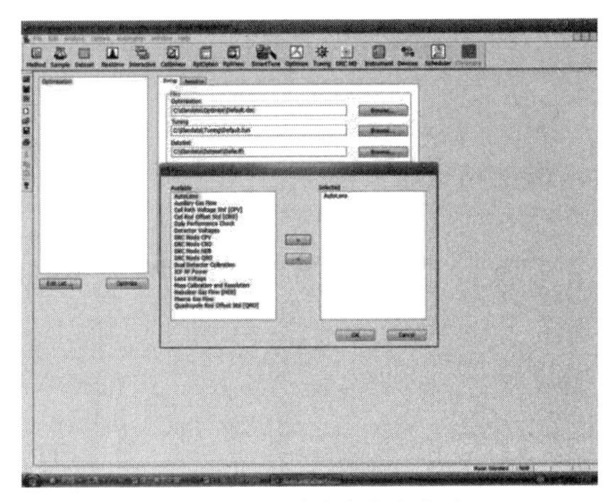

图 4-101　（图片大小有修改）

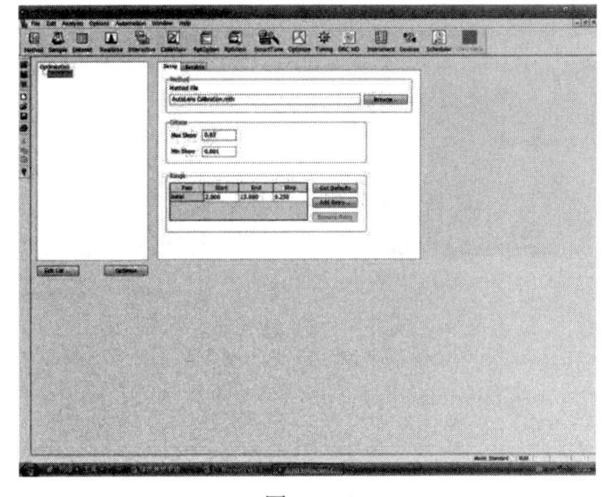

图 4-102

④ 右键单击“AutoLens”，选中“Quick Optimize”可以进行优化。打开方法可以看到使用的是，优化时吸入含有 1ng/mL Be、Co、In 溶液。

（4）注意事项

① 优化过程中每更改一次参数，一定做一次“Daily”报告，观察 Mg、In、U、背景 8.5、背景 220、Ba^{2+}/Ba 和 CeO/Ce 的变化。

② 优化完后一定要保存“Optimize”文件：单击一下“Optimize”的窗口激活该窗口，依次单击“File—Save”保存“Optimize”文件。

5. 编辑方法

① 单击“Method”，再单击“File—New”，出现图 4-103，单击“Quantitative Analysis—OK”。

② 单击“Timing”，通常设置“Sweeps/Reading”、“Readings/Replicate”和“Replicates”分别为 20、1 和 3，也可根据要求设置其他值。右键单击“Analyte”，出现图 4-104，单击待测元素及内标元素，再单击 OK。

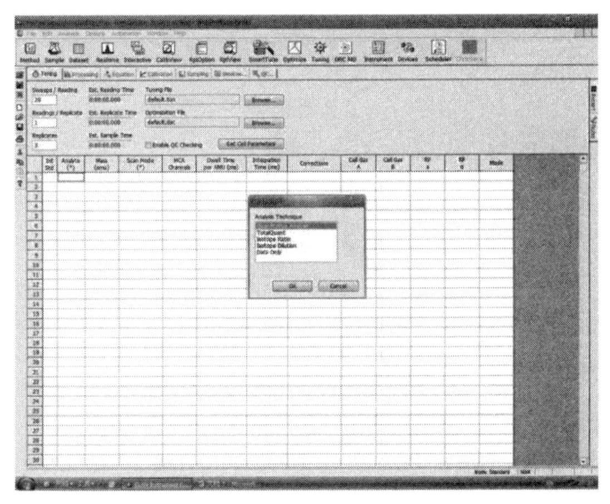

图 4-103

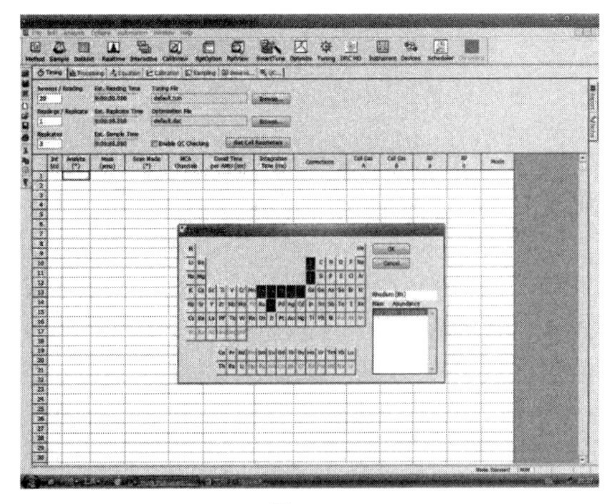

图 4-104

③ 选中所有元素，单击“Edit—Define Group”，将待测元素划为一组，如图 4-105。

④ 选中内标元素，单击“Edit—Set Internal Std”，设置内标元素，如图 4-106。

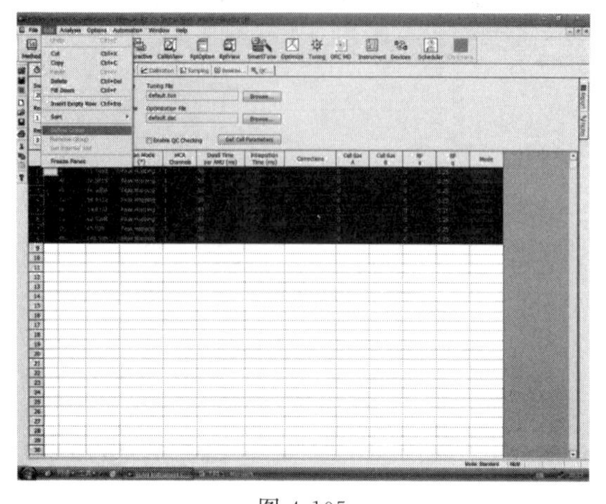

图 4-105

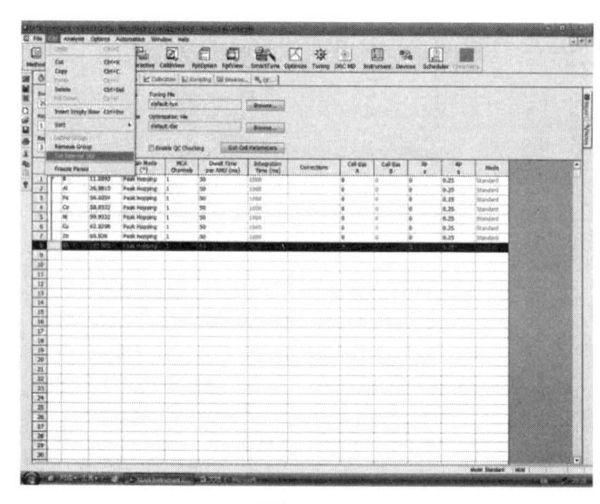

图 4-106

⑤ 单击“Calibration”，输入元素单位和标准工作液浓度，如图 4-107。

⑥ 单击“Sampling”，可进行“Time”和“Speed”的设置，手动进样可根据具体情况设置，一般取系统默认值，如图 4-108。

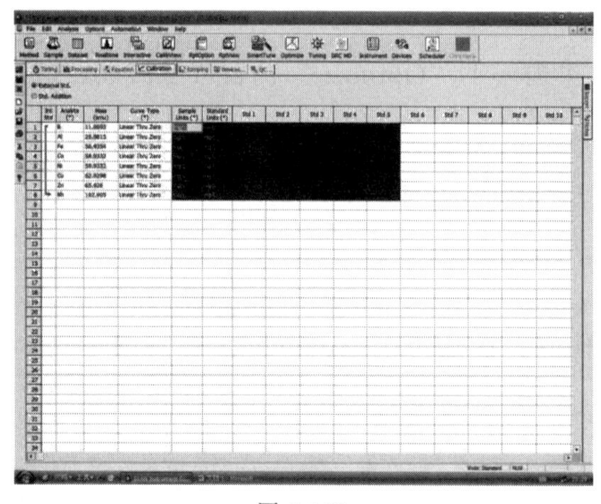

图 4-107

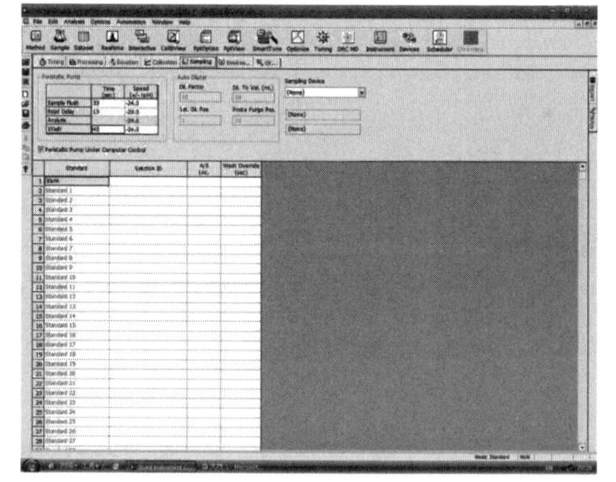

图 4-108

⑦ 单击“Report”，出现图 4-109，一般勾选“Report to File”，并选好“Report”模板，设置输出文件，其他信息根据需要自定义设置。

⑧ 为了减小 Ar、ArO 或 ArH 等由“Plasma”气造成的对元素的干扰，从而提高元素的检出限，部分元素将采用 DRC 模式（使用氨气），本实验室中 As 的测定建议采用此模式。DRC 模式操作只需要在方法的“Timing”中 Cell Gas A 和 RPq 改改参数且打开仪器中的电磁阀开关（图 4-110）。一般情况下，标准模式设置：Cell Gas A 为 0，RPq 为 0.25；DRC 模式设置：Cell Gas A 为 0.55，RPq 为 0.65。

⑨ 其他部分为系统默认值。设置好后单击“File—Save”，确定好文件存放路径和文件名。

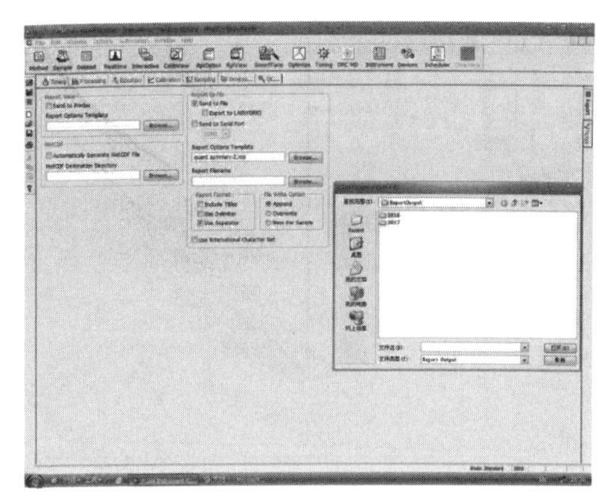

图 4-109

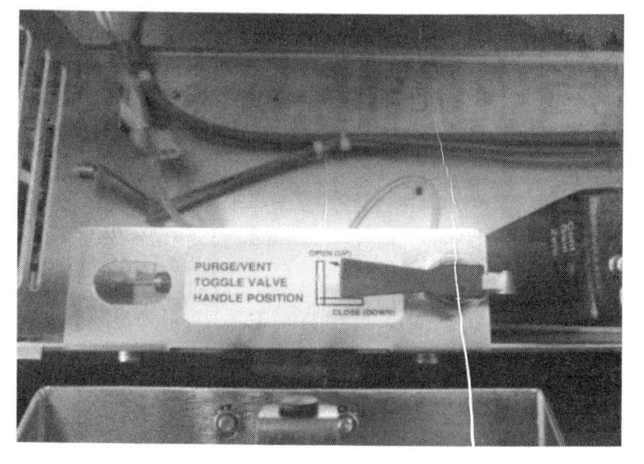

图 4-110

6. 样品分析

单击“Sample”出现图 4-111，首先吸入样品空白溶液，单击“Analyze Blank”；其次依次吸入标准工作液，单击“Analyze Standard”；再次吸入样品溶液，单击“Analyze Sample”。分析前单击“Dataset”，打开方法设置里的“Report”文件，同时可单击“Calib-View”观察标准曲线，如图 4-112。

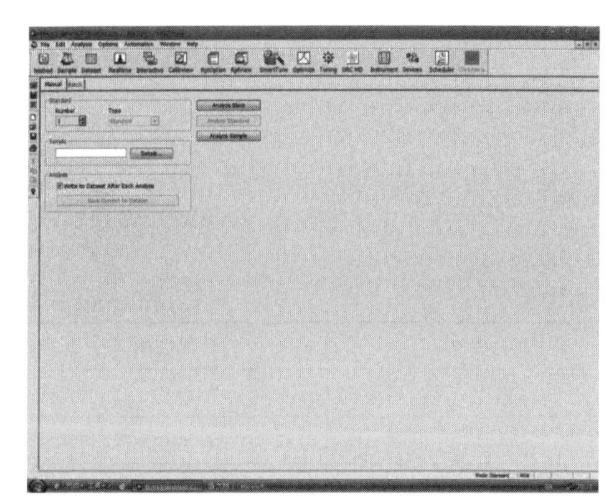

图 4-111

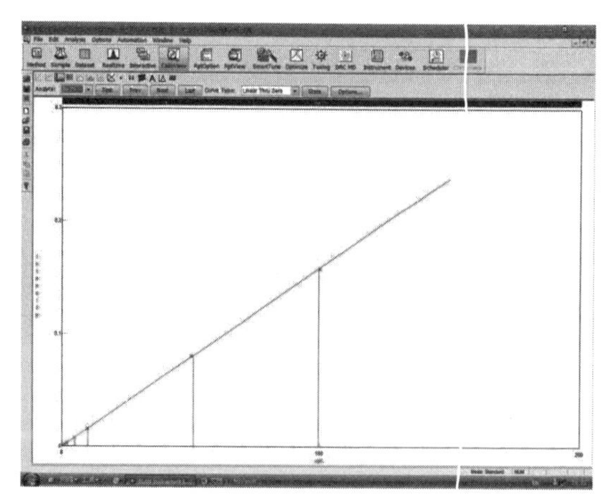

图 4-112

7. 熄炬

① 待所有的分析工作完成，将进样毛细管放入水中冲洗 3min。

② 单击“Instrument—Plasma—Stop”等待仪器自动熄灭炬（图 4-113）。听到机器内部电磁阀关闭声音后再点其他操作按钮。

③ 单击“Device—Fast”，排出雾化室中的废液，排除完毕单击 Stop。

8. 关机

① 单击“Instrument—Vacuum—Stop”停真空（大约 5min）。为了确保真空室的洁净，在关断真空后 30min 内应保持氩气供给。

② 退出软件。

③ 关仪器主机电源 CB1—CB3—CB4—CB2。

④ 依次关闭排风、氩气、循环水机、稳压电源。

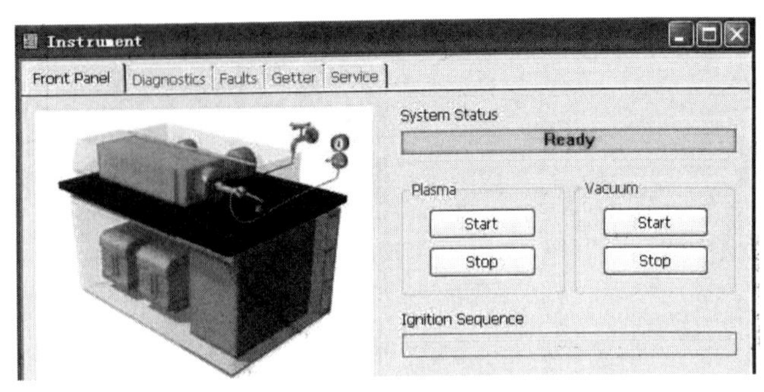

图 4-113

七、结果计算

所测元素含量结果按式(4-16)计算：

$$w=\frac{(c_1-c_0)V}{1000m} \tag{4-16}$$

式中 w——分析试样中的被测元素含量，mg/kg；

c_1——试样中被测元素的浓度值，μg/L；

c_0——试剂空白的浓度值，μg/L；

V——试液体积，mL；

m——试样质量，g；

1000——由 μg/L 转换为 μg/mL 的量纲倍数。

八、精密度

方法精密度见表 4-25。

表 4-25 方法精密度 单位：mg/kg

测定元素	水平	重复性 r	再现性 R
As	40	4.4	9.0
Br	55	7.0	9.0
I	8	0.7	2.0

九、注意事项

① 仪器排风系统是否正常。
② 真空是否满足要求。
③ 进液、排液是否畅通。
④ 氩气压力是否正常。
⑤ 矩管温度是否正常。
⑥ 采用 DRC 模式时注意开关电磁阀。

十、思考题

1. 检测过程中选用铟作为内标的目的是什么？
2. 样品处理中加入氢氟酸或四氢硼酸的目的是什么？

3. 电感耦合等离子体质谱法检测主要存在哪些干扰?

十一、知识扩展

[1] SN/T 2263—2017 煤或焦炭中砷、溴、碘的测定 电感耦合等离子体质谱法.

[2] SN/T 4369—2015 进出口煤炭中砷、汞、铅、镉、铬、铍的测定 微波消解-电感耦合等离子体质谱法.

(昆明理工大学 刘春侠执笔)

第五章
煤的塑性、黏结性和结焦性

煤的黏结性和结焦性是炼焦用煤的主要特性，按其特点其实验项目主要分为以下三项：

① 根据胶质体的数量和质量，有胶质层指数测定、吉氏塑性测定、奥阿膨胀度测定。

② 根据胶质体黏结惰性物质的能力，以表征煤的结焦性，有黏结指数和罗加指数。

③ 直接观察所得焦炭的性质，有格金指数的测定和坩埚膨胀序数测定。

煤在干馏过程中形成胶质体而呈现塑性状态的性质称之为塑性。煤的塑性一般包括煤的流动性、黏结性、膨胀性和透气性以及塑性温度范围等。要了解煤的塑性，既要测定胶质体的数量，又要掌握胶质体的性质，且必须用多种测试方法相互补充，才能比较全面地获得煤的塑性的本质。

黏结性是烟煤干馏时黏结其本身或外来的惰性物质的能力。它是煤干馏时所形成的胶质体显示的一种塑性。在烟煤中，能显示软化熔融性质的煤叫黏结性煤，不显示软化熔融性质的煤为非黏结性煤。黏结性是评价炼焦煤的一项主要指标，也是评价低温干馏、气化或动力用煤的一个重要依据。黏结是煤结焦的必要条件，与煤的结焦性密切相关。炼焦用煤中以肥煤的黏结性最好。

煤的结焦性是烟煤在焦炉或模拟焦炉的炼焦条件下，形成具有一定块度和强度的焦炭的能力。结焦性是评价炼焦煤的主要指标。炼焦煤必须兼有黏结性和结焦性，两者密切相关。煤的黏结性着重反映煤在干馏过程中软化熔融形成胶质体并固化黏结的能力。能否形成胶质体，以及胶质体的数量和性质，对煤的黏结和成焦至关重要。测定黏结性时加热速度较快，一般只测到形成半焦为止。煤的结焦性全面反映煤在干馏过程中软化熔融直到固化形成焦炭的能力。测定结焦性时加热速度一般较慢。奥阿膨胀度升温速率为3℃/min，胶质层指数小于250℃时为8℃/min，大于250℃时升温速率也为3℃/min，吉氏塑性也为3℃/min。铝甑在260～510℃时，为5℃/min，格金干馏大于300℃时升温速率为5℃/min。

实验二十七　烟煤黏结指数的测定
（参考GB/T 5447—2014）

一、实验目的

掌握烟煤黏结指数测定的基本原理，学会操作方法步骤以及测定过程中的注意事项。

二、实验原理

烟煤黏结指数的测定原理：以一定质量的实验煤样和专用无烟煤混合均匀，在规定条件下快速加热成焦，所得焦块在一定规格的转鼓内进行强度检验，以焦块的耐磨强度表示实验煤样的黏结能力。

黏结指数是评价煤的塑性的一个指标，以 G 或 $G_{R.I}$ 表示。根据煤的黏结指数，可以大致确定该煤的主要用途；利用煤的挥发分和黏结指数图，可以了解各种煤在炼焦配煤中的作用，这对指导配煤，确定经济合理的配煤比具有一定意义。

三、实验设备

（1）分析天平　感量 0.001g。

（2）坩埚　瓷制专用坩埚和坩埚盖。

（3）搅拌丝　由直径 1～1.5mm 的金属丝支撑。

（4）压块　质量为 110～115g。

（5）压力器　用铁制成，重锤质量 6kg。如图 5-1 所示。

（6）马弗炉　具有均匀加热带，其 (850±10)℃ 恒温带须在 120mm 以上，并附有恒温控制器。

（7）转鼓实验装置　包括两个转鼓，一个变速器和一台电动机。转鼓转速为 (50±0.5)r/min。转鼓内径为 200mm，深 70mm，如图 5-2 所示。

（8）圆孔筛　筛孔直径 1mm。

图 5-1　压力器

(a) 转鼓外观　　(b) 转鼓内部

图 5-2　黏结指数实验转鼓

（9）坩埚架　由直径为 3～4mm 的镍铬丝制成。

（10）带手柄平铲　手柄长 600～700mm，铲宽约 20mm，铲长 180～220mm，厚 1.5mm。作送取盛样坩埚架出入箱形电炉之用。

（11）玻璃表面皿或铝箔制称样皿。

（12）搪瓷盘　两只，长 300mm，宽 220mm，高约 25mm。

（13）秒表

（14）干燥器

（15）小镊子

（16）小刷子

（17）小铲刀

四、实验准备

① 实验煤样为粒度＜0.2mm 的空气干燥煤样，其中 0.1～0.2mm 的粒级占全部煤样 20%～35%。煤样制好后应妥善保存，严防氧化。制样后至实验的时间不得超过 5d。否则，在报告中应注明制样和实验的时间。

② 黏结指数专用无烟煤应符合 GB/T 14181《测定烟煤粘结指数专用无烟煤技术条件》规定的要求。

五、实验步骤

1. 实验煤样与标准无烟煤的混合

① 称 5.000g 标准无烟煤，再称 1.000g 实验煤样放入坩埚。

② 用搅拌丝的圆环一端将坩埚内的混合物搅拌 2min。其方法是：一手持坩埚作 45°左右倾斜，逆时针方向转动，转速为 15r/min；另一手持搅拌丝按同样倾角作顺时针方向转动，转速约为 150r/min。搅拌时，搅拌丝的圆环应与坩埚壁和底相连的圆弧部分接触。经 1min45s 后，一边继续搅拌，一边将坩埚和搅拌丝逐渐转到垂直位置，2min 时停止搅拌。

③ 搅拌结束后将坩埚壁上的煤粉轻轻扫下，用搅拌丝的矩形端将煤样拨平，并使沿坩埚壁的层面较中央低 1～2mm。

④ 用镊子将压块放置在煤样表面中央，然后用压力器压平 30s。加压时要轻放重锤，以防冲击煤样。

⑤ 加压完毕，压块仍保留在坩埚中，加上坩埚盖。

2. 混合物的焦化

将带盖的坩埚轻轻放在坩埚架上，坩埚架与坩埚一起移入已升温至 850℃的马弗炉的恒温带上。开启秒表计时并立即关闭炉门。要求在 6min 内炉温温度应恢复到 850℃（若恢复不到此温度，可适当提高入炉预热温度），并保持在（850±10）℃。15min 后取出坩埚冷却到室温。加热时间包括温度恢复时间在内。若不立即进行转鼓实验，将坩埚存入干燥器。

3. 转鼓实验

① 从坩埚中取出压块，用牙刷或小刀将附着在压块上的焦屑刷入（或刮入）表面皿，称量焦渣总质量。

② 将焦渣放入转鼓进行第一次转鼓实验。转磨后的焦渣用 1mm 圆孔筛进行筛分，称量筛上焦渣质量。经称量后的焦渣移入转鼓进行第二次转鼓实验，重复上述筛分和称量操作。

每次转鼓实验需进行 5min、250r，各次称的焦渣质量都应准至 0.01g。

六、计算

1. $G_{R.I}$ 计算

专用无烟煤和实验煤样的比例为 5∶1 时，$G_{R.I}$ 按式(5-1) 计算

$$G_{R.I}=10+\frac{30m_1+70m_2}{m} \tag{5-1}$$

式中　m——焦化处理后焦渣总质量，g；

m_1——第一次转鼓实验后，筛上焦渣质量，g；

m_2——第二次转鼓实验后，筛上焦渣质量，g；

$G_{R.I}$——黏结指数。

2. 结果表述

按上述步骤测定，若 $G<18$，需改变配比做补充实验。改变后的配比应为 3.000g 试样与 3.000g 标准无烟煤混合，其他实验操作同前。补充实验黏结指数按式(5-2) 计算：

$$G=\frac{30m_1+70m_2}{5m} \tag{5-2}$$

式中，符号意义同式(5-1)。

七、实验结果及精密度

烟煤黏结指数 $G_{R.I}$ 的计算精确到小数点后一位。取重复实验结果的算术平均数作为最终结果。修约到整数报出。实验记录可参考表 5-1。

每一实验煤样应进行两次重复实验。G 指数大于或等于 18 时，重复性为小于或等于 3，再现性临界差为小于或等于 4；G 小于 18 时，重复性为小于或等于 1，再现性临界差为小于或等于 2。

表 5-1　烟煤黏结指数测定原始记录

实验编号				
样品名称	□原煤　□浮煤		□原煤　□浮煤	
无烟煤:样品	□5：1□3：3		□5：1□3：3	
坩埚号				
m/g				
m_1/g				
m_2/g				
$(5:1)G_{R.I}=\frac{30m_1+70m_2}{m}+10$				
$(3:3)G_{R.I}=\frac{30m_1+70m_2}{5m}$				
平均值				
执行标准	GB/T 5447—2014 烟煤黏结指数测定方法			
使用天平号				
使用仪器号				
环境条件	温度　　℃　　湿度　　%			
备注				

测定者：　　审核者：　　日期：　　年　　月　　日

八、注意事项

(1) 焦化温度　根据在相同焦化时间 (15min)、不同焦化温度 (830℃、850℃ 和 870℃) 下的实验结果，证明随焦化温度的升高，G 指数有偏高的趋势，而且煤种不同，偏高幅度也不相同，因此，实验中严格按照 GB/T 5447《烟煤黏结指数测定方法》规定将焦化温度控制在（850±10)℃。

（2）焦化时间　同一焦化温度（850℃)、不同焦化时间的实验证明，随焦化时间延长，*G* 指数有偏高的趋势，但不明显。为了获得重复性和再现性都很好的结果，实验中也按 GB/T 5447 的规定，控制焦化时间为 15min。

（3）马弗炉温度回升速度　在实验中回升速度慢，有效焦化温度下的焦化时间短，测定结果就会偏低，为此，实验中要保证达到 GB/T 5447 规定的温度回升速度，即在 6min 内炉内温度应恢复到 850℃。

（4）煤样与无烟煤的混合均匀程度　两者混合越均匀，测定结果越可靠，因此，在测定过程中有必要的时候可以加长混合搅拌时间，可以超过 GB/T 5447 规定的 2min，以达到充分混合的目的。

（5）转鼓转速和时间　转鼓转速和时间与研磨力或破坏力的大小息息相关。速度越快，时间越长，焦块所受的研磨力也越大，*G* 值就越小，因此实验中采用的转鼓速度必须保证为（50±0.5)r/min，并且保证转动时间在 5min 时，总转数为（250±10)r。

（6）坩埚在马弗炉内的放置位置　测定样品黏结指数时，需要两次重复实验，同一样品的两个坩埚应放在不同炉次焦化，且两次焦化同一样品的两个坩埚应放在坩埚架的对角位置来进行。

（7）实验前的预先估计　对于 *G* 小于 18 的弱黏结性煤，往往需要进行两种配比实验，有些无效测定在所难免。这时可以先测定该煤样的挥发分焦渣特征，根据弱黏结煤与焦渣特征之间的关系，焦渣特征为 1、2、3 号的煤样，无须进行 1∶5 配比的测定，可直接按 3∶3 配比进行实验。

九、思考题

1.影响烟煤黏结指数测定结果的因素有哪些？请详细进行说明。

2.黏结指数与煤的其他各种指标之间有什么联系？请举例说明。

3.黏结指数测定方法的国家标准中，煤样规定实验用煤样必须浮选，为什么？

4.将盛有煤样的坩埚送入马弗炉时，怎样放置坩埚才算正确？

十、知识扩展

［1］　王海涛，彭海燕，郭延强.温度对烟煤黏结指数的影响［J].煤质技术，2010，6：37-38.

［2］　陈士山.浅谈烟煤黏结指数的准确测定［J].煤质技术，2011，1：46-47.

［3］　陈影，张鹏，周艳春.浅谈烟煤黏结指数的影响因素［J].燃料与化工，2017，48(1)：10-11.

（云南省煤炭产品质量检验站　何智斌执笔）

实验二十八　烟煤胶质层指数的测定
（参考 GB/T 479—2016）

一、实验目的

1.掌握胶质层指数测定的原理、方法及具体操作步骤，重点掌握胶质层最大厚度的测定方法。深入了解胶质层最大厚度与煤化度的关系和体积曲线与煤的胶质体性质的关系。

2. 了解胶质层指数测定仪的构造以及在加热过程中煤杯内煤样的变化特征。

二、实验原理

将一定量煤样按规定方法装入特制煤杯，从煤杯底部进行单侧加热。加热到一定温度后，因为最上面的煤样还不到软化温度，所以保持原样不变，中间一部分因为到了软化温度，而变成沥青状的胶体——胶质体，而下面一部分因为到了固化温度，则由胶质体变成半焦。因此，煤样中形成了半焦层、胶质层和未软化的煤样层三部分。煤样发生热解生成胶质体，通过探针测定出胶质体上层面和下层面位置高度，得出胶质体厚度。由于胶质体内热解气体产生一定膨胀压，带动压力盘和记录笔上下移动，绘制出体积曲线。最后煤杯中的煤样全部转化为半焦，从体积曲线的初始位置和最终位置可以测得最终收缩度。

烟煤胶质层指数是判定烟煤结焦性能的一项重要指标。它是测定烟煤在隔绝空气条件加热时所形成的胶质体的最大厚度（Y）、最终收缩度（X）和体积曲线类型等三个主要指标。胶质层指数通常由胶质体的最大厚度表示。它是评价炼焦煤质量和指导配煤炼焦的重要指标，也是我国现行烟煤分类的指标之一。

本实验依据的方法为 GB/T 479—2016《烟煤胶质层指数测定方法》。此方法是一个多指标的测定方法，能近似地反映工业炼焦过程，但本方法也有局限性，对 Y 值过大或过小的煤样测定结果不稳定。

三、实验设备

1. 双杯胶质层指数测定仪

有带平衡砣（如图 5-3、图 5-4）和不带平衡砣（除无平衡砣之外，其余构造同图 5-3）两种类型。

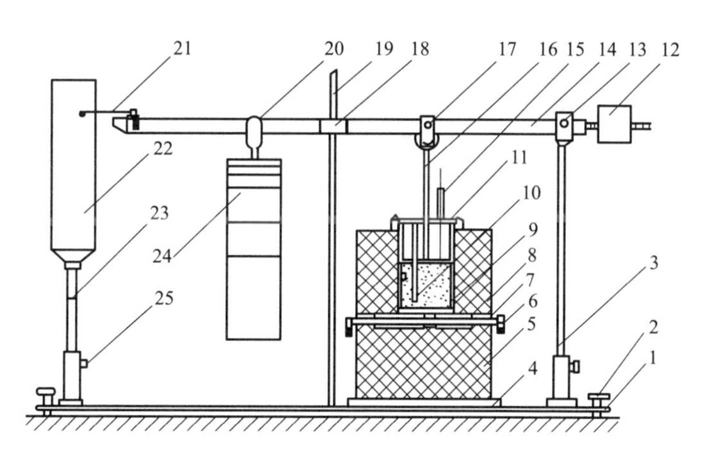

图 5-3　胶质层指数测定仪示意

1—底座；2—水平螺钉；3—立柱；4—石棉板；5—下部砖垛；6—接线夹；7—硅碳棒；8—上部砖垛；9—煤杯；10—热电偶铁管；11—压板；12—平衡砣；13,17—活轴；14—杠杆；15—探针；16—压力盘；18—方向控制板；19—方向柱；20—砝码挂钩；21—记录笔；22—记录转筒；23—记录转筒支柱；24—砝码；25—固定螺钉

2. 程序控温仪（见图 5-5）

温度低于 250℃时，升温速度约为 8℃/min；250℃以上时，升温速度为 3℃/min；在

图 5-4　胶质层指数测定仪

350～600℃期间，显示温度与应达到的温度差值不超过 5℃，其余时间内不应超过 10℃。热电偶应每年校准一次。

图 5-5　FDK-1 型胶质层指数测定程序控温仪

3. 探针

如图 5-6，由钢针和铝制刻度尺组成。钢针直径为 1mm，下段是钝头。刻度尺上刻度的最小单位为 1mm。刻度线应平直清晰，线粗 0.1～0.2mm。对于已装好煤样而尚未进行实验的煤杯，用探针测量其纸管底部位置时，指针应指在刻度尺的零点上。

4. 煤杯

如图 5-7 和图 5-8 所示，由 45 号钢制成。其规格如下：外径 70mm；杯底内径 59mm；从距杯底 50mm 处至杯口的内径 60mm；从杯底到杯口的高度 110mm。

煤杯使用部分的杯壁应当光滑，不应有条痕和缺陷，每使用 50 次后检查一次使用部分的直径。检查时，沿其高度每隔 10mm 测量一点，共测 6 点，测得结果的平均数与直径(59.5mm) 相差不得超过 0.5mm，从杯底与杯体之间的间隙也不应超过 0.5mm。杯底和压力盘的规格及其上的布置方式如图 5-7 所示。

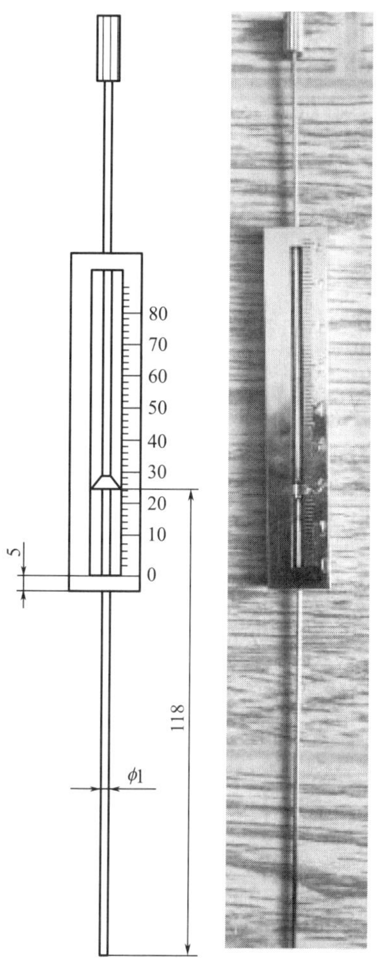

图 5-6 探针（测胶质层层面专用）

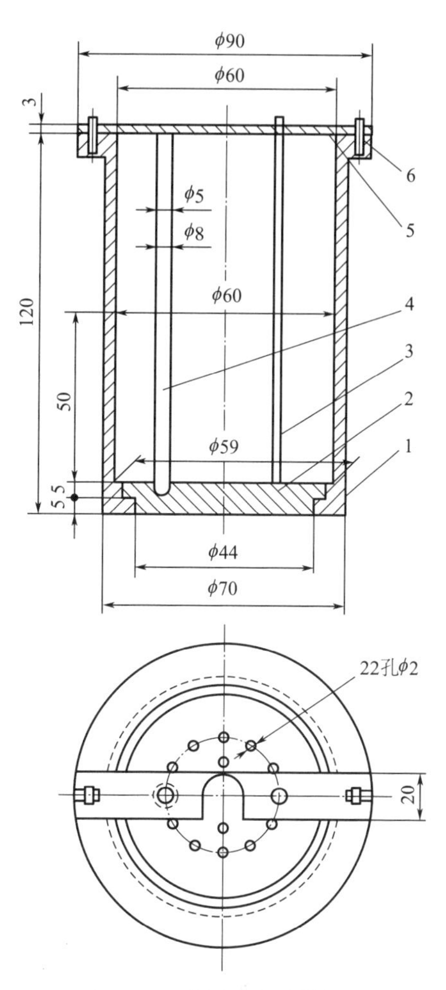

图 5-7 煤杯及其他附件

1—杯体；2—杯底；3—细钢棍；
4—热电偶铁管；5—压板；6—螺钉

图 5-8 煤杯（右边为杯底）

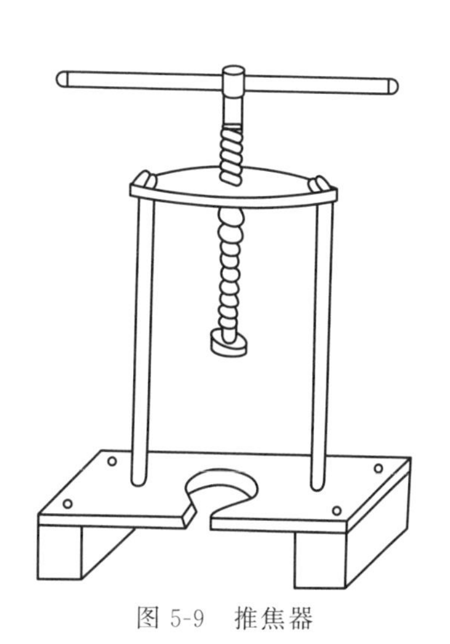

图 5-9 推焦器

5. 记录转筒

其转速应以记录笔每160min能绘出长度为（160±2）mm的线度为准。每月应检查一次记录转筒转速，检查时应至少测量80min所绘出的长度，并调整到合乎标准。

6. 附属设备

推焦器（图5-9）、清洁煤杯用的机械装置和切制石棉圆垫的切垫机等。

四、实验准备

（1）压强检查　测定时，煤样横断面上所承受的压强 p 应为 9.8×10^4Pa。

$$L_m = L_1(Apf - m_1) - L_2 m_2 \tag{5-3}$$

$$A = \frac{\pi}{4}\times(D^2 - d^2) \tag{5-4}$$

式中　L——活轴轴心与杠杆上砝码挂钩的刻痕间的距离，cm；

m——砝码和挂钩的总质量，kg；

L_1——从活轴轴心到压力盘与杠杆联结的轴心的距离，等于20cm；

L_2——从活轴轴心13到杠杆（包括记录笔部件）的重心的距离，cm，该重心用实测方法求出；

p——煤样上承受的压强，等于 9.8×10^4Pa；

A——煤样横断面的面积，约等于 27.4cm^2，可按式(5-4)计算；

f——将Pa转化为 kgf/cm^2 的转换因子，等于 $1/(9.8\times10^4)$；

m_1——压力盘的质量，kg；

m_2——杠杆及记录笔部件的质量，kg；

D——煤杯使用部分的平均直径，等于59.5cm；

d——热电偶套（铁）管的外径，cm。

（2）胶质层测定应符合下列规定

① 缩制方法应符合GB 474《煤样的制备方法》并应达到空气干燥状态。

② 煤样应以对辊式破碎机破碎到全部通过1.5mm的圆孔筛，其中粒度小于0.2mm的部分不超过30%，缩分出不少于500g。

③ 胶质层测定用煤样必须严格防止氧化。煤样应装在密封的容器中，储存在阴凉处。从制样到实验的时间不应超过半个月，如超过半个月，应在报告中注明。

（3）煤杯、热电偶管及压力盘上遗留的焦屑等用干磨砂布人工清除干净。杯底及压力盘上各析气孔应通畅，热电偶管内不应有异物。

（4）纸管制作　在一根细钢棍上用香烟纸粘制成直径为2.5～3mm、高度约为60mm的纸管。装煤时将钢棍插入纸管，纸管下端折约2mm，纸管上端与钢棍贴紧，防止煤样进入纸管。

（5）滤纸条　宽约60mm，长190～220mm。

（6）石棉圆垫　用厚度为0.5～1.0mm的石棉纸做2个直径为59mm的石棉圆垫。在上部圆垫上有供热电偶铁管穿过的圆孔和上述纸管穿过的小孔；在下部圆垫上，对应压力盘上的探测孔处作一标记。

（7）体积曲线记录纸　用毫米方格纸做体积曲线记录纸，其高度与记录转筒的高度相同，长度略大于转筒圆周。

（8）装煤杯

① 将杯底放入煤杯使其下部凸出部分进入煤杯底部圆孔中，杯底上放置热电偶铁管的

凹槽中心点与压力盘上放热电偶的孔洞中心点对准。

② 将石棉垫铺在杯底上，石棉垫上圆孔应对准杯底上的凹槽，在杯内下部沿壁围一条滤纸条。

将热电偶铁管插入煤杯底凹槽，把带有香烟纸管的钢棍放在下部石棉圆垫的探测孔标志处，用压板把热电偶铁管和钢棍固定，并使它们都保持在垂直状态。

③ 将全部试样倒在缩分板上，掺和均匀，摊成厚约为10mm的方块。用直尺将方块划分为许多30mm×30mm左右的小块，用长方形小铲按棋盘式取样法隔块分别取出2份试样，每份试样质量为（100±0.5）g。

④ 将每份试样用堆锥四分法分为4部分，分四次装入杯中。每装25g之后，用金属针将煤样摊平，但不得捣固。

⑤ 试样装完后，将压板暂时取下，把上部石棉垫小心地平铺在煤样上，并将露出的滤纸边缘折复于石棉垫上，放入压力盘，再用压板固定热电偶管。将煤杯放入上部砖垛的炉孔中。把压力盘与杠杆连接起来，挂上砝码，调节杠杆到水平。

⑥ 如试样在实验中生成流动性很大的胶质体溢出压力盘，则应按①重新装样实验。重新装样的过程中，须在折复滤纸后用压力盘压平，并用直径2～3mm的石棉绳在滤纸和石棉垫上方沿杯壁和热电偶铁管外壁围一圈，再放上压力盘，使石棉绳把压力盘与煤杯压力盘与热电偶铁管之间的缝隙严密地堵起来。

⑦ 在整个装样过程中香烟纸管应保持垂直状态。当压力盘与杠杆连接好后，在杠杆上挂好砝码，把细钢棍小心地由纸管中抽出来（可轻轻旋转），务必使纸管留在原有位置。如纸管被拔出，或颗粒进入了纸管（可用探针试出），须重新装样。

(9) 用探针测量纸管底部时，将刻度尺放在压板上，检查指针是否在刻度尺的零点。如不在零点，则有煤粒进入纸管内，应重新装样。

(10) 将热电偶置于热电偶铁管中，检查前杯和后杯热电偶连接是否正确。

(11) 把毫米方格纸装在记录转筒上，并使纸上的水平线始、末端彼此衔接起来。调节记录转筒的高低，使其能同时记录前、后杯2个体积曲线。

(12) 检查活轴轴心到记录笔尖的距离，并将其调整为600mm。

(13) 加热以前按式(5-5)求出煤样的装填高度

$$h=H-(a+b) \tag{5-5}$$

式中　h——煤样的装填高度，mm；

H——由杯底上表面到杯口的高度，mm；

a——由压力盘上表面到杯口的距离，mm；

b——压力盘和两个石棉垫的总厚度，mm。

a 值测量时，顺煤杯周围在4个不同地方共量4次，取平均值。H 值应每次装煤前实测，b 值可用卡尺实测。

(14) 同一煤样重复测定时装煤高度的允许差为1mm，超过允许差时应重新装样。报告结果时，应将煤样的装填高度的平均值附注于 X 值之后。

五、实验步骤

① 当上述准备工作就绪后，打开程序控温仪开关，通电加热，并控制两煤杯杯底升温速度如下：250℃以前为8℃/min，并要求30min内升到250℃；250℃以后为3℃/min。每10min记录一次温度。在350～600℃期间，实际温度与应达到的温度的差不应超过5℃，在其余时间内不应超过10℃，否则，实验作废。

在实验中应按时记录时间和温度。时间从250℃起开始计时，以分为单位。

② 温度到达250℃时，调节记录笔尖使之接触到记录转筒上（如图5-10），固定其位置，并旋转记录转筒一周，画出一条“零点线”，再将笔尖对准起点，开始记录体积曲线。

图5-10　记录曲线

③ 对一般煤样，测量胶质层层面在体积曲线开始下降后几分钟开始，到温度升至650℃时停止。当试样的体积曲线呈“山”形或生成流动性很大的胶质体时，其胶质层层面的测定可适当地提前停止，一般可在胶质层最大厚度出现后再对上下部层面各测2～3次即可停止，并立即用石棉绳或石棉绒把压力盘上探测孔严密地堵起来，以免胶质体溢出。

④ 测量胶质层上部层面时，将探针刻度尺放在压板上，使探针通过压板和压力盘上的专用小孔小心地插入纸管中，轻轻往下探测，直到探针下端接触到胶质层层面（手感有了阻力为上部层面）。读取探针刻度毫米数（为层面到杯底的距离），将读数填入记录表中“胶质层上部层面”栏内，并同时记录测量层面的时间。

⑤ 测量胶质层下部层面时，用探针首先测出上部层面，然后轻轻穿透胶质体到半焦面（手感阻力明显加大为下部层面），将读数填入记录表中“胶质体下部层面”栏内，同时记录测量层面的时间。探针穿透胶质层和从胶质层中抽出时，均应小心缓慢从事。在抽出时还应轻轻转动，防止带出胶质体或使胶质层内积存的煤气突然逸出，以免破坏体积曲线形状和影响层面位置。

⑥ 根据转筒所记录的体积曲线的形状及胶质体的特性，来确定测量胶质层上、下部层面的频率。

a. 当体积曲线呈“之”字形或波形时，在体积曲线上升到最高点时测量上部层面，在体积曲线下降到最低点时测量上部层面和下部层面（但下部层面的测量不应太频繁，约每8～10min测量一次）。如果曲线起伏非常频繁，可间隔一次或两次起伏，在体积曲线的最高点和最低点测量上部层面，并每隔8～10min在体积曲线的最低点测量一次下部层面。

b. 当体积曲线呈山型、平滑下降型或微波型时，上部层面每5min测量一次，下部层面每10min测量一次。

c. 当体积曲线分阶段符合上述典型情况时，上下部层面测量应分阶段按其特点依上述规定进行。

d. 当体积曲线呈平滑斜下降型时（属结焦性不好的煤，Y 值一般在 7mm 以下），胶质层上、下部层面往往不明显，总是一穿即达杯底。遇此情况时，可暂停 20～25min，使层面恢复，然后以每 15min 不多于一次的频数测量上部和下部层面，并力求准确地探测出下部层面的位置。

e. 如果煤在实验时形成流动性很大的胶质体，下部层面的测定可稍晚开始，然后每隔 7～8min 测量一次，到 620℃ 也应堵孔。在测量这种煤的上、下部胶质层层面时应特别注意，以免探针带出胶质体或胶质体溢出。

⑦ 当温度到达 730℃时，实验结束。此时调节记录笔离开转筒，关闭电源，卸下砝码，使仪器冷却。

⑧ 当胶质层测定结束后，必须等上部砖垛完全冷却或更换上部砖垛，方可进行下一次实验。

⑨ 在实验过程中，当煤气大量从杯底析出时，应不时地向电热元件吹风，使从杯底析出的煤气和炭黑烧掉，以免发生短路，烧坏硅碳棒、镍铬线或影响热电偶正常工作。

⑩ 如实验时煤的胶质体溢出到压力盘上，或在香烟纸管中的胶质层层面骤然高起，则实验应作废。

⑪ 推焦。仪器全部冷却至室温后，将煤杯倒置在底座上的圆孔上，使热电偶铁管对准推焦器圆孔（以免推焦时将热电偶铁管挤坏），然后用手握住杆旋转，使螺旋杆向下运动，同时挤压杯底，使焦块落出，然后用手托着热电偶管和焦块取出推焦器，即可获得一个完整的焦块。

六、结果表示

1. 实验记录表

见图 5-15、图 5-16。

2. 曲线的加工及胶质层测定结果的确定

① 取下记录转筒上的毫米方格纸，在体积曲线上方水平方向标出温度，在下方水平方向标出“时间”作为横坐标。在体积曲线下方、温度和时间坐标之间留一适当位置，在其左侧标出层面距杯底的距离作为纵坐标。根据记录表上所记录的各个上、下部层面位置和相应的“时间”数据，按坐标在图纸上标出“上部层面”和“下部层面”的各点，分别以平滑的线加以连接，得出上下部层面曲线。如按上法连成的层面曲线呈“之”字形，则应通过“之”字形部分各线段的中点连成平滑曲线作为最终的层面曲线，如图 5-11 所示。

② 取胶质层上、下部层面曲线之间沿纵坐标方向的最大距离（读准到 0.5mm）作为胶质层最大厚度 Y（如图 5-11、图 5-16）。（结果的报出取前杯和后杯重复测定的算术平均值，计算到小数点后一位。）

③ 取 730℃时体积曲线与零点线间的距离（准确到 0.5mm）作为最终收缩度 X（如图 5-11、图 5-16）。（结果的报出取前杯和后杯重复测定的算术平均值，计算到小数点后一位，并注明试样装填高度）。

④ 在整理完毕的曲线图上，标明试样的编号，贴在记录表上一并保存。

⑤ 体积曲线的类型及名称见图 5-12。

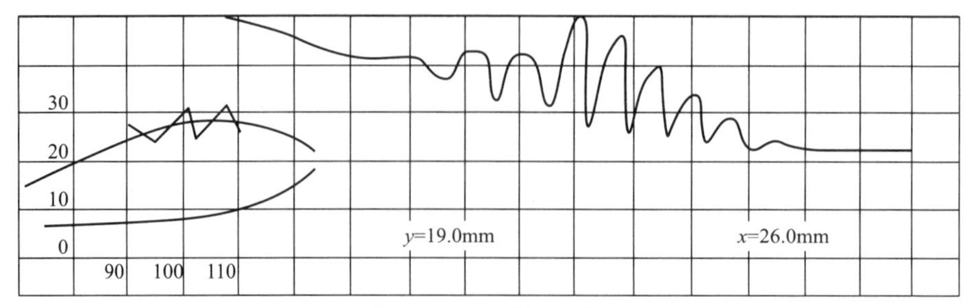

图 5-11　胶质层曲线

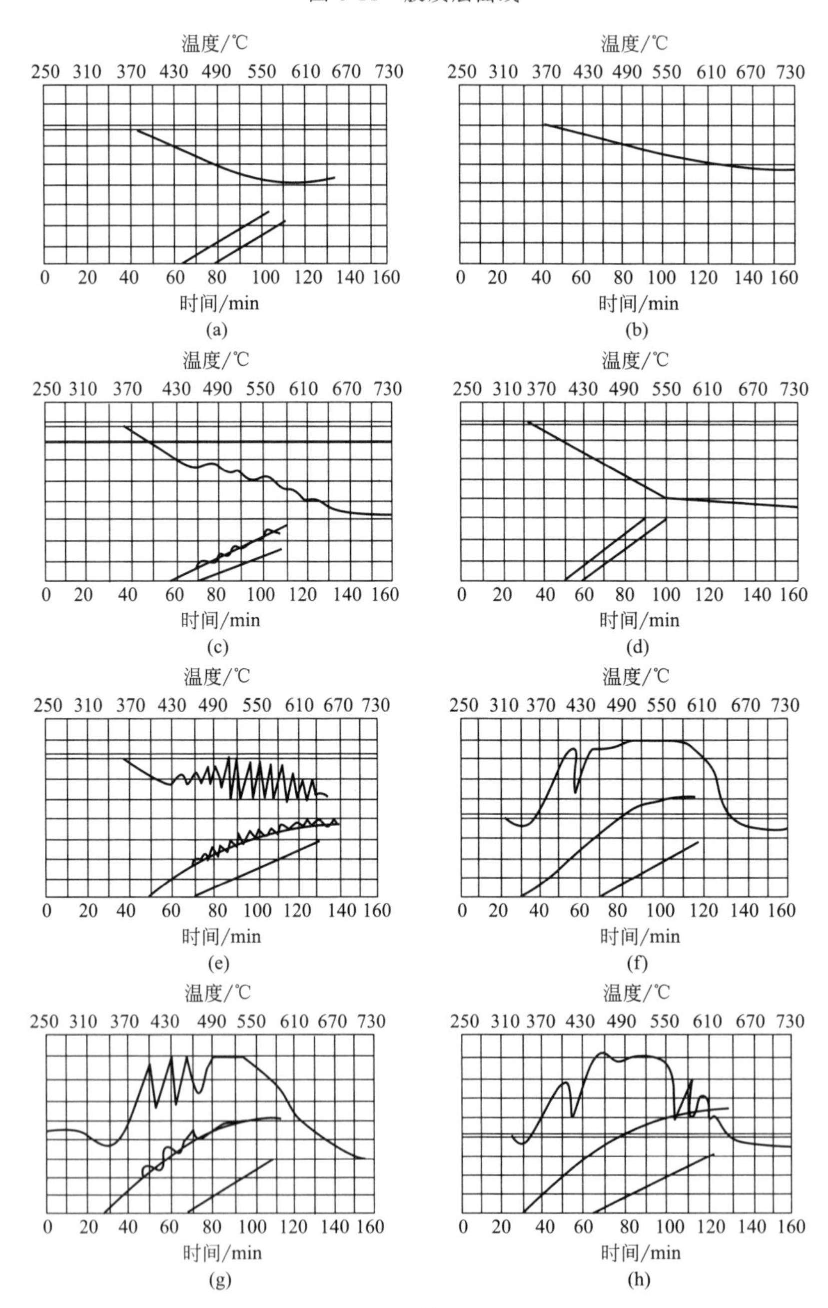

图 5-12　胶质层体积曲线类型图

(a) 平滑下降形；(b) 平滑斜降形；(c) 波形；(d) 微波形；(e) 之字形；(f) 山形；(g) 和 (h) 之山混合形

3. 焦块技术特征的鉴别方法

（1）缝隙　缝隙的鉴定以焦块底面（加热侧）为准，一般以无缝隙、少缝隙和多缝隙三种特征表示，并附以底部缝隙示意图（如图 5-13 所示）。

无缝隙、少缝隙和多缝隙按单体焦块的多少区分如下（单体焦块是指裂缝把焦块底面划分成的区域数。当一条裂缝的一小部分不完全时，允许沿其走向延长，以清楚地划出区域。如图 5-13 所示焦块的单体数为 8 块，虚线为裂缝沿走向的延长线）：

单体焦块数为 1 块——无缝隙；

单体焦块数为 2～6 块——少缝隙；

单体焦块数为 6 块以上——多缝隙。

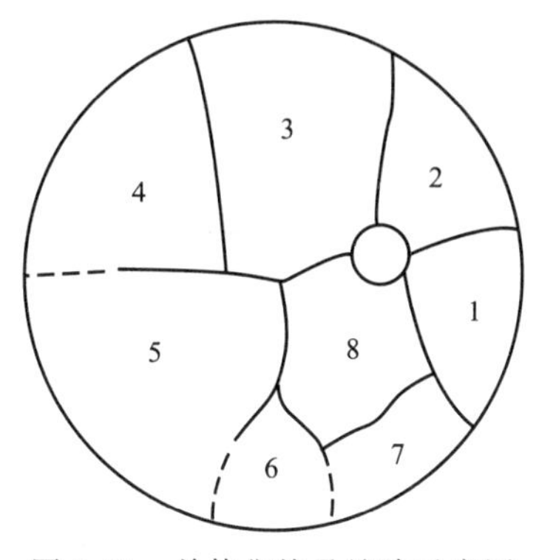

图 5-13　单体焦块及缝隙示意图

—缝隙；－－－不完全缝隙

（2）孔隙　指焦块剖面的孔隙情况，以小孔隙、小孔隙带大孔隙和大孔隙很多来表示。

（3）海绵体　指焦块上部的蜂焦部分，分为无海绵体、小泡状海绵体和敞开的海绵体。

（4）绽边　指有些煤的焦块由于收缩应力而裂成的裙状周边（如图 5-14 所示），依其高度分为无绽边、低绽边（约占焦块全高 1/3 以下）、高绽边（约占焦块全高 2/3 以上）和中等绽边（介于高绽边和低绽边之间）。

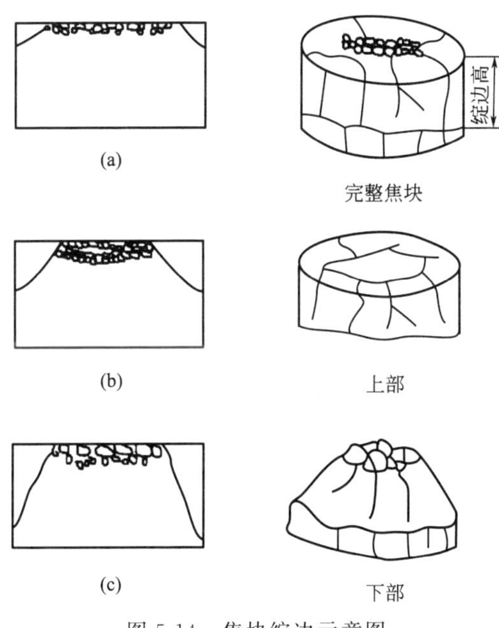

图 5-14　焦块绽边示意图

（a）低绽边；（b）中等绽边；（c）高绽边

海绵体和焦块绽边的情况应记录在表上，以剖面图表示。

（5）色泽　以焦块断面接近杯底部分的颜色和光泽为准。焦色分黑色（不结焦或凝结的焦块）、深灰色、银灰色等。

（6）熔合情况　分为粉状（不结焦）、凝结、部分熔合、完全熔合等。

烟煤胶质层指数测定原始记录可参考图 5-15、图 5-16。

七、精密度

精密度如表 5-2 所示。

表 5-2　烟煤胶质层指数测定的精密度

参数		重复性限/mm	再现性临界差
Y 值	≤20	1	6
	>20	2	
X 值	/	3	8
注:Y 值参考范围为 10～25mm,X 值参考范围 19～41mm。			

烟煤胶质层指数测定原始记录

实验编号		2018—2115						装煤高度/mm				前							
样品名称		☑原煤　□浮煤										后							
时间/min		0	10	20	30	40	50	60	70	80	90	100	110	120	130	140	150	160	170
温度/℃	前																		
	后																		
后	时间/min	90	100	101	108	109	117	118	125	126									
	上部层面	17	26	21	32	23	38	30	37	32									
	下部层面	5		7		9		12		14									
前	时间/min	82	85	91	92	98	100	105	106	112	113								
	上部层面	21	18	24	22	33	27	36	29	36	28								
	下部层面		5		8		10		11		13								
	时间/min																		
	上部层面																		
	下部层面																		

1.焦体技术特征

缝隙：少缝隙

孔隙：小孔隙

绽边：低绽边

海绵体：小泡状

色泽：银灰色

熔合情况：完全熔合

出焦率(平均)/%：88.15

曲线形：“之”字形

2.焦块缝隙平面图示

3.海绵体及焦块绽边剖面图示

后

前

执行标准	GB/T 479—2016 烟煤胶质层指数测定方法
使用天平号	YQ-066
使用仪器号	YQ-072
环境条件	温度 22.8 ℃　　湿度 63 %
备　注	

图 5-15　烟煤胶质层指数测定实测原始记录表

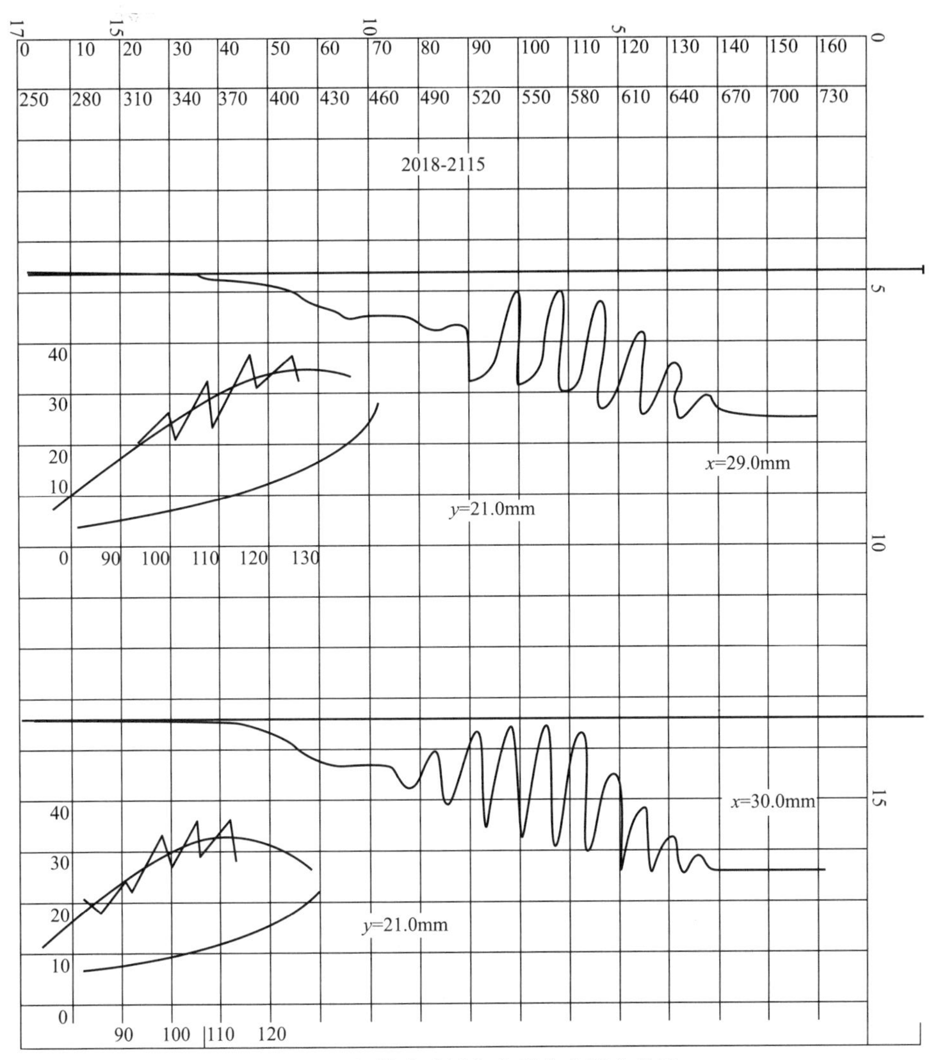

图 5-16　烟煤胶质层指数测定实测曲线图

八、注意事项

① 煤样粒度要求小于 1.5mm，其中粒度小于 0.2mm 的部分不超过 30%，缩分出不少于 500g。在制样过程中应该用对辊破碎机逐次破碎，以保证细煤粉所占比例不大，否则会影响测定结果。

② 装煤前，煤杯、热电偶管内等相关部件要清除干净，杯底及压力盘上各析气孔应通畅。

③ 装煤样时，热电偶、纸管都必须保持垂直并与杯底标志对准，而且要防止煤样进入纸管。

④ 装好煤样后，用探针测量纸管底部时，指针必须指在刻度尺的零点。

⑤ 升温速度。在本方法中升温速度是第一位的重要事项，尤其 350～600℃的升温速度。因为这是煤样热分解的阶段，若升温速度快，Y 值偏高，反之则偏低。

⑥ 使用探针测量时，一定要小心缓慢从事，严防带出胶质体或使胶质层内积存的煤气突然溢出而影响体积曲线形状和层面位置。

⑦ 开电前务必注意热电偶是否已经插入煤杯的热电偶套管。

⑧ 注意安全用电，特别注意热电偶的线不要与程序控温仪的红色接线开关接触，造成短路。

九、思考题

1. 杯底及压力盘上各析气孔若有堵塞时，对本实验有何影响?

2. 为什么不同的煤样可以得到不同类型的体积曲线?

3. 胶质层最大厚度值与煤质有何关系? 用它反映煤的黏结性有何优点和局限性?

4. 实验时如果探针带出胶质体或使胶质层内积存的煤气突然逸出，对测定结果将有何影响?

5. 影响胶质层测定准确度的主要因素有哪些?

6. 胶质层指数测定中对升温速率是怎样规定的? 升温允许偏差是多少?

7. 实验过程只能够记录在转筒上的体积曲线和煤样在煤杯中的实际体积变化是否一致，为什么?

十、知识扩展

[1] 周璐，隋艳，张津铭. 烟煤胶质层指数测定影响因素探讨 [J]. 煤质技术，2016，4：41-44.

[2] 齐炜. 烟煤胶质层指数测定影响因素 [J]. 煤质技术，2013，1：40-41.

[3] 王雄，康喜唐，焦玉杰. 烟煤胶质层指数的测定与应用 [J]. 煤质技术，2001，6：34-35.

（云南省煤炭产品质量检验站　何智斌执笔）

实验二十九　煤的塑性测定法（恒力矩基氏塑性仪法）（参考 ASTM D 2639—16）

一、实验目的

掌握煤的塑性测定原理、方法和主要影响因素。

二、实验原理

煤在干馏过程中形成胶质体而呈现塑性状态时所具有的性质称为塑性。煤的塑性指标一般包括煤的流动性、黏结性、膨胀性和透气性以及塑性温度范围等。煤样装入预先装有搅拌桨的坩埚中，将煤坩埚放入加热介质中以一定速度加热，同时对搅拌桨施加恒力矩。随着温度的升高煤料软化、熔融产生塑性变化，使搅拌桨呈现有规律的转动，它开始由不动到转动，转动速度逐渐增大，达到最大转动速度后又渐渐变慢，直至停止。记录搅拌桨在不同加热温度时的转动刻度，表征煤在可塑状态的流动性，每旋转一周划分为 100 个刻度，称为流动度 DDPM（dial division per minute）。

所报告的初始软化温度 T_p 为搅拌桨达到 1DDPM 时对应的温度；固化温度 T_k 为搅拌桨停止转动时对应的温度；塑性温度范围 Δt 为固化温度与软化温度之差（T_k-T_p）；最大流动度温度 T_{max} 为搅拌桨转速达到最大值时的温度；最大流动度 α_{max} 为搅拌桨转速达到最大时的流动度，用 DDPM 表示；累计流动度 S 为煤料从软化到固化搅拌桨转动的刻度和，用 DD 表示。

恒力矩基氏塑性仪法测定得到的一套煤的塑性指标，能同时反映煤的胶质体的数量和性质，与黏结指数 G 值、胶质层指数 Y 值、奥亚膨胀度 b 值相比，其对炼焦煤结焦性的表征有明显优点。煤的塑性指标在研究煤的流变性、热分解动力学和炼焦配煤方案中都有较为重要的意义。

三、仪器与材料

1. 仪器

意大利塞柯公司制造的 R. B. PL2000 塑性仪，见图 5-17，是一台根据 ASTM 标准设计的全自动测定煤的基氏流动度的实验仪器。仪器由四部分组成，双体实验炉、坩埚自动升降系统、控制和数据采集仪表、图形打印机和数据采集存储计算机。另有附件，煤甑装样工具全套。

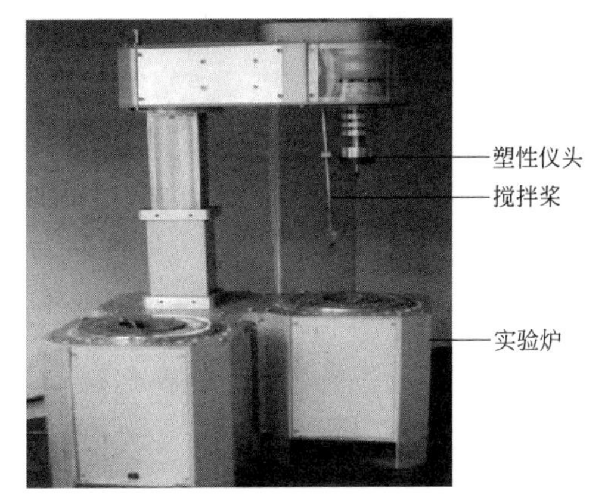

图 5-17　全自动煤基氏塑性仪
图中搅拌桨是搅拌铅锡合金的

仪器为双炉型，其中一炉进行实验时，另一炉预热备用，一炉实验完毕，基氏仪头装好新的待测试样，立刻将坩埚转换到另外一个炉开始新的测试，可以节省升温和降温的时间，从而大大提升工作效率。

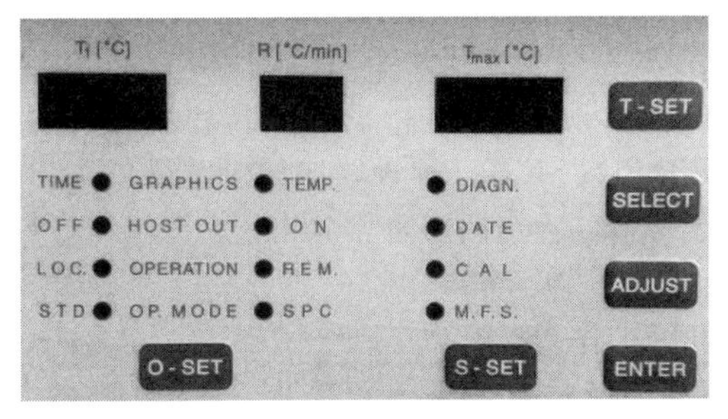

图 5-18　实验前设置和显示仪表

（1）控制主体　操作和显示键盘。

① 设置区域：如图 5-18 所示。

a. 显示

T_1：正常状态下显示预热温度和实验开始温度；在系统处于设置状态时，显示其他参数。

R：显示实验时的升温速度（℃/min）。

T_{max}：显示试验时的温度上限；在日期设置时，显示输入的值。

b. 操作设置 O-SET（共有 4 个操作功能，每个有两种状态选择）

GRAPHICS：时间/温度，选择图形打印机打印塑性曲线的 X 轴，TIME——时间，TEMP——温度。

HOST OUT：不接/接，选择是否接计算机，ON——接计算机，OFF——不接计算机。

OPERAYION：仪表/计算机，操作选择，LOC——仪表操作，REM——计算机操作。

OP MODE：实验模式选择，STD——标准模式，SPC——特别模式。

c. 系统设置 S-SET（有 4 种设置，都在非操作状态下进行）

DIAGN：设备通电后，故障诊断。

DATE：日期和时间设置。

CAL：力矩校准。

M. F. S.：厂家测试仪器用，用户无法用。

d. 按钮

T-SET：进入温度设置。

O-SET：进入操作设置。

S-SET：进入系统设置。

SELECT：选择和数字改变。

ADJUST：改变选择和数字值。

ENTER：确认，完成操作。

图 5-19　当前实验仪表和按钮

② 当前实验仪表和按钮：如图 5-19 所示。

a. 显示

TEMP：显示当前所选实验炉的温度，设备故障时显示故障代码。

FLUIDITY：显示当前流动度（DDPM）。

b. 按钮

CLEAR：设备通电后，未能达到“STANDBY”条件时，按此按钮重新设置；一个实验结束，开始另一个实验。

START：第一次按此按钮时，所选择的实验炉开始预热升温，温度显示闪亮，不需要将煤甑装上。第二次按此按钮时，系统检测煤甑是否装上，如果煤甑已经装上且煤样装样正确，可以自动完成实验，温度显示不闪。

PRINT：请求图形打印机打印图形；设置状态下，用于打印日期和时间。

F1：每次实验结束后，允许再向计算机发送一次数据。

Ⅱ FURN：让另一个炉进入预热状态。

SET：两种状态切换，如基氏仪头处于正常位置（顶部），进行设置模式和实验模式切换。选择 SET-UP 模式，可以进行 T-SET、O-SET 和 S-SET 三种设置。如果基氏仪头不处于正常状态，按此按钮所选择的实验炉预热升温至 280℃后，回至正常状态。

c. 指示灯

STANDBY：此指示灯亮，说明设备完好，可以工作。

RUN：第一次按 START 后，此指示灯闪，所选择实验炉进入预热状态，当温度达到它就稳定不闪。

END：实验结束，数据已经传入计算机，图形打印机已经打出图形。如果需要再打印一份图形可以按 PRINT 按钮。

ACTIVE：如果按Ⅱ FURN 按钮，此指示灯亮并闪亮，表明另一实验炉进入预热状态，此指示灯亮不闪亮，说明预热炉的温度已经到达开始实验温度。

ALARM：报警指示，此灯亮说明系统有故障，温度显示处会显示故障代码，并打印出故障代码。

SET-UP：此指示灯亮，说明进入设置状态。

（2）实验仪

① 基氏塑性仪煤甑由以下部件构成，见图 5-20。

a. 甑坩埚：用于装煤样。外部有螺纹，与坩埚盖接合；坩埚底部中央有凹槽，用于定位搅拌桨。

b. 甑坩埚盖：内外有螺纹，内螺纹用于与甑坩埚接合，外螺纹用于与甑套筒接合；中央有一搅拌桨插入孔。

c. 甑套筒：底部与甑坩埚盖连接，中部有排气管，内部有导套和搅拌桨。

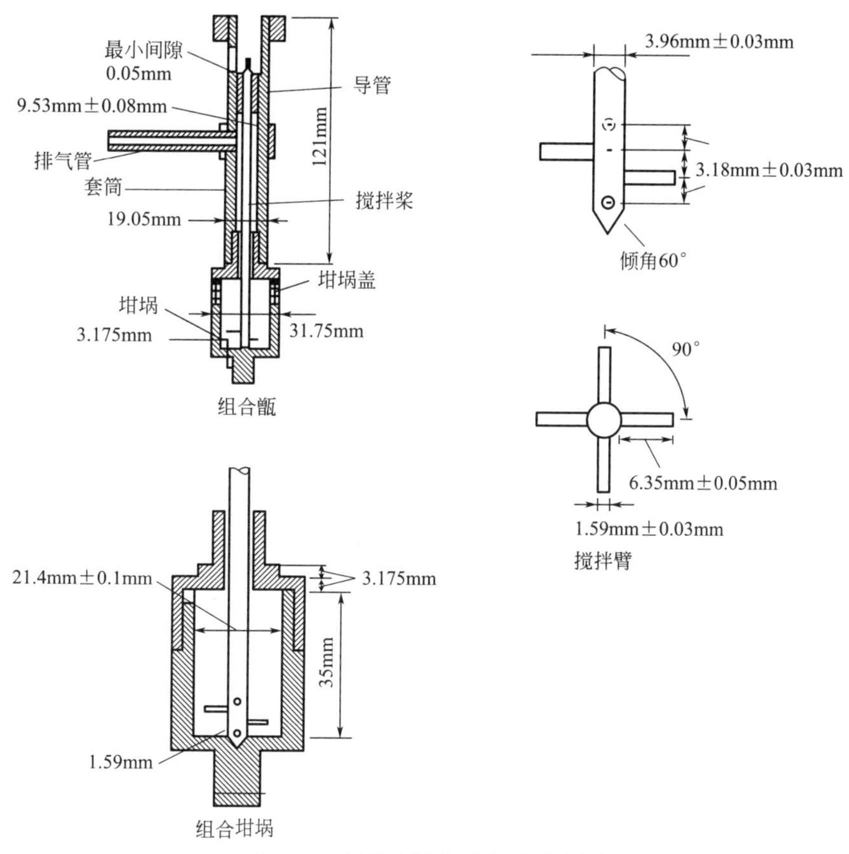

图 5-20　基氏塑性仪甑组件示意图

d. 导套：安装在靠近搅拌桨顶部处，将搅拌桨定位在甑套筒中并留有间隙。

e. 搅拌桨：搅拌桨轴顶部为扁形，以便插入塑性仪头轴下部槽口中。搅拌桨插入坩埚底部中央凹槽内，在煤的塑性阶段，搅拌桨可在恒力矩作用下转动。

f. 排气管：在甑套筒中部，用于排出实验中产生的挥发物质。

② 塑性仪头。由一固定速度（300r/min或1000r/min）的电机和一与之直接相连接的磁滞制动器构成，后者可将力矩值调节至(101.6±5.1)g·cm。制动器输出轴上有一带刻度的转鼓，将360°平分为100分度，转鼓每转一周（100分度）由计数器记录下来。

③ 实验炉（见图5-21）。自动控温的电加热炉，加热速度为（3.0±0.1)℃/min。在300～550℃的温度区间内，任一给定时刻的加热速度不应超过（3.0±0.1)℃/min。炉内有铅锡各占50%的金属浴，金属浴温度由一带保护套管的热电偶测定。保护套管插入金属浴至触及甑坩埚外壁，热电偶测温点与坩埚中煤

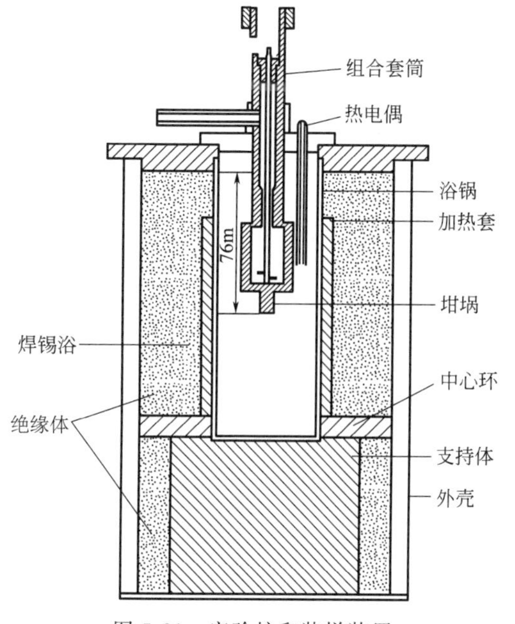

图 5-21　实验炉和装样装置

样中心高度一致，金属浴有搅拌器搅拌。

④ 装样装置（见图 5-22 和图 5-23）。装样装置可使煤在 10kg 总负荷下均匀地装在坩埚中，并被压实，使装有煤样的坩埚在连接甑坩埚盖及套筒的过程中，搅拌桨不晃动，煤样不被扰乱。典型的装样装置，其静荷 9kg，1kg 动荷从 114.3mm 高度自由落下 12 次。

⑤ 天平。感量 0.1mg。

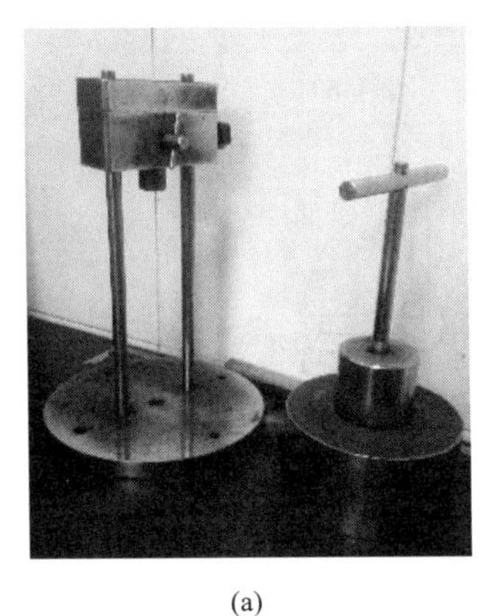

(a)

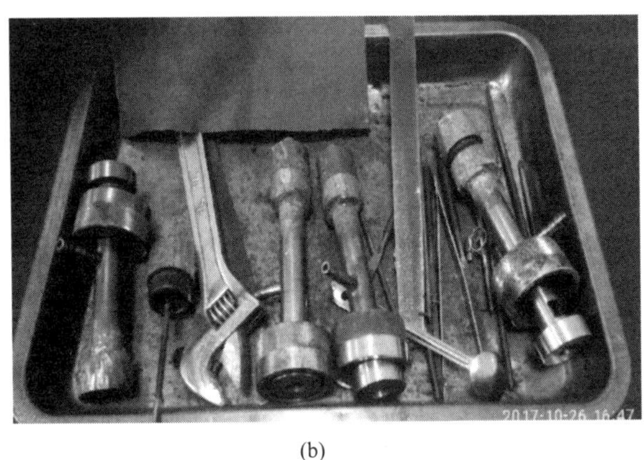

(b)

图 5-22　煤甑装样工具全套

(a) 装样装置；(b) 煤甑部件

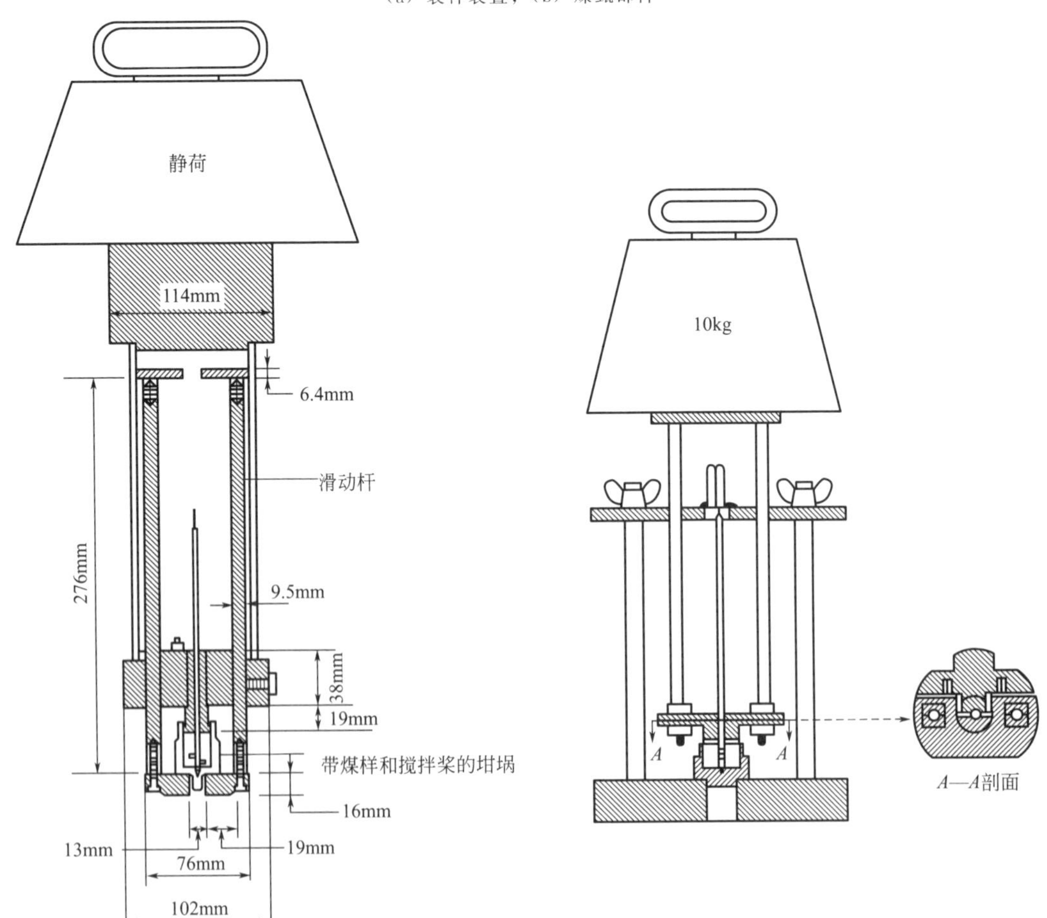

图 5-23　装样装置

2. 材料

（1）加热介质：铅 50%、锡 50%合金。

（2）100 号氧化铝砂纸。

（3）分析纯丙酮 500mL。

（4）脱脂棉若干。

四、准备工作

1. 试样制备

试样按 GB/T 474、GB/T 475、GB/T 19494.1、GB/T 19494.2 制备出 4kg 粒度小于 5mm 的实验室煤样。将煤样在盘中摊开成薄层，称量，在室温或不高于室温 15℃温度下干燥，直至水分损失小于 0.1%，停止干燥，以避免煤样的塑性不因氧化而改变。空干后，将 4kg 煤样破碎至 2mm 以下，缩分出 500g；将这 500g 煤样再破碎至 1mm 以下，缩分出 250g；然后将这 250g 煤样逐级破碎至 0.425mm，缩分出 125g；将这 125g 煤样混匀，多点取 5.0g 用于实验。在样品制备后 8h 内完成实验。

2. 煤甄装样步骤

① 将清洗干净的煤甄和桨装好放在装样架上并固定好。

② 将 5.0g 称好的煤样装入煤甄中，并将表面刮平，轻轻地转动桨，使桨叶下的空隙被填满。

③ 松开移动压头的固定螺钉，转动固定桨阀的方向，并将其放入到煤甄。

④ 装上连接管，放上压块，用 1kg 动荷落下 12 次。

⑤ 移去压块和连接管，轻轻提起移动压头，不要动桨。

⑥ 装上煤甄上部接管。

五、实验步骤

1. 仪表设置

（1）温度设置　需要设置：实验开始（即预热）温度、升温速度（标准实验为 3℃/min）、实验最高温度（上限）。

① 按 SET 按钮，SET-UP 指示闪亮。

② 按 T-SET 按钮，STANDBY 和 T1 闪亮。

③ 按 SELECT 按钮选择数字位，按 ADJUST 按钮增加数值。

④ 当 T1 数字设置完成后，按 ENTER 按钮。

⑤ 以上操作正常结束后，用 SELECT 按钮使 R 闪亮。

⑥ 重复以上步骤（3）、（4）、（5）进行 R 和 Tmax 设置。

⑦ 按 T-SET 按钮，退出温度设置。

（2）操作模式设置　需要设置：图形 X 轴（TIME 时间/TEMP 温度）、是否接计算机（OFF 不接/ON 接）、操作（LOC 仪表操作/REM 计算机操作）、实验模式（STD/SPC）。

① 按 SET 按钮，SET-UP 指示闪亮。

② 按 O-SET 按钮，STANDBY 闪亮，第一项选择也闪亮。

③ 按 ADJUST 按钮左右两灯切换，按 ENTER 按钮确定。

④ 按 SELECT 按钮移动选择。

⑤ 按 O-SET 按钮，退出操作模式。

（3）系统设置（日期和时间设置）

① 按 SET 按钮，SET-UP 指示闪亮。

② 按 S-SET 按钮，STANDBY 闪亮，DIANG 指示灯也闪亮。

③ 按 SELECT 按钮，使 DATE 灯闪亮。

④ 按 ENTER 按钮确定选择，T1 处将显示参考数字“1”（年份设置），T_{max} 处显示当前年份（后两位可改变）。按 SELECT 按钮选择闪亮位置，数字闪亮时可以按 ADJUST 按钮改变，按 ENTER 按钮确定，再进入下一个数字设置。

2. 实验操作步骤

① 检查仪表盘上内置打印机是否需要换纸，检查打印机纸是否已经装好。

② 给电炉、控制器送电，给打印机送电，并按下 SEL 使其进入连接状态。

③ 检查所要使用的实验炉工作指示灯是否亮，指示灯 STANDBY 亮。

④ 检查打印机是否已经在线，检查计算机是否已经接好，准备采集数据。

⑤ 检查基氏仪头是否处于顶部的工作位置，如不在，按 SET 按钮，基氏流动度仪头下的实验炉预热升温，基氏仪头将回到顶部。

⑥ 按 START 按钮，温度显示和 RUN 指示灯开始闪亮，实验炉开始预热，如果准备双炉实验，按Ⅱ FURN 按钮，使另一实验炉也进入预热状态。

⑦ 提起定位销，转动基氏仪头选择要用的实验炉，然后再按下定位销，将已经装好样的煤甄装在基氏仪头下部。

⑧ 将导气管接在煤甄的出气管上。

⑨ 第二次按 START 按钮，温度显示闪亮停止，变为稳定显示，RUN 指示灯继续闪亮，预热温度达到后基氏仪头自动下降，将煤甄放入实验炉内，实验自动进行，如果煤样未装好浆松动，TEMP 处将显示 E10 错误代码，内置打印机将打出“COAL SAMPLE NOT CORRECT”信息。

⑩ 实验结束后，END 指示灯亮，基氏仪头自动升起，煤甄被提出实验炉外。

⑪ 如果打印图形，按 PRINT 按钮。

⑫ 按 F1 按钮，向计算机输送数据。

⑬ 按 CLEAR 按钮，开始新的实验。

⑭ 如果实验全部结束，请不要立即关机，让风机工作一段时间冷却炉体。

3. 故障代码和信息

E01 重大系统错误，测温故障或内部故障，系统被锁，按 CLEAR。

E04 热塑性阶段，计数超过范围，实验须重做。

E09 系统已经达到温度上限，实验还没有获得结束信息，冷却实验炉到温度上限以下。

E12 当按 START 按钮时，基氏仪头未处于正常位置，ALARM 指示灯闪亮，再按 START 覆盖故障，按 SET 使基氏仪头回到正常位置。

E14 内存被数据储存满，比较少见，除非升温速度特别低。

E17 内置打印机错误，检查是否缺纸。

E21 由于数据丢失，图形打印不连续，系统不能提供打印输出。

E22 图形输出数据缓冲区求和出错，系统不能提供打印输出。

E32 计算机接收数据未准备好，重新启动计算机中数据接收程序，打印“HOST NOT READY”。

E10 煤样装样不正确，煤甄装上后未能锁定，重新装样，按 START 按钮重新开始。

E11 双炉系统，基氏仪头位置锁定不正确，检查并按 START 按钮重新开始。

E15 双炉系统，按 START 按钮后，基氏仪头又从正确的位置移开，重新回到正确的位置，按 START 按钮重新开始。

六、力矩校准

① 按照图 5-24 所示，正确装好校准系统。
② 按 SET 按钮，SET-UP 指示灯开始闪亮。
③ 按 S-SET 按钮，DIAGN 指示灯开始闪亮。
④ 按 SELECT 按钮，DATE 指示灯闪亮。
⑤ 按 SELECT 按钮，CAL 指示灯闪亮。
⑥ 按 ENTER 按钮，CAL 指示灯亮而不闪。
⑦ 按 F1 按钮，力矩马达开始转动。
⑧ 按照图所示调节鼓的上下两部分，使砝码平衡（101.6g・cm）。
⑨ 按 F1 按钮，力矩马达停止转动。
如果有必要，重复以上（7）、(8)、(9) 步骤，进行重新校准。
按 S-SET 按钮，退出校准。

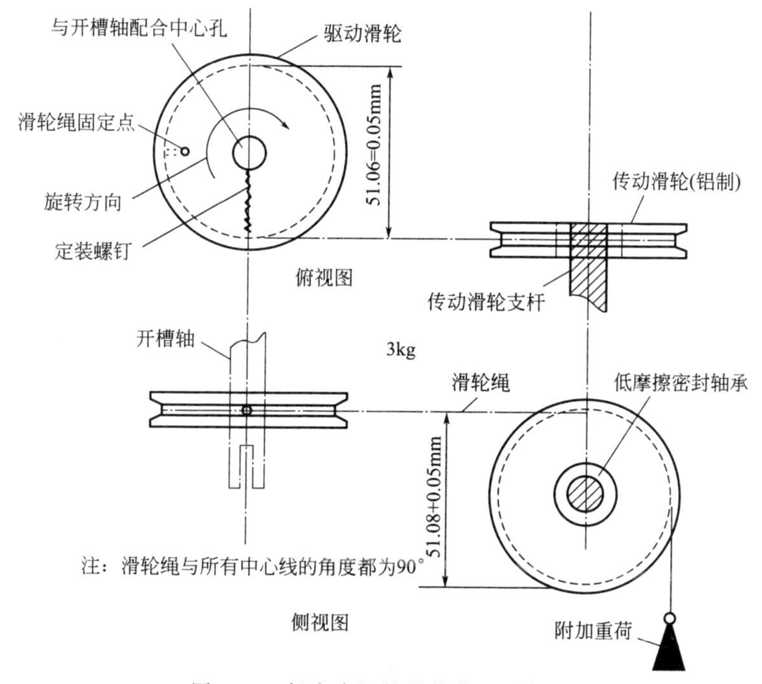

图 5-24　标定力矩的滑轮装置示意图

七、结果

① 将每分钟分度盘转动刻度，记作煤样的最大流动度。

② 最大流动度 α_{max} 和最大流动度温度 T_{max} 包含绝对数据和完整数据，报告结果时取完整数据。

③ 每个煤样做两次重复测定，以平均值报出。

④ 最大流动度 α_{max} 也可用以 10 为底的对数值表示，修约到小数点后 2 位报出。

八、精密度

对同一试样所做的 2 次重复测定结果，相差不得超过表 5-3 规定。

表 5-3　恒力矩基氏塑性仪法测定煤的塑性精密度

特性指标		重复性限
流动度指标	最大流动度/DDPM	±10%
	累计流动度/DDPM	±10%
特征温度/℃	初始软化温度	5
	最大流动度温度	5
	固化温度	5

如果前 2 次重复测定的差值大于表 5-3 规定的重复性限值，则进行第 3 次测定，如果 3 次测定中有 2 次测定的差值在表 5-3 规定的重复性限值以内，则取这 2 次测定的平均值作为结果报出；如果 3 次测定中任意 2 次测定的差值都超出表 5-3 规定的重复性限值，则取 3 次测定的平均值作为结果报出。

九、报告

该设备自动输出数据，并自动在电脑上形成如图 5-25 所示的报告。取两个结果的平均值作为报告值。实验报告应包含以下指标：初始软化温度 T_p，最大流动度温度 T_{max}，固化温度 T_k，塑性温度范围 Δt，最大流动度 α_{max}，累计流动度 S。

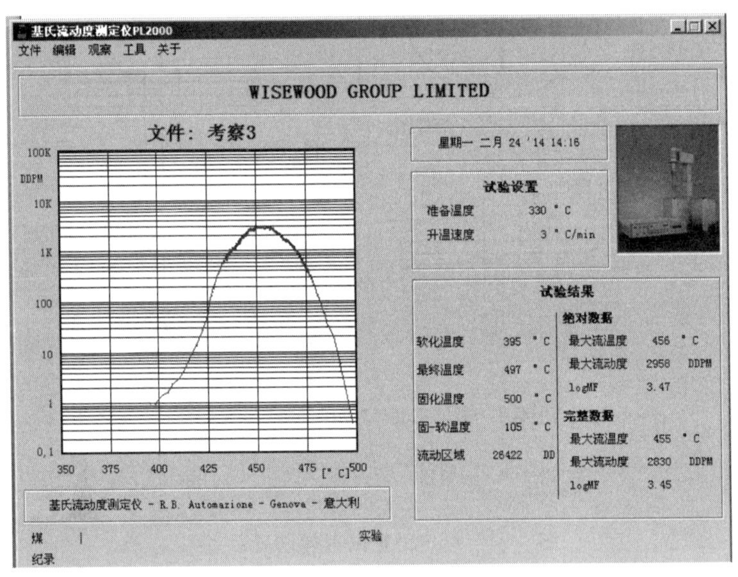

图 5-25　实验报告图

十、注意事项

① 实验炉最高使用温度不得超过 600℃。

② 实验过程中产生 CO 和少量焦油，因此实验炉上方应安装排气装置，将实验过程产生的有害物质排出室外。

③ 实验结束后，基氏仪头自动提升，请不要用手触摸，也不要用手触摸炉头表面，以防烫伤。

④ 每次实验结束后，清理搅拌桨、甄坩埚、甄套筒、排气管内的残炭。

⑤ 本系统控制和数据采集都是精密仪器，请保持实验室内清洁，温度适当。

十一、思考题

1. 使用铅 50%、锡 50%合金作为加热介质的目的是什么？

2. 煤甑装样，将 5.0g 称好的煤样装入煤甑中时，将表面刮平，并轻轻地转动桨的目的是什么？

3. 引起煤基氏流动度测定误差的因素有哪些？

4. 煤的基氏流动度的表示单位是什么？其含义何在？

十二、知识扩展

不同的标准在煤甑的尺寸和形状、搅拌桨的形状、装煤方式等方面都有不同之处，故所测结果差异较大，不能互比。基氏流动度的测定缺点是适用范围较窄，仪器的规范性太强和重现性较差。与煤胶质体接触部分的仪器加工尺寸、形状和加工精度对测定结果有十分显著的影响。各主要工业国（组织）标准对比见表 5-4。

表 5-4 各主要工业国（组织）标准对比

<table>
<tr><td colspan="3">项目</td><td colspan="2">中国 GB/T 25213—2010</td><td colspan="2">国标 ISO10329:2009</td><td>美国 ASTM D 2639—16</td></tr>
<tr><td colspan="3">实验室煤样</td><td colspan="2">4kg 粒度小于 6mm 的煤样</td><td colspan="2">4kg 粒度小于 4.75mm 煤样</td><td>4kg 粒度小于 4.75mm 煤样</td></tr>
<tr><td colspan="3">升温速度</td><td colspan="2">3℃</td><td colspan="2">3℃</td><td>3℃</td></tr>
<tr><td colspan="3">试样量</td><td colspan="2">5g</td><td colspan="2">5g</td><td>5g</td></tr>
<tr><td colspan="3">力矩</td><td colspan="2">(101.6±5.1)g·cm</td><td colspan="2">(101.6±5.1)g·cm</td><td>(101.6±5.1)g·cm</td></tr>
<tr><td colspan="3">试样粒度组成</td><td colspan="2">小于 0.425mm，粒度小于 0.2mm 的部分不得超过 50%</td><td colspan="2">小于 0.425mm，粒度小于 0.2mm 的部分不得超过 50%</td><td>小于 0.425mm，强调逐级破碎</td></tr>
<tr><td colspan="3">成型负荷</td><td colspan="2">静荷 9kg，动荷 1kg 从 115mm 高度自由落下 12 次</td><td colspan="2">静荷 9kg，动荷 1kg 从 115mm 高度自由落下 12 次</td><td>10kg 静荷压 15min</td></tr>
<tr><td rowspan="11">精密度</td><td rowspan="6">重复性限</td><td rowspan="4">最大流动度 DDPM</td><td><10</td><td>—</td><td></td><td>$\log_{10}$DDPM</td><td rowspan="4">两次算术平均值的±10%</td></tr>
<tr><td>10～100</td><td>30%(相对)</td><td><20</td><td>0.3</td></tr>
<tr><td>100～1000</td><td>25%(相对)</td><td>20～1000</td><td>0.1</td></tr>
<tr><td>>1000</td><td>20%(相对)</td><td>>1000</td><td>0.2</td></tr>
<tr><td>特征温度/℃</td><td colspan="2">8</td><td colspan="2">7</td><td>5</td></tr>
<tr><td>两次重复测定结果超差</td><td colspan="2">进行第二对重复测定，如不超过允许差，取第二对的平均值，否则取四次测定的平均值作为报告值</td><td colspan="2">进行第二对重复测定，如不超过允许差，取第二对的平均值，否则取四次测定的平均值作为报告值</td><td>做第三次测定，取不超过允许差的两次的平均值作为报告值，否则取三次测定的平均值作为报告值</td></tr>
<tr><td rowspan="5">再现性临界差</td><td rowspan="4">最大流动度 DDPM</td><td colspan="2" rowspan="4">—</td><td></td><td>$\log_{10}$DDPM</td><td rowspan="4">—</td></tr>
<tr><td><20</td><td>0.7</td></tr>
<tr><td>20～1000</td><td>0.3</td></tr>
<tr><td>>1000</td><td>0.4</td></tr>
<tr><td>特征温度/℃</td><td colspan="2">—</td><td>7</td><td>20</td><td>—</td></tr>
</table>

［1］ GB/T 25213—2010 煤的塑性测定，恒力矩吉氏塑性仪法.
［2］ MT/T 1015—2006 煤的塑性测定，恒力矩吉氏塑性仪法.
［3］ 鲍俊芳，张雪红，薛改凤，等.炼焦用煤胶质层指数和奥亚膨胀度指标的局限性探讨［J］.武钢技术，2014，5：1-3.

（武汉钢铁有限公司　鲍俊芳、宋子逵执笔）

实验三十　烟煤奥阿膨胀度的测定
（参考 GB/T 5450—2014）

一、实验目的

1. 掌握烟煤奥阿膨胀度实验的原理、方法和实验步骤。
2. 掌握烟煤奥阿膨胀度实验步骤，学会煤笔的制作。

二、实验原理

取一定量的煤样加水润湿制成一定长度的煤笔。煤笔在特制的膨胀管内以一定升温速率加热。煤笔受热后软化熔融产生胶质体，随着胶质体的膨胀带动连有记录笔的膨胀杆移动，绘制出膨胀曲线，以此曲线得出软化温度 T_1、开始膨胀温度 T_2、固化温度 T_3 和最大收缩度 a、最大膨胀度 b 等指标。本实验依据的标准方法为 GB/T 5450—2014《烟煤奥阿膨胀计试验》。

奥阿膨胀度是评价烟煤隔绝空气加热产生的胶质体性质的重要指标，是以慢速加热来测定烟煤的黏结性。在区分中、强黏结性煤时，奥阿膨胀度具有灵敏度高、重复性好、结果准确等优点，因而被列为硬煤国际分类方案的分类指标，也是我国现行煤炭分类方案的辅助指标。

三、仪器设备和材料

（1）奥阿膨胀度电脑控温测定系统　常州福海自动化研究所生产的 FDK-4A 型电脑控温仪及加热炉，如图 5-26 所示。

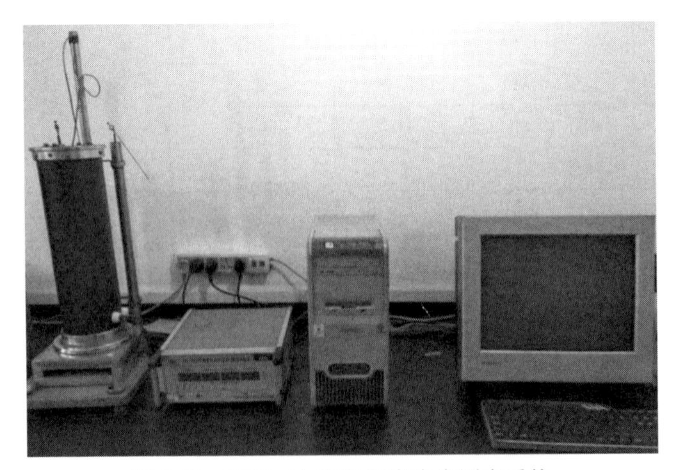
图 5-26　FDK-4A 型奥阿膨胀度测定系统

图 5-27　放入膨胀管的加热电炉

（2）加热电炉（见图 5-27）　电炉由带有底座和顶盖的外壳与一金属炉芯构成。要求能满足在 300～550℃温度范围内其升温速度不低于 3℃/min。电炉的使用温度为 0～600℃。

电炉的温度场必须均匀，从膨胀管底部向上 180mm 的一段内其平均温度差应符合下列要求：0～120mm 段，±3℃；120～180mm 段，±5℃。炉芯上的金属块上有两个直径 15mm、深 350mm 的圆孔，用以插入膨胀管。另有直径 8mm、深 320mm 的圆孔，用以放置热电偶。

（3）程序控温仪　在升温速度为 3℃/min 时，控温精度应满足 5min 内温升（15±1)℃的要求。

（4）膨胀管及膨胀杆　见图 5-28，膨胀管由冷拔无缝不锈钢管加工而成，其底部带有不漏气的丝堵。膨胀杆是由不锈钢圆钢加工而成。膨胀杆和记录笔的总质量应调整到（150±5)g。

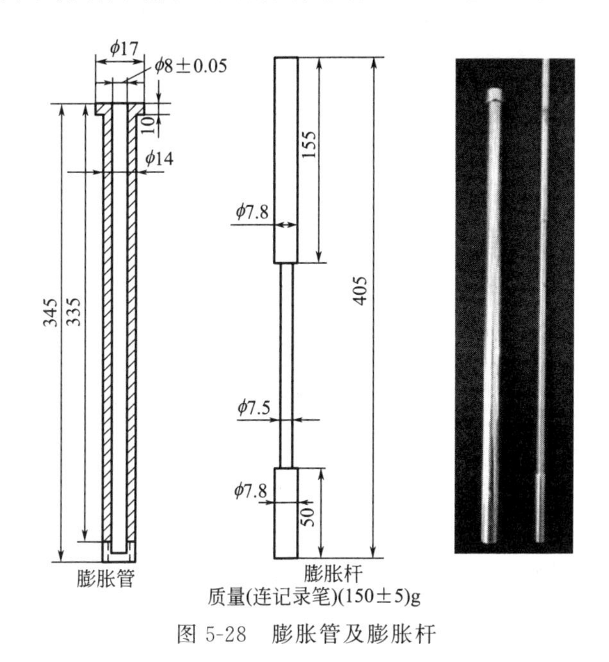

图 5-28　膨胀管及膨胀杆

（5）煤笔成型模具及其附件　见图 5-29、图 5-30。煤笔如图 5-36 所示。

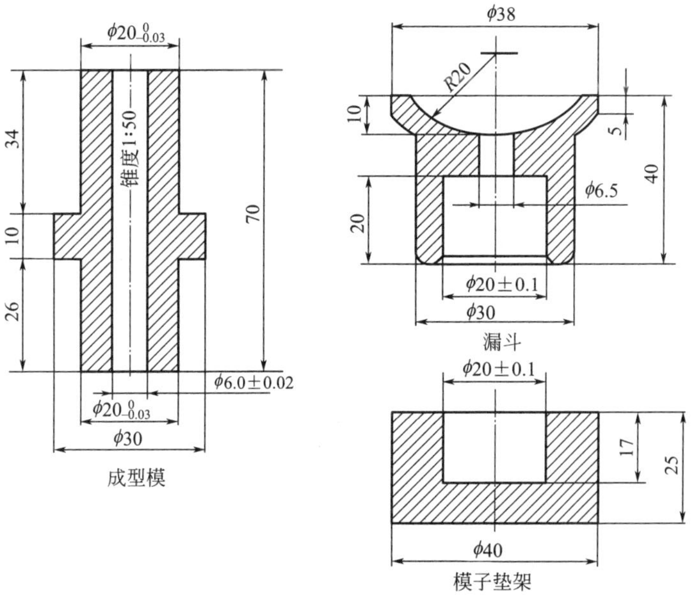

成型模

漏斗

模子垫架

图 5-29　煤笔成型模具及其附件示意

图 5-30　煤笔成型模具及其附件

（6）量具　用以检查模具的尺寸。

（7）成型打击器及其附件　见图 5-31、图 5-32。

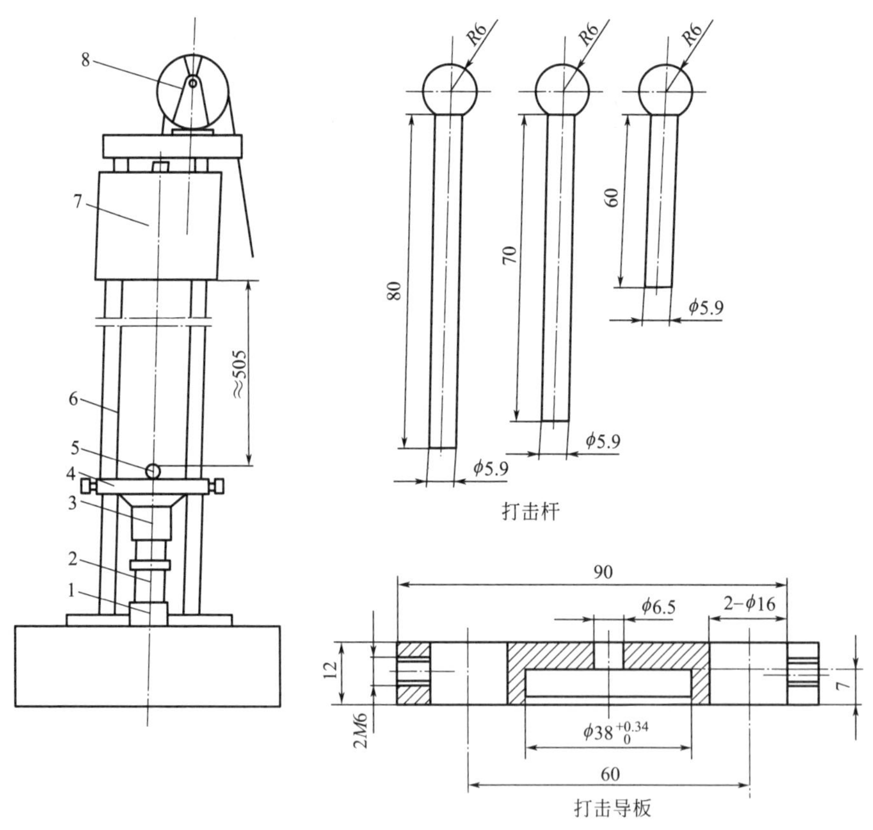

图 5-31　成型打击器及其附件示意

1—模子垫；2—成型模；3—漏斗；4—打击导板；5—打击杆；6—导柱；7—锤头；8—滑轮

（8）脱膜压力器及其附件　见图 5-33、图 5-34。

（9）切样器　见图 5-35。

（10）膨胀管洁净工具　由直径 6mm 的金属杆、铜丝网刷和布拉刷组成。金属杆头部呈斧形，利于从膨胀管中挖出半焦，铜丝网刷是由 80 目的铜丝网绕在直径 6mm 的金属杆上，用以擦去黏附在管壁上的焦末；布拉刷是由适量的纱布系一根金属丝构成。各洁净工具长度不应小于 400mm。

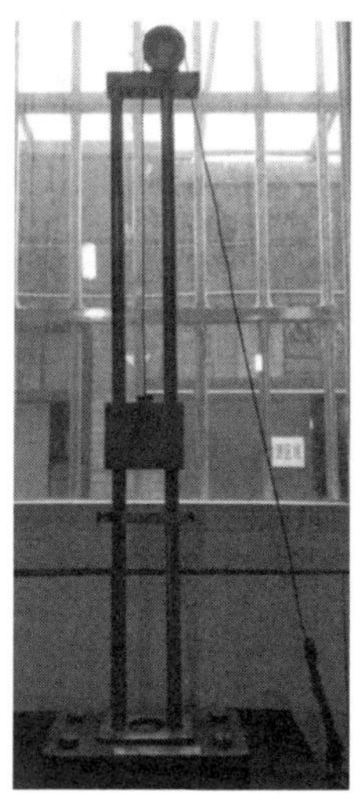
图 5-32　打击成型器

图 5-33　脱模压力器

（11）成型模洁净工具　由试管刷和布拉刷组成。试管刷直径（连毛）20～25mm，布拉刷由适量的纱布系上一根长约 150mm 的金属丝构成。

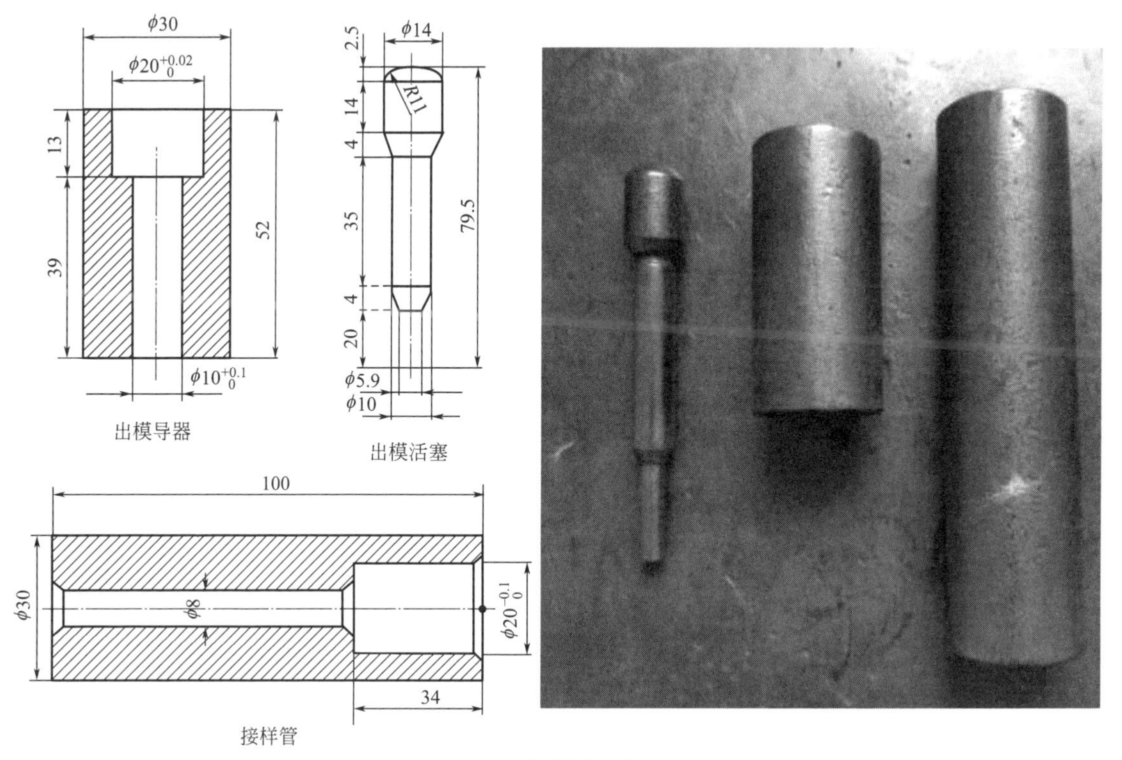

图 5-34　脱模压力器附件

（12）涂蜡棒

（13）托盘天平　最大称量 500g，感量 0.5g。

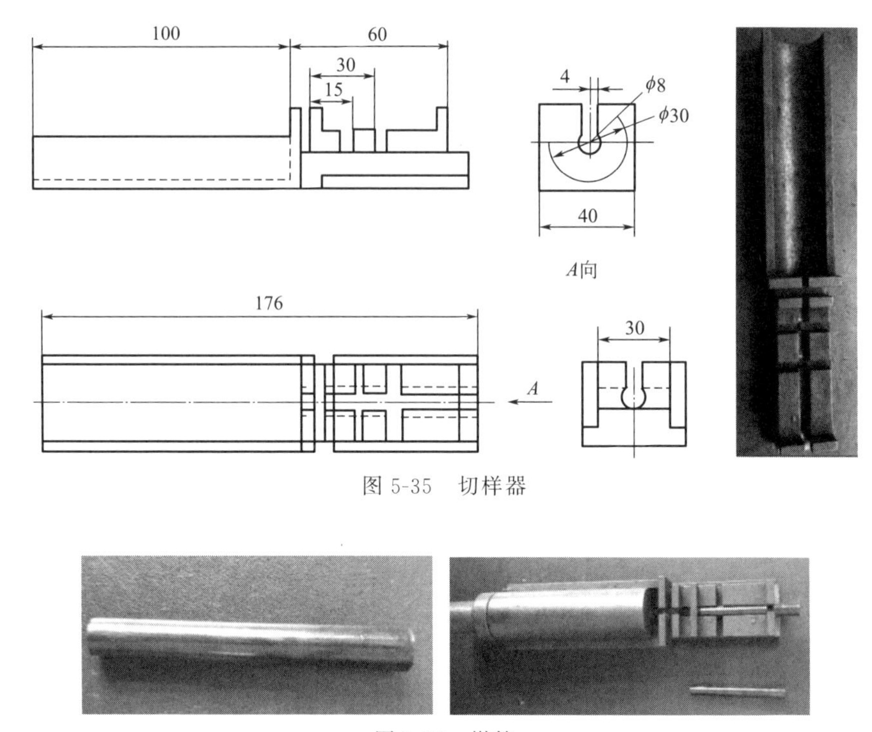

图 5-35　切样器

图 5-36　煤笔

（14）酒精灯

（15）固体石蜡

四、准备工作

1. 各项校正和检查

（1）炉孔温度的校正　电炉上 3 个孔的温度，实验前要在规定的升温速度下进行校正。膨胀管孔的热电偶之热接点与管底上部 30mm 处的管壁接触，然后测量测温孔与膨胀管孔的温差。根据差值对实验时读取的温度进行校正。

（2）电炉温度场的检查　在电炉的测温孔及膨胀管孔中各置一热电偶，以 5℃/min 的升温速度加热，在 400～550℃范围内，记录两热电偶的差值。每 5min 记录一次。然后改变膨胀管孔中热电偶的位置，在膨胀管孔底部往上 180mm 范围内，至少测定 0mm，60mm，120mm，180mm 四点。计算各点温差平均值间的差值，看是否符合要求。

（3）成型模的检查　可用量规检查实验所用模子的磨损情况，如果将量规从被检查模子的大口径一端插入，可以观察到：

① 有两条线时，则模子过小，应重新加工；

② 有一条线时，则模子可用；

③ 没有线时，则模子已磨损，应予以更换。

（4）膨胀管和膨胀杆的检查　膨胀管和膨胀杆使用约 100 次后，应进行检查，方法是与新膨胀管和膨胀杆测定的奥亚膨胀度值作比较，如果 4 次测定结果的平均值之差大于 3.3（不管正负号），应弃去旧管和旧杆；若小于 3.3，则旧管和旧杆还可使用，但以后每使用 50 次做一次检查。

2. 煤样制备及贮存

（1）将 1.5mm 的空气干燥煤样破碎至 0.16mm 以下，且要求：

<0.2mm	占	100%
<0.1mm	占	70%～85%
<0.06mm	占	55%～70%

（2）本实验对煤样氧化极其敏感，因此，制好的煤样应贮存在带磨口的玻璃内，并放置在阴凉处。制样后应在 3 个月内完成实验。

五、实验步骤

1. 制作煤笔

① 用布拉刷擦净成型模，并用涂蜡棒在成型模内壁涂上一薄层蜡。

② 称取 4g 煤样，在小蒸发皿内加 0.4mL 水润湿，迅速混匀，并防止气泡存在。

③ 将成型模小口径一端向下置于模垫上，大口径端套上漏斗。

④ 将煤样沿漏斗孔的边拨入成型模，直至装满。将打击导板水平压在漏斗上，用打击杆压实煤样。

⑤ 将整套成型模置于打击器下，先用长的打击杆打击 4 次，然后如前加入煤样用长的打击杆再打击 4 次；重复上述操作，分别用中的、短的打击杆各打击 8 次，前后共打击 24 次。

⑥ 移开打击导板和漏斗，取下成型模。将出模导器套在模子小口径的一端，接样管套在另一端。将出模活塞插入出模导器。

⑦ 在脱模压力器中将煤笔推入接样管。如推出有困难时，将活塞取出擦净再推。若不能将煤笔推出时，可用铅丝或铜丝挖出煤样，重新制作煤笔。

⑧ 将装有煤笔的接样管放入切样器槽内，取出堵塞物，用打击杆轻轻将煤笔推入切样器的煤笔槽内。在切样器中部插入固定片，使煤笔细端与其靠紧，用刀片将伸出笔槽部分切去。煤笔长度应为（60±0.25）mm（图 5-36）。

⑨ 将切制好的煤笔（图 5-36）从下端推入膨胀管内（煤笔小头向上）。拧上丝堵，再将膨胀杆轻轻插入膨胀管内。当试样的最大膨胀度超过 300%时，改为半笔实验（即将 60mm 长的煤笔大小两头各切掉 15mm，取中段 30mm 进行实验）。

2. 膨胀度的测定

① 预热电炉，预热温度（预热温度要提前设置）视煤样挥发分高低而定。

$V_{daf} \leqslant 20\%$，380℃；

$20\% < V_{daf} \leqslant 26\%$，350℃；

$V_{daf} > 26\%$，300℃；

② 将装有煤笔的膨胀管放入电炉，连接好自动记录装置。

③ 稍微等待几分钟使炉温恢复到提前设置好的预热温度。

④ 打开计算机点击进入奥阿膨胀度测定主程序，见图 5-37。

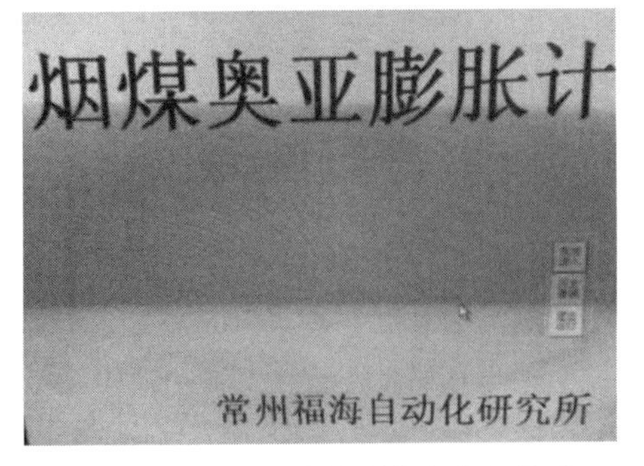

图 5-37　奥阿膨胀度测定程序主界面

⑤ 单击右下方欢迎进入按钮，来到资料填写界面（见图 5-38），输入试样信息选择工作方法（选择半笔、全笔及之前需要的预热温度）。单击操作须知第 2 条当中的库清空按钮，清空上次实

验留下的数据。

⑥ 单击监控窗口按钮，进入监控界面（见图 5-39），单击正式升温按钮开始升温。然后严格按 3℃/min 的速度升温，每 5min 的升温值与目标值相差不得超过 1℃。

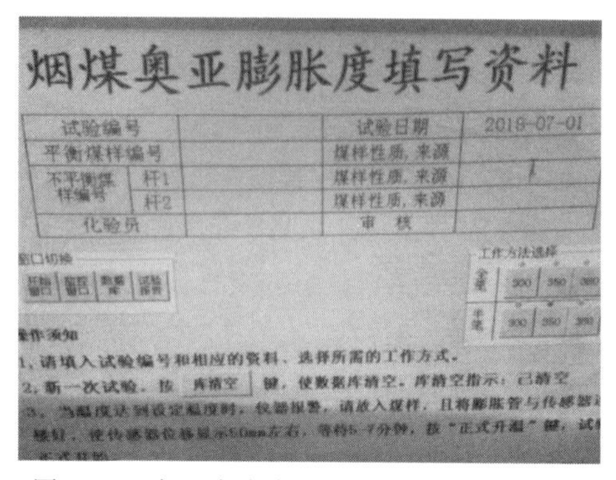

图 5-38　奥阿膨胀度测定程序资料填写界面

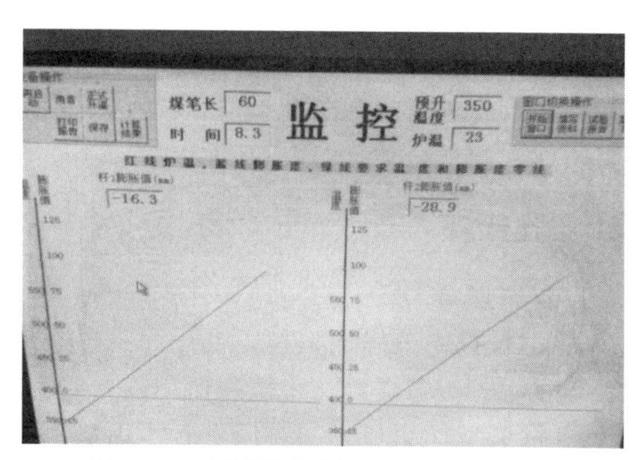

图 5-39　奥阿膨胀度测定程序监控界面

⑦ 在升温曲线走平持续 5min 左右或已经可以确定固化温度后，单击计算结果，保存，打印报告（见图 5-40），然后退回至开始窗口，退出运行。关闭电源停止加热，并立即将膨胀管和膨胀杆取出，分别垂直放在架子上。实验结束。

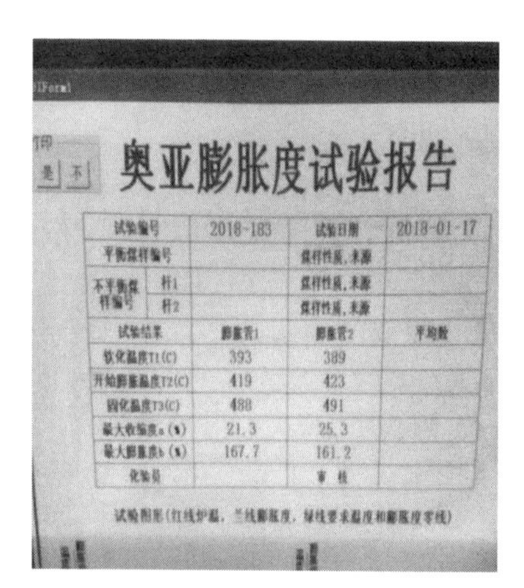

奥亚膨胀度试验报告

试验编号	2018-183	试验日期	2018-01-17
平衡煤样编号		煤样性质,来源	
不平衡煤样编号 杆1		煤样性质,来源	
杆2		煤样性质,来源	
试验结果	膨胀管1	膨胀管2	平均数
软化温度T1(C)	393	389	
开始膨胀温度T2(C)	419	423	
固化温度T3(C)	488	491	
最大收缩度a(%)	21.3	25.3	
最大膨胀度b(%)	167.7	161.2	
化验员		审核	

试验图形(红线炉温，兰线膨胀度，绿线要求温度和膨胀度零线)

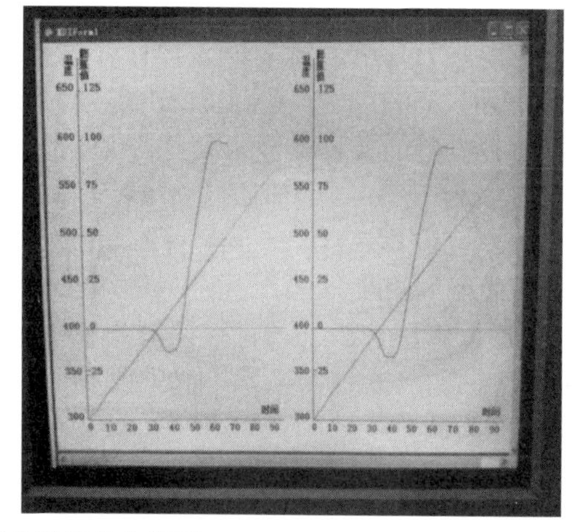

图 5-40　实验报告及曲线型

3. 膨胀管和膨胀杆的洁净（在膨胀管冷却后进行）

① 卸去管底丝堵，用带斧形头的金属杆挖出管内半焦，然后用铜丝网刷清除管内残焦，再用布拉刷擦净。要求管内壁光亮无焦末。当管子不易擦净时，可用粗苯等溶剂装入管内浸泡后再擦拭。

② 用细砂纸擦拭膨胀杆。注意不要将其棱角磨圆。最后检查膨胀杆能否在膨胀管内自由滑动。

六、测定结果的计算和报告

1. 结果报告

根据打印出来的结果报告（见图 5-40）得到以下 5 个参考数：软化温度 T_1，开始膨胀温度 T_2，固化温度 T_3；最大收缩度 a，最大膨胀度 b。

2. 膨胀曲线

根据膨胀曲线确定膨胀类型（见图 5-40、图 5-41）。若收缩后膨胀杆回升的最大高度低于开始下降位置，则膨胀度按膨胀杆的最终位置与开始下降位置间的差值计算，但以负值表示［图 5-41(b)］；若收缩后膨胀杆没有回升，则最大膨胀度以“仅收缩”表示［图 5-41(c)］；如果收缩曲线不是完全水平，而是缓慢向下倾斜［图 5-41(d)］，则最大膨胀度以“倾斜收缩”表示，规定最大收缩度以 500℃处的收缩值报出。注意：若图 5-41(d) 的倾斜收缩中出现软化温度大于 500℃，则软化温度报出 500℃。

3. 结果表述

实验结果均取两次重复测定的算术平均值。计算结果取小数点后一位小数，报出结果取整数。

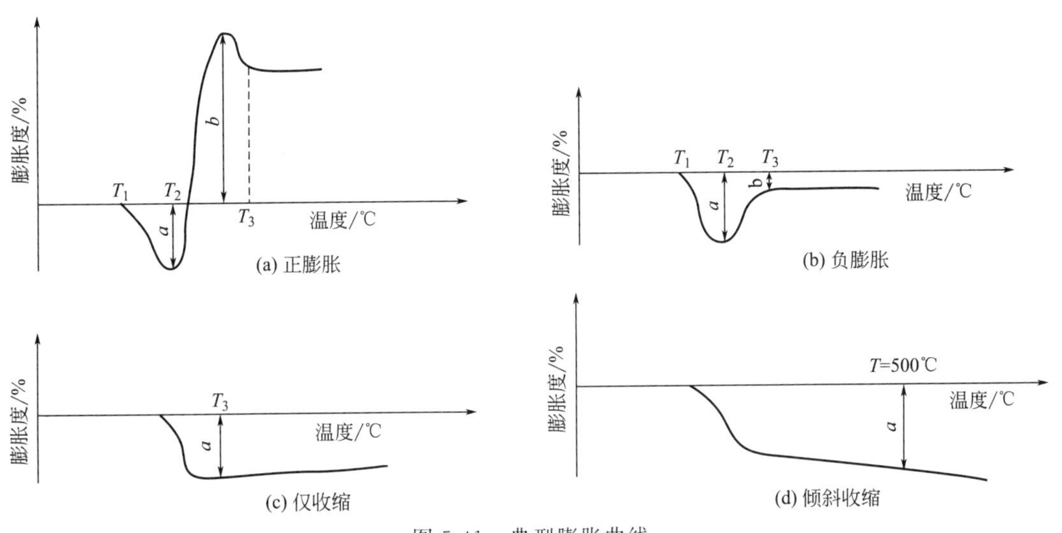

图 5-41　典型膨胀曲线

4. 实验原始记录

可参考表 5-5。

表 5-5　奥阿膨胀计实验原始记录

实验编号			
样品名称	□原煤　□浮煤　□其他		
实验项目	Ⅰ	Ⅱ	平均
软化温度 T_1/℃			
始膨温度 T_2/℃			
固化温度 T_3/℃			
收缩度 a/%			
膨胀度 b/%			
膨胀曲线类型			
执行标准	GB/T 5450—2014 烟煤奥阿膨胀计实验		
使用仪器号			
环境条件	温度/℃　湿度/%		
备注			

测定者：　　　　审核者：　　　　日期：　　年　　月　　日

七、精密度

精密度见表 5-6。

表 5-6　奥阿膨胀计精密度

参数	重复性限	再现性临界差
3 个特性温度/℃	7	15
膨胀度 b	$5(1+\frac{\bar{b}}{100})$	$5(2+\frac{\bar{b}}{100})$

注：表中 $\bar{b}$ 是两次测定结果的平均值。

八、注意事项

① 在制作煤笔时必须按标准规定加入蒸馏水，不可以随意增减，两次重复测定时更要注意这一点，它对奥阿膨胀度各指标影响明显。

② 在制作煤笔的打击过程中要做到重锤自由落下，不能让干预力度忽大忽小。

③ 在制作煤笔最后的切削过程中，要慢慢一刀一刀磨切，切忌一刀切到底，那样会使煤笔出现切口破损、开裂、不完整等情况，导致煤笔作废。

④ 保证炉体升温速度及控温区符合标准要求。

⑤ 膨胀管和膨胀杆要保持光滑，在清洁时要特别仔细，既要干净又不能使其弯曲，以免影响膨胀杆的滑动。

⑥ 实验结束后在膨胀管冷却之前要戴上手套将膨胀杆从膨胀管里取出来，分开放在垂直架子上。如果冷却后才来取，会比较困难，有可能使膨胀管作废。

⑦ 实验前可以先开机升温，然后制煤笔，以节省时间。

九、思考题

1. 烟煤奥阿膨胀度的测定原理是什么？在实验过程中如何实现？
2. 奥阿膨胀度与胶质层指数有何关系？
3. 试分析影响奥阿膨胀度测值的因素。
4. 为什么规定钢模的小头朝下制备煤笔？
5. 如何防止打击杆被卡住？

十、知识扩展

某些煤的膨胀并不是在膨胀杆下降到最低点才开始的，在收缩过程中就伴随有膨胀过程，边热解边膨胀。如果两种黏结性煤，其膨胀度 b 相同，但 a 值不同，则可以判断 a 小的煤，其胶质体的黏度大，透气性不好。由此可见，收缩度也是反映煤黏结性的一种参数。

[1]　洪军.奥阿膨胀度实验中有关问题的探讨 [J].煤质技术，2004，4：66-67.

[2]　刘慧.奥阿膨胀度全自动测定仪的使用及数据分析 [J].煤质技术，2008，4：43-45.

[3]　张雪红，魏编，任玉明，等.奥阿膨胀度在煤质评价中的应用 [J].煤质技术，2017，5：4-7.

（云南省煤炭产品质量检验站　何智斌执笔）

第六章 煤气化性质和水煤浆分析

煤气化后产生的煤气可以分为两大类：供化学合成原料用的合成煤气和作为燃料用的动力煤气。不同的气化工艺对煤质的要求也有所不同。一般情况下，除了必须了解煤的工业分析、元素分析、硫含量等一般指标外，还需要了解煤的黏结性、抗碎强度、热稳定性、灰熔融性、化学反应性和结渣性等一些特性。

水煤浆是以煤粉（小于0.5mm）为原料，加水和添加剂（分散剂和稳定剂等）经特殊工艺制备而成。了解水煤浆的各种特性，对研究和改进水煤浆质量、设备选型和工艺参数控制等有重大意义。水煤浆的分析方法有些采用煤的分析方法，而有些为水煤浆特有的实验方法。本章介绍了水煤浆特有的浓度、表观黏度、密度和pH测定等实验。

实验三十一　煤对二氧化碳化学反应性的测定（参考GB/T 220—2018）

一、实验目的

1. 了解煤对二氧化碳化学反应性测定的意义。
2. 学习和掌握煤对二氧化碳化学反应性测定的方法、原理及测定范围。

二、实验原理

先将煤样干馏，除去挥发物（如试样为焦炭则不需要干馏处理）。然后将其筛分并选取一定粒度的焦渣装入反应管中加热。加热到一定温度后，以一定的流量通入二氧化碳与试样反应。测定反应后气体中二氧化碳的含量，以被还原成一氧化碳的二氧化碳量占通入的二氧化碳量的体积分数，即二氧化碳还原率α(%)，绘制温度-二氧化碳还原率的反应性曲线。

煤对二氧化碳化学反应性（活性）也就是煤在一定的高温条件下，煤炭对二氧化碳的还原能力。煤炭活性是表征煤炭化学稳定性及其表面积的指标之一，与气化和燃烧具有密切的关系。活性高的煤还原能力强，在气化和燃烧过程中的反应快、效率高，特别对一些高效率的新型气化工艺如沸腾气化更是这样。煤炭活性更直接影响到煤在炉中的反应情况、耗煤量及煤气中有效成分等。在流化燃烧和气化新技术中，活性与煤在炉中的反应速率也有密切关系，因此，活性也是一种重要的气化和燃烧特性指标。

本实验依据的检测方法为 GB/T 220—2018《煤对二氧化碳化学反应性的测定方法》，适用于褐煤、烟煤、无烟煤及焦炭。

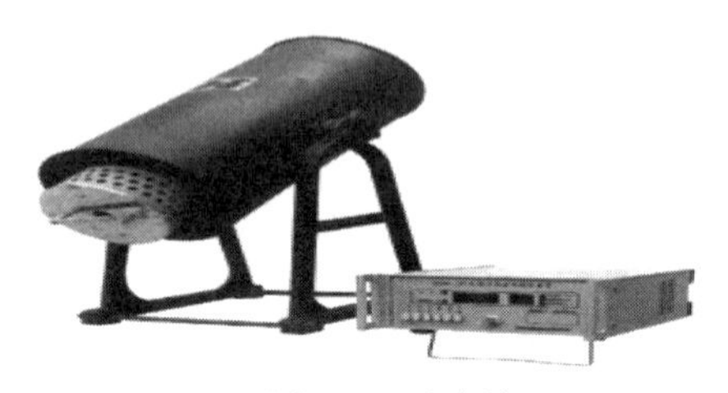

图 6-1 反应炉

三、实验设备与试剂

1. 仪器设备

(1) 反应性测定仪　应具有以下技术要求。

反应炉：如图 6-1 所示，炉膛长约 600mm，内径 28～30mm；最高加热温度可达 1350℃的硅碳管竖式炉。

反应管：耐温 1500℃的石英管或刚玉管，长 800～1000mm，内径 20～22mm，外径 24～26mm。

温度控制器：能按规定程序加热，控温精度±5℃，最高控制温度不低于 1300℃。

(2) 试样处理装置　应具有以下技术要求。

管式干馏炉：带有温控器，有足够的容积，温度能控制在 (900±20)℃。

干馏管：耐温 1000℃的瓷管或刚玉管，长 550～660mm，内径约 30mm，外径 33～35mm。

(3) 气体分析器　奥氏气体分析器或者其他二氧化碳气体分析器，测定范围为 0～100%，精度为±2%。吸收液用氢氧化钠或氢氧化钾配制成 500g/L 的溶液，封闭液用蒸馏水或 10%的硫酸溶液。其他满足上述测量范围或精度的在线二氧化碳分析仪如气象色谱仪、红外光谱仪等也可使用。奥氏气体分析器如图 6-2 所示。

图 6-2 奥氏气体分析器

(4) 铂铑 10-铂热电偶和镍铬-镍硅热电偶　各一对。

(5) 热电偶套管　长 500～600mm，内径 5～6mm，外径 7～8mm 的刚玉管两根。

(6) CO_2 气体流量计：量程 0～700mL/min (在气压低于 799.9hPa 即 600mmHg 的地区要用量程较大的流量计)。

(7) 圆孔筛　直径 200mm，孔径 3mm 和 6mm，符合板厚小于 3mm 的工业筛标准，并配有底和盖。

(8) 气体干燥塔　内装无水氯化钙。

(9) 洗气瓶　内装浓硫酸。

(10) 稳压贮气筒。

(11) 水银气压计　测量范围 799.9～1066.6hPa，精度 0.13hPa，分度值 1.33hPa，工作温度－15～45℃。

2. 试剂

(1) 无水氯化钙　化学纯。

（2）硫酸　化学纯，相对密度 1.84。

（3）氢氧化钠或氢氧化钾　化学纯。

（4）钢瓶二氧化碳气　纯度 98%以上。

（5）碎瓷片或碎刚玉片　粒度为 6～10mm。

四、实验准备

① 按 GB 474 规定制备 3～6mm 粒度的试样约 300g。

② 用橡皮塞把热电偶套管固定在干馏管中，并使其顶端位于干馏管的中心。将干馏管直立，加入粒度为 6～8mm 碎瓷片或碎刚玉片至热电偶套管顶端露出瓷片约 100mm，然后加入试样至试样层的厚度达 200mm，再用碎瓷片或刚玉片充填干馏管的其余部分。

③ 将装好试样的干馏管放入管式干馏炉中，使试样部分位于恒温区内，将镍铬-镍硅热电偶插入热电偶套管中。

④ 接通管式干馏炉电源，以 15～20℃/min 的速度升温到 900℃时，在此温度下保持 1h，切断电源，放置冷却到室温，取出试样，用 6mm 和 3mm 的圆孔筛叠加在一起筛分试样，留取 3～6mm 粒度的试样作测定用。黏结性煤处理后其中大于 6mm 的焦块必须破碎使之全部通过 6mm 筛。

注：煤样也可以用 $100cm^3$ 的带盖坩埚在马弗炉内按“④”规定的程序处理。如图 6-3 所示。

图 6-3　煤样干馏用带盖坩埚

⑤ 按图 6-4 连接各部件并使各连接处不漏气。

⑥ 用橡皮塞将热电偶套管固定在反应管中，使套管顶端位于反应管恒温区中心。将反应管直立，加入粒度为 6～8mm 碎刚玉片或碎瓷片至热电偶套管露出刚玉碎片或瓷碎片约 50mm。

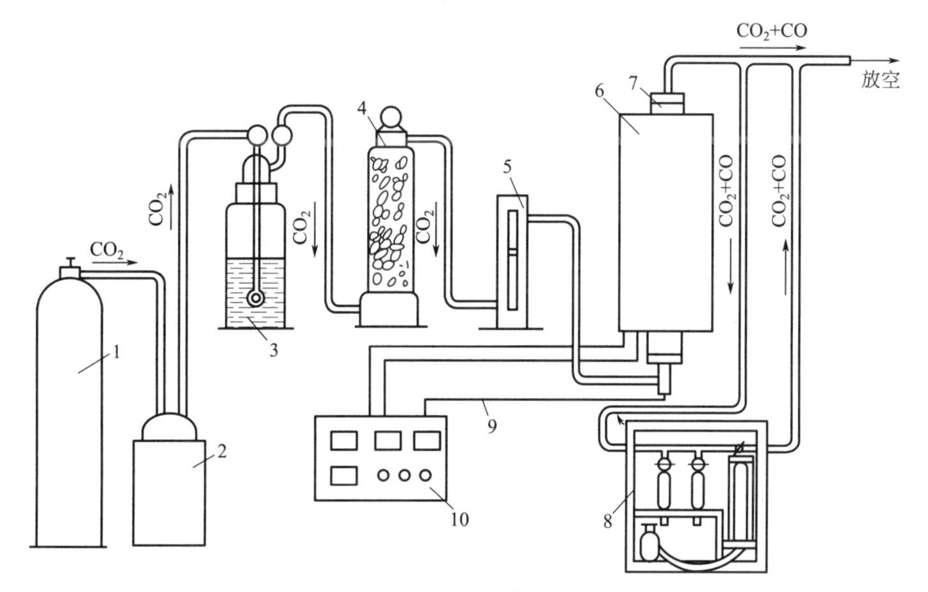

图 6-4　反应性测定装置流程图

1—二氧化碳瓶；2—贮气筒；3—洗气瓶；4—气体干燥塔；5—气体流量计；6—反应炉；7—反应管；8—奥氏气体分析器；9—热电偶；10—温度控制器

五、实验步骤

① 将干馏后 3～6mm 粒度的试样加入反应管，使料层高度达 100mm，并使热电偶套管顶端位于料层的中央，再用碎刚玉片或碎瓷片充填其余部分。

② 将装好试样的反应管插入反应炉内，用带有导出管的橡皮塞塞紧反应管上端，把铂铑 10-铂热电偶插入热电偶套管。

③ 通入二氧化碳检查系统有无漏气现象，确认不漏气后继续通二氧化碳 2～3min 赶净系统内的空气。

④ 接通电源，以 20～25℃/min 速度升温，并在 30min 左右将炉温升到 750℃（褐煤）或 800℃（烟煤、无烟煤），在此温度下保持 5min。当气压在（1013.3±13.3)hPa [(760±10)mmHg]、室温在 12～28℃时，以 500mL/min 的流量通入二氧化碳，如气压和室温偏离前述规定，应按“七、二氧化碳流量的调整”校准。

⑤ 通气 2.5min 时用奥氏气体分析器在 1min 内抽气清洗系统并取样。停止通入二氧化碳，分析气样中的二氧化碳浓度（若用仪器分析，应在通二氧化碳 3min 时记录仪器所显示的二氧化碳浓度）。

⑥ 在分析气体的同时，继续以 20～25℃/min 的速度升高炉温。每升高 50℃ 按步骤“④”和“⑤”的规定保温、通二氧化碳，并取气分析反应后气体中的二氧化碳体积分数，直至温度达到 1100℃时为止。特殊需要时，可测定到 1300℃。

六、实验结果

1. 结果计算

根据式(6-1) 计算各个温度下的二氧化碳还原率 α(%)。

$$\alpha=\frac{100\times(100-y-x)}{(100-y)\times(100+x)}\times100 \tag{6-1}$$

式中 α——二氧化碳还原率，以体积分数表示，%；

y——二氧化碳气体中杂质气体体积分数，%；

x——反应后气体中二氧化碳体积分数，%。

2. 结果表述

每个试样做两次重复测定，按 GB/T 483 规定的数据修约规则，将测得的反应后气体中的二氧化碳体积分数 x 修约到小数后一位，计算出各个温度下的二氧化碳还原率 α，修约到小数后一位，将二氧化碳还原率 α 测定结果填入“八、反应性曲线的绘制”所示的结果报告表中。

3. 反应性曲线

以温度为横坐标，α 值为纵坐标的图上标出两次测定的各实验结果点，按最小二乘法原理绘一条平滑的曲线为反应性曲线（如图 6-5 所示）。将测定结果表和反应性曲线一并报出。

4. 差值要求

任一温度下两次测定的 α 值与反应性曲线上相应温度下 α 值的差值应不超过±3%。

七、二氧化碳流量的调整

① 如果测定时气压与室温偏离（1013.3±13.3)hPa 和 12～28℃，则二氧化碳流量应按式(6-2) 进行调整。

$$V=500\times\frac{1013.3}{p}\times\frac{273+t}{273+20} \tag{6-2}$$

式中 V——测定反应性时，需通入二氧化碳的流速，mL/min；

p——大气压力，hPa；

t——室温，℃。

② 如果计算值在（500±20）mL/min范围内，仍可按500mL/min的流量通入二氧化碳。

八、反应性曲线的绘制

① 不同温度下煤对二氧化碳还原率计算结果见表6-1。反应性测定报告可参考表6-2。

表6-1 煤样在不同温度下的二氧化碳还原率

温度/℃	800	850	900	950	1000	1050	1100
CO_2/%	92.3	79.4	62.1	45.3	29.4	17.9	11.1
	89.7	76.6	58.4	42.0	27.2	14.7	9.6
α/%	3.5	11.0	23.0	37.3	54.3	69.5	79.9
	4.9	12.8	25.9	40.6	57.0	74.2	82.4

② 二氧化碳反应性曲线如图6-5所示。

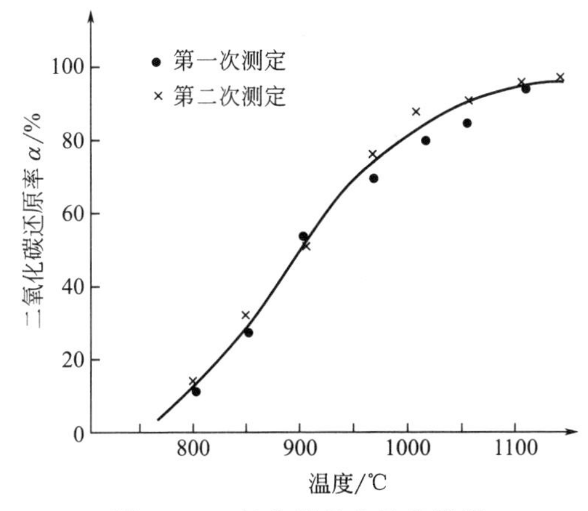

图6-5 二氧化碳反应性曲线图

九、注意事项

1. 干馏温度对测定结果的影响

干馏温度过高或过低对实验结果都有较大影响。干馏温度越高，反应性就越低。干馏温度过低，不仅污染分析系统，还会使计算结果产生严重偏差。

2. 在测定过程中操作条件对煤的化学反应性的影响

① 反应温度：化学反应速率随着温度的升高而加快，温度越高，反应速率也越快。

② CO_2的流量：CO_2流量的大小，决定了CO_2与煤样表面的接触时间。流量越小，CO_2与C的反应时间就越长，CO_2转变成CO的转化率就越高；相反，流量越大，CO_2与C的反应时间就越短，它来不及与C反应完全就流出反应管，从而使CO_2转化率降低；但是，在反应温度低时，CO_2的流量对反应速率影响不显著，当反应温度升高时，CO_2的流量对反应速率的影响越来越显著。

③ 煤样料层高度：反应管中煤样料层越高，CO_2与煤样的接触机会就越多，其转化率就越高。

表 6-2　煤对 CO_2 化学反应性测定原始记录

<table>
<tr><td colspan="2">实验编号</td><td colspan="13"></td></tr>
<tr><td colspan="2">样品名称</td><td colspan="13">□原煤　　□褐煤　　□其他</td></tr>
<tr><td colspan="2">温度 t</td><td rowspan="2">取分析气/mL</td><td rowspan="2">吸收 CO_2 后体积</td><td rowspan="2">CO_2 含量(V)/%</td><td rowspan="2">α/% 还原率</td><td rowspan="2">CO_2 纯度/%</td><td rowspan="2">平均值</td><td colspan="2">温度 t</td><td rowspan="2">取分析气/mL</td><td rowspan="2">吸收 CO_2 后体积</td><td rowspan="2">CO_2 含量(V)/%</td><td rowspan="2">还原率 α/%</td><td rowspan="2">CO_2 纯度/%</td></tr>
<tr><td>指示/℃</td><td>标准/℃</td><td>指示/℃</td><td>标准/℃</td></tr>
<tr><td></td><td></td><td></td><td></td><td></td><td></td><td rowspan="8"></td><td></td><td></td><td></td><td></td><td></td><td></td><td></td><td rowspan="8"></td></tr>
<tr><td></td><td></td><td></td><td></td><td></td><td></td><td></td><td></td><td></td><td></td><td></td><td></td><td></td></tr>
<tr><td></td><td></td><td></td><td></td><td></td><td></td><td></td><td></td><td></td><td></td><td></td><td></td><td></td></tr>
<tr><td></td><td></td><td></td><td></td><td></td><td></td><td></td><td></td><td></td><td></td><td></td><td></td><td></td></tr>
<tr><td></td><td></td><td></td><td></td><td></td><td></td><td></td><td></td><td></td><td></td><td></td><td></td><td></td></tr>
<tr><td></td><td></td><td></td><td></td><td></td><td></td><td></td><td></td><td></td><td></td><td></td><td></td><td></td></tr>
<tr><td></td><td></td><td></td><td></td><td></td><td></td><td></td><td></td><td></td><td></td><td></td><td></td><td></td></tr>
<tr><td></td><td></td><td></td><td></td><td></td><td></td><td></td><td></td><td></td><td></td><td></td><td></td><td></td></tr>
<tr><td colspan="2">执行标准</td><td colspan="6">□GB/T 220—2018 煤对二氧化碳化学反应性的测定方法
□YS/T 587.7—2006 炭阳极用煅后石油焦检测方法 CO_2 反应性的测定</td><td colspan="2">使用仪器号</td><td colspan="5"></td></tr>
<tr><td colspan="2">计算公式</td><td colspan="5"></td><td colspan="2">环境条件</td><td colspan="2">温度　　℃
湿度　　%</td><td colspan="2">备注</td><td colspan="2"></td></tr>
</table>

测定者：　　　　　　　　审核者：　　　　　　　　日期：　　年　　月　　日

④ 煤样的粒度：煤样的粒度越小，煤样表面积就越大，CO_2 与煤样的接触机会就越多，其转化率就越高。但是如煤样粒度太小，煤粒间的空隙也大大减小，反而阻碍 CO_2 与煤粒表面的接触，使转化率降低。

⑤ 取气时间：通 CO_2 时间越长，反应后气体中 CO_2 浓度越高，测定结果偏低；当温度较高时，煤的反应性也较高，反应达到平衡的时间也长，此时，CO_2 继续被还原成 CO，使其反应率越高。

十、思考题

1. 煤样为什么要进行干馏处理？
2. 为什么实验前要检查系统无漏气现象？并用 CO_2 气赶净系统内的空气？
3. 影响煤对 CO_2 化学反应性的主要因素是什么？

十一、知识扩展

也可以采用鞍山星源达科技有限公司生产的 SYD-T116 型全自动煤炭活性测定仪进行实验。该仪器为全自动工作，仅需点击一次鼠标，红外气体分析＋升恒温＋还原曲线＋曲线试验数据报告即可由电脑自动生成并可以打印。如图 6-6 所示。

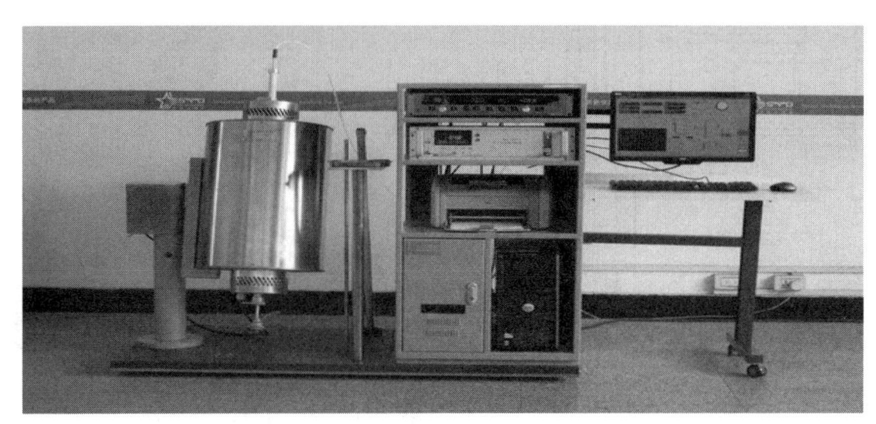

图 6-6　全自动煤炭活性测定仪

（云南省煤炭产品质量检验站　雷翠琼执笔）

实验三十二　煤的结渣性测定
（参考 GB/T 1572—2018）

一、实验目的

1. 了解煤结渣性的定义以及结渣性对煤的意义。
2. 掌握煤的结渣性测定的方法及原理。

二、实验原理

将 3～6mm 粒度的试样，装入特制的气化装置中，用同样粒度的木炭引燃，在规定鼓风强度下使其气化（燃烧），待试样燃尽后停止鼓风，冷却，将残渣称量和筛分，以大于 6mm 的渣块质量算出结渣率，表示煤的结渣性。

煤的结渣性是指煤样在一定鼓风强度下气化或燃烧，其灰分熔结成渣的能力，是煤的气化指标之一。通常用大于 6mm 的渣块占灰渣总质量的百分数——结渣率来表示煤的结渣性。煤的结渣性是测定煤灰在煤的自身反应热作用下发生形态变化的特征，它受煤灰成分和含量双重因素的影响，因此，结渣性较煤灰熔融性能更正确反映煤灰的成渣特征。结渣性是评价煤的气化和动力用煤的重要指标，是选用和设计有关设备的重要依据，也是指导生产操作的重要参数。

三、仪器设备和材料

（1）结渣性测定仪　鹤壁市智胜科技有限公司生产的 JX-1 型结渣性测定仪，如图 6-7、图 6-8 所示。

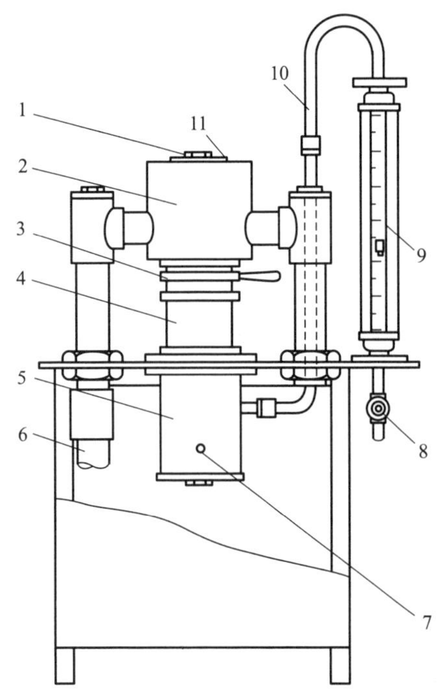

图 6-7　JX-1 型结渣性测定仪

1—观测孔；2—烟气室；3—锁紧螺筒；4—气化筒；5—空气室；6—烟气排出口；7—测压孔；8—空气针形阀；9—流量计；10—进气管；11—顶盖

图 6-8　JX-1 型结渣性测定仪

（2）空气压缩机　福建省泉州市力达机械有限公司生产的罗威牌 V-0.17/8 型空气压缩机，功率 1.5kW，排气量 0.17m^3/min。可通过放气口的小放气阀调节实验时所需的三种鼓风强度。

（3）马弗炉　炉内加热室不小于下列尺寸：高 140mm，宽 200mm，深 320mm。炉后壁或上壁应有排气孔，并配有温度控制器。炉膛具有足够的恒温区，能保持温度为（350±10）℃，马弗炉的恒温区应在关闭炉门下测定，每年至少一次，高温计和热电偶每年应检定一次。

（4）工业天平　最大称量 1kg，感量 0.01g。

（5）振筛机　往复式，频率（240±20）min^{-1}，振幅（40±2）mm。鹤壁市天龙煤质仪器有限公司生产的 SZH-4 型往复式振筛机，如图 6-9 所示。

(6) 圆孔筛　筛孔 3mm 和 6mm，并配有筛盖和筛底。如图 6-10 所示。

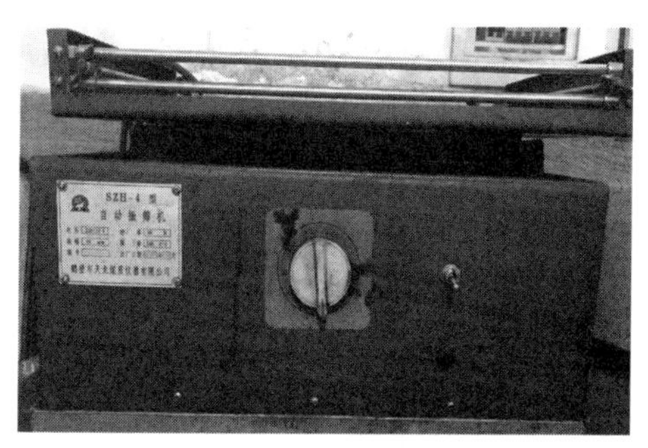

图 6-9　SZH-4 型往复式振筛机

图 6-10　6mm 圆孔筛

(7) U 形压力计　可测量不小于 49hPa（500mmH_2O）压差。

(8) 带孔小铁铲　面积 100mm×100mm，边高 20mm，底面有直径 2～2.5mm 的孔约 100 个。如图 6-11 所示。

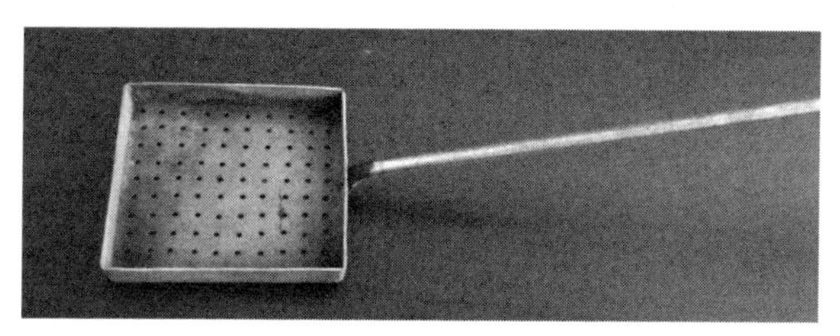

图 6-11　带孔铁铲

(9) 铁盘　用厚度 1～1.5mm 的铁板制成，尺寸不应小于下列规定：长 200mm，宽 150mm，高 40mm。底盘四角处有 20mm 的垫脚。

(10) 木炭　无混入杂质的硬质木炭，粒度 3～6mm。木炭如图 6-12 所示。

图 6-12　粒度 3～6mm 木炭

(11) 石棉板　厚 2～3mm。

(12) 小圆铁桶　容积 400cm^3。

(13) 铁漏斗　薄铁皮制成。大口直径 120mm，小口直径 45mm，长径 120mm。

(14) 板式毛刷　1 把。

(15) 搪瓷盘　4 个，长约 300mm，宽约 200mm，高约 30mm。

四、试样的制备

① 按 GB 474 的规定，制备粒度 3～6mm 空气干燥试样，不少于 4kg。

② 挥发分焦渣特征小于或等于 3 的煤样以及焦炭不需要经过破黏处理。

③ 挥发分焦渣特征大于 3 的煤受热时会形成胶质体并黏结成块，这会妨碍气化介质的均匀分布和试样的正常下降，造成燃烧不完全，降低燃烧温度，影响渣块的形成，从而造成测定误差，甚至使实验不能正常进行。因此要按下列方法进行破黏处理：

a. 将马弗炉预先升温到 300℃。

b. 量取煤样 800cm^3（同一强度重复测定用样量），放入铁盘内，扒平，使其厚度不超过 150mm。

c. 打开炉门，迅速将铁盘放入炉内，立即关闭炉门。

d. 待炉温回升到 300℃以后，恒温 30min。然后将温度调到 350℃，并在此温度下加热到挥发物逸完为止。

e. 打开炉门，取出铁盘，趁热用铁丝钩搅松煤样，并倒在振筛机上过筛。遇有大于 6mm 的焦块时，轻轻压碎，使其全部通过 6mm 筛子。取 3～6mm 粒度煤样备用。

五、测定步骤

① 每个试样均在 0.1m/s、0.2m/s 和 0.3m/s 三种鼓风强度下分别进行重复测定（对应于 0.1m/s、0.2m/s、0.3m/s 流速的空气流量分别为 $2m^3/h$、$4m^3/h$、$6m^3/h$）。

② 进行测定时，第一次取 $400cm^3$ 试样，并称量（称准到 0.01g）。其后测定用的试样质量与第一次相同。

③ 将称量后的试样倒入气化套内，扒平，放好垫圈装在空气室和烟气室之间，用锁紧螺筒固紧。

④ 称取约 15g 木炭，放在带孔铁铲内，在电炉上加热至灼红。

⑤ 开动空气压缩机、调节小放气阀，使空气流量不超过 $2cm^3/h$。再将铁漏斗放在仪器顶盖位置处，把灼红的木炭倒在试样表面上，扒平。取下铁漏斗，拧紧顶盖，再仔细调节空气流量，使其达到规定值。

在鼓风强度为 0.2m/s 和 0.3m/s 进行测定时，应先使风量在 0.1m/s 下保持 3min，然后再调节到规定值。

⑥ 在测定过程中，随时观察空气流量是否偏离规定值，并及时调节，记录料层最大阻力（hPa）。

⑦ 从观察孔观察到试样燃尽后，关闭鼓风机，记录反应时间。

⑧ 冷却后取出全部灰渣，称其质量实验完成后的灰渣，如图 6-13 所示。

⑨ 将 6mm 筛子和筛底叠放在振筛机上，然后把称量后的灰渣移到 6mm 筛子内，盖好筛盖。

⑩ 开动振筛机，振动 30s，然后称出粒度大于 6mm 渣块的质量。渣块如图 6-14 所示。

图 6-13　试样燃烧以后的灰渣

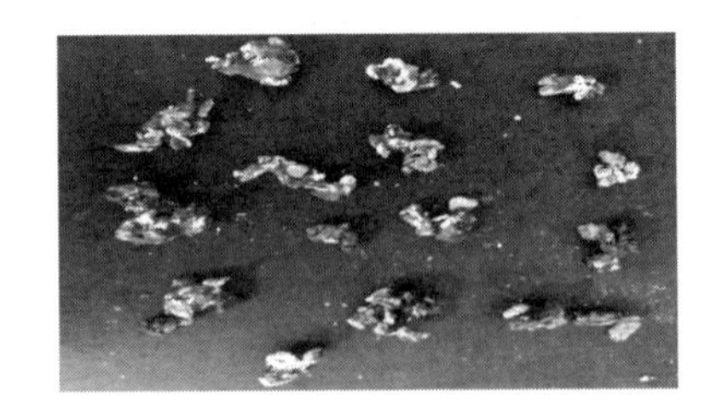

图 6-14　大于 6mm 的渣块

六、结果计算及方法精密度

1. 结渣率

按式(6-3) 计算：

$$\text{Clin}=\frac{m_1}{m_2}\times 100 \tag{6-3}$$

式中　Clin——结渣率，%；

m_1——粒度大于 6mm 渣块质量，g；

m_2——灰渣总质量，g。

2. 结果表述

计算两次重复测定的平均值，并按 GB/T 483 规定的数据修约规则修约到小数后一位。

3. 方法精密度

每一试样按 0.1m/s、0.2m/s、0.3m/s 三种鼓风强度作重复性测定，两次重复测定结果的差值不得超过 5.0%（绝对值）。

煤的结渣性测定原始记录可参考表 6-3。

表 6-3　煤的结渣性测定原始记录表

实验编号							
样品名称	□原煤　　□褐煤　　□焦炭						
试样体积/cm^3							
试样质量/g	鼓风强度/(m/s)	最大阻力/hPa	反应时间/min	总灰渣质量/g	>6mm 灰渣质量/g	结渣率/%	平均结渣率/%
	0.1						
	0.2						
	0.3						
执行标准	GB/T 1572—2018 煤的结渣性测定方法						
使用天平号							
使用仪器号							
环境条件	温度＿＿℃　湿度＿＿%						
备注							

测定者：　　　　审核者：　　　　日期：　　年　月　日

4. 结渣性强度区域图

如图 6-15 所示，以鼓风强度为横坐标，平均结渣率为纵坐标绘制结渣曲线（如图 6-16 所示）。

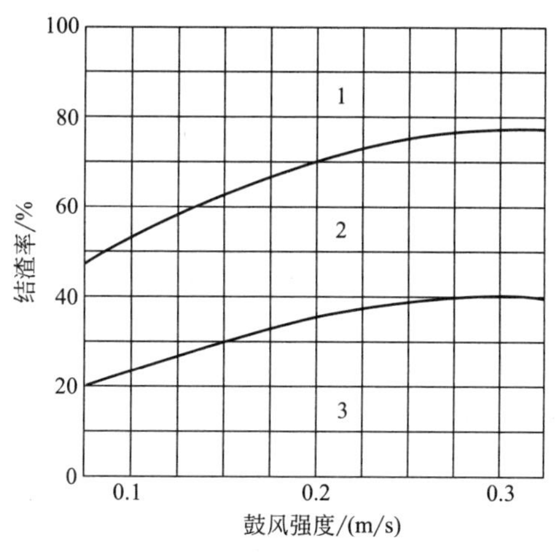

图 6-15　结渣性强度区域图

1—强结渣区；2—中等结渣区；3—弱结渣区

试样编号	××××			来样编号	××××	
送样单位	××××			来样地点	××××	
取样质量	200g			曾否破黏		
鼓风强度/(m/s)	最大阻力/mmHg	反应时间/min	灰总渣质量/g	大于6mm灰渣质量/g	结渣率/%	平均结渣率/%
0.1	+0.8	120	85.2	62.3	73.1	73.1
	—	—	—	—	—	
0.2	+1.8	75	83.5	67.5	80.8	80.8
	—	—	—	—	—	
0.3	+2.0	50	77.9	60.3	77.4	77.4
	—	—	—	—	—	
备注	因来样太少,没严格按照GB/T 1572规定取平均值,结果仅供参考。					

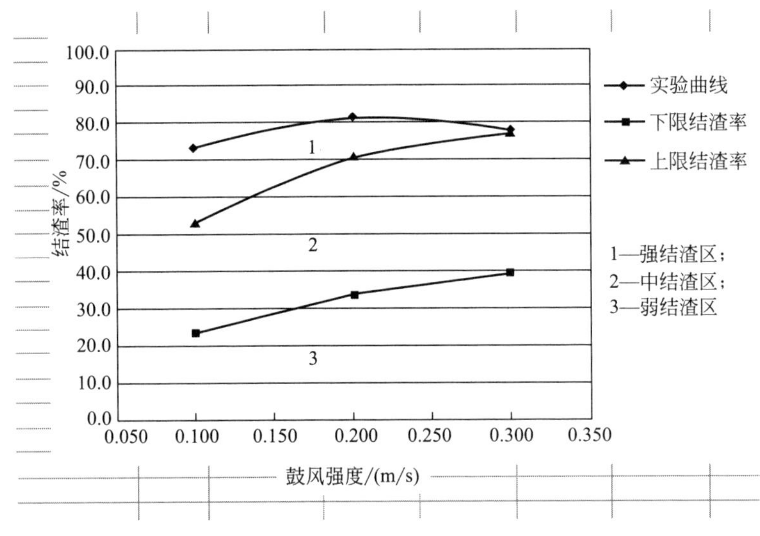

图 6-16 结渣性测定报告实例

七、注意事项

① 要有良好的通风条件，使实验中产生的挥发物及时排出。烟气室、空气室及排烟管路应定期清理，以防堵塞。

② 结渣性测定仪不经常使用时要注意防锈。

③ 焦渣特征大于3的试样要进行破黏处理，其过程要严格按照国标规定操作。

④ 在鼓风强度为0.2m/s和0.3m/s进行测定时，不宜在木炭燃尽后马上调到规定值，应先使风量在0.1m/s下保持3min后，再调到规定值。

⑤ 仪器的安装各衔接部分结合不严而漏气，或者煤样装填不均匀等，都会导致局部燃烧不完全，使灰中含碳量偏高、结渣率偏低。

八、思考题

1. 对于挥发分焦渣特征大于3的试样，为什么要进行破黏处理？

2. 在鼓风强度为0.2m/s和0.3m/s进行测定时，为什么要先在风量为0.1m/s下保持

3min，然后再调节到规定值？

3.每一试样按0.1m/s、0.2m/s、0.3m/s三种鼓风强度作重复性测定时，为什么流量超过规定值时要及时调节？

4.影响煤的结渣性测定的因素有哪些？

5.为什么通常煤样的结渣性随鼓风强度的提高而增强？

6.结渣性与灰熔融性在反映煤灰特性上有什么区别？

7.结渣性测定中，鼓风量和流速是如何换算的？

8.影响结渣性指标的因素是什么？

九、知识扩展

煤的结渣性是反映煤灰在气化或燃烧过程中成渣的特性，是模拟工业发生炉的氧化层反应条件。在气化、燃烧过程中，煤中的碳与氧反应，放出热量产生高温使煤中的灰分熔融成渣。渣的形成一方面使气流分布不均匀，易产生风洞，造成局部过热，而给操作带来一定的困难，结渣严重时还会导致停产；另一方面由于结渣后煤块被熔渣包裹，煤中碳未完全反应就排出炉外，增加了碳的损失。为了使生产正常运行，避免结渣，往往通入适量的水蒸气，但是水蒸气的通入会降低反应层的温度，使煤气质量及气化效率下降。

煤的结渣性与灰熔融性都是用来衡量煤在气化或燃烧过程中煤灰是否易结渣。但两者是有区别的。煤的灰熔融性测定是将煤完全灰化后制成一定形状的试块，在外加热源的作用下根据试块的形态变化，测定四个特征熔融温度。灰熔融性主要与煤灰的化学成分及炉内的气氛有关，与煤的灰分产率无关。

结渣性是反映煤中碳和氢进行氧化反应后产生的热量的作用下煤灰发生形态变化的特性，它受煤灰成分及煤灰含量双重因素的影响。结渣性的测定是属于动态测定，其操作条件更接近于煤气化或燃烧工艺，因此它比灰熔融能更好地反映灰的结渣特性。结渣率高低取决于煤灰含量和灰熔融温度，而煤中灰分的影响大于煤灰熔融温度的影响，应视为第一因素。通过大量的实验数据的数理统计，得出鼓风流速0.1m/s、0.2m/s、0.13m/s时结渣率与灰软化温度（ST）、灰含量的关系式如式(6-4)～式(6-6)：

$$\mathrm{Clin}_{0.1}=44.7+1.79x_1-0.03x_2 \tag{6-4}$$

$$\mathrm{Clin}_{0.2}=87.75+2.17x_1-0.06x_2 \tag{6-5}$$

$$\mathrm{Clin}_{0.3}=105.77+2.19x_1-0.07x_2 \tag{6-6}$$

煤的结渣性区域的划分，除了考虑灰分和灰熔融性两个因素外，还考虑我国的煤炭资源、气化工艺及生产操作条件。根据我国目前生产、设计、科研等单位提出气化用煤质量要求和我国气化用煤的标准规定，灰分$8\%<A_d<25\%$，灰软化温度ST>1200℃。将气化用煤标准的A_d和ST划限指标代入式(6-4)～式(6-6)，得到不同鼓风强度下的上限和下限结渣率见表6-4。

表6-4　结渣率的上限和下限

鼓风强度/(m/s)	0.1	0.2	0.3
下限结渣率/%	23.00	33.00	39.00
上限结渣率/%	53.00	70.00	77.00

根据以上数据，在煤的结渣率和鼓风强度的关系图上绘出上限结渣率和下限结渣率的两条曲线，将结渣率划分为强、中、弱3个区域（见图6-15）。加入测定结果所绘的结渣性曲线在第三区域即弱结渣性区域内，该煤属于弱结渣性的煤；若所绘的曲线在第二区域内，则

为中等结渣性的煤；在第一区域内，则为强结渣性的煤。倘若所绘的结渣性曲线一部分在第一区域，一部分在第二区域，这就意味着在某气化强度下是强结渣性煤，在某气化强度下属中等结渣性煤。

［1］ 张钊，赵东升，王守飞，等. 燃煤结渣特性的研究.［J］. 煤炭与化工，2007，40（3）：28-30.

［2］ 陈丽珠，姚恩题. 煤的结渣性测定的说明［J］. 煤炭分析及利用，1996，4：55-56.

［3］ 江树明. 关于煤灰结渣性测定的初见［J］. 煤炭分析及利用，1990，4：36-37.

［4］ 张钊，赵东升，王守飞，等. 燃煤结渣特性的研究［J］. 煤炭与化工，2017，3：28-30.

（云南省煤炭产品质量检验站 陆松梅执笔）

实验三十三 煤炭燃烧特性实验方法（热重分析法）（参考 GB/T 33304—2016）

一、实验目的

掌握煤炭燃烧特性实验方法（热重分析法）测定原理、步骤和数据分析方法。

二、使用范围与意义

适用于褐煤、烟煤和无烟煤的燃烧特性研究。

利用热重分析法研究煤的燃烧特性是一种有效的方法，根据热重曲线和微商热重曲线（TG-DTG）可以得到着火温度、燃尽温度、平均燃烧速率、最大燃烧速率、最大燃烧速率温度等特征指标，进而评价煤种的着火性能和燃烧特性，对燃煤装置设计具有指导意义。

三、原理

1. 热重分析

在程序控温和一定气氛下，测量试样质量（或质量分数）与温度（或时间）关系的一类技术。

2. 热重曲线和微商热重曲线

热重（TG）曲线：由热重法测得的数据以质量（或质量分数）随温度或时间变化的形式表示的曲线。

微商热重（DTG）曲线：由热重法测得的数据以质量变化速率随温度（扫描型）或时间（恒温型）的变化的形式表示的曲线。

3. 煤炭燃烧特性实验

实验煤样置于热重分析仪内，在规定条件下升温使煤样完全燃烧，记录热重曲线和微商热重曲线（TG-DTG 曲线）。根据 TG-DTG 曲线得出着火温度（T_i）、燃尽温度（T_f）、平均燃烧速率（$\overline{v}$）、最大燃烧速率（v_p）、最大燃烧速率温度（T_p）。

四、实验设备与试剂和材料

1. 设备

（1）热重分析仪 热重分析仪主要由加热炉、热天平、记录仪等主要部件组成，如图 6-17 所示。加热炉的升温范围为室温至 1200℃，实验温度范围内，升温速率可稳定控制在 20℃/min；热天平感量 0.01g。所用热重分析仪为法国塞塔拉姆（Setaram）公司生产的 SETSYS Evolution 24 型高温热重分析仪，其形状如图 6-18 所示。

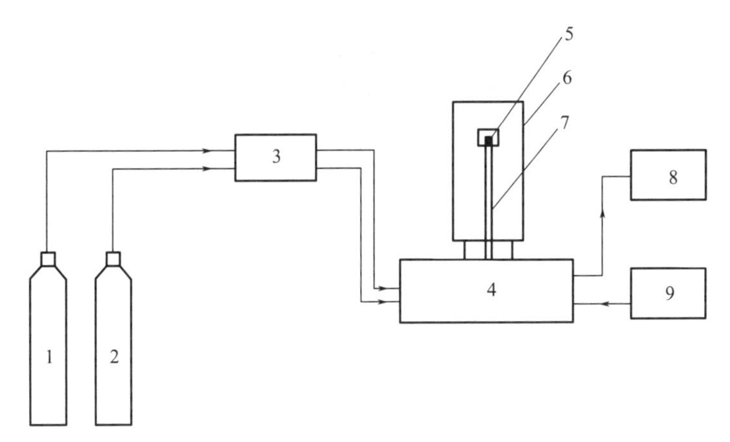

图 6-17　热重分析仪组成示意图

1—压缩空气（或合成空气）；2—氩气（或氮气）；3—配气装置；4—热天平；5—载样台；6—加热炉；7—温度传感器；8—记录仪；9—温度控制器

图 6-18　法国塞塔拉姆公司的 SETSYS Evolution 24 型热重仪

（2）坩埚　坩埚直径范围 6～10mm，要求材质耐腐蚀、耐高温（大于 1200℃），且不与煤样发生反应。

2. 试剂和材料

（1）氩气（或氮气）　纯度>99.9%。

（2）压缩空气（或合成空气）　露点<－40℃，固体颗粒粒径<0.1μm，含油量<0.01mg/m^3。

（3）铟（In）　纯度>99.99%，分析纯。

（4）石英（SiO_2）　纯度>99.95%，分析纯。

（5）碳酸锶（$SrCO_3$）　纯度>99.95%，分析纯。

五、准备工作

1. 仪器准备

① 仪器预热。实验前依次打开主电源、热重分析仪、计算机，预热30min。

② 热重分析仪质量校准和温度标定。热重分析仪质量校准按GB/T 27762执行，温度标定按GB/T 29189执行。

③ 基线实验。将未装样品的坩埚放在热电偶端点处的载样台，盖上加热炉体。升温程序从30℃的初始温度以20℃/min的速率升温至1000℃，进气流量为氩气（或氮气）10mL/min，空气50mL/min。

④ 基线实验至少进行两次，重复测量质量信号相差不大于±0.05mg。

2. 试样制备

按GB/T 474将煤样制成粒度小于0.2mm的一般分析煤样，装在带磨口瓶塞的玻璃瓶中，置于阴凉处，实验应在制备后3d内完成。

六、燃烧实验

1. 实验步骤

① 调取上述基线备用。

② 称取试样（10±1)mg，称准至0.02mg，平摊于坩埚中，将装有样品的坩埚置于载样台。

③ 打开气路，进气流量为氩气（或氮气）10mL/min，空气50mL/min。同时打开冷却循环水，水温保持在20℃。

④ 待载气气流平稳后，实验开始。设定升温程序，使其加热炉从30℃的初始温度，以20℃/min的速率升温至1000℃，在该温度下保持10min，然后实验结束。实验结束后保持气路气体流量不变，待热重炉温降低至60℃以下，关闭气路及冷却循环水，然后关闭热重分析仪。

⑤ 为避免实验过程中由于热浮力造成的实验误差，在相同气体组成及气速条件下对空坩埚进行相同的程序升温实验［如实验步骤③和④所示］。

⑥ 由计算机分别记录煤样燃烧过程中的失重曲线（$TG_{煤}$曲线）和空白坩埚燃烧过程中的$TG_{空白}$曲线。对两曲线进行差减，所得曲线记为TG曲线，对TG曲线进行微分（可通过热重软件进行微分，也可将TG曲线在Origin等画图软件中进行微分），得到DTG曲线。

2. 实验重复

燃烧实验至少进行两次。

七、实验结果

1. 特征指标

以着火温度（T_i）、燃尽温度（T_f）、平均燃烧速率（$\bar{v}$）、最大燃烧速率（v_p）、最大燃烧速率温度（T_p）等作为燃烧特性特征指标。

2. 特征指标确定方法

根据煤样在热重分析仪中进行燃烧特性实验所记录的热重曲线和微商热重曲线（TG-DTG曲线，见图6-19），确定着火温度（T_i）、燃尽温度（T_f）、最大燃烧速率（v_p）、最大燃烧速率温度（T_p），并计算平均燃烧速率（$\bar{v}$）。以上5项特征指标按下列方法确定和表述。

（1）着火温度　过图6-19中DTG曲线峰值点P作垂线与TG曲线交于A点，过A点作 TG 曲线的切线 L_2，该切线与 TG 曲线上挥发分开始失重时水平线 L_1 的交点 i，i 点所对应的横坐标值即为着火温度，符号即为 T_i。

（2）燃尽温度　图 6-19 中切线 L_2 与 TG 曲线重量损失结束时的水平线 L_3 的交点 f，f 所对应的横坐标值即为燃尽温度，符号记为 T_f。

（3）最大燃烧速率　图 6-19 中 p 点所对应的 DTG 曲线上的纵坐标值即为最大燃烧速率，符号记为 v_p 或 $(\mathrm{d}w/\mathrm{d}t)_{max}$；

（4）最大燃烧速率温度　图 6-19 中 p 点所对应的 DTG 曲线上的横坐标值即为最大燃烧速率温度，符号记为 T_p；

（5）平均燃烧速率　其计算公式见式(6-7)：

$$\overline{v}=\beta\times\frac{\alpha_i-\alpha_f}{T_f-T_i} \tag{6-7}$$

式中　$\overline{v}$——平均燃烧速率，%/min；

β——升温速率，℃/min，本实验确定为 20℃/min；

α_i——着火温度点对应的剩余样品百分数，%；

α_f——燃尽温度点对应的剩余样品百分数，%；

T_i——着火温度，℃；

T_f——燃尽温度，℃。

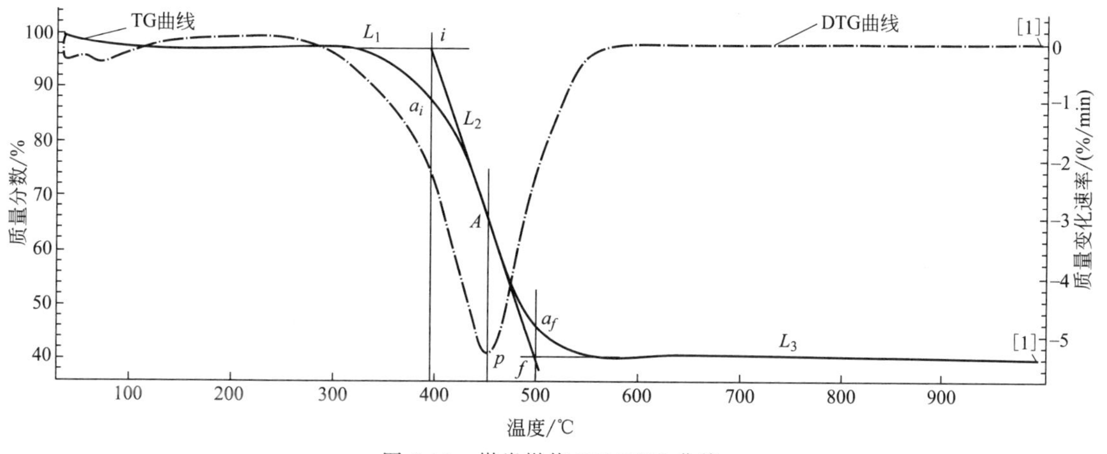

图 6-19　煤炭燃烧 TG-DTG 曲线

3. 结果表述

每个试样进行两次重复性实验，并按 GB/T 483 规定的数字修约规则，将 3 个特征温度的测定值修约到整数报出，2 个燃烧速率的测定值修约到小数点后一位报出。报告示例见表 6-5。

表 6-5　煤炭燃烧特性实验（热重分析法）实验报告

实验日期		依据标准		仪器型号	
坩埚类型		实验人		审核人	
样品名称及编号	煤炭燃烧特性特征指标				
	着火温度 T_i/℃	燃尽温度 T_f/℃	最大燃烧速率温度 T_p/℃	最大燃烧速率 v_p/(%/min)	平均燃烧速率 /(%/min)
煤炭燃烧 TG-DTG 曲线图：					

八、方法精密度

热重分析法测定煤炭燃烧特性的重复性限和再现性临界差如表6-6规定。

表6-6 热重分析法测定煤炭燃烧特性的精密度

指标			重复性限	再现性临界差
名称	符号	单位		
着火温度	T_i	℃	5	10
燃尽温度	T_f	℃	5	10
最大燃烧速率	v_p	%/min	0.5	1.0
最大燃烧速率温度	T_p	℃	5	10
平均燃烧速率	$\overline{v}$	%/min	0.5	1.0

（太原理工大学　王美君；北京化工大学　石磊执笔）

实验三十四　水煤浆浓度测定
（参考GB/T 18856.2—2008）

一、实验目的

掌握水煤浆浓度测定红外干燥法、干燥箱干燥法两种方法的原理、方法和主要影响因素。

二、实验原理和方法

水煤浆的浓度是指浆中含绝对干煤的质量分数。水煤浆浓度中所指水量包括原煤的水分和制浆过程中加入的水量。通常制浆用煤已经含有5%～8%甚至更多的水分。

1. 红外干燥法

称取一定量的试样置于红外水分测定以内，试样中的水分在红外线的照射下，迅速蒸发，干燥至恒重，干燥后的试样质量占原样质量的百分数作为水煤浆浓度。

2. 干燥箱干燥法（仲裁法）

称取一定质量的煤样，放置于105～110℃的干燥箱内干燥至恒重，干燥后的试样质量占原煤样质量的百分数为水煤浆的浓度。

红外干燥法很常用，有更好的准确性，方便，快捷，本实验重点讲述红外干燥法。

三、仪器与材料

（一）材料

（1）干燥箱　带有自动控温装置和鼓风机，并能保持温度105～110℃。

（2）称量瓶　直径50mm，高30mm，并带有严密的磨口盖。

（3）分析天平　感量0.0001g，最大称量200g。

（4）干燥器　内装变色硅胶或粒状无水氯化钙。

（5）取样桶、取样勺。

（二）本实验所使用仪器

SC69-02C型快速水分测定仪。

1. 原理

当远红外线辐射到一个物体上时，可发生吸收、反射和透过。但是，不是所有的分子都能吸收远红外线，只有对那些显示出电极性的分子才能起作用。水、有机物质和高分子物质具有强烈的吸收远红外线的性能。当这些物质吸收远红外线辐射能量并使其分子、原子固有的振动和转动的频率与远红外线辐射的频率相一致时，发生分子、原子的共振或转动，导致运动加剧，由动能转换成热能，从而使得物质温度迅速升高从而使水分蒸发。

一般的加热方法是利用热的传导和对流，需要通过媒质传播，速度慢，能耗大，而远红外线加热是用热的辐射，中间无需媒质传播。同时，由于辐射能与发热体温度的 4 次方成正比，因此使用红外线加热不仅节约能源而且速度快、效率高。此外，远红外线具有一定的穿透能力，由于被加热干燥的物质在一定深度的内部和表层分子同时吸收远红外辐射能，产生自发热效应，使溶剂或水分子蒸发，发热均匀，从而避免了由于热胀程度不同而产生的形变和质变等物理性变化，使物质外观、物理机械性能、牢度和色泽等保持完好。

2. 仪器说明

本实验选用上海舜宇恒平科学仪器有限公司生产的 SC69-02C 型水分快速测定仪。SC69-02C 水分快速测定仪采用热解重量原理设计，是一种快速的水分检测仪器。在测量样品质量的同时，红外加热单元和水分蒸发通道快速干燥样品，水分仪持续测量并即时显示样品丢失的水分含量百分数，SC69-02C 水分快速测定仪最终测定的水分含量值被锁定显示。SC69-02C 水分快速测定仪与干燥箱加热法相比，红外加热可以最短时间内达到最大加热功率，且检测效率远远高于烘箱法。SC69-02C 水分快速测定仪一般样品只需几分钟即可完成测定。SC69-02C 水分快速测定仪操作简单，测试准确，显示部分采用红色数码管，分别可显示水分值、样品初值、终值、测定时间、温度初值、最终值等数据，清晰可见，并具有与计算机、打印机连接功能。具体见图 6-20、图 6-21。

图 6-20　SC69-02C 型水分快速测定仪

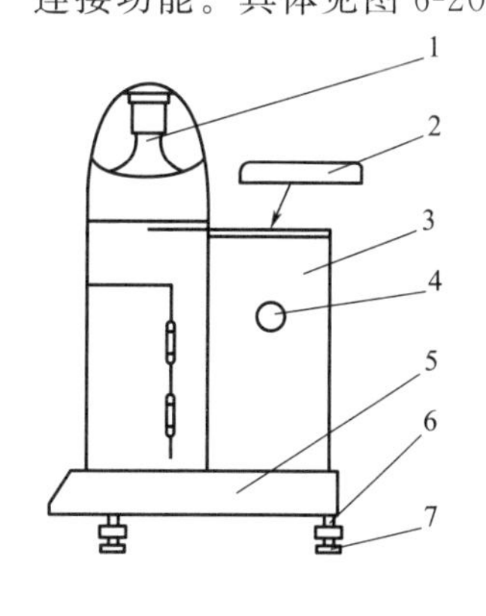

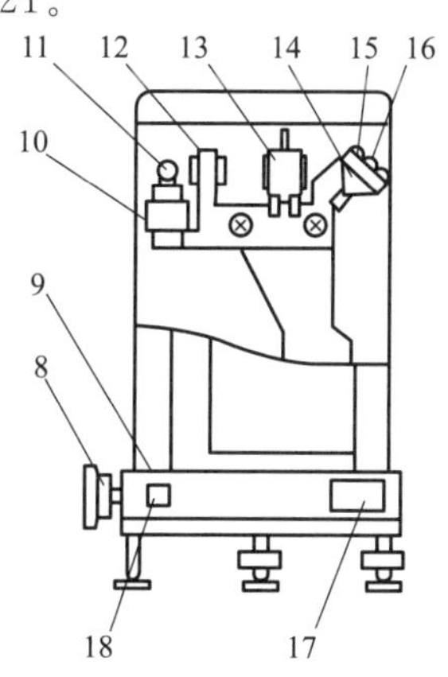

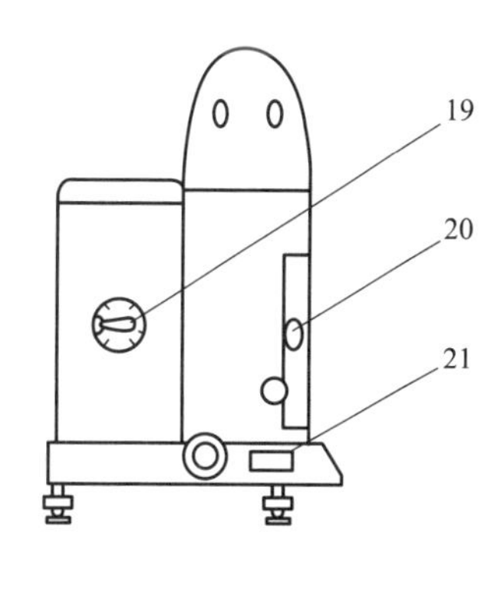

图 6-21　SC69-02C 型水分快速测定仪结构示意

1—红外线灯泡；2—上盖；3—机箱；4—平面镜旋钮；5—底座；6—水平调整脚；7—垫脚；8—开关旋钮；9—水准器；10—紧定螺钉；11—小灯泡；12—聚光筒；13—物镜筒；14—三棱镜；15—上、下螺钉；16—左、右螺钉；17—投影屏；18—红外线灯泡开关；19—电压调节旋钮；20—门钩旋钮；21—铭牌

3. 技术指标

（1）测定试样质量　0.5～60g；

（2）最大称质量　60g；

（3）最小称重读数　0.01g，使用JQR称重系统传感器；

（4）加热温度范围　起始至180℃；加热方式：应变式混合气体加热器；微调自动补偿温度最高15℃；

（5）供电电源　电压220V±10%；

（6）水分含量可读性　0.01%；

（7）试样温度　－40～50℃；

（8）显示7种参数　水分值，样品初值，样品终值，测定时间，温度初值，最终值，恒重值；并且具有红色数码管独立显示模式。

4. 操作方法

（1）干燥处理　在红外线的辐射下，秤盘和天平称重系统表面吸附的水分也会受热蒸发，直接影响测试精度，因此在测定水分前必须进行干燥处理，特别是在湿度较大的环境条件下，这项工作务必进行。干燥处理可在仪器内处理进行，把要用的秤盘全部放进仪器前部的加热室内，打开红外线灯约5min，然后关灯冷却至常温。安放秤盘的位置应有利于水分的迅速充分蒸发，秤盘可以分别斜靠在加热室两边的壁上，千万不要堆在一起。

（2）称取试样　称取试样必须在常温下进行，可以采取以下两种方法：

① 仪器经干燥处理冷却到常温后，用10g砝码校正零位，在仪器上对试样进行称量，按选定的量值把试样全部称好，放置在备用秤盘或其他容器内。

② 试样的定量用精度不低于5mg的其他天平进行。这种取样方法尤其适用于生产工艺过程中的连续测试工作，能大大加快测试速度，并且可以使干燥处理和预热调零工作合并进行。

注意：由于本仪器内的天平是10g定量天平，投影屏上的显示为失重量，最大显示范围是1g，所以天平的直接称量范围是9～10g。当秤盘上的实际载荷小于9g时，必须在加码盘内加适量的平衡砝码，否则不能读数。试样物质加上砝码的总和等于10g（此时投影屏内显示值为零），若经加热蒸发，试样失水率大于1g，且投影屏末位刻线超过基准刻线无法读数时，可关闭天平，在加码盘内添加1g砝码并继续测试，以此类推。在计算时，砝码添加量须包括在含水率内。

（3）预热调整　由于天平横梁一端在红外线辐射下工作，受热后产生膨胀伸长，改变常温下的平衡力矩，使天平零位产生漂移2～5分度。因此必须在加热条件下校正天平的零位，消除这一误差的方法是在加码盘内加10g砝码，秤盘内不放试样开启天平和红外线灯约20min后，等投影屏上的刻线不再移动时校正零位。经预热校正后的零位，在连续测试中不能再任意校正，如果产生怀疑，应按上述方法重新检查校正。

（4）加热测试　本仪器经预热调零后，取下10g砝码，把预先称好的试样均匀地倒在秤盘内，当使用10g以下试样时，在加砝盘内加适量的平衡砝码，然后开启天平和红外线灯泡开关，对试样进行加热。在红外线辐射下，试样因游离水分蒸发而失重，投影屏上刻度也随着移动，若干时间后刻度移动静止（不包括因受热气流影响，刻度在很小范围内上下移动），标志着试样内游离水已蒸发并达到了恒重点，此时读出记录数据后，测试工作结束。

当样品的含水量不大于1g并使用10g或5g的定量试样时，在投影屏内可直接读取试样的含水率。当样品的含水量大于1g时，应如前所述，关闭天平添加砝码后，继续测试。通过调节红外线灯的电压来决定对试样加热的温度，对丁不同的试样，使用者应通过实验来选用不同的电压；测试相同的试样时，应用相同的电压；对于易燃、易挥发、易分解的试样，先选用低电压。

如果试样在加温很长时间后仍达不到恒重点，可能是在试样中游离水蒸发的同时试样本身被挥发，或由于试样中结晶水被析出而产生分解，甚至被溶化或粉化；某些物品在游离水蒸发后结晶水才分解，如图 6-22 所示，在试样的失重曲线上会有一段恒重点，可用低电压加热，使这段恒重点适当延长，便于观察和掌握读数的时间。

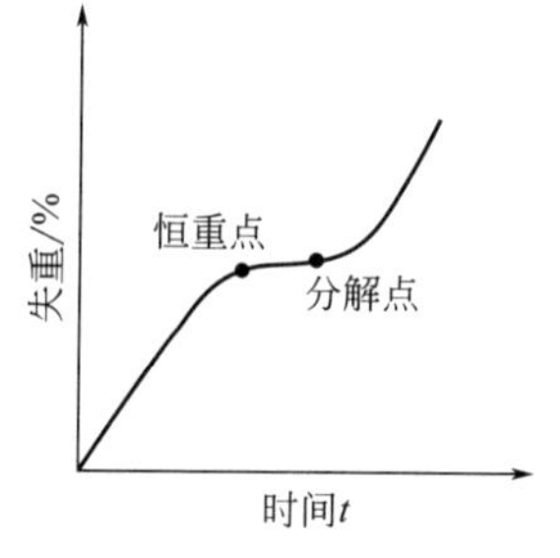

图 6-22　某些试样当水分蒸发后而分解的曲线

(5) 读数及计算

① 当使用 10g 或 5g 的定量测定方法时，如式(6-8)：

$$\delta=K+\frac{g}{G}\times 100\% \qquad (6\text{-}8)$$

② 当使用 10g 以下任意质量的测试方法时，如式(6-9)：

$$\delta=\frac{K+g}{G}\times 100\% \qquad (6\text{-}9)$$

式中　δ——含水率,%；

K——和测试方法相应的读数值［式(6-8) 的单位是%；式(6-9) 的单位是 g］；

G——样品的质量，g；

g——加码盘上因含水量超过 1g 时添加的砝码质量，g。

四、准备工作

① 按红外水分测定仪说明书要求，进行准备和状态调节，包括零位的校正、分度值的检查和调整。

② 温度控制器的使用要熟练：SC69-02C 型水分快速测定仪是靠电压调节器进行温度调节，一般电压调至 220V 时，温度能达到 110～140℃，随着电压调节器电压值变小，温度也随之降低，由于电压调节器与温度之间的特性是非线性的，因此电压调节器片上的分度是不等值的。

③ 仪器使用前，首先检查是否处于水平完好状态。仪器使用前，应及时充电。充电时只需将电源线接入 220V 插座，无需打开电源开关，仪器将自动充电，充电时间一般需要 20h 以上。

五、实验步骤

1. 红外干燥法测定步骤

① 按红外水分测定仪说明书要求，进行准备和状态调节。

② 取搅拌均匀的水煤浆试样 3～5g 置于预先干燥并称量过的称量瓶（或仪器自带的称量器皿）中，迅速加盖，称量（称准到 0.0002g），晃动摊平。

③ 打开瓶盖，将称量瓶（或仪器自带的称量器皿）和瓶盖放入测定仪的规定区内。

④ 关上门，接通电源，仪器按预先设定的程序工作，干燥到恒重。

⑤ 进行检查性干燥，每次 30min，直到连续两次干燥的试样质量的减少不超过 0.01g 或质量增加为止。在后一种情况下，要采用质量增加前一次的质量为计算依据。

⑥ 打开门，取出称量瓶，盖上盖，放入干燥器中，冷却到室温，然后称量（精确到 0.0002g）。如果仪器带有称量装置，测试样干燥前后的质量由仪器直接称量。

⑦ 进行检查性干燥，每次 30min，直到连续两次干燥的试样质量的减少不超过 0.01g 或质量增加为止。在后一种情况下，要采用质量增加前一次的质量为计算依据。

2. 干燥箱干燥法测定步骤

① 取充分搅拌均匀的水煤浆试样 (3.0±0.2)g 置于预先干燥并称量（称准到 0.0002g）过的称量瓶中，迅速加盖，称量（称准到 0.0002g），晃动摊平。

② 打开瓶盖，将称量瓶放入预先鼓风并加热到 105～110℃的干燥箱中。在鼓风条件下干燥 1h。

③ 从干燥箱中取出称量瓶，立即盖上盖。在空气中冷却 3min 后放入干燥箱中，冷却到室温（约 20min），称量。

④ 进行检查性干燥，每次 30min，直到连续两次干燥的试样质量的减少不超过 0.01g 或质量增加为止。在后一种情况下，要采用质量增加前一次的质量为计算依据。

六、结果

水煤浆质量分数按式(6-10) 计算：

$$C=\frac{m_1}{m_0}\times 100 \tag{6-10}$$

式中 C——水煤浆质量分数，%；

m_1——试样干燥后的质量，g；

m_0——试样质量，g。

七、精密度

水煤浆的浓度测定结果重复性限为 0.2%。取两份试样的重复测定值的平均值，修约至小数点后一位报出，同时标明实验温度。两次水煤浆浓度值重复测定结果之差不超过 GB/T 18856.2—2008 规定的 0.2%。

水煤浆的浓度既影响水煤浆的流变性，又影响水煤浆的属性；最大限度提高水煤浆浓度，减少其中水分，对提高水煤浆着火和燃烧稳定性，提高沉积稳定性意义重大。每 1%含水量大约降低 0.1%热值。但提高水煤浆浓度又影响流变特性，需要综合考虑。

八、数据记录与报告

取两个结果的平均值作为报告值。报告实验结果时，同时报告实验室温度。报告可参考表 6-7。

表 6-7 水煤浆浓度测定实验记录

实验室温度：________℃

试样序号	试样质量 m_0/g	试样干燥后的质量 m_1/g	结果 /%	结果差值 /%	浓度平均值 /%
1#					
2#					
3#					
4#					

九、注意事项

① 勿测有腐蚀性的气体。

② 调节气体流量时，流量阀应缓慢打开，使流量指示在0.5L/min左右。

③ 必须在加热条件下校正天平零点，消除因受热膨胀产生的误差。仪器调零后，禁动投影微调旋钮及横梁粗调旋钮。

④ 加热过程中开启仪器门后，因冷空气进入加热室，所以必须关门加热后约2min才能读数。室温在15℃以下时，测定的试样含水量偏低，可以采取一些保温措施，例如：提高室温、仪器安放在较小的室内，或在仪器外面加上罩壳等。

⑤ 当天平处于工作状态时，避免开启加热室门或取放砝码等。

⑥ 衡量完毕，应将被测物质或砝码取下，不可留置盘中。

⑦ 测试完后，清洗称量盘并烘干以备下次使用。砝码放回盒中。

⑧ 保持仪器清洁，严禁用手触摸光学零件。

⑨ 仪器的主件、横梁上各个零件除平衡砣外，不可任意移动。

十、思考题

1. 水煤浆浓度对水煤浆的属性有什么影响？

2. 高浓度水煤浆有哪些特点及用途？

3. 试样在加温很长时间后仍达不到恒重点怎么办？

4. 水煤浆浓度的主要影响因素有哪些？过高或过低有什么影响？

十一、知识扩展

（一）影响水煤浆浓度的主要因素

水煤浆制备中的浓度控制主要考虑的是影响水煤浆浓度的主要因素，控制好因素，就控制好黏度了。影响水煤浆浓度的主要因素主要有煤质特性、粒度分布、添加剂、助熔剂等。

1. 煤质对水煤浆浓度的影响

（1）煤的水分

（2）煤的灰分　灰分虽不直接参加反应，却要消耗煤在氧化反应中所产生的反应热，用于灰分的升温、融化及转化。灰分含量越高，煤的发热量越低，成浆性能也越差。

（3）煤的可磨指数　可磨指数越高，煤越容易粉碎，易制得高浓度的水煤浆。

2. 粒度分布的影响

煤浆粒度分布是水煤浆气化技术中重要的工艺指标之一，它决定了煤浆的性能、煤在气化炉内的转化率等，所以操作中应保证煤浆粒度的稳定。在制浆过程中，为了制备高浓度的水煤浆，要求煤粉颗粒的粒径要有一定的分布，使大颗粒间的空隙为小颗粒所填充，以减少空隙所含水量从而提高制浆浓度。而钢球级配技术直接影响煤浆粒度分布的合理与否，在原料煤种不变时，调整钢球级配成为调节煤浆粒度分布的主要手段。

3. 添加剂的影响

煤浆黏度的稳定是提高水煤浆浓度的基础。然而在磨制各种不同的煤种的情况下，添加剂的作用是保持煤浆黏度稳定的主要措施。水煤浆浓度越高黏度越大，相反，水煤浆黏度越低意味着水煤浆的浓度越低。在生产操作中，根据现有煤种的特性，选择合适的添加剂和最优的添加剂使用量，对于降低水煤浆黏度，提高水煤浆的浓度、流动性和稳定性有着重要的影响。

4. 助熔剂的影响

在相同固含量情况下，水煤浆制备过程中助熔剂的加入，会使煤浆流动性和稳定性均有所改善。因此，对于制浆过程而言，助熔剂的加入并没有负面影响，对成浆性还有一定的改善作用。

（二）不同浓度水煤浆特性及用途

1. 高浓度水煤浆 CWM（Coal Water Mixture）

由平均粒径小于 0.06mm 且有一定级配（不同粒径的配比）细度的煤粉与水混合，浓度在 69%以上，黏度在 1500mPa·s 以下，稳定性在一个月内不产生硬沉淀（沉淀后经搅拌无法复原），可长距离泵送、雾化直接燃烧的浆状煤炭产品，主要用于冶金、化工、发电行业的代油燃料。

2. 中浓度水煤浆 CWS（Coal Water Slurry）

由平均粒径小于 0.3mm 且有一定级配细度的煤粉与水混合，煤水比为 1∶1 左右，具有较好的流动性和一定稳定性，可远距离泵送的浆状煤炭产品，主要适用远距离管道输送，可终端脱水浓缩燃烧。

3. 精细水煤浆（Ultra-Clean Micronized Coal-Water Fuel）

用超低灰精煤经过超细磨碎，粒度上限在 44μm 以下，平均粒度小于 10μm，浓度约 50%，表观黏度在剪切速率为 $100s^{-1}$ 时，小于 400mPa·s，是重柴油的一种代替燃料，可用于低速柴油机、燃气轮机直接代油使用。

4. 煤泥浆 CWS（Coal Water Slurry）

利用洗煤厂生产过程中产生的煤泥，保持 55%左右的浓度就地应用的浆状煤炭燃料，多用于工业锅炉掺烧使用。

[1] 岑可法，姚强，曹欣玉，等. 煤浆燃烧、流动、传热和气化的理论与应用技术[M]. 杭州：浙江大学出版社，1997.

[2] 张庆. 水煤浆最高浓度的确定 [J]，燃料化学学报，1996，24（3）：277-281.

[3] GB/T 18855—2014 燃料水煤浆.

[4] GB/T 31426—2015 气化水煤浆.

［阳煤丰喜肥业（集团）有限责任公司　崔文科执笔］

实验三十五　水煤浆表观黏度测定（参考 GB/T 18856.4—2008）

一、实验目的

掌握水煤浆表观黏度测定原理、方法和主要影响因素。

二、术语和定义

1. 剪切速率

流体在单位距离间的流速变化量称为剪切速率，以 D_s 表示，单位为 s^{-1}。

2. 表观黏度

在两个平行平面间被剪切的流体，单位接触表面积上法向梯度为 1 时，由于流体黏性所引起的内摩擦力或剪力的大小称为黏度。非牛顿流体在某一剪切速率下的黏度称为在该剪切速率下的表观黏度。

3. 水煤浆表观黏度

水煤浆表观黏度 $\eta_{100s^{-1}}$ 一般是指剪切速率为 $100s^{-1}$ 下水煤浆的黏度，单位为毫帕·秒（mPa·s）。下标表示测定时的剪切速率。

三、实验原理

在流体中加入固体颗粒变为悬浮液，颗粒的存在增加了悬浮液的黏度，在很多情况下，这些液体具有非牛顿流体的性质。大量实验表明，大多数水煤浆属宾汉塑性流体，其流动特性可用式(6-11）表示：

$$\tau=\tau_y+\eta\left(\frac{du}{dy}\right) \tag{6-11}$$

式中　τ——剪应力，Pa；

τ_y——屈服应力，Pa；

η——塑性黏度，Pa·s；

du/dy——剪切速率，s^{-1}。

若用表观黏度来简化表示水煤浆的黏度，则有与牛顿流体相同的表达形式，可给工程应用带来很大的方便，即如式(6-12）的形式。

$$\eta=\frac{\tau-\tau_y}{\left(\frac{du}{dy}\right)} \tag{6-12}$$

本实验在同轴双筒黏度计的外筒装入适量水煤浆，在规定的温度下，内筒以一定角速度旋转，由测定旋转过程中圆筒所受的黏性力矩而得出相应剪切速率下的表观黏度。

四、仪器与材料

1. NXS-4C 型水煤浆黏度计

（1）NXS-4C 型水煤浆黏度计　是带有微电脑的同轴圆筒上旋式黏度计，主要用于测量水煤浆的表观黏度。配上微机工作站还可绘出温度-时间、剪切速率-时间、剪切应力-时间、剪切应力-剪切速率等曲线；主要结构如图 6-23 所示，黏度计电控仪正面见图 6-24。LED 数字显示：黏度、剪切速率、温度；可选择显示：样品号、时间；微型打印机输出：测试时间、样品号、测试温度、剪切速率、表观黏度。剪切速率：$D_s=100s^{-1}$、$80s^{-1}$、$60s^{-1}$、$40s^{-1}$、$20s^{-1}$、$10s^{-1}$。

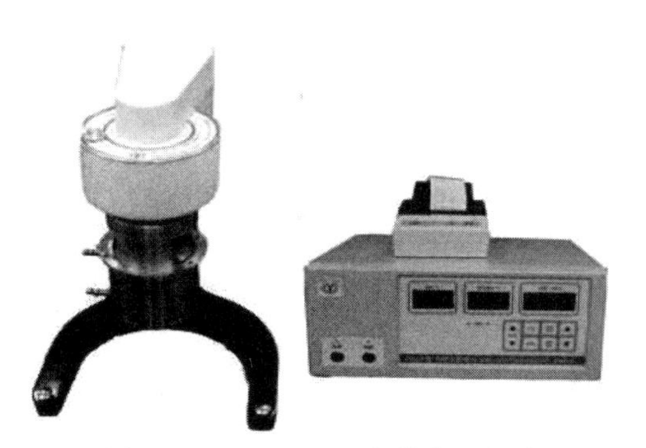

图 6-23　NXS-4C 型水煤浆黏度计

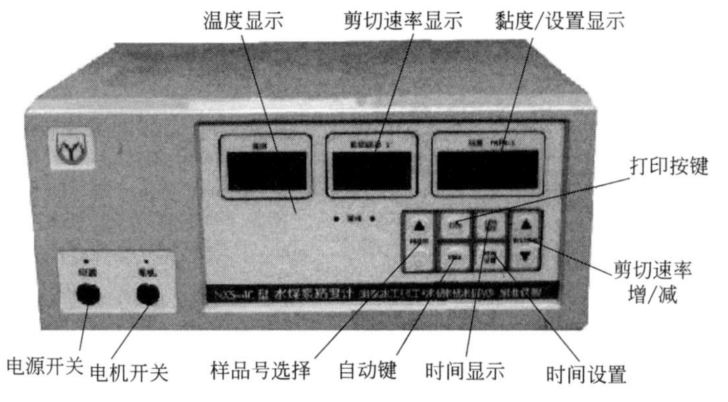

图 6-24　NXS-4C 型水煤浆黏度计电控仪

电控仪面板上的功能等介绍如下：①黏度/设置显示窗口，显示被测物料黏度值，或在显示时间、设定时间、样品号设置时显示相应的数值；②剪切速率显示窗口，显示当前选定的剪切速率值；③温度显示窗口，显示当前水套中循环水的温度；④剪切速率设置，通过选择电机转速而选择剪切速率，“▲”为剪切速率增加，“▼”为剪切速率降低；⑤打印按键，每按一次按键微型打印机打印一次数据；⑥样品号选择按键，“▲”为样品号增加，“▼”为减少；⑦时间显示按键，按此键检查仪器内置的时钟；⑧时间设置按键，按此键对仪器内部时钟修改；⑨自动键，按此键仪器自动按内部设定的一套程序进行测量、打印；⑩电机开关，开关开启时电机转动，同时指示灯发光；⑪电源开关，整机的电源开关，开启时面板上的指示灯应发光。

（2）使用　观察测头上的水平泡，并调节底座上的三颗螺钉使气泡保持在中间的圆圈；

装内筒，将仪器的内筒、外筒清洗干净，内筒的键槽对正连接轴的红点，左手将连接套上的外圈向上拉起，右手同时将内筒向上插入，左手放开，连接套外圈自动向下弹回锁住内筒轴；

装外筒，将密封圈套在外筒底的槽上，平稳地放入外筒下部，装上筒底顶杆调节螺母顶住筒底；将搅拌均匀的待测物料（水煤浆）装入外筒至刻线。将外筒从测头下部平稳地装入，旋上螺套。

开启水浴，控制水套温度，待物料温度恒定时即可开始测试。

黏度测量，要在循环恒温浴槽水温平衡、试样杯温度稳定的状态下进行。一般可提前启动循环恒温浴槽，恒温浴槽的使用方法可参照其说明书。为保证测试快速准确，建议先对物料（水煤浆）进行恒温预处理。

测试可分为手动和自动，首先设置样品号，按“样品号”增减键“▲”或“▼”，首先显示当前设定的样品号，按住不放样品号开始增大“▲”（或减小“▼”），至预计的数值时放开即可。要检查当前的样品号只需轻按一下“样品号”增减键“▲”或“▼”即可。手动方式，开启电机开关，调节剪切速率增减键“▲”或“▼”至预定的数值，待显示的黏度值稳定后即可读数或按一下“打印”键，记录一组数据；再改变剪切速率测量、记录直至完成预计的测试。自动方式，开启电机开关，确定微型打印机连接正常并接通电源，剪切速率设置为“000”时，按一下“自动”键，仪器按预置的程序物料静置 120s，显示以倒记数方式由 120 每秒减 1 直至 0 后以剪切速率由 10、20、40、60、80、100、80、60、40、20、10 及相应的时间测试记录一遍，每次测量 12s，其中 100 记录 6 次测试结果，结束后剪切速率停在“000”。在自动测量过程中，如需要取消自动程序时请按住“剪切速率减键▼”约 1s 后放开即可，其他键被锁住。

测量结束后按以下程序操作：

断开电机开关，将连接套外圈向上拉起，此时内筒会自行滑下，松开测头下部的螺套，将外筒连内筒一起取出，清洗干净准备下次使用。

若不继续测量，关掉电源，拔掉电源插头；要依次测量多组样品，就要反复地装试样和洗涤内筒、外筒。

2. 恒温器

恒温范围，5～60℃；精度，±0.1℃。

3. 250mL 烧杯

4. 试剂和材料

经计量单位标定的、具有动力黏度值 300～2500mPa・s（20℃）、一组 4 个的有证标准黏度液。

五、准备工作

1. 实验条件

（1）试样　实验前搅拌水煤浆试样，使其无软、硬沉淀，呈均一状态。

（2）环境温度　18～28℃。

（3）实验温度　（20.0±0.1)℃。

（4）剪切速率　$100s^{-1}$。

2. 旋转黏度计的标定

定期使用时，每月至少标定仪器1次；若不定期使用，使用前必须加以标定。

① 用标准黏度液代替水煤浆，按第六条叙述的实验步骤测定4种标准黏度液的黏度，但标准黏度液在恒温器中的恒温时间不少于90min。

② 以连续6次读数的平均值为标准黏度测定值。

③ 以测定值为横坐标，标准值为纵坐标，作黏度测定值与标准值关系曲线，依此曲线对黏度测定值进行校准。

3. 实验准备

① 调节恒温器，使温度恒定在规定的实验温度（20.0±0.1)℃。

② 将试样搅拌均匀，至无软、硬沉淀。

注：应避免过度搅拌，以减少剪切变稀对实验结果的影响。

六、实验步骤

① 使用NXS-4C型水煤浆专用黏度计，按照仪器使用要求，将适量搅拌均匀的水煤浆试样加入容器中，在内、外圆筒之间充满试样，外筒保持静止，内筒（转子）绕轴心旋转，见图6-25。

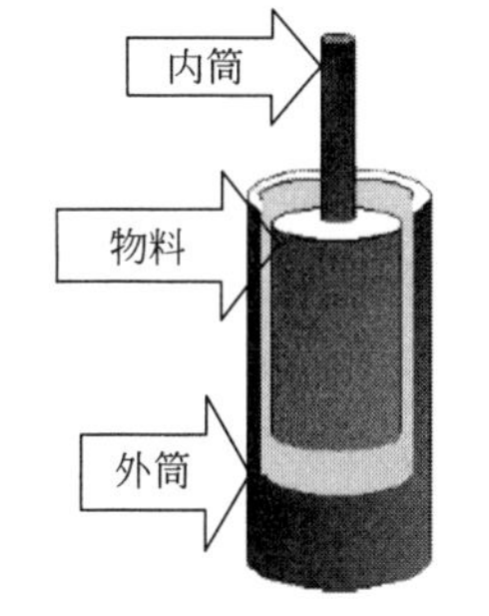

图6-25　水煤浆专用黏度计同轴圆筒上旋式结构图

② 按仪器要求，将适量均匀的水煤浆试样加入测量容器中。连接好测量装置，将容器置于已调温至(20.0±0.1)℃的恒温器中静置恒温5min。

③ 启动旋转黏度计，将剪切速率调节到$100s^{-1}$，计时，开始以12s为间隔记读数，共记录6次。

④ 从黏度计标定曲线上查出每次读数相应的黏度值。

七、结果计算与表述

取所有记录的数值，按式(6-13)计算表观黏度值：

$$\eta_{100s^{-1}}=\frac{\sum_{i=1}^{n}\eta_i}{n} \tag{6-13}$$

式中　$\eta_{100s^{-1}}$——水煤浆在$100s^{-1}$剪切速率下的表观黏度，mPa·s；

η_i——第i个读数的表观黏度测定值，mPa·s($i=1,2,\cdots,6$)；

n——读数次数，6。

根据测定值从校准曲线中查得校准后的表观黏度值。以两次重复测定的表观黏度值的平均值修约到整数位报出。

八、测定方法的精密度

水煤浆表观黏度测定的重复性限为 100mPa・s。

九、数据记录与报告

每个试样取两个结果的平均值作为报告值。报告实验结果时，同时报告恒温器温度。实验记录可参考表 6-8。

表 6-8　水煤浆表观黏度测定实验记录

试样序号	项目	恒温器温度/℃	第 1 个读数/mPa・s	第 2 个读数/mPa・s	第 3 个读数/mPa・s	第 4 个读数/mPa・s	第 5 个读数/mPa・s	第 6 个读数/mPa・s	$\eta_{100s^{-1}}$/mPa・s	表观黏度平均值/mPa・s
1#	第 1 次测试									
	第 2 次测试									
2#	第 1 次测试									
	第 2 次测试									
3#	第 1 次测试									
	第 2 次测试									

十、注意事项

① 装卸转子时应小心操作，要将仪器下部的连接头轻轻地向上托起后进行拆装，不要用力过大，不要使转子横向受力，以免转子弯曲。连接头和转子连接端面及螺纹处应保持清洁，否则将影响转子的正确连接及转动时的稳定性。

② 装上转子后不得在无液体的状况下“旋转”，以免损坏轴尖和轴承。

③ 每次使用完毕应及时清洗转子，清洗时要拆卸下转子进行清洗，严禁在仪器上进行转子的清洗，转子清洁后要妥善安放在存放箱中。

④ 仪器搬动和运输时应托起转子连接头旋上黄色保护帽。注：仪器通电工作前必须把黄色保护帽旋下，以防止损坏仪器。

⑤ 做到下列各点能测得较精确的黏度：

a. 精确地控制被测液体的温度。

b. 将转子以足够长的时间浸于被测液体同时进行恒温，使其能和被测液体温度一致。

c. 保证液体的均匀性。

d. 测量时尽可能将转子置于容器中心。

e. 防止转子浸入液体时有气泡黏附于转子下面。

f. 使用保护架进行测定。

g. 保证转子的清洁。

十一、思考题

1. 水煤浆表观黏度是指什么？
2. 水煤浆专用黏度计和普通数字显示黏度计的主要区别是什么？
3. 旋转黏度计怎样进行标定？

十二、知识扩展

NDJ-5S型数字显示黏度计介绍：

本仪器为数显黏度计，由电机经变速带动转子作恒速旋转。当转子在液体中旋转时，液体会产生作用在转子上的黏性力矩，该黏性力矩也越大；反之，液体的黏度越小，该黏性力矩也越小。该作用在转子上的黏性力矩由传感器检测出来，经计算机处理后得出被测液体的黏度。本仪器采用微电脑技术，能方便地设定量程（转子号及转速），对传感器检测到的数据进行数字处理，并且在显示屏上清晰地显示出测量时设定的转子号、转速、被测液体的黏度值及其满量程百分比值等内容。

NDJ-5S配有4个转子（1、2、3、4号）和4挡转速（6r/min、12r/min、30r/min、60r/min），由此组成的16种组合，可以测量出测定范围内的各种液体的黏度。仪器的结构如图6-26所示。

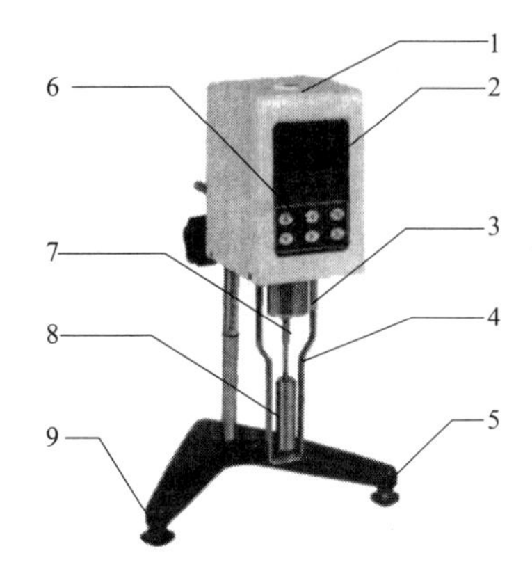

图6-26　NDJ-5S型数字显示黏度计

1—水准泡；2—液体显示屏；3—外罩；4—转子保护架；5—主机底座；6—操作键盘；7—转子连接头；8—转子；9—主机底座水平调节旋钮

［阳煤丰喜肥业（集团）有限责任公司　崔文科执笔］

实验三十六　水煤浆pH值测定
（参考GB/T 18856.7—2008）

一、实验目的

掌握水煤浆pH值测定原理、方法和影响。

二、实验原理

将pH计的玻璃电极和甘汞电极一起插入水煤浆中，根据两极间产生的电位差，pH计给出被测水煤浆的pH值。

三、水煤浆pH值的意义和影响

1. 分析水煤浆pH值的意义

水煤浆的pH值，也即水煤浆的酸碱值，不仅对水煤浆生产、运输和燃烧设备有一定的腐蚀作用，而且对水煤浆的稳定性也有一定的影响。了解水煤浆的酸碱性，对水煤浆生产、储存、运输和燃烧设备等的选材及防腐性研究有指导意义，对研究和提高水煤浆的稳定性有重要的参考作用。

2. 水煤浆pH高低的影响

pH值偏低显酸性，容易引起管道严重腐蚀，尤其绝大部分厂的水煤浆管线用的都是碳钢材质管线，更不耐酸，同时pH值过低影响水煤浆的使用效果。若是pH太高碱性太强，管线结垢倾向加重，易堵塞。

pH显弱碱性最合适，一般要求水煤浆的pH值在7～9之间。制备的时候通过计量泵加入浓度为40%的氢氧化钠（NaOH）溶液，来调节水煤浆的pH值大小，氨水易挥发不稳定，很少用。加碱起到辅助调节煤浆黏度的作用，主要是制浆时需要添加水煤浆添加剂，而水煤浆添加剂需要在一定的 pH 值才能发挥作用（弱碱性条件）。

3. pH 标准缓冲溶液

pH 缓冲溶液是一种能使 pH 值保持稳定的溶液。如果向这种溶液中加入少量的酸或碱，或者在溶液中的化学反应产生少量的酸或碱，以及将溶液适当稀释，这个溶液的 pH 值基本上稳定不变，这种能对抗少量酸或碱或稀释，而使 pH 值不易发生变化的溶液就称为 pH 缓冲溶液。

pH 标准缓冲溶液具有以下特点：

① 标准溶液的 pH 值是已知的，并达到规定的准确度。

② 标准溶液的 pH 值有良好的复现性和稳定性，具有较大的缓冲容量、较小的稀释值和较小的温度系数。

③ 溶液的制备方法简单。

四、材料和试剂

1. 蒸馏水

无二氧化碳，使用前应煮沸并冷却至室温，在冷却过程中应避免与空气接触，以防止二氧化碳的污染。符合 GB/T 6682《分析实验室用水规格和试验方法》所规定的二级水标准。

2. 标准 pH 值缓冲溶液

标准 pH 缓冲溶液有以下 3 种。

（1）磷酸盐标准溶液（中性） pH≈7.0。溶解 3.4g 磷酸二氢钾（KH_2PO_4）和 3.55g 磷酸氢二钠（Na_2HPO_4）基准试剂于适量的无 CO_2 的蒸馏水中，并用蒸馏水稀释至 1000mL，混匀备用。

注：配制前，两种基准试剂均应在（120±10)℃下干燥 2h。

（2）苯二甲酸氢钾标准溶液（酸性） pH≈4.0。溶解 10.21g 苯二甲酸氢钾（$C_6H_4CO_2HCO_2K$）基准试剂于适量的无 CO_2 的蒸馏水中，然后用蒸馏水稀释至 1000mL，混匀备用。

（3）硼酸盐标准溶液（碱性） pH≈9.0～9.5。溶解 3.81g 四硼酸钠（$Na_2B_4O_7 \cdot 10H_2O$）基准试剂于适量的蒸馏水中，然后用蒸馏水稀释至 1000mL，混匀备用。

这 3 种缓冲溶液在不同温度下的 pH 值如表 6-9 所示。

表 6-9 各标准溶液在不同温度下的 pH 值

温度/℃	中性磷酸盐标准溶液	苯二甲酸氢钾标准溶液	硼酸盐标准溶液
0	6.98	4	9.46
10	6.92	4	9.33
15	6.90	4	9.27
20	6.88	4	9.22
25	6.86	4	9.18
30	6.85	4	9.14
35	6.84	4	9.10
40	6.84	4	9.06

注：标准 pH 值缓冲溶液也可直接用 pH 标准物质，按其证书提供的方法配制。

五、仪器设备

（1）宽口塑料瓶或 50mL 烧杯。

（2）水银温度计　测量范围 0～50℃，分度 0.2℃。

（3）pH 计　能测到 0.1 个 pH 单位，在规定的实验温度下用标准 pH 缓冲溶液进行标定。

本实验采用上海雷磁仪器厂 PHS-3C 型精密 pH 计，如图 6-27 所示。该仪器主要用于测定水溶液的 pH 值和电位（mV）值，此外，还可配上离子选择性电极，测出该电极的电极电位。测量范围：①pH0～14.00；②0～±1999mV（自动极性显示）。最小显示单位：0.01pH，1mV。温度补偿范围：0～60℃。仪器外形结构、后面板、仪器附件分别见图 6-28～图 6-30。

图 6-27　PHS-3C 型精密 pH 计

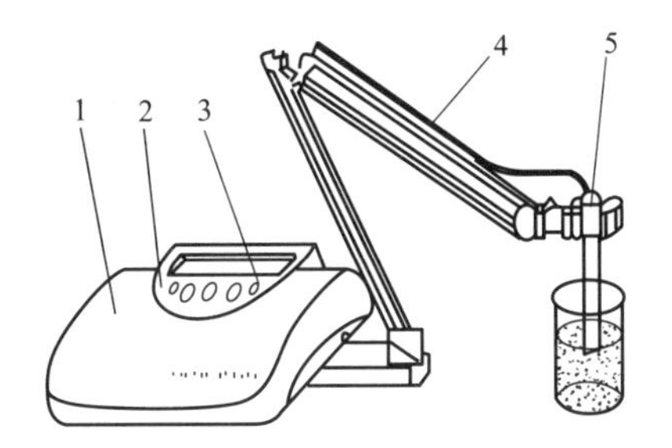

图 6-28　PHS-3C 型精密 pH 计外形结构

1—机箱；2—键盘；3—显示屏；4—多功能电极架；5—电极

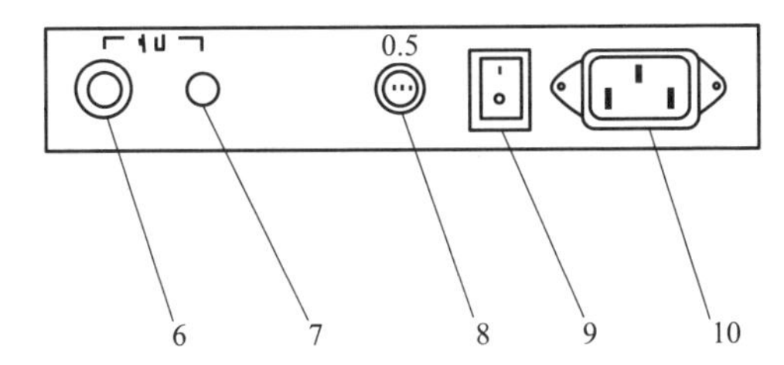

图 6-29　PHS-3C 型精密 pH 计后面板

6—测量电极插座；7—参比电极接口；8—保险丝；9—电源开关；10—电源插座

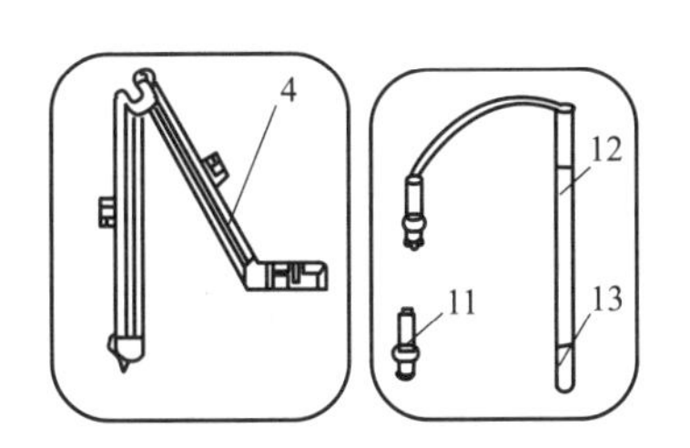

图 6-30　PHS-3C 型精密 pH 计附件

11—Q9 短路插；12—E-201-C 型 pH 复合电极；13—电极保护套

仪器键盘说明：

①“pH/mV”键，此键为 pH、mV 选择键，按一次进入“pH”测量状态，再按一次进入“mV”测量状态；

②“定位”键，此键为定位选择键，按此键上部“△”为调节定位数值上升，按此键下部“▽”为调节定位数值下降；

③“斜率”键，此键为斜率选择键，按此键上部“△”为调节斜率数值上升，按此键下部“▽”为调节斜率数值下降；

④“温度”键，此键为温度选择键，按此键上部“△”为调节温度数值上升，按此键下部“▽”为调节温度数值下降；

⑤“确认”键，此键为确认键，按此键为确认上一步操作。此键的另外一种功能是如果

仪器因操作不当出现不正常现象时，可按住此键，然后将电源开关打开，使仪器恢复初始状态。

PHS-3C 型精密 pH 计操作流程如图 6-31 所示。

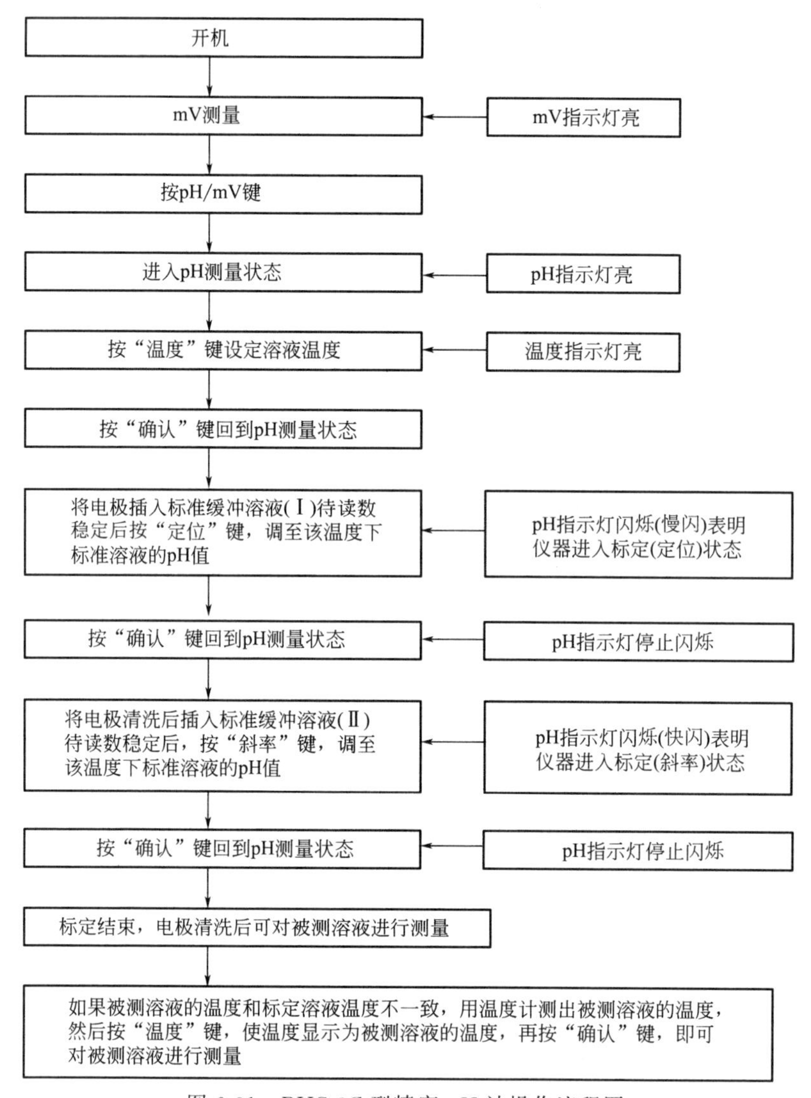

图 6-31　PHS-3C 型精密 pH 计操作流程图

六、准备工作

1. 试样准备

用于 pH 测定的水煤浆试样测定前应在室温下密封放置至少 2h。

2. pH 计开机前的准备

① 将多功能电极架插入多功能电极架插座中。

② 将 pH 复合电极安装在电极架上。

③ 将 pH 复合电极下端的电极保护套拔下，并且拉下电极上端的橡皮套使其露出上端小孔。

④ 用蒸馏水清洗电极，清洗后用滤纸吸干。

3. 开机

① 电源线插入电源插座。

② 按下电源开关，电源接通后，预热30min，接着进行标定。

七、实验步骤

1. pH计的标定

① 选择两种涵盖或接近待测水煤浆pH值的标准pH值缓冲溶液。

② 将pH计的检测部分插入其中一种标准溶液中，调整指示部分，使其显示的pH值与标准缓冲溶液的pH值一致。

③ 将检测部分取出，冲洗擦干后插入另一种标准缓冲液中，若pH计显示的pH值与该缓冲溶液的标准值一致，pH计标定可结束。

④ 若pH显示值与标准值不一致，进一步调整pH值，使其显示值与标准值一致；然后再插入前一种标准pH缓冲溶液中，观察其显示值是否与那种标准溶液的pH值一致。重新调整，使两种标准缓冲溶液的pH计显示值与它们的标准值一致。

⑤ 若多次实验并调整pH计后仍不能满足要求，考虑重新配制标准pH缓冲溶液，然后再标定pH计。

2. pH值的测定

① 测定前，水煤浆试样在室温下密封放置至少2h；

② 将搅拌均匀的水煤浆倒入宽口塑料瓶或50mL烧杯中；

③ 将洁净的电极插入水煤浆试样中，稍作振荡后读取pH值，当pH计上显示的3份连续的pH值稳定不变时，记录其数值至小数点后一位，同时记录温度；

④ 另取一份试样进行pH值测定，若两个试样的pH测定值之差大于0.2，则另取2份试样进行测定；

⑤ 测量完毕后，立即用蒸馏水将电极清洗干净，用柔软的吸水纸擦干，或按pH计说明书给出的方法浸泡待用。

八、精密度

两次pH值重复测定结果之差不用超过0.2。

九、数据记录与报告

报告实验结果时，取两份试样的重复测定值的平均值，修约至小数点后一位报出，同时报告测试温度。报告示例可以参考表6-10。

表6-10　水煤浆pH值测定实验记录

试样序号	测试温度/℃	pH测定值	pH测定值之差	pH值平均值
1#				
2#				
3#				
4#				
5#				
6#				

十、注意事项

① 仪器使用前，首先检查是否处于水平完好状态。

② 电极在测量前必须用已知 pH 值的标准缓冲溶液进行定位校准，其 pH 值愈接近被测 pH 值愈好。标定的缓冲溶液一般第一次用 pH＝6.86，第二次用接近溶液的 pH 值的缓冲液，如果被测溶液为酸性，缓冲液应选 pH＝4.00，如被测溶液为碱性则选 pH＝9.18 的缓冲液。

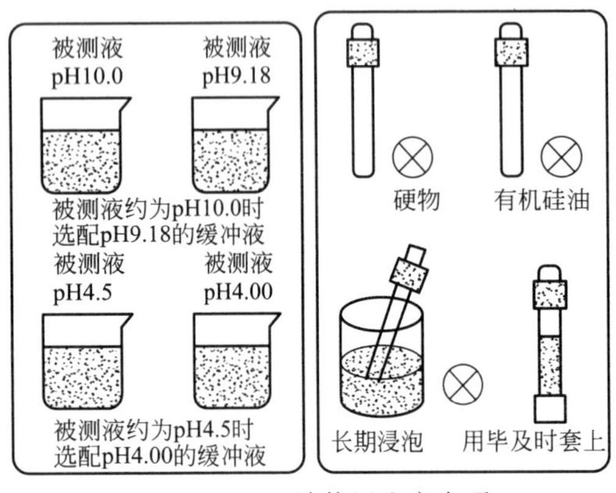

图 6-32　pH 计使用注意事项

③ 取下电极护套后，应避免电极的敏感玻璃泡与硬物接触，因为任何破损或擦磨都会使电极失效。

④ 如图 6-32 所示。测量结束，及时将电极保护套套上，电极套内应放少量外参比补充液，以保持电极球泡的湿润，切忌浸泡在蒸馏水中。

⑤ 复合电极的外参比补充液为 3mol/L 氯化钾溶液，补充液可以从电极上端小孔加入，复合电极不使用时，拉上橡皮套，防止补充液干涸。

⑥ 电极的引出端必须保持清洁干燥，绝对防止输出两端短路，否则将导致测量失准或失效。

⑦ 电极应与输入阻抗较高的 pH 计（≥1012Ω）配套，以使其保持良好的特性。

⑧ 电极应避免长期浸在蒸馏水、蛋白质溶液和酸性氟化物溶液中。

⑨ 电极避免与有机硅油接触。

⑩ 电极经长期使用后，如发现斜率略有降低，则可把电极下端浸泡在 4％HF（氢氟酸）中 3～5s，用蒸馏水洗净，然后在 0.1mol/L 盐酸溶液中浸泡，使之复新。

⑪ 被测溶液中如含有易污染敏感球泡或堵塞液接界的物质而使电极钝化，会出现斜率降低、显示读数不准现象。如发生该现象，则应根据污染物质的性质，用适当溶液清洗，使电极复新。

⑫ 选用清洗剂时，不能用四氯化碳、三氯乙烯、四氢呋喃等能溶解聚碳酸树脂的清洗液，因为电极外壳是用聚碳酸树脂制成的，其溶解后极易污染敏感玻璃球泡，从而使电极失效。也不能用复合电极去测上述溶液。

十一、思考题

1. 水煤浆 pH 高低有什么影响？

2. pH 计怎样进行标定？

3. 标准 pH 缓冲溶液有哪几种？

十二、知识扩展

［1］　傅丛. 水煤浆 pH 值的测定方法研究［J］. 洁净煤技术，2003，9（1）：28-32.

［2］　朱宗军，邓成刚，李方柱，等. 水煤浆 pH 值对水煤浆静态稳定性的影响［J］. 洁净煤技术，2001，7（1）：22-23.

［阳煤丰喜肥业（集团）有限责任公司　崔文科执笔］

实验三十七　水煤浆密度测定
（参考 GB/T 18856.6—2008）

一、实验目的

掌握水煤浆密度测定原理、操作方法和主要影响因素。

二、实验原理

用密度瓶法测定20℃时一定量水煤浆试样的质量与体积（即排出水的体积）之比，可得水煤浆密度。

三、术语和定义

水煤浆主要技术特点是将煤炭、水、部分添加剂加入磨机中，经磨碎后成为一种类似石油一样，可以流动的煤基流体燃料。

密度（ρ）：物质在一定温度下，每单位体积物质的质量，以符号 ρ 表示，单位：g/cm^3。

说明：密度是和温度有关的量，故要注明温度，国家标准规定液态化工产品的密度系指在20℃时单位体积物质的质量，若在其他温度下测定，则必须注明温度或换算为20℃时的密度值。

四、试剂

1. 洗液

（1）轻汽油或其他溶剂　能清除密度瓶和塞子上的污染物。

（2）铬酸洗液　称取重铬酸钾（GB/T 642）20g 于 500mL 的烧杯中，加入 40mL 水，加热使重铬酸钾溶解，冷却至室温。在不停搅拌下，将 360mL 浓硫酸（GB/T 625）慢慢加入上述已冷却至室温的溶液中。

2. 蒸馏水（不含 CO_2）

新煮沸的蒸馏水，冷却至室温。

五、仪器设备

（1）密度瓶　带磨口毛细管塞，容积为 60mL，如图 6-33 所示。

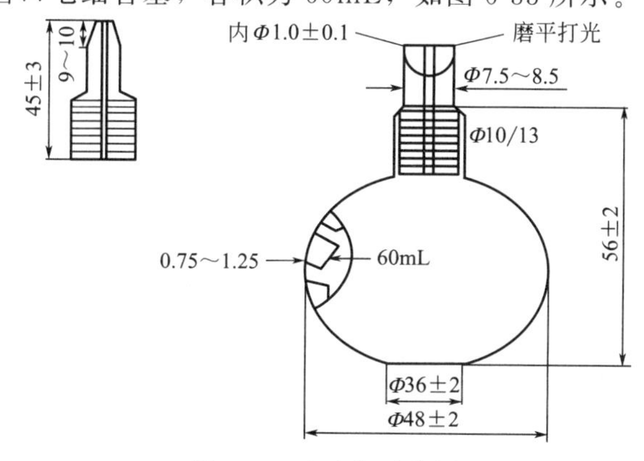

图 6-33　密度瓶示意图

（2）水银温度计　0～50℃，分度0.2℃。

（3）分析天平　感量0.0002g。

（4）恒温器　能保持（20.0±0.5)℃的恒温装置。

（5）水浴

六、实验准备工作

1. 密度瓶的准备

先清除密度瓶和塞子上的污染物，用洗液彻底清洗后，用水洗净，再用蒸馏水冲洗，将洗净的密度瓶放在烘箱里烘干，冷却至室温备用。

注：应先用轻汽油或其他溶剂清除密度瓶和塞子上的污染物，若不能清除污染物，则选择铬酸洗液。铬酸洗液为强酸和强氧化剂，使用时应小心。

2. 密度瓶空白值的测定

沿密度瓶内壁向瓶内注满新煮沸并冷却至室温的蒸馏水，然后置于（20.0±0.5)℃的恒温器中，恒温1h。盖上瓶盖，使过剩的水从毛细管上溢出（这时瓶中和毛细管内不得有气泡存在，否则应重新加水盖塞)。迅速擦干密度瓶，立即称量（精确至0.0002g)。再将该密度瓶置于（20.0±0.5)℃的恒温器中，恒温0.5h，直至前后两次测定的质量之差小于0.0015g。取两次测定的算术平均值作为密度瓶的空白值（m_0)。密度瓶的空白值应一个月测一次。

七、测定步骤

① 称量干燥洁净并测过空白值的密度瓶（精确至0.0002g)，得密度瓶质量（m_b)。

② 加入约半密度瓶体积的搅拌均匀的水煤浆试样于密度瓶中，称量（精确至0.0002g)，得装有试样的密度瓶质量（m_{b+s})，则水煤浆试样的质量$m_1=m_{b+s}-m_b$。

③ 沿密度瓶内壁向瓶内注满新煮沸并冷却至室温的蒸馏水至低于瓶口约1cm处，然后置于（20.0±0.5)℃的恒温器中，恒温0.5h。

④ 用吸管沿瓶颈滴加煮沸过的20℃或室温蒸馏水至瓶口，盖上瓶盖，使过剩的水从瓶塞上的毛细管溢出（这时瓶中和毛细管内不得有气泡存在，否则应重新加水盖塞)。

⑤ 迅速擦干密度瓶，立即称量（精确至0.0002g)，得装有试样和水的密度瓶质量（m_2)。

八、结果计算

水煤浆密度测定结果按式(6-14）计算：

$$\rho_{20}=\frac{m_1}{m_0+m_1-m_2}\times 0.9982 \tag{6-14}$$

式中　ρ_{20}——在20℃时水煤浆的密度，g/cm^3；

m_1——水煤浆试样质量，g；

m_0——密度瓶和水的质量，即密度瓶空白值，g；

m_2——密度瓶、水煤浆试样及水的质量，g；

0.9982——水在20℃时的密度，g/cm^3。

水煤浆密度测定结果修约至小数点后3位，取两次重复测定结果的平均值报出。

温度为t时水煤浆密度按式(6-15）计算：

$$\rho_t=\rho_{20}K_t \tag{6-15}$$

式中　ρ_t——水煤浆在温度为t时的密度，g/cm^3；

K_t——水煤浆20℃时的密度换算为温度为 t 时的密度的校正系数，由表6-11查出。

表6-11　校正系数 K_t

温度/℃	校正系数 K_t	温度/℃	校正系数 K_t	温度/℃	校正系数 K_t
6	1.00174	16	1.00074	26	0.99857
7	1.00170	17	1.00057	27	0.99831
8	1.00165	18	1.00039	28	0.99803
9	1.00158	19	1.00020	29	0.99773
10	1.00150	20	1.00000	30	0.99743
11	1.00140	21	0.99979	31	0.99713
12	1.00129	22	0.99956	32	0.99682
13	1.00117	23	0.99953	33	0.99649
14	1.00100	24	0.99909	34	0.99616
15	1.00090	25	0.99883	35	0.99582

九、测定方法的精密度

水煤浆密度测定的重复性限和再现性临界差如表6-12规定。

表6-12　水煤浆密度测定的精密度

项目	重复性限/(g/cm^3)	再现性临界差/(g/cm^3)
密度/(g/cm^3)	0.002	0.003

国家标准GB/T 18856.6—2008规定，水煤浆密度测定结果允许偏差为，同一试样两次测定值之差重复性限0.002g/cm^3，可见精确度的要求较高。但是在水煤浆密度测定检验过程中，常常会因为各实验室条件不同，实验季节不同以及操作人员的技术不同等因素，而导致同一样品的检测结果误差较大，不能满足规定的要求。因此作为质检人员或技术人员，有必要对如何提高测量水煤浆密度的精确度做一些细致的研究。

十、数据记录与报告

取两个结果的平均值作为报告值。报告实验结果时，同时报告水煤浆温度。报告示例见表6-13。

表6-13　水煤浆密度测定实验记录

<table>
<tr><th>试样序号</th><th>项目</th><th>水煤浆温度/℃</th><th>水煤浆试样质量 m_1/g</th><th>密度瓶空白值 m_0/g</th><th>密度瓶、水煤浆试样及水的质量 m_2/g</th><th>20℃时密度 ρ_{20}/(g/cm^3)</th><th>温度为 t 时的密度 ρ_t/(g/cm^3)</th><th>密度平均值/(g/cm^3)</th></tr>
<tr><td rowspan="2">1#</td><td>第1次测定</td><td></td><td></td><td></td><td></td><td></td><td></td><td rowspan="2"></td></tr>
<tr><td>第2次测定</td><td></td><td></td><td></td><td></td><td></td><td></td></tr>
<tr><td rowspan="2">2#</td><td>第1次测定</td><td></td><td></td><td></td><td></td><td></td><td></td><td rowspan="2"></td></tr>
<tr><td>第2次测定</td><td></td><td></td><td></td><td></td><td></td><td></td></tr>
<tr><td rowspan="2">3#</td><td>第1次测定</td><td></td><td></td><td></td><td></td><td></td><td></td><td rowspan="2"></td></tr>
<tr><td>第2次测定</td><td></td><td></td><td></td><td></td><td></td><td></td></tr>
<tr><td colspan="2">试样编号</td><td colspan="2"></td><td>依据标准</td><td colspan="2"></td><td>日期</td><td></td></tr>
</table>

十一、注意事项

① 本法是测定液体试样密度最常见的方法，可以准确测定非挥发性液体的密度，特别适合于样品量较少的场合；

② 水及样品必须装满密度瓶，瓶内不得有气泡；

③ 拿取已达恒温的密度瓶时，不得用手直接接触密度瓶球部，以免液体受热流出，应带隔热手套取拿瓶颈或用工具夹取；

④ 水浴中的水必须清洁无油污，防止瓶外壁被污染；

⑤ 天平室温度不得高于 20℃，以免液体膨胀流出；

⑥ 密度瓶使用前要对空瓶重、水重三者按要求进行严格标定，符合要求的才能使用；

⑦ 由于密度瓶反复使用后易损坏和结垢，因此，在每一次使用时都要进行外观检查，是否破损（特别是支管和瓶口部位），内外壁是否干净、干燥（特别是小帽子的内部）；

⑧ 密度瓶使用一段时间后要用酸性洗液浸泡清洗，并定期标定（一般连续使用一个月左右）。

十二、思考题

1.《水煤浆试验方法 第 6 部分：密度测定》（GB/T 18856.6—2008）和《煤的真相对密度测定方法》（GB/T 217—2008）的主要区别是什么？

2. 密度瓶法操作要点有哪些？

3. 水煤浆温度不是 20℃时的密度为什么还要进行校正？

4. 如果测定 15℃时水煤浆试样的密度应如何测定？写出密度计算公式。

十三、知识扩展

（一）密度瓶介绍

1. 原理与构造

密度瓶是测定液体相对密度的专用精密仪器，是容积固定的玻璃称量瓶，其种类和规格有多种。如图 6-34 所示，常用的有带温度计的精密度瓶和带毛细管的普通密度瓶。

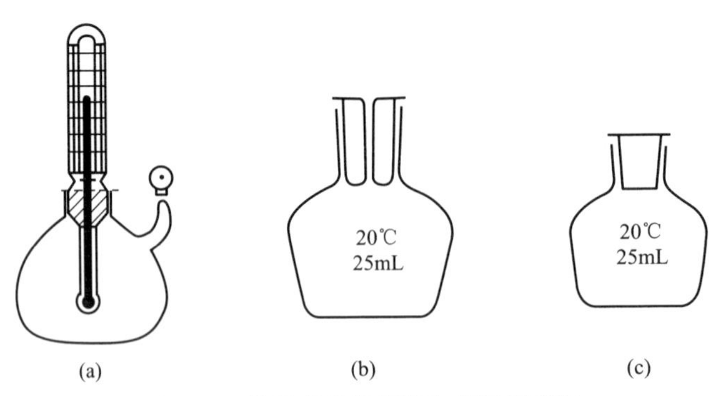

图 6-34 带温度计密度瓶和普通密度瓶

2. 操作方法

先把密度瓶洗干净，烘干并冷却后，连同温度计、侧孔罩等附件一起称量其质量。用新煮沸并冷却至约 20℃的蒸馏水充满密度瓶，将密度瓶置于恒温水浴中约 20min，并使侧管中的液面与侧管管口对齐，取出密度瓶，称量。

将密度瓶水样倾出、干燥，用待测液体试样代替水，按上法操作。测出同体积20℃的待测液体试样的质量。

（二）水煤浆密度测试仪介绍

泰州市精泰仪器仪表有限公司MatsuHakuGP-120T水煤浆密度测试仪，该仪器有专用密度瓶带磨口温度计和毛细管，如图6-35所示。水煤浆密度测试仪采用密度瓶测定20℃时一定量水煤浆试样的质量与其体积之比，依据阿基米德的固定容积置换法，搭配电子密度仪经软件自动演算，求得水煤浆的密度。

图6-35　水煤浆密度测试仪

1. 测试前准备

① 使用轻汽油或铬酸洗液试剂：清除专用密度瓶和温度计上的污染物。

② 蒸馏水（不含CO_2）：新煮沸的蒸馏水，冷却至室温。

③ 专用密度瓶带磨口温度计和毛细管，容积为50mL。

2. 水煤浆密度测试仪测试步骤

① 密度瓶容积值的测定：先扣除专用密度瓶的空重沿专用密度瓶内壁向瓶内注满新煮沸并冷却至室温的蒸馏水，然后轻轻插上温度计，使过剩的水从毛细管上溢出（这时瓶中和毛细管内不得有气泡存在）。迅速擦干密度瓶，立即称量m_1（精确至0.001g）。长按“Memory”键，出现“set _ v”，即记录专用密度瓶的容积V。

② 放干燥清洁专用密度瓶于盘上，按“Memory”键，得专用密度瓶质量R_1（精确至0.001g）。

③ 加满搅拌均匀的水煤浆试样于专用密度瓶中，然后轻轻插上温度计，使过剩的水煤浆试样从毛细管上溢出（这时瓶中和毛细管内不得有气泡存在）。迅速擦干密度瓶，按“Memory”键，立即称量R_2（精确至0.001g）。

④ 根据显示读出水煤浆试样的密度。

3. 水煤浆密度测试仪演算公式

$$\rho_{20}=\frac{(R_2-R_1)\times 0.9982}{V} \tag{6-16}$$

式中　ρ_{20}——在20℃时水煤浆的密度，g/cm^3；

R_1——密度瓶的质量，g；

R_2——密度瓶、水煤浆试样的质量，g；

V——密度瓶的容积，mL；

0.9982——水在20℃的密度，g/cm^3。

周尊英，袁晓鹰，李宜轩. 水煤浆密度 [J]. 煤炭分析及利用，1993 (2)：227-229.

［阳煤丰喜肥业（集团）有限责任公司　崔文科执笔］

第七章
煤炭物理化学性质和机械性质的分析

煤的可磨性是动力用煤和高炉喷吹用煤的重要特性。它是表征燃煤制粉的难易程度，特别是在火力发电厂，煤的可磨性指数是煤粉制备工艺和设备的设计及预测磨煤机出率（t/h）和火电厂内部能源消耗时必不可少的依据。煤的开采、运输、加工过程中都会遇到煤对设备的磨损。尤其是火力发电厂的磨煤机磨损，由于煤是在承压状态下与研磨件接触，故磨损更为突出。磨损指数测定能反映煤对金属磨件的相对磨损程度，可以对磨煤的合理设计提供依据以及对研磨机研磨件的寿命进行评估。煤的真相对密度是煤的主要物理性质之一。它在研究煤的煤化程度，选定煤在减灰时的重液分选密度时均要用到。一般褐煤的真相对密度为1.26～1.46，烟煤在1.3～1.4，而无烟煤则在1.4～1.9。煤的视相对密度是计算煤层储量的重要参数之一。贮煤仓的设计以及煤在运输、磨细燃烧过程中的计算，都需要用到视相对密度。透光率主要用作区分褐煤和长焰煤以及划分褐煤小类使用。型煤是通过在煤粉中添加适量黏结剂、脱硫剂后，经搅拌均匀压制成型而制成，其许多基本特性与煤相近。型煤的许多分析项目与煤的分析方法一致，但也有一些特殊的项目，比如强度。测定煤的着火温度可以帮助判断煤炭变质程度，推测煤自燃倾向和判断煤是否已经氧化。

实验三十八　煤的可磨性指数测定
（参考 GB/T 2565—2014）

一、实验目的

1.了解可磨性指数测定的实际意义；

2.掌握哈氏可磨性指数测定（简称哈氏法）的原理、方法，熟悉哈氏可磨性指数测定仪的校准和绘制校准图。

二、实验原理

哈氏可磨性指数测定仪是根据磨碎定律（即磨碎煤粉所消耗的能量与煤粉产生的新表面积成正比），一定粒度范围和质量的煤样，经哈氏仪研磨后在规定的条件下筛分，称量筛上煤样的质量，由研磨前的煤样量减去筛上煤样质量得到筛下煤样的质量，由煤的哈氏可磨性指数标准物质绘制的校准图上查得或者从一元线性回归方程中计算出煤的哈氏可磨性指数。

本实验依据的标准方法为GB/T 2565—2014《煤的可磨性指数测定 哈德格罗夫法》。

煤的可磨性是表示煤被研磨成粉的难易程度的一个指标。它主要与煤的变质程度有关，一般焦煤和肥煤的可磨性指数较高，即易磨细；无烟煤和褐煤的可磨性指数较低，即不易磨细。另外，同一种煤的可磨性指数还随煤的水分和灰分的增加而减小。

三、仪器设备

（1）哈氏可磨性指数测定仪　江苏镇江煤矿机械厂生产的KM78-1型哈氏可磨性测定仪。如图7-1、图7-2所示。

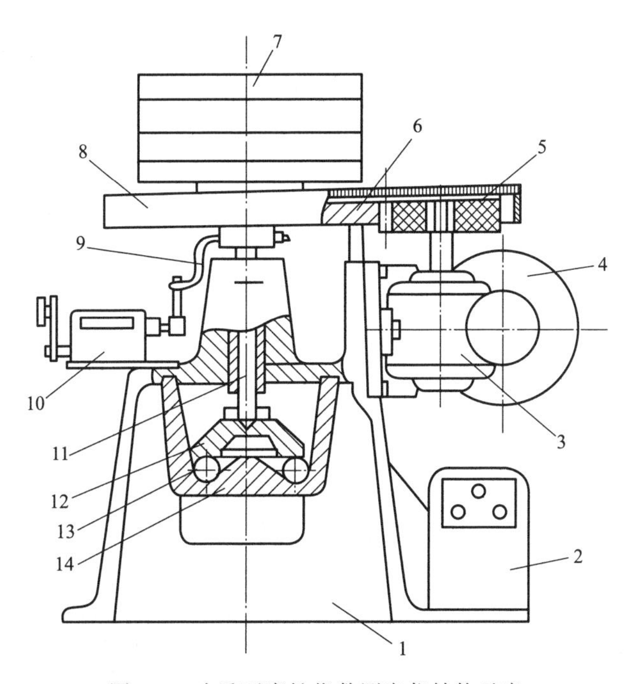

图7-1　哈氏可磨性指数测定仪结构示意

1—机座；2—电动控制盘；3—涡轮盒；4—旋转电机；5—小齿轮；6—大齿轮；7—重块；8—护罩；9—拨杆；10—计数器；11—主轴；12—研磨环；13—钢球；14—研磨碗

仪器的关键部件是研磨组件，其主要由主轴、研磨碗、研磨环、钢球组成，其规格和尺寸如图7-3所示。电动机通过减速装置和一对齿轮减速后，带动主轴和研磨环以（20±1）r/min的速度旋转。研磨环驱动研磨碗内的8个钢球转动，钢球直径为25.4mm，由重块、齿轮、主轴和研磨环施加在钢球上的总垂直力为（284±2）N。研磨碗与研磨环材质相同，并经过淬火处理。仪器配有计数器，转动（60±0.25）转后能自动停机。

图7-2　KM78-1型哈氏可磨性测定仪

（2）实验筛　满足GB/T 6003.1规定，孔径分别为1.25mm、0.63mm和0.071mm，直径为200mm，并配有筛盖和筛底盘，并配有一个孔径为13～19mm的保护筛，套在实验筛上。

（3）振筛机　新乡市巴山筛分机械公司生产的

BSJ-200型标准振筛机（如图7-4），垂直振击频率为149min^{-1}，水平回转频率为221min^{-1}，回转半径12.5mm。

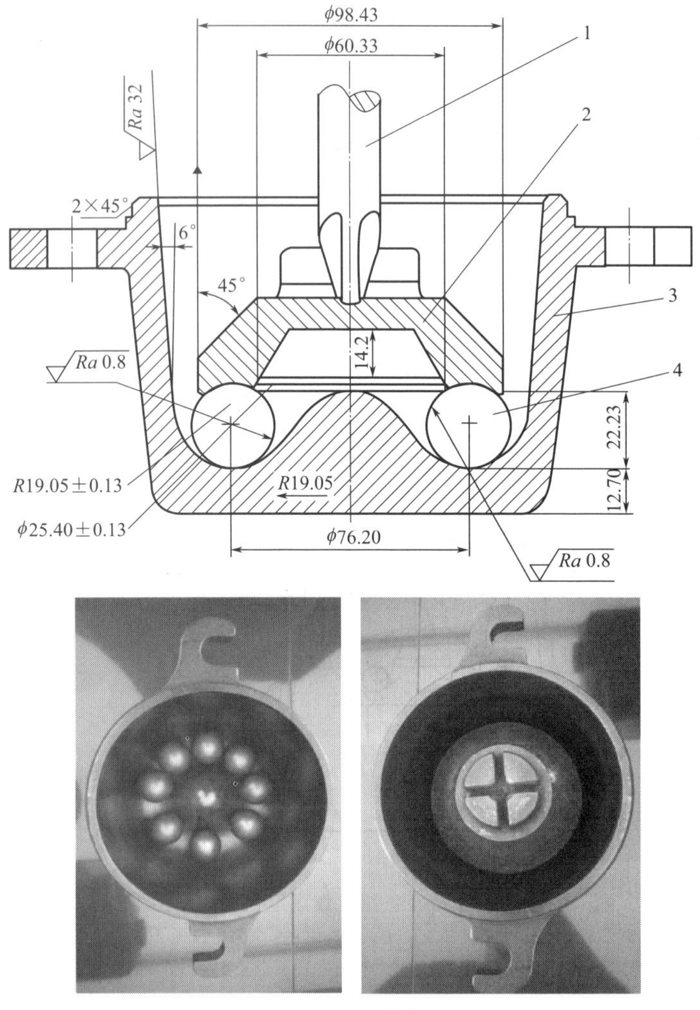

图7-3　研磨件

1—主轴；2—研磨环；3—研磨碗；4—钢球

图7-4　BSJ-200型标准振筛机

（4）天平　最大称量为100g，最小分度值为0.01g。

（5）对辊式破碎机　能将粒度为6mm的煤样破碎到0.63～1.25mm，且产生小于0.63mm的煤粉量最小。

（6）二分器　适合缩分小于6mm和小于1.25mm的煤样。

四、煤样制备

① 煤样制备是测定可磨性指数的重要环节，必须认真细致。按照GB 474《煤样制备方法》的规定，将待测原始煤样破碎到6mm以下，并缩分出1kg。将此煤样干燥到空气干燥状态。可在空气中自然干燥42～48h，也可用烘箱干燥。

② 将已达空气干燥状态的煤样过筛。筛分时，1.25mm 筛套在 0.63mm 筛之上，分 5 次将 1kg 煤样筛分。取 0.63～1.25mm 级作为实验煤样。0.63～1.25mm 粒度范围的煤样质量占破碎前煤样的总质量的百分数称为出样率，出样率应大于 45%，若小于 45%，应重新制样。

五、实验步骤

① 将已经制备的煤样混合均匀，用二分器分出 120g，取 0.63mm 的筛子在振筛机上筛 5min，除去小于 0.63mm 的粉煤，再用二分器缩分为每份不少于 50g 的两份煤样备用。

② 对哈氏仪进行运转，检查仪器是否正常。彻底清扫研磨碗、研磨环和钢球，把钢球放入研磨碗中，将钢球固定架放入钢球上，将钢球位置固定。

③ 称取（50±0.01)g 粒度为 0.63～1.25mm 的煤样，均匀分布在研磨碗中，并平整其表面，将落在球上和研磨碗凸起部分的煤样用毛刷扫到钢球周围，然后将研磨环放在研磨碗内。

④ 使磨环的十字槽对准主轴下方的十字头，将研磨碗挂到机座两边的螺栓上，拧紧固定，确保总垂直力均匀施加在 8 个钢球上。

⑤ 将计数器调到零位，启动电机，仪器远转（60±0.25）转后自动停止。

⑥ 将保护筛、0.017mm 的筛子和底筛套好。卸下研磨碗，将粘在研磨环上的煤粉刷到保护筛上，然后将磨过的煤样连同钢球一起倒入保护筛，并仔细将粘在研磨碗和钢球环上的煤粉刷到保护筛上。钢球放回研磨碗，再将粘在保护筛上的煤粉刷到 0.071mm 筛子内。

⑦ 将筛盖盖在 0.071mm 筛子上，连筛底盘一起放在振筛机上筛 10min，取下筛子，将粘在 0.071mm 筛子底下的煤粉刷到筛底盘内，重新放在振筛机上筛 5min，再刷筛面底一次，再振筛 5min，刷筛底一次。

⑧ 称量 0.071mm 筛上的煤样，称准到 0.01g，称量 0.071mm 筛下的煤样，称准到 0.01g。筛上和筛下煤样质量之和与研磨前煤样质量（50±0.01)g 相差不得超过 0.5g，否则实验作废，应重做实验。

六、结果计算

① 根据式(7-1）计算出 0.071mm 筛下煤样的质量 m_2(g)。

$$m_2=m-m_1 \tag{7-1}$$

式中　m——煤样质量，g；

m_1——筛上物质量，g；

m_2——筛下物质量，g。

② 根据筛下煤样的质量 m_2(g)，查校准图（校准图的绘制见“九、哈氏仪的校准”）或由一元线性回归方程（7-2）计算，得出可磨性指数（HGI)。

$$\mathrm{HGI}=aX+b \tag{7-2}$$

式中　a,b——常数（通过标准煤样校准算出）；

X——0.71mm 筛下煤样质量，g。

③ 取两次重复测定的算术平均值，修约到整数报出。

④ 哈氏可磨性指数测定原始记录可参考表 7-1。

表 7-1　哈氏可磨指数测定原始记录

实验编号				
样品名称	□原煤　□褐煤　□其他		□原煤　□褐煤　□其他	
样品质量/g				
0.071mm 筛上煤样质量/g				
煤样质量－0.071mm 筛上煤样质量/g				
0.071mm 筛下煤样质量/g				
筛上筛下煤样总质量				
HGI=				
HGI 平均值				
0.63～1.25mm 级占破碎前煤总重/%				
执行标准	□GB/T 2565—2014 煤的可磨性指数测定方法			
使用仪器号				
使用天平号				
环境条件	温度　　℃　　湿度　　%			

测定者：　　　　审核者：　　　　日期：　　年　　月　　日

七、精密度

哈氏可磨性指数精密度要求：重复性为 2；再现性为 4。

八、注意事项

① 制备煤样时当制样产率在（50±10)%范围内变化时，对可磨性指数测定结果无显著影响，所以煤样要求粒度为 0.63～1.25mm，制样产率不小于 45%，否则试样作废，必须重新制取煤样。

② 在操作哈氏可磨仪，固定研磨碗时，两边螺栓要同时发力拧紧，两边所施加的力度要保持一致，研磨碗要保持水平，使荷重均匀施加在 8 个钢球上。

③ 在测试的时候，要先把钢球放在研磨碗中，再倒入试样，扫平，平铺在钢球上，研磨碗内凸起部位上的试样也要扫下来。

④ 筛分时所用的标准筛和振筛机必须符合有关标准要求。在使用过程中要注意保护筛网，防止金属等尖、坚硬物接触筛网，导致筛网破损。如果筛网破损要立即更换，更换筛网后要用标准物质重新校准仪器方可开始测试样品。

⑤ 在振筛过程中要按规定时间刷筛子底部，防止筛孔堵塞。振筛结束后要仔细认真清扫筛子，避免试样损失，也可防止把试样带到下次实验中影响测试结果。

⑥ 每年至少用煤的哈氏可磨性指数标准物质按照附录的方法进行一次哈氏仪的校准。

九、哈氏仪的校准

① 用 4 个煤的哈氏可磨性指数标准物质（其 HGI 值分别约为 40、60、80 和 110）校准哈氏仪，并制作校准图或计算一元线性回归方程参数。

② 用待校准的哈氏仪，对 4 个煤的哈氏可磨性指数标准物质进行哈氏可磨性测定，每个煤的哈氏可磨性标准物质重复测定 4 次，计算 0.071mm 筛下物质量，计算出 4 次 0.071mm 筛下物质量算术平均值。

③ 在直角坐标系图纸上，以 4 次 0.071mm 筛下物质量算术平均值为纵坐标，以相应的哈氏可磨性指数标准值为横坐标，根据最小二乘法原则对煤的哈氏可磨性指数标准物质的实验数据作图。所得的直线就是所用哈氏仪（及筛子等）的校准图。或者用一元线性回归方程表示校准曲线（哈氏可磨性指数值为因变量，筛下物质量的平均值为自变量），一元线性回归方程的相关系数（r）至少为 0.99。

④ 根据煤样筛下物质量，从校准图或用一元线性回归方程计算待测定煤样哈氏可磨性指数值。

注：最小二乘法即是所作的直线使图上每个测量点沿 y 轴到该直线的距离平方和最小。

示例：假定某实验室用本单位哈氏仪测得 4 个煤的可磨性指数标准物质的数据如表 7-2 所示。

表 7-2　校准哈氏可磨仪数据

煤的哈氏可磨性指数标准物质标准值 HGI	4 次 0.071mm 筛下物质量算术平均值/g
35	3.21
56	6.18
74	8.88
107	13.54

由表 7-2 结果绘制出校准图 7-5 或者计算出一元线性回归方程（$HGI=6.95m_2'+12.71$，$r=0.999$）。

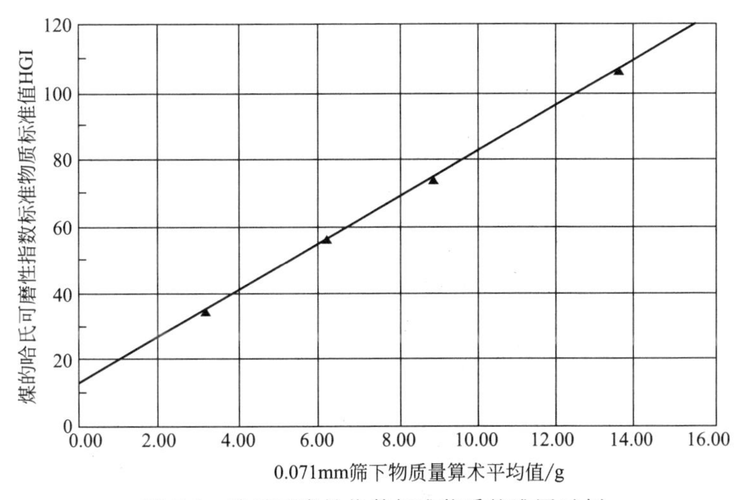

图 7-5　哈氏可磨性指数标准物质校准图示例

假设该实验室某个煤样用哈氏仪测定后计算出的筛下物质量 m_2' 为 7.20g。从校准图 7-5 中查得或者从一元线性回归方程计算出可磨性指数值为 62.8，按照 GB/T 483 的规定修约到整数，则该煤样的可磨性指数为 63。

十、思考题

1. 什么叫煤的可磨性？它与哪些因素有关？
2. 在制备可磨性试样时应注意什么？
3. 阐述哈氏可磨性测定方法操作步骤。

4.能够直接用称量所得的筛下物质量查校准图以求可磨性指数值吗？

5.为什么要规定总样量与筛上物后筛下物的总质量之差不大于0.5g？

6.为什么本实验不适用于对褐煤的可磨性指数的测定？

7.为什么必须采用振击回转式振筛机和辊式破碎机？

十一、知识扩展

[1] 石岩.用哈德格罗夫法准确测定煤的可磨性指数的技术探讨 [J].煤质技术，2011(5)：47-49.

[2] 蔡志丹.煤的哈氏可磨性指数测定影响因素研究 [J].煤质技术，2016，1：14-17.

（云南省煤炭产品质量检验站　何智斌执笔）

实验三十九　煤的磨损指数测定（参考 GB/T 15458—2018）

一、实验目的

1.了解磨损指数测定的实际意义；

2.掌握磨损指数测定仪的工作原理、过程和测定方法。

二、实验原理

根据磨料磨损机理，当零件表面材料和磨料发生摩擦接触后，零件表面材料受到磨损而脱落。因此，将一定形状、尺寸和硬度的磨件置于一定量的煤中转动，根据其转动后的质量损失，即可知道煤对磨件的磨损度。实验时将一定粒度和质量的煤样放入装有4个叶片的磨罐中，叶片由传动轴带动旋转12000r，根据4个叶片的质量损失来计算煤的磨损指数。本实验依据的标准方法为GB/T 15458—2018《煤的磨损指数测定方法》。

煤的磨损指数是指在规定条件下，磨碎1kg煤对金属磨损的质量（mg），用AI来表示。煤在开采、运输、加工过程中都会对设备造成磨损，尤其是火力发电厂的磨煤机，磨损更为突出。就要求对煤的磨损指数进行预先测定、论证，以此作为参考，选择相应合适材质的磨煤机及一系列矿山设备，减少生产过程中不必要的经济损失。

三、仪器设备

（1）磨损指数测定仪　镇江市科瑞制样设备有限公司生产的KER-120型磨损指数测定仪（见图7-6、图7-7）。

（2）叶片（见图7-8、图7-9）　4个一组的叶片，尺寸为38mm×38mm×11mm，公差为±0.1mm。同一组叶片之间极差不大于1g。叶片由15号钢（GB 700碳素结构钢）制成。叶片不用时应放入干燥器或浸入油中，以防腐蚀。

（3）磨罐　由内径为（203±0.25)mm，深度为（229±0.25)mm的罐体可卸的防尘盖和可更换的带突台的耐磨地板构成。

（4）传动装置　由“十”字座（见图7-9）和传动轴组成。传动轴转速为（1450±30）r/min、功率不小于2.0kW的电机驱动。

（5）计数控制器　可以显示运转转数，转数到达（12000±20）r时能自动停止，暂停之后再启动转数可以累加。

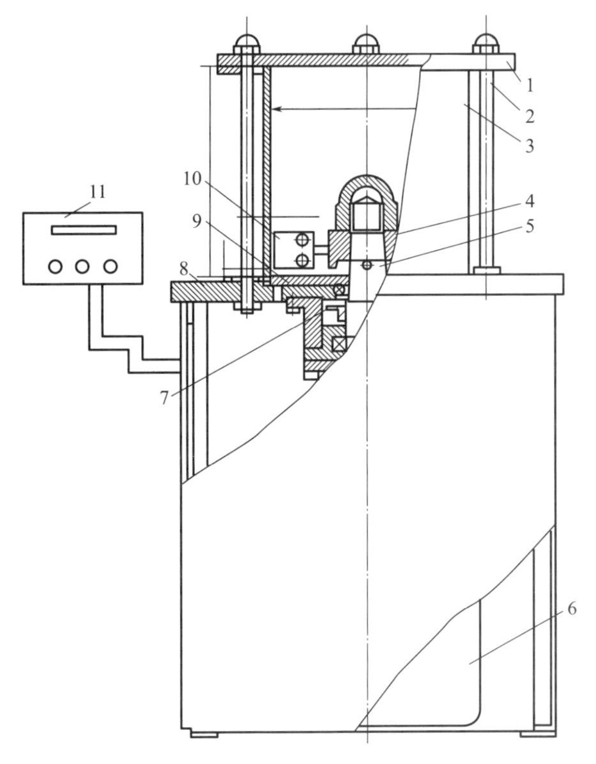

图 7-6　磨损指数测定仪示意图

1—磨盖；2—连杆；3—磨罐；4—“十”字座；5—传动轴；6—马达；7—甩煤板；8—底托板；9—磨罐底板；10—叶片；11—计数控制器

图 7-7　KER-120 型磨损指数测定仪

（6）卡具（见图 7-9）　用于在“十”字座上确定叶片的安装位置。

（7）塞规　用于检查叶片与罐底和磨底板之间的间隙。

图 7-8　叶片实物图

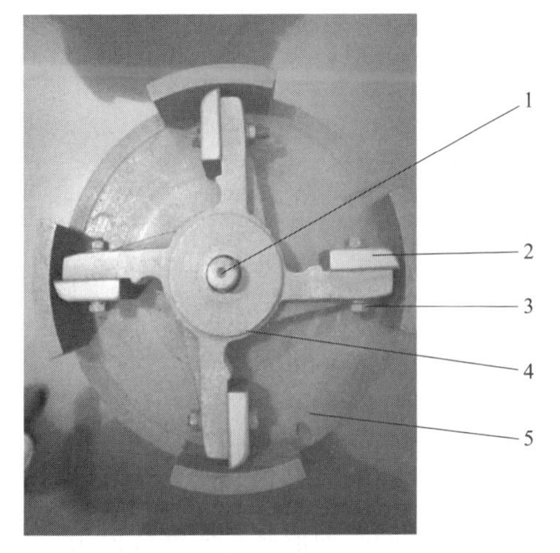

图 7-9　“十”字座和卡具组合

1—芯轴；2—叶片；3—圆柱头螺钉；4—“十”字座；5—卡具

（8）颚式破碎机

（9）振筛机

（10）托盘天平　最大称量 5kg，感量 10g。

（11）分析天平　最大称量 200g，感量 0.0001g。

（12）二分器

（13）玻璃干燥器　用于存放叶片。

四、实验准备

（1）煤样准备　按 GB 474 的规定制成粒度小于 13mm 的煤样，缩分取出 10kg，并使达到空气干燥状态，然后逐级破碎至全部通过 9.5mm 圆孔筛，然后缩分出（2±0.01)kg 的两份，保留其余部分备用。

（2）叶片检查　新叶片应试磨，直到同一种煤磨损指数测定之差符合重复性规定；旧叶片应该满足 4 个叶片质量极差小于 1g，一组叶片磨损总量不大于最初总质量的 4%，叶片表面无明显伤痕，叶片的圆端和底边应能调节到与卡具的底和壁接触。

（3）仪器检查　仪器进行空转，保证“十”字座以逆时针方向旋转，且转数达到(12000±20)r 时自动停止。

五、实验步骤

① 彻底清扫磨罐、磨罐盖、磨罐底板和“十”字座。

② 称量各叶片，称准到 0.0001g。

③ 将“十”字座固定在卡具中，用圆头螺钉、螺母和垫片把叶片固定到“十”字座的四个臂上，调整好位置，然后安装在测定仪的传动轴上，拧紧轴上的螺母。

④ 将罐体套在吐台上，往罐内放入 2kg（称准到 10g）煤样并且铺平。盖上盖，拧紧盖上的螺母。

⑤ 计数控制器清零，启动仪器，当旋转到（12000±20)r 时自动停止。

⑥ 打开盖，取出罐体，将罐内煤粉倒出，将“十”字座和叶片组合取下来，清扫干净，放入卡具中检查叶片位置。若叶片位置已偏离原位置，则实验作废。

⑦ 卸下叶片，清扫，用工业酒精仔细清洗、擦干，放入干燥器内冷却至室温。称量叶片，称准到 0.0001g。

六、结果表述

① 按式(7-3) 计算磨损指数：

$$\mathrm{AI}=\frac{(m_1-m_2)}{m}\times 10^3 \tag{7-3}$$

式中　AI——磨损指数，mg/kg；

m——煤样质量，kg；

m_1——4 个叶片测定前的总质量，g；

m_2——4 个叶片测定后的总质量，g。

② 将重复测定的平均值修约成整数值报出。

③ 煤磨损指数测定原始记录可参考表 7-3。

表 7-3　煤磨损指数实验原始记录表

<table>
<tr><td colspan="2">实验编号</td><td colspan="4"></td></tr>
<tr><td colspan="2">样品名称</td><td colspan="4">□原煤　　□其他</td></tr>
<tr><td colspan="2">样品质量 m/kg</td><td colspan="4"></td></tr>
<tr><td rowspan="5">测试前叶片质量 m_1/g</td><td>m_{1-1}</td><td></td><td></td><td></td><td></td></tr>
<tr><td>m_{1-2}</td><td></td><td></td><td></td><td></td></tr>
<tr><td>m_{1-3}</td><td></td><td></td><td></td><td></td></tr>
<tr><td>m_{1-4}</td><td></td><td></td><td></td><td></td></tr>
<tr><td>$m_{1总}$</td><td></td><td></td><td></td><td></td></tr>
<tr><td rowspan="5">测试后叶片质量 m_2/g</td><td>m_{2-1}</td><td></td><td></td><td></td><td></td></tr>
<tr><td>m_{2-2}</td><td></td><td></td><td></td><td></td></tr>
<tr><td>m_{2-3}</td><td></td><td></td><td></td><td></td></tr>
<tr><td>m_{2-4}</td><td></td><td></td><td></td><td></td></tr>
<tr><td>$m_{2总}$</td><td></td><td></td><td></td><td></td></tr>
<tr><td colspan="2">转数/r</td><td></td><td colspan="2"></td><td></td></tr>
<tr><td colspan="2">磨损指数/(mg/kg)
$AI=(m_1-m_2)\times1000/m$</td><td colspan="2"></td><td colspan="2"></td></tr>
<tr><td colspan="2">磨损指数平均值/(mg/kg)</td><td colspan="4"></td></tr>
<tr><td colspan="2">执行标准</td><td colspan="4">GB/T 15458—2018 煤的磨损指数测定方法</td></tr>
<tr><td colspan="2">使用天平号</td><td colspan="4"></td></tr>
<tr><td colspan="2">使用仪器号</td><td colspan="4"></td></tr>
<tr><td colspan="2">环境条件</td><td colspan="4">温度　　℃　　湿度　　%</td></tr>
<tr><td colspan="2">备注</td><td colspan="4"></td></tr>
</table>

测定者：　　　　　　　　审核者：　　　　　　　　日期：　　　　年　　月　　日

七、精密度

见表 7-4。

表 7-4　磨损指数精密度

磨损指数 AI/(mg/kg)	重复性限/(mg/kg)
0～30	3
31～60	4
>60	6

八、注意事项

(1) 试样粒度　要求试样全部通过 9.5mm 圆孔筛，但是若细煤粉过多会使磨损指数下降，所以要尽可能减少因破碎而产生过多煤粉。

(2) 筛分要求　在进行重复实验时，两次实验的试样必须是由同一个总样缩分而来，否则因为粒度组成的差异会影响到重复测定的结果。

(3) 叶片　在实验前、后一定要认真清洗叶片，检查是否有大的伤痕，总量是否符合规定要求，不用的时候要放在干燥器内或浸泡在油内。

(4) 安装叶片要放在卡具内，这样可以保证“十”字座和叶片安装后放进磨罐内时离底面和罐壁间距符合规定要求。

九、思考题

1. 测定煤的磨损指数有何意义?
2. 煤的磨损指数和可磨性指数有什么区别?
3. 影响磨损指数测定的主要因素是什么?

十、知识扩展

成庆刚. 煤的磨损指数测定方法的试验研究 [J]. 电站系统工程，1991，3：60-72.

（云南省煤炭产品质量检验站　何智斌执笔）

实验四十　煤的真相对密度测定
（参考 GB/T 217—2008）

一、实验目的

1. 了解煤的真相对密度的定义及测定意义。
2. 掌握煤的真相对密度的测定方法及原理。

二、实验原理

以十二烷基硫酸钠溶液为浸润剂，使煤样在密度瓶中润湿沉降并排除吸附的气体，根据煤样排出的同体积的水的质量计算出煤的真相对密度。本实验依据的国家标准为 GB/T 217—2008《煤的真相对密度的测定方法》。

煤的真相对密度是指 20℃时煤（不包括煤的孔隙）的质量与同体积水的质量之比，用符号 TRD 表示。煤的真相对密度是表征煤性质和计算煤层平均质量的一项重要指标。在煤质分析中制备减灰试样时也需根据煤的真相对密度来确定减灰重液的相对密度。

三、仪器设备和试剂材料

(1) 分析天平　感量 0.0001g。

(2) 密度瓶　带磨口毛细管塞。容量为 50mL。如图 7-10、图 7-11 所示。

(3) 水银温度计　0－50℃，最小分度为 0.2℃。

(4) 十二烷基硫酸钠溶液　化学纯，20g/L。称取十二烷基硫酸钠 20g 溶于水中，并用水稀释至 1L。

(5) 恒温水浴　北京市永光明医疗仪器有限公司生产的 XMTD-4000 型电热恒温水浴锅，控温范围 10～35℃，控温精度±0.5℃。

(6) 刻度移液管　容量 10mL。

四、实验步骤

① 准确称取粒度小于 0.2mm 的空气干燥煤样 2g（称准到 0.0002g），通过无颈漏斗全部转移到密度瓶中。

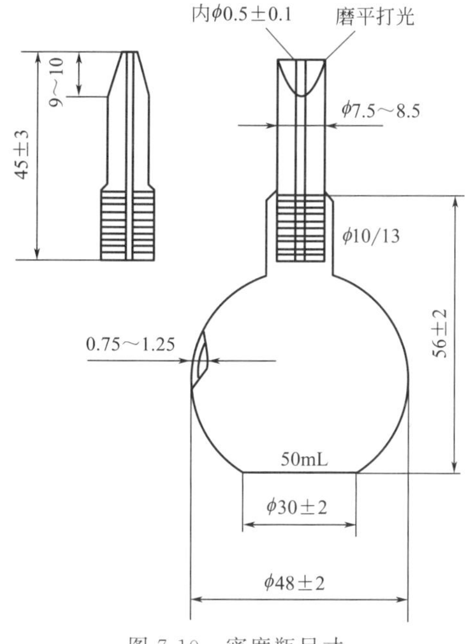

图 7-10 密度瓶尺寸

图 7-11 密度瓶外观

② 用移液管向密度瓶中加入 3mL 20g/L 的十二烷基硫酸钠溶液（以下简称浸润剂），轻轻转动密度瓶，放置 15min 使煤样完全浸润，然后沿瓶壁加 25mL 新煮沸的蒸馏水。

③ 将密度瓶放到沸水浴中加热 20min，以排除吸附的气体。密度瓶在水浴中加热如图 7-12 所示。

图 7-12 水浴加热

④ 取出密度瓶，将刚煮沸（除去气泡）的蒸馏水，加至瓶口下 1cm 处，冷却至室温；放入（20±0.5)℃的恒温水浴中保温至少 1h（若无恒温水浴，可在室温下放置 3h 并记下室温）。密度瓶恒温如图 7-13 所示。

图 7-13 密度瓶恒温

⑤ 用吸管小心加入新煮沸并冷却到室温的蒸馏水（这里加的水最好与密度瓶同时放于恒温器中同时恒温）至瓶口，盖上瓶塞，使过剩的水从毛细管溢出（此时瓶口和毛细管内不得有气泡存在，否则应重新加水，盖塞）。

⑥ 迅速擦干密度瓶，立即称出密度瓶加煤、浸润剂和水的质量 m_1。

⑦ 空白值的测定：同上述步骤，但不加煤样，测出密度瓶加浸润剂和水的质量 m_2（在恒温条件下，应每月测定一次空白值）。同一密度瓶两次重复测定的差值不得超过 0.0015g。

五、结果计算及方法精密度

① 用恒温水浴在 20℃下恒温时，真相对密度计算见式(7-4)：

$$TRD_{20}^{20}=\frac{m_d}{m_2+m_d-m_1} \tag{7-4}$$

式中 m_d——干煤的质量，g；

m_1——密度瓶、煤样、浸润剂及水的质量，g；

m_2——密度瓶、浸润剂及水的质量，g。

② 干煤样质量按式(7-5) 计算：

$$m_d=m\times\frac{100-M_{ad}}{100} \tag{7-5}$$

式中 m——空气干燥基煤样的质量，g。

M_{ad}——空气干燥基水分，%。

③ 在室温下测得的结果应按式(7-6) 进行换算：

$$TRD_{20}^{20}=\frac{m_d}{m_2+m_d-m_1}\times K_t \tag{7-6}$$

式中 K_t——温度 t 时校正系数，可由表 7-5 查得。

表 7-5 校正系数 K_t 表

温度/℃	校正系数 K_t	温度/℃	校正系数 K_t
6	1.00174	21	0.99979
7	1.00170	22	0.99956
8	1.00165	23	0.99953
9	1.00158	24	0.99909
10	1.00150	25	0.99883
11	1.00140	26	0.99857
12	1.00129	27	0.99831
13	1.00117	28	0.99803
14	1.00100	29	0.99773
15	1.00090	30	0.99743
16	1.00074	31	0.99713
17	1.00057	32	0.99682
18	1.00039	33	0.99649
19	1.00020	34	0.99616
20	1.00000	35	0.99582

④ 真相对密度测定的精密度见表 7-6。

表 7-6　煤的真相对密度测定的精密度

重复性	再现性
0.02(绝对值)	0.04(绝对值)

⑤ 煤的真相对密度测定原始记录可参考表 7-7。

表 7-7　真相对密度测定原始记录表

实验编号				
样品名称	□原煤□褐煤□焦炭□其他		□原煤□褐煤□焦炭□其他	
比重瓶号				
样品质量/g				
(瓶+水+煤)的质量 m_1/g				
(瓶+水)的质量 m_2/g				
煤样体积($m_2+m_d-m_1$)				
(干煤样质量)m_d/g				
$TRD_{20}^{20}=\frac{m_d}{m_2+m_d-m_1}\times K_t$				
TRD_{20}^{20} 平均值				
M_{ad}/%				
K_t				
执行标准	□GB/T 217—2008 煤的真相对密度测定方法 □YS/T 587.9—2006 炭阳极用煅后石油焦检测方法 第九部分 真密度的测定 □GB/T 6155—2008 炭素材料真密度和真气孔率测定方法 □GB/T 4511.1—2008 焦炭真相对密度、假相对密度和气孔率的测定方法			
使用天平号				
使用仪器号				
环境条件	温度______℃　　湿度______%			
备注				

测定者：　　　　　　　　审核者：　　　　　　　　日期：　　　　年　　月　　日

六、注意事项

① 测定煤的真相对密度准确与否，跟能否准确称取 2g 试样息息相关。当煤样通过无颈小漏斗转移入密度瓶中时，即使煤样达到了空气干燥状态，在转移过程中也会有残留的煤样粘在小漏斗上，使得煤样并非全部转移到密度瓶中，煤样的实际质量并未达到 2g，为避免因质量不够而影响测试结果的准确性，建议称取的煤样适当高于 2g。

② 十二烷基硫酸钠作为浸润剂，可以促使煤样与水亲和浸润而下沉，因此，它对于该项目的测定速度与准确性都有非常重要的影响。因此要求是化学纯，而且配制过程中必须严格控制浓度为 20g/L。

③ 浸润也是影响测定真相对密度的关键步骤，因此要求严格控制时间是 15min，并观察是否浸润完全。

④ 装有煤样的密度瓶放在沸水浴中以及放入恒温水浴中的时间和温度对测量结果均有

影响，所以要严格按标准要求操作。

⑤ 恒温水浴内水面的高度要符合要求，放入密度瓶后，恒温水槽的水面应低于密度瓶口 1cm，使密度瓶尽可能完全地浸入水中，如水面过高，加热过程中蒸馏水可能从瓶口进入密度瓶；水面过低，则可能引起密度瓶内内容物的温度不均匀，造成实验误差。

⑥ 煤的真相对密度整个测定过程加了 3 次水，都要求是新煮沸的水。第一次加的 25mL 不必冷却到室温，因为之后要放在沸水浴中加热；第二次加的水要冷却到室温或 20℃左右，因为下一步实验要放在（20±0.5）℃的恒温器中恒温 1h；第三次用滴管加的水最好与试样同时放于恒温器中恒温，因为水温不一致的话就会影响密度瓶内溶液温度而产生误差。

⑦ 盖瓶塞时瓶口和毛细管内不能有气泡，如果有，就必须得重新加水，重新盖塞。并且称量时要从恒温器中取一个称一个，速度要快，避免温度变化导致实验误差。

⑧ 要定期测定空白值。测定空白时，除了不加试样，不煮沸，其他步骤与测定试样必须全部一致，特别是温度及时间。

七、思考题

1. 测定煤样真密度时加入十二烷基硫酸钠的作用是什么？
2. 试样加入十二烷基硫酸钠和水后在沸水浴中保持 20min 的目的是什么？
3. 为什么要做空白测定？在什么情况下测定空白值？
4. 密度瓶从恒温器中取出后，在称量之前要注意什么问题？

八、知识拓展

[1] 陈翠菊. 浅谈煤的真相对密度测定的意义 [J]. 陕西煤炭，2010，4：21-22.

[2] 魏绪东. 提高煤的真相对密度测定准确性的探讨 [J]. 煤质技术，2007，5：23-24.

[3] 欧阳旻，邵颖，赵小玲. 煤的真相对密度测定方法中关键步骤探讨 [J]. 煤质技术，2013，4：38-39.

[4] 顾秋香，杨东峰，许维武. 煤的真相对密度测定结果不确定度的评定 [J]. 广州化工，2012，22：116-117.

（云南省煤炭产品质量检验站　陆松梅执笔）

实验四十一　煤的视相对密度测定
（参考 GB/T 6949—2010）

一、实验目的

1. 了解煤的视相对密度的定义及测定意义。
2. 掌握涂蜡法测定煤的视相对密度的原理和方法。

二、实验原理

称取一定粒度的煤，表面用石蜡涂封后，放入已知质量的密度瓶内，以十二烷基硫酸钠溶液作为浸润剂，测出涂蜡煤粒所排开的十二烷基硫酸钠溶液的体积，减去蜡的体积后，计算出 20℃时煤的视相对密度。本实验依据的标准方法为：GB/T 6949—2010《煤的视相对密度测定方法》。

煤的视相对密度是指在 20℃时煤（包括煤的孔隙）的质量与同体积水的质量之比，以符号 ARD（Apparent Relative Density）表示。煤的视相对密度是表示煤的物理性质的一项指标。是煤矿及地勘部门计算煤层储量的重要参数之一。也可以根据其计算煤的孔隙率，作为煤层瓦斯计算的基准。储煤仓的设计以及煤在运输、磨细、燃烧过程中的计算，都要用到该项指标。

三、仪器设备

（1）电炉　500～600W。

（2）分析天平　最大称量 200g，感量 0.0001g。

（3）密度瓶　带磨口毛细管塞，容量为 60mL，如图 7-14 所示。

（4）水银温度计　0～100℃，分度为 0.5℃。

（5）小铝锅

（6）网匙　用 3mm×3mm 的筛网制成，如图 7-15 所示。

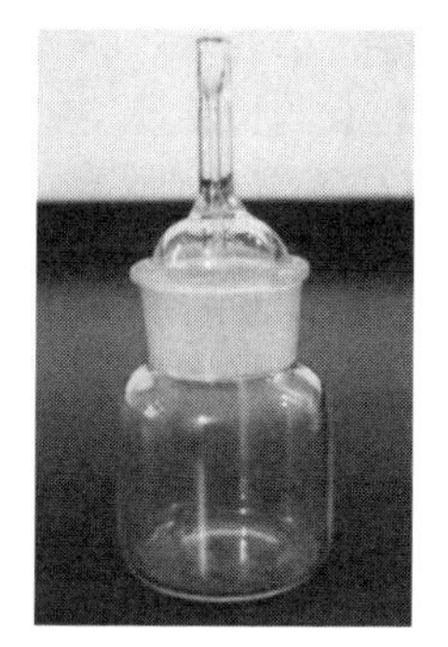

图 7-14　密度瓶

图 7-15　装有煤样的网匙

（7）玻璃板　300mm×300mm 两块。

（8）筛子　1mm 方孔筛一个，10mm 圆孔筛一个。

（9）塑料布　一块。

（10）优质石蜡　熔点 50～60℃。

（11）十二烷基硫酸钠溶液　化学纯，配制 1g/L 水溶液。或按下列方法配制：取 20g/L 十二烷基硫酸钠溶液 3mL，用水稀释至 60mL，其浓度与 1g/L 相当。如溶液放置时间长有白色沉淀物，应加热溶解后，冷却至室温使用。

（12）恒温器　北京市永光明医疗仪器有限公司生产的 XMTD-4000 型电热恒温水浴锅，控温范围 15～35℃，控温精度±0.5℃。

四、准备工作

① 按照 GB 474 制备粒度小于 13mm 的煤样，从中缩分出一半煤样，用 10mm 圆孔筛筛出 13～10mm 粒级煤样，并使其达到空气干燥状态，装入煤样瓶中，作为测定视相对密度的煤样。

② 预先把密度瓶放在干燥箱烘干，备用。

③ 预先把装有优质石蜡的铝锅放于电炉上加热，使石蜡融化。

五、测定步骤

① 将煤样瓶中的煤粒摊在塑料布上，从不同方位取出 20～30g 试样，放在 1mm 方孔筛

子上用毛刷反复刷去煤粒表面附着的煤粉，称出筛上物粒度13～10mm的试样（m_1）约20g，称准至0.0002g。

② 将称量过的煤粒置于网匙上，浸入预先加热至70～80℃的石蜡中，使石蜡温度保持在60～80℃，用玻璃棒迅速拨动煤粒至表面不再产生气泡为止。立即取出网匙（如图7-16所示），稍冷，将煤粒撒在玻璃板上，并用玻璃棒迅速拨开煤粒使其不互相粘连（如图7-17所示）。冷却至室温，称出涂蜡煤粒的质量（m_2），称准至0.0002g。

图7-16　正在涂蜡的煤粒

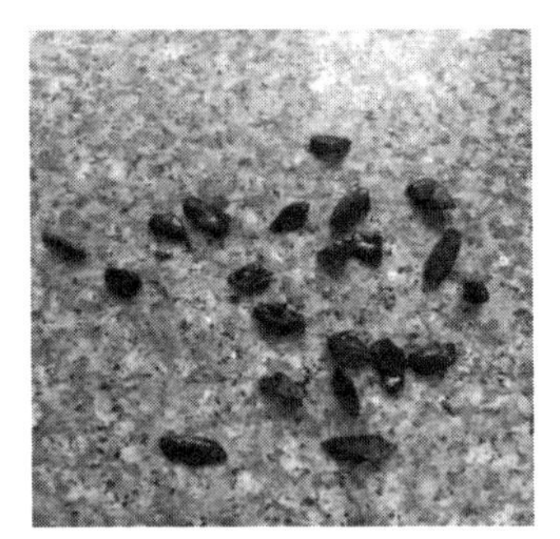
图7-17　涂好蜡的煤粒

③ 将涂蜡煤粒装入密度瓶内，加入十二烷基硫酸钠溶液至密度瓶2/3处，盖塞摇荡或用手指轻敲密度瓶，使涂蜡煤粒表面不附着气泡，再加入溶液至距瓶口约1cm处。置于恒温器中，在(20±0.5)℃温度下恒温1h（如图7-18所示）。也可在室温下放3h以上，并记下溶液温度。

图7-18　密度瓶置于恒温器中恒温

④ 用滴管滴加溶液至瓶口，小心塞紧瓶塞，使过剩的水溶液从瓶塞的毛细管上端溢出，确保瓶内和毛细管内没有气泡。

⑤ 迅速擦干密度瓶并立即称量（m_3），称准至0.0002g。

⑥ 空白值的测定：在测定煤样视相对密度的同时要测定空白值。操作步骤与煤样测定一致（但不加煤样），称出密度瓶和水溶液的质量（m_4），称准至0.0002g。同一密度瓶连续两次测定值的差值不得超过0.0100g。

六、结果计算及方法精密度

① 测定结果按式(7-7)计算：

$$ARD_{20}^{20}=\frac{m_1}{\left(\frac{m_2+m_4-m_3}{d_s}\right)-\left(\frac{m_2-m_1}{d_{wax}}\right)\times 0.9982} \tag{7-7}$$

式中　m_1——煤样的质量，g；

m_2——涂蜡煤粒的质量，g；

m_3——密度瓶、涂蜡煤粒及十二烷基硫酸钠水溶液的质量，g；

m_4——密度瓶、十二烷基硫酸钠水溶液的质量，g；

d_{wax}——石蜡的密度，g/cm^3；

d_s——在 t℃时 1g/L 十二烷基硫酸钠溶液的密度，g/cm^3，可由表 7-8 查出；

0.9982——水在 20℃时的密度，g/cm^3。

每一煤样重复测定两次，取两次测定结果的算术平均值，修约到第二位小数报出。

② 十二烷基硫酸钠溶液的密度见表 7-8。

表 7-8　1g/L 十二烷基硫酸钠溶液的密度

温度/℃	密度/(g/cm^3)	温度/℃	密度/(g/cm^3)
5	1.0023	21	0.99826
6	1.00021	22	0.99804
7	1.00017	23	0.99780
8	1.00012	24	0.99756
9	1.00005	25	0.99731
10	0.99997	26	0.99705
11	0.99987	27	0.99678
12	0.99976	28	0.99650
13	0.99964	29	0.99621
14	0.99951	30	0.99591
15	0.99937	31	0.99561
16	0.99921	32	0.99530
17	0.99904	33	0.99497
18	0.99886	34	0.99464
19	0.99867	35	0.99430
20	0.99847	40	0.99248

③ 方法精密度：视相对密度测定的精密度见表 7-9。

表 7-9　煤的视相对密度测定的精密度

灰分或全硫含量/%	重复性/%
灰分≤30 且全硫≤2	0.04
灰分＞30 或全硫＞2	0.08

④ 视相对密度测定原始记录可参考表 7-10。

表 7-10　视相对密度测定原始记录表

实验编号				
样品名称	□原煤□褐煤□焦炭□其他		□原煤□褐煤□焦炭□其他	
比重瓶号				
样品质量 m_1/g				
比重瓶质量 m/g				
比重瓶＋水的质量 m_4/g				
比重瓶＋涂蜡煤粒的质量 m_5/g				

续表

涂蜡煤粒的质量 $m_2(=m_5-m)$/g				
比重瓶＋水＋涂蜡样品质量 m_3/g				
石蜡质量$(=m_2-m_1)$/g				
石蜡的密度 $d_{wax}/(g/cm^3)$				
石蜡的体积$[(m_2-m_1)/d_{wax}]$/mL				
$ARD_{20}^{20}=\dfrac{m_1}{\left(\dfrac{m_2+m_4-m_3}{d_s}-\dfrac{m_2-m_1}{d_{wax}}\right)\times 0.9982}$				
ARD 平均值				
d_s （在 t℃时 1g/L 十二烷基硫酸钠溶液的密度）				
执行标准	□GB/T 6949—2010 煤的视相对密度测定方法 □GB/T 4511.1—2008 焦炭真相对密度、假相对密度和气孔率的测定方法 □MT/T 918—2002 工业型煤视相对密度及孔隙率测定方法 □YS/T 587.10—2016 炭阳极用煅后石油焦检测方法 第十部分 振实密度的测定			
使用天平号				
使用仪器号				
环境条件	温度______℃　湿度______%			
备注				

测定者：　　　　　　　　审核者：　　　　　　　　日期：　　　年　　月　　日

七、注意事项

① 加入十二烷基硫酸钠溶液时，要充分摇荡，使煤粒不附着气泡。

② 擦去毛细管表面的水时注意不要吸掉毛细管内的水分。

③ 温水浴要保证控温准确，因为水浴温度对煤的视相对密度有影响。

④ 取出比重瓶后应立即称量，最好一个一个取出，一个一个称量，避免室温的影响；若在室温下测定，需换算为 20℃下的视相对密度。

⑤ 涂蜡时要掌握好石蜡的温度，石蜡温度过低，煤粒上蜡层容易涂厚，也容易存空气；蜡温过高，热稳定性差的煤容易崩裂，并且由于蜡的黏度较小，容易进入煤粒的较大气孔中而使实验结果偏高，因此要控制石蜡温度在 70～80℃。

⑥ 空白值的结果对视相对密度测定结果的影响很大，必要严格按要求测定空白。

八、思考题

1. 煤的视相对密度测定时涂蜡的目的是什么?
2. 什么情况下要重新测定空白?
3. 煤的真相对密度与视相对密度有什么区别?

九、知识扩展

1. 根据真相对密度计算视相对密度的公式

在无法进行视相对密度测定时，可由煤的真相对密度 TRD_{20}^{20} 计算出煤的视相对密度

ARD。其计算值的标准误差一般都不大于0.03，对灰分大于30%或硫分大于2%的煤，其计算值的标准误差一般不超过0.06，计算公式如式(7-8)～式(7-10)。

$$ARD=0.14+0.87TRD \tag{7-8}$$

（适用于中、高变质阶段烟煤）

$$ARD=0.20+0.78TRD \tag{7-9}$$

（适用于褐煤或低变质阶段烟煤）

$$ARD=0.05+0.92TRD \tag{7-10}$$

（适用于无烟煤或灰分大于30%或硫分大于2%的各类煤）

式中　ARD——20℃时煤的视相对密度；

TRD——20℃时煤的真相对密度。

2.石蜡密度的测定

测定煤的视相对密度要求用低熔点（50～60℃）的优质石蜡。石蜡密度的测定有悬浮称量法和密度瓶法。这里介绍密度瓶法。

（1）专用器皿

① 广口密度瓶：内径约22mm，内高约70mm，带有一磨口塞，塞上有一直径1.6mm的毛细管。

② 鼓风干燥箱：能在100～110℃恒温。

（2）测定方法

① 称量已质量恒定的密度瓶的质量m_a（称准至0.0002g，下同）。

② 用移液管沿瓶壁向密度瓶内加入1mL乙醇水溶液（用95%乙醇与水1∶1配制），再加入新煮沸过并冷却到20℃左右的蒸馏水至距瓶口2～3mm处。

③ 将密度瓶放入温度为（20±0.5)℃的恒温水浴中，并使水浴水面低于瓶口约1cm，在水浴中保持30min后，在恒温水浴中小心地塞上瓶塞，过剩的水从瓶塞的毛细管流出，此时应注意勿使塞底部存有气泡。用滤纸吸去毛细管口的水并使管内水平与管口齐平。

④ 取出密度瓶，仔细擦净密度瓶外壁附着的水，立即称其质量m_b。此值至少每月检查一次。倒出瓶中水，擦净，于102～105℃干燥。

⑤ 称取40g石蜡放入带柄瓷蒸发皿中，将蒸发皿放入102～105℃干燥箱中使石蜡熔化并不时搅拌约1h，然后在干燥中该温度下至少静置30min。

⑥ 将熔融石蜡小心注入预先温热的空密度瓶中，至约2/3瓶高处，然后将装有熔融石蜡的密度瓶放入102～105℃干燥箱中放置1h，以便使可能包含的气泡逸出（可轻敲或轻摇密度瓶以促使空气除去，必要时也可用温热的细玻璃棒搅拌石蜡）。

⑦ 从干燥箱中取出密度瓶，冷却至室温后称量其质量m_c。然后沿瓶壁加入1mL乙醇水溶液，并使之充满石蜡与密度瓶间缝隙，再加入预先煮沸过并冷却到20℃左右的蒸馏水至瓶口处。

⑧ 将密度瓶置于恒温器中，在（20±0.5)℃温度下恒温1h。于水浴中小心地塞上瓶塞，过剩的水从瓶塞的毛细管流出，此时应注意勿使塞底部存有气泡。用滤纸吸去毛细管口的水并使管内水平与管口齐平。取出密度瓶，仔细擦净密度瓶外壁附着的水，立即称其质量m_d。

⑨ 按式(7-11)计算石蜡的密度：

$$d_{wax}=\frac{m_c-m_a}{(m_b+m_c)-(m_a+m_d)}\times 0.9982 \tag{7-11}$$

式中　d_{wax}——石蜡的密度，g/cm³；

m_a——空密度瓶的质量，g；

m_b——装满水的密度瓶质量，g；

m_c——装有部分石蜡的密度瓶质量，g；

m_d——用石蜡和水装满密度瓶的质量，g；

0.9982——水在20℃时的密度，g/cm^3。

测定值修约到小数后第4位。取极差小于0.0100g的3块石蜡密度值的平均值作为石蜡的密度。每更换一批石蜡，都应重新测定石蜡的密度。

3. 视相对密度和真相对密度

根据视相对密度和真相对密度可以计算出煤的孔隙率（%），计算公式见式(7-12)。

$$孔隙率=(真相对密度-视相对密度)/真相对密度\times 100 \tag{7-12}$$

［1］ 陈翠菊.煤样粒度对煤的视相对密度测定影响探讨［J］.中国煤炭地质，2010，22（7）：16-17.

［2］ 陈建伟.影响煤的视相对密度测定结果的可能因素及控制［J］.煤质技术，2012，4：48-49.

［3］ 李苹，肖华，郑艳梅.块煤、小颗粒煤测定视相对密度结果影响分析［J］.中国煤炭地质，2014，26（7）：33-35.

［4］ 李君.煤中视（相对）密度测定的影响因素［J］.煤炭与化工，2014，5：152-153，155.

［5］ 李苹.采用全自动密度仪法测定煤的视相对密度可行性探讨［J］.煤质技术，2017，5：55-57.

［6］ 田新娟，龙亚平，肖文钊，等.灰分和硫含量对煤的视相对密度测定结果的影响［J］.煤质技术，2012，6：42-43，49.

（云南省煤炭产品质量检验站　陆松梅执笔）

实验四十二　低煤阶煤透光率测定（参考GB/T 2566—2010）

一、实验目的

1. 了解低煤阶煤透光率的定义及测定的意义、煤的透光率与煤化程度的关系。
2. 学习和掌握低煤阶煤透光率测定的方法及原理。

二、实验方法原理

低煤阶煤与硝酸和磷酸的混合酸溶液（硝酸＋磷酸＋蒸馏水＝1＋1＋9）在（99.5±0.5)℃的水浴中，反应后产生有色溶液。根据溶液颜色的深浅，以不同浓度的重铬酸钾硫酸溶液作为标准系列溶液，用目视比色法来测定煤样的透光率（P_M,%）。本实验依据的国标为：GB/T 2566—2010《低煤阶煤的透光率测定方法》。

所谓低煤阶煤的透光率，就是指褐煤、长焰煤和不黏煤等低煤化度煤在规定的加热条件下用稀的硝酸和磷酸混合酸水溶液（1＋1＋9）处理后所得的有色有机溶液对一定波长的光的透过百分率。目视比色法测定透光率能较好地表征低煤化度煤的煤化程度，故这一指标目前主要作为区分褐煤和长焰煤以及褐煤划分小类使用。即$V_{daf}>37\%$、$P_M>50\%$、$G_{R.I}\leqslant 5$的均划分为长焰煤；$V_{daf}>37\%$、$P_M\leqslant 30\%$的均划分为褐煤；$V_{daf}>37\%$、$P_M>30\%\sim 50\%$的年轻煤需要再用恒湿无灰基的高位发热量（$Q_{gr,maf}$）来区分褐煤或长焰煤。即 $Q_{gr,maf}>24.00MJ/kg$ 的划分为长焰煤，$Q_{gr,maf}\leqslant 24.00MJ/kg$ 的则仍划分为褐煤。

三、仪器设备和试剂材料

1. 仪器设备

(1) 水浴　闭口，能加热到100℃。

(2) 分析天平　感量0.0002g。

(3) 水银温度计　测量范围为0～100℃，分度值为0.2℃，须校准后使用。

(4) 比色管　25mL，内径(17±0.5)mm，在10mL处有刻度，有严密塞子。

(5) 容量瓶　100mL；锥形瓶：100mL；移液管：25mL。

(6) 玻璃小漏斗　漏斗口内径30mm，漏斗柄长约40mm，内径4～5mm。

2. 试剂和材料

(1) 硫酸溶液(化学纯)　10%(体积分数)。

(2) 重铬酸钾(分析纯)　使用前需在100～120℃下干燥2h。

(3) 磷酸溶液(化学纯)　1+9(体积分数)。

(4) 硝酸(化学纯)　呈黄色的硝酸不能使用。

(5) 混合酸　1体积硝酸、1体积磷酸和9体积蒸馏水混合配成。

(6) 重铬酸钾准备溶液

① 称取2.5000g重铬酸钾粉末，用10%硫酸溶液在容量瓶中配成250mL溶液。该溶液作为配置透光率在30%～100%之间的标准系列溶液使用。

② 称取5.0000g重铬酸钾粉末，用10%硫酸溶液在容量瓶中配成250mL溶液。该溶液作为配置透光率小于30%的标准系列溶液使用。

(7) 重铬酸钾标准系列溶液　如图7-19、图7-20所示。用带刻度的1mL、2mL、5mL、或10mL的直形移液管依次从重铬酸钾准备溶液中吸取体积准备溶液，放入50mL容量瓶中，再用10%硫酸溶液稀释至刻度，配制成标准系列溶液，并摇匀待用(GB/T 2566—2010附录A中提供了所配标准溶液浓度与需用重铬酸钾准备溶液体积的对应关系)。

图7-19　重铬酸钾标准系列溶液(一)

图7-20　重铬酸钾标准系列溶液(二)

标准系列溶液一般可用2～3个月，若比色时与配制标准系列溶液时的室温变化范围超过10℃，则应重新配制标准系列溶液。

(8) 定性滤纸　致密。

四、实验步骤

1. 煤样处理

① 需用浮煤样或 $A_d \leqslant 10\%$的原煤样。

② 称取相当于 1.0000g（精确至 0.0002g）的干燥无灰煤的空气干燥煤样［用式(7-13）计算称样量］，移入干燥的 100mL 容量瓶中。当水浴温度升高到（99.5±0.5)℃时，即用移液管吸取 25mL 混合酸溶液加入容量瓶中，边加酸边摇动容量瓶，使煤样浸湿。把加酸后的容量瓶立即放入水浴中，并往瓶口插入小漏斗。水浴温度应在 5min 内回升到（99.5±0.5)℃。加热 90min 后，立即从水浴中取出容量瓶，并把它用冷水迅速冷却至室温。再加入 1＋9 的磷酸溶液至容量瓶的刻度处，加塞后摇匀，静置 15～30min 后即可用干燥的漏斗和干滤纸过滤，把滤液过滤到干燥的 100mL 锥形瓶中。在过滤时要注意防止极细的煤粉透滤，否则应重新过滤。弃去最初的少量滤液，滤毕后弃去残煤。滤液应在当天用目视比色法测定透光率。

$$\frac{100}{100-M_{ad}-A_{ad}} \tag{7-13}$$

2. 目视比色

把滤液倒入 25mL 比色管中，至 10mL 刻度处（以把液柱的高度调整到与重铬酸钾的标准系列溶液一致为准)，与标准系列溶液进行目视比色。

比色时应在明亮处，但又不宜在阳光直射下进行比色。同时应在比色管的下部衬 2～3 张纯白色的滤纸，滤纸与比色管之间应保持 30mm 左右的间距。如图 7-21、图 7-22 所示。比色时，从比色管口上方垂直往下看，并应把标准系列溶液与煤样滤液的位置进行交换再比色，以利于结果的正确判断。当煤样滤液的有色溶液颜色深度界于两个相邻的标准系列溶液中间或与某一标准系列溶液相当时，即可求出煤样的透光率。对目视透光率（P_M）特低的煤样，因其标准系列溶液和煤样滤液的色调不太一致，此时可按溶液的明暗程度为准进行对比，以确定煤样的透光率（P_M）。

图 7-21　目视比色操作（一）

图 7-22　目视比色操作（二）

五、实验结果

① 透光率（P_M）测定结果可读取到 1%。

② 对透光率（P_M）小于 16%的煤样，报出结果时都填写为小于 16%。

③ 透光率（P_M）≥28～56 时，重复性限为 2.0；透光率（P_M）＜28 或≥56 时，重复

性限为 3.0。

透光率测定原始记录可参考表 7-11。

表 7-11　透光率测定原始记录表

实验编号				
样品名称	□褐煤　□浮煤		□褐煤　□浮煤	
M_{ad}/%				
A_{ad}/%				
1g 纯煤称量质量/g				
容量瓶编号				
锥形瓶编号				
比色管编号				
P_M				
平均值/%				
执行标准	GB/T 2566—2010　低煤阶煤的透光率测定方法			
使用天平号				
使用仪器号				
环境条件	温度　　℃　　湿度　　%			
备注				

测定者：　　　　　　　　审核者：　　　　　　　　日期：　　　　年　　月　　日

六、注意事项

① 要用灰分（A_d）≤10%的原煤样或浮煤样来测定低煤阶煤的透光率。浮煤样根据 GB/T 478—2008《煤炭浮沉试验方法》浮选制备。一般用氯化锌作为浮沉介质，根据原煤试样的灰分产率、真相对密度等数据，配制密度合适的氯化锌重液，将原煤样放入重液桶中浮选。氯化锌重液是将氯化锌按一定的比例与水进行混合，可配制出密度为 1.30～2.00g/cm^3 的不同密度级的重液。重液配制好后要用液体密度计进行校验。一般的单级浮沉煤样经常使用的重液密度为 1.30g/cm^3 或 1.40g/cm^3。

② 用混合酸处理煤样时加热温度应控制在（99.5±0.5)℃。温度过高，硝酸与煤样反应生成的有色物质会增多，从而使测值偏低。

③ 在水浴中处理煤样时间应准确控制为 90min。如果超过规定时间，则透光率结果偏低，且时间越长，结果偏低越多。反之，如加热时间不足 90min，则由于生成的有色物质少，透光率结果就会偏高。因此，处理煤样时要严格控制好加热时间。

④ 测定时所使用的比色管规格要一致，不仅要用同一厂家生产的，而且最好用同一批号的产品，比色管的粗细尽量均匀一致。因为不同厂家生产的比色管的化学成分不尽相同，它们的透光度也会不同，从而会影响透光率测定结果的准确性。

⑤ 由于低煤阶煤对混合酸的浸润性较差，当加入混合酸浸润煤样时总会有一小部分极细的煤粉不易被浸润而漂浮在容量瓶的上部，加热时这些容易外溢，为防止外溢，我们应尽量选用口径较粗的 100mL 容量瓶，比如瓶口直径（15±1)mm、长（135±5)mm 的容量瓶，并在瓶口放置一个短颈漏斗，以防止煤粉外溢到容量瓶外。在加入混合酸浸润煤样时不用一次就加入 25mL，可分 2～3 次加入，并且边加边摇动容量瓶，使煤样充分浸润。或在

加热前加入 1mL 以下分析纯乙醇以浸润煤样。

七、思考题

1. 低煤阶煤透光率的定义及测定的意义是什么？
2. 如何根据透光率来划分褐煤和长焰煤？
3. 如何配制重铬酸钾标准系列溶液？
4. 影响透光率测定准确性的影响因素有哪些？
5. 测定透光率时，加入磷酸起什么作用？
6. 为什么要用浮煤样来测定低煤阶煤的透光率？

八、知识扩展

［1］ 王彦洪，曹德婕. 低煤阶煤透光率测定的初步探讨［J］. 煤质技术，2011，1：28-29.
［2］ 陈翠菊. 低煤阶煤透光率的测定［J］. 洁净煤技术，2010，4：53-55.

（云南省煤炭产品质量检验站　荣霞执笔）

实验四十三　煤的着火温度的测定
（参考 GB/T 18511—2017）

一、实验目的

1. 了解煤的着火温度测定的意义以及影响因素。
2. 学习和掌握测定煤的着火温度的测定原理和方法。

二、实验原理

将处理过的煤样分别与氧化剂（亚硝酸钠）和还原剂（联苯胺）按一定比例混合，装入煤样管，再放入着火温度测定仪中，以一定的升温速度加热，到一定温度时煤样骤然燃烧，测定并记录该爆燃温度，作为煤的着火温度。本实验依据的标准为：GB/T 18511—2017 中的温度实升法的自动测定。

煤释放出足够的挥发分与周围大气形成可燃混合物的最低着火温度叫做煤的着火温度（或叫燃点、着火点），是煤的特性之一。煤的着火温度与煤的变质程度有很明显的关系。变质程度低的煤着火点低，反之着火点高，所以可以将其作为判断煤炭变质程度的参考。煤的着火温度的另一特点就是当煤氧化以后，其着火温度明显降低，因此可以根据煤的着火温度的变化来判断煤是否已氧化。另外，还可以根据原煤样的着火温度和氧化煤样的着火温度间的差值来推测煤的自燃倾向。一般来说，原煤样着火温度低，且氧化后着火温度降低数值大的煤容易自燃。如同一煤的还原样和氧化样的着火温度之差为 ΔT_0，$\Delta T_0>40$℃的煤容易自燃，$\Delta T_0<20$℃的煤除褐煤和长焰煤外，都是不易自燃的煤。

三、仪器设备和试剂

1. 仪器设备

（1）煤的着火温度自动测定仪　由加热装置和自动控制测量系统组成，能在 100～500℃范围内控制升温速度为 4.5～5.0℃/min，测温精度 1℃，能自动判断和记录煤的着火温度。如图 7-23 所示。

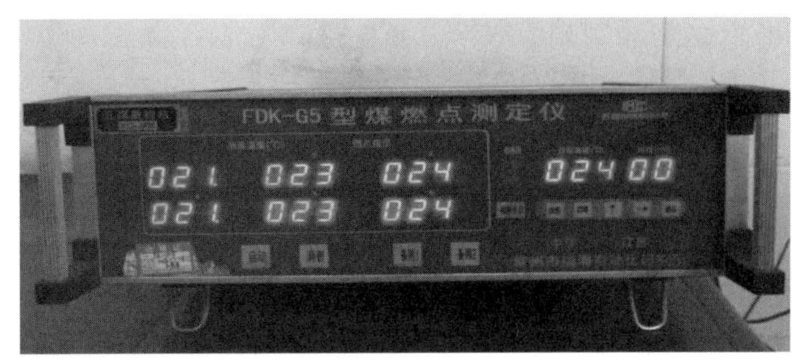

图 7-23　煤的着火温度自动控制测量仪

（2）加热炉与铜加热体　如图 7-24、图 7-25 所示。

图 7-24　加热炉

图 7-25　铜加热体

（3）真空干燥箱　能控温在 50～60℃，压力在 53kPa 以下。

（4）鼓风干燥箱　能自动控温在 102～105℃。

（5）分析天平　感量 0.1mg。

（6）试样管　由耐热玻璃制成。如图 7-26 所示。

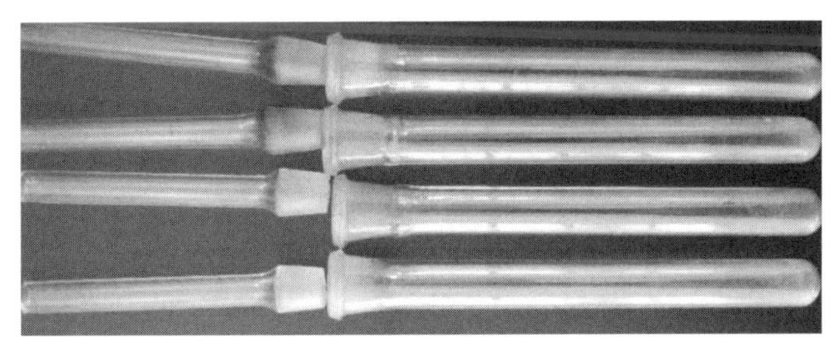

图 7-26　试样管

（7）玻璃称量瓶　直径 40mm，高 25mm，带有严密的磨口盖。

（8）玛瑙研钵

2. 试剂

（1）亚硝酸钠　使用前应在 102～105℃的鼓风干燥箱中干燥 1h。

（2）联苯胺　警示——由于联苯胺为中等毒性的致癌物质，所以在实验过程中应尽量减少其在空气中长时间暴露，操作应在通风橱中进行，避免人体与其有直接接触。

（3）还原剂　称取0.075g亚硝酸钠与0.0025g联苯胺混合均匀。实验前配制。

（4）过氧化氢溶液　质量分数为30%。

四、实验步骤

1. 煤样处理

（1）原煤样　在称量瓶中称取0.5～1.0g一般分析实验煤样，置于温度为55～60℃、压力为53kPa的真空干燥箱中干燥2h，取出放入干燥器中冷却至室温。实验前称取0.09～0.11g干燥后的煤样与0.075g亚硝酸钠，在玛瑙研钵中轻轻研磨1～2min，混合均匀。

（2）氧化煤样　在称量瓶中称取0.5～1.0g一般分析实验煤样，用滴管滴入过氧化氢溶液（每克煤约加0.5mL），用玻璃棒搅匀，盖上盖，在暗处放置24h；打开盖在日光或白炽灯下照射2h，置于温度为55～60℃、压力为53kPa的真空干燥箱中干燥2h，取出放入干燥器中冷却至室温。实验前称取0.09～0.11g干燥后的煤样与0.075g亚硝酸钠，在玛瑙研钵中轻轻研磨1～2min，混合均匀。

（3）还原煤样　在称量瓶中称取0.5～1.0g一般分析实验煤样，置于温度为55～60℃、压力为53kPa的真空干燥箱中干燥2h，取出放入干燥器中冷却至室温。实验前称取0.09～0.11g干燥后的煤样与0.075g还原剂，在玛瑙研钵中轻轻研磨1～2min，混合均匀。

2. 实验步骤

将称量好的三种煤样小心转移至试样管中，将试样管放入铜加热体四周的圆孔中，并将铜加热体放入测定仪的加热炉中，启动电源，测定仪自动测定。实验结束后，取出加热体和试样管，记录实验结果。

五、结果处理及精密度

① 煤的着火温度以摄氏度（℃）表示；

② 测定结果重复性要求：每个煤样分别用原样、氧化样和还原样各进行两次重复测定；

③ 两次重复测定的差值不得超过6℃，取重复测定的算术平均值修约到整数报出。

煤的着火温度测定原始记录可参考表7-12。

表7-12　煤的着火温度测定原始记录表

实验编号						
样品名称	□原煤　□褐煤　□其他					
测定样品类别	原样		还原样		氧化样	
称量瓶号						
样品质量/g	0.1		0.1		0.1	
氧化剂/g 还原剂/g	0.075		0.075		0.075	
着火温度/℃						
平均值/℃						
使用天平号						
使用仪器号						
执行标准	GB/T 18511—2017煤的着火温度测定方法					
环境条件	温度：　　℃　　湿度：　　%					
备注						

测定者：　　　　　审核者：　　　　　日期：　　年　　月　　日

六、注意事项

煤的着火温度测定是一项规范性很强的实验，为了得到可靠的测定结果，必须注意以下几点：

① 亚硝酸钠即氧化剂容易吸水，应预先研细并烘干，贮藏于有严密磨口盖的称量瓶中，放在干燥器内。实验前一定要达到干燥状态，否则会导致着火温度降低。

② 煤样应经过低温干燥并达到质量恒定。如果没有真空干燥箱，也可用普通鼓风干燥箱在 102～105℃下干燥到质量恒定。

③ 煤样、亚硝酸钠和还原剂一定要按照操作规程规定的数量混合均匀并用研钵研细到煤样粒度小于 0.15mm 左右。

④ 严格按照 4.5～5.0℃/min 的加热速度升温。

七、思考题

1. 什么是煤的着火温度？煤的着火温度测定有什么意义？

2. 测定着火温度时如何制备原煤样、氧化煤样和还原煤样？煤样为什么要在真空干燥箱中干燥至质量恒定？

3. 测定着火温度时使用的氧化剂和还原剂分别是什么？

4. 如何根据煤的着火温度判断煤是否容易自燃？

5. 升温速度对着火温度有什么影响？

6. 煤的着火温度与煤的其他特性有什么关系？

7. 影响煤炭着火温度测定的因素有哪些？

八、知识扩展

[1] DL/T 1446—2015 煤粉气流着火温度的测定方法.

[2] 荣霞. 对国标《煤的着火温度测定方法》的补充建议 [J]. 煤质技术 2007，4：66-68.

[3] 马爱花. 浅析煤着火温度的测定方法及影响因素 [J]. 技术与市场 2014，21 (2)：21-22.

[4] 方全国. 煤的着火温度测定仪的试验 [J]. 煤炭科学技术，2006，34 (8)：64-65.

（云南省煤炭产品质量检验站　荣霞执笔）

实验四十四　煤尘爆炸性鉴定（参考 AQ 1045—2007）

一、实验目的

1. 了解煤尘爆炸性鉴定的意义。

2. 学习和掌握煤尘爆炸性鉴定的方法及原理。

二、实验原理

将试样装入试样管内，由高压气将试样沿试样管吹入玻璃管，造成尘云，有爆炸性的尘云遇到大玻璃管内的加热器后就会燃烧，产生火焰。判定煤尘是否有爆炸性，主要是根据实验时煤粉骤然接触到1100℃的高温时有无产生燃烧的火焰来下结论；而衡量煤尘爆炸的危险程度，主要是根据煤尘燃烧时的火焰长度与消除火焰所需加入的最低不燃物用量百分比来进行鉴定。本实验依据的标准为：AQ 1045—2007《煤尘爆炸的鉴定规范》。

煤尘爆炸是煤矿五大自然灾害之一。然而并非所有煤层都具有爆炸危险性，即使有爆炸危险的煤尘，其爆炸强弱程度也不一定相同。为了对具有不同爆炸性能的煤尘采取针对性的防治技术措施，必须掌握开采煤层的爆炸性，所以必须对煤尘进行爆炸性鉴定。我国煤矿主要采用大管状煤尘爆炸鉴定实验仪进行煤尘爆炸性鉴定，以对它进行实验和鉴定的数据作为煤尘爆炸的指标。

三、仪器设备和岩粉

1. 仪器设备

(1) 大管状煤尘爆炸鉴定实验仪　如图7-27～图7-30所示。电源：220V，50Hz，加热器温度：(1100±1)℃。该装置必须安装在通风良好并且安装有排风装置的实验室内。

(2) 鼓风干燥箱　能自动控温在105～110℃。

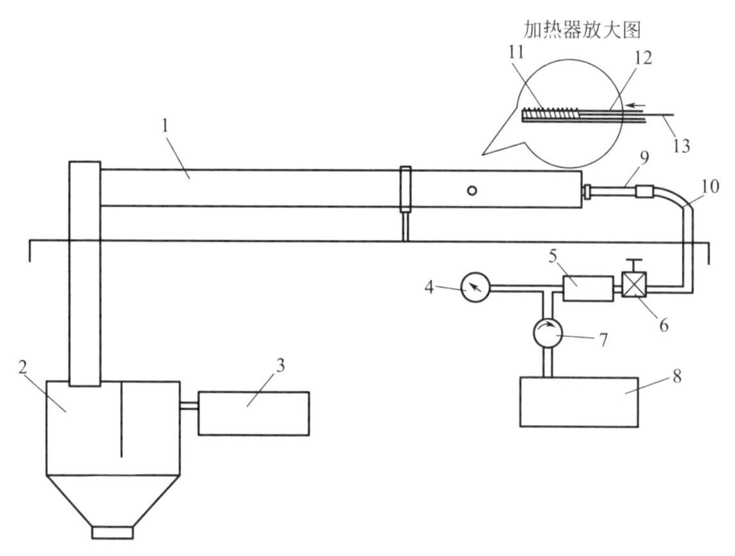

图7-27　煤尘爆炸性鉴定装置示意图

1—大玻璃管，上面标有0～400mm的刻度，分度值为1mm；
2—除尘箱；3—吸尘器；4—压力表；5—气室；6—电磁阀；7—调节阀；
8—微型空气压缩机；9—试样管；10—弯管；11—铂丝；12—加热器瓷管；13—热电偶

图7-28　煤尘爆炸性鉴定装置

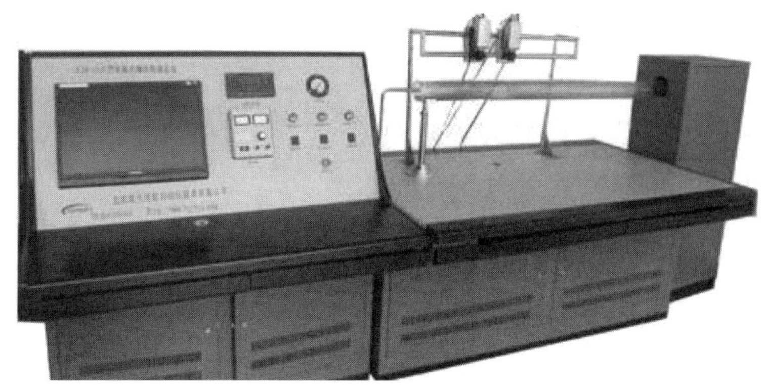

图 7-29　煤尘爆炸性鉴定装置（该装置配有火焰拍摄系统）

（3）架盘天平　感量 0.1g。

（4）干燥器

（5）玻璃称量瓶　直径 70mm，高 35～40mm，并带有严密磨口盖。

（6）白铁盘

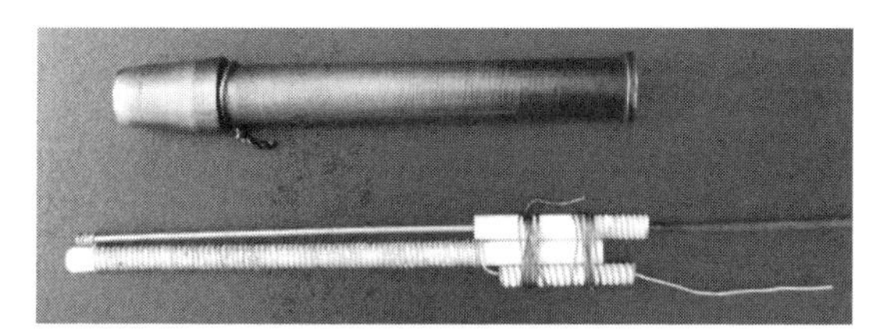

图 7-30　试样管及铂丝加热器

图 7-31　鉴定实验所用岩粉

2. 岩粉

（1）岩粉原料的质量要求　采用石灰岩作为岩粉的原料，其化学成分应符合以下要求：不含砷，五氧化二磷不超过 0.01%，游离二氧化硅不超过 10%，可燃物不超过 5%，氧化钙不少于 45%。岩粉外观如图 7-31 所示。

（2）岩粉粒度的要求　小于 0.075mm。

四、实验步骤

① 鉴定试样及岩粉的干燥。将鉴定试样和岩粉分别放在白铁盘中，平铺厚度不大于 10mm，置于电热鼓风干燥箱内，在 105～110℃ 温度下干燥 2h，取出稍冷后装入原瓶中备用并置于装有硅胶的干燥器内。

② 打开装置电源开关，检查仪器是否工作正常。

③ 打开装置加热器升温开关，使加热器温度逐渐升温至（1100±1）℃。

④ 在天平上称取（1±0.1）g 鉴定试样，装入试样管内，将试样聚集在试样管的尾端，插入弯管。

⑤ 打开空气压缩机开关，将气室气压调节到 0.05MPa。

⑥ 按下启动按钮，将试样喷进玻璃管内，造成煤尘云。

⑦ 观察并记录下火焰长度。火焰状态如图 7-32 所示。

⑧ 同一个试样做 5 次相同的实验，如果 5 次实验均未产生火焰，还要再做 5 次相同的实验。

图 7-32　火焰长度>400mm 时的状态

⑨ 对于产生火焰的试样，还要做添加岩粉实验：按估计的岩粉百分比用量配置总质量为 6g 的岩粉和试样的混合粉尘于玻璃称量瓶内，加盖后用力摇动 1～2min，使煤样和岩粉混合均匀。然后称取 5 份质量各 1g 的混合粉尘，逐个按上述实验步骤进行实验。在 5 次实验中如有 1 次出现火焰或小火舌，则应重新配置混合粉尘的比例，即在原岩粉百分比用量的基础上再增加 5%，继续实验，直至混合粉尘不再出现火焰为止；如果第一次配置的混合粉尘在 5 次实验中均未产生火焰，则应配置降低岩粉用量 5%的混合粉尘，继续实验，直至产生火焰为止。

⑩ 每实验完一个鉴定试样，要清扫一次玻璃管，并用毛刷顺着铂丝缠绕方向轻轻刷掉加热器表面上的浮尘，同时开动实验室的排风换气装置，进行通风，置换室内空气。

五、鉴定实验结果的评定

① 在 5 次鉴定试样实验中，只要有 1 次出现火焰，则该鉴定试样为“有煤尘爆炸性”。

② 在 10 次鉴定试样实验中均未出现火焰，则该鉴定试样为“无煤尘爆炸性”。

③ 凡是在加热器周围出现单边长度大于 3mm 的火焰（一小片火舌）均属于火焰；而仅出现火星，则不属于火焰。

④ 以加热器为起点向管口方向所观测的火焰长度作为本次实验的火焰长度；如果这一方向未出现火焰而仅在相反方向出现火焰时，应以此方向确定为本次实验的火焰长度；选取 5 次实验中火焰最长的 1 次火焰长度作为该鉴定试样的火焰长度。

⑤ 在添加岩粉实验中，混合粉尘刚好不出现火焰时，该混合粉尘中的岩粉用量百分比即为抑制煤尘爆炸所需的最低岩粉用量。

煤尘爆炸性鉴定原始记录可参考表 7-13。

表 7-13　煤尘爆炸性鉴定原始记录表

实验编号						
样品名称		□褐煤　□原煤				
实验记录		火焰长度/mm				
实验次数		1	2	3	4	5
		6	7	8	9	10
煤尘与岩粉混合实验	比例/%					

续表

工分指标	M_{ad}/%：　A_d/%：　V_{daf}/%：　焦渣特征：
实验结果	煤尘与岩粉混合比例为　　%，最大火焰长度为　　mm。
结论	□无煤尘爆炸性　□有煤尘爆炸性
执行标准	AQ 1045—2007 煤尘爆炸性鉴定规范
使用天平号	
使用仪器号	
环境条件	温度/℃______湿度/%______
备注	

测定者：　　　　审核者：　　　　日期：　　年　月　日

六、注意事项

煤尘爆炸性鉴定是一项煤矿安全类指标，实验过程中要有高度的责任心，仔细观察，以便做出正确的判断。实验时必须注意以下几点：

① 鉴定实验所用煤样和岩粉的粒度均应小于 0.075mm。

② 煤样和岩粉在实验前要达到干燥状态。

③ 在做添加岩粉的实验时，煤样和岩粉一定要充分混合均匀。

④ 加热器的温度要严格控制在（1100±1）℃。实验时的气室气压要调节到 0.05MPa。

⑤ 每完成一次鉴定实验必须认真清扫大管内的混合粉尘以及加热器上的浮尘，避免对下一件实验样品造成影响。

⑥ 对于有怀疑的结果可相应增加实验次数，反复观察，以便获得准确可靠的鉴定结论。

⑦ 实验时必须随时将实验结果记录在煤尘爆炸性鉴定原始记录表上，不可事后补记。

七、思考题

1. 煤矿为什么要进行煤尘爆炸性鉴定？

2. 煤尘爆炸鉴定实验中对所添加的岩粉的质量有什么要求？

3. 如何对煤尘爆炸的鉴定结果进行评价？

八、知识扩展

[1] 常溪溪. 煤工业分析与煤尘爆炸鉴定火焰长度相关性研究 [J]. 煤炭与化工，2017，40（4）：25-26，29.

[2] 段健. 煤尘防爆降尘剂的研究 [D]. 青岛：山东科技大学，2009.

（云南省煤炭产品质量检验站　荣霞执笔）

实验四十五　型煤冷压强度和热强度的测试
（参考 MT/T 748—2007 和 MT/T 1073—2008）

一、实验目的和原理

机械化采煤的普及使得块煤的产率降低，粉煤产率增加。将燃烧效率低、污染严重的粉煤加工成工业锅炉或反应器需要的型煤是一种适合国情的洁净煤技术，有利于减少烟尘、硫等的排放。强度是型煤利用过程中的重要参数和指标，达到一定强度要求的工业型煤方可入炉进行反应。

按照处理温度不同，型煤的强度测试分为冷压强度和热强度测试。型煤冷压强度和热强度测试原理是将环境温度下的型煤或受热后的型煤在环境温度下放在规定的试验机上，以规定的均匀位移速度单向施力，考察其开裂时的抗裂强度。

二、定义

1. 工业型煤（industrial briquette）

由各种煤加工成具有一定形状、尺寸和强度的煤制品称为型煤。用作工业燃料、工业原料及其他工业用途的型煤称为工业型煤。

2. 冷压强度（cold compressive strength）

型煤于环境温度下在规定的试验机上，以规定的均匀位移速度单向施力至开裂时的抗裂强度称为冷压强度。

3. 热强度（thermal strength）

型煤在受热后的抗压强度称为热强度，也就是型煤在高温作用下保持原来块度的性质。

三、实验仪器

1. 颗粒强度测定仪

大连鹏辉科技开发有限公司的DLⅢ型智能颗粒强度测定仪，主要结构如图7-33所示。测定仪主要由测定仪面板、测力压头和测力样品台构成，型煤样品放置于测力样品台上进行抗压强度测试。测力压头施力面大于与型煤的接触面，可进行测试的最大样品直径或长度为25mm，测试的相对误差为±1%，显示分辨率0.1N，仪器一次实验可测定2000个样品，工作电源220V±10%，50Hz，整机功耗≤200W。

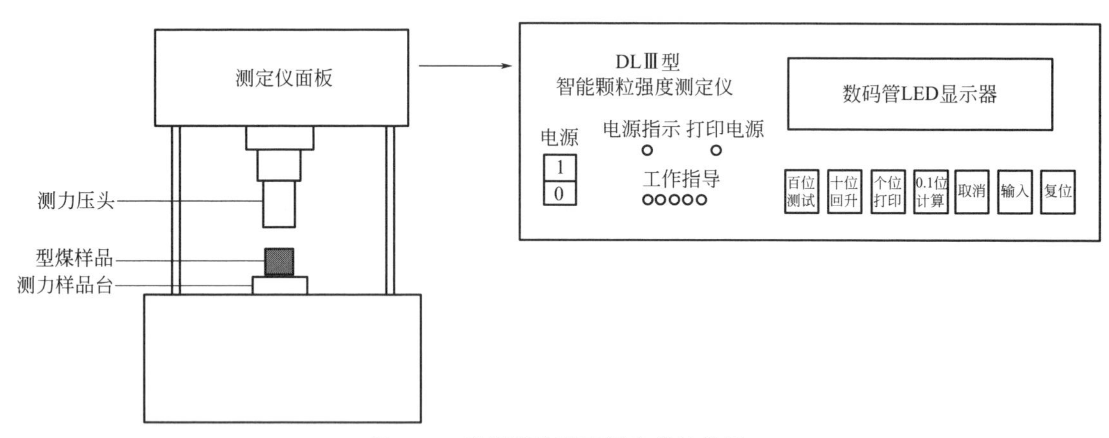

图7-33　型煤颗粒强度测定仪结构图

仪器在(20±10)℃下操作，要求空气相对湿度≤85%，周围无腐蚀性介质、无强磁场、无震动。测力压头以10～15mm/min的均匀位移速度单向向下施力，能准确显示型煤开裂时所承受的力，并能进行强度均值、标准偏差、变异系数、低强度百分率的计算。

2. 分析天平

采用梅特勒AB107-S型分析天平，天平最大称量质量110g，最小称量质量10mg，可读性0.1mg。

3. 瓷坩埚

形状和尺寸如图 7-34 所示，带有配合严密的盖，坩埚总质量为 15～20g。

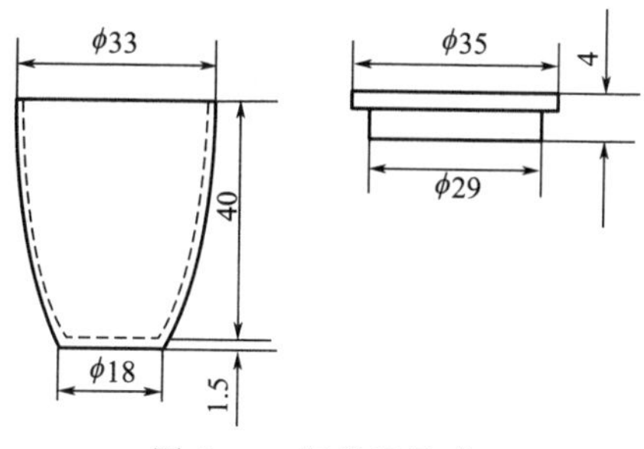

图 7-34　瓷坩埚尺寸

4. 箱式电阻炉

采用上海一恒科学仪器有限公司的 SX2-4-10T 型箱式电阻炉进行型煤受热测试。炉膛尺寸 300mm×200mm×120mm，设计温度 1000℃，功率 4kW。可进行程序升温，并具有恒温调节装置，能保持温度在 (850±10)℃，恒温区大于等于 100mm×230mm。炉子热容量为：当起始温度为 870℃左右时，放入室温下的坩埚，关闭炉门后，在 3min 内恢复到 (850±10)℃。炉后壁留有排气孔和热电偶插入孔。

5. 压片机

采用天津市金孚伦科技有限公司的 YP-20T 型粉末压片机，模具尺寸为 10mm×10mm，如图 7-35 所示。

图 7-35　压片机模具

四、实验步骤

1. 型煤的制备

准备实验煤样，煤样颗粒粒径小于 120 目，准确称取 1.0g 煤样，放入压片机模具中，将压片机压力调至 8MPa，停留 1min，取下模具，获得型煤样品。连续制作型煤样品 20 个待用。型煤制备过程中，型煤样品如有裂纹，形状不完整的，应当舍弃，重新制备。

2. 型煤的加热

将型煤样品放入瓷坩埚中，每次实验放一个型煤样品，盖好坩埚盖。将箱式电阻炉预先加热到 850℃，打开炉门，迅速将坩埚放入恒温区，立即关闭炉门并计时，准确加热 30min。坩埚放入后，要求炉温在 8min 内恢复至 (850±15)℃，并恒温，否则此次实验作废。从电阻炉中取出坩埚，自然冷却至室温。取出型煤待用。如果此时型煤已经破碎，则本次实验作废。

3. 型煤强度的测试

型煤的冷压强度和热强度测试方法相同，都是在室温下进行抗压强度测试，所不同的是冷压强度测试的对象是未加热的型煤，而热强度测试的对象是实验步骤 2 中加热过的型煤。

打开颗粒强度测定仪电源开关，电源指示灯亮，LED 显示屏显示：[19-600]，仪器开始进入 2min 预热倒计时（若想取消倒计时功能可以按[取消]键进行取消）。计时 20min 之后，系统进入设定工作方式状态，LED 显示器显示：[CO…1]。符号“CO”是工作方式提示符，末位“1”为默认工作方式。按[输入]键结束设定工作方式，此时 LED 显示器便会显示：

No. 1，“No. 1”是待测试的型煤样品编号，默认从 1 开始。

将样品放到测力样品台中心位置，如图 7-33 所示。如果待测型煤样品的高度大于当前测力压头到测力样品台的距离时可以按 回升 键，使压头抬高，每按一次 回升 键抬高 1.5mm（注意不要抬起过高），样品放好后按下 测试 键，动力电机带动压头开始下压，工作指示灯亮。当压头接触到型煤样品的瞬间时，LED 显示屏显示：F _ XXXX，“F _”是压力值提示符，数值指示样品受到的压力的数值。当型煤样品破碎后电机开始反转，压头回升，回升到大于刚刚测试样品的 1.5mm 处停止。此时可进行下一个型煤样品的测试。

将下一个型煤样品放到测力样品台中间位置，按下 测试 键，此时 LED 显示屏显示 No. 2，表示第二个样品开始测试。

分别连续测试 10 个未加热的型煤样品和 10 个加热后的型煤样品，分别以 10 个型煤样品测定的抗压强度的算数平均值作为型煤的冷压强度和热强度值。

其中抗压强度按照式(7-14) 计算，抗压强度平均值 $\overline{p}$ 按式(7-15) 计算，抗压强度标准偏差 SD 按式(7-16) 计算，抗压强度变异系数 C 按式(7-17) 计算。

$$p_i = \frac{F_i}{S_i} \tag{7-14}$$

$$\overline{p} = \frac{1}{n} \sum_{i=1}^{n} p_i \tag{7-15}$$

$$SD = \sqrt{\frac{\sum_{i=1}^{n} p_i^2 - n\overline{p}^2}{n-1}} \tag{7-16}$$

$$C = \frac{SD}{\overline{p}} \tag{7-17}$$

式中 p_i——型煤样品的抗压强度，N/cm^2；

F_i——型煤样品的抗压破碎力，N；

S_i——型煤样品的受力面积，cm^2；

$\overline{p}$——抗压强度平均值，N/cm^2；

n——型煤样品个数；

SD——型煤样品抗压强度标准偏差，N/cm^2；

C——型煤样品抗压强度变异系数。

五、数据记录与报告

根据实验测试结果，结合以上公式完成表 7-14。热强度、冷压强度两次重复测定结果的差值不得超过其平均值的 10%。

表 7-14 型煤的冷压强度和热强度测试结果

型煤编号	冷压强度测试			热强度测试		
	样品质量/g	压力值 F_i	抗压强度 P_i	样品质量/g	压力值 F_i	抗压强度 P_i
01						
02						

续表

型煤编号	冷压强度测试			热强度测试		
	样品质量/g	压力值 F_i	抗压强度 P_i	样品质量/g	压力值 F_i	抗压强度 P_i
03						
04						
05						
06						
07						
08						
09						
10						
抗压强度平均值 $\overline{P}$						
标准偏差 S						
变异系数 C						

六、思考题

1. 测定型煤的冷压强度和热强度有什么意义？
2. 测定型煤的冷压强度和热强度过程中需注意什么？
3. 分析型煤强度测试过程中的误差来源。
4. 本实验所用型煤为类立方体，当型煤为球体和圆柱体时，如何测试其冷压强度和热强度？

七、知识扩展

该实验也可以采用济南方圆试验仪器有限公司生产的 XM-5 型煤冷压强度试验机进行实验，如图 7-36 所示。

图 7-36　XM-5 型煤冷压强度试验机

［1］ MT/T 748—2007 工业型煤冷压强度测定方法.

［2］ MT/T 1073—2008 工业型煤热强度测定方法.

［3］ MT/T 749—2007 工业型煤浸水强度和浸水复干强度的测定方法.

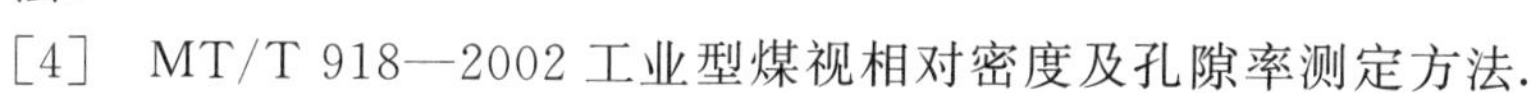

［4］ MT/T 918—2002 工业型煤视相对密度及孔隙率测定方法.

（北京化工大学　石磊执笔）

实验四十六　微量热仪测吸放热

一、实验目的

掌握 C80 微量热仪的构造、操作和用途。

二、实验原理

C80 微量热仪集等温与扫描功能于一身，配备多种样品池，具有混合、搅拌、定量加样等功能。借助卡尔维（CALVET）量热原理的三维传感器（“3D-sensor”），全方位探测样品热效应，完全真实反映样品的物理化学性质，并提供较高的测试精度。另外C80拥有超大样品量（可达12.5mL）的反应釜，并可实时监控压力最大为1000bar（100MPa），特别适用于催化反应、水泥水化、润湿和吸附反应、CO_2捕获与封存、储氢材料、过程安全的评价及火炸药、推进剂等含能材料的研究。

C80微量热仪可以测试单一样品在恒温条件下发生分解、相变、氧化、裂解等物理化学变化时吸收或释放的热量；也可以测量固-固、固-液、气-固、液-液等两相物质混合、吸附、脱附或发生反应时产生的热量吸收或放出。使用配有精密压力传感器的反应池，还可随时精确测量和显示反应池内由于分解产生的压力变化情况。

三、实验仪器

法国塞塔拉姆仪器公司的综合热分析仪，如图7-37所示。该设备技术参数如表7-15所示。

图7-37　C80混合反应微量热仪

表7-15　主要技术参数

参数	数值
温度范围	室温至300℃
温度准确度	±0.1℃
温度精度	±0.05℃
程控温度速率	0.001～2℃/min
量热精度	±0.1%
RMS噪声	±0.1%
灵敏度(30℃焦耳效应)	30μV/mW
分辨率	0.10μW
动态范围	±660mW;±2000mW
样品池	12.5mL(标准池)
压强	最高耐压1000bar(100MPa)

四、试剂和材料

（1）试剂　乙醇，分析纯；水，符合GB/T 6682中三级水要求。脱脂棉。

（2）材料　清洗剂，非离子型，能溶于水；布；长试管刷；帆布手套。

五、注意事项

① 实验装置要放置在恒温相对密闭的房间内，以减少外界因素对实验结果的干扰。

② 添加试样质量要适量，质量过少信号响应不够，试样过多会降低信号分辨率。

③ 使用完的试样填装装置要使用乙醇或清洗剂清洗干净，以免影响下次测试。

六、实验准备

① 提前1h打开电源和实验仪器开关，使机器稳定后再进行实验。

② 实验前需要使用标样进行测试，以检测实验装置的气密性。

七、实验步骤

1. 称量样品

建议使用精度 0.01mg 的天平进行样品称量。样品量：初次实验建议样品装填至不大于坩埚容积 1/3，如果信号响应不够，可适当增加样品量。

参比坩埚的配置：参比坩埚使用与样品坩埚规格材质相同的坩埚。

①通常参比坩埚为空（不装任何物质）；

②如果样品量过大，可在参比坩埚中装入 α-氧化铝粉末，以补偿两坩埚热容差造成的热流基线漂移。

2. 放置坩埚

将样品及参比坩埚置于 DSC/DTA 传感器的坩埚位上，样品坩埚位于靠近操作者一端，注意尽量避免传感器晃动。等待传感器稳定后（无明显晃动），可在仪器信号实时监测窗口中确认当前温度。

3. 降下加热炉

至升降机构自动停止。

4. 实验编程

（1）文件命名　点击“File”—“New Experiment”可以新建程序在“Experiment Properties”一栏中输入实验名。

（2）样品信息　样品质量，在“Procedure Properties”栏中输入需要记录的温度、坩埚种类、气体选择、TG 量程、安全温度及备注等。安全温度为传感器使用温度上限＋20℃（如 200℃的 DSC 传感器的安全温度为 220℃）。

（3）设定程序　右键单击实验名，选择“add zone”，在 zone 中进行温度设定、时间设定、采集周期的设定。设定完成后，即可检测数据，当样品温度和热流曲线平衡时，即可打开仪器，让其工作。

（4）可单击保存实验图像

（5）打开分析软件　文件下面有一打开，选择要打开的文件。如果峰不明显，可在图表中选择坐标轴，更改坐标轴的最大值和最小值。

（6）图像处理　右击选中曲线，可以进行平滑处理，平滑的页面内有一个进度条，可以调节平滑的相似度，之后进行基线积分（基线积分可选择直线和曲线 S 形），保存数据。

八、思考题

1. C80 微量热仪测试过程中的主要注意事项有哪些？
2. C80 微量热仪测试过程中的主要参数有哪些？
3. C80 微量热仪和 DSC 差示扫描量热仪各自的优缺点有哪些？

［中国矿业大学（徐州）　贺琼琼执笔］

实验四十七　煤的孔隙率测定

第一部分　BET 测试多孔介质材料

一、实验目的

掌握 BET 测试仪的构造、操作和用途。

二、实验原理

在液氮温度下氮气在固体表面的吸附量随氮气相对压力（p/p_0）的变化而变化，当p/p_0在0.05～0.35范围内时符合BET方程。当$p/p_0 \geqslant 0.4$时，产生毛细凝聚现象，利用这一吸附特性测定孔径分布。所谓毛细凝聚现象是指，在一个毛细孔中，若能因吸附作用形成一个凹形的液氮面，与该液面成平衡的氮气压力必小于同一温度下平液面的饱和蒸气压力，当毛细孔直径越小时，凹液面的曲率半径越小，与其相平衡的氮气压力越低，即当毛细孔直径越小时，可在较低的氮气分压下，形成凝聚液，随着孔尺寸增加，只有在高一些的氮气压力下才能形成凝聚液。由于毛细凝聚现象的发生，有一部分氮气被吸附进入微孔中并成液态，因而使得样品表面的氮气吸附量明显增加，当固体表面全部孔中都被液态吸附质充满时，吸附量达到最大，而且相对压力p/p_0也达到最大值。当固体样品吸附量达到最大（饱和）时，降低其表面氮气相对压力，大孔中的凝聚液首先被脱附出来，随着压力的逐渐降低，由大孔到小孔中的凝聚液逐渐被脱附出来，因此，通过测定等温吸-脱附曲线，可以逐级计算出孔径分布、比表面积、总孔体积和平均孔径等。

通过测定一系列相对压力下相应的吸附量，可得到吸附等温曲线，从而根据BET公式计算出比表面积。

比表面积计算BET方程如式（7-18）：

$$\frac{p}{V(p_0-p)}=\frac{1}{V_m C}+\frac{C-1}{V_m C}\left(\frac{p}{p_0}\right) \tag{7-18}$$

式中　p——氮气分压；

p_0——液氮温度下，氮气的饱和蒸气压；

V_m——氮气单层饱和吸附量；

C——与样品吸附能力相关的常数；

V——样品表面氮气的实际吸附量。

实验测定固体的吸附等温线，可以得到一系列不同压力p下的吸附量值V，将$p/V(p_0-p)$对p/p_0作图，为一直线，截距为$1/(V_m C)$，斜率为$(C-1)/(V_m C)$，$V_m=1/$(截距+斜率)。

若已知每个被吸附分子的截面积，可求出被测样品的比表面，即如式（7-19）：

$$S_g=\frac{V_m N_A A_m}{2240m}\times 10^{-18} \tag{7-19}$$

式中　S_g——被测样品的比表面积，m/g；

N_A——阿伏加德罗常数，6.02×10^{23}；

A_m——被吸附气体分子的截面积，nm^2；

m——被测样品质量，g。

BET公式的适用范围为：$p/p_0=0.05\sim 0.35$，这是因为当相对压力小于0.05时，压力大小建立不起多分子层吸附的平衡，甚至连单分子层物理吸附也还未完全形成。在相对压力进一步增大时，由于毛细管凝聚变得显著起来，从而破坏了吸附平衡。

三、实验仪器

仪器如图7-38所示，日本MicrotracBEL公司生产的BELSORP-max型号物理吸附仪，基本组成：仪器本体、脱气系统、计算机系统和真空泵系统。

（1）仪器本体　主电源系统，根据实验需求选用不同的电压，如100V，120V，220V，

240V。常用电压为220V，频率为50/60Hz，功率140W。单相接地方式接电源。且有3个各自相对独立的分析站。

（2）脱气系统　任何的材料在测试前必须进行脱气，否则测试的结果均为无效值。脱气效果的好坏直接影响到测试的结果。

（3）计算机系统　主要用作软件操作、数据处理等用途。一般的计算机系统即可，要求不高，操作系统最好不要联网，否则易感染病毒，导致数据出错、死机等后果。根据需要，可自配打印机。

（4）真空泵系统　真空泵系统对仪器起到十分重要的作用。只要仪器处于运行状态，真空泵必须运转。一般真空泵系统搭配的是PFEIFFER的DUO2.5型号。其相关技术参数如下：115/230V，50Hz，150W。

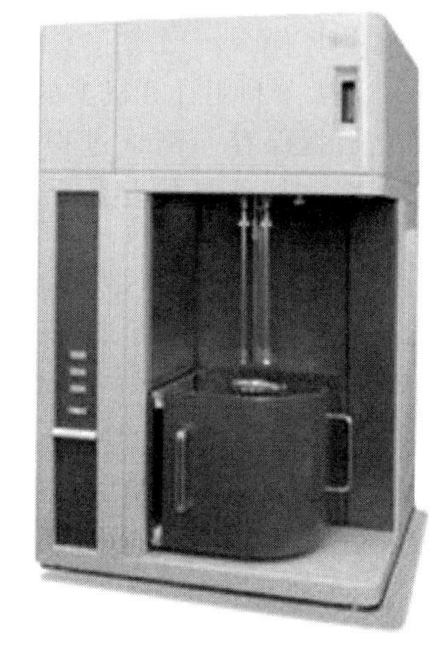

图7-38　BELSORP-max物理吸附仪

四、试剂和材料

（1）试剂　乙醇，化学纯；水，符合GB/T 6682中三级水要求。肥皂水。

（2）材料　长颈漏斗、长试管刷、手套。

五、注意事项

① 实验仪器应该保持在温度为25℃，湿度在40%的房间里。

② 在使用液氮时必须小心，倾倒液氮时建议使用合适的安全手套。

③ 建议让仪器一直处于运转状态，短假期无需关闭

④ 安装样品管的时候要尽量小心，避免碰到RTD探头。

⑤ 样品管须适当拧紧，太紧容易压坏密封圈，太松容易漏气。

⑥ 测试完毕后，要把管内样品处理干净，可以使用酒精或者肥皂水清理，烘干后才能装实验样品。须保持填充棒的干净。

六、实验准备

① 样品管的干燥：每次实验之前，必须彻底清洗试样管，以除去前一次实验留下的试样，这些试样会严重影响下一次的实验结果。

② 试样的干燥和脱气：对实验试样进行一定时间的抽真空干燥，以减少实验试样中水分和吸附气体对实验结果的影响。

③ 仪器的安装。按仪器使用说明书，把试样管放入分析站，拧牢固定螺母，检查系统是否泄漏。

七、实验步骤

（1）开机　打开电脑系统，然后打开真空泵，最后再启动仪器。启动后需稳定半小时再进行试样孔结构的测量。

（2）称样　对实验天平（精度至少为0.1mg）进行校准；称取空管质量→称取样品质量→称取管和样品的总质量。

（3）脱气　将样品管装在分析站。然后通过微抽阀门抽真空至20mmHg（样品密度较

大时可以在 50mmHg）以下，然后打开快抽阀门；根据样品性质设置相关温度开始加热，充分把水汽烘干。

（4）测试　利用计算机上的软件，设置相关的参数开始进行测试。

（5）数据保存　测试过程中，每测完一个 P/P_0 点，软件会根据填写的参数信息自动建立一个文档并且保存数据，在实验结束后关闭窗口时，软件会提醒是否保存数据，点击“是”。

（6）数据分析　测试完毕后，我们可以根据图像获知相关的数据。选中图像，单击右键，可以查看系列的选项。根据实验需要，可选择相关选项。结果分析常包括比表面积的分析和孔容、孔结构的分析。打开某一个图形，单击鼠标右键，可以得到相关信息如图 7-39。一般查看结果最常用到的是 Graphs 和 Tables 两个菜单下面的子菜单；查看比表面信息常用 BET 子菜单；查看孔容使用 Tables 中的 Total Pore Size 子选项；查看介孔分布使用 BJH 的子选项；查看微孔信息常用 HK 子菜单。

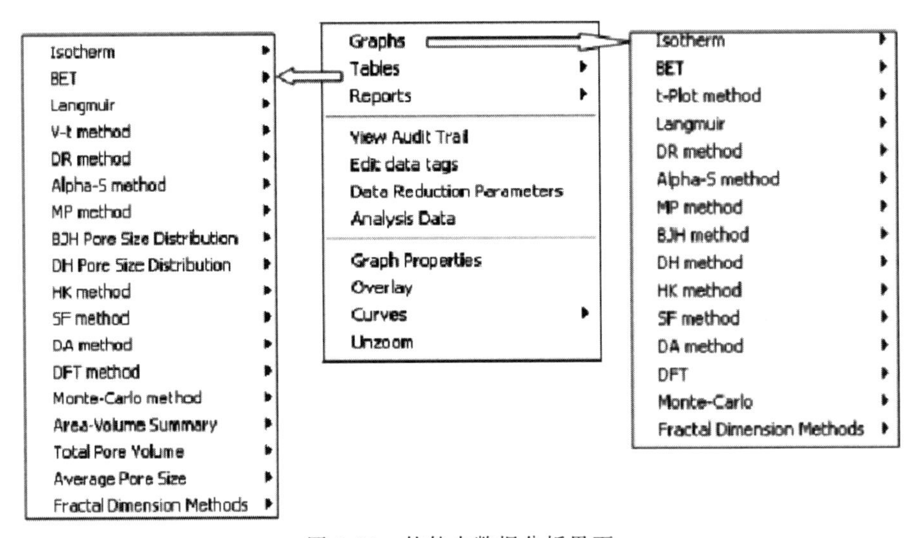

图 7-39　软件内数据分析界面

八、实验记录与报告

实验数据记录如表 7-16。

表 7-16　实验数据记录表

P/P_0	实际吸附量	$(P/P_0)/[V(1-P/P_0)]$	单点 BET 比表面积
斜率	截距	单层饱和吸附量	吸附常数
线性拟合度	比表面积		

九、思考题

1. 通过 BET 测定比表面积和孔径分布需注意什么？

2. 测定多孔介质的比表面积和孔径分布主要意义是什么？

3. BET 测定和压汞法测定孔结构的主要区别是什么？

第二部分　压汞法测试多孔介质材料

一、实验目的

掌握压汞仪的构造、操作和用途。

二、实验原理

汞是液态金属，具有液体的表面张力，且对大多数固体材料具有非润湿性，为此需外加压力才能使其进入固体孔中。在压汞过程中，随着压力的升高，汞被压至样品的孔隙中，汞压入的孔半径与所受外压力成反比，外压越大，汞能进入的孔半径越小。汞填充的顺序是先外部，后内部；先大孔，后中孔，再小孔，进入固体孔中的孔体积增量所需的能量等于外力所做的功，即等于处于相同热力学条件下的汞-固界面下的表面自由能。通过实验得到一系列压力 p 和得到相对应的水银浸入体积 V，提供了孔尺寸分布计算的基本数据，采用圆柱孔模型，根据压力与电容的变化关系计算孔体积及比表面积，依据华西堡方程计算孔径分布。压汞实验得到的比较直接的结果是不同孔径范围所对应的孔隙量，进一步计算得到总孔隙率、临界孔径。平均孔径、最可几孔径（即出现概率最大的孔径）及孔结构参数等。

假设多孔材料是由大小不同的圆筒形毛细管所组成，根据毛管内液体升降原理（Washbun 方程），汞所受压力和毛管半径 r 的关系，如式(7-20）所示：

$$r=\frac{2\sigma\cos\theta}{p} \tag{7-20}$$

式中　r——毛细管半径，nm；

σ——水银的表面张力，25℃时为 0.4842N/m，50℃时为 0.472N/m；

θ——所测多孔材料与水银的润湿角（接触角），范围为 135°～142°；

p——压入水银的压力，N/m^2。

根据施加压力 p，便可求出对应的孔径尺寸 r。由水银压入量便可求出对应尺寸的孔体积，由此便可算出孔体积随孔径大小变化的曲线，从而得出多孔材料的孔径分布。而测汞仪由连续操作得出一系列不同压力下压入多孔材料的水银的体积，求出其孔径分布和总孔体积。

三、实验仪器

仪器如图 7-40 所示，美国麦克公司生产的 AutoPore® Ⅳ 9500 压汞仪。

主要技术指标：①孔径测定范围，3nm～150μm（孔半径）；②样品形状，一般为圆柱形、球形、粉末、片、粒五种形状；③低压压力传感器，0.21MPa，分辨能力±0.001MPa，精度为满量程的±1％；④高压压力传感器，0～413MPa，分辨能力±0.01MPa，精度为±1％（满量程）。

图 7-40　AutoPore® Ⅳ 9500 压汞仪

四、试剂和材料

1. 试剂：汞，硫黄；乙醇，分析纯；水，符合 GB/T 6682 中三级水要求。

2. 材料：清洗剂，非离子型，能溶于水；布；长试管刷；帆布手套。

五、注意事项

汞是化学实验室的常用物质，毒性很大，且进入体内不易排出，形成积累性中毒，室温下汞的蒸气压为 0.0012mmHg (0.56Pa)。为此在测试中应注意以下几点：

① 汞不能直接露于空气中，其上应加水或其他液体覆盖。

② 任何剩余量的汞均不能倒入下水槽中。

③ 储汞容器必须是结实的厚壁器皿，且器皿应放在瓷盘上。

④ 废汞及被汞污染的样品应用水密封。

⑤ 皮肤有伤口时，切勿与之接触，尤其防止溅入眼中。

⑥ 汞撒在地面上时，应尽可能用吸管将汞珠收集起来，最后用硫黄粉覆盖。

六、实验准备

① 去除实验样品表面杂物，将其制为尺寸均匀的数毫米的小块，浸入无水乙醇中，在短时间内进行测试。

② 测试前将样品在 60℃左右的烘箱内烘 4h 左右。同一批实验样品应保持统一烘干时间，以便增加其可比性。

七、实验步骤

1. 实验开始

开启气瓶，保持压力 0.3MPa 左右，并开启风机。打开电脑，检查汞量是否充足。

2. 低压操作

(1) 选择膨胀节　分为块状与粉末状两大类，容量有 3mL、5mL 和 15mL 三种，依据样品选择。

(2) 称量样品　大膨胀节可称量 2.60g 左右，小膨胀节可称量 1.60g 左右；样品孔隙率大则降低试样质量，孔隙率小则需增加样品质量。

(3) 装样并密封膨胀节

(4) 安装膨胀节

(5) 低压微机操作　给样品文件命名，并选择保存路径；输入样品质量，并选择膨胀节属性；输入膨胀节质量，并输入汞密度；单击 OK，开始低压测试。

(6) 低压实验结束　低压完成后将样品管取出，装入高压站；取出膨胀节，去除有机套环，观察膨胀节是否充满水银；重新称取质量（膨胀节＋样品＋汞）。

3. 高压操作

(1) 安装膨胀节　两个高压头内必须皆有样品。

(2) 高压微机操作　给样品文件命名，并选择保存路径；输入“膨胀节＋样品＋汞”质量；旋紧高压头有机玻璃腔；单击 OK，开始高压测试。

4. 数据导出

高压实验结束后，合并低压及高压数据，并保存数据。

5. 清洗

实验结束，将样品管中的废液倒出，用酒精清理样品管、膨胀节、塑料套、密封垫等，清洗后将其置于60℃左右的烘箱内烘干，备用。

6. 结束

关闭电脑、风机及气瓶。

八、思考题

1. 压汞仪在测试过程中的注意事项主要包括什么？
2. 试从压汞仪的测试原理分析其在测试多孔介质材料孔结构方面存在的优缺点是什么。
3. 查找其他孔结构测量方法，并对比其优缺点分别是什么。

[中国矿业大学（徐州） 贺琼琼执笔]

第八章
焦化产品分析

焦化产品主要包括焦炭、焦炉煤气、煤焦油以及煤焦油分离与精制后的产品。本章选取了具有代表性的实验供煤化工专业实验教学参考。本章包括甲苯不溶物含量的测定实验、酚类产品中性油及吡啶碱含量的测定、焦化黏油类产品馏程测定、洗油黏度测定、沥青软化点测定和焦炭反应性及反应后强度测定的实验。除了本书所编写的实验外，有条件的高校建议也可以开设以下实验：GB/T 1815—1997《苯类产品溴价的测定》、GB/T 8038—2009《焦化甲苯中烃类杂质的气相色谱测定方法》、GB/T 30045—2013《煤炭直接液化 油煤浆表观黏度测定方法》、SN/T 4114—2015《炭黑中蒽的测定气相色谱-质谱法》、HG/T 4862—2015《甲醇制低碳烯烃催化剂反应性能试验方法》。

实验四十八　焦化产品甲苯不溶物含量测定（参考 GB/T 2297—2018）

一、实验原理

试样与砂混匀（煤沥青类）或用甲苯浸渍（煤焦油类），然后用热甲苯在滤纸筒中萃取，干燥并称量不溶物。

适用于煤沥青、改质沥青、浸渍沥青、煤沥青筑路油、煤焦油、木材防腐油和炭黑用焦化原料油中甲苯不溶物含量的测定。

甲苯不溶物含量是煤沥青中不溶于热甲苯的物质含量。这些不溶物主要是游离碳，并含有氧、氮和硫等结构复杂的大分子有机物，以及少量的灰分。这些物质含量过多会降低煤沥青黏结性，因此必须加以限制。

二、实验设备与材料

1. 设备

河南海克尔仪器仪表有限公司生产的 HCR1501A 自动焦化产品甲苯不溶物测定仪，如图 8-1 所示，左边为仪器做样部分，右边为仪器控制部分。仪器采用单片机控制，自动计算萃取次数，萃取次数可自行设置；可自动检测探头安装位置，检测距离可调。仪器液晶屏实时显示萃取次数、时间、脉冲个数。工作温度：室温至 380℃（可调）。

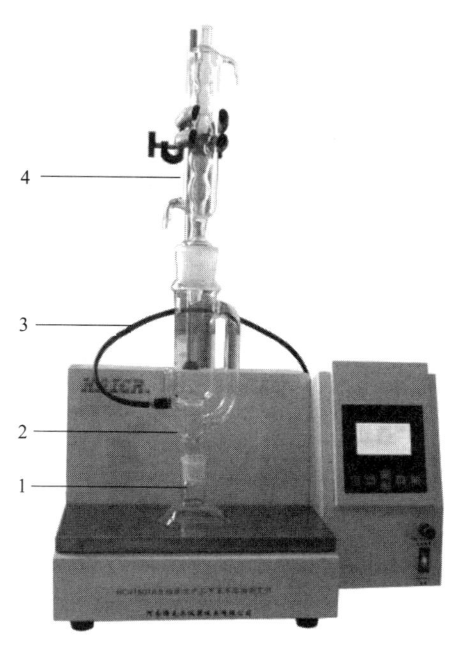

图 8-1 HCR1501A 自动焦化产品甲苯不溶物测定仪

1—250mL 平底烧瓶；2—抽提器；3—计数传感器；4—冷凝器

2. 试剂和材料

(1) 甲苯 分析纯。

(2) 石英砂 粒度 0.3～1.0mm (20～60 目)。

(3) 滤纸 中速定量滤纸（直径 150mm、直径 125mm）或滤纸筒成品。

(4) 脱脂棉

(5) 称量瓶 高 75mm，直径 35mm，具有严密的磨口盖。

(6) 干燥箱

(7) 干燥器

(8) 电子天平 0.1mg。

(9) 烧杯

(10) 试管 高 170mm，外径 25mm，用于折叠滤纸筒。

(11) 玻璃棒

三、准备工作

1. 仪器准备

① 支撑杆安放在仪器上的插孔内，并顺时针将其拧紧在螺钉槽内。

② 将蒸馏烧瓶放入电热套内，连接好抽提器及冷凝器，用万能夹夹紧。接通循环水管，连通甲苯的玻璃冷凝管。冷凝管进出水原则为下进上出。

③ 将光电探头小心装在抽提器上，如图 8-2 所示位置，并轻轻压紧螺钉，使探头内侧的红点紧贴在管壁上。

④ 探头另一端安装在仪器后部的变送器内，安装方法如下：用手轻轻掀起光电变送器面罩，如图 8-3，向外拉开光电探头连接线锁紧键，如图 8-4，将光电探头连接线插进光电变送器顶部插孔内，然后将锁紧键合上，盖上面罩即可。

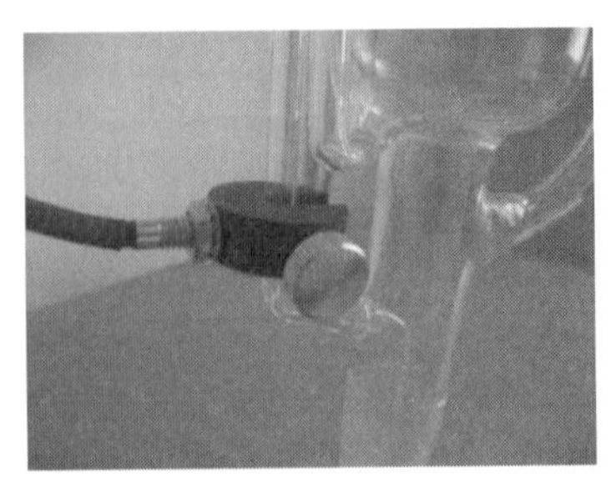

图 8-2　光电探头安装

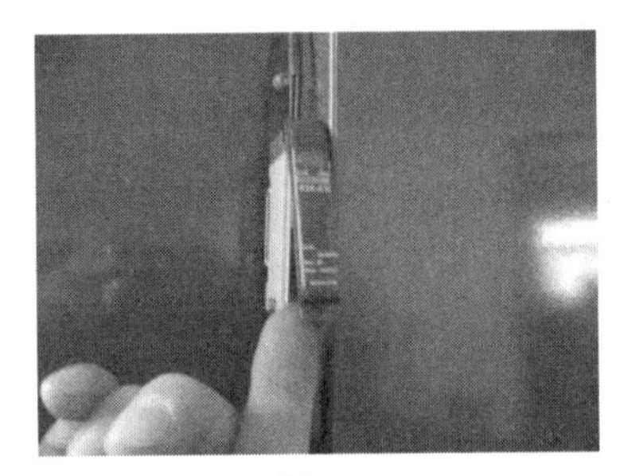

图 8-3

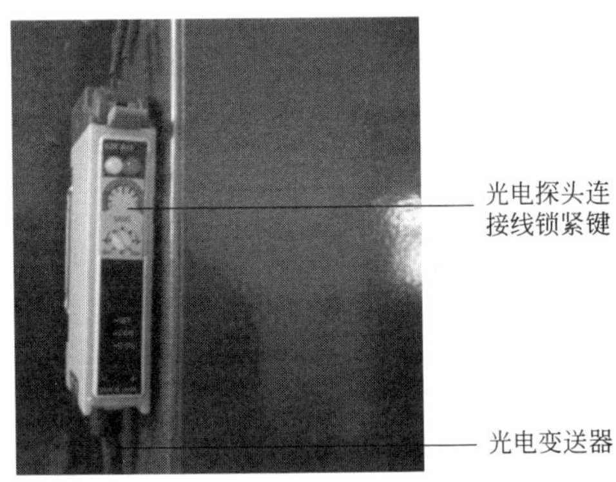

图 8-4

2. 试样制备

① 煤沥青、改质沥青、浸渍沥青试样按 GB 2000 进行采样，再按 GB 2291 进行试样的制备。

② 煤焦油、木材防腐油、炭黑用焦化原料油、煤沥青筑路油按 GB/T 2289 进行取样，作为原始试样。煤焦油水分>4%时，需脱水处理。

③ 木材防腐油、炭黑用焦化原料油的原始试样中无结晶物沉淀时，可直接从中取出分析试样，若有结晶物沉淀时，先加热原始试样至 50～60℃，并用玻璃棒将样品搅拌均匀，直至结晶物全部溶解后再取出分析试样。

④ 煤沥青筑路油分析试样的制备按 YB/T 030 的 5.3 条进行。

3. 实验准备

① 石英砂的处理：将石英砂用水洗净后，干燥，过筛，筛取粒度为 0.33～1.0mm（20～60 目）的石英砂，在甲苯中浸泡 24h 以上，取出晾干后，在 115～120℃干燥箱中干燥后备用。

② 脱脂棉处理：将脱脂棉在甲苯中浸泡 24h 以上，取出晾干后，在 115～120℃干燥箱中干燥后备用。

③ 制作滤纸筒：将外层直径 150mm 和内层直径 125mm 中速定量滤纸同心重叠，在滤纸圆心处放入试管，将双层滤纸向试管壁上折叠成直径约为 25mm 的双层滤纸筒。将滤纸筒在甲苯中浸泡 24h 后取出、晾干，置于称量瓶中，在 115～120℃干燥箱中干燥后备用。

四、实验步骤

① 按标准将所测试样处理、烘干并恒重，放入滤纸筒内备用。

a. 测煤沥青、改质沥青、浸渍沥青的甲苯不溶物含量时，先将 10g 已处理过的砂子倒入滤纸筒，并置于称量瓶中，在 115～120℃干燥箱中干燥至恒重（两次称量，质量差不超过 0.001g），再称取 1g（称准值 0.0001g）试样，于滤纸筒中将试样与砂子充分搅拌混匀。

b. 测煤焦油、木材防腐油、炭黑用焦化原料油的甲苯不溶物含量时，先将已处理过的一小块脱脂棉放入滤纸筒，置于称量瓶中，在 115～120℃干燥箱中干燥至恒重（两次质量差不超过 0.001g），取出脱脂棉待用。再称取 3g（称准至 0.0001g）煤焦油分析试样或 10g（称准至 0.1g）木材防腐油、炭黑用焦化原料油分析试样于滤纸筒中，从称量瓶中取出滤纸筒立即放入装有 60mL 甲苯的 100mL 烧杯中，待甲苯渗入滤纸筒后，用玻璃棒轻轻搅拌滤纸筒内的试样 2min，使试样均匀分散在甲苯中。往称量瓶中倒入 5mL 甲苯，洗净称量瓶，再将甲苯倒入滤纸筒，取出滤纸筒，再用上述脱脂棉擦净玻璃棒，此脱脂棉放入滤纸筒内。

c. 测煤沥青筑路油的甲苯不溶物含量时，先按（1）所述（要加一小块脱脂棉与滤纸筒一起恒重）操作，再称取 1g（称准至 0.0001g）试样于滤纸筒中，从称量瓶中取出纸筒立即放入装有 60mL 甲苯的 100mL 烧杯中，待甲苯渗入滤纸筒后，用玻璃棒将试样与砂混匀，取出滤纸筒再用上述脱脂棉擦净玻璃棒，此脱脂棉放入滤纸筒内。

② 将装有 120mL 甲苯的平底烧瓶置于电热套内。把滤纸筒置于抽提筒内，使滤纸筒上边缘高于回流管 20mm。将抽提筒连接到平底烧瓶上，然后沿滤纸筒内壁加入约 30mL 甲苯。（甲苯有毒，尽量不要用手直接接触。）

③ 将挂有引流铁丝的冷凝器连接到抽提筒上，接通冷却水。注意光电探头要夹住回流管。

④ 接通电源，打开电源开关，仪器屏幕开始依次显示开机画面（如图 8-5、图 8-6 所示）及待机画面（如图 8-7 所示）。

⑤ 在待机画面下按“MENU”菜单键进入萃取次数设定界面（如图 8-8 所示）：△为加数键，▽为减数键，根据表 8-1 设定萃取次数后，按“MENU”键退出。按“RST”重启机器。

图 8-5

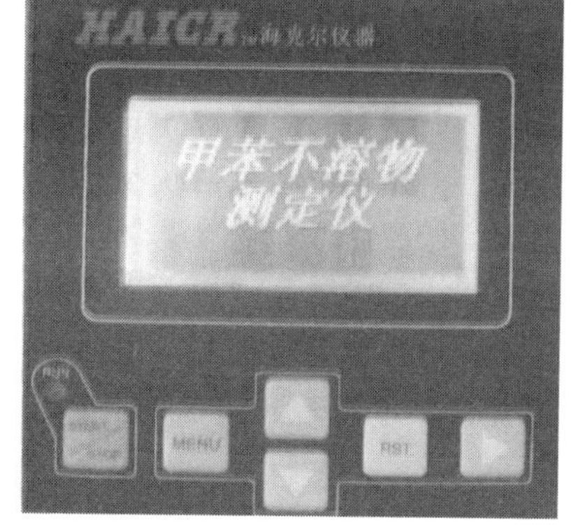

图 8-6

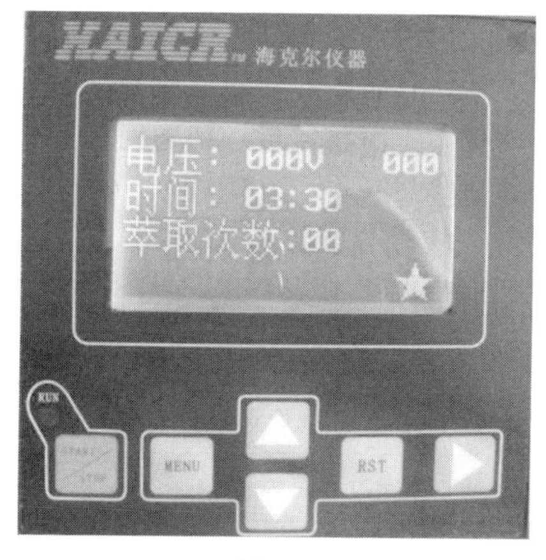

图 8-7

图 8-8

表 8-1　不同产品萃取次数的设定

产品名称	煤沥青	改质沥青、浸渍沥青	煤沥青筑路油	煤焦油	木材防腐油	炭黑用焦化原料油
萃取次数	60	60	60	50	5	5

⑥ 做样时按“START/STOP”键启动仪器，“RUN”指示灯亮，仪器开始加热。

⑦ 通过调节调压旋钮，来调整加热甲苯萃取速率为 1～1.5min/次，甲苯萃取液从回流管满流返回到平底烧瓶为 1 次萃取。如萃取速度大于或小于规定值时，可调节调温旋钮进行调节，一般将电压调整为 170～180V 即可，切记不要将旋钮向右调到最大电压。

⑧ 当甲苯萃取液洗净滤纸筒，使滤纸筒呈白色或者淡黄色，抽提筒内萃取液澄清时，即为萃取终点。当萃取次数达到设定次数后，仪器自动停止加热并报警，“RUN”指示灯熄灭。实验结束，关闭电源开关。

⑨ 稍冷后，取出滤纸筒置于原称量瓶中不加盖放进通风柜内，待甲苯挥发后，将称量瓶及盖一起放入 115～120℃ 干燥箱中，干燥 2h，从干燥箱中取出称量瓶，立即盖上盖，放入干燥器中冷却至室温称量，再干燥 0.5h 进行恒重检查，直至连续 2 次干燥滤纸筒质量差不超过 0.001g 或质量增加为止。计算时取最后一次的质量，若有增重则取增重前一次的质量为计算依据。

五、实验结果

① 焦化产品中（除煤焦油）甲苯不溶物含量（TI），按式(8-1) 计算：

$$TI=\frac{m_2-m_1}{m}\times100\% \tag{8-1}$$

式中　TI——试样中甲苯不溶物含量，%；

m——试样质量，g；

m_1——称量瓶和滤纸筒（或包括石英砂、脱脂棉）的质量，g；

m_2——称量瓶和滤纸筒（或包括石英砂、脱脂棉）、甲苯不溶物的总质量，g。

② 煤焦油中甲苯不溶物含量（TI）按式(8-2) 计算：

$$TI=\frac{m_4-m_3}{m}\times\frac{100}{100-M}\times100\% \tag{8-2}$$

式中　M——煤焦油的水分含量，%；

m——试样质量，g；

m_3——称量瓶和滤纸筒（或包括石英砂、脱脂棉）的质量，g；

m_4——称量瓶和滤纸筒（或包括石英砂、脱脂棉）、甲苯不溶物的总质量，g。

③ 对煤沥青、改质沥青、煤沥青筑路油和煤焦油的甲苯不溶物含量，精确到 0.10% 报出；

④ 对木材防腐油、炭黑用焦化原料油的甲苯不溶物含量：TI＜0.10%，按＜0.10% 报出；TI＞0.10%，精确到 0.01% 报出。

⑤ 甲苯不溶物含量计算结果按 GB/T 8170 修约，报出结果见表 8-2。

表 8-2　计算结果数值修约

种类	木材防腐油、炭黑用焦化原料油		煤沥青、改质沥青、浸渍沥青、煤沥青筑路油、煤焦油
TI 范围	＜0.10%	≥0.10%	—
数值修约	按＜0.10%报出	精确到 0.01%报出	精确到 0.1%

⑥ 测定结果的精密度要求见表 8-3，实验报告示例见表 8-4。

表 8-3　精密度要求

精密度	煤沥青、改质沥青、 浸渍沥青、煤沥青筑路油	煤焦油	木材防腐油炭黑用 焦化原料油
重复性/%　不大于	1.0	0.6	—
再现性/%　不大于	1.5	1.2	—

表 8-4　甲苯不溶物含量实验记录表

样品名称		样品编号		使用天平号	
使用仪器号		环境条件	温度　℃;湿度　%		
实验次数	1	2	实验次数	1	2
样品质量 m/g			萃取次数		
电压 U/V			执行标准		
焦化产品(除煤焦油)甲苯不溶物含量					
实验次数	1	2	实验次数	1	2
m_1/g			m_2/g		
TI/%			计算公式	$\mathrm{TI}=\frac{m_2-m_1}{m}\times 100\%$	
TI 平均值/%			备注		
煤焦油甲苯不溶物含量					
实验次数	1	2	实验次数	1	2
m_3/g			m_4/g		
水分 M/%			TI/%		
TI 平均值/%			计算公式	$\mathrm{TI}=\frac{m_4-m_3}{m}\times\frac{100}{100-M}\times 100\%$	
备注					
测定人		审核人		日期	

六、注意事项

① 仪器屏幕主界面最上一排文字，电压：000V 之后的 000 为仪器做样时检测到的气泡数，数字随着检测到的气泡个数而增加。在待机画面下按“MENU”菜单键进入萃取次数设定界面，再按一下“MENU”菜单键进入“脉冲次数”设定，△为加数键，▽为减数键。

② 仪器在检测一次回流时会检测到很多气泡，设定的“脉冲次数”即为检测到的气泡个数。只有当检测到的气泡个数达到设定的“脉冲次数”，仪器才会自动记录萃取次数为一次。可酌情将“脉冲次数”进行增减。

例如，仪器萃取一次最多只能检测到 15 个气泡，那么请将“脉冲次数”设定为 15 以下，这样，仪器才能自动记录萃取为一次；如设定的萃取次数检测高于 15，则不能记录萃取次数。

七、思考题

1. 实验中加入石英砂的作用是什么?
2. 测定甲苯不溶物的意义是什么?

八、知识扩展

[1] 闫俊杰. 煤沥青甲苯不溶物测定方法的改进 [J]. 煤化工，2010，6：50-52.
[2] 张晓兰，向柠，姜峰. 煤沥青甲苯不溶物的测定方法研究 [J]. 炭素技术，2013，32 (4)：16-17.
[3] 《GB/T 2292—1997 焦化产品甲苯不溶物含量的测定》.
[4] 《GB/T 30044—2013 煤炭直接液化 液化重质产物组分分析 溶剂萃取法》.
[5] 《YB/T 5178—2016 炭黑用原料油 沥青质含量的测定 正庚烷沉淀法》.

(昆明理工大学 李艳红执笔)

实验四十九 酚类产品中性油及吡啶碱含量测定 (参考 GB/T 3711—2008)

一、实验原理

从试样的碱性水溶液中蒸馏得到中性油及吡啶碱。中性油用二甲苯收集，测得所收集的中性油增加的体积，即为中性油含量；从试样的碱性水溶液中蒸馏得到水馏液，用标准盐酸溶液滴定所收集的蒸出水馏分中的吡啶碱，用溴酚蓝作指示剂，计算得吡啶碱含量。

本方法适用于煤焦油分馏所得的酚类产品中性油及吡啶碱含量的测定。

二、仪器与试剂

(1) 测定装置

河南海克尔仪器仪表有限公司生产的 HCR3711A 酚类产品中性油及吡啶碱含量测定装置，如图 8-9 所示。

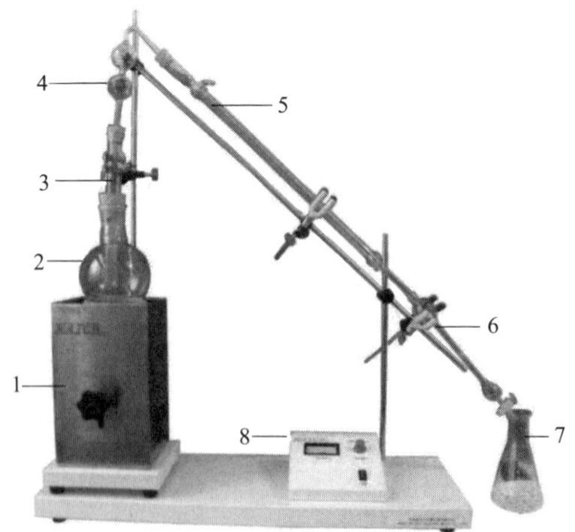

图 8-9 HCR3711A 酚类产品中性油及吡啶碱含量测定仪

1—电炉；2—1L 蒸馏瓶；3—起泡管；4—玻璃防溅球管；5—冷却管；6—玻璃接收器；7—500mL 锥形瓶；8—电炉调压装置

（2）试剂

①二甲苯：分析纯；②氢氧化钠溶液：27%溶液。③盐酸溶液：0.1mol/L 标准溶液，0.5mol/L 标准溶液或 1mol/L 标准溶液。④酚酞指示剂：0.5g 酚酞溶解于 100mL 95%（体积分数）乙醇中。⑤溴酚蓝指示剂：0.3%溶液，配制方法为溶解 0.3g 溴酚蓝于 100mL 40%的乙醇中。⑥滴定管：容积 25mL，带 0.1mL 分刻度。⑦三角烧瓶：容积 500mL，有刻度。⑧移液管：容积 5mL。⑨量筒：容积 100mL。

三、实验步骤

取样按 GB/T 1999 规定进行。

1. 中性油的测定

① 实验之前，接收器和三角烧瓶严格用洗液清洗干净，接收器刻度部分用洗液泡洗，最后用蒸馏水冲洗干净。

② 在干净的接收器中，加入蒸馏水于下球至刻度 0.5mL 刻度处，然后用移液管加入 3～4mL 二甲苯，注意勿使二甲苯滴于上球壁，静置待用，安装仪器前读数，记录。

③ 精确量取均匀试样 100mL（若粗酚样品在蒸馏过程中易起泡影响蒸馏时，取样量可减少为 50mL；中性油含量大于 1mL 或固态物多时，取样量减少为 50mL），倒入 1000mL 的蒸馏瓶中，并使量筒中的样品尽量流下，用同一量筒加入 170mL 氢氧化钠溶液，并同时摇动瓶子，接着用此量筒加进 100mL 蒸馏水（取样量为 50mL 进行分析时，加 85mL 氢氧化钠溶液，再加 185mL 蒸馏水），充分摇匀，为了防止爆沸，加入数片碎瓷片。

④ 25mL 量筒量取氢氧化钠溶液 25mL 倒入起泡管中。

⑤ 在确保起泡管不堵塞后，再开冷却水，保持冷凝器中的冷却水持续不断，加热蒸馏，蒸馏时，蒸馏瓶下放一块石棉网，正中有约 50mm 直径的圆形石棉。当冷凝液开始流出，即打开接收器下部活塞并保持二甲苯液柱接近 4mL 的高度，以在 30～40min 内收集 200mL 馏出液的蒸馏速度蒸馏，馏出液沿接收器的内表面流下，在蒸馏期间（或熔化凝结物前）不允许从冷凝器的末端逸出蒸汽。

⑥ 当固体物出现，在蒸出液接近 180mL 时，关闭冷却水，以熔化凝结的固体物，待固体物全熔，开冷却水，蒸出液接近 200mL，停止加热，使冷凝液全部流下。残渣要趁热倒出，若有残渣固化现象，可在起泡管上部慢慢加入热水溶化，如果瓶底有结块，加入稀硫酸泡洗即可。

⑦ 使接收器中的二甲苯位于刻度部分，静置 15min，精确读取二甲苯体积。

⑧ 将接收器中的水溶液和二甲苯全部移到锥形瓶中与馏出液合并，并用 20mL 蒸馏水分两次洗涤接收器，洗涤液并入锥形瓶中，保留全部馏出液 A，用于吡啶碱含量的测定。

2. 吡啶碱含量测定

① 在馏出液 A 中加入 2～3 滴酚酞指示剂，如果颜色呈现红色，用 0.1mol/L 盐酸滴至红色消失为止。

② 向上述溶液或未变色的原溶液中加入 3 滴溴酚蓝指示剂，用 0.5mol/L 的盐酸标准溶液滴定，每加一滴盐酸都充分摇动混合物，直至颜色明显地由蓝色变为黄绿色为终点（吡啶碱含量大于 0.5g/100mL 时，试样取样量减少为 50mL）。

四、实验结果

1. 中性油含量的计算

中性油含量的体积分数以 X_1 计，数值以%表示，按式(8-3) 计算：

$$X_1=\frac{V_1-V_2}{V}\times 100 \tag{8-3}$$

式中 V_1——蒸馏后接收器中二甲苯层的体积，mL；

V_2——加入接收器的二甲苯体积，mL；

V——试样体积，mL。

2. 吡啶碱含量的计算

吡啶碱含量以 X_2 计，数值以 g/100mL 表示，按式(8-4) 计算：

$$X_2=\frac{V_1 N_1\times 0.079}{V}\times 100 \tag{8-4}$$

式中 V_1——滴定消耗盐酸标准溶液的体积，mL；

N_1——盐酸溶液的摩尔浓度，mol/L；

0.079——1mol 盐酸标准溶液相当于吡啶碱的质量，g/mol；

V——试样体积，mL。

3. 精密度

中性油的精密度见表 8-5，吡啶碱的精密度见表 8-6。实验数据记录见表 8-7。

表 8-5 中性油的精密度

中性油含量(体积分数)范围	重复性限 r	再现性限 R
0.5 以下	0.05	0.10
0.5～1.0	0.10	0.15
>1.0～2.0	0.15	0.20

表 8-6 吡啶碱的精密度

吡啶碱含量(体积分数)范围	重复性限 r	再现性限 R
0.2 以下	0.02	0.04
0.2～0.5	0.03	0.06
>0.5	0.04	0.08

表 8-7 中性油和吡啶碱含量实验记录表

样品名称		样品编号		使用仪器号	
执行标准		环境条件	温度 ℃;湿度 %		
中性油含量测定					
实验次数	1	2	实验次数	1	2
试样体积 V/mL			二甲苯层体积 V_1/mL		
二甲苯体积 V_2/mL			中性油含量 X_1/%		
平均值 X_1/%			计算公式	$X_1=\frac{V_1-V_2}{V}\times 100$	
备注					
吡啶碱含量测定					
实验次数	1	2	实验次数	1	2

续表

吡啶碱含量测定					
实验次数	1	2	实验次数	1	2
试样体积 V/mL			盐酸溶液浓度 N_1/(mol/L)		
消耗盐酸体积 V_1/mL			吡啶碱含量 X_2/(g/100mL)		
吡啶碱含量平均值 X_2/(g/100mL)			计算公式	$X_2=\frac{V_1\times N_1\times 0.079}{V}\times 100$	
备注					
测定人	审核人			日期	

（昆明理工大学　李艳红执笔）

实验五十　洗油黏度的测定
（参考 GB/T 24209—2009）

一、实验目的

1. 掌握洗油恩氏黏度的测定与计算方法。
2. 熟悉恩氏黏度计的结构，掌握恩氏黏度计的操作方法。

二、实验原理

液体受外力作用时，在液体分子间发生的阻力称为黏度。恩氏黏度是指试样在某温度下从恩氏黏度计流出 200mL 所需的时间与蒸馏水在 20℃从恩氏黏度计流出相同体积所需的时间（即黏度计的水值）之比，单位为条件度。在实验过程中，试样流出应成为连续的线状。一般作为重油、乳化沥青、增塑剂等油品的黏度指标。

三、仪器与试剂

1. 仪器

上海昌吉 WNE-1A 恩氏黏度计试验器，如图 8-10。设备构造图如图 8-11 所示。整台仪器由水浴锅、测量内锅、温度控制系统、专用三角支撑架等组成。温控仪如图 8-12 所示。

图 8-10 说明：6—木塞杆，恩氏黏度计的专用木塞，测试前，塞住内锅流孔，测试时拔起木塞；11—支撑架：底部有调节螺钉，用于调节液面的水平；12—200mL 接受瓶；13—流出管，位于外锅底部，按规范特制用于测量试样黏度值。

设定、测量按钮开关：按下此按钮时为温度设定状态，弹起此按钮时为温度测量显示状态。设定调节旋钮：当控温仪为温度设定状态时，通过调节该旋钮可以设定需要的控制温度。如果规范要求，测定时需在 80℃条件下进行，那么温度控制须设定在 80℃。温度控制设定具体操作如下：

① 按下“设定、测量”按钮开关，按钮开关处于“设定”状态，调节“设定调节”旋钮，使得温度显示“80.00”。

② 设定完成，再次按下“设定、测量”按钮开关，按钮开关上弹处于“测量”状态。

警告：外锅内未注入水（或润滑油）时，禁止打开控温仪使加热管加热，防止损坏测量系统。

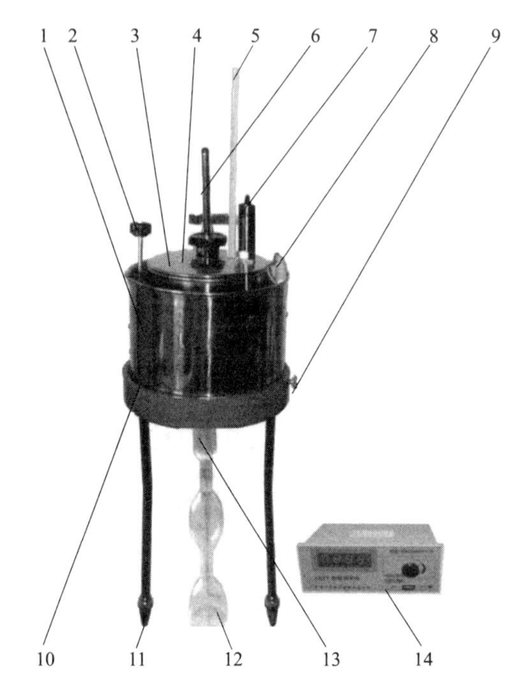

图 8-10　WNE-1A 恩氏黏度计试验器

1—外锅恒温浴；2—外锅手动搅拌器；3—装试样的内锅；4—内锅盖；5—内锅温度计；6—专用木塞杆；7—外锅控温仪探头；8—外锅恒温浴加热器；9—固定外锅的紧固螺钉；10—托盘；11—三根支撑架；12—接受瓶；13—流出管；14—控温仪：外锅恒温浴控温仪

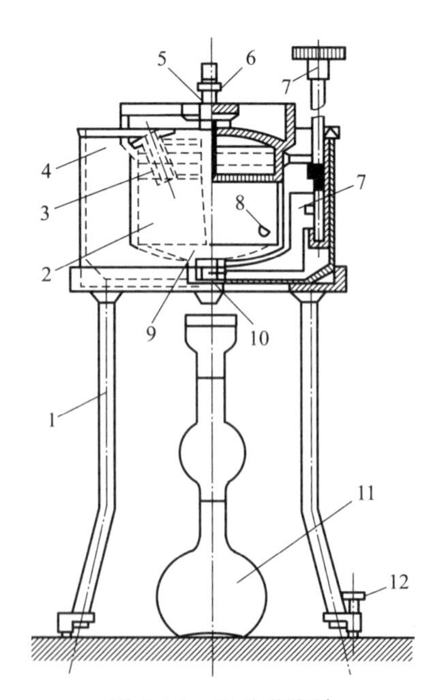

图 8-11　恩氏黏度计

1—铁三脚架；2—内容器；3—温度计插孔；4—外容器；5—木塞插孔；6—木塞；7—搅拌器；8—小针尖；9—球面形底；10—流出孔；11—接受瓶；12—水平调节螺钉

2. 试剂

甲苯（化学纯）或汽油；95%乙醇（化学纯）。

四、准备工作

1. 测定黏度计的水值

恩氏黏度计的水值，是蒸馏水（符合 GB/T 6682 规定的三级水）在 20℃时从黏度计流出 200mL 所需的时间（s）。符合标准的黏度计，其水值应在 51s±1s。

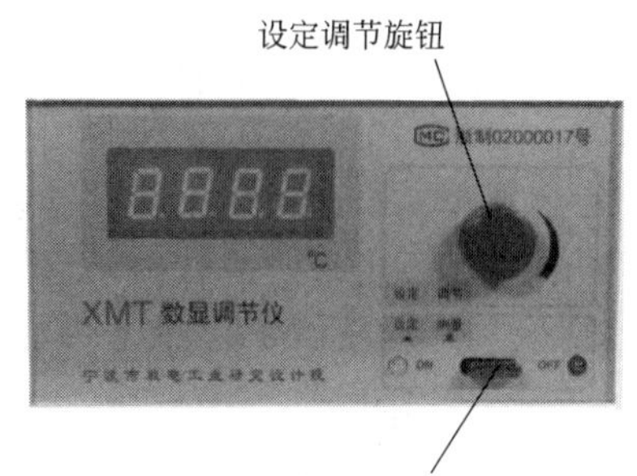

图 8-12 温控仪

① 黏度计的内容器要依次用甲苯、95%乙醇和蒸馏水洗净，并使其干燥，流出孔用木塞塞紧。然后加入蒸馏水直至内容器中的 3 个尖钉的尖端刚刚露出水面为止。旋转三脚架的调整螺钉，调整黏度计的位置，使内容器中 3 个尖钉的尖端都处在同一水平面上。盖上盖子，在流出口管下放置干净的接受瓶。

② 在黏度计的外容器中装入水。接通控温仪电源，设定好实验所需要的温度 20℃±0.2℃，恒温浴开始加热。内、外容器中的蒸馏水都要充分搅拌。首先将插有温度计的盖围绕木塞旋转以便搅拌内容器中的蒸馏水，然后用安装在外容器中的叶片式搅拌器搅拌外容器中的蒸馏水，当两个容器中的水温都等于 20℃，保持 10min。注意确保内容器已调至水平状态（3 个尖钉的尖端刚好露出水面）。10min 后迅速提起木塞（应能自动卡在内容器盖上，并保持提起的状态，不允许拔出木塞），同时开动秒表，此时，观察水从内容器流出的情况，当凹液面的下边缘到接受瓶的 200mL 环状标线时，立即停止计时。

连续测定 3 次蒸馏水流出时间，每次之间的差值应不大于 0.5s，取其算术平均值作为水值。水值应每三个月测定一次，如果黏度计的水值不在 51s±1s 范围内，不允许使用该仪器测定黏度。

2. 试样预处理

若发现试样有机械杂质，应将试样用 0.45μm 金属滤网过滤后测定。将采取的洗油试样置于 50℃的水浴中加热并混匀。

五、实验步骤

① 按照图 8-10 所示，组装好专用三脚架，将外锅、内锅安装在专用三脚架上，并将手动搅拌器、控温仪探头、恩氏温度计、加热器、接受瓶等安装到位。每次测定黏度前，仔细洗涤黏度计的内容器及其流出管，然后用空气吹干。内容器不准擦拭，只允许用剪齐边缘的滤纸吸去剩下的液滴，然后安装在外锅上。

② 调整专用三脚架的调节螺钉初步调整液面的水平，将木塞杆插入流出管内（不可过分用力，以免木塞磨损），然后将试样注入内锅，注入的试样液面要稍高于尖钉的尖端。再调整调节螺钉，使三个水准钉尖端刚好露出液面，此时试样液位为水平状态，盖上内锅盖。

③ 向外锅内注入水，接通控温仪电源，设定好实验所需要的温度 50℃，恒温浴开始加热。在升温过程中，小心转动外容器的搅拌器和内容器的筒盖以调匀内外容器的油温和水温。

警告：外锅内未注入水（或润滑油）时，禁止打开控温仪使加热管加热，防止损坏测量系统。

当内容器中的油温达到 50℃后停止搅拌，保持油温在 50℃±1℃ 5min，小心迅速地提起木塞（木塞提起的位置应保持与测定水值时相同，不允许拔出木塞，木塞应能自动卡住并保持提起状态)。同时开动秒表，当接受瓶中的试样正好达到 200mL 的标线时，立即停住秒表，并读取试样的流出时间。在测定过程中，油流必须呈线状流出。

注意：提起木塞和开动秒表的动作要一致、协调，否则将影响测量的准确性。

④ 连续测定两次，取两次秒表读数的平均值，按计算公式算出试样的恩氏黏度。

⑤ 每次测定后，应将内外锅及接受瓶洗净、揩干。红木塞特别容易断，清洗时要注意，尽量不要碰红木塞，用手碰着并且倾斜时容易断。

六、实验结果

1. 计算

按式(8-5) 计算试样的恩氏黏度。

$$E_{50}=\frac{\tau_{50}}{T_{20}} \tag{8-5}$$

式中 E_{50}——试样在 50℃时的恩氏黏度，单位为条件度；

τ_{50}——试样在 50℃时从黏度计流出 200mL 所需的时间，s；

T_{20}——20℃时黏度计的水值，s。

2. 报告

取重复测定两次结果的算术平均值，作为试样的恩氏黏度。实验记录见表 8-8。

表 8-8 恩氏黏度实验记录表

实验依据		委托编号		样品编号	
样品名称		仪器名称		仪器编号	

样品编号	试样在温度 50℃时流出时间 τ/s	黏度计的水值 /s	试样在温度 50℃时的恩氏黏度 E_t	平均值

3. 精密度

重复性不大于 0.04；再现性不大于 0.08。

七、知识扩展

影响恩氏黏度测定的因素如下。

(1) 仪器技术状况符合要求 恩氏黏度计的各部件尺寸必须符合国家标准规定的要求，特别是流出管的尺寸规定非常严格，流出管及内容器的内表面已磨光和镀金，使用时注意减少磨损，不准擦拭，不要弄脏。更换流出管时，要重新测定水值。符合标准的黏度计，其水值应等于 51s±1s，按要求每 4 个月至少要校正 1 次。水值不符合规定，不允许使用。

(2) 流出时间的测量要准确 测定时动作要协调一致，提木塞和开动秒表要同时进行，木塞提起的位置应保持与测定水值相同(也不允许拔出)。当接受瓶中的试样恰好到 200mL 的标线时，立即停止计时，否则将引起测定误差。

(3) 黏度计水平状态 测定前，黏度计应调试成水平状态，稍微提起木塞，让多余的试样流出，直至内容器中的3个尖钉刚好同时露出液面为止。

(4) 试样的预处理　机械杂质易黏附于流出管内壁，增大流动阻力，使测定结果偏高。为此测定前要用规定的金属滤网过滤试样，若试样含水，应加入干燥剂后，再过滤。此外装入的试样中不允许含气泡。

GB/T 24209—2009 洗油黏度的测定方法.

（昆明理工大学　李艳红执笔）

实验五十一　焦化固体类产品软化点测定（环球法）（参考 GB/T 2294—1997）

一、实验目的

掌握沥青软化点测定原理、方法和主要影响因素。

二、实验原理

置于肩或锥状黄铜环中两块水平沥青圆片，在加热介质中以一定速度加热，每块沥青片置有一只钢球。所报告的软化点为当试样软化到使两个放在沥青上的钢球下落25mm距离时的温度的平均值，以℃表示。

环球法适用于测定软化点在30～157℃的沥青材料（石油沥青、煤焦油沥青、聚合物改性沥青和乳化沥青蒸发残留物等）的软化点。软化点在30～80℃时用蒸馏水作加热介质，80～157℃时用甘油作加热介质。道路石油沥青的软化点不可能高于80℃，但对一些聚合物改性沥青、建筑石油沥青等，软化点则可能高于80℃，应用甘油浴实验。沥青是没有严格熔点的黏性物质，随着温度升高，它们逐渐变软，黏度降低，因此软化点必须严格按照实验方法来测定，才能使结果重复。沥青软化点是沥青达到规定条件黏度时的温度，所以软化点既是反映沥青温度敏感性的重要指标，也是沥青黏稠性的一种量度。软化点用于煤焦油沥青分类，是沥青产品标准中的重要技术指标。

三、仪器与材料

1. 仪器

上海昌吉地质仪器有限公司生产的SYD-2806G全自动沥青软化点试验器，一次可同时检测两个样品，自动检测试样软化点。仪器分控制主体和试验仪两部分，见图8-13，试验仪放置在控制主体的上面。试验仪包括烧杯、电加热管、温度传感器、软化点测定定位环（钢球定位环）等器件及电源线、加热器线、传感器线、串口通信线等连接线。仪器应放在通风橱内。

(1) 控制主体

① 操作键盘：如图8-14所示。

“返回键”：设定仪器某一工作状态后，返回到上一次工作状态。

“确定键”：工作状态设定或时间、温度设定后的确认，按此键进入相应的工作模式。

“复位键”：单片机工作状态的复位。按此键后，仪器进入开机起始状态。

“搅拌键”：在开机或复位状态，按一次搅拌键，搅拌器工作；再按一次此键，搅拌器停止工作。

左移键“◁”，右移键“▷”：按此键，光标左移或右移。

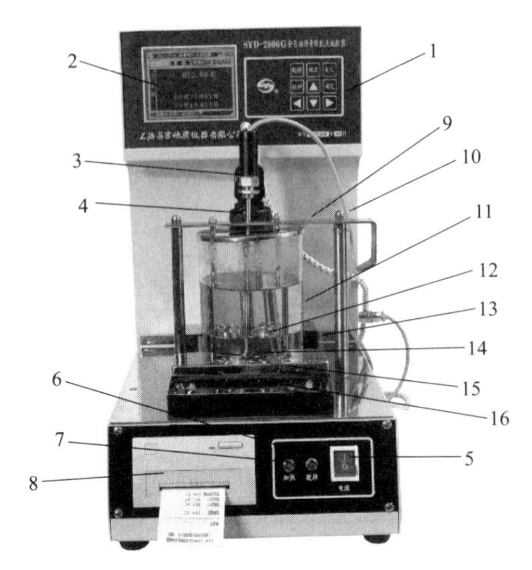

图 8-13　SYD-2806G 全自动沥青软化点试验器

1—操作键盘；2—液晶屏；3—温度传感器；4—加热插头与加热管电源插头；5—电源开关；6—搅拌指示灯；7—加热指示灯；8—打印机；9—上支架；10—支架固定螺母；11—烧杯；12—试样环和中层板；13—发射管罩；14—下底板；15—接收管罩；16—贮藏盒

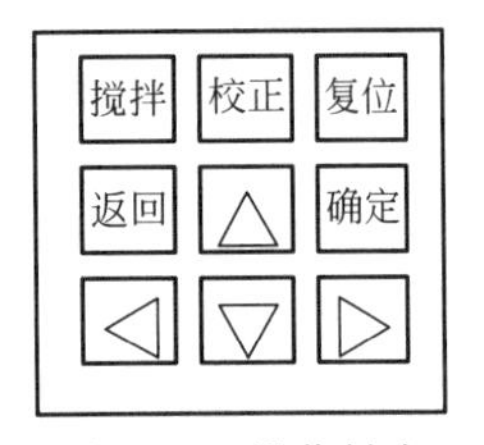

图 8-14　操作键盘

增加键“△”，减少键“▽”：分别用于时间、温度以及工作状态的设定，按此键数字增加或减少。

“校正键”：实验结束后，在复位状态按此键，数据传送到微型计算机。

② 液晶屏：用于显示测试中的各种信息和数据。

③ 温度传感器：用于检测烧杯中浴液的温度，温度分辨率 0.01℃。

④ 加热插头与加热管电源插头：连接加热器。加热功率：600W；加热速率：3min 后自动调整为（5.0±0.5）℃/min。

⑤ 电源开关：打开此开关，仪器接通电源。

⑥ 搅拌指示：搅拌器工作时，此指示灯亮。后面板有个调速旋钮，用于调节搅拌器的转速。

⑦ 加热指示：加热器通电工作时，此指示灯亮。

⑧ 打印机：用于测试数据的打印输出。SEL 键：打印机工作状态的设定键。LF 键：打印机的走纸键。

（2）试验仪

① 上支架：用于固定实验部件和在其上面安装温度传感器等。

注意：上支架安装时应将长腰孔的一端置于左，圆孔的一端置于右，切不可装反！

② 支架固定螺母：拧开此螺母，上支架可松开。

③ 烧杯：盛装加温液体并在此浴液中做实验，烧杯有效体积 1000mL。

④ 试样环和中层板：试样环装待测沥青试样、中层板放置试样环。

⑤ 发射管罩：罩住用于检测的发光管。

⑥ 下底板：接软化后掉下的试样。

⑦ 接收管罩：罩住用于检测的光敏管。

⑧ 贮藏盒：放置各种实验小器件。

注：本仪器光电发射管、接收管的安装位置确保试样掉至 25.4mm 时可准确接收。

试验仪的规格尺寸如下：

① 环：两只黄铜肩或锥环，其尺寸规格见图 8-15(a)。

② 支撑板：扁平光滑的黄铜板，其尺寸约为 50mm×75mm。

③ 球：两只直径为 9.5mm 的钢球，每只质量为 3.50g±0.05g。

④ 钢球定位器：两只钢球定位器用于使钢球定位于试样中央，其一般形状和尺寸见图 8-15(b)。

⑤ 浴槽：可以加热的玻璃容器，其内径不小于 85mm，离加热底部的深度不小于 120mm。

⑥ 环支撑架和支架：一只铜支撑架用于支撑两个水平位置的环，其形状和尺寸见图 8-15(c)，其安装见图 8-16。支撑架上肩环的底部距离下支撑板的上表面为 25mm，下支撑板的下表面距离浴槽底部为 16mm±3mm。

⑦ 温度计：应符合 GB/T 514 中沥青软化点专用温度计的规格技术要求，即测温范围在 30～180℃，最小分度值为 0.5℃的全浸式温度计。合适的温度计应按图 8-16 悬于支架上，使得水银球底部与环底部水平，其距离在 13mm 以内，但不要接触环或支撑架，不允许使用其他温度计代替。

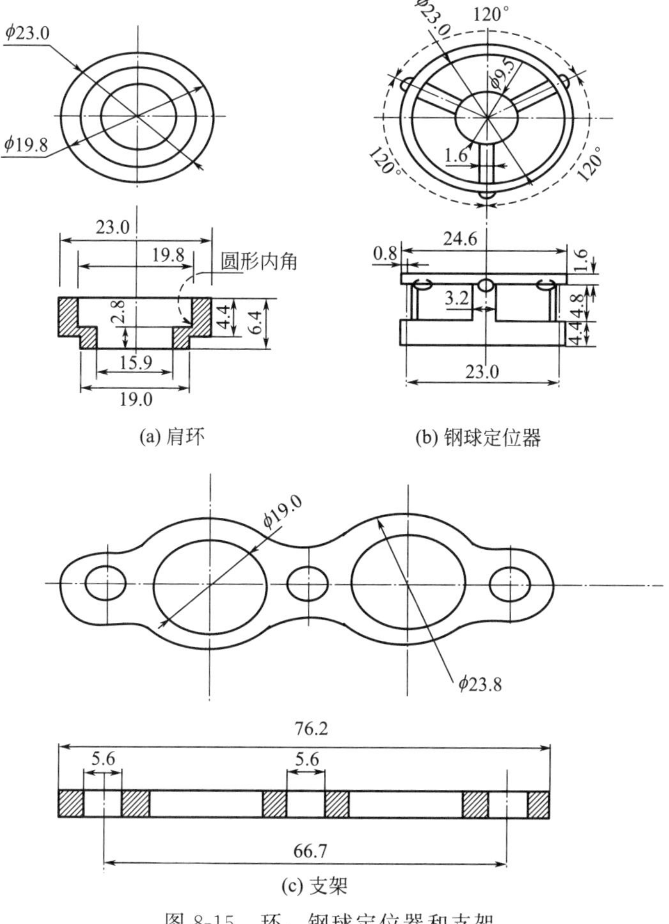

图 8-15　环、钢球定位器和支架

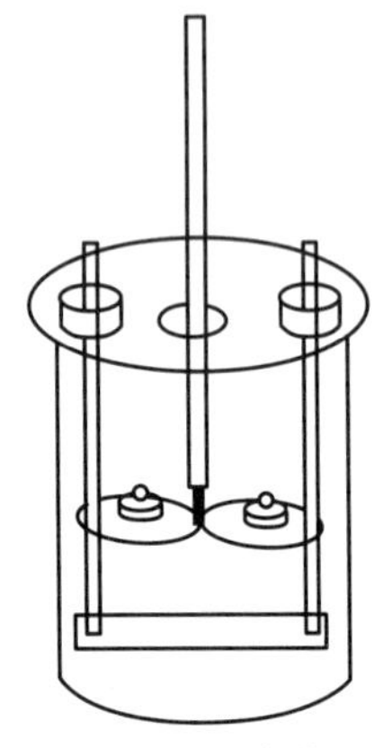
图 8-16　组合装置

2. 材料

（1）加热介质　新煮沸过的蒸馏水或甘油。

（2）隔离剂　以质量计，两份甘油和一份滑石粉调制而成。

（3）平直刮刀　切沥青用。

四、准备工作

① 所有石油沥青试样的准备和测试必须在 6h 内完成，煤焦油沥青必须在 4.5h 内完成。小心加热试样，小心搅拌以免气泡进入样品中，并防止局部过热，直到样品变得流动。

a. 石油沥青样品加热至倾倒温度的时间不超过 2h，其加热温度不超过预计沥青软化点 110℃。

b. 煤焦油沥青样品加热至倾倒温度的时间不超过 30min，其加热温度不超过煤焦油沥青预计软化点 55℃。

c. 如果重复实验，不能重新加热样品，应在干净的容器中用新鲜样品制备试样。

② 若估计软化点在 120℃以上，应将黄铜环与支撑板（不用玻璃板）预热至 80～100℃，然后将铜环放到涂有隔离剂的支撑板上，否则会出现沥青试样从铜环中完全脱落的现象。

③ 试样制备：向每个环中倒入略过量的沥青试样，让试件在室温下至少冷却 30min。对于在室温下较软的样品，应将试件在低于预计软化点 10℃以上的环境中冷却 30min；从开始倒试样时起至完成实验的时间不得超过 240min。

④ 当试样冷却后，用稍加热的小刀或刮刀干净地刮去多余的沥青，使得每一个圆片饱满且和环的顶部齐平。

⑤ 选择下列一种加热介质。

a. 新煮沸过的蒸馏水适用于软化点为 30～80℃的沥青，起始加热介质温度应为 5℃±1℃。

注：加热介质的起始温度影响实验结果的离散性。加热介质常温时，实验结果相对标准偏差较大，在 5℃时相对标准偏差较小。

b. 甘油适用于软化点为 80～157℃的沥青，起始加热介质的温度应为 30℃±1℃。

c. 为了进行比较，所有软化点低于 80℃的沥青应在水浴中测定，而高于 80℃的在甘油浴中测定。

五、实验步骤

① 按准备工作要求制备两个试样，试样放在试样环中。

② 松开上支架固定螺母把上支架轻轻向上提出，转动 180°，向下放在特制的支架上。

③ 将两个试样环分别小心放入中层板上的两个试样环孔中。

④ 用镊子将两只钢球定位器罩在两只试样环上，并把两只钢球放于试样环的中央。

注：试样的制备及放置是软化点测试成功和测试结果是否准确的关键步骤，必须严格按照国家有关标准规定的要求认真操作！

⑤ 在烧杯中放入 700mL 左右的蒸馏水或甘油，液面略低于立柱上的深度标记。

⑥ 把磁力搅拌子放至烧杯底部的中央位置。

⑦ 把装有两个试样环的上支架轻轻向上提起，转动 180°，轻轻放回烧杯中，把上支架的固定螺母拧紧。

⑧ 温度传感器线插头插入控制主体的插座上。

⑨ 温度传感器探头放入试验仪中层板的中间孔中。

⑩ 插上电源线，注意电源线的接地端应良好接地。需要接微型计算机时，用串口线把控制仪主体与微型计算机的串口插座（9 针）连好。

六、工作状态和时间设定

⑪ 通电：打开电源开关。这时电源指示灯亮，微型打印机指示灯亮，液晶显示器亮，界面如图 8-17 所示。仪器具有四种工作状态：低温、高温、数据打印、时间设定。

⑫ 低温状态：当试样的软化点在 80℃以下时，采用低温状态进行实验。

⑬ 高温状态：当试样的软化点在 80℃以上时，采用高温状态进行实验。

⑭ 数据打印状态：试样的软化点实验结束，在数据打印状态打印出实验结果。

⑮ 时间设定状态：在此状态下，可以通过“左移”“右移”“增加”“减少”键对时：分：秒和年：月：日进行设定。

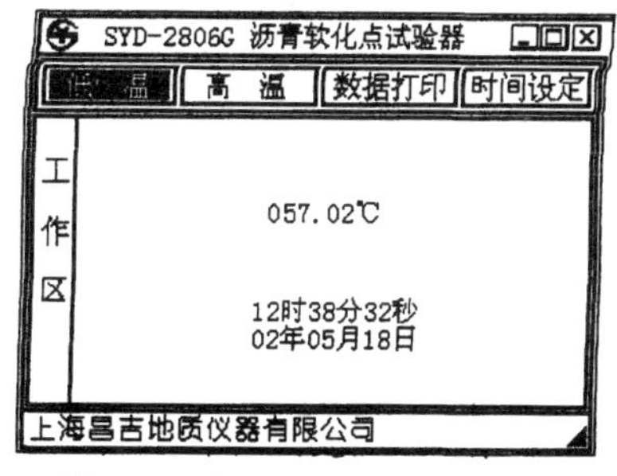

图 8-17　仪器通电后的工作状态

⑯ 工作状态选择：在开机或复位状态，按“左移”键或“右移”键，使光标左移或右移到某一工作状态，再按“确定”键，即进入该工作状态。例如，在开机或复位状态下，按“右移”键一次，光标移到高温位置，再按“确定”键，即进入高温工作状态。

⑰ 时间设定：在开机或复位状态下，按“左移”键一次或按“右移”键三次，使光标移到时间设定位置，再按“确定”键，即进入时间设定状态。

这时“年”字前的数字闪烁，按“增加”键数字增加，按“减少”键，数字减少。按“右移”键一次，“月”字前的数字闪烁。这时按“增加”键，数字增加，按“减少”键，数字减少。同样的方法，可对“日”“时”“分”“秒”的数字进行调整。调整完毕，按“返回”键退出。一般情况下，时间设定一次，以后就不必再进行时间设定。

1. 低温实验

当试样的软化点小于 80℃时，用此方法实验。

① 准备工作：同前。

② 按“搅拌”键，烧杯底部的搅拌子应转动，调节后面板上的调速旋钮，使搅拌子转动速度到理想位置。

注：如果不搅拌，由于上下水温传导有一个时间差，软化点的测定温度可能要比搅拌了的高约 1.5℃。如果使用搅拌器，软化点的测定值更准确。

③ 按“左移”或“右移”键，使光标在低温位置。在开机或复位状态，光标已在低温位置，可不按“左移”或“右移”键。

④“确定”键：仪器进入低温实验状态，在工作区内显示如图 8-18 所示。

a. 温度值为当前加热介质（这里是水）的实际温度。

b. 时间为进入低温实验状态的相对时间。

c. 最下一行是系统准备状态，表示低温实验处于准备状态，当温度升高 0.2℃时，工作区内显示如图 8-19 所示。

温度和时间显示与上面解释相同。

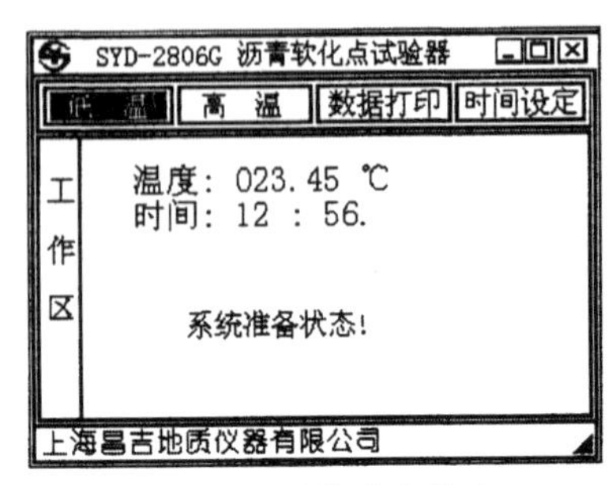

图 8-18 系统准备状态

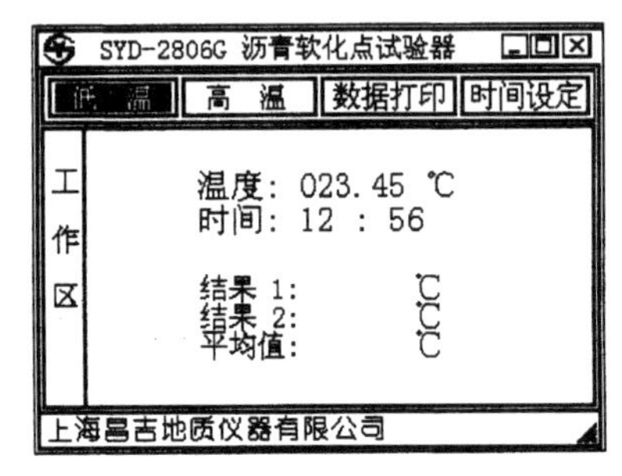

图 8-19 测试结果

- 结果 1：××℃位置，是用来显示第 1 个样品（右面一个）的软化点值。
- 结果 2：××℃位置，是用来显示第 2 个样品（左面一个）的软化点值。
- 平均值：××℃位置，是用来显示两个样品的平均软化点值。

注意：水浴升温速率为 5℃/min，否则应作废。软化点实验对试样的制备、升温速率以及温度测度的准确性等均很重要。例如，加热速率快，水浴升温就快，试样来不及同步升温，将出现软化点偏高的现象。

⑤ 当两个样品的软化点都测试出来后，仪器发出报警声，表示实验结束，显示器上将显示第 1 个试样（结果 1）和第 2 个试样（结果 2）的软化点以及两个试样的软化点平均值。

⑥ 按“复位”键，仪器进入复位状态。按“右移”键，使光标移到数据打印位置。按“确定”键，打印机自动打印出实验结果，如图 8-20 所示。

SYD-2806G沥青软化点试验器

样品号：________________

起始温度：036.5℃

软化点1：045.9℃
软化点2：045.7℃
平均值：045.8℃

测量人：________________

07年05月19日
12时13分

注：若测量结果中出现如右的显示结果，则本组实验失败，测量结果无效，以此类推。

软化点1：041.2℃
软化点1：000.0℃
平均值：000.0℃

图 8-20 打印机打印结果

打印完毕，按“返回”键或“复位”键，仪器又进入复位起始状态，如图 8-21。

注：若测量结果中出现如右的显示结果，则本组实验失败，测量结果无效，以此类推。

软化点1：041.2℃
软化点1：000.0℃
平均值：000.0℃

图 8-21

2. 高温实验

当试样的软化点大于 80℃时，用此方法实验，与低温实验类似。

七、实验结果

① 因为软化点的测定是条件性的实验方法，对于给定的沥青试样，当软化点略高于 80℃时，水浴中测定的软化点低于甘油浴中测定的软化点。

② 软化点高于 80℃时，从水浴变成甘油浴时的变化是不连续的。在甘油浴中所报告的最低可能沥青软化点为 84.5℃，而煤焦油沥青的最低可能软化点为 82℃。当甘油浴中软化点低于这些值时，应转变为水浴中的软化点，并在报告中注明。

将甘油浴软化点转化为水浴软化点时，石油沥青的校正值为－4.5℃，对煤焦油沥青为－2.0℃，采用此校正值只能粗略地表示出软化点的高低，欲得到准确的软化点应在水浴中重复实验。

无论在任何情况下，如果甘油浴中所测得的石油沥青软化点的平均值为 80.0℃或更低，煤焦油沥青软化点的平均值为 77.5℃或更低，则应在水浴中重复实验。

③ 将水浴中略高于 80℃的软化点转化成甘油浴中的软化点时，石油沥青的校正值为＋4.5℃，煤焦油沥青的校正值为＋2.0℃。采用此校正值只能粗略地表示出软化点的高低，欲得到准确的软化点应在甘油浴中重复实验。

在任何情况下，如果水浴中两次测定温度的平均值为 85.0℃或更高，则应在甘油浴中重复实验。

④ 精密度（95％置信度）。精密度见表 8-9。T0606—2011 的精密度规定与 GB 4507 不同，T0606—2011 是参考 ASTM 标准。T0606 规定如下：软化点小于 80℃时，重复性实验的允许误差为 1℃，再现性实验的允许误差为 4℃。软化点大于 80℃时，重复性实验的允许误差为 2℃，再现性实验的允许误差为 8℃。

表 8-9　精密度要求数据表

加热介质	沥青材料类别	软化点范围/℃	重复性（最大绝对误差）/℃	再现性（最大绝对误差）/℃
水	石油沥青、乳化沥青残留物、焦油沥青	30～80	1.2	2.0
水	聚合物改性沥青、乳化改性沥青残留物	30～80	1.5	3.5
甘油	建筑石油沥青、特种沥青等石油沥青	80～157	1.5	5.5
甘油	聚合物改性沥青、乳化改性沥青残留物等改性沥青产品	80～157	1.5	5.5

影响软化点的因素包括水浴温度、水浴时间、实验升温速度、实验方法等。软化点结果受温度的影响因素主要有：一是起始温度，当起始温度高时，对较稠硬的沥青基本无影响，对较软沥青结果则偏小；二是升温速度，升温速度快，结果偏大，反之则偏小。

⑤ 报告。取两个结果的平均值作为报告值。报告实验结果时，同时报告浴槽中所使用

加热介质的种类。原始记录数据可参考表 8-10。

表 8-10 沥青软化点测定原始记录

样品名称：__________；取样地点：__________；取样时间__________；

分析时间：__________；实验方法：__________；实验设备：__________

试样序号	结果 1/℃		结果 2/℃		平均值/℃	加热介质种类
	示值	修正值	示值	修正值		
1#						
2#						
重复性/℃						

分析者：__________；检查者：__________；班长__________；

八、注意事项

① 试验仪烧杯中无水时，切勿开机干试。当室温低于 0℃时，请将水槽内的水放尽，防止结冰损坏器件!

② 在测试阶段，不要轻易按“复位”键，否则程序将进入起始状态而导致实验失败。一旦按了“复位”键，测试必须重做。

③ 升温速率偏大，则软化点结果偏大，反之则偏小。

④ 为得到准确的测试结果，仪器应在室温小于 35℃且相对稳定，无空气对流现象的环境条件下使用。

⑤ 仪器在实验过程中，搅拌子的转速应调到合适的位置上，开始加热时，搅拌子的转速可以快一些，当水温接近软化点时（这时被测沥青试样开始向下鼓出），搅拌子的转速要调到很慢，甚至停止转动，这样可保证测试结果的准确。

⑥ 显示器显示的温度值可能与水银温度计读出的温度值有较大误差（大于±0.5～±1.0℃），这时，需进行标定。当仪器需要检定，或仪器经过长时间使用后，或仪器长期搁置未用在首次使用前，可以对仪器的温度进行重新标定。

⑦ 样品应不含水分和气泡。熔化后要搅拌均匀。黄铜环内表面不应涂隔离剂，以防试样脱落。试样应在空气中冷却半小时后，才用刀刮至与环面齐平，不许用火烤平。

九、思考题

1. 使用隔离剂的目的是什么?

2. 为何要用蒸馏水，且先要煮沸?

3. 影响沥青软化点测定的因素有哪些? 试样熔化时温度过高时对软化点的测定有何影响?

十、知识扩展

[1] GB/T 2294—1997 焦化固体类产品软化点测定方法.

[2] ASTM D2319/D2319M—2014 Standard Test Method for Softening Point of Pitch (Cube-in-Air Method) 沥青软化点的标准试验方法（空气中立方体法），测定软化点 80℃以上的沥青，软化点被定义为方块在加热炉中下降 60mm 时的温度.

[3] ASTM D61—15 Standard Test Method for Softening Point of Pitches (Cube-in-Water Method)，测定软化点 80℃以下的沥青，软化点被定义为方块在装水的玻璃容器中下

降 60mm 时的温度.

［4］ ASTM D3104—14a Standard Test Method for Softening Point of Pitches (Mettler Softening Point Method)、ASTM D3461-14 Standard Test Method for Softening Point of Asphalt and Pitch (Mettler Cup-and-Ball Method) 沥青软化点的标准试验方法（米勒杯球法）和 GB/T 26930.7—2014 原铝生产用炭素材料 煤沥青第 7 部分：软化点的测定（Mettler 法），测定软化点 50～180℃的沥青.

［5］ ASTM D3104—14a Standard Test Method for Softening Point of Pitches (Mettler Softening Point Method)，测定软化点 50～180℃的沥青.

［6］ 冯洁. 沥青软化点测定方法概况［J］. 炭素技术，1999，18（增刊）：27-31.

（昆明理工大学　李艳红执笔）

实验五十二　萘结晶点的测定
（参考 GB/T 3069.2—2005）

一、实验原理

原理：萘冷却时，温度逐渐下降，到一定温度时就开始有结晶体出现，由于放出结晶热，使温度稍有回升，达到最高点，并稳定片刻，然后继续下降，测量该最高点温度即为结晶点。

本方法适用于分馏高温煤焦油所得的含萘馏分，经洗涤、精馏制得的精萘、工业萘中结晶点的测定。

二、仪器与材料

（1）测定仪　河南海克尔仪器仪表有限公司生产的 HCR3069A 自动萘结晶点测定仪，如图 8-22 所示。测定试管如图 8-23 所示。

（2）熔萘试管　直径 35mm，高 100mm。

（3）干燥箱

（4）无水硫酸铜　化学纯，在 300℃高温炉中灼烧 3h，冷却后保存于干燥器中。

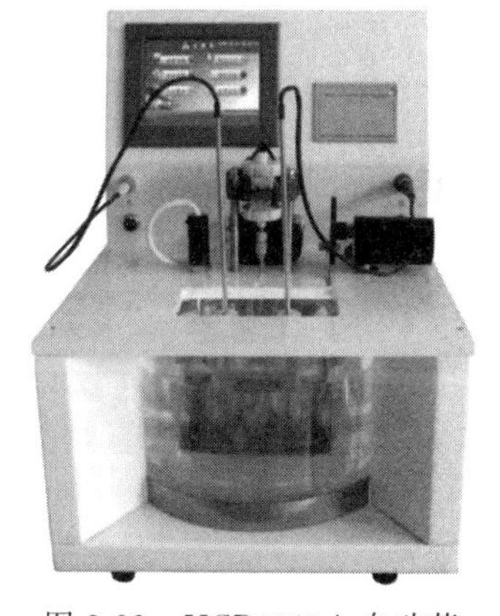

图 8-22　HCR3069A 自动萘结晶点测定仪

三、实验准备

① 固体萘试样的采取按 GB/T 2000 的规定进行；

② 液体萘试样的采取按 GB/T 2289 的规定进行。

四、实验步骤

① 称取试样 30～40g 置于熔萘试管中，然后将试管置于 85～90℃的恒温水浴中使试样完全熔化，称取 2g 无水硫酸铜加入熔萘试管中脱水，静止脱水 5min。

注：加入无水硫酸铜如果全部变蓝，应再加入无水硫酸铜脱水，直至加入无水硫酸铜不变色。

② 再将熔融试样迅速倒入已预热至 90℃的结晶点测定仪中，使试样达仪器刻线处，并立即用装有精密温度计的软木塞塞紧（温度计预热至 80～85℃），使精密温度计插至离萘结

晶点测定仪底 20mm 处。

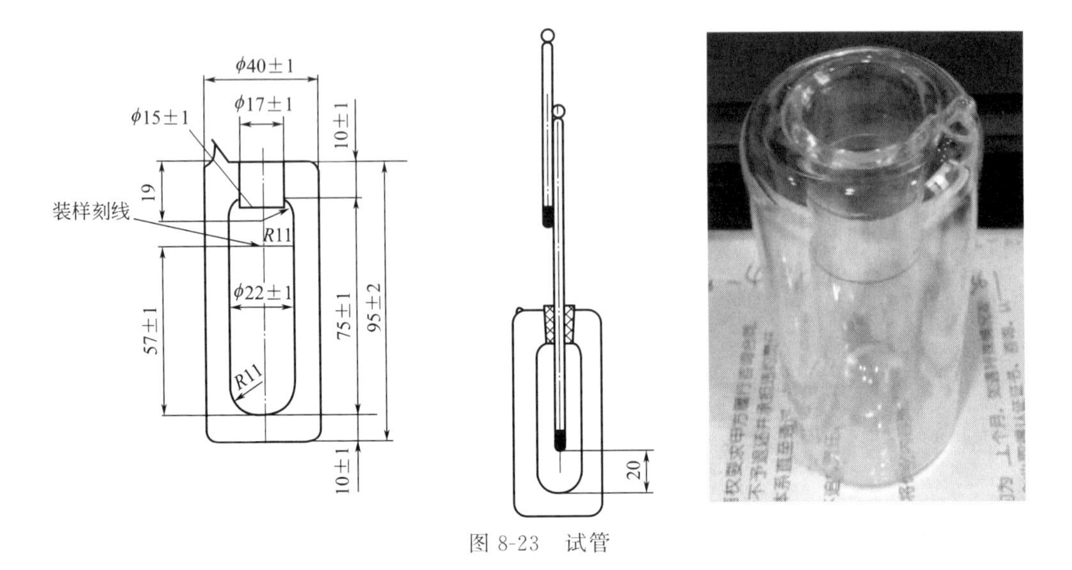

图 8-23 试管

按"搅拌"，仪器与水平成水平 45°、振幅 100mm，并每分钟 60 次摇动。将萘结晶点试管、温度传感器放入恒温在 90℃的烘箱中预热（此过程很重要），然后迅速将萘试样倒入结晶点试管中，放入仪器中，插好温度传感器。仪器恒温水浴的温度设定在比预期结晶点低 10～15℃。

③ 在实验前先对主机预热 3～5min，屏幕依次显示开机画面。3s 后弹出"主菜单"，如图 8-24。单击要设置或进入的项目，如单击"系统设置"出现如图 8-25 所示。

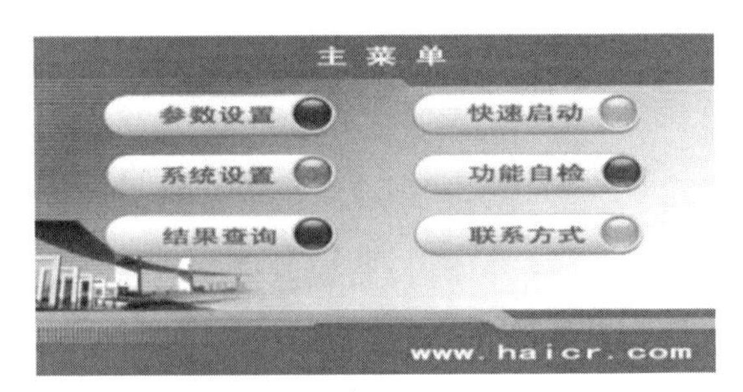

图 8-24

图 8-25

输入出厂密码"1234"单击"OK"进入"系统设置"，出现如图 8-26 所示。

注意："浴温校正""试样校正 A"与"试样校正 B"格式为"+0.0"或"−0.0"，最大校正范围"±9.9"出厂时已作校正。

"时间"如修改到"9 点 30 分 25 秒"，格式为"093025"，单击"OK"生效（"日期"修改同时间修改格式一样）。

输入错误按"CE"清除后重新输入。

数值修改完后按"保存"按键保存所有数据，单击" "返回到"主菜单"。

④"主菜单"下单击"功能自检"进入如图 8-27 自检界面：单击各按键打开或关闭相关功能，同时液晶屏左下角同步显示各功能，按" "键返回"主菜单"。

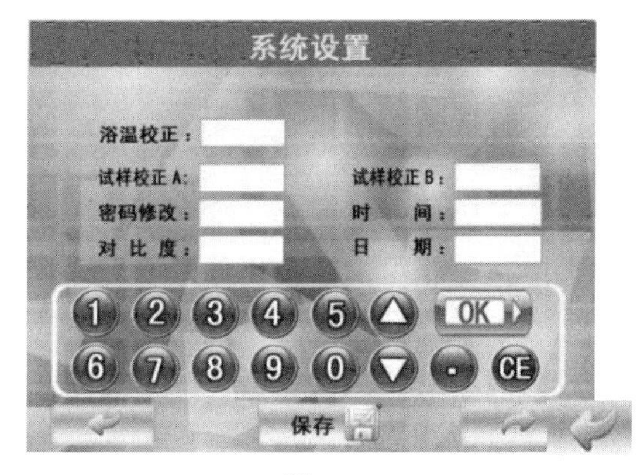

图 8-26

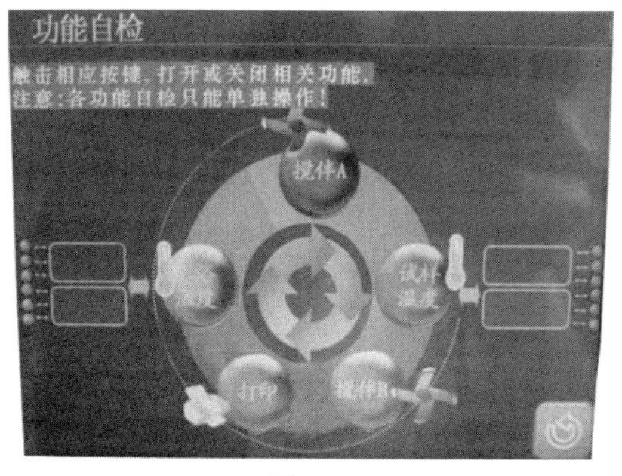

图 8-27

⑤“主菜单”下单击“参数设置”进入常规数据设置，如图 8-28。

“试样编号”：格式为 4 位数。

“预期结晶点”：格式固定为 5 位 ASCII 码，输入范围 0.0～64.0℃。

“采样时间”：多长时间采集一次温度，输入范围 1～10s。

“水浴温差”：“预期结晶点”减“水浴温差”即为水浴所要控制的温度，输入范围 1～10℃。

“稳定系数”：为判断结晶点程序计算，输入范围 10～300s，根据样品特性设定。按“启动”键可直接进入运行界面，如图 8-29。

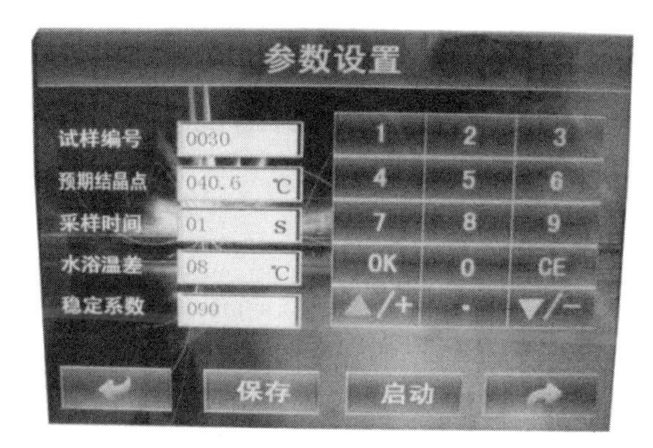

图 8-28

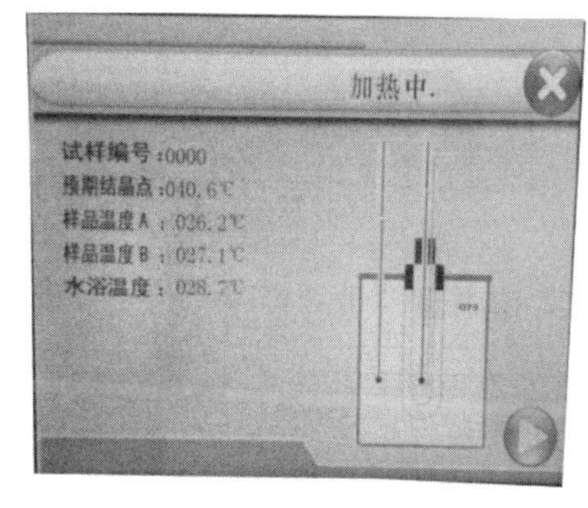

图 8-29

⑥“主菜单中”按“快速启动”键进入图 8-29 运行界面。

在此界面下，仪器开始自动加热恒温。待温度恒定后按“▶”仪器开始进入图 8-30 界面，仪器按照设定的采集时间间隔，分别采集两路样品的降温温度，并画曲线。当某路找到结晶点后，把当前的温度锁定在屏右边，并发出短暂的报警声；两路都找到结晶点后报警声变得很急促，并自动打印实验报告，同时保存为历史数据。

⑦ 图 8-31 为单击“历史数据”后进入的历史数据界面，选中结果行后本行反色显示即为选中，可打印本行数据。共保存 200 个实验数据，并且循环覆盖保存。

五、精密度

重复性实验结果之差不得超过 0.05℃。

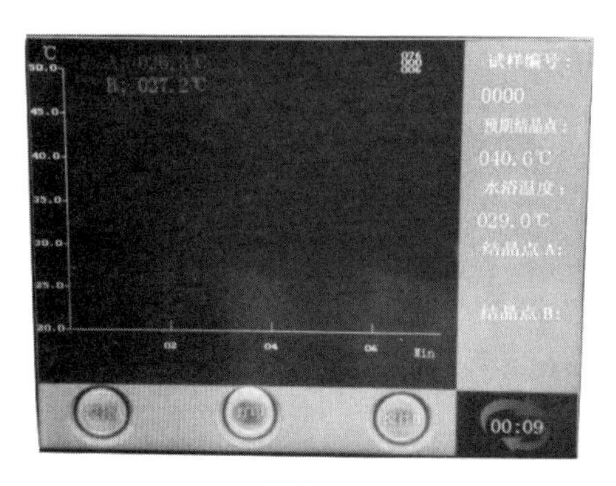

图 8-30

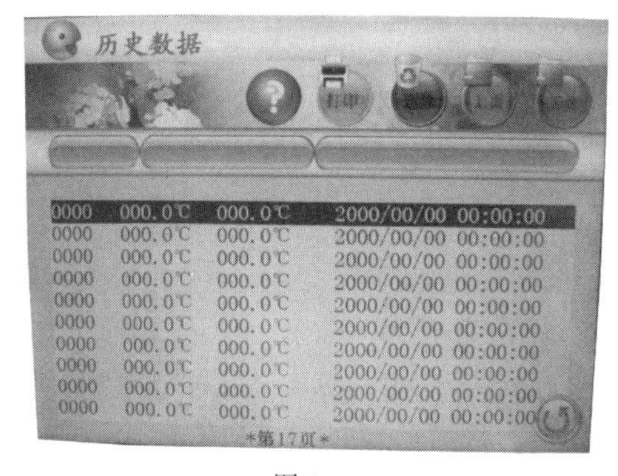

0000	000.0℃	000.0℃	2000/00/00 00:00:00
0000	000.0℃	000.0℃	2000/00/00 00:00:00
0000	000.0℃	000.0℃	2000/00/00 00:00:00
0000	000.0℃	000.0℃	2000/00/00 00:00:00
0000	000.0℃	000.0℃	2000/00/00 00:00:00
0000	000.0℃	000.0℃	2000/00/00 00:00:00
0000	000.0℃	000.0℃	2000/00/00 00:00:00
0000	000.0℃	000.0℃	2000/00/00 00:00:00
0000	000.0℃	000.0℃	2000/00/00 00:00:00
0000	000.0℃	000.0℃	2000/00/00 00:00:00

图 8-31

六、知识扩展

[1] GB/T 3069.2—2005 萘结晶点的测定方法.
[2] GB/T 3145—1982 苯结晶点的测定法.
[3] GB/T 3710—2009 工业酚、苯酚结晶点测定方法.
[4] GB/T 7533—1993 有机化工产品结晶点的测定方法.
[5] YB/T 5171—2016 木材防腐油试验方法 40℃结晶物测定方法.
[6] GB/T 24206 洗油 15℃结晶物的测定方法.
[7] GB/T 6706—2005 焦化苯酚水分测定 结晶点下降法.

（昆明理工大学 李艳红；河南海克尔仪器仪表有限公司 彭广执笔）

实验五十三 焦化黏油类产品馏程的测定
（参考 GB/T 18255—2000）

一、实验原理

在实验条件下，蒸馏一定量试样，按规定的温度收集冷凝液，并根据所得数据，通过计算得到被测样品的馏程。

本方法适用于焦化洗油、木材防腐油、炭黑用焦化原料油、蒽油、燃料油等焦化黏油类产品馏程的测定。

二、仪器与材料

1. 测定装置

河南海克尔仪器仪表有限公司生产的 HCR18255 焦化黏油馏程测定装置，如图 8-32 所示。

2. 其他材料

托盘天平：最大称量 500g，感量 0.5g。

烧杯：100mL。

三、实验步骤

① 准确称取水分含量小于 2%的均匀试样 100g（准至 0.5g）于干燥、洁净并已知

质量的整理瓶中（洗油用102mL量筒取101mL注入蒸馏瓶中）。用插好温度计的塞子塞紧盛有试样的整理瓶，使温度计和蒸馏瓶的轴线重合，并使温度计水银球的中间泡上端与蒸馏瓶支管内壁的下边缘在同一水平线上。将蒸馏瓶放入保温罩内，用软木塞将其与空气冷凝管紧密相连，支管的一半插入空气冷凝管内，使支管与空气冷凝管平衡，盖上保温罩盖，在空气冷凝管末端放置已知质量的烧杯（洗油用下异径量筒）作为接收器，全部装置如图8-32所示。

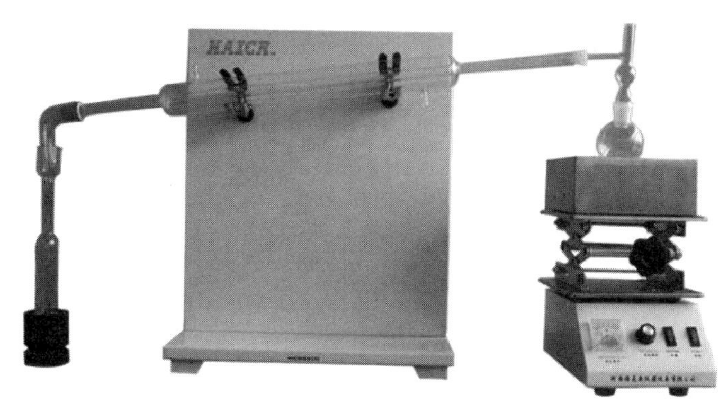

图8-32 焦化黏油类产品馏程测定仪

② 用电炉缓慢加热进行脱水，在150℃前将水脱净，并调节电压使之在15～25min内初馏。

③ 蒸馏达到初馏点后，使馏出液沿着量筒壁流下，整个蒸馏过程流速应保持在4～5mL/min。

④ 蒸馏达到试样技术指标要求的温度（经补正后的温度）时，读记各点馏出量，当达到技术指标最终要求时，应立即停止加热，撤离热源，待空气冷凝管内液体全部流出，冷却至室温时读记馏出量。各点馏出量，体积读准至0.5mL，质量称准至0.5g。

⑤ 蒸馏中，空气冷凝管内若有结晶物出现时，应随时用火小心加热，使结晶物液化而不汽化，顺利地流下。

四、温度补正

① 馏出温度按式（8-6）进行补正。

$$t=t_0-t_1-t_2-t_3 \tag{8-6}$$

$$t_2=0.0009(273+t_0)(101.3-p) \tag{8-7}$$

$$t_3=0.00016H(t_0-t_B) \tag{8-8}$$

式中 t——补正后应观察的温度，℃；

t_0——标准上规定的应观察温度，℃；

t_1——温度计校正值，℃；

t_2——气压补正值，℃；

t_3——水银柱外露部分温度的补正值，℃；

t_B——附着于1/2H处的辅助温度计温度，℃；

H——温度计露出塞上部分的水银柱高度，以度数表示，℃；

p——实验时大气压力，kPa。

② 实验时大气压力在（101.3±2.0）kPa时，馏程温度不需进行气压补正。

五、实验结果

1. 各段干基馏出量

干基馏出量 $X(\%)$ 按式(8-9) 计算。

$$X(\%)=\frac{V-W'}{100-W'}\times 100 \tag{8-9}$$

式中 V——馏出量，mL 或 g；

W'——蒸馏试样的水分含量，mL 或 g。

2. 精密度

重复性不大于 1.5%。

3. 实验记录，可参考表 8-11

表 8-11 馏程实验记录表

样品名称		样品编号		水含量 W'	mL 或 g
使用仪器号		环境条件	大气压 p kPa;温度 ℃;湿度 %		
温度计校正值 t_1/℃		气压补正值 t_2/℃	$t_2=0.0009(273+t_0)(101.3-p)=$		
标准规定应观察温度值 t_0/℃		补正后应观察温度 t/℃	$t=t_0-t_1-t_2=$		
实验次数	1	2	实验次数	1	2
开始时间			结束时间		
初馏点时间			初馏点/℃		
干点/℃			执行标准		
温度 t/℃			馏出量/(mL 或 g)		
温度 t/℃			馏出量/(mL 或 g)		
温度 t/℃			馏出量/(mL 或 g)		
温度 t/℃			馏出量/(mL 或 g)		
温度 t/℃			馏出量/(mL 或 g)		
备注					
测定人		审核人		日期	

六、知识扩展

[1] GB/T 18255—2000 焦化粘油类产品馏程的测定.

[2] GB/T 2282—2000 焦化轻油类产品馏程的测定.

[3] YB/T 4493—2015 焦化油类产品馏程的测定 自动馏滴法.

（昆明理工大学 李艳红执笔）

实验五十四　焦炭反应性及反应后强度测定（参考 GB/T 4000—2017）

一、实验原理

焦炭反应性及反应后强度是评价冶金焦在高炉内行为的重要指标，比焦炭冷强度更真实地反映焦炭的骨架作用。称一定量制备好的焦炭试样，置于反应器中，与 CO_2 在（1100±5）℃反应 2h，以焦炭质量的损失百分比表示焦炭反应性（Coke Reactivity Index，CRI）。反应后焦炭经Ⅰ型转鼓实验后，以大于 10mm 粒级占反应后的质量分数表示焦炭反应后强度（Coke Strength After Reaction，CSR）。

二、实验仪器

星源达 SYD-224 焦炭反应性测定仪，如图 8-33 所示。它能实现自动升温恒温、气体自动切换、自动流量控制与自动装出炉等功能。图 8-34 是炉体部分的详细介绍，图 8-35 是控制仪等部件介绍。

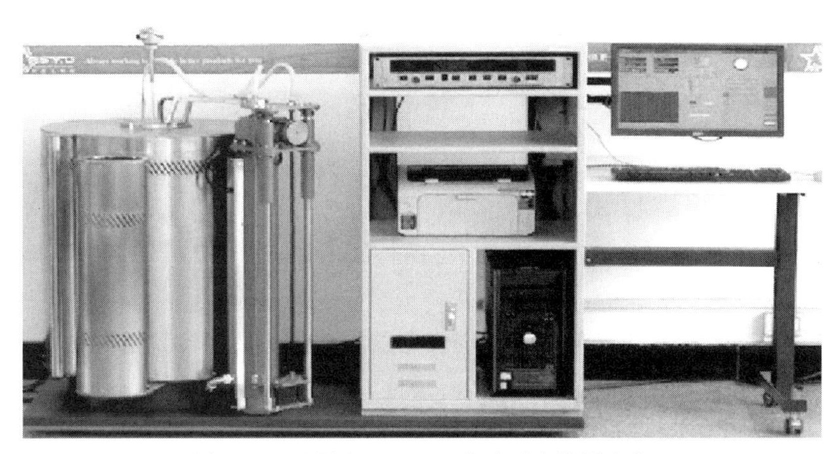

图 8-33　星源达 SYD-224 焦炭反应性测定仪

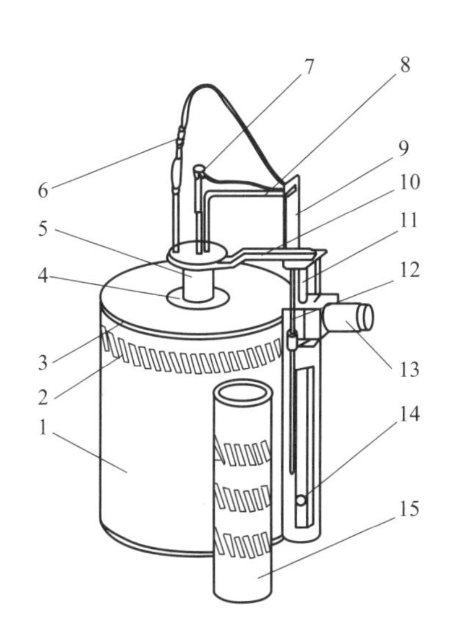

图 8-34　仪器炉体部分

1—炉体；2—散热孔（仅对 T2XX 系列）；3—炉体上盖；4—炉口法兰；5—反应器；6—进气管；7—热电偶；8—排气管；9—支架；10—反应器托架；11—垂直运动丝杆；12—垂直运动滑杆；13—垂直运动电机；14—装出炉控制线插座；15—反应器支架

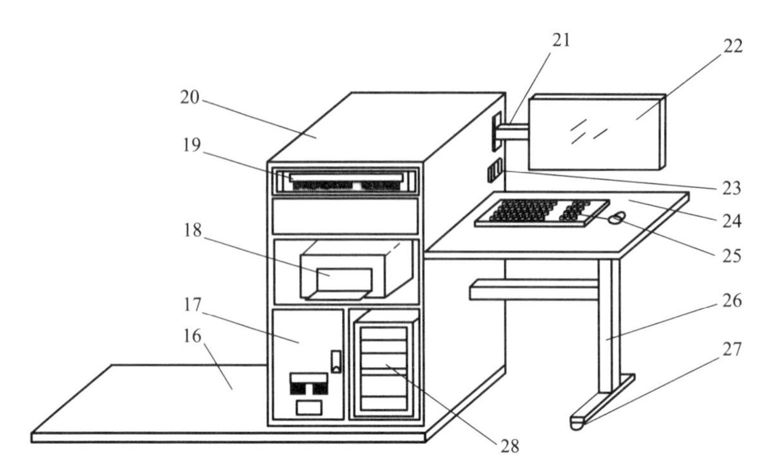

图 8-35　控制仪部分

16—底面台；17—配气柜；18—打印机或其安装位置；19—控制仪或其安装位置；20—通用系统柜；21—显示器旋转架；22—液晶显示器；23—总电源开关；24—小桌面；25—键盘鼠标；26—桌腿；27—滑轮；28—电脑主机或其安装位置

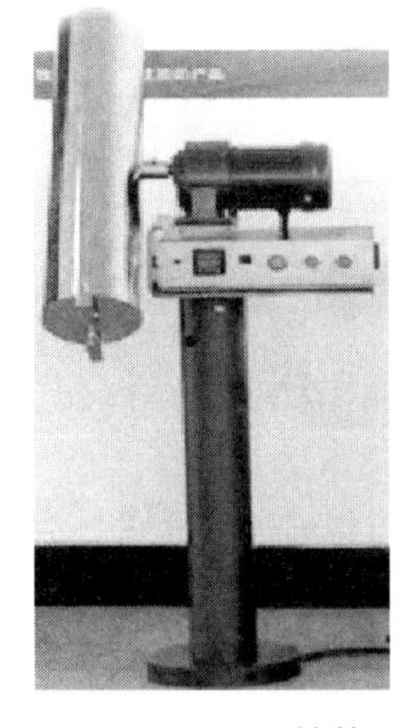

图 8-36　Ⅰ型转鼓

本实验中的Ⅰ型转鼓采用的是星源达 SYD-F03 型转鼓，如图 8-36，面板上数字控制器的使用方法如下：

转鼓转数调整：按位选键，按一次，数码管位移动一位，调整到需要改动的数位上，按动增加键，增加的数字会在 0～9 之间循环显示，当调整需要的数字后，等待 8s 左右，设定的数值即存入仪表。

按控制仪面板上的复位按钮，再按启动按钮，转鼓开始运转，计数脉冲数值会在数字控制器上行显示，而下面一行显示的是设定的转数。

当运转的转数与设定的转数相等后，转鼓将自动停止。

三、试剂和材料

（1）氮气　纯度≥99.99％，干燥。

（2）二氧化碳气体　纯度≥99.5％，干燥，其中氧气的浓度<0.01％。

（3）干燥箱　最高使用温度 300℃。

（4）高铝球　直径 20mm。

（5）圆孔筛　直径 25mm、23mm、10mm 各一个。

（6）天平　最大称量 500g，感量 0.5g。

四、准备工作

1. 样品制备

① 按 GB/T 1977 规定的取样方法，取不小于 25mm 的焦炭 60kg，完全弃去气孔大、成蜂窝状的泡焦和带有黑头、不完全是灰色的炉头焦。实验焦炉的焦炭可用大于 40mm 粒级的焦炭直接制样。

② 将上述焦炭修整成颗粒状（近似直径小于 25mm 且大于 23mm 的圆球），用 25mm 和 23mm 孔径的物料筛筛分，取 23mm 物料筛上的试样，制成 23～25mm 的近似球形颗粒，如果用机械制样按照 YB/T 4494 的要求执行。

③ 将上述制好的颗粒用缩分器缩分出 900g，放入热循环鼓风干燥箱内，加热至 175～180℃后干燥 2h，再用 23mm 和 25mm 筛子筛分，去除黏着在焦块上的焦粉。

④ 用四分法将上述试样分成 4 份，每份试样不少于 220g，装入密封的干燥器中备用。

2. 反应前准备工作

① 检查工具是否齐全，气体管路、供气箱缓冲瓶盖是否漏气，干燥剂是否正常。

② 检查炉体电动部分是否有其他障碍物，或在运动轨迹上的其他无关物件。

③ 检查反应器托架是否因长期使用出现严重变形。

④ 检查气体管路是否有与电动执行机构发生缠绕的可能，若存在此种情况，必须先整理好气体管路。

⑤ 检查仪器是否正常。

⑥ 气瓶内有足够一批次反应实验所需的气体（气瓶要保留 0.5MPa 瓶压，便于再次填装安全性）。

五、实验步骤

① 将干燥好的物料称取（200±2g），精确到 0.1g，放入反应器并记录好焦炭的质量。注意要确保反应器内的焦炭层处于电炉恒温区中部。

② 上好反应器的法兰盖子，要上严紧，以防止漏气。若盖子有变形不可以强行上紧，此时应进行更换或修整再用。（注意不要强行上盖子，防止热电偶套管变形，使热电偶不能测到试样中心温度，甚至折断热电偶。）

③ 将电动反应器托架手动控制运动到炉膛口正上方，然后将反应器放入炉膛，确保反应器上端口法兰正好落入托架上，并稳定，放入反应器时动作要轻，不能过度撞击托架。

④ 连接好进出气管，检查气路的密封性。注意需要将出气管稳定地放在室外，以便将反应尾气排出。实验过程中要保持实验室内空气流通。

⑤ 接通电源，开气瓶阀门，分别将 CO_2 和 N_2 输出压力保持在 0.2～0.25MPa。

⑥ 开启焦炭热反应性控制仪电源，打开计算机显示器电源，然后开启计算机主机电源，登录后进入控制系统操作界面，如图 8-37 所示。

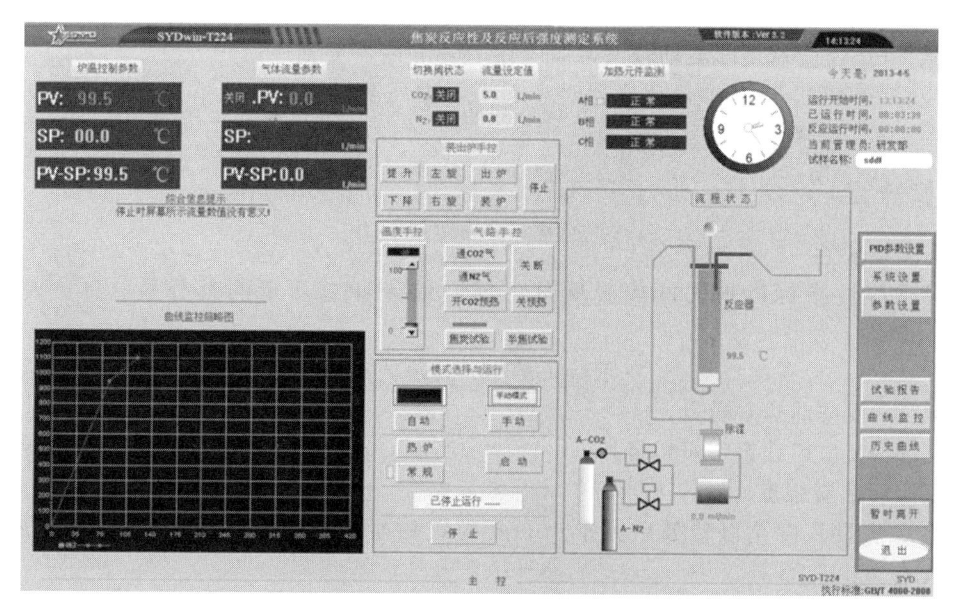

图 8-37　控制系统操作界面

⑦ 检查焦炭热反应性控制仪的温控方式、CO_2 预热控制和气路转换流量控制都处于自动状态。

⑧ 控制系统面板模式选择与运行项内自动按钮，然后点启动即可。

⑨ 系统已设定好参数，只需监控控制系统显示的各项 PV 值、SP 值、PV-SP 值、各阶段气体通入情况是否符合规定参数，温度按设定程序呈上升状态，且温度达到 1100℃ 的反应阶段其波动范围应在±5℃以内。

⑩ 控制温度升至 400℃ 时，自动切换 N_2（0.8L/min）对试样进行保护，对其进行确认。

⑪ 控制温度升至 1050℃左右，自动开启 CO_2 预热装置，对其进行确认。

⑫ 控制温度升至 1100℃稳定 10min 后，自动切断 N_2，并切换 CO_2（5.0L/min）与试样反应 2h，对其进行确认。

⑬ 反应结束后，将自动停止升温，自动关闭 CO_2 并切换 N_2（2.0L/min）保护，人工拿出反应器放在支架上冷却至 100℃以下，出样。

⑭ 关闭气源 CO_2 和 N_2。

⑮ 把反应器内的所有物料倒入盘中，称量反应后试样，精确到 0.1g，记录数据。

⑯ 转鼓测定

a. 开启电源并确认鼓内无残余物料。

b. 将 16 步骤称量好的所有反应后试样全部放入 Ⅰ 型转鼓机，以 20r/min 的转速转 30min，共转 600r。

c. 停止后，倒出全部试样，用 10mm 孔径物料筛筛分，称量筛上物质量，精确到 0.1g，并记录。

六、注意事项

① 控制仪面板上的开关日常工作中均处于自动状态。

② 当转鼓自动计数过程中发生丢转数，即转鼓实际转速大于数字所记录转速的情况，可能是转鼓与电机轴端连接处发生松动导致鼓体远离检测传感器，适当调近鼓体与检测传感器的位置然后拧紧鼓体螺栓即可。

③ 通 CO_2 反应后温度波动较大，但应在 10min 内恢复到（1100±5)℃。

④ 反应结束后，人工取出反应器时小心不要被高温烫伤，小心不要折断热电偶，同时还要注意气体管路不要接触反应器表面。

七、数据计算

1. 焦炭反应性

焦炭反应性指标以损失的焦炭质量占反应前焦样总质量的百分数（%）表示，按式(8-10) 计算。

$$\mathrm{CRI}=(m-m_1)/m\times 100 \tag{8-10}$$

式中 m——反应前焦炭质量，g；

m_1——反应后残余焦炭质量，g。

2. 反应后焦炭强度

反应后焦炭强度是以转鼓后大于 10mm 粒级焦炭占反应后残余焦炭的质量分数表示（%），按式(8-11) 计算。

$$\mathrm{CSR}=m_2/m_1\times 100 \tag{8-11}$$

式中　m_2——转鼓后大于10mm粒级焦炭试样质量，g；

m_1——反应后残余焦炭质量，g。

3. 实验结果

均取平行实验的算术平均值，保留到小数点后一位。

八、精密度

焦炭反应性和反应后强度的平行实验重复性不得超过下列数值：

CRI：$r \leqslant 2.4\%$；CSR：$r \leqslant 3.2\%$

九、数据记录与报告

焦炭反应性及反应后强度实验记录见表8-12。

表8-12　焦炭反应性及反应后强度实验报告

<table>
<tr><td>样品批号及样品名称</td><td colspan="3"></td><td>备注</td></tr>
<tr><td>操作者及实验日期</td><td></td><td>开始实验时间</td><td></td><td rowspan="8"></td></tr>
<tr><td>开通 CO_2 时间</td><td></td><td>结束实验时间</td><td></td></tr>
<tr><td>试样质量/g</td><td></td><td>试样粒数/粒</td><td></td></tr>
<tr><td>反应后焦炭质量/g</td><td></td><td>反应性 CRI/%</td><td></td></tr>
<tr><td>反应后试样粒数/粒</td><td></td><td>转鼓后试样粒数/粒</td><td></td></tr>
<tr><td>转鼓后焦炭质量/g</td><td></td><td>反应后强度 CSR/%</td><td></td></tr>
<tr><td>反应性平均值/%</td><td colspan="2"></td><td rowspan="2">备注</td></tr>
<tr><td>反应后强度平均值/%</td><td colspan="2"></td></tr>
</table>

十、思考题

1. 测定焦炭反应性及其反应后强度的意义是什么?
2. 如何检测气路的气密性?
3. 焦炭的冷强度是如何测定的?

十一、知识扩展

［1］　智红梅. 提高焦炭反应性测定结果准确性方法探究［J］. 煤炭技术，2018，37（5）：310-313.

［2］　杨立新，李铁，高云祥. 动态失重法焦炭反应性测定装置的研发［J］. 昆钢科技，2015，3：1-4.

［3］　张荣江. 影响焦炭反应性及反应后强度测定结果的因数［J］. 广州化工，2017，45（10）：126-128.

（中国科学院山西煤炭化学研究所　郭振兴、白宗庆执笔）

第九章 煤化工工艺实验

煤焦化及下游电石、乙炔，煤气化中的合成氨等都属于传统煤化工，而煤气化制醇醚燃料甲醇制烯烃、煤制天然气、煤液化、煤制芳烃则是现代新型煤化工领域。炼焦是煤化工中应用最早的工艺，煤的气化在煤化工中占有重要地位。化工专业认证标准和国家专业标准中都特别重视综合性和设计性实验，以培养学生的综合能力。本章包括炼焦配煤、煤热解、煤的气化、水煤气变换反应、合成气制甲醇、甲醇制二甲醚等工艺性实验。

实验五十五 40kg 小焦炉实验

一、实验目的

根据焦炭质量要求、煤炭与焦炭质量关系、单种煤与配合煤质量关系，确定合理的配煤方案，掌握 40kg 实验焦炉的炼焦操作过程，完成相应的操作训练。

二、实验原理

将炼焦煤置于焦炉炭化室内，隔绝空气高温加热释放出水分和吸附气体，随后分解产生煤气和焦油等，剩下以碳为主体的焦炭。这种煤热解过程通常称为煤的干馏。煤的干馏分为低温干馏、中温干馏和高温干馏三种。它们的主要区别在于干馏的最终温度不同，低温干馏在 500～600℃，中温干馏在 700～800℃，高温干馏在 900～1000℃。目前的炼焦炉绝大多数属于高温炼焦炉，主要生产冶金焦、炼焦化学产品。

炼焦煤生成焦炭具有下列特性：当煤料被加热到 400℃左右，就开始形成熔融的胶质体，并不断地自身裂解产生出油、气，这类油、气经过冷凝、冷却及回收工艺，得到各种化工产品和净化的焦炉煤气。当温度不断升高，油、气不断放出，胶质体进一步分解，部分气体析出，而胶质体逐渐固化成半焦，同时产生出一些小气泡，成为固定的疏孔，当温度继续升高，半焦继续收缩气体的释放，最后生成焦炭。

三、实验仪器与材料

1. 仪器

实验采用鞍山市科翔仪器仪表有限公司生产的 KXJL-HZ-40 环保型荷重实验焦炉。该焦炉能够调节干馏过程试样荷重，模拟不同容积的焦炉的煤饼的纵向压力；该设备可回收干馏过程中产生的副产品油气，因此也可在此设备的基础上完成产品的实验检测。

（1）基本参数

① 设备尺寸：4000mm×1200mm×2800mm；

② 使用电源：380V，三相四线制；

③ 用电功率：24kW。

（2）设备结构　设备结构如图 9-1、图 9-2 所示。

图 9-1　实验焦炉

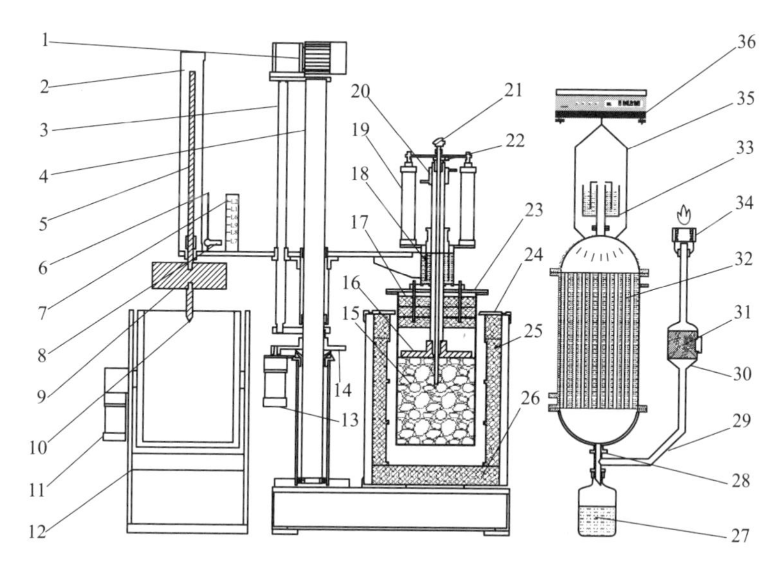

图 9-2　实验焦炉主体结构详图

1—升降电机；2—捣固气缸；3—升降丝杠；4—升降导柱；5—导杆滑块；6—接近导板；7—密度标尺；8—接近开关；9—捣固锤头；10—热电偶导杆；11—翻罐电机；12—捣固机座；13—旋转电机；14—旋转齿轮；15—配煤试样；16—荷重压头；17—锆纤保温；18—密封水套；19—荷重气缸；20—循环水套；21—煤饼电偶；22—测力垫圈；23—干馏罐体；24—焦炉壳体；25—电加热套；26—保温底座；27—煤焦油瓶；28—排放阀门；29—煤气管道；30—吸附罐体；31—吸附材料；32—列管冷凝；33—称量密封；34—煤气点火；35—称量吊挂；36—电子称量

(3) 40kg实验焦炉系统构成、功能与技术规格

① 干馏煤甑(盛装配煤式样)

煤甑材质:2520耐热不锈钢;有效容积:Φ361mm×620mm;装样能力:10kg、20kg、30kg、40kg;使用温度:≤1150℃。

② 荷重机构(对煤饼干馏结焦过程施加压力)

a. 施荷方式:气动施压(2-TSC63×200标准气缸);

b. 施荷能力:0～500kg连续可调;

c. 施荷精度:500kg±100g;

d. 施荷元件:EVT14T1型垫片式压力传感器+数显仪表;

e. 施荷控制:根据用户需要,实验前可进行设定。

③ 炉体参数(煤饼加热干馏结焦控制)

a. 炉膛尺寸:Φ420mm×750mm;

b. 加热元件:Φ2mm铁铬铌螺旋加热体;

c. 加热方式:三段独立控温;

d. 炉衬结构:螺旋加热体镶嵌式含锆纤维电加热套;

e. 加热功率:6kW×3=18kW;

f. 最高温度:1200℃;

g. 控温方式:计算机任意给定,程序控制。

④ 升降旋转机构(盛样煤甑、荷重总成、捣固总成变位)

a. 升降方式:丝杠+导柱电动方式;

b. 升降电机:SZG30-F-0.75KW型空心轴电机;

c. 升降高度:800mm;

d. 旋转方式:对齿轮驱动结构;

e. 旋转电机:200W-JSCC精研可逆电机;

f. 旋转角度:±180°。

⑤ 自动捣固机(煤饼密度自动捣固)

a. 捣固方式:气锤捣固;

b. 气动元件:TSC100mm×800mm标准气缸;

c. 捣固强度:上下接近开关80～180mm范围限位调节(捣固密度高加大锤击距离);

d. 捣固密度:煤饼捣固密度达到设定值时,捣固限位切断,捣固程序自动停止;

e. 捣固控制:当煤饼密度达到设定值时,捣固停止,锤头返回上限位。

⑥ 翻转机构(包括捣固机座、成焦出甑)

a. 捣固机座:煤饼捣固时,保证焦罐摆放平稳;

b. 成焦出罐:设电动翻转机构,将熄焦后的成焦导出罐外。

⑦ 冷凝机构(见图9-3)

a. 冷凝方式:列管式冷凝器,规格 ϕ25mm×600mm×61根;

b. 冷凝能力:冷凝面积为2.64m^2;

c. 循环冷水:温度控制在(10±1)℃,确保煤焦油与煤饼配水全部冷凝回收;

d. 循环热水:温度控制在(65±1)℃,挂壁煤焦油清壁处理;

e. 吸附罐体:未完全冷凝回收的煤焦油微细雾珠二次吸附回收;

f. 吸附材料:脱脂棉(每次实验称量、更新);

g. 点火装置:配电子点火器,将干馏过程产生的煤气点燃,环保排放;

h. 称量机构：将冷凝回收的煤焦油质量传送计入计算机自动处理。

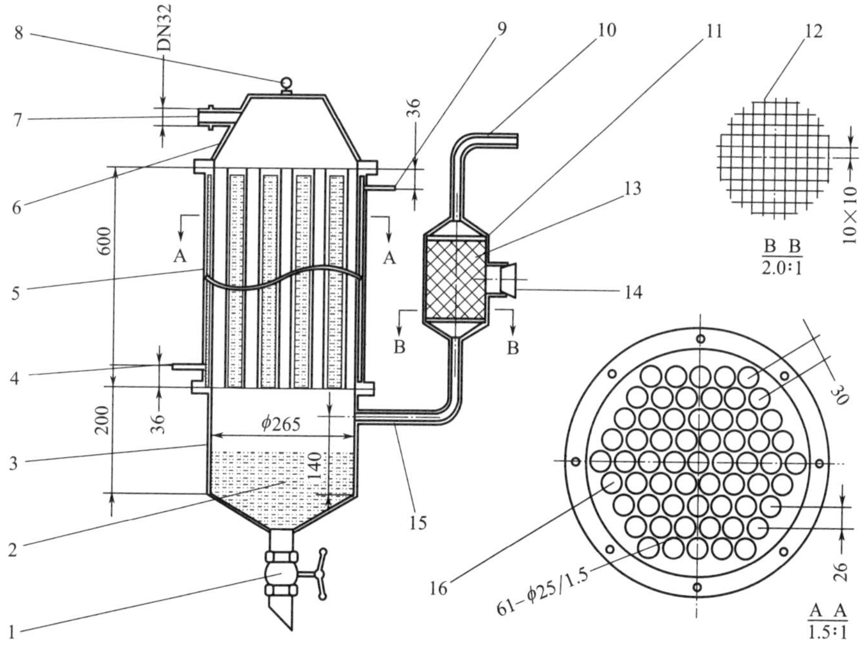

图 9-3　40kg 环保型荷重实验焦炉冷凝机构

1—焦油排放阀；2—冷凝收集物；3—焦油收集罐；4—进水口；5—冷凝器；6—均压室；7—油气入口；8—称量吊钩；9—出水口；10—净煤气出；11—吸附罐；12—不锈钢网；13—吸附棉；14—操作胶塞；15—半净煤气管；16—冷凝管

2. 材料

炼焦所需的原料煤，主要是气煤、肥煤、焦煤、1/3 焦煤、瘦煤。

四、准备工作（以 40kg 干基配煤为例）

1. 炼焦煤的准备

（1）煤样粉碎、配合的主要指标

一次装煤量：44kg（干基）；配合煤细度：75%～80%（<3mm）；配合煤水分：10%；配合煤中各单种煤的配入量应以干基计算，否则影响配煤比的准确性。

（2）粉碎操作

① 将水分 4%～6%的洗精煤 3～5kg 送入锤式粉碎机加料斗中（煤水分过高，应适当晾干；水分过低，应适当添加水分），“冲洗”机器，弃去“冲洗”煤料后，再开、停几次机器，以排出机器内滞留煤料，然后进行试粉碎。

② 在试粉碎过程中，取有代表性的煤样，用筛孔 ϕ3mm 的筛子做细度实验，并根据实验结果调整粉碎条件，待条件满足后进行连续粉碎。

③ 粉碎结束后停机，清扫粉碎机，并将粉碎后的煤样妥善保存。

④ 按 GB/T 475—2008《商品煤样人工采取方法》及 GB/T 477—2008《煤炭筛分试验方法》煤样的制备方法化验及筛分试样。

（3）配煤操作

测定各单种煤的全水分，测定方法按 GB/T 211—2017《煤中全水分的测定方法》中的方法进行。

根据配煤比和单种煤全水分含量，计算出每种煤的实际配入量，计算方法如式(9-1)：

$$G_x^y = \frac{Q_x}{100 - W_x^y} \times 44 \tag{9-1}$$

式中 G_x^y——单种煤实际配入量（湿基），kg；

Q_x——单种煤配比，%；

W_x^y——单种煤全水分含量，%；

44——40kg 焦炉一次装煤量（干基），kg。

根据配煤比、单种煤全水分含量及配合煤的总水分含量计算出应往配合煤中加入的水量：$W = 48.89 - \Sigma G_x^y$（kg）。

分别准确称取具有代表性的各单种煤配入量 G_x^y，准确至 0.05kg，混合后，将应加入的水用喷壶均匀地喷洒在煤料中，边喷边混三次，然后用铁锹将煤堆拍实，放置 10～20min 后，再混两次即可装炉。

从装炉煤中，按煤样缩分方法缩分出供化验用煤样、筛分及全水分煤样。

2. 捣固密度校准（每月定期校准）

① 将标高为 400mm 的校正钢管置入干馏反应罐内（中心）；

② 启动[捣固旋转]按钮控制捣固锤头旋转至捣固位置；

③ 启动[锤头下降]按钮控制捣固锤头下降，恰好落在校正钢管上表面；

④ 调整密度挡块高度对准密度标尺刻度为 1.0 处把紧（固定不动）；

⑤ 将密度限位开关由下向上移动，恰好处于亮灯时把紧（刻度为 1.0）；

⑥ 密度变化时，仅将密度限位开关对准需要的密度即可。

五、实验步骤

1. 煤饼捣固操作

① 将 44kg 配煤试样装入干馏罐体内，料面上表面播平；

② 调整接近开关将其对准密度标尺本次实验需要的捣固密度刻度；

③ 将导轨滑杆上的锁定滑块释放（捣固锤头解锁）并对准捣固限位下限；

④ 电动操作将捣固锤头运行到捣固限位点（捣固锤头对准干馏罐口）；

⑤ 启动[自动捣固]按钮，捣固过程开始运行，按设定的捣固强度捣固；

⑥ 当煤饼密度达到设定值时，捣固过程自动结束，捣固锤头自动返回上限位；

⑦ 将荷重机构总成与干馏罐体密封把接待命。

2. 干馏罐体入炉操作

① 按[上升]钮，升降电机启动，升降丝杠带动捣固锤头、荷重机构、盛装好配煤试样的干馏罐体沿升降导柱上升到上止点后停止；

② 开启加热炉密封盖（人工操作）；

③ 按[旋转]钮旋转电机启动，带动捣固锤头、荷重机构、盛装好配煤试样的干馏罐体旋转 180°，此时干馏罐体与加热炉体炉口对正后停止；

④ 按[下降]钮电机带动升降丝杠反转，带动捣固锤头、荷重机构、盛装好配煤试样的干馏罐体沿升降导柱下降到下止点后停止。

3. 焦油回收部分操作

① 旋转列管冷凝器升降手柄，使焦油冷凝回收机构处于称量状态；

② 称取焦油冷凝回收机构原始质量，记为$M_{原始}$；
③ 将$M_{原始}$记录并输入计算机；
④ 旋转列管冷凝器升降手柄，使焦油冷凝回收机构返回原位；
⑤ 连接干馏罐体与列管冷凝间的接管，保证密封。

4. 干馏结焦实验

① 按[升温启动]按钮，计算机按设定的温度程序自动控制炉膛温度，控温精度为±1℃；
② 用户可根据需要调整控温程序与结焦时间；
③ 开启循环冷凝器，并调整水温（15±1)℃；
④ 湿式流量计清零并开始煤气流量计量；
⑤ 干馏过程到设定点结束，计算机控温停止。

5. 干法熄焦

① 将N_2气瓶导出的硅胶管与反应罐体熄焦进气口连通；
② 开启N_2气瓶阀，调节出口压力为0.2MPa；
③ 启动[熄焦按钮]，熄焦开始；
④ 调节N_2气瓶阀，保证流量控制在（5±0.5）L/min范围内；
⑤ 当煤饼中心热电偶温度显示≤200℃时，熄焦结束；
⑥ N_2气瓶阀关闭，熄焦管放回原处。

6. 回收焦油称量

① 打开把接在干馏罐体上的煤气接管；
② 旋转列管冷凝器升降手柄，使焦油冷凝回收机构处于称量状态；
③ 称取焦油冷凝回收机构原始质量，记为$M_{最终}$；
④ 将$M_{最终}$记录并输入计算机；
⑤ 旋转列管冷凝器升降手柄，使焦油冷凝回收机构返回原位；
⑥ 回收的液体物质$M_{油+水}=M_{最终}-M_{原始}$。

7. 干馏焦罐出炉

① 按[上升]钮，升降电机，升降丝杠带动捣固锤头、荷重机构、干馏结焦后的干馏罐体沿升降导柱上升到上止点；

② 按[旋转]钮，旋转电机带动捣固锤头、荷重机构、盛装好配煤试样的干馏罐体反向旋转180°，此时干馏罐体与捣固机座对正后停止；

③ 按[下降]钮，升降电机升降丝杠反转，带动捣固锤头总成、荷重机构总成、干馏结焦后的干馏罐体沿升降导柱下降到下止点。

8. 成焦出罐过程

① 将熄焦后的干馏焦罐上盖开启；

② 按[上升]按钮，升降电机启动，升降丝杠带动捣固锤头、荷重机构、干馏罐体上盖沿升降导柱上升到上止点；

③ 将盛装成焦的干馏焦罐正转135°将焦炭块倒出；
④ 称量全部成焦质量并输入计算机，误差为±100g；
⑤ 将干馏焦罐反转135°并摆正。

六、软件操作

① 双击桌面“40kg环保型荷重试验焦炉”图标，进入操作画面，如图9-4所示。

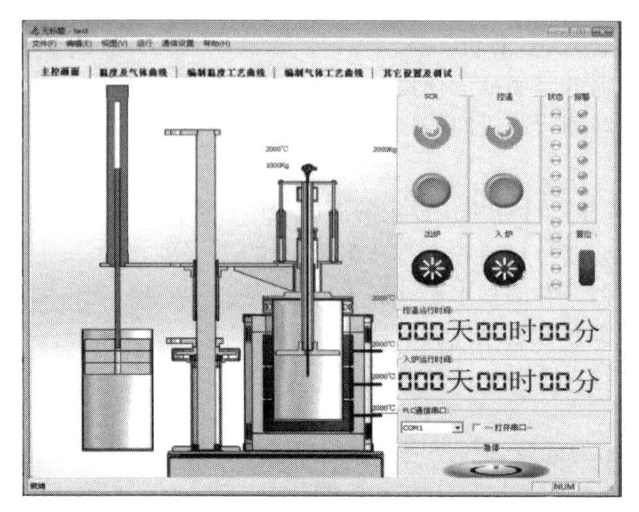

图 9-4

然后按最大化，出现如图 9-5 主画面。

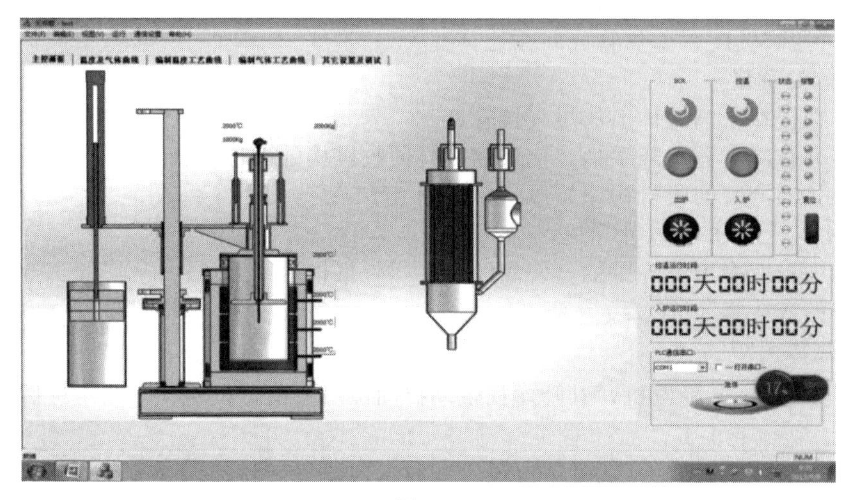

图 9-5

如图 9-6 所示，然后勾选 PLC 通信串口，使画面与 PLC 能正常通信。

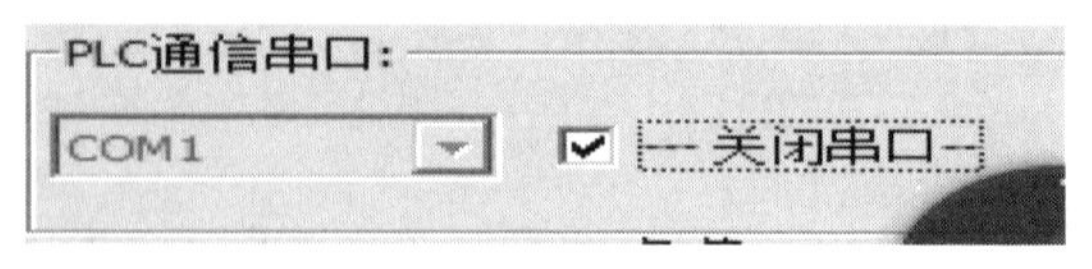

图 9-6

② 在做正常升温实验前必须编写温度工艺曲线及其他的一些设置。单击“绘制温度工艺曲线”，进入如图 9-7 所示的画面。

然后单击“温度工艺设定”及“PID 设定”的“增加”按钮，再把要设定的值填入表里，如图 9-8 所示。

然后再分别单击“保存”键，在 PLC 中保存。也可根据实际需要修改参数设定，再按“其它设置及调试”，进入如图 9-9 所示的画面。

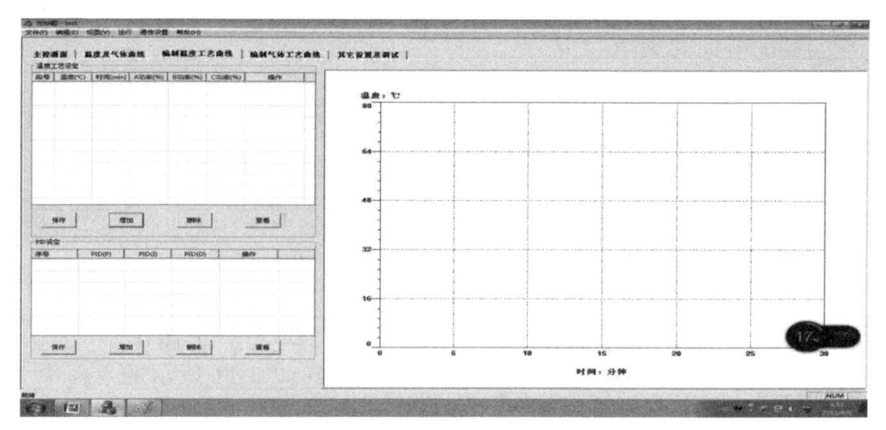

图 9-7

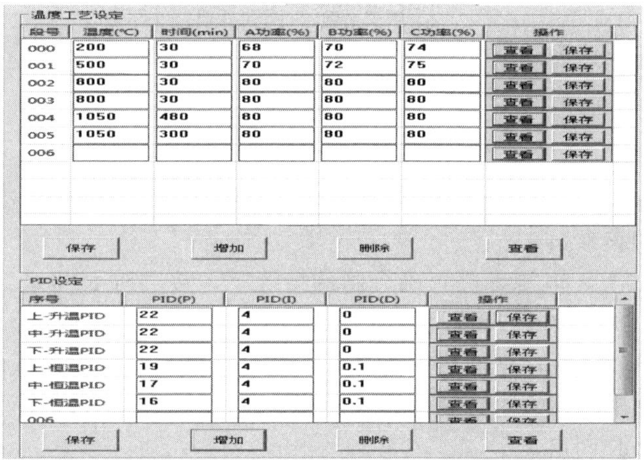

温度工艺设定

段号	温度(℃)	时间(min)	A功率(%)	B功率(%)	C功率(%)	操作
000	200	30	68	70	74	查看 保存
001	500	30	70	72	75	查看 保存
002	800	30	80	80	80	查看 保存
003	800	30	80	80	80	查看 保存
004	1050	480	80	80	80	查看 保存
005	1050	300	80	80	80	查看 保存
006						查看 保存

保存　增加　删除　查看

PID设定

序号	PID(P)	PID(I)	PID(D)	操作
上-升温PID	22	4	0	查看 保存
中-升温PID	22	4	0	查看 保存
下-升温PID	22	4	0	查看 保存
上-恒温PID	19	4	0.1	查看 保存
中-恒温PID	17	4	0.1	查看 保存
下-恒温PID	16	4	0.1	查看 保存
006				查看 保存

保存　增加　删除　查看

图 9-8

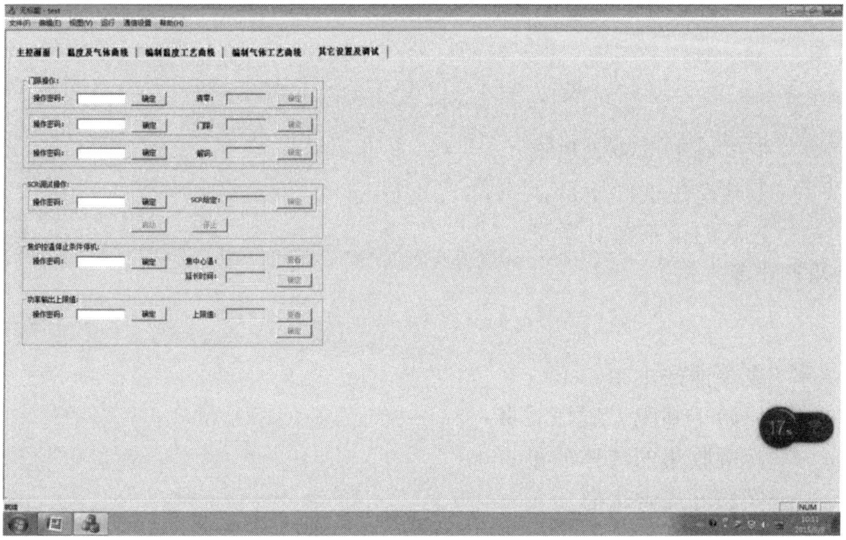

图 9-9

为了保证炼焦成熟率，必须在图 9-10 所示的界面中设定焦饼中心应达到的温度及在此温度以上，应达到的时间必须填。

图 9-10

也可根据实际经验填写该数值，然后按“确定”键，在 PLC 中保存。

为了保证焦炉长期使用必须限定电炉的电流，必须在图 9-11 所示的界面中填写功率输出上限值。也可根据实际经验填写该数值，然后按“确定”键，在 PLC 中保存。

图 9-11

③ 以上的参数都正确填写后，再回到主控画面（如图 9-4），并按“复位”键，以便 PLC 确认，正确使用该参数。

④ 将加热炉盖扣上，电源都已正确合闸的情况下，按“SCR 启动”合闸按钮，合接触器，给 SCR 控制器供电，然后再按“控温启动”控温按钮进行控温运行。

⑤ 当炉温到达 800℃后，把加热炉盖打开，把已经捣鼓好的干馏罐体装入加热炉内。再按设定控温曲线进行控温实验，直到达到控温停止条件时，控温自动停止。然后再按“SCR 关闭”分闸按钮，SCR 断电。

⑥ 实验结束后，退出画面，退出操作系统。再停掉控制电源。

七、实验数据处理

1. 成焦率

$$K_{d\cdot j}=A_{d\cdot j}/A_{d\cdot m}\times 100\% \tag{9-2}$$

式中 $K_{d\cdot j}$——干焦对干煤的成焦率；

$A_{d\cdot m}$——干基配煤试样质量；

$A_{d\cdot j}$——焦炭的干基灰分质量。

2. 煤焦油产出率

$$K_{d\cdot y}=(M_{油+水}-M_{水\cdot y})/A_{d\cdot m}\times 100\% \tag{9-3}$$

式中 $K_{d\cdot y}$——煤焦油产出率；

$A_{d\cdot m}$——原始干基配煤试样质量；

$M_{水+油}$——冷凝收集的液体质量；

$M_{水\cdot y}$——实验配煤含水总质量。

3. 煤气产出率

$$K_{d\cdot g}=100\%-K_{d\cdot j}-K_{d\cdot y} \tag{9-4}$$

式中　$K_{d\cdot g}$——煤气产出率；

$K_{d\cdot j}$——成焦率；

$K_{d\cdot y}$——煤焦油产出率。

八、实验操作过程注意事项

① 保证计算、称量全程 $A_{d\cdot m}$（干基煤）质量误差为（40±0.1）kg；

② 实验用煤样捣固密度平行试样一致，密度误差为±0.05；

③ 平行试样实验过程升温制度一致（按特定程序控温，杜绝人为随意变动）；

④ 两次实验前湿式流量计重复检查、校准；

⑤ 干馏反应罐入炉安放高度一致，高度误差为±1mm；

⑥ 实验前检查全部气体通道，不得有通道狭窄阻力过大现象；

⑦ 实验前，全部气路把接处把接牢固，密封严谨；

⑧ 平行试样实验干馏反应罐入炉温度一致，温度精度为±1℃；

⑨ 实验前冷凝器通入热循环水（65℃±1℃）20min，直到无流淌液为止；

⑩ 实验过程中时刻关注设备运行状态，发现问题及时处理；

⑪ 实验过程发现异常现象，记录现象全过程，以便于分析处理。

九、打印实验报告

实验结束后自动保留实验结果报表（部分参数实验前由人工输入）。报告如表 9-1 所示。

表 9-1　环保型荷重实验焦炉检验实验分析报告表

×××40kg 环保型荷重实验焦炉检验分析报告
参加人员：×××　×××　×××

序号	试样编号	实验日期	B/%	$M_{配水}$	$A_{d\cdot m}$	$M_{水+油}$	$A_{d\cdot j}$	$K_{d\cdot y}$	$K_{d\cdot g}$
1									
2									
3									
4									
5									
6									

十、思考题

1. 本实验的实验装置能够完成哪些实验任务？

2. 在原料煤准备环节中，如何计算配煤水的量？

十一、知识扩展

李艳红，赵文波，常丽萍，等. 炼焦机理和焦炭质量预测的研究进展［J］. 化工进展，2014，33（5）：1142-1150.

（河北工业职业技术学院　吴鹏飞执笔）

实验五十六　煤的气化

一、实验目的

1. 通过煤炭水蒸气气化实验，掌握气化温度、水蒸气浓度对气化反应速率的影响规律，对产品气体产量及组成的影响；

2. 求得该煤种气化反应动力学相关参数。

二、实验原理

煤气化是煤转化利用的关键源头技术之一，可用来生产工业原料、民用煤气和化工原料气，应用领域非常广泛。煤气化是煤洁净、高效利用的主要途径之一，是多种能源高新技术的关键技术和重要环节，如煤制烯烃、煤间接液化、燃料电池和煤气化联合循环发电技术等。煤气化在我国发展迅速，是我国现代煤化工的关键组成部分。煤气化技术已发展了多种气化反应器和工艺路线，本实验使用最基本的固定床来进行煤的水蒸气气化，对认识煤气化原理和过程具有非常重要的作用。

1. 气化反应过程

气化是指含碳燃料（生物质、煤或者石油焦等）以氧气（空气、富氧或纯氧）、水蒸气、氢气或者其混合物作为气化剂，在高温条件下通过化学反应将含碳原料中的可燃部分转化为气体燃料的过程。不同气化装置、工艺流程、反应条件和气化剂类型，其反应过程并不完全相同。总体来讲，气化过程主要分为干燥、热解、氧化（燃烧）和还原四个反应过程。

原料进入气化炉后，首先经过干燥，析出表面水分。干燥过程主要发生在100～150℃之间，大部分水分在低于105℃下释放。干燥为简单的物理过程，燃料化学组成基本没有发生变化；当温度达到150℃以上时，燃料开始发生热解，析出挥发分。燃料析出挥发分后，留下焦炭，构成进一步的反应床层，而挥发分也将参与下阶段氧化还原反应。在气化四个过程中，干燥、热解和还原均为吸热反应，因此需提供足够热量来维持这些反应的进行，而氧化反应便是整个气化反应的驱动力所在。还原反应指反应器内的水蒸气和CO_2等与碳反应生成H_2与CO，使气化原料从固体燃料转变成气体燃料的过程。还原反应是吸热反应，温度越高，反应越强烈。

上述四个基本反应区域只有在固定床气化炉内才有较为明显的特征，而在流化床气化炉中则无法界定其区域分布。即使在固定床气化炉中，由于热解气相产物参与反应，其界面也非常模糊。

2. 气化基本化学反应

气化过程主要包括两种类型的反应，即非均相反应和均相反应。前者是气化剂或气态产物与半焦的反应，后者是气态产物之间的相互作用或者与气化剂的反应。若不考虑热解反应而仅考虑煤中的碳元素，且气化过程仅有碳、水蒸气和氧气参加，则气化反应的基本化学反应如下。

非均相反应，如式(9-5)～式(9-9) 所示：

$$C+O_2 \longrightarrow CO_2 \qquad \Delta H=-394\text{kJ/mol} \tag{9-5}$$

$$C+\frac{1}{2}O_2 \longrightarrow CO \qquad \Delta H=-111\text{kJ/mol} \tag{9-6}$$

$$C+CO_2 \rightleftharpoons 2CO \qquad \Delta H=+172\text{kJ/mol} \tag{9-7}$$

$$C+H_2O \rightleftharpoons CO+H_2 \qquad \Delta H=+131kJ/mol \tag{9-8}$$

$$C+2H_2 \rightleftharpoons CH_4 \qquad \Delta H=-75kJ/mol \tag{9-9}$$

均相反应，如式(9-10)～式(9-13) 所示：

$$CO+\frac{1}{2}O_2 \longrightarrow CO_2 \qquad \Delta H=-283kJ/mol \tag{9-10}$$

$$2H_2+O_2 \longrightarrow 2H_2O \qquad \Delta H=-242kJ/mol \tag{9-11}$$

$$CO+H_2O \rightleftharpoons CO_2+H_2 \qquad \Delta H=-41kJ/mol \tag{9-12}$$

$$CH_4+H_2O \rightleftharpoons CO+3H_2 \qquad \Delta H=+206kJ/mol \tag{9-13}$$

对反应(9-8)～(9-13) 进行矩阵求秩可以得出，反应(9-5)、(9-7)、(9-8)及 (9-9) 是线性独立的，其余反应均可由这四个反应线性组合得到。反应 (9-5) 为燃烧反应，为气化反应提供必需的热量，反应 (9-7) 和 (9-8) 为主要的气化反应，两个反应的反应速率处在同一个数量级，而反应 (9-9) 的反应速率要低得多。因此在进行气化动力学研究时，主要对 (9-7) 和 (9-8) 两个反应进行考察。

3. 水蒸气气化

实际工程应用中，煤气化反应为自供热反应，反应 (9-5) 为气化反应提供必需的热量。考虑到实验室装置的规模及装置操作的难易程度，实验室的气化实验常采用电加热提供反应所必需的热量。固定床煤气化是气化技术中技术最成熟、投资最少、操作条件最为温和的，本实验采用固定床管式间歇式反应炉研究煤的水蒸气气化特性，发生的主要反应包括 (9-8)、(9-9)、(9-12) 和 (9-13)。由上述主要反应可知，水蒸气气化的主要产物是 CO、CO_2、H_2、CH_4，还包括少量的由于煤热解产生的乙烷、乙烯及乙炔等气体。

气化实验在一定的气化温度及水蒸气浓度下进行。采用气相色谱对产品气体进行检测，根据实验结果可得出煤的气化反应速率、气体产率及组成与反应温度及水蒸气浓度的关系曲线，并可求得相关动力学参数及采用适当的模型对实验数据进行模拟。

其中，相关参数的计算方法如下：

(1) 碳转化率　如式(9-14) 所示。

$$X=\frac{12\times Y([CO_2]+[CO]+[CH_4]+2[C_2H_6]+2[C_2H_4]+2[C_2H_2])}{22.4[C]} \tag{9-14}$$

式中　Y——气体产率；

$[C]$——煤的碳含量；

$[CO_2]$、$[CO]$、$[CH_4]$、$[C_2H_6]$、$[C_2H_4]$、$[C_2H_2]$——产品气体中各组分的体积分数。

(2) 活化能　煤的气化反应速率可以表达为：

$$\frac{dX}{dt}=kf(X) \tag{9-15}$$

式中，X 为转化率；t 为时间；T 为热力学温度；k 是和温度有关的反应速率常数；$f(X)$ 表示随着反应的进行，样品的物理及化学结构的变化。

根据 Arrhenius 方程，k 通常可表达为：

$$k=A\exp(-\frac{E_a}{RT}) \tag{9-16}$$

式中，A 为指前因子；E_a 为活化能；R 代表气体反应常数；T 表示热力学温度。

将式(9-16) 代入式(9-15) 可得：

$$\frac{dX}{dt}=A\exp\left(\frac{E_a}{RT}\right)f(X) \tag{9-17}$$

对式(9-17) 两边取对数可得：

$$\ln \frac{\mathrm{d}X}{\mathrm{d}t}=\ln[f(X)]+\ln A-\frac{E_a}{RT} \tag{9-18}$$

以 $\ln(\mathrm{d}X/\mathrm{d}t)$对$-1/T$ 作图可求得气化反应的活化能 E_a [若要求解指前因子 A，需要气化反应的具体表达式 $f(X)$，这部分内容可查阅相关文献，选择合适的气化反应模型]。

(3) 气化反应指数 n　气化反应速率也可表达为：

$$R=\frac{\mathrm{d}X}{\mathrm{d}t}=bP_{H_2O}{}^{n} \tag{9-19}$$

式中　b——与温度有关的常数；

P_{H_2O}——水蒸气分压；

n——水蒸气与碳表面反应指数。

对式(9-19) 进行线性化处理可得：

$$\ln \frac{\mathrm{d}X}{\mathrm{d}t}=\ln k+n\ln P_{H_2O} \tag{9-20}$$

以 $\ln(\mathrm{d}X/\mathrm{d}t)$对 $\ln P_{H_2O}$ 作图可得反应指数 n。

注：本实验中气化反应速率 $\mathrm{d}X/\mathrm{d}t$ 采用 $X=0.1\sim0.9$ 气化反应速率的平均值来进行计算（若气化反应不完全，则转化率 X 的取值范围是 0.1 到最终的转化率），即

$$\overline{R}=\left(\frac{\mathrm{d}X}{\mathrm{d}t}\right)_{平均}=\frac{\sum\limits_{X_i=0.1}^{0.9}\frac{\mathrm{d}X_i}{\mathrm{d}t}}{\sum\limits_{i} i} \tag{9-21}$$

三、实验仪器设备

1. 主要实验装置

本实验采用固定床管式反应器进行水蒸气气化反应，反应装置实物图及装置示意图见图 9-12 和图 9-13。

图 9-12　煤气化装置

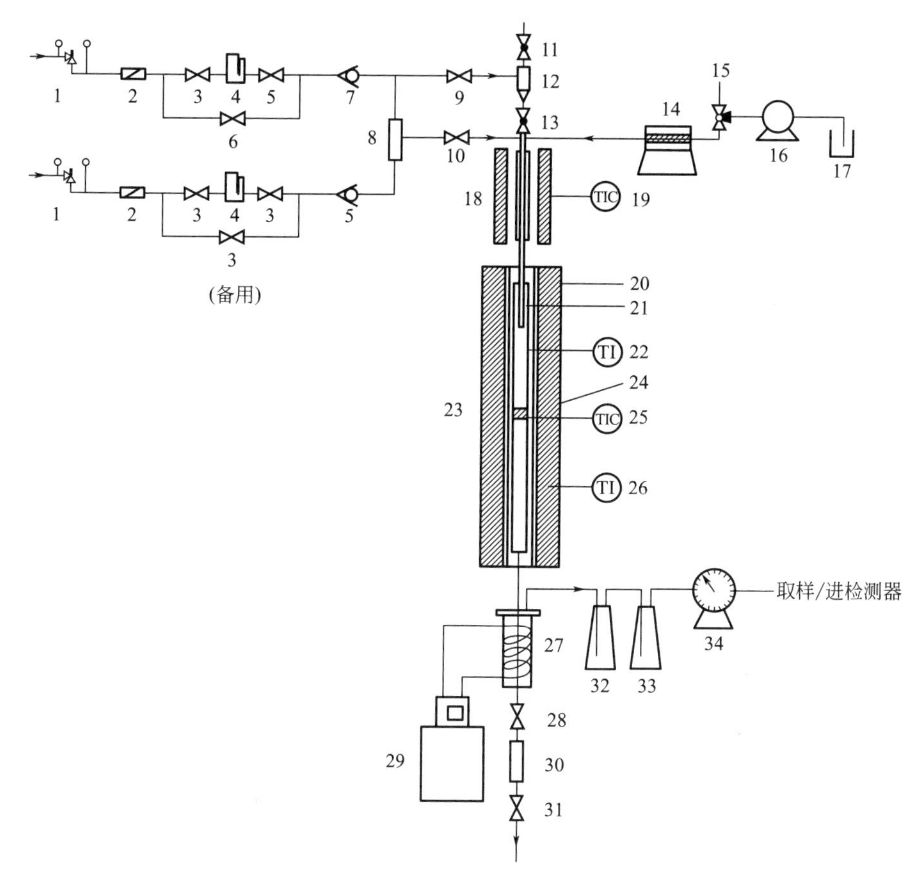

图 9-13 煤气化装置示意图

1—减压阀；2—过滤器；3,5,6,9,10,28,31—截止阀；4—质量流量计；7—单向阀；8—气体混合（缓冲）罐；11,13—球阀；12—加料器；14—水蒸气发生器；15—三通阀门；16—双柱塞微量泵；17—储液罐；18—气体预热器；19—气体预热器热电偶；20—不锈钢反应管；21—石英反应管；22—反应管上部热电偶；23—加热炉；24—石英分布板；25—反应管中部热电偶；26—反应管下部热电偶；27—气体冷却器；29—循环水冷却泵；30—集液罐；32—气体干燥瓶；33—洗气瓶；34—湿式气体流量计

固定床反应系统主要由双柱塞微量泵、质量流量控制器、气体预热器、加料器、管式加热炉、不锈钢管、石英管、冷凝干燥装置（循环水冷却器、干燥器-内装氯化钙）、洗气瓶（内装 NaOH，用来吸收产品气中的硫化氢）及湿式气体流量计组成。

2. 主要技术参数

双柱塞微量泵：流量范围 0.01～8.00mL/min，最大工作压力 20MPa；

质量流量控制器（N_2）：流量范围 0.01～500mL/min，最大工作压力 3MPa；

加热炉：最高温度 1000℃，恒温区 150mm；

程序控温低温槽：储水槽体积 10L，温度－10～20℃；

不锈钢反应管（材质 2520 不锈钢）：长度 700mm，外径 20mm，内径 15mm；

石英内衬管：长度 600mm，外径 14mm，内径 12mm（石英分布板位于石英管中部）；

石英分布板：孔径小于 100μm；

湿式气体流量计：额定流量 $0.2m^3/h$，鼓轮每转气体流量 $0.002m^3$。

3. 分析仪器

采用气相色谱分析仪（9GC-2014C）对气体产物进行定量分析，采用 PN（Porapak N）

色谱柱和5A分子筛色谱柱结合对产品气体进行分离，使用TCD检测器对气体进行检测，采用标准气体对照法对气体组分和含量进行分析。

四、实验步骤

1. 样品制备

将选取的实验煤样，根据样品粒度分别采用颚式破碎机、对辊式破碎机、行星球磨机等粉碎与研磨设备将煤样粉碎至小于150μm，通过筛分取粒径大于100μm小于150μm的煤样作为实验样品。将研磨好的煤样进行空气干燥处理后，按国标GB/T 212—2008进行工业分析及GB/T 31391—2015进行元素分析。

2. 水蒸气气化实验准备

① 打开加料器上部球阀11，关闭下部球阀13，将1g煤样放入加料器12中，关闭加料器上部球阀11。之后打开氮气减压阀1（减压后氮气压力为常压），打开截止阀3，5，9（6关闭），使氮气通过质量流量计，对加料器中的空气进行充分置换（三次）；

② 将水蒸气发生器14温度设为200℃，气体预热器17温度设为350℃，打开循环水冷却泵28，设定温度为0℃；

③ 关闭截止阀9，打开截止阀10。设定加热炉23的加热程序，使不锈钢管反应管20在氮气气氛下（流量设定为400mL/min）以10℃/min的速度升至实验所需温度（一般大于750℃，温度过低，气化反应速率太慢，最少做3组温度，50℃为间隔）；

④ 待反应管温度（热电偶25）及气体预热器温度（热电偶19）达到设定温度并稳定后，设定双柱塞微量泵16的流量（将水蒸气流量换算成标准状态下水的体积），调整质量流量计4的流量，使水蒸气按照一定的浓度（至少做三个浓度，如20%，40%，60%）通入反应管中（气体总流量控制在400mL/min）；

⑤ 待系统稳定5～10min后，打开加料器下部的球阀13，煤样落至石英分布板24上，气化实验开始。

⑥ 产品气体通过冷却系统（气体冷却器27和29循环水冷却泵）的冷却作用，焦油和水蒸气被冷凝在集液罐30中。

3. 产品分析及数据处理

（1）产品分析　气化实验初始阶段主要是煤的热解反应，热解反应速率非常快，因此前5min内，每分钟取气一次（采用在线色谱检测-自动采样，或者用气体取样袋取样），之后每隔5min取气一次，直到色谱检测不到反应气中的H_2、CO及CH_4等气体。通过气相色谱检测各个气体组成，并通过湿式气体流量计34计量产品气体流量，进而获得各个产品气体的生成量。

（2）数据处理　通过气相色谱对产品气体组成的分析及流量计的计量，可获得：

① 各个产品气体（H_2、CO、CH_4、CO_2、C_2H_2、C_2H_4、C_2H_6）在不同温度、不同水蒸气浓度下随时间的变化曲线；

② 根据第二部分实验原理中描述的方法，经过数据处理进而获得该煤种在实验温度范围内的转化率、活化能以及反应指数；

③（选做）学生也可查阅相关文献，将实验数据代入相关模型中，选择合适的模型，进而可求得气化反应的指前因子，获得该煤种气化反应的模型表达式。

五、注意事项

① 样品应按照实验要求研磨至小于150μm（防止反应不完全或反应时间过长）。

② 样品加料器放入样品后要用氮气充分置换，避免在反应中混入空气。

③ 冷却器中冷凝的液体要及时处理，避免液体溢出影响冷凝效果。

④ 产品气体中含有 H_2、CO、CH_4 等易燃、易爆及有毒气体，因此要注意实验系统的密闭性，实验室应装有可燃气体报警器。

⑤ 固定床管式炉表面高温，避免接触造成烫伤。

六、实验报告

实验表格可参考表 9-2，实验报告内容应该包含以下几部分内容：

① 产品气体（H_2、CO、CH_4、C_2H_2、C_2H_4、C_2H_6）的生成速率及组成在不同的温度和水蒸气浓度下，随时间的变化曲线；

② 产品气体（H_2、CH_4、CO、CO_2、C_2H_4、C_2H_6、C_2H_2）的最终产率及组成随温度及水蒸气浓度的变化曲线；

③ 不同气化温度及水蒸气浓度下的碳转化率曲线；

④ 求得反应温度范围内，煤炭水蒸气气化反应的活化能；

⑤ 求得一定温度下，煤炭水蒸气气化反应的反应指数；

⑥（选做）查阅相关文献，选择合适的模型对实验数据进行拟合，获得模型的表达式。

表 9-2　煤的固定床水蒸气气化实验报告表

日期		煤样来源	
大气压/Pa		煤样装填量/g	
室温/℃			

反应条件	含量(体积分数)/%						碳转化率/%	活化能/(kJ/mol)	反应指数
	CO_2	CO	CH_4	C_2H_6	C_2H_4	C_2H_2			
气化温度 1									
气化温度 2									
气化温度 3									
气化温度 4									
……									
水蒸气浓度 1									
水蒸气浓度 2									
水蒸气浓度 3									
……									

注：反应温度和水蒸气浓度需根据所使用的煤种由预实验来确定；选用同样的反应时间进行数据记录和计算。

（西安石油大学　李志勤执笔）

实验五十七　水煤气变换反应

一、实验目的

1. 实验通过典型的铜系催化剂催化下的水煤气变换反应，使学生了解并学习水煤气变换反应的基本原理、实现过程和相关操作；

2. 重点掌握固定床反应装置的操作和催化剂评价过程，对于理解煤化工中气固催化反应过程以及煤气化过程具有重要意义。

二、实验原理

水煤气变换反应（Water-Gas Shift Reaction，WGSR）的工业化应用已有90多年的历史了。水煤气变换反应广泛应用在以煤、石油和天然气为原料的制氢、合成氨和合成气制甲醇等工业过程中。近年来，随着汽车尾气处理的发展和燃料电池体系的开发，水煤气变换反应再次成为国内外研究热点。利用这一反应可以有效降低甲醇燃料电池中CO浓度，提高H_2的含量。目前，已工业应用的水煤气变换催化剂体系包括铁系高温变换催化剂、铜系低温变换催化剂和钴钼系耐硫宽温变换催化剂等。本实验采用铜系催化剂，在连续流动固定床反应器上进行低温水煤气变换反应。

水煤气变换反应是指一氧化碳在一定温度条件和催化剂作用下与水蒸气发生的反应，它是一个重要的反应体系。水煤气变换反应属于中等程度放热，按照操作温度，可分为低温水气变换反应（180～250℃）和中温水气变换反应（220～350℃）。

水煤气变换反应是放热反应，较低的反应温度有利于化学平衡，但反应温度过低则会影响反应速率，从纯化学的角度来看，水煤气变换反应的正向反应是水合反应，逆向反应是一个加氢及脱水反应。

$$CO+H_2O \longrightarrow CO_2+H_2 \qquad \Delta H=41.1kJ/mol \tag{9-22}$$

已有大量研究表明，水煤气转化的反应机理主要分为三种：氧化还原机理、羧基机理和甲酸型中间络合物机理。关于水煤气变换反应机理中，氧化还原机理、羧基机理是人们比较认可的反应机理，然而关于甲酸型中间络合物机理还存在一定的争论。其中氧化还原机理过程可概括如下：

$$H_2O+M \longrightarrow H_2+MO \tag{9-23}$$

$$MO+CO \longrightarrow CO_2+M \tag{9-24}$$

其中，M为铜系金属，MO为与M相对应的金属氧化物。

水煤气变换反应是放热可逆体积不变的，需要在催化剂存在下进行，因此需要有一定的条件，其中水蒸气对反应影响较大。水蒸气增加可以提高一氧化碳的转化率，但增加到一定程度后，转化率变化则不显著。

图9-14　水煤气变换反应装置

本实验室通过选定某种催化剂，改变原料气与水蒸气的比例，测定反应后气体组成（一氧化碳的浓度）了解和验证水蒸气对变换反应的影响。这一反应是放热反应，随反应温度的改变，一氧化碳的转化率也有相应的变化。

三、实验仪器设备

1. 主要实验装置

本实验装置由六大系统组成：气体进料系统、液体进料系统、反应系统、冷凝分离系统、液位控制及回收系统、尾气自动排放和计量系统。装置实体图见图9-14，流程图示意图见图9-15。

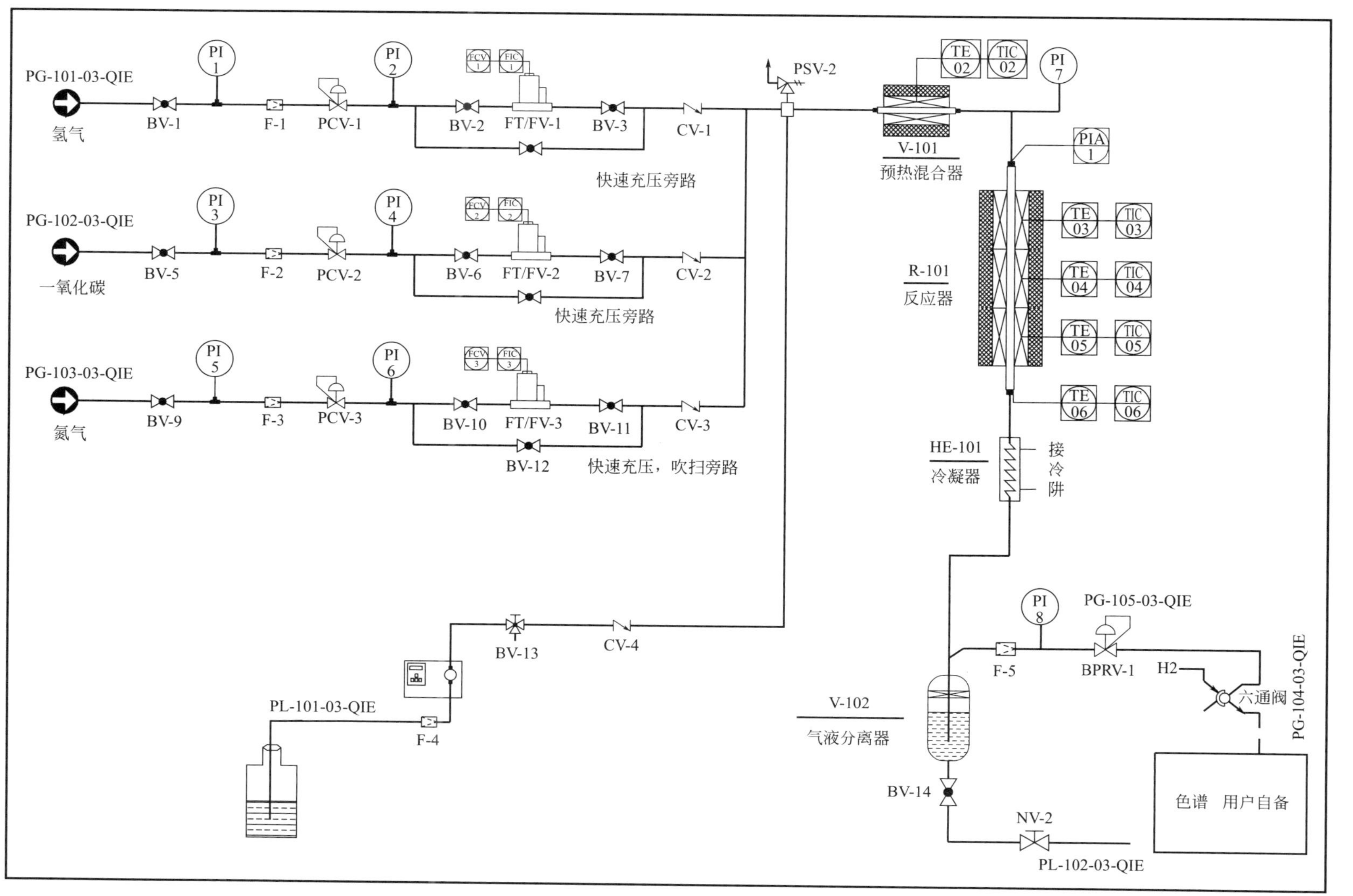

图 9-15　水煤气变换反应流程示意图

（1）气体进料系统　两路气体分别为氢气（H_2）和一氧化碳气（CO），其进料方式如下所述：

由两通球阀（HV-11）进入系统的氢气（H_2），经过滤器（F-11）过滤，过滤后的气体经减压阀（PCV-11）减至目标压力，经过质量流量控制器（FT/FV-11）控制和计量，并经过单向阀（CK-11）后进入反应系统。两通球阀（HV-14）和针阀（HV-15）为质量流量控制器（FT/FV-11）旁路阀。减压阀（PCV-11）进口压力0～20MPa，出口压力0～10MPa可调，减压阀进出口有压力表（PI-11）、压力表（PI-12）测量压力。质量流量控制器（FT/FV-11）：控制范围0～500mL/min，控制精度：±1%。

由两通球阀（HV-21）进入系统的一氧化碳气（CO），经过滤器（F-21）过滤，过滤后的气体经减压阀（PCV-21）减至目标压力，经过质量流量控制器（FT/FV-21）控制和计量，并经过单向阀（CK-21）后进入反应系统。两通球阀（HV-24）和针阀（HV-25）为质量流量控制器（FT/FV-21）旁路阀。减压阀（PCV-21）进口压力0～20MPa，出口压力0～10MPa可调，减压阀进出口有压力表（PI-21）、压力表（PI-22）测量压力。质量流量控制器（FT/FV-21）：控制范围0～500mL/min，控制精度：±1%。

（2）液体进料系统　经电子天平（WT-31）称量后的液体原料（水）由原料罐（V-31）经三通球阀（HV-32）和液体过滤器（F-31）过滤后，通过精密泵（p-31）按一定流量经过三通球阀（HV-33）和单向阀（CK-31）注入反应系统。电子天平（WT-31）量程30kg，精度1g。原料罐（V-31）容积3L，耐压2.5MPa。

精密计量泵设有压力上限保护，并设有安全阀（PSV-31）双重压力保护，以防泵出口压力异常超压后损坏精密计量泵。精密计量泵流量控制范围0.001～12mL/min。

（3）反应系统　经过计量后的气相和液相进入反应器（R-101）进行催化反应。由反应炉（FRN-101）进行加热，以保证反应温度。

反应器（R-101）进口安装压力变送器（PI-101）用于测量反应器进口压力，并装有安全阀（PSV101）以防反应器压力超过正常值。装置配有3种规格反应器，用于不同量催化剂充填。内径分别为9mm、12mm、16mm，有效长度1000mm，分别用于30mL、50mL、100mL量的催化剂充填。

反应炉分为预热段部分、恒温段部分和保温段部分，为开式加热炉，采用三段温度控制以保证其反应所需的恒温区的稳定。预热段可以实现原料的预热，平衡恒温段向外散热保证恒温区的稳定，恒温段能保证催化剂在恒定的温度区域内进行反应，保温段能平衡恒温段的散热保证恒温区的稳定。反应炉（FRN-101）为开式加热炉，分5段控温，分别为（TIC101）、（TIC102）、（TIC103）、（TIC104）、（TIC105），温控范围室温至500℃。反应器内有测温探头（TI106）。温控仪为程序升温，带上限报警功能，固态继电器输出。热电偶为K型。反应器出口设计有采样口，通过阀（HV-101）、阀（HV-102）采样，保证反应过程中实时采样分析。

（4）冷凝分离系统　冷凝分离系统采用液位自动控制和气体自动排放的方式。经过反应器反应后的产物，经冷凝器（HE-41）冷却，进入气液分离器（V-51）进行气液分离。气液分离器（V-51）分离后的产物分为气相和液相两部分。根据反应的需要，可以调节冷凝器（HE-41）的进水量，以控制冷凝产物的最终温度。

（5）液位控制及回收系统　气液分离器（V-51）中的液位通过液位计（LT-51）测量，并经过液位调节阀（LV-51）进行液位调节。经过滤器（F-51）、液位调节阀（LV-51）流出的液相进入产品罐（V-52）中，并由电子天平（WT-51）进行称量。两通球阀（HV-55）和针阀（HV-56）为液位调节阀（LV-51）的旁路阀。

(6) 尾气自动排放和计量系统 经过气液分离器(V-51)分离后的不凝气体，经过气体过滤器(F-61)的过滤，再经数字压力调节阀(PCV-61)调节，保证系统压力稳定，流出的气体经湿式气体流量计(WTM-61)计量后放空处理。采样阀(HV-65)可实时采样。两通球阀(HV-63)和针阀(HV-64)为数字压力调节阀(PCV-61)的旁路阀。

2. 附属设备及软件

(1) 固定床催化剂评价装置软件 该软件是一款简单实用的工控型软件。它主要负责控制和采集与之配套的固定床催化剂评价装置在实验过程中所要控制的仪表以及实验数据。通过该软件简单的操作可以十分方便地控制温度的斜率升温、液位上下限的调整、流量计的流量控制等等。用户通过设置采集周期，可以按要求地采集实验过程中的数据。

(2) 气相色谱仪 用分子筛色谱柱对产品气体进行分离，使用热导检测器(TCD)对气体进行检测，采用标准气体对照法对气体组分和含量进行分析。

(3) 分析天平 感量0.1mg。

(4) 恒温水浴锅 加热功率1.5kW。

3. 主要技术参数

催化剂装填量：3～10mL。

气体流量：0～500mL/min，控制精度：±1%。

液体进料量：0～10mL/min，控制精度：±1%。

反应压力：0～9MPa，控制精度：±1%。

设计压力：10MPa，控制精度：±1%。

反应温度：室温至500℃，控温精度±1℃。

尾气流量：25～250mL/min。

四、实验步骤

1. 实验准备工作

(1) 催化剂的选择 本实验采用B205型低温变换催化剂，该催化剂以铜为活性组分制成Cu-Zn-Al催化剂，并粉碎研磨至20～40目颗粒，比表面积>60m^2/g，堆积密度为1.4g/mL。

(2) 微型反应器的拆卸与催化剂的装填 卸开反应器的接头，从反应炉内取出微反应器(拆卸时先将热电偶插件拔开)，卸出套管(若反应器内有玻璃棉，用带有倒钩的不锈钢丝将它取出)，用镊子夹住装有丙酮的脱脂棉擦拭一下，同样擦拭反应器内部，用洗耳球吹干。装填催化剂时要先放入测温套管，拧紧压帽最后再插入热电偶(其顶端位置应根据装置反应器内催化剂的高度而定，通常是催化剂高度的二分之一处为好)，将下部支撑管从反应炉的上口装入反应器内，放入少许玻璃棉，再用较长的套管轻轻推下穿过热电偶顶端直至套管上部，此后将称量的一定催化剂(1～2g)用漏斗装入反应器。装填时一定要轻轻震动反应器使催化剂均匀分布，然后在催化剂上部再放入少许玻璃棉，装入上部支撑管，将反应器从加热炉的下部重新插入加热炉拧紧上部大螺帽，再连接好预热器、冷凝器，插入测温热电偶，至此完成了催化剂的装填。

(3) 催化剂使用前必须采用氢气还原使其活化 还原前期：160～195℃，还原末期：195～215℃。采用低氢还原，氢气浓度在还原前期和主期为0.1%～1.0%，还原末期为1.0%～5.0%。整个还原过程要求在高空速、低水蒸气浓度条件下进行。

(4) 进原料气 连接原料气钢瓶管路至稳压阀入口接头，打开钢瓶总阀，再调节减压阀给出气体压力(按反应要求而定，最高不超过0.2MPa)。

2. 实验操作规程

① 打开电源总开关和各分开关。

② 打开冷凝器冷却水开关。

③ 设定预热温度为 150～200℃，反应炉控温表设定好程序，启动升温。因反应器温度控制是靠插在加热炉内的热电偶感知其温度后传送给仪表去执行的，它紧靠加热炉丝，其值要比反应器内稍高，故设置给定值必须略微高些。预热温度不要太高，对液体进料来说，能使它气化即可。

④ 当反应器测温达到 150℃以上时，开启精密泵按一定流量进去离子水。特别注意的是，由于实验过程中有水蒸气加入，为避免水蒸气在反应器内冷凝导致催化剂结块，必须在反应器温度升至 150℃以后才能通入水蒸气，而实验结束后，在温度降到 150℃以前切断水蒸气。

⑤ 当反应器温度达到预定温度时，通入一氧化碳进行变换反应。操作条件可控制在 180～300℃，干气空速在 20～50mL/min，低温变换。

⑥ 实验稳定进行 30min 后，从尾气取样口取样，利用气相色谱仪进行尾气分析。

⑦ 改变反应条件，重复上述实验。

3. 实验结束工作

① 实验结束后，关闭反应气体阀门，开启氮气阀门。

② 将预热炉温度设定值改为室温以下，将反应炉控温改为 STOP 状态，停止加热。

③ 反应温度降至接近 150℃时，停止进水蒸气。

④ 氮气继续吹扫实验仪器并降温。

⑤ 关闭所有仪器开关电源。

⑥ 关闭冷却水开关。

⑦ 将气液分离器内的水放净。

⑧ 关闭氮气阀门。

4. 软件操作步骤

① 该软件默认安装在 D 盘的 Program Files 文件夹中，并已经生成了开始菜单启动项和桌面快捷方式。用户可以从三者中任一处打开软件，进入登录界面。

② 系统自检完所有端口后，点击进入软件的主界面。主界面菜单项包含四大项：【系统设置】【实验流程】【数据导出】【退出系统】，以下详细讲解。

③ 系统设置。

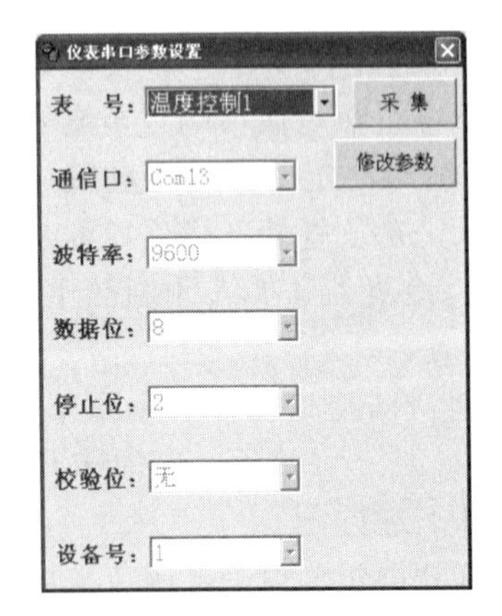

图 9-16　“仪表通信”界面示例

【系统设置】包含两个子菜单项，即“仪表通信”，“温度设定”。其中［仪表通信］的界面如图 9-16。

仪表通信是检验仪表与计算机之间通信的一个工具，通过设置通信口、波特率、数据位、停止位等参数，完成仪表与计算机之间的通信。用户可能需要修改的只是通信口，其他参数非专业人员不得随意更改。修改参数的密码为 1。

单击［温度设定］，软件呈界面如图 9-17。

设备上一共有 5 个温度控制表，都采用了斜率模式升温，用户可以在界面左侧设定每个温度表的 SP 和 T 参数，软件右侧是编程的实例。每次修改参数后，用户都要单击＜应用＞按钮将所修改的参数设置到表里面去。

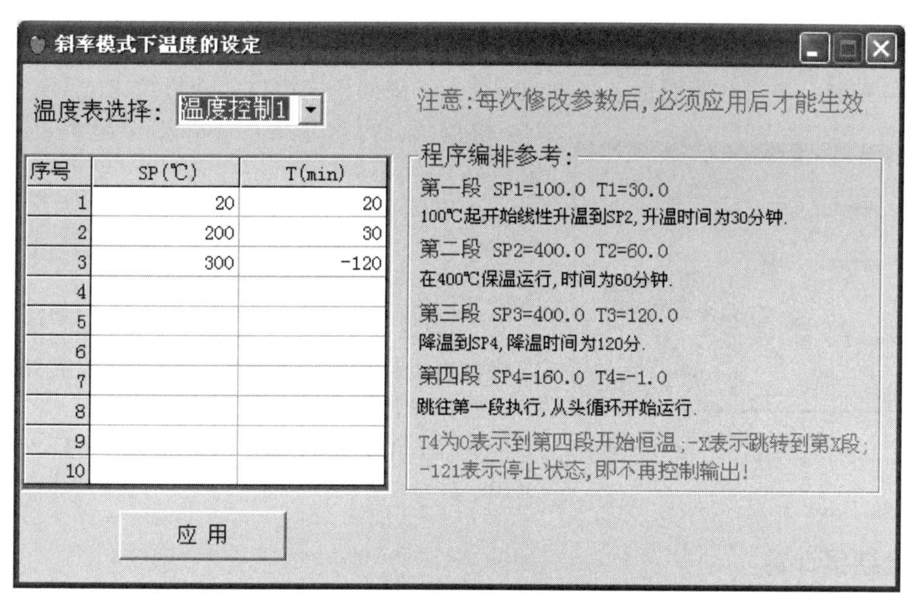

图 9-17　“温度设定”界面示例

④ 实验流程。

【实验流程】是做好实验准备后，采集数据时登录的界面，如图 9-18。

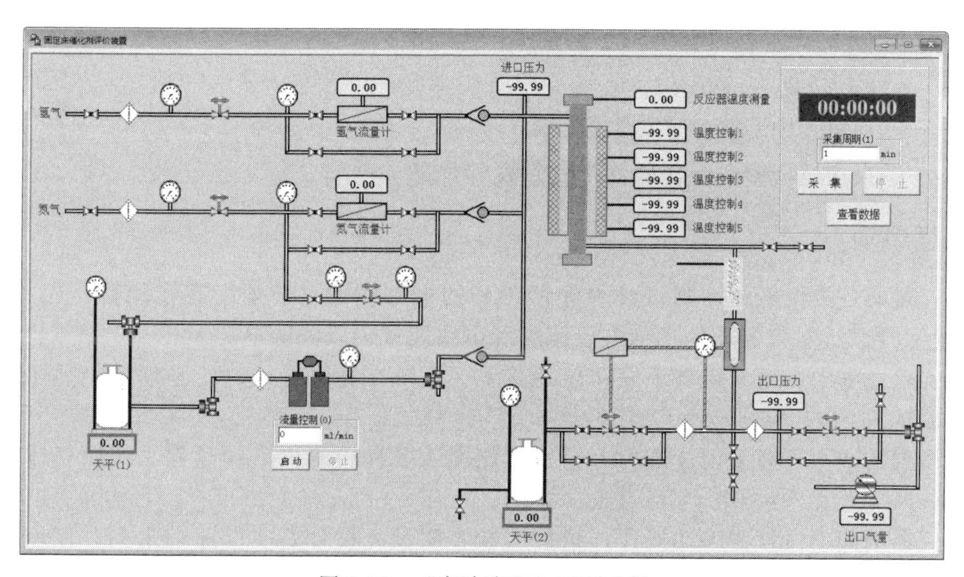

图 9-18　“实验流程”界面示例

软件操作面板上采集周期设定方法是在文本框内输入新值以后，需要按 Enter 键确认。如果取消设置，则按 Esc 键。设定好采集周期以后，单击<采集>按钮，软件开始采集数据；单击<停止>按钮，软件结束采集数据。在实验过程中，都可以随时通过单击<查看数据>查看实验过程中采集到的实验数据。

流程图中还有如下功能。

a. 设定瞬时流量。双击气体所对应的流量框，将出现一个文本框，在框内输入需要设置的流量，按 Enter 键确认，按 Esc 键取消。

b. 控制温度表。双击需要设置的温度表，将出现一个对话框，按照提示就可以控制温度表的开始、暂停和停止。

c. 液位控制。单击容器图标，将出现液位上下限的设定窗口，同样按 Enter 键确认，按 Esc 键取消。再次单击图标，则会隐藏出现的设定窗口。

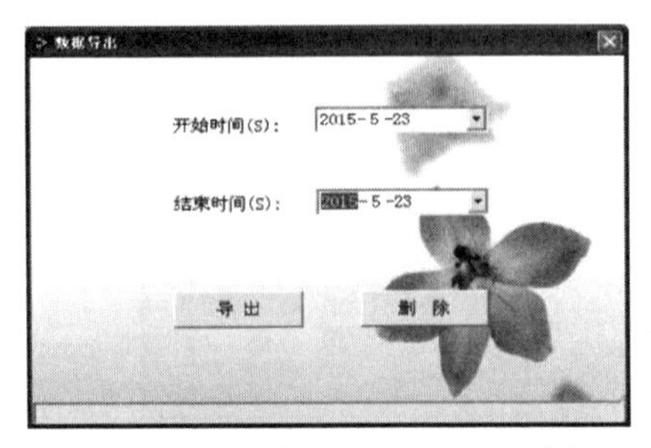

图 9-19 “数据导出”界面示例

d. 进口平流泵。实验开始时，软件会自动开启平流泵，用户可以在实验过程中自己设置流量，独立地控制泵的运行和停止。

⑤ 数据导出。实验结束后，按照实验时间，对实验数据进行导出或者删除的处理，界面如图 9-19。

数据导出后是 Excel 格式。

⑥ 退出系统。单击【退出系统】，软件将会退出。

五、实验结果计算

CO 转化率 X，按式(9-25) 计算：

$$X=\frac{\left(1-\frac{V_{CO}^{*}}{V_{CO}}\right)}{1+V_{CO}^{*}}\times 100 \tag{9-25}$$

式中 X——CO 转化率，%；

V_{CO}——原料气中 CO 含量（体积分数），%；

V_{CO}^{*}——反应尾气中 CO 含量（体积分数），%。

六、注意事项

① 仪器的各类仪表和计算机必须保证正确的电源输入，必须配有自动稳压保护装置。仪器通电后严禁接触仪器上的任何电子元件和电线及接头以防触电。

② 实验过程中，请不要将手放在仪器盖上。系统在高温操作时，必须戴绝热手套，避免高温烫伤。

③ 设置的压力不高于设计压力，特别不能高于各种检测仪表的量程，使用气体加压时必须格外小心。

④ 仪器的阀门设计为手动操作，请按实验步骤预先设计好实验流程走向，任何一阀门的操作错误均可能导致整个实验的失败。

⑤ 将控温热电偶传感器放在规定位置。若未能放在规定位置或将它拉出后忘记插入即开始升温，热电偶感知的温度是室温，但控温仪的给定温度高于室温，加热不停止，可能导致加热部件由于温度的不断升高而烧毁。

⑥ 长期使用会造成对阀门、流程管件、密封件的正常破损，影响密封性能，所以，建议定期对仪器进行耐压实验，对仪器的泄露部分更换密封件，更换周期为 3 个月。

七、实验报告

实验报告如表 9-3 所示。

表 9-3　水煤气变换反应实验报告表

日期		催化剂名称		
大气压/Pa		催化剂装填量/g		
室温/℃		水蒸气与 CO 摩尔比/(mol/mol)		
反应条件	CO 含量	CO_2 含量	H_2 含量	CO 转化率
反应温度 1				
反应温度 2				
反应温度 3				
反应温度 4				
……				
CO 流量 1				
CO 流量 2				
CO 流量 3				
……				

注：反应温度可在 180～350℃范围内选取，干气流量可在 10～50mL/min 范围内选取。

八、思考题

简述催化剂对水煤气变换反应的影响。

九、知识扩展

[1]　任宁宁，郭玲，董晓娜，等. 二元铜团簇催化水煤气变换反应机理的理论研究. 化学学报 [J]，2015，73：343-348.

[2]　Huang S C，Lin C H，Wang. Trends of water gas shift reaction on close-packed transition metal surfaces. Journal of Physical Chemistry C [J]，2010，114 (21)：9826-9834.

[3]　王贵昌，崔永斌，孙予罕，等. 不同金属催化水煤气变换反应活性的 Monte Carlo 模拟研究 [J]，1998，56：867-872.

（西安石油大学　李志勤执笔）

实验五十八　煤的格金干馏实验
（参考 GB/T 1341—2007）

一、实验目的

1. 了解煤格金干馏的基本原理和方法步骤。
2. 掌握格金焦型判断标准。
3. 掌握格金焦油、热解水和半焦的产率的计算方法。

二、实验意义与原理

格金干馏是 20 世纪 20 年代由英国的格雷和金两人提出的一种低温热解方法，是一个多指标的综合性实验，包括结焦性指标（焦型）和干馏物产率指标，是国际煤分类的指标之一。

将一定量的煤样放在干馏管中，然后送入300℃的干馏炉内，以5℃/min的升温速度隔绝空气加热，到600℃时保持15min。在此期间，煤经干燥、软化、热分解后生成胶质体，并放出挥发物（煤气、焦油、水蒸气等），最终形成半焦。收集实验过程中生成的焦油和水，根据各种产物的质量求得半焦产率、热解水产率和焦油产率，并将半焦形状与一组标准焦型比较，确定出其格金焦型。

三、实验仪器

1. 格金低温干馏炉

上海密通机电科技有限公司的GDL-B型格金实验低温干馏炉，该装置由加热炉体、温度控制箱、干馏冷凝收集器等三部分构成。具体结构如图9-20所示。干馏炉含有四个加热孔，每个加热孔的恒温区在200mm以上，程序自动控温。

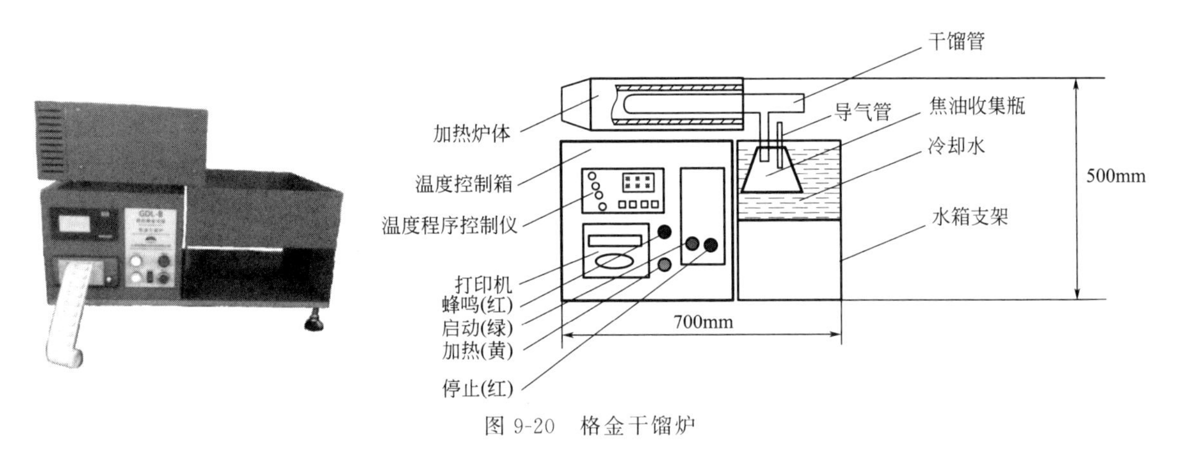

图9-20 格金干馏炉

2. 格金干馏管

格金干馏管采用石英等耐热玻璃制作，形状和尺寸如图9-21所示。干馏管由主管和一个向下的支管构成，其中主管内径19mm，支管内径8mm，煤样平铺在主管底部，高约10mm，长约20mm，支管下接一个容量为250mL的带磨口锥形瓶，用于热解液体产物（包含焦油和热解水）收集。

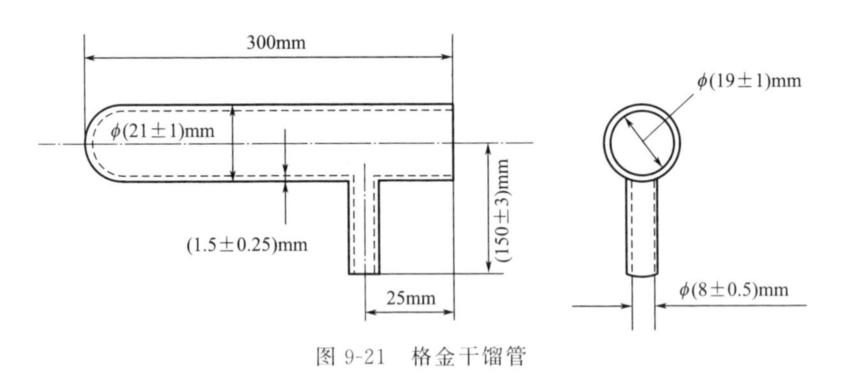

图9-21 格金干馏管

3. 水分测定管

水分测定管用于测定格金低温干馏产生的液体产物中的水分含量，水分测定管形状与尺寸如图9-22所示。水分测定管的测量管刻度范围为0～5mL或0～10mL，分度值0.05mL，磨口。

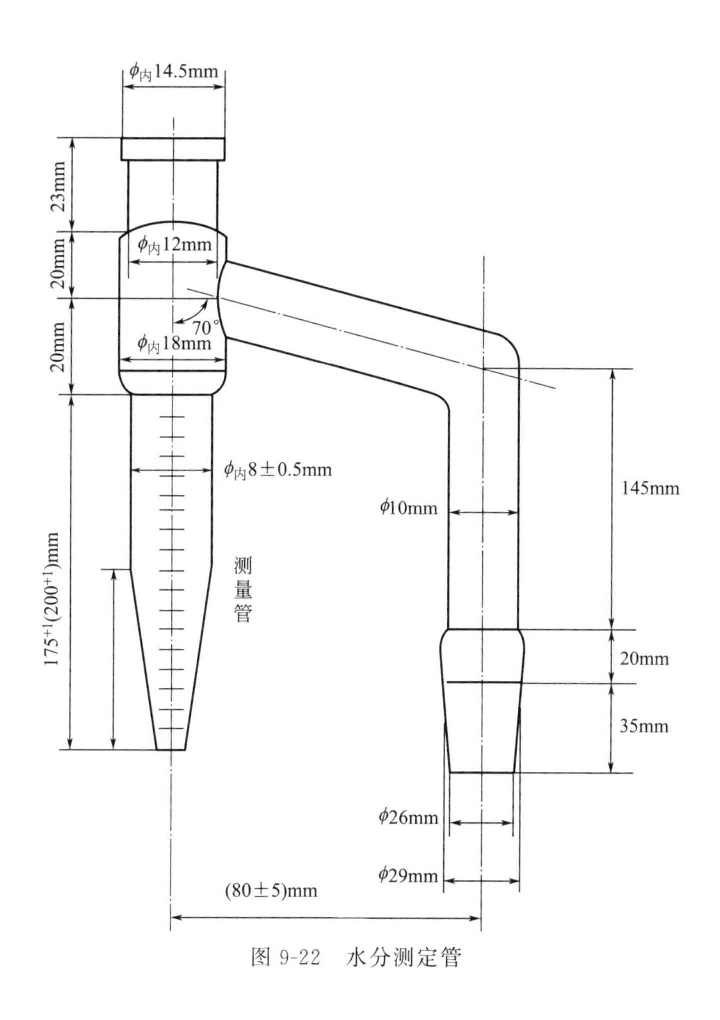

图 9-22　水分测定管

四、实验步骤

① 将待测的空气干燥基煤样筛分至粒度小于 0.2mm。称取 20～20.01g 煤样，记为 m。将煤样小心放入“V”形长条纸槽中，并将含煤“V”形纸槽插入干馏管内，使煤样到达干馏管底部，避免干馏管主管内壁上粘有煤样。

② 将装好煤样的干馏管横放，用推杆将石棉垫和石棉绒推入干馏管主管中部，保证煤样全部留在石棉垫以里，以防止热解过程中煤样离开干馏主管。水平方向轻轻摇动煤样，使得煤样在干馏管内铺展均匀，如图 9-23 所示。称量含有煤样、石棉垫和石棉绒的干馏管，通过差减煤样质量，获得干馏管、石棉垫和石棉绒质量之和，记为 $m_{干馏管+石棉}$。

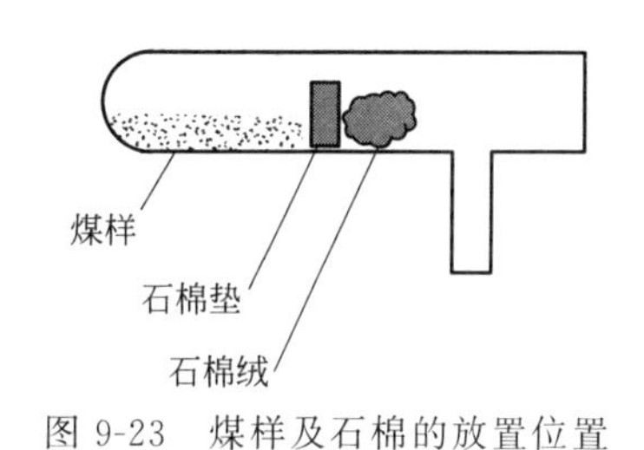

图 9-23　煤样及石棉的放置位置

③ 干馏管管口用耐热的橡胶塞塞紧，在干馏管支管上装上带有玻璃导气管的耐热橡胶塞，导气管露出橡胶塞约 5mm，称量，称准到 0.01g。称量清洁、干燥的锥形瓶，称准到 0.01g，然后将其接在干馏管支管上，使支管口距离锥形瓶底部 15～20mm。如图 9-24 所示。

④ 按启动指示灯（绿灯）接通总电源，打开温控开关，加热指示灯亮，温度程序控制仪开始工作，炉体加热升温。加热至 290℃时，发出蜂鸣提示。将装好煤样的干馏管插入炉

内，干馏管支管紧靠炉口，锥形瓶上套上专用压铁，向水箱内加入温度低于15℃冷凝水，使锥形瓶高度的2/3侵入冷却水中为止，并保持恒定水位。从300℃开始，以5℃/min的升温速率将格金干馏炉继续加热至600℃，在该过程中，实测温度与程序应达温度之差不得高于10℃。在600℃下保持15min后蜂鸣提示响起，按停止指示灯，切断总电源，停止加热。

⑤ 实验过程中产生的焦油、水蒸气和煤气经干馏管支管进入锥形瓶，焦油和水蒸气在锥形瓶中冷凝，煤气经导气管排出。

⑥ 取出干馏管和锥形瓶，干馏管及支管上的液体冷凝物尽量流入锥形瓶内。拆下锥形瓶，盖紧橡皮塞，用干毛巾擦锥形瓶外壁上的冰水，放置5min后称量，称准至0.01g。盛有液体冷凝物的锥形瓶质量与空瓶质量之差记为液体冷凝物产物质量，记为a。

⑦ 包括两个橡胶塞子及导气管在内的干馏管（图9-24所示）放置冷却到室温后称量，准确到0.01g。取下橡皮塞，用蘸有丙酮的棉棒将干馏管支管内外的焦油擦洗掉，待丙酮挥发后，再装上橡皮塞，再次称量，两次质量差为干馏管主管和支管内残留焦油的质量，记为d。

⑧ 去油后干馏管质量（包括石棉垫、石棉绒和半焦质量，记为$m_{干馏管+石棉+半焦}$）与实验前干馏管质量$m_{干馏管+石棉}$之差为半焦质量，记为c。

⑨ 取出格金干馏获得的半焦，将半焦性质与标准焦型（如图9-25和表9-4所示）进行对比，定出半焦型号。对强膨胀性煤，实验前需要往煤中加入一定比例的电极炭。

图9-24 格金干馏管与锥形瓶的连接

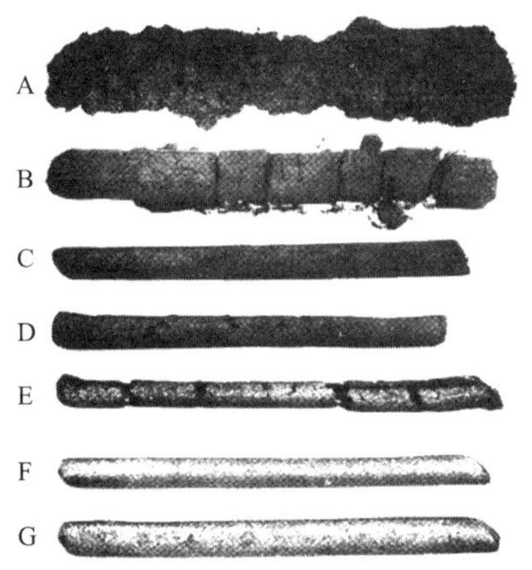

图9-25 格金标准焦型实例

表9-4 标准焦型

焦型	体积变化	主要特征、强度及其他
A	实验前后体积大体相等	不黏结、粉状或粉中带有少量小块，接触就碎
B	实验前后体积大体相等	微黏结，多于三块或块中带有少量粉，一拿就碎
C	实验前后体积大体相等	黏结，整块或少于三块，很脆易碎
D	实验后较实验前体积明显减少（收缩）	黏结或微熔融，较硬，能用指甲刻划，少于五条明显裂纹，手摸染指，无光泽
E	实验后较实验前体积明显减少（收缩）	熔融，有黑的或稍带灰的光泽，硬，手摸不染指，多于五条明显裂纹，敲时带金属声响
F	实验后较实验前体积明显减少（收缩）	横断面完全熔融，并呈灰色，坚硬，手摸不染指，少于五条明显裂纹，敲时带金属声响
G	实验前后体积大体相当	完全熔融，坚硬，敲时发出清晰的金属声响

⑩ 实验后的锥形瓶中加入 50mL 甲苯或二甲苯，然后接上水分测定管并与冷凝器相连。水分测定管的量管应事先标定。冷凝器上端用棉花或其他物品塞住，以防尘埃污染及避免空气中湿气在冷凝端内凝结。将装配好的锥形瓶放在砂浴上，向冷凝器内通入冷却循环水，然后砂浴通电加热并控制蒸馏速度，使冷凝器末端液滴滴下的液滴数为 2～4 滴/s。蒸馏应在通风橱中进行。

⑪ 当水分测定管中的水分在 10min 内不增加时，即可停止蒸馏，蒸馏时间一般约需 1～1.5h。待锥形瓶冷却，关闭冷却循环水，一并取下锥形瓶和水分测定管。如有部分水珠附着在水分测定管管壁上，或有部分溶剂沉在水层下部，可用细的金属或玻璃棒搅拌排除，待静置分层后，从水分测定管读取水的体积，精确到 0.01mL。将水分体积换算为水分质量 b。

⑫ 格金干馏焦油质量通过液体产物的量减去水分的量，再加上干馏管主管及支管残留的焦油质量获得，即 $m_{焦油}=a-b+d$。

⑬ 煤样质量减去焦油质量、水分质量以及半焦质量即得煤气（包括实验过程中的损失）质量。

⑭ 各项产物质量对煤样质量的百分数，即为各产物的空气干燥基产率。

五、实验记录与报告

1. 结果描述

各干馏产物的空气干燥基产率，按式(9-26)～式(9-29) 计算：

焦油产率：
$$\mathrm{Tar_{ad}}=\frac{a-b+d}{m}\times 100 \tag{9-26}$$

干馏总水分产率：
$$\mathrm{Water_{ad}}=\frac{b}{m}\times 100 \tag{9-27}$$

热解水产率：
$$W_{\mathrm{p.ad}}=\mathrm{Water_{ad}}-M_{\mathrm{ad}} \tag{9-28}$$

半焦产率：
$$\mathrm{CR_{ad}}=\frac{c}{m}\times 100 \tag{9-29}$$

式中 m——空气干燥煤样的质量（见实验步骤 1），g；

a——干馏液体冷凝物质量（见实验步骤 6），g；

b——干馏总水分质量（见实验步骤 11），g；

c——半焦总质量（见实验步骤 8），g；

d——干馏管及支管内所沾焦油的质量（见实验步骤 7），g；

M_{ad}——空气干燥基煤样中水分含量，%；

$\mathrm{Tar_{ad}}$——空气干燥煤样中焦油产率，%；

$\mathrm{Water_{ad}}$——空气干燥煤样中干馏总水分产率，%；

$W_{\mathrm{p.ad}}$——空气干燥煤样中热解水产率，%；

$\mathrm{CR_{ad}}$——空气干燥煤样中半焦产率，%。

各项测定结果计算到小数点后第二位（即 0.01），然后修约到小数点后第一位（即 0.1）报出。

2. 精密度

煤的格金低温干馏实验的精密度应符合表 9-5 规定。

表 9-5　煤的格金低温干馏实验精密度

参数	重复性限
干馏总水分产率 Water/%	1.0
半焦产率 CR/%	1.5
焦油产率 Tar/%	1.0
焦型	同一焦型

根据实验测试结果，结合本实验中的公式完成表 9-6。

表 9-6　煤样格金干馏测试结果

煤样名称		测试者		测试日期	
煤样质量 m/g					
含有石棉垫和石棉绒的干馏管质量 $m_{干馏管+石棉}$/g					
干馏冷凝物质量 a/g					
干馏管及支管内所沾焦油质量 d/g					
包含石棉垫、石棉绒和半焦质量的干馏管质量，$m_{干馏管+石棉+半焦}$/g					
半焦总质量 c/g					
干馏总水分质量 b/g					
煤样空气干燥基水分含量，M_{ad}/%					
空气干燥煤样中焦油产率，Tar_{ad}/%					
空气干燥煤样中干馏总水分产率，$Water_{ad}$/%					
空气干燥煤样中热解水产率，$W_{p,ad}$/%					
空气干燥煤样中半焦产率，CR_{ad}/%					
格金焦型					

六、注意事项

① 用丙酮洗干馏管时，要防止管口朝上，以免丙酮流入，被石棉绒吸附，引起下一次称量时增重，遇这种情况时，可将石棉绒石棉垫小心勾在管口，用吹风机吹干。

② 在强黏结性煤测试时，需配加电极炭，电极炭的量以整克数加入。

③ 300℃后要严格控制升温速度。升温速度是影响测定结果的主要因素。

七、思考题

1. 煤的格金干馏实验测定有什么意义？

2. 煤的格金干馏实验过程中需注意什么？为什么要用丙酮擦洗干馏管上的焦油？

3. 为什么在干馏管内装煤样后要堵以石棉板（上部有缺口）和石棉绒？为什么要将煤样摊平敲实？

4. 影响格金干馏实验结果的主要因素是什么？

5. 格金低温干馏和铝甑低温干馏实验的加热温度和加热速度有何不同？

6. 不同变质程度的煤，其干馏产物产率有何不同？

7. 观察何时煤气大量产生，焦油开始析出和焦油大量产生的温度。

八、知识扩展

1. 如何估计强膨胀煤应配入的电极炭量？

配入的电极炭量可以参考坩埚膨胀序数或挥发分焦渣特征号决定。由于配入的电极炭量和坩埚膨胀序数或挥发分焦渣特征间无严格对应关系，所以，往往要配上多次才能得到合适的配比，而且在初步找到合适的配入量后，必须在其上下都要做一次实验，才能最后确定焦型。

当所配入的电极炭不是整数的时候，可以按四舍五入原则取与其接近的整数为焦型。例如配入电极炭是 5.6g 合适，则焦型就定为 G_6。

2. 实验结束后，有时在干馏管靠橡皮塞的附近有积水是什么原因？如何处理？

因为干馏管支管部分都裸露在炉外，温度较低，煤样逸出的部分水蒸气来不及进入支管就被冷凝在这里，会使水分测定结果偏低。虽然可将干馏管倾斜，把冷凝的水顺着支管倒入锥形瓶中，但却很不容易倒干净，也不太准确。鉴此，要采取保温或加温措施，最简便的方法是用石棉绳或纸将干馏管裸露在炉外的部分包裹起来，使这部分保持较高温度。

［1］ 陈建伟. 对低阶煤的格金低温干馏实验中存在问题的探讨［J］. 煤质技术，2011，6：49-50.

［2］ 李宏图，王丽华. 格金低温干馏测定中若干问题探讨［J］洁净煤技术，2006，12（4）：62-63.

［3］ 魏宁，王艳丽，张珍，等. 煤的格金低温干馏试验影响因素分析［J］. 煤质技术，2014，4：19-20.

［4］ 孔令坡. 浅谈煤的格金低温干馏试验［J］. 煤质技术，2008，5：30-32.

［5］ GB/T 1341—2007 煤的格金低温干馏试验方法.

［6］ GB/T 480—2010 煤的铝甑低温干馏试验方法.

（北京化工大学 石磊执笔）

实验五十九 煤炭直接液化高压釜实验（参考 GB/T 3369—2017）

一、实验目的

1. 掌握高压釜实验用于评价煤炭直接液化的反应性的原理和方法；

2. 掌握煤炭直接液化高压釜实验筛选合适的直接液化煤种、评价煤炭直接液化催化剂、考察煤炭直接液化实验条件的方法。

二、实验原理

将一定量的煤、催化剂和溶剂依次加入高压釜中，在一定的温度和压力下进行加氢裂解和反应。反应完成后对生成的气体用气相色谱法进行组成分析；对液固产物用溶剂萃取法进行组成分析，用缓慢灰化法进行灰分分析，用共沸蒸馏法进行水含量分析。通过对液化产物的分离与分析，计算得到煤炭直接液化反应的油产率和转化率。

高压釜通常是一种间歇式反应器，用于评价煤炭直接液化的反应性，筛选较优的实验条件，为大型连续装置的运转参数和实验条件范围提供依据。由于间歇式反应器物料的运动状态与连续实验装置不同，会影响气、液、固三相质量和热量的传递过程，对实验结果产生一定影响，因此煤炭直接液化高压釜实验一般用于筛选合适的直接液化煤种、评价煤炭直接液化催化剂、考察煤炭直接液化实验条件，为连续中试实验提供参数依据和实验条件范围。

三、术语与定义

（1）煤炭直接液化　煤炭在高压、高温、临氢的条件下，经催化剂的作用，进行加氢反应，直接转化为液态产物的工艺技术。

（2）液化反应性　煤炭在直接液化条件下转化为液体产物的能力，其主要衡量指标有油产量和转化率。

（3）液化油　煤炭直接液化产物中可溶于正己烷的组分。

（4）油产率　在煤炭直接液化反应过程中，单位质量的干燥无灰基煤反应生成的液化油的量。

（5）转化率　在煤炭直接液化反应过程中，发生反应的煤与干燥无灰基原料煤的质量之比。

（6）氢耗率　在煤炭直接液化反应过程中，单位质量的干燥无灰基煤反应消耗的氢气的量。

（7）气产率　在煤炭直接液化反应过程中，单位质量的干燥无灰基煤反应生成的气体的量。

（8）沥青质产率　在煤炭直接液化反应过程中，单位质量的干燥无灰基煤反应生成的沥青质的量。

（9）水产率　在煤炭直接液化反应过程中，单位质量的干燥无灰基煤反应生成的水的量。

（10）物料平衡　煤炭直接液化反应前后，原料的用量与产物的产量之间的比较。

四、实验仪器与材料

1. 实验设备与仪器

（1）高压釜　高压釜为间歇式机械搅拌高压釜，其主要技术参数为：容积 500mL；压力 0～25MPa；温度为室温至 500℃；搅拌速度 0～1000r/min；升温速率 4～10℃/min；压力表精度 1.6 级；控温精度 ±1℃；搅拌桨形式为推进式；加热形式为电加热，功率 2.5kW。

釜盖有搅拌接口、气相接口、液相接口、冷却接口、压力表接口、安全防爆接口和测温接口。液相接口配釜内插管，可用于反应过程中取样和上出料，冷却接口配釜内螺旋管，可用于快速冷却；压力表接口配压力表和压力传感器；安全防爆接口配爆破片；测温接口配保护管带铂电阻热电偶。机械搅拌高压釜具有运转平稳、噪声小、自动化控温和记录、操作方便等特点。本实验采用海荣广贺（北京）科技有限公司生产的 HR-JCHC05-22 型高压反应釜，设备实物图如图 9-26 所示。

间歇式高压釜示意图见图 9-27～图 9-29。

（2）分析天平　分度值 0.1mg。

（3）真空干燥箱　控温范围室温至 250℃，精度±1℃，真空度不大于 1.33×10^3Pa。

（4）气相色谱仪　本实验采用 Agilent 6890 气相色谱仪（经钝化处理）；包括两个六通阀、一个十通阀、两根 0.5mL 的定量管、四根色谱柱（均经钝化处理。柱 1：Hayesep-Q 预柱，1m，80～100 目，1/8″，不锈钢；柱 2：Hayesep-Q 填充柱，2m，80～100 目，1/8″，不锈钢；柱 3：5A 分子筛柱，5m，80～100 目，1/8″，不锈钢；柱 4：PLOT Al_2O_3 “S” 柱，50m，0.53mm，15μm）、一个 FID 检测器和一个 TCD 检测器。

图 9-26　HR-JCHC05-22 型高压反应釜

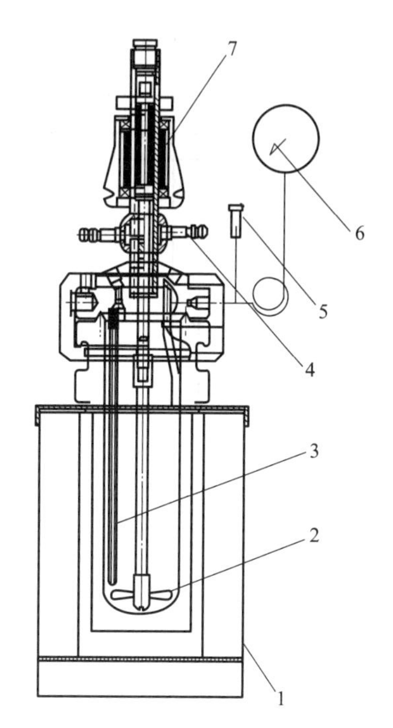

图 9-27　高压釜结构示意

1—电加热炉；2—搅拌桨；3—热电偶；4—水冷管；5—安全阀；6—压力表；7—搅拌器

采用多维气相色谱仪对煤炭直接液化生成气进行组成分析。通道 A：试样被载气带入色谱柱，用 5A 分子筛柱和 Hayesep-Q 填充色谱柱对组分进行分离，用 TCD 检测器分析氢气、一氧化碳、二氧化碳和硫化氢的含量。通道 B：试样被载气带入色谱柱，用 PLOT Al_2O_3 “S” 毛细管色谱柱对组分进行分离，用 FID 检测器分析 $C_1 \sim C_5$ 烃的含量。用色谱工作站，将试样组分与标准气相组分的色谱峰对比，根据保留时间对各组分定性，根据外标法对各组分定量。

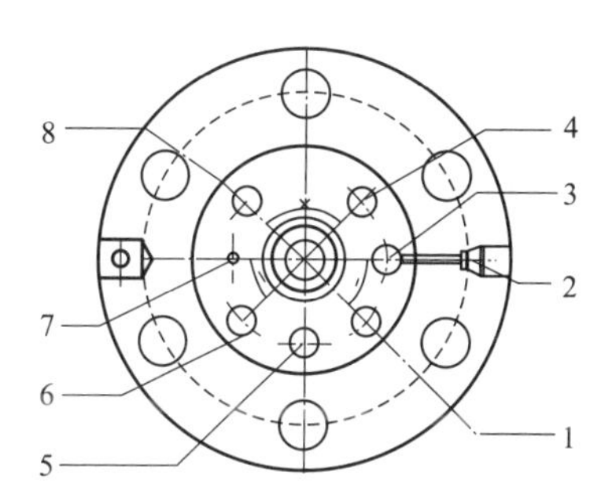

图 9-28　釜盖开口示意

1—液相口；2—压力表口；3—安全阀口；4—冷却口；5—出气口；6—进气口；7—测温口；8—冷却口

（5）溶剂萃取装置　如图 9-30 所示，溶剂萃取装置的主要部件是索氏萃取器，包括容量为 500mL 的圆底玻璃烧瓶、提取器和直管式冷凝管。索氏萃取器是用挥发性溶剂浸取不挥发性物质的仪器，又叫脂肪提取器。利用溶剂回流及虹吸原理，使固体物质连续不断地被纯溶剂萃取，既节约溶剂，又能提高萃取效率。萃取前先将固体物质研碎，以增加固液接触的面积。然后将固体物质放在滤纸筒 1 内，置于提取器 2 中，提取器的下端与盛有溶剂的圆底烧瓶相连，上端接回流冷凝管。加热圆底烧瓶，使溶剂沸腾，蒸气通过提取器的支管 3 上升，被冷凝后滴入提取器中，溶剂和固体接触进行萃取，当溶剂液面超过虹吸管 4 的最高处时，含有萃取物的溶剂经虹吸管吸回烧瓶，因而萃取出一部分物质，如此重复，使固体物质不断被纯溶剂所萃取，并将萃取出的物质富集在烧瓶中。

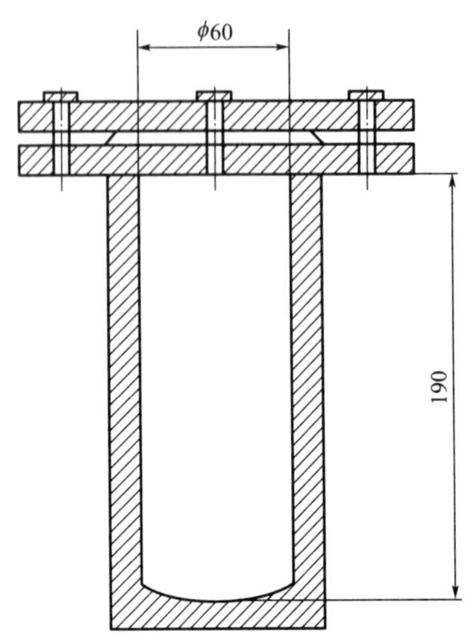

图 9-29 釜体尺寸示意（单位：mm）

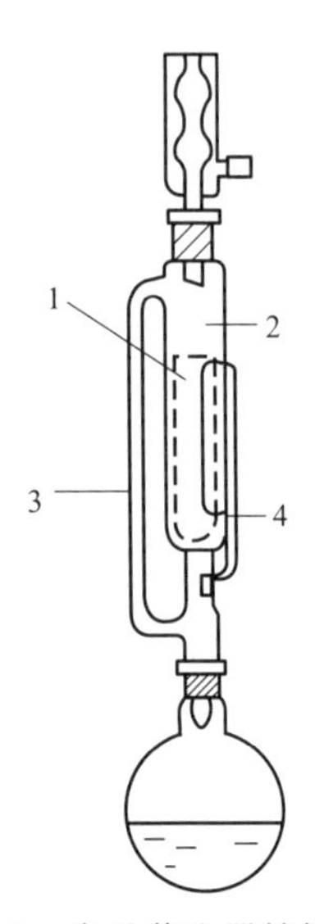

图 9-30 索氏萃取器结构示意

1—滤纸筒；2—提取器；3—支管；4—虹吸管

（6）共沸蒸馏装置 如图 9-31 所示，共沸蒸馏装置的主要部件是水分测定器，包括容量为 500mL 的圆底玻璃烧瓶、接受器和直管式冷凝管。将一定量的试样与二甲苯溶剂混合，加热圆底烧瓶使溶剂沸腾，蒸气上升到冷凝管后被冷凝后滴入接受器中，由于水的密度大于二甲苯的密度，所以水在接受器的下层，待接受器的水量不再变化时便可读取水的质量或者体积。

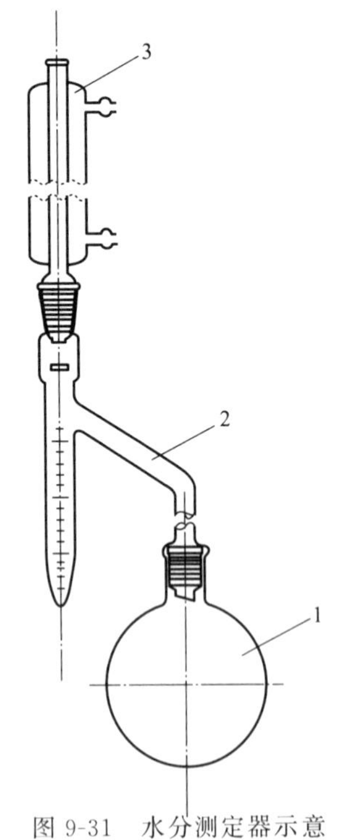

图 9-31 水分测定器示意

1—圆底烧瓶；2—接受器；3—冷凝管

2. 试剂和材料

（1）氢气 GB/T 3634.1，纯度 99.0%以上，压力不小于 10MPa。

（2）氮气 GB/T 3864，纯度 99.2%以上，压力不小于 2MPa。

（3）四氢萘 CAS 号 119-64-2，纯度 99.0%以上。

（4）正己烷 CAS 号 110-54-3，纯度 99.0%以上。

（5）四氢呋喃 CAS 号 109-99-9，纯度 99.0%以上。

（6）二甲苯

（7）三氧化二铁 CAS 号 1332-37-2，纯度 99.5%以上。

（8）助催化剂 硫黄，CAS 号 7704-34-9，纯度 99.0%以上。

（9）玻璃样品瓶 250mL，可密封。

（10）无灰滤纸筒和无灰脱脂棉

五、煤样制备与处理

1. 煤样的制备

煤样按 GB 474 的规定进行分析煤样的制备。

2. 煤样的处理

煤样按 GB/T 212 的规定测定水分，若煤样空气干燥基水分＞3%，则将煤样放入真空干燥箱内，在100～105℃条件下干燥煤样，直至样品中的水分≤3%。

六、实验步骤

1. 高压釜有效容积标定

在室温下将清洁、干燥的高压釜安装好，打开进气口阀和出气口阀，由进气口向釜内注入蒸馏水直至蒸馏水刚好从出气口溢出，计量水的体积，重复3次，若3次标定体积的极差不超过1mL，其平均值即为室温下高压釜的有效容积 V_0；若三次标定体积的极差超过1mL，则需重新标定。

2. 样品称量

准确称量煤样（m_c）（干燥无灰基煤的质量为20g）、三氧化二铁（Fe占干基煤质量的3%）、四氢萘（四氢萘与干基煤质量比55∶45）、硫黄（原子比S∶Fe＝2），精确至0.0002g。

入釜煤样质量 m_c 按式(9-30）计算：

$$m_c=\frac{m_{daf}}{100-A_{ad}-M_{ad}}\times 100 \tag{9-30}$$

式中　m_c——入釜煤样质量，g；

m_{daf}——干燥无灰基煤的质量，本实验为20g；

A_{ad}——煤样空气干燥基灰分的质量分数，%；

M_{ad}——煤样空气干燥基水分的质量分数，%。

3. 装釜

将煤样、三氧化二铁、硫黄和四氢萘依次加入高压釜中，盖上釜盖，均匀拧紧螺母，密封高压釜。

4. 气体置换

先用1～2MPa的氮气置换空气，即向高压釜中缓慢充入氮气，压力达到1～2MPa后再缓慢放空，重复三次，再用2～3MPa的氢气置换氮气，重复三次；最后用10～12MPa的氢气充满高压釜，放置0.5h以上，检查并确保密封无泄漏。

5. 升温、恒温及降温

将高压釜的氢初压调整到8MPa（p_1），记录釜内初始温度（T_1），装上加热器，开始升温，控制搅拌速率为（400±20）r/min，升温速率为（8±0.5)℃/min，每隔15min记录釜内压力和温度。当釜内温度达到450℃时，恒温120min。然后取下加热器，当釜内温度低于100℃时，停止搅拌，冷却至室温。

6. 气体产物的取样及分析

取样前，记录高压釜内的压力（p_2）和温度（T_2），按GB/T 29747的规定取出气体样品并进行气体组成分析（R_i），剩余气体缓慢放空。

7. 液固产物的收集及分析

① 打开高压釜，将搅拌均匀的液固产物全部转移至已知质量的100mL可密封的样品瓶中，称量，液固产物的质量计为 m_1。高压釜内壁、釜盖和搅拌桨上的残留物用干燥且已知质量的脱脂棉擦拭干净，称量，残留物的质量计为 m_2。根据反应前后物料的质量，计算物料平衡，若物料平衡＜95%，则实验失败，需重新进行实验。

② 将样品瓶中的液固产物搅拌均匀后取样，按GB/T 30044—2013中8.1的规定测定液固产物中正己烷不溶物的质量分数，按GB/T 30044—2013中8.3的规定测定液固产物中

四氢呋喃不溶物的质量分数。样品量为（5±0.5）g 并精确至 0.0002g，液固产物萃取分析使用无灰滤纸筒和无灰脱脂棉。

③ 将四氢呋喃萃取后的滤纸筒和脱脂棉全部转移至已恒重坩埚中，按 GB/T 29748 的规定测定灰分，计为 A。

④ 将高压釜内壁、釜盖和搅拌桨上擦拭的残留物和萃取分析取样后剩余的液固产物按 GB/T 260 的规定分别进行水分的测定，溶剂为分析纯二甲苯，用量 100mL。残留物中的水分质量计为 m_3，剩余液固产物的水分质量计为 m_4。

七、实验结果

① 油产率 η_{oil} 按式(9-31) 计算：

$$\eta_{oil}=\eta+\eta_{H_2}-\eta_{H_2O}-\eta_{gas}-\eta_a \tag{9-31}$$

式中 η_{oil}——油产率，用质量分数表示，%；

η——转化率，用质量分数表示，%；

η_{H_2}——氢耗率，用质量分数表示，%；

η_{H_2O}——水产率，用质量分数表示，%；

η_{gas}——气产率，用质量分数表示，%；

η_a——沥青质产率，用质量分数表示，%。

② 转化率 η 按式(9-32) 计算：

$$\eta=100-\eta_u \tag{9-32}$$

式中 η_u——未转化率，用质量分数表示，%。

③ 其他计算公式。

a. 氢耗率 η_{H_2} 按式(9-33) 计算：

$$\eta_{H_2}=\left(\frac{P_0+P_1}{T_1}-\frac{P_0+P_2}{T_2}\times\frac{\phi_{H_2}}{100}\right)\times\frac{T_0\times M_{H_2}\times(V_0-V_1)}{P_0\times V_m\times m_{daf}}\times100 \tag{9-33}$$

式中 P_0——实验室的大气压力，MPa；

T_0——273.15K；

V_m——22.41L/mol；

M_{H_2}——2.02g/mol；

P_1——反应前高压釜 H_2 压力（表压），MPa；

P_2——反应后高压釜气体压力（表压），MPa；

T_1——反应前高压釜内温度，K；

T_2——反应后高压釜内温度，K；

ϕ_{H_2}——产物气体中 H_2 体积分数，%；

V_0——高压釜有效容积，L；

V_1——高压釜内液固原料的体积，L，液固原料的密度视为 $1\times10^3kg/m^3$。

b. 气产率 η_{gas} 按式(9-34) 计算：

$$\eta_{gas}=\frac{(P_0+P_2)\times(V_0-V_1)\times T_0}{P_0\times T_2\times V_m\times m_{daf}}\times\sum_i\left(\frac{R_iU_i}{100}\right)\times100 \tag{9-34}$$

式中 R_i——第 i 种气体（不含 H_2）的体积分数，%；

U_i——第 i 种气体（不含 H_2）的分子量。

c. 物料平衡 ϕ_1 按式(9-35)计算：

$$\phi_1=\frac{m_1+m_2+\frac{\eta_{gas}}{100}\times m_{daf}}{m_0}\times 100 \qquad (9\text{-}35)$$

式中 ϕ_1——物料平衡，用质量分数表示，%；

m_1——收集到的液固产物的质量，g；

m_2——残留的液固产物的质量，g；

m_0——原料（煤、催化剂、溶剂、消耗的氢气）的质量总和，g。

d. 沥青质产率按式(9-36)计算：

$$\eta_a=\frac{(W_{HI}-W_{THFI})\times m_L}{m_{daf}}\times 100 \qquad (9\text{-}36)$$

其中 $$m_L=m_1+m_2+\frac{(100-\phi_1)}{100}\times m_0=m_0-\frac{\eta_{gas}}{100}\times m_{daf} \qquad (9\text{-}37)$$

式中 W_{HI}——正己烷不溶物的质量分数，%；

W_{THFI}——四氢呋喃不溶物的质量分数，%；

m_L——归一后的液固产物的质量，g。

e. 水产率 η_{H_2O} 按式(9-38)计算：

$$\eta_{H_2O}=\frac{m_3+\frac{m_4}{m_5}(m_L-m_2)-M_{ad}\times m_c}{m_{daf}}\times 100 \qquad (9\text{-}38)$$

式中 m_3——残留物中水的质量，g；

m_4——剩余液固产物中水的质量，g；

m_5——萃取分析取样后剩余的液固产物的质量，g。

f. 未转化率 η_u 按式(9-39)计算：

$$\eta_u=\frac{(W_{THFI}-A)\times m_L}{m_{daf}}\times 100 \qquad (9\text{-}39)$$

式中 A——产物焙烧后灰分的质量分数，%。

④ 实验记录和报告可参考表 9-7。

表 9-7 煤炭液化反应性实验记录表

实验编号		实验日期	
煤样名称		催化剂名称	
煤样质量/g		催化剂质量/g	
硫黄质量/g		溶剂质量/g	
氢初压/MPa		初始温度/℃	
取气压力/MPa		取气温度/℃	
时间	外壁温度/℃	内壁温度/℃	压力/MPa

续表

时间	外壁温度/℃	内壁温度/℃	压力/MPa

⑤ 实验结果精密度可参考表 9-8。

表 9-8　实验结果精密度

项目	重复性限/%	再现性限/%
油产率	3.0	5.0
转化率	3.0	4.0

八、注意事项

① 实验过程高温高压且氢气易燃易爆，具有危险性，必须按操作规程进行实验；实验室保持通风，安装氢气报警器。

② 反应生成气有毒有害且气味难闻，做好防护，其中的硫化氢对呼吸道和眼睛伤害大，最好佩戴全头盔式防毒面罩。

③ 产物分析使用的溶剂如正己烷、四氢呋喃和二甲苯等，都具有一定的毒性，注意防护。

④ 高压釜实验室注意防潮，周围介质中不含有导电尘埃及腐蚀性气体。控制器应平放在操作台上，工作环境为 10～40℃，相对湿度小于 85%，周围介质中不含有导电尘埃及腐蚀性气体。定期将高压釜实验室清扫，开窗通气。定期校正压力表和热电偶。

九、思考题

1. 煤炭直接液化高压釜实验有什么意义？
2. 煤炭直接液化的原理是什么？
3. 影响煤炭直接液化性能的因素有哪些？
4. 油产率为什么不直接用正己烷可溶物的值计算，而要用差减法计算？
5. 水产率可否利用氧元素平衡计算？为什么？
6. 用 Fe_2O_3 作催化剂时，为什么要加硫黄？
7. 实验过程中，釜内的压力会有什么变化？为什么？
8. 高压釜实验完成后，水分布在什么地方，是液固相产物中，还是气相产物中，或者是釜壁上？

十、知识扩展

煤炭直接液化的3个步骤：

一般来说，煤炭直接液化过程分为煤的热溶解、氢转移和加氢3个步骤。

（1）煤的热溶解 煤与溶剂加热到大约250℃时，煤中就有一些弱键发生断裂，当温度超过250℃进入到煤液化温度范围时，发生多种形式的热解反应，煤中一些不稳定的键开始断裂，比如羰基键、羧基键、醚键、硫醚键、甲基键等。

（2）氢转移 弱键断裂后产生了以煤的结构单元为基础的小碎片，并在断裂处带有未配对的电子，这种带有未配对电子的分子碎片化学上称为自由基。自由基带的未配对电子具有很高的反应活性，它有与邻近的自由基上未配对电子结合成对（即重新组成共价键）的趋势，而氢原子是最小最简单的自由基，如果煤热解后的自由基碎片能够从煤基质或溶剂中获得必要的氢原子，则可以使自由基达到稳定。从煤的基质中获得氢的过程实际上是进行了煤中氢的再分配，这种使自由基稳定的过程称为自稳定过程。

（3）加氢 当煤直接液化反应在氢气气氛下和催化剂存在时，氢气分子被催化剂活化，活化后的氢分子可以直接与自由基或稳定后的中间产物分子反应，即为加氢反应。主要反应有芳烃加氢饱和、加氢脱氧、加氢脱硫和加氢裂化等。

［1］ 舒歌平，史士东，李克健. 煤炭液化技术［M］. 北京：煤炭工业出版社，2003：85-185.

［2］ 史士东. 煤加氢液化工程学基础［M］. 北京：化学工业出版社，2012：81-111.

［3］ 钟金龙. 煤炭直接液化高压釜试验水产率的问题探讨［J］. 煤质技术，2016（s1）：41-42.

［4］ GB/T 29747—2013 煤炭直接液化 生成气的组成分析 气相色谱法［S］. 北京：中国标准出版社，2013.

［5］ GB/T 30044—2013 煤炭直接液化 液化重质产物组分分析 溶剂萃取法［S］. 北京：中国标准出版社，2013。

［6］ GB/T 29748—2013 煤炭直接液化 液化残渣灰分的测定方法［S］. 北京：中国标准出版社，2013.

［7］ GB/T 8929—2006 原油水含量的测定 蒸馏法［S］. 北京：中国标准出版社，2006.

［8］ GB/T 33690—2017 煤炭液化反应性的高压釜试验方法［S］. 北京：中国标准出版社，2017.

（煤炭科学技术研究院有限公司 毛学锋、钟金龙执笔）

第十章
煤岩分析

煤是一种固体可燃有机岩石。所谓煤岩即是从岩石学的角度及分析方法来研究煤的岩石成分及构成，亦即用肉眼或应用光学仪器来观察、分析测定煤的各种组分和光学参数。用肉眼观察时，可分辨出宏观煤岩成分和宏观煤岩类型，包括镜煤、亮煤、暗煤和丝炭，它们是肉眼能识别的煤岩成分；借助光学显微镜才能识别的组分称为显微组分。按国际分类共分三大组：镜质组、壳质组、惰质组（矿物不能算显微组分，应单列）。它们的特征、分类方法和应用场合互不相同，但又有联系。

由于煤是不均匀的有机物质并混有比例不同的各类矿物，因而煤与煤之间的性质及加工转化性能千差万别，究其微观上的原因也就是显微组分种类和组成比例上的不同。研究煤质不能不从显微组分和煤中的矿物质上进行观测分析。显微组分，它们的化学组成有差异，化学活性也不同，在焦化、气化、液化等过程中的产物及转化性能也各异，因此加工利用的方向也大不一样。煤中各有机质和煤中矿物的赋存形态、粒度大小、结合的紧密程度决定了煤的加工洗选的难易程度和工艺方法的选择。煤的镜质组反射率的测定对判别煤种、分类、研究煤化程度、指导配煤炼焦等方面都是重要指标。因而研究煤质进行煤岩分析是一个很重要的实验鉴定手段。荧光性的研究，保证了低煤化度煤的煤级准确测定。为了研究工作或某些特殊需要，希望得到纯度尽可能高的显微组分，为此需要进行显微组分的分离和富集工作。本章主要讲了煤的显微组分组、矿物质、显微煤岩类型、煤的镜质体反射率、显微硬度、荧光光谱和荧光强度等的测定方法，以及商品煤混煤类型的判别和镜质组密度离心分离方法。

实验六十　煤的显微组分鉴定与定量
（参考 GB/T 8899—2013）

一、实验目的

1. 熟悉镜质组、惰质组、壳质组组分在反射光和透射光下的光学特性；

2. 在反射偏光显微镜下测定煤的显微组分。

二、实验原理

将粉煤光片置于反射偏光显微镜下，用白光入射。在不完全正交偏光或单偏光下，以能准确识别显微组分和矿物为基础，用数点法统计各种显微组分组和矿物的体积分数。

煤的显微组成分为有机组成和无机组成两部分。在显微镜下可识别的有机组成称为显微组分，而无机组成称为矿物。研究煤的显微特征是评价煤质、研究煤的成因和煤炭加工利用的基础。

三、实验内容

主要通过显微镜下观察，鉴定不同显微煤岩组分特征，主要包括镜质组、惰质组和壳质组各组分的识别标志。

（一）镜质组

镜质组是煤中最常见最重要的显微组分组。它是由植物的根、茎、叶在复水的还原条件下，经过凝胶化作用而形成。低中煤阶时，镜质组在透射光下具橙红、棕红色，反射光下呈灰至浅灰色。

1. 结构镜质体

保存有植物的细胞结构，在煤中往往呈透镜体状产出。把细胞壁称为结构镜质体；细胞腔往往被无结构镜质体、树脂体、微粒体或黏土矿物所充填，胞腔充填物不属于结构镜质体。根据细胞结构保存的完好程度，又可分为以下两种亚组分：

（1）结构镜质体 1　如图 10-1 所示，细胞结构保存完好，胸腔排列整齐，胞壁不膨胀或稍有膨胀。

（2）结构镜质体 2　如图 10-2 所示，胞壁膨胀，胞腔变小，胞腔大小不一，排列不整齐。

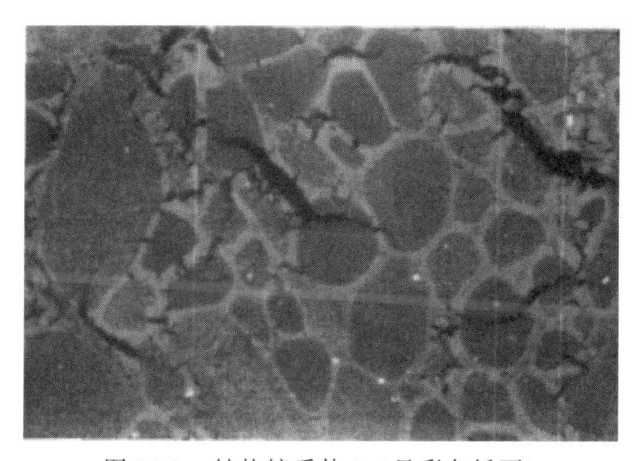

图 10-1　结构镜质体 1（见彩色插页）

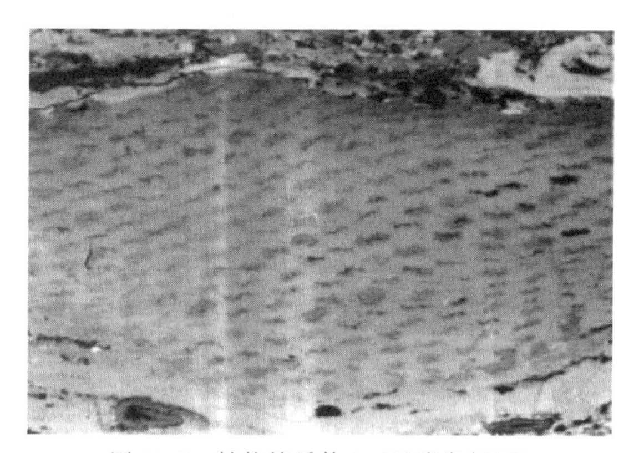

图 10-2　结构镜质体 2（见彩色插页）

2. 无结构镜质体

显微镜下观察不到植物的细胞结构，电子显微镜下可见粒状结构。据形态、产状和成因的不同，又可分为以下四个亚组分：

（1）均质镜质体　如图 10-3 所示，植物木质纤维组织经凝胶化作用变成均一状的凝胶，在煤中以透镜状或条带状产出。均质镜质体轮廓清楚，成分均一，不含任何其他杂质。

（2）胶质镜质体　如图 10-4 所示，指胶体腐植溶液充填到植物胞腔或其他空腔中沉淀成凝胶而形成。

（3）基质镜质体　如图 10-5 所示，指植物木质纤维组织经彻底的凝胶化作用，变成极细的分散腐植凝胶或胶体溶液，以后再经凝聚而成。它呈基质状态，是作为其他各种显微组分的胶结物出现。基质镜质体的反射率通常略低于其他镜质体。

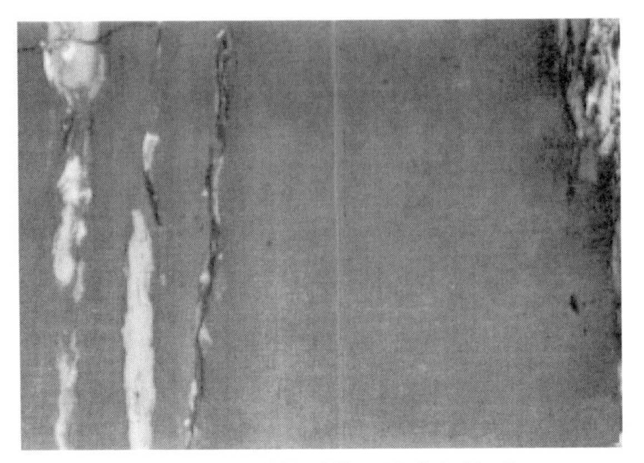

图 10-3　均质镜质体（见彩色插页）

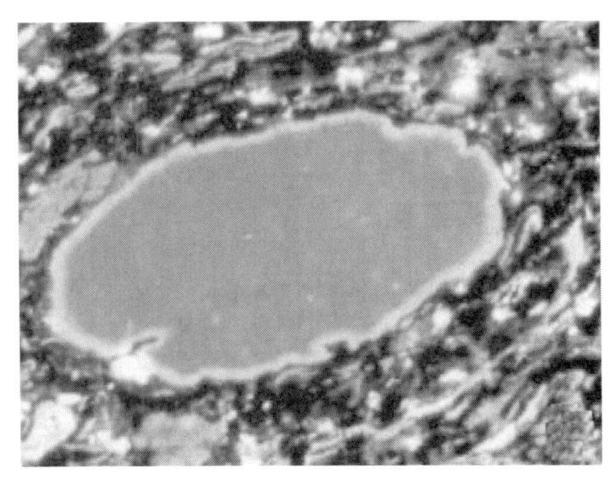

图 10-4　胶质镜质体（见彩色插页）

（4）团块镜质体　如图 10-6 所示，呈圆形或椭圆形，常单独出现。它是由植物细胞壁分泌出的树皮鞣质所形成，也可由腐植凝胶形成。它的反射率通常比结构镜质体高。

图 10-5　基质镜质体（见彩色插页）

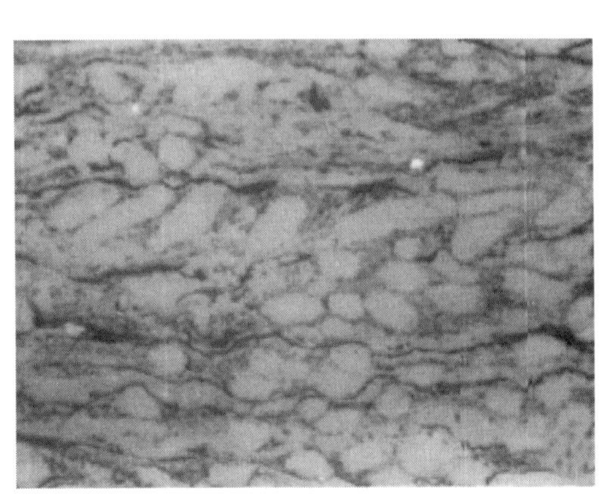

图 10-6　团块镜质体（见彩色插页）

3. 碎屑镜质体

粒度小于 30μm 的镜质体，如图 10-7 所示。大多来源于泥炭化阶段就已被分解了的植物或腐植泥炭的颗粒，它们很少是由于镜质组受压而成的碎片。当它和其他镜质组的组分在一起时不易区别开，只有被不同的显微组包围时才可观察到。

（二）惰质组（丝质组）

是煤中常见的显微组分组。它是由植物的根、茎、叶等组织在比较干燥的氧化条件下，经过丝炭化作用后在泥炭沼泽中沉积下来所形成；也可以由泥炭表面经炭化、氧化、腐败作用和真菌的腐蚀所造成。真菌菌类体在原来植物时就已是惰质组，惰质组还可以由镜质组和壳质组经煤化作用形成。惰质组在透射光下为黑色不透明，反射光下为亮白色至黄白色。

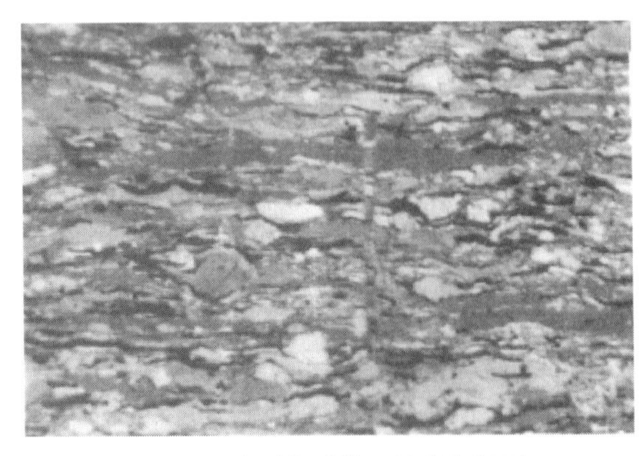

图 10-7　碎屑镜质体（见彩色插页）

惰质组包括丝质体、半丝质体、粗粒

体、菌类体、碎屑惰性体和微粒体。

1. 丝质体

如图 10-8 所示，丝质体分为 4 种：火焚丝质体、氧化丝质体、原生丝质体和煤化丝质体。

（1）火焚丝质体　与森林火灾有关。火焚丝质体常具有特别薄的细胞壁，植物的细胞壁保存非常好，甚至胞间隙也清晰可见，有时可见年轮，胞腔通常是空的，也可充填黏土、黄铁矿等；火焚丝质体具有高的反射率，淡黄的颜色和高的突起，很脆，易碎裂成极小的碎片。

（2）氧化丝质体　氧化丝质体的细胞结构保存差，细胞壁较厚或细胞排列不规则，反射色为白色，反射率低于火焚丝质体。

2. 半丝质体

如图 10-9 所示。丝质体和结构镜质体之间的中间阶段称半丝质体。为半木炭化的植物组织，细胞结构保存较差；磨蚀硬度、显微硬度中等，突起中等；反射光下灰色至白色，透射光下褐色至黑色。

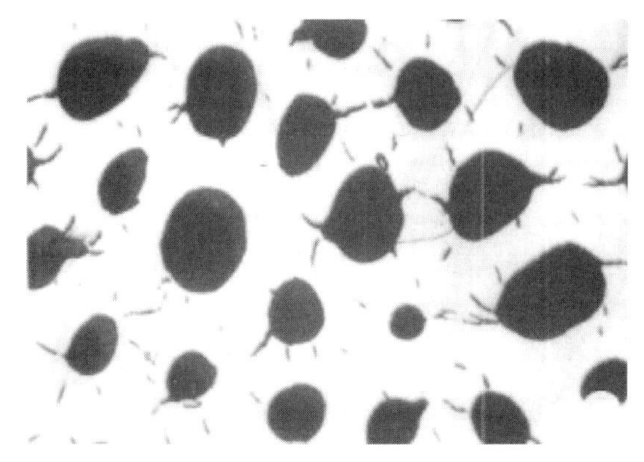

图 10-8　丝质体（见彩色插页）

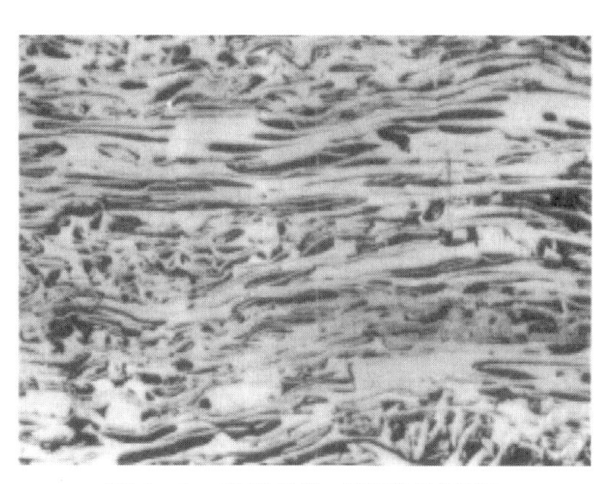

图 10-9　半丝质体（见彩色插页）

3. 菌类体

如图 10-10 所示。煤中的菌类体，有一部分起源于真正的真菌，又称真菌体，包括菌丝、菌丝体、密丝组织（菌索、菌核、子座）、菌孢子等。

4. 碎屑惰性体

如图 10-11 所示。碎屑惰性体是丝质体、半丝质体、粗粒体和菌类体的碎片或者残体。通常小于 30μm，棱角状外形，也有圆形；反射光下呈浅灰色或白色，透射光下呈黑色至暗褐色。

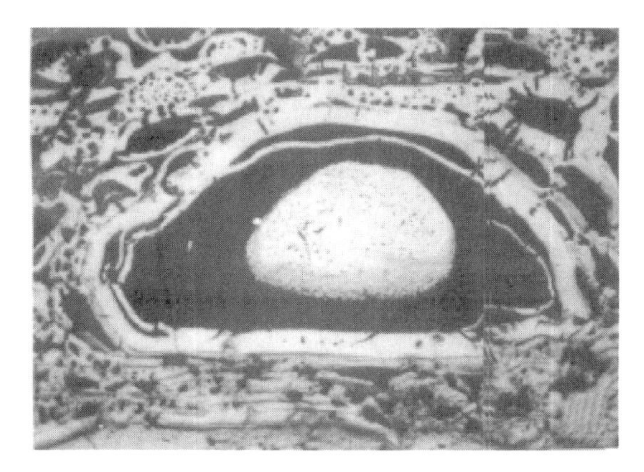

图 10-10　菌类体（见彩色插页）

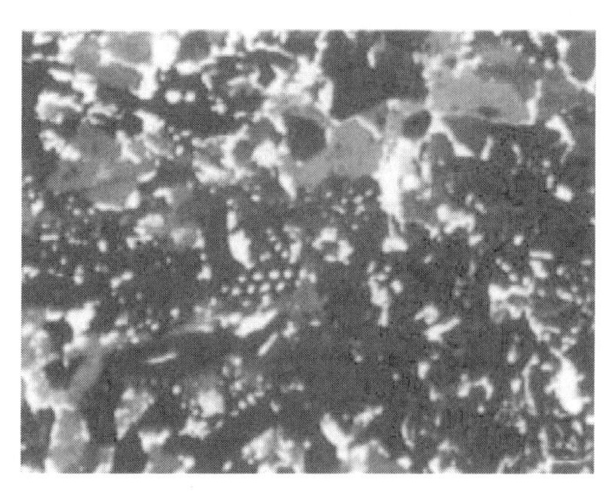

图 10-11　碎屑惰性体（见彩色插页）

（三）壳质组

又称稳定组、类脂组。壳质组包括孢子体、角质体、木栓质体、树脂体、渗出沥青体、蜡质体、荧光质体、藻类体、碎屑壳质体、沥青质体和叶绿素体等。

1. 孢子体

如图 10-12 所示。孢子是孢子植物的繁殖器官。煤中的孢子体是孢子的外细胞壁，其内壁主要由纤维素组成，成煤过程中和孢腔内的原生质一起被破坏。外孢壁主要由孢粉质组成，致密坚硬，容易保存下来。异孢植物的孢子有雌雄之分，雌性孢子个体大，称大孢子。雄性孢子个体小，称小孢子。

大孢子的直径一般为 0.1～3mm。在垂直层理的切面上，大孢子呈被压扁的扁平体，为封闭的长环状，折曲处呈钝圆形。大孢子的外缘多半光滑，有时表面有瘤状、棒状、刺状等各种纹饰。它的孢壁有时可显示粒状结构，有时可分出外层和内层。

小孢子一般小于 0.1mm，多呈扁环状、细短的线条状或蠕虫状等，有时分散或聚集在一起成小孢子堆。小孢子形状与花粉很相似。

2. 角质体

如图 10-13 所示。角质体是覆盖在叶、种子、叶柄、细茎、丫枝上的一层透明的角质表皮层，不具细胞结构，抗化学反应的能力强，细菌和真菌很难破坏它，能防止水分蒸发，抵抗摩擦和起保护植物的作用。角质体是由表皮细胞分泌而形成，它紧密地镶在表皮的外层细胞上，留下了表皮细胞结构的印痕。角质体有薄壁和厚壁两种。旱生植物的角质层特别厚，而湿生植物的角质层较薄。在垂直层理的切面上，角质体呈细长条带状，外缘光滑，内缘具锯齿状结构（表皮细胞的印痕）。透射光下，角质体一般呈黄色，随煤化程度的增高，逐渐呈橙黄色；反射光下，角质体呈暗灰色，煤化程度升高，则呈灰色。角质体往往出现褶皱。角质体有好的韧性，具波状消光，显示多色性。低煤化阶段用紫外线照射时，角质体发出黄色、绿黄色荧光。

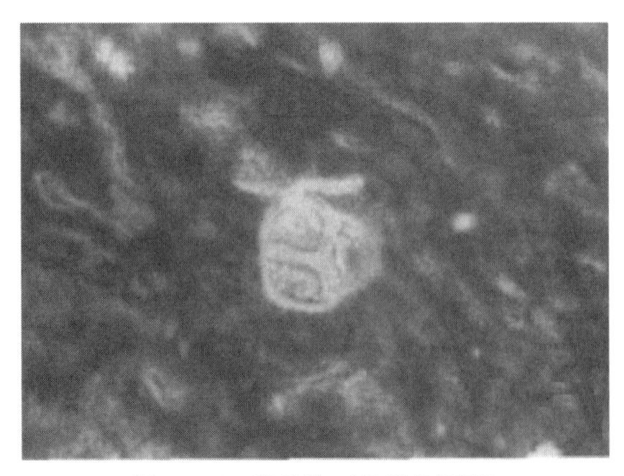

图 10-12　孢子体（见彩色插页）

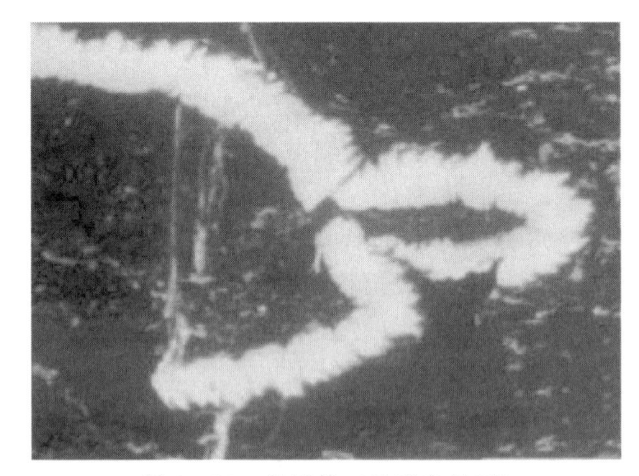

图 10-13　角质体（见彩色插页）

3. 树脂体

如图 10-14 所示。树脂体为植物的细胞分泌物，它的主要作用是防止细菌的侵入和水分的蒸发。树脂体呈球形、卵形、纺锤形、小杆状，有时充填胞腔。透射光下，一般呈浅黄、黄、橙黄等色；反射光下呈深灰、灰色；磨蚀硬度和镜质体相近，故一般无突起或突起不高，表面比较均一。有的树脂体受一定程度的氧化，可看到外圈和内圈的颜色深浅不同。树脂体的荧光色随煤化程度增高从蓝绿色、绿黄色变为浅橙黄色等。

4. 木栓体

如图 10-15 所示。木栓体是由植物树皮的木栓组织转变而来。木栓体是由数层至十几层扁平的长方形木栓细胞所组成，排列紧密，纵切面呈叠瓦状结构，弦切面呈鳞片状结构。透光下呈橙黄色、红棕色等，色调不均匀。反射光下呈深灰色、灰色。木栓体往往呈不规则块状、条带状。有时由于凝胶化作用较强，木栓体的细胞结构不太清楚。木栓体的荧光呈现褐黄色或暗褐色，荧光色不均匀。

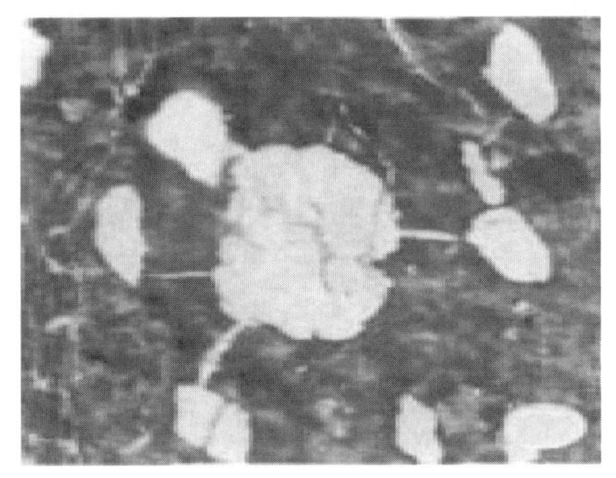

图 10-14　树脂体（见彩色插页）

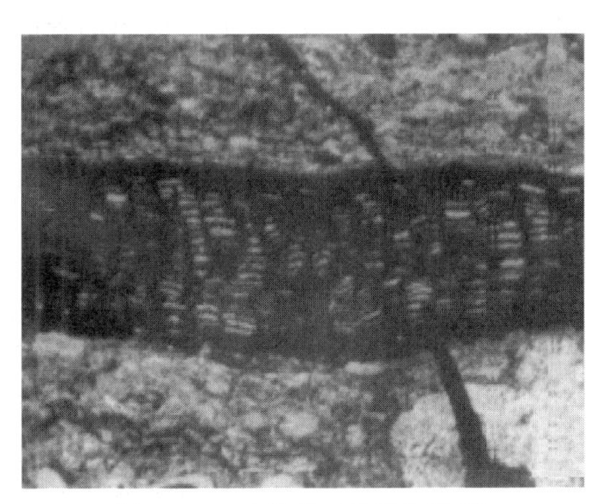

图 10-15　木栓体（见彩色插页）

5. 藻类体

如图 10-16 所示。藻类体只存在于腐泥煤及腐植腐泥煤中。在古生代的藻煤中，主要有两种类型的藻类，即皮拉藻和轮奇藻。皮拉藻具放射状的扇形构造，轮奇藻在水平切面上呈空心球的形状。藻类体在透射光下呈绿黄、浅黄色，反射光下呈黑灰至暗灰色。在所有的显微组分中，藻类体的反射力最弱而荧光性最强。

6. 碎屑壳质体

如图 10-17 所示。碎屑壳质体由孢子、角质层、树脂体、木栓层或藻类的碎片或分解残体组成。

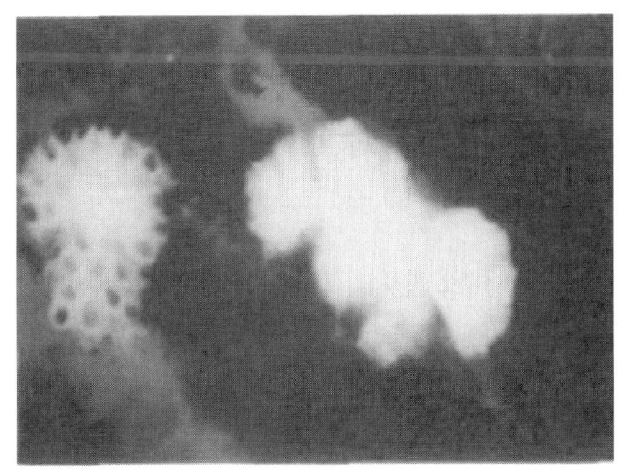

图 10-16　藻类体（见彩色插页）

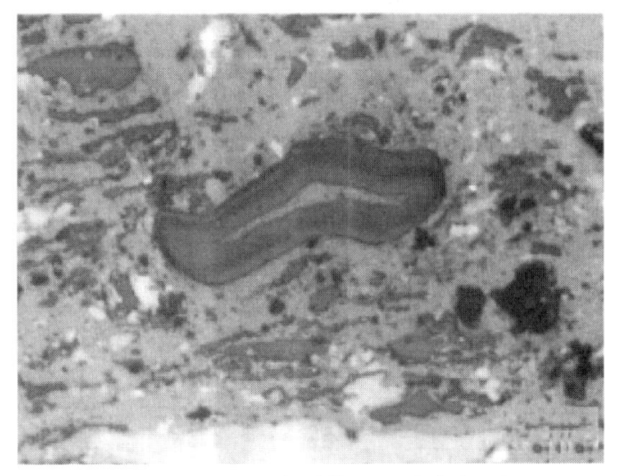

图 10-17　碎屑壳质体（见彩色插页）

7. 沥青质体

如图 10-18 所示。沥青质体是藻类、浮游动物、细菌和一些类脂物质的分解产物。它没有固定的形状，而是作为其他显微组分的基质出现。透射光下呈绿黄、黄、褐黄等色调，反射光下呈深灰色，表面粗糙，不显突起；高倍镜下，显示出不均匀的团块状、细粒状、条纹状等结构。沥青体具浅褐、灰黄或黄色的荧光，随照射时间的加长，其荧光强度明显增大。

8. 渗出沥青体

如图 10-19 所示。渗出沥青体是煤化过程中新产生的组分，属于次生显微煤岩组分。它是由树脂体或其他壳质组分、腐植凝胶化组分在煤化作用第一次跃变时期产生的，在亮褐煤和低煤化程度烟煤中最为常见。渗出沥青体产状特殊，它充填在煤的裂隙、层面、细胞空腔或其他孔隙中，呈脉状穿插，有时切割层理。

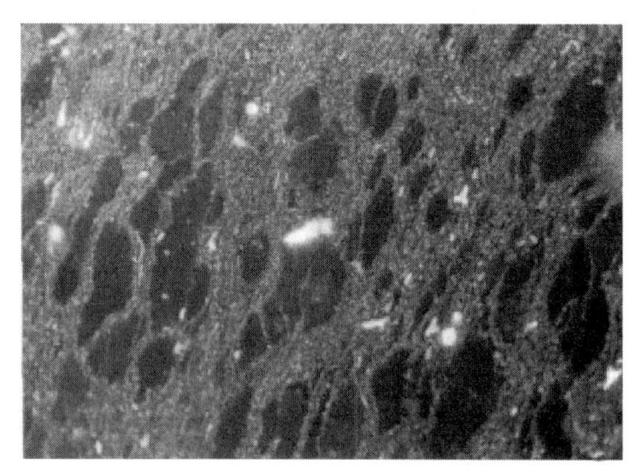

图 10-18　沥青体（见彩色插页）

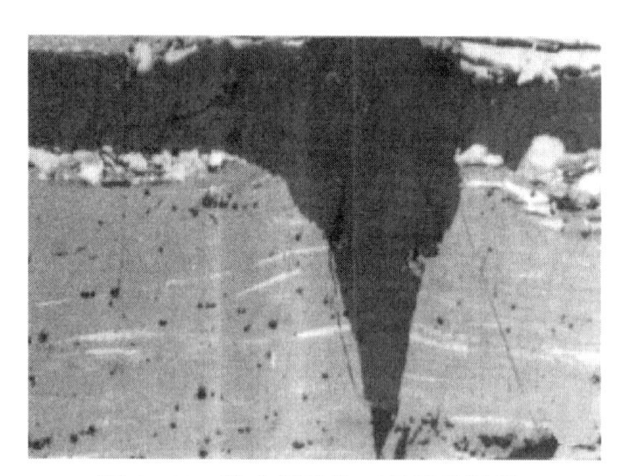

图 10-19　渗出沥青体（见彩色插页）

（四）矿物种类

1. 黏土类

如图 10-20 所示，黏土矿物是煤中主要的矿物，一般可占煤中矿物总量的 70%。普通反射光下为暗灰色、土灰色，油浸反射光下为灰黑色、黑色、低突起或微突起，表面不光滑，常呈微粒状、透镜状、薄层状产出，或充填于细胞腔中。

2. 硫化物类

煤中常见的硫化物主要是黄铁矿（图 10-21），其次是白铁矿等。黄铁矿在普通反射光下为黄白色，油浸反射光下为亮黄白色，突起很高，表面平整，有时不易磨光呈蜂窝状。常呈结核状、浸染状或莓粒状集合体产出，或充填于裂隙和细胞腔中。黄铁矿为均质，在正交偏光下全消光，而白铁矿具有强均质性，偏光色为黄-绿-紫色，双反射显著。常呈放射状、同心圆状集合体。

3. 碳酸盐类

煤中常见的碳酸盐类矿物主要有方解石（图 10-22）和菱铁矿。方解石在普通反射光下为灰色、低突起，油浸反射光下为灰棕色，表面平整光滑，强非均质性，偏光色为浅灰-暗灰色，内反射显乳白色-棕色，双反射显著。多呈脉状充填裂隙或胞腔中，常见双纹及菱形解理纹。菱铁矿的突起比方解石高，呈结核状、球粒状集合体产出，有时呈脉状。其他特征与方解石相似。

4. 氧化硅类

煤中氧化硅类矿物以石英（图 10-23）为主。普通反射光下为深灰色，油浸反射光下为黑色。一般表面平整，由于磨损硬度大，突起很高，周围常有暗色环。呈棱角状、半棱角状碎屑为主。自生石英呈自形晶或半自形晶，也有充填细胞腔的，热液石英多呈脉状充填在显微组分的裂隙中。

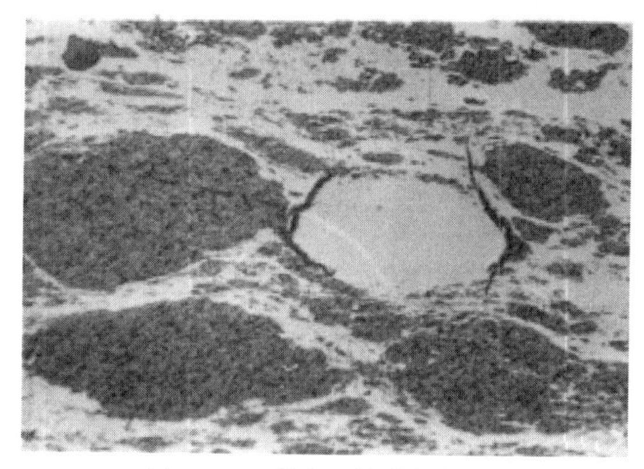

图 10-20 黏土（见彩色插页）

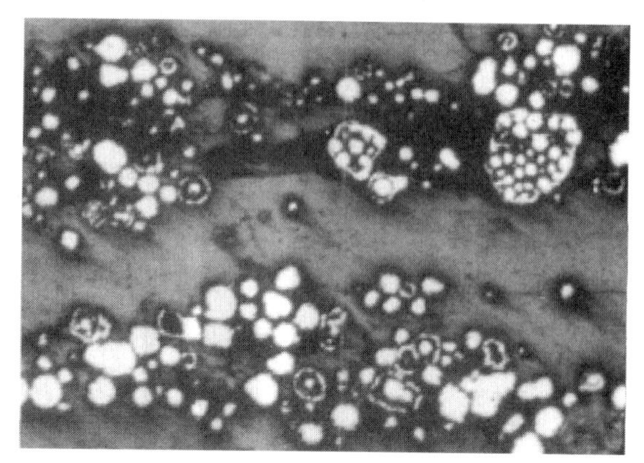

图 10-21 黄铁矿（见彩色插页）

图 10-22 方解石（见彩色插页）

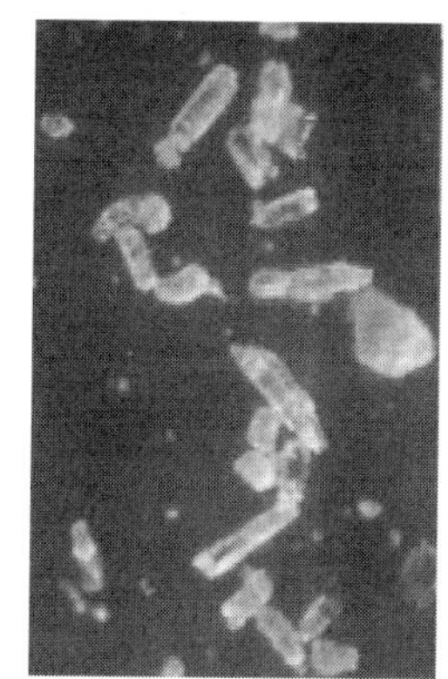

图 10-23 石英（见彩色插页）

四、仪器设备与材料

1. 偏光显微镜

卡尔·蔡司 Scope. A1，如图 10-24 和图 10-25 所示。偏光显微镜主机：透/反射光主机。放大倍率：5x-1600 配备 1x/1.6x 变倍器；高分辨率液晶显示屏，显示显微镜所有状态；偏光部件：透反射起偏器（起偏角度可调）；360°检偏器，全波长补偿板，四分之一波长补偿板，石英锲；观察筒部件：三目镜筒（0%/50%/100%分光）；宽视场双目观察，高眼点目镜 10x/≥25，2 只，带 10/100 十字线测微尺；360°旋转载物台，带 45°停止限位；配手指感知样品移动器，可调范围：0.1mm、0.3mm、0.4mm、1mm、2mm，内置式可调焦勃氏透镜；六孔均可调中物镜转换器，带编码控制；光源：LED 透/反射灯室（4 聚光镜），LED 灯寿命大于 25000h；电动控制聚光镜及顶镜；镜质体反射率测定专用油镜：10x/0.25、20x/0.40、50x/0.85；100x/1.25 各一支；配透反射日光型滤片、绿色滤片、蓝色滤片；显微镜原厂长寿命荧光光源，荧光灯泡使用寿命 200h 以上；配紫外、蓝色、绿色荧光激发模块各一块；显微镜原厂半导体制冷真彩色数码 CCD，物理像素≥500 万像素，2/3 寸 CCD 显微镜须具备电动控制的固定光阑，尺寸 5μm、10μm、20μm、25μm、35μm、50μm、100μm、500μm、1000μm 可选。

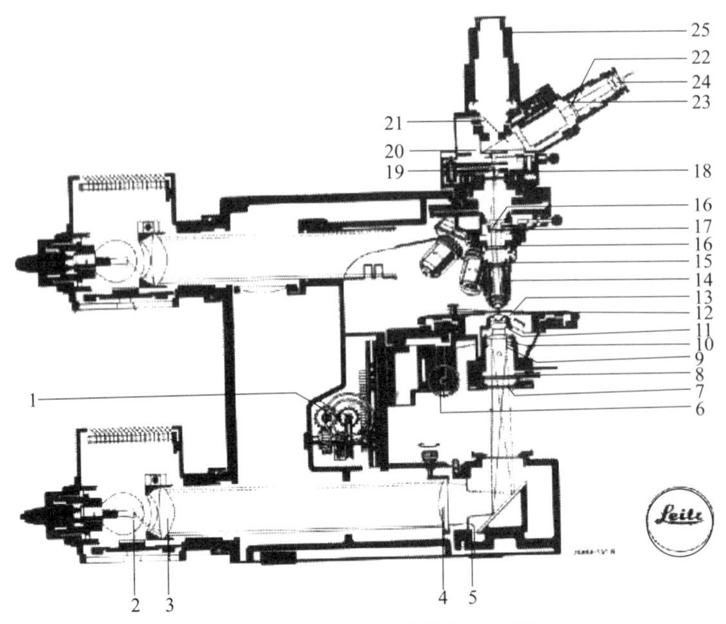

图 10-24 研究级显微镜的剖面图

1—粗调和细调，驱动物台；2—12V/100W 卤素灯；3—光源聚光镜；4—活节透镜；5—视域光圈；6—聚光镜的垂直调节；7—起偏器；8—λ/4 圆偏光检板；9—聚光镜的孔径光阑；10—聚光镜；11—聚光镜头；12—物台在滚珠轴承上；13—样品；14—物镜；15—物镜中心转盘在滚珠轴承上；16—镜筒透镜；17—补加的透镜用于小颗粒的锥光；18—检偏器；19—勃氏透镜；20—小孔光阑用于小颗粒的锥光；21—双目镜；22—目镜的视域透镜；23—中间影像平面与十字丝；24—目镜的聚焦透镜；25—照相镜筒

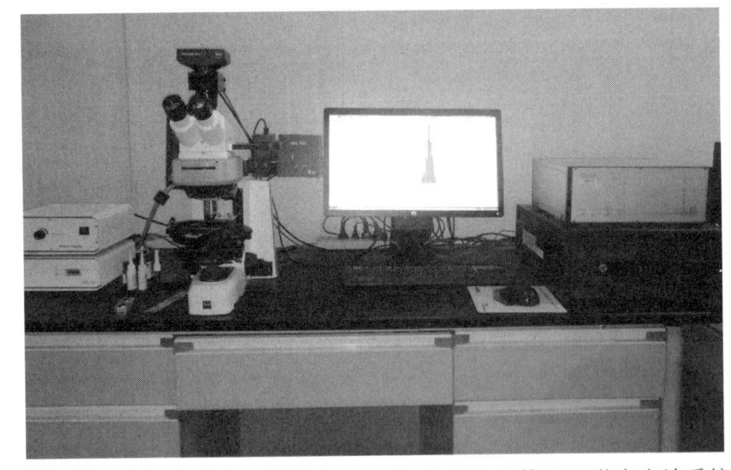

图 10-25 研究级卡尔·蔡司 Scope. A1 偏光显微镜及显微光度计系统

2. 载物台推动尺

如图 10-26 所示。

3. 计数器

如图 10-27 所示。

4. 试样安装器材

如图 10-28 所示。

5. 油浸液

应采用适合物镜要求的油浸液。在荧光条件下使用油浸物镜进行显微组分含量测定时，应选用无荧光油浸液。

6. 载片，胶泥

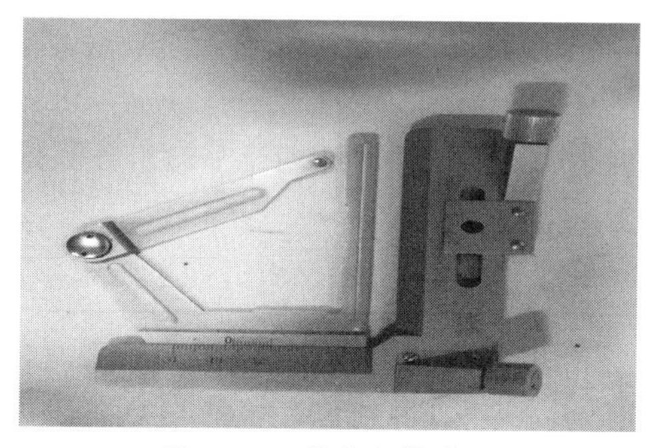

图 10-26　载物台推动尺

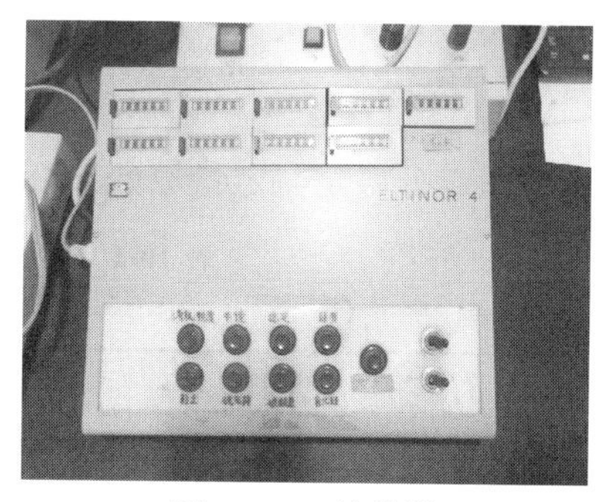

图 10-27　计数器

五、实验步骤

图 10-28　试样安装器材

① 在整平后的粉煤光片抛光面上滴上油浸液，并置于反射偏光显微镜载物台上，使用带十字叉丝×10 倍目镜和×50 倍油浸物镜，聚焦、校正物镜中心，调节光源、孔径光圈和视域光圈，应使视域亮度适中、光线均匀、成像清晰。

② 确定推动尺步长，应保证不少于 500 个有效测点均匀布满全片，点距一般以 0.5～0.6mm 为宜，行距应不小于点距。

③ 从试样的一端开始，按预定的步长沿固定方向移动，并鉴定位于十字丝交点下的显微组分组或矿物，记入相应的计数键中。若遇胶结物、显微组分中的细胞空腔、空洞、裂隙以及无法辨认的微小颗粒时，作为无效点，不予统计。当一行统计结束时，以预定的行距沿固定方向移动一步，继续进行另一行的统计，直至测点布满全片为止。

④ 当十字丝落在不同成分的边界上时，应从右上象限开始，按顺时针的顺序选取首先充满象限角的显微成分为统计对象（如图 10-29）。

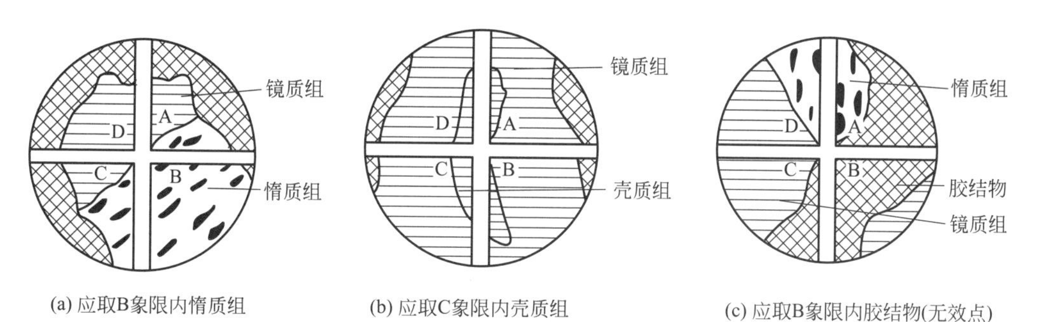

图 10-29　显微组分之间或显微组分与胶结物之间的边界情况

六、实验结果处理

以各种显微组分组和矿物的统计点数占总有效点数的百分数（视为体积分数）为最终测

定结果，数值保留到小数点后一位。测定结果以如下几种形式报出：

去矿物基：a. 镜质组＋半镜质组＋壳质组十惰质组＝100％ (10-1)

含矿物（M）基：b. 镜质组＋半镜质组＋壳质组＋惰质组＋矿物（M）＝100％ (10-2)

c. 显微组分组总量＋黏土矿物＋硫化物矿物＋碳酸盐矿物＋氧化硅类矿物＋其他矿物＝100％ (10-3)

计算矿物质（MM）：d. 镜质组＋半镜质组＋壳质组＋惰质组＋矿物质（MM）＝100％ (10-4)

煤的显微组分鉴定与定量原始记录可参考表10-1，报告中要附每个显微组分的抓图。

表10-1　煤的显微组分组和矿物测定报告

报告编号：

<table>
<tr><td colspan="4">试样编号：</td><td>鉴定标准：GB/T 8899—2013</td></tr>
<tr><td colspan="4">煤样采取地点：</td><td>组分划分方案：</td></tr>
<tr><td colspan="4">煤层：</td><td></td></tr>
<tr><td rowspan="12">含矿物基/%</td><td rowspan="7">油浸物镜</td><td>显微组分组</td><td></td><td rowspan="16"></td></tr>
<tr><td>黏土</td><td></td></tr>
<tr><td>硫铁矿</td><td></td></tr>
<tr><td>碳酸盐</td><td></td></tr>
<tr><td>氧化硅</td><td></td></tr>
<tr><td>其他矿物</td><td></td></tr>
<tr><td>总测点数</td><td></td></tr>
<tr><td rowspan="9">油浸物镜</td><td>镜质组</td><td></td></tr>
<tr><td>壳质组</td><td></td></tr>
<tr><td>惰质组</td><td></td></tr>
<tr><td>其他矿物</td><td></td></tr>
<tr><td>总测点数</td><td></td></tr>
<tr><td rowspan="4">去矿物基/%</td><td>镜质组</td><td></td></tr>
<tr><td>壳质组</td><td></td></tr>
<tr><td>惰质组</td><td></td></tr>
<tr><td>总测点数</td><td></td></tr>
</table>

分析人：　　　　校核人：　　　　分析日期：

七、注意事项

① 对褐煤和低阶烟煤宜借助荧光特征明确区分壳质组和其他显微组分组。

② 爱护仪器设备，节约使用材料，使用前详细检查，使用后要整理就位，发现丢失或损坏应立即报告，未经许可不得动用与本实验无关的仪器设备及其他物品，不准将任何实验室物品带出室外。

八、思考题

1. 煤的显微组分分类有哪些？
2. 煤的微观研究方法有哪些？
3. 显微镜光学系统如何调节？
4. 如何检查仪器的稳定性？

（云南省煤炭产品质量检验站 杨明鹏执笔）

实验六十一 煤的镜质体随机反射率显微镜测定方法（参考 GB/T 6948—2008）

一、实验目的

1. 了解测定煤的镜质体反射率的意义。
2. 学习和掌握测定煤的镜质体随机反射率的原理和方法。

二、实验原理

煤的镜质体反射率是不受煤的岩石成分含量影响，但却能反映煤化程度的一个指标。煤的镜质体反射率随它的有机组分中碳含量的增加而增高，随挥发分产率的增高而减小。也就是说同一显微组分，在不同的变质阶段，反射率不同，它能较好地反映煤的变质程度。因此，煤的镜质体反射率是一个很有前途的煤分类指标，在评价煤质及煤炭加工利用等方面都有重要意义，如日本等国家用镜质体反射率来指导炼焦配煤和控制来煤品质等等，而且在石油、地质勘探研究方面也很有价值。

煤的镜质体反射率是指在显微镜油浸物镜下，镜质体抛光面的反射光（$\lambda=546nm$）强度对其垂直入射光强度比值的百分数，一般用 R 表示，如式（10-5）所示。

$$R=\frac{\gamma_{\text{反射光强度}}}{I_{\text{入射光强度}}}\times 100\% \tag{10-5}$$

测定煤的镜质体反射率是将已知反射率的标准片和煤样（镜质体）放在显微镜下，在一定强度的入射光中，它们反射出的微弱光流，通过光电倍增管转变为电流并被放大成较强的电信号，然后将电信号输出并馈入到记录装置，根据记录装置刻度盘上读出的标准片的反射光强度值和煤的镜质体的反射光强度值，按式(10-6）求出煤的镜质体反射率：

$$R_{\text{镜}}=\frac{I_{\text{镜}}}{I_{\text{标}}}\times R_{\text{标}} \tag{10-6}$$

式中 $R_{\text{镜}}$——煤的镜质体反射率；

$I_{标}$——标准片的反射光电流强度；

$I_{镜}$——煤的镜质体反射光电流强度；

$R_{标}$——标准片的反射率。

常用的煤的镜质体反射率种类有下面几种。

① 最大反射率，系指全偏光（煤粒层面与偏光面的夹角$\alpha=0°$）时，旋转载物台360°可以测得的最大数值，即最大反射率，一般用R_{max}表示。

② 非偏光随机反射率，系指在非偏光条件下，不转动载物台测定的数值，为非偏光随机反射率，一般用R'_{ran}表示。

③ 部分偏光下随机反射率（简称随机反射率），在测定煤样时，使入射光为自然光（经反射器后为部分偏振光），不转动载物台测得的数值为部分偏光下随机反射率，一般用R_{ran}表示。

④ 另外还有中间反射率、丁氏平均反射率、丁氏3A最大反射率、丁氏3P最大反射率等等（丁氏系以美国西弗吉尼亚大学丁大川命名）。

煤的镜质体最大反射率由于不受切面方向的影响，因此在正交前偏光45°的严格条件下操作，产生的标准偏差小，数据可靠。测随机反射率不必转动载物台，测定速度快，对测量小颗粒煤样很方便。因此，在标准GB/T 6948—2008中规定，测定粉煤光片煤的镜质体反射率时，可以测定最大反射率R_{max}，也可测定部分偏光下随机反射率（即随机反射率R_{ran}）。本实验仅介绍常用的煤的镜质体随机反射率R_{ran}的测定方法。

三、仪器和材料

1. 仪器

（1）显微镜光度计　应符合MT/T 1053—2008中第3章的技术要求，如图10-24所示。

（2）压平器

（3）载玻片

2. 材料

（1）油浸液　一般采用在23℃时于波长546nm光下的折射率为1.5180±0.0004，温度系数小于0.0005/K，无荧光、不易干、无腐蚀性、不含有毒物质的油类。平时应注意随温度的变化，及时测定油浸液的折射率，以便计算标准片的反射率。如图10-30所示。

（2）反射率标准物质　应选用与煤的镜质体反射率相近的一系列反射率标准物质。如图10-31所示。宜使用国家质量技术监督局批准的计量器具显微镜光度计用反射率标准物质，作为本方法的标准物质，见表10-2。也可选用与煤的镜质体反射率相近的其他有证标准物质。

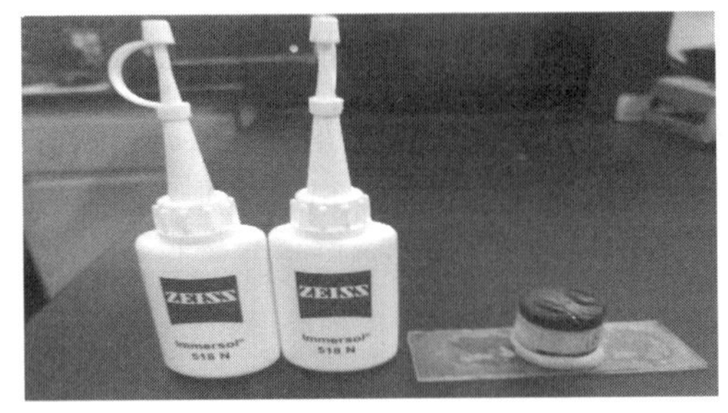

图10-30　蔡司油浸液和待测样品

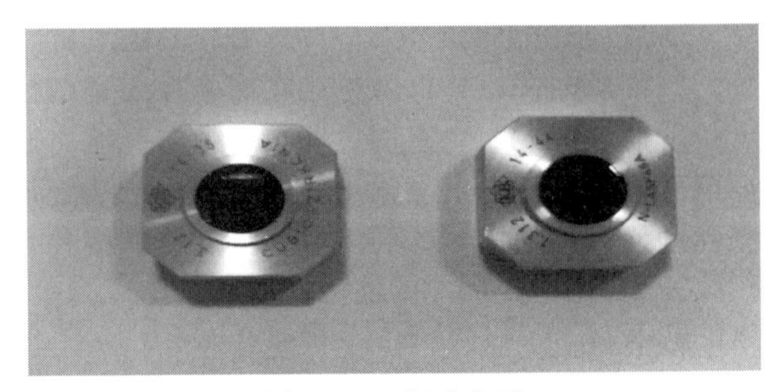

图10-31　标准物质

表 10-2　煤的镜质体随机反射率测定用反射率标准物质

标准物质级别	标准物质编号	名称	折射指数	反射率(标准值)/%
一级	GBW13401	钆镓石榴石	1.9764	1.72
	GBW13402	钇铝石榴石	1.8371	0.90
	GBW13403	蓝宝石	1.7708	0.59
	GBW13404	K_9 玻璃	1.5171	0.00
二级	GBW(E)130013	金刚石	2.42	5.28
	GBE(E)130012	碳化硅	2.60	7.45

使用时应保持反射率标准物质的表面光洁，并使其抛光面与显微镜光轴垂直。并经常用一系列标准物质相互检查反射率值有无变化，若其变化极差超过标准值的 2%，应查明原因，必要时应更换新的反射率标准物质。

(3) 零标准物质　宜选用表 10-2 中 GBW113404，或在不透明的树脂块上钻一 5mm 的小孔，孔中充满油浸液，作为零标准物质。

四、实验步骤

1. 样品制备

制备粉煤光片的样品粒度要求小于 1mm，同时，制样过程中要反复过筛和反复破碎筛上煤样，直至完全通过实验筛，使其中小于 0.1mm 的煤样不超过 10%。

然后按 GB/T 16773—2008 中所述方法制备粉煤光片，制备好的样品抛光后，抛光面应在 10× 到 50× 的干物镜下进行检查，要求煤粒表面平整，组分界限清晰，无明显麻点，基本无擦痕、划道，无抛光料和污物。

制备合格的光片，应在干燥器中干燥 10h 后，或在 30～40℃的烘箱中干燥 4h 后方可进行镜质体随机反射率测定，待测样品应放在干燥器中保存。

测试时将待测样品用压平器严格整平于载玻片上待用，以减少测试过程中焦距变化，如图 10-30 所示样品。

2. 仪器启动

应维持室温在 18～28℃之间。依次打开电源、灯和仪器的其他电器部件开关，并调到规定的数值上。经过一定时间（一般 1h 以上）预热使仪器在测量前达到稳定。

3. 调节显微镜光学系统

① 从光路中移去起偏器和检偏器，确保照射到样品的光源为自然光。测定反射率时宜用 50 倍或 32 倍的油浸物镜。应使物镜向载物台旋转轴对中，使视域光圈的像准焦并对中；调节测量光圈，使其中心与十字丝中心重合。同时，要确保载物台平整，即转动载物台时标样（严格压平）反射率读数极差不超过其标定值的 2%。

② 调节光源，使其成为克勒照明方式，同时，准焦、调节孔径光圈，以减少耀光，使视域成像清晰，亮度均匀。

4. 检验光度计的稳定性并标定仪器

当仪器启动并进入稳定工作状态后，选取一系列标准物质，在相同的测试条件下，在 30min 以内，每隔 5min 测定一次反射率值，来检验仪器稳定性。当 30min 内任一标准物质反射率测值的极差不大于其标定值的 2%时，即可视为仪器稳定。

仪器稳定后，先选取两个与试样反射率相近的标准物质在显微镜下进行标定，使显示的读数与其标准值之差不可大于标准值的 2%，才能进行试样的测定。

5. 在油浸物镜下测定镜质体随机反射率

在仪器校准之后，将油浸液滴在已整平于载玻片上的样品抛光面上，并将样品置于载物台上并准焦。根据样品中镜质体的含量设定合理的点距和行距，以保证所有测点均匀布满全片。以固定步长推动样品，直到十字丝中心对准一个合适的镜质体测区，应确保测区内不包含裂隙、抛光缺陷、矿物包体和其他显微组分碎屑，而且应远离显微组分的边界和不受突起影响；测区外缘 10μm 以内无黄铁矿、惰质体等高反射率物质；测定之后，按设定的步长继续前进寻找下一个测区进行测定。

如果测定过程中发现测值异常时，应用标准物质重新标定仪器，合格后，再继续测定。

每个单煤层煤样品的测点数目，因其煤化程度及所要求的准确度不同而有所差别，按表 10-3 的规定执行。

表 10-3　单煤层煤样品中镜质体随机反射率测定点数

随机反射率 R_{ran}/%	不同准确度下的最少测点数				
	α[①]=0.02	α=0.03	α=0.04	α=0.06	α=0.10
≤0.45	30	—	—	—	—
>0.45～1.00	60	—	—	—	—
>1.00～1.90	—	100	—	—	—
>1.90～2.40	—	—	200	—	—
>2.40～3.50	—	—	—	250	—
>3.50	—	—	—	—	300

① α 为准确度，即与真值之间的一致程度。

五、结果表述

① 测定结果以单个测值计算反射率平均值和标准差，如式(10-7) 和式(10-8) 所示：

$$\overline{R}=\frac{\sum_{i=1}^{n}R_i}{n} \tag{10-7}$$

$$S=\sqrt{\frac{n\sum_{i=1}^{n}R_i^2-\left(\sum_{i=1}^{n}R_i\right)^2}{n(n-1)}} \tag{10-8}$$

式中　$\overline{R}$——平均随机反射率，%；

R_i——第 i 个反射率测值；

n——测点数目；

S——标准差。

② 镜质体随机反射率分布图的绘制。按 0.10%的反射率间隔（阶），或按 0.05%的反射率间隔（半阶）为单位，分别统计各阶（或半阶）的测点数及其占总数的百分数，绘制反射率直方图。煤的随机反射率原始记录可参考表 10-4 及图 10-32。

表 10-4　煤的随机反射率原始记录表（示例）

煤的镜质体反射率测定报告

报告编号：　　　　送样单位：　　　　测试单位：

试验编号：		送样编号：			仪器编号：YQ-265			
执行标准：	GB/T 6948—2008	室温：23℃		浸油折射指数(Ne)：		1.518	反射率类型：	Roran
煤田：		矿区：		孔号：		煤层：		
测点总数：	100	标样 1：	1.312	标样 2：3.12				
（按单个值计算的平均值和标准差）								
平均随机反射率(%)：		2.61	标准差(%)：			0.114		
最小测定值：	2.319		最大测定值：		2.839			
			测定值					
反射率[%]	测点数	测点[%]	序号	测定值	序号	测定值	序号	测定值
1.50 to<1.55	0	0	1	2.553	32	2.577	63	2.716
1.55 to<1.60	0	0	2	2.408	33	2.704	64	2.598
1.60 to<1.65	0	0	3	2.431	34	2.685	65	2.622
1.65 to<1.70	0	0	4	2.406	35	2.643	66	2.512
1.70 to<1.75	0	0	5	2.545	36	2.635	67	2.676
1.75 to<1.80	0	0	6	2.319	37	2.638	68	2.619
1.80 to<1.85	0	0	7	2.82	38	2.742	69	2.656
1.85 to<1.90	0	0	8	2.741	39	2.525	70	2.641
1.90 to<1.95	0	0	9	2.681	40	2.465	71	2.609
1.95 to<2.00	0	0	10	2.593	41	2.483	72	2.769
2.00 to<2.05	0	0	11	2.371	42	2.494	73	2.706
2.05 to<2.10	0	0	12	2.349	43	2.682	74	2.571
2.10 to<2.15	0	0	13	2.706	44	2.781	75	2.555
2.15 to<2.20	0	0	14	2.527	45	2.6	76	2.663
2.20 to<2.25	0	0	15	2.732	46	2.593	77	2.623
2.25 to<2.30	0	0	16	2.682	47	2.619	78	2.784
2.30 to<2.35	2	2	17	2.758	48	2.719	79	2.839
2.35 to<2.40	3	3	18	2.833	49	2.568	80	2.67
2.40 to<2.45	4	4	19	2.665	50	2.557	81	2.508
2.45 to<2.50	9	9	20	2.546	51	2.661	82	2.492
2.50 to<2.55	9	9	21	2.717	52	2.606	83	2.572
2.55 to<2.60	16	16	22	2.624	53	2.602	84	2.656
2.60 to<2.65	21	21	23	2.62	54	2.764	85	2.626
2.65 to<2.70	15	15	24	2.697	55	2.666	86	2.474
2.70 to<2.75	10	10	25	2.76	56	2.571	87	2.601
2.75 to<2.80	8	8	26	2.641	57	2.429	88	2.691
2.80 to<2.85	3	3	27	2.629	58	2.474	89	2.775
2.85 to<2.90	0	0	28	2.556	59	2.599	90	2.669
2.90 to<2.95	0	0	29	2.458	60	2.535	91	2.46
2.95 to<3.00	0	0	30	2.359	61	2.547	92	2.638
3.00 to<3.05	0	0	31	2.579	62	2.79	93	2.737

续表

反射率[%]	测点数	测点[%]	序号	测定值	序号	测定值	序号	测定值
3.05 to<3.10	0	0	94	2.637	97	2.46	100	2.639
3.10 to<3.15	0	0	95	2.358	98	2.585		
3.15 to<3.20	0	0	96	2.537	99	2.571		
3.20 to<3.25	0	0						
3.25 to<3.30	0	0						
3.30 to<3.35	0	0						
3.35 to<3.40	0	0						
3.40 to<3.45	0	0						
3.45 to<3.50	0	0						

分析人： 校核人： 分析日期：2018 年 6 月 13 日

注：由测定出的反射率数值可以判断出该样品为高变质阶段的煤样。

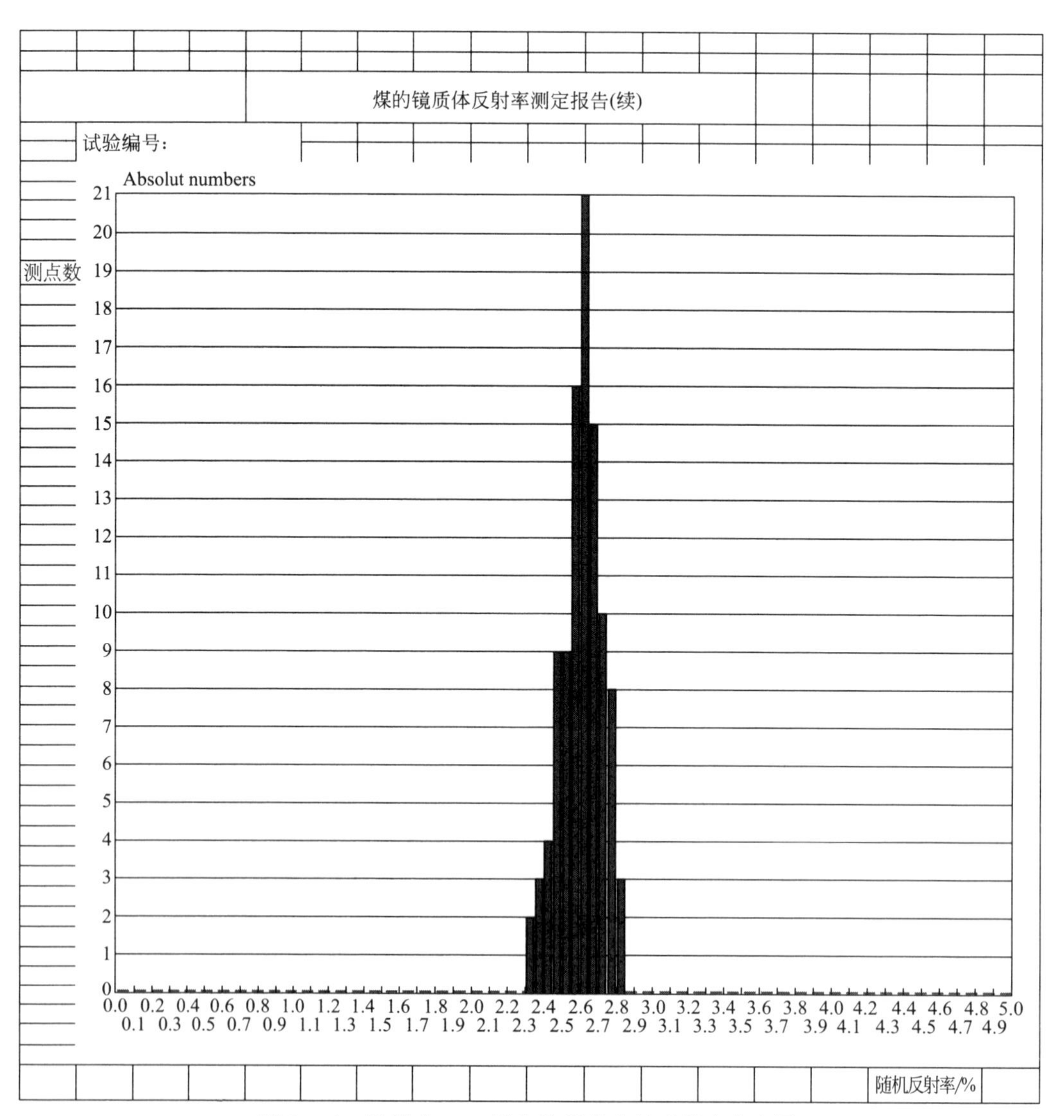

图 10-32 根据表 10-4 测点数值绘出的反射率直方图

六、注意事项

① 测试前应将仪器调节好，包括调节显微镜光路和照明方式，使成像清晰并符合测试条件；检查光度计的线性和稳定性等，使仪器灵敏度和线性在规定的范围内，并且稳定。

② 测试过程中要注意排除各种可能影响结果的干扰因素，如焦距变化、浸油中气泡和污物、制样缺陷、组分边界、光度计的瞬时波动、视域中高反射率颗粒等。

③ 测试过程中应保证工作电压稳定，室温无明显变化；否则，测定值无效，应重新测试。

④ 一般情况下，应每隔 15min（或不多于 50 个点），用与样品反射率相近的标准片重新检查仪器。若其测值与标定值之差超过标定值的 2%，应放弃最后一组反射率测值。用标准片重新校准仪器，合格后再进行测试。

⑤ 测试过程中，如果发现读数明显增大或减小，应立即停止测试，查明原因。这种情况，多半是由于光电倍增管电压波动，或灯电源强度变化，或局部浸油气泡或起污，或焦距不规则变化所引起，应及时消除。

七、思考题

1. 测定煤的镜质体反射率的意义是什么？
2. 影响煤的镜质体反射率测定结果的因素有哪些？
3. 如何检查显微镜光度计的线性和稳定性？

八、知识扩展

[1]　GB/T 16773—2008 煤岩分析样品制备方法.
[2]　张彩聪. 煤的镜质体反射率测定方法的改进 [J]. 华北国土资源，2015，5：41-42.

（云南省煤炭产品质量检验站　兰珍富执笔）

实验六十二　商品煤混煤类型的判别
（参考 GB/T 15591—2013）

一、实验目的

1. 了解判别商品煤混煤类型的意义。
2. 学习和掌握商品煤混煤类型的判别方法及原理。

二、实验原理

按 GB/T 6948—2008《煤的镜质体反射率显微镜测定方法》的要求测定商品煤镜质体随机反射率。以反射率间隔 0.05% 为半阶，分别统计各间隔的测点数，并计算出其分布频率（f）。以频率为纵坐标，随机反射率（R_{ran}）为横坐标绘制出反射率分布图。根据镜质体反射率标准差和反射率分布图中的凹口数对商品煤混煤类型进行判别。本实验是针对商品煤的，其目的在于判别所测的煤样是属单一煤种还是混煤，以及混合的简单复杂程度，从而为煤炭贸易和炼焦配煤等提供技术指标。本实验依据的标准方法为 GB/T 15591—2013《商品煤混煤类型的判别方法》。

目前在我国煤炭资源紧张、煤炭行业普遍不景气的情况下，不少洗煤厂或供煤方为了牟取一时之利，会对原料煤进行混配或混洗，以提高煤质的质量，但这会给用煤单位的生产带来极大的困难。例如在焦化生产中，烟煤的常规指标如工业分析、黏结指数、胶质层等都有一定的可加性。由两种不同品质的煤可以混合成炼焦煤的各项指标，比如瘦煤和肥煤的挥发分和黏结性完全不同，但当它们以一定比例混配时，可以混合成挥发分和黏结性都符合焦煤特性的正常指标。若将此种混煤以焦煤形式按比例配入炼焦时，所得的焦炭质量会完全不同于单一焦煤配入时的指标。面对这类问题，煤的全分析及其他常规工艺指标已不能满足质检和配煤的技术需求。而煤岩分析特别是煤镜质体反射率的分析是从成煤的细胞学角度、煤炭的成因、煤化作用、煤炭分类和煤质等方面对煤进行更深入更本质的研究，弥补了煤常规分析的不足。煤镜质体反射率的测定在优化监控煤源、指导配煤等方面以其独特的功能在焦化生产中发挥着不可替代的重要作用，保证用煤单位生产的顺利进行。

三、仪器和材料

本实验所用仪器和材料与“实验六十一煤的镜质体随机反射率显微镜测定方法”的一致。

（1）显微镜光度计　应符合 MT/T 1053—2008 中第 3 章的技术要求，如德国卡尔·蔡司光学仪器股份公司产的 Scope. A1 偏光显微光度计系统。如图 10-25 所示。

（2）压平器

（3）载玻片

（4）油浸液

（5）反射率标准物质

（6）零标准物质

四、实验步骤

① 按“实验六十一　煤的镜质体随机反射率显微镜测定方法”要求制备 2 个粉煤光片。如图 10-33、图 10-34 所示。

图 10-33　对粉煤光片进行抛光

图 10-34　置于载玻片上的待测粉煤光片

② 按“实验六十一　煤的镜质体随机反射率显微镜测定方法”要求测定样品镜质体随机反射率，采用 0.4mm×0.4mm 或 0.5mm×0.5mm 的点行距，测点数应达到 250 点以上。若 98%的测值变化范围大于 0.40%，则应按上述点行距测定第二个粉煤光片，测点数应达到 500 点以上，否则可不测第二个粉煤光片。

五、结果表述

① 计算镜质体随机反射率平均值和标准差，可参考“实验六十一　煤的镜质体随机反射率显微镜测定方法”的式(10-7) 和式(10-8)。

② 以反射率间隔 0.05% 为半阶，分别统计各间隔的测点数，并计算出其分布频率（f）。以频率为纵坐标，随机反射率（R_{ran}）为横坐标绘制出反射率分布图。各类型相应的典型反射率分布图参考图 10-35。

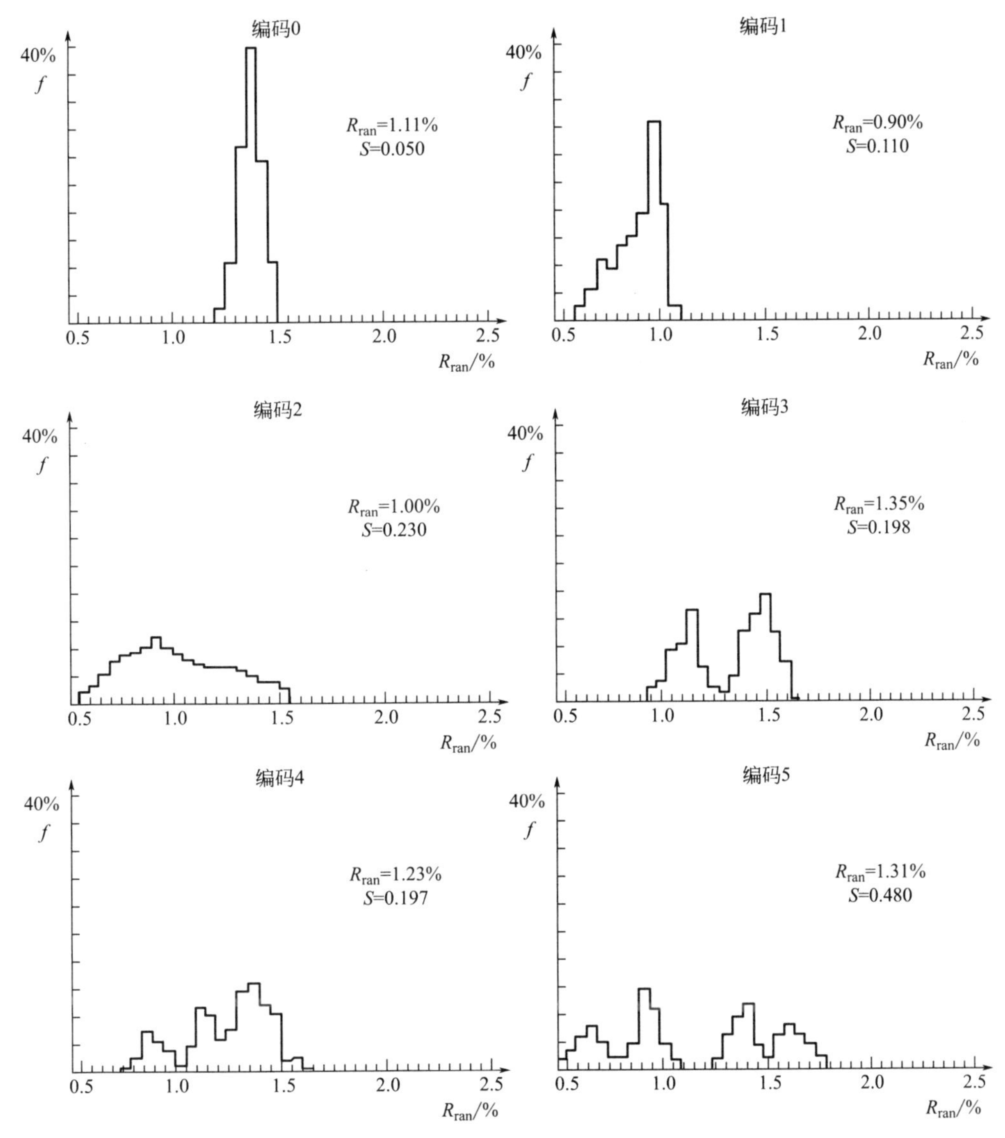

图 10-35　各种混煤类型的商品煤镜质体反射率频率分布图

③ 从镜质体反射率间隔 0.05% 的频率分布图中统计“凹口数”，按表 10-5 的规定对商品煤的混煤类型进行判别。

表 10-5　商品煤镜质体反射率分布图的类型划分

编码	划分指标		类型
	反射率标准差 S	凹口数/个	
0	$S \leqslant 0.10$	0	单一煤层煤
1	$0.10 < S < 0.20$	0	简单无凹口混煤

续表

<table>
<tr><th rowspan="2">编码</th><th colspan="2">划分指标</th><th rowspan="2">类型</th></tr>
<tr><th>反射率标准差 S</th><th>凹口数/个</th></tr>
<tr><td>2</td><td>$S\geqslant0.20$</td><td>0</td><td>复杂无凹口混煤</td></tr>
<tr><td>3</td><td>$S>0.10$</td><td>1</td><td>具一个凹口的混煤</td></tr>
<tr><td>4</td><td>$S>0.10$</td><td>2</td><td>具 2 个凹口的混煤</td></tr>
<tr><td>5</td><td>$S>0.10$</td><td>>2</td><td>具 2 个以上凹口的混煤</td></tr>
</table>

④ 本实验所称商品煤“混煤”是指由不同煤化程度的煤混合而成。按计算出的镜质体随机反射率 R_{ran} 可推算出最大反射率 R_{max}，参考表 10-6、表 10-7 煤变质阶段的划分，可大致判断出商品煤由什么变质阶段的煤混合而成。

表 10-6 煤变质程度的划分

<table>
<tr><th colspan="2">煤化阶段</th><th>工业牌号</th><th>R°_{max}/%(镜质体最大油浸反射率)</th></tr>
<tr><td>未变质</td><td>褐煤</td><td>褐煤</td><td><0.50</td></tr>
<tr><td>低变质</td><td rowspan="8">烟煤</td><td>长焰煤</td><td>0.50—0.65</td></tr>
<tr><td rowspan="5">中变质</td><td>气煤</td><td>>0.65—0.80</td></tr>
<tr><td>气肥煤</td><td>>0.80—0.90</td></tr>
<tr><td>肥煤</td><td>>0.90—1.20</td></tr>
<tr><td rowspan="2">焦煤</td><td>>1.20—1.50</td></tr>
<tr><td>>1.50—1.69</td></tr>
<tr><td rowspan="5">高变质</td><td>瘦煤</td><td>>1.70—1.90</td></tr>
<tr><td>贫煤</td><td>>1.90—2.50</td></tr>
<tr><td rowspan="3">无烟煤</td><td>无烟煤</td><td>2.50—4.00</td></tr>
<tr><td>无烟煤</td><td>>4.00—6.00</td></tr>
<tr><td>无烟煤</td><td>>6.00</td></tr>
</table>

注：根据全国煤炭分类学术会议资料，1979.12，略加改动。

表 10-7 煤炭系统一些单位建立的 R_{max} 与煤种大致的对应关系

<table>
<tr><th rowspan="2">R°_{max}</th><th colspan="4">出现频率</th></tr>
<tr><th>最高</th><th>次高</th><th>较少</th><th>很少</th></tr>
<tr><td><0.5</td><td>褐煤</td><td>长焰煤</td><td colspan="2"></td></tr>
<tr><td>0.5～<0.6</td><td>长焰煤</td><td>不黏煤</td><td colspan="2">气煤</td></tr>
<tr><td>0.6～<0.7</td><td>气煤</td><td>长焰煤</td><td>不黏煤</td><td>气肥煤</td></tr>
<tr><td>0.7～<0.8</td><td>气煤</td><td>气肥煤</td><td>弱黏煤</td><td>不黏煤、1/2 中黏煤</td></tr>
<tr><td>0.8～<0.9</td><td>1/3 焦煤</td><td>气煤</td><td>弱黏煤</td><td>不黏煤、肥煤、气肥煤</td></tr>
<tr><td>0.9～<1.0</td><td>1/3 焦煤</td><td>肥煤</td><td>气煤</td><td>1/2 中黏煤、气肥煤</td></tr>
<tr><td>1.0～<1.1</td><td>肥煤</td><td>1/3 焦煤</td><td></td><td></td></tr>
<tr><td>1.1～<1.2</td><td>肥煤</td><td>1/3 焦煤</td><td>焦煤</td><td></td></tr>
<tr><td>1.2～<1.3</td><td>焦煤</td><td>肥煤</td><td>1/3 焦煤</td><td></td></tr>
<tr><td>1.3～<1.4</td><td>焦煤</td><td colspan="3">肥煤</td></tr>
</table>

续表

R°_{max}	出现频率			
	最高	次高	较少	很少
1.4～<1.5	焦煤			
1.5～<1.6	焦煤	瘦煤	贫瘦煤	
1.6～<1.7	瘦煤	焦煤	贫瘦煤	
1.7～<1.8	瘦煤	贫瘦煤	焦煤	贫煤
1.8～<1.9	贫瘦煤	瘦煤	贫煤	
1.9～<2.0	贫瘦煤	贫煤	瘦煤	
2.0～<2.5	贫煤			
≥2.5	无烟煤	贫煤		

资料来源：李文华，等.烟煤镜质组平均最大反射率与煤种之间的关系.煤炭学报，2006，53（3）：342-345.

⑤ 商品煤混煤类型判别报告可参考图 10-36、图 10-37。

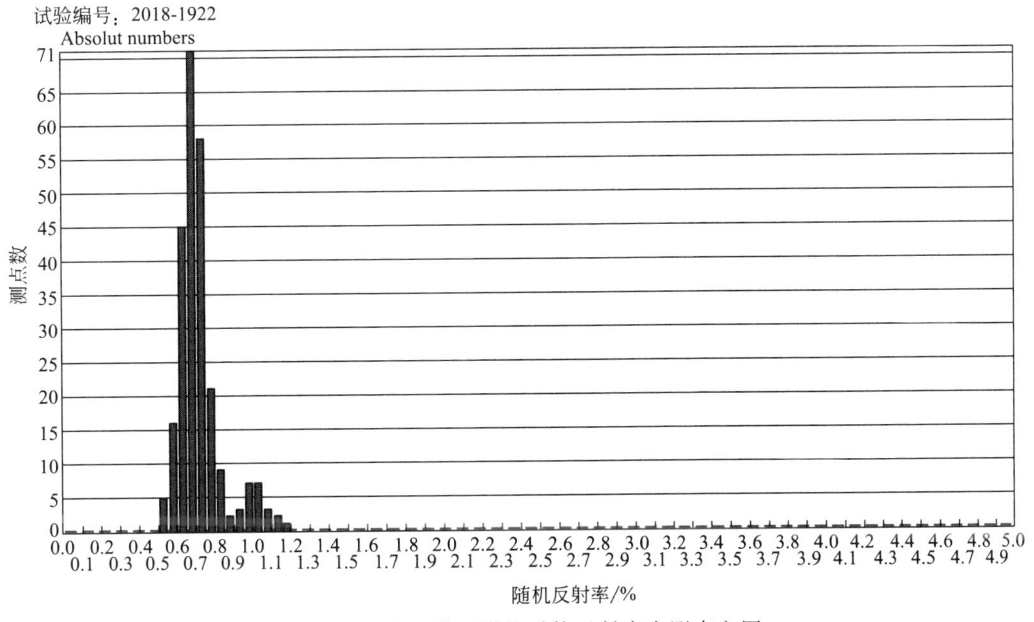

图 10-36　商品煤混煤镜质体反射率实测直方图

六、注意事项

① 商品煤镜质体反射率分布图中峰与峰之间的低谷称为“凹口”；“凹口数”的判断应考虑满足“单一煤层煤”反射率频率呈正态分布的特征。

② 在测定镜质体随机反射率时，测试前至少选两个标样，确定仪器线性关系。测试中每 50 或 100 个测点用标准片检查一次，观察仪器是否稳定：若其测值与标定值之差超过标定值的 2%，应放弃最后一组反射率测值，用标准片重新校准仪器，合格后再进行测试。

③ 标准中规定混配煤的镜质体反射率测定点数应达到 250 个，在实际检测工作中为了更好地判别结果可相应多增加测点数。250 个点只是最低测点要求。

执行标准：　商品煤混煤类型的判别方法GB/T15591-2013

计算数据：最小值=0.51　% (Ro, ran)
最大值=1.16　% (Ro, ran)
平均值=0.71　% (Ro, ran)
反射率标准差：S=0.12
测点数=250

判定结果：编码：3
类型：具一个凹口的混煤

镜质体反射率百分比统计：

Rmax 范围	<0.5	0.5～0.65	0.65～0.8	0.8～0.9	0.9～1.2	1.2～1.5	1.5～1.7	1.7～1.9	1.9～2.5	>2.5
百分比 %	—	26.4	60.0	4.4	9.2	—	—	—	—	—

镜质体反射率直方图与煤变质程度的参考性评述：

基于本次送检样品和本次测定试验，判别该样品为混煤样品。

镜质体反射率主要分布在气煤的特征区间内。

图 10-37　商品煤混煤类型判别报告实例

七、思考题

1. 怎么准确判断商品煤镜质体随机反射率分布图中“凹口数”?

2. 怎么准确划分商品煤镜质体随机反射率分布图的混煤类型?

八、知识扩展

镜质体平均最大反射率与平均随机反射率的统计关系：

（1）当镜质体最大反射率 $R_{max} \leqslant 2.50\%$时，R_{max} 的计算如式(10-9)：

$$R_{max}=1.064R_{ran} \tag{10-9}$$

（2）当镜质体最大反射率 $2.50\%<R_{max}<6.50\%$时，R_{max} 的计算如式(10-10)：

$$R_{max}=1.2858R_{ran}-0.3963 \tag{10-10}$$

[1]　肖文钊，叶道敏，罗俊文，等. 混配煤镜质体反射率测定方法的研究 [J]. 燃料与化工，1994，25 (2)：55-59.

[2]　刘承东，刘平，张晓燕. 对 GB/T 6948—2008 中混配煤镜质体反射率测定点数的研究应用 [J]. 煤质技术，2011，2：20-21.

（云南省煤炭产品质量检验站　兰珍富执笔）

实验六十三　煤的显微硬度测定
（参考 MT 264—1991）

一、实验目的

1. 了解煤的显微硬度测定的意义。

2. 学习和掌握煤的显微硬度测定的方法及原理。

二、实验原理

将顶角相对夹角为136°的正四棱锥体金刚石压头，以选定的试验力 F 压入试样表面（见图10-38），保持一定的时间达稳定后，测量压痕两对角 d_1 和 d_2 的长度（见图10-39）。根据试验力和两对角线长度的平均值，求得维氏显微硬度值。

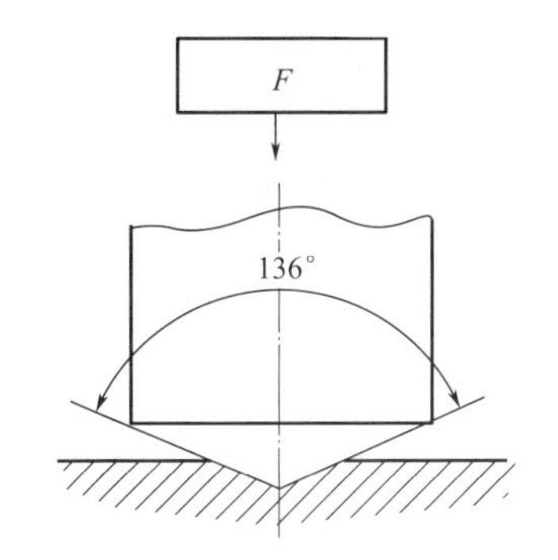

图10-38　维氏显微硬度测定原理示意图

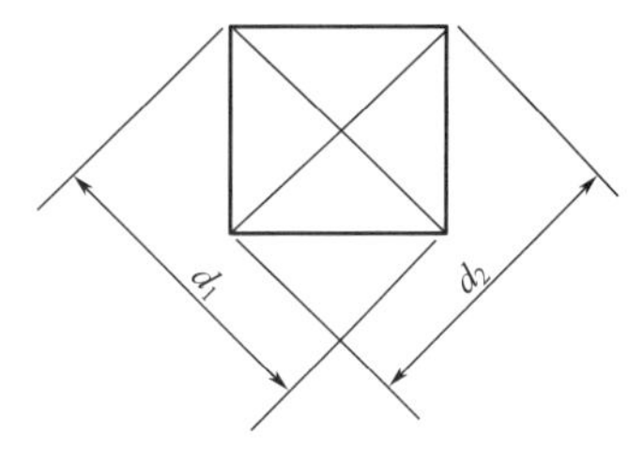

图10-39　维氏硬度压痕图

三、仪器设备

1. HXD显微硬度计

上海泰明光学仪器有限公司HXD显微硬度计，设备外形如图10-40所示。

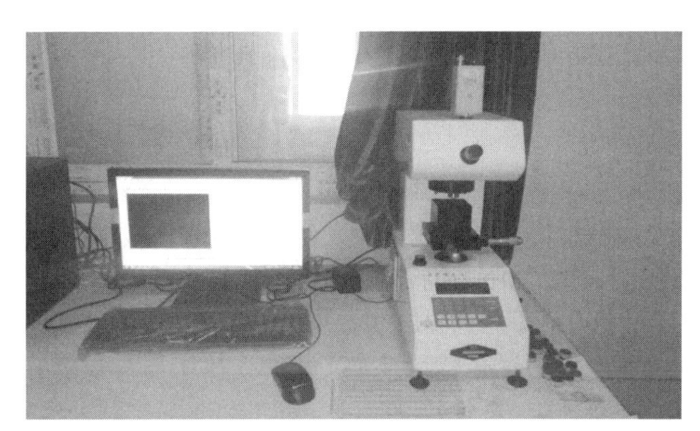

图10-40　HXD显微硬度计

2. 标准硬度块

如图10-41所示。

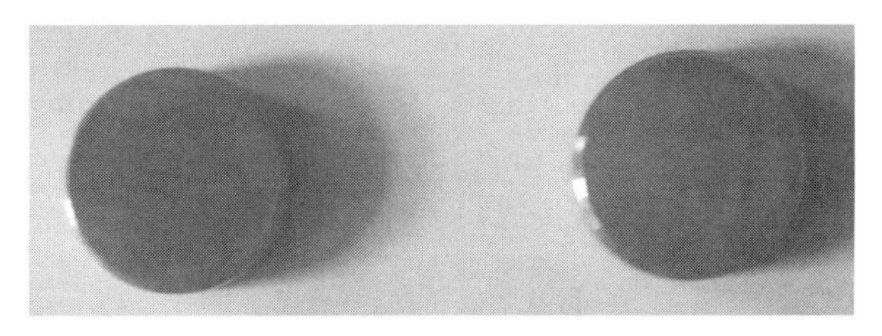

图10-41　标准硬度块

3. 粉煤光片或块煤光片

（1）粉煤光片制备　把破碎到规定粒度具有代表性的煤样，按一定比例与黏结剂混合，冷凝或加压制成煤砖，然后将一个端面研磨、抛光成合格的光片，如图 10-42（参照标准 GB/T 16773—2008）。

（2）块煤光片的制备　将块煤煮胶、切片、抛光成合格的光片。煤块规格为 40mm×35mm×15mm 的长方形煤块，如图 10-43（参照标准 GB/T 16773—2008）。

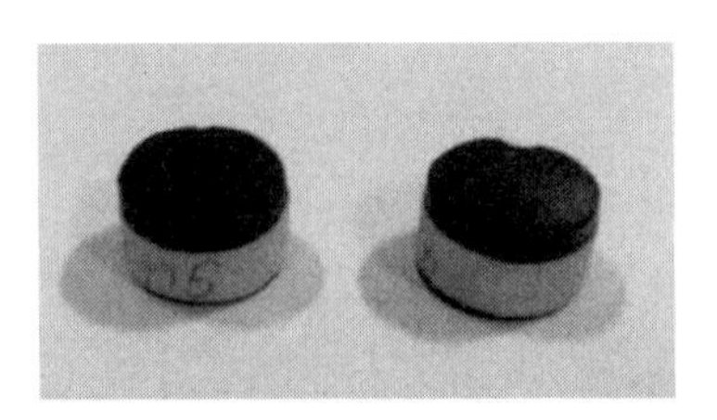

图 10-42　粉煤光片

图 10-43　块煤光片

4. 白石蜡

市售白石蜡。

四、测点的确定

① 测定块煤光片时，测点一般应均匀分布在各均质镜质体条带上；测定煤砖光片时每个煤粒上只测 1 个点。

② 相邻两压痕中心之间的距离至少为两压痕对角线平均长度的 4 倍，压痕中心到试样边缘或裂隙的距离至少为压痕对角线长度的 2.5 倍。

③ 边缘或裂隙的距离至少为压痕对角线长度的 2.5 倍。

④ 测点数：烟煤不少于 10 点，无烟煤不少于 20 点。

五、实验步骤

① 将显微硬度计调至水平。

② 金刚石压锥轴线应与显微光学轴线一致，使压痕位于视域中心。

③ 用方法显微硬度检定试验 10 次标准硬度块，计算出平均标准值。如果与标准值不符，证明仪器没有调试正常，需重新调试。

④ 将试样用胶泥等支撑物固定在载玻片上，压实、压平后，在试验面上均匀涂上薄层白蜡。

⑤ 将试样放在显微镜物台上准焦，选定测定对象，移至视域中心。

⑥ 按时测定条件的规定进行加压和卸除试验力。

⑦ 当试验面上出现的压痕形态不完整或畸形时，该测点无效。

⑧ 用目镜测微尺和游标准确测量压痕两条对角线的长度，两者相对差值不应超过 2%（烟煤）或 5%（无烟煤）。

六、实验结果

测得的压痕两对角线长度的平均值按式(10-11）进行计算求得显微硬度值。

$$HV=0.1891\frac{F}{d^2} \tag{10-11}$$

式中　HV——维氏显微硬度值，N/mm^2；

　　F——试验力，N；

d——两条对角线长度 d_1 和 d_2 的算术平均值，mm；

0.1891——常数。

煤的显微硬度测定记录参考表 10-8。

表 10-8 显微硬度测试报告（HV）

测试日期					
执行标准			试验力：	1.961N	
试样名称			保荷时间：	5s	
试样标识			物镜倍率：	40X	
标样硬度值					
最大值		最小值		平均值	
极差		相对误差/%			
序号	d_1/μm	d_2/μm	HV/(N/mm^2)		
1					
2					
3					
4					
5					
6					
7					
8					
9					
10					
11					
12					
13					
14					
15					
16					
17					
18					
19					
20					
				备注：HV：维氏显微硬度值，N/mm^2。	
使用仪器号					
环境条件	温度	℃	湿度	%	

测定者：　　　　　　　　　　　　审核者：

七、注意事项

① 测定环境要求清洁，干燥，无腐蚀性，无振动；室温应控制在 15～30℃。

② 试验力选用0.098067～0.980665N（10～100gf），一般选用0.2415175～0.490333N（25～50gf）为宜。试样压痕对角线长度应不小于20μm。

③ 加压速度按仪器说明书规定。

八、思考题

1.什么是物质的硬度？硬度的单位表示方法有哪几种？

2.显微硬度实验原理是什么？

3.引起显微硬度实验误差的因素通常有哪几种？

（云南省煤炭产品质量检验站　杨明鹏执笔）

实验六十四　煤显微组分荧光光谱测定法（参考MT/T 594—1996）

一、实验原理

在反射荧光显微镜下，用专用干物镜获取粉煤光片（或者块煤光片）中特征显微组分在可见光范围（400～700nm）的发射荧光，并用显微光度计记录显微组分在此波长范围内的相对强度分布图。

二、定义

（1）最大强度处波长值（λ_{max}）　显微组分荧光光谱中400～700nm之间荧光强度最大处的波长；

（2）红绿商　$Q=\frac{I_{650}}{I_{500}}$，650nm处荧光强度与500nm处荧光强度比值。

三、仪器

采用德国ZEISS公司生产的Axioshop 40反射荧光显微镜及美国3Y International生产的MSP UV-VIS 2000显微光谱仪进行测试。荧光显微镜的主要结构见图10-44，显微光谱仪的测试界面见图10-45。

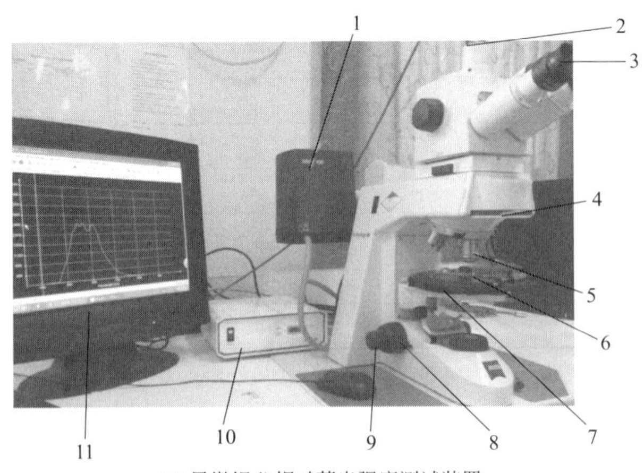

(a) 显微组分相对荧光强度测试装置

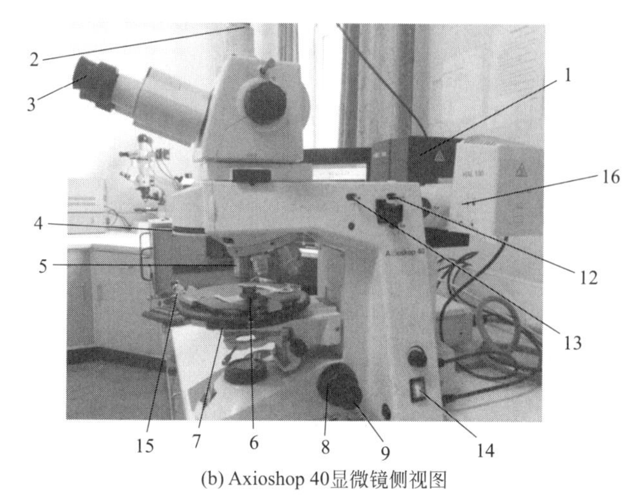

(b) Axioshop 40显微镜侧视图

1　17　16

(c) 荧光光源与反光光源转换

图 10-44　荧光显微镜的主要结构

1—HBO 100W 高压汞灯：在 365nm（紫外线，UG1）、405nm（蓝紫光，BG3）、435nm（蓝光，BG12）激发产生的三条光谱；2—光纤：将显微镜的光信号传输到显微光谱仪；3—目镜；4—垂直照明器转换器：选择合适的测试模块；5—荧光专用干物镜；6—煤岩光片；7—载物台；8—粗调旋钮；9—微调旋钮；10—荧光光源；11—Fluorpro 荧光测试软件；12—视域光阑；13—孔径光阑；14—反光光源开关；15—载物台调节旋钮；16—HAL 100 反光光源；17—荧光反光光源转换旋钮

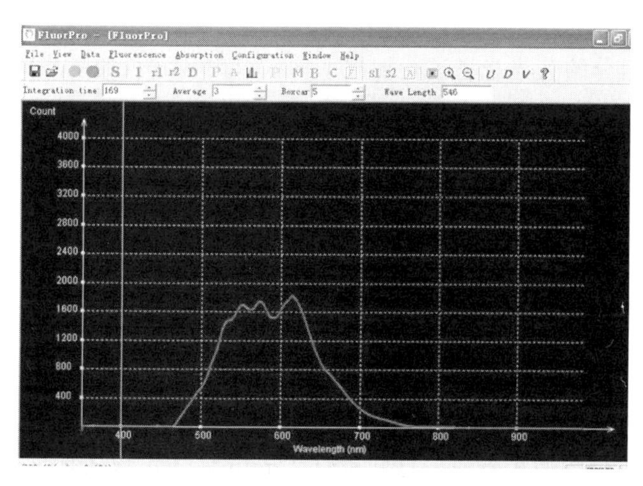

图 10-45　Fluorpro 软件荧光光谱测试界面

四、试剂和材料

试剂和材料同煤岩光片制备，需要注意的是制备煤岩光片的胶结物最好为无荧光或者弱荧光，如 Palatal P4 或者 506 粉。

五、准备工作及仪器调节

① 将反射光源与荧光光源之间的光源转换器置于荧光光源位置。

② 将蓝光滤光片 BG12 置于垂直照明器的光路中。

③ 将高压汞灯的弧像调节到显微镜光路中心线上，并调节灯泡与聚光镜之间的距离，使视场内激发光均匀。

④ 调节显微镜的视域光阑和测量光阑，使视域光阑中心与测量光阑在视场中成像的中心点重合。

注：视域光阑的直径一般为测量光阑的 2～3 倍。

⑤ 将高压汞灯电源及显微光谱仪电源启动并预热 15min。

六、实验步骤

① 打开 Fluorpro 测试软件，新建测试；

② 单击●，开始荧光光谱测试；

③ 选择“Fluorescence”菜单下“Set calculation Range”设定荧光光谱测量范围为400～700nm；

④ 从目镜中观察测量对象周边，选择无荧光或弱荧光的组分（如惰质组）作为背景谱；单击B，自动测试背景谱；

⑤ 调节物台，选择待测组分，单击Ivl，记录荧光光谱强度；

⑥ 选择“Fluorescence”菜单下“Plot Data with Fluorescence”完成谱图校正；

⑦ 选择“Fluorescence”菜单下“Save Results”保存荧光谱图；

⑧ 继续从显微镜下寻找待测组分，重复步骤 5～7，记录待测组分的荧光光谱强度，直至同一组分的荧光光谱测试达 5 条以上；

⑨ 将荧光谱图用 Windows Office 自带的“文本文档”应用程序打开，并将测试结果导入 Microsoft Office Excel 工作表中，将荧光光谱中最大强度值定为 100，计算各波长强度的相对值；

⑩ 将相同显微组分的荧光光谱进行加权平均，求出各波长的平均值。

七、注意事项

① 紫外滤光片 UG1、蓝紫光滤光片 BG3 以及蓝光滤光片 BG12 均可以用作荧光光谱测试，但是由于紫外滤光片 UG1 和蓝紫光滤光片 BG3 激发的荧光强度相对较弱，背景谱对测试的影响相对较大。

② 同一样品在 UG1、BG3 及 BG12 激发下最大强度处波长值（λ_{max}）及红绿商均不同，因而不同的激发条件下的测试结果不具可比性。

③ 样品如果进行多项煤岩测试，最好制备平行双样，一个样品用于反射率测定等常规煤岩项目，另一个样品专用于荧光测量。

④ 为延长高压汞灯的使用寿命，打开汞灯 15min 后才可以关闭，以免水银蒸发不完全而损坏电极。电源关闭后，高压汞灯内的汞蒸气尚未恢复到液态，内阻极小，此时施加电

压，易引起短路导致汞灯爆炸，不仅损坏电器，还会导致汞蒸气溢出形成污染，因而高压汞灯关闭后 30min 才可以再次打开。

⑤ 高压汞灯工作时会散发大量的热量，因此工作环境温度不宜太高，并且有良好的散热条件。

⑥ 高压汞灯发出的光含有紫外线，对人眼有损害作用，必须安装紫外防护罩。

八、数据记录与报告

实验数据记录与报告可参考表 10-9 和表 10-10、图 10-46。

表 10-9 显微组分荧光光谱实验原始记录

波长/nm	测试 1	测试 2	测试 3	测试 4	测试 5
400					
401					
402					
403					
……					
699					
700					

表 10-10 显微组分荧光光谱实验记录

显微组分组/显微组分	镜质组	藻类体	孢粉体	角质体	……
λ_{max}					
红绿商					

注：红绿商 $Q=\frac{I_{650}}{I_{500}}$。

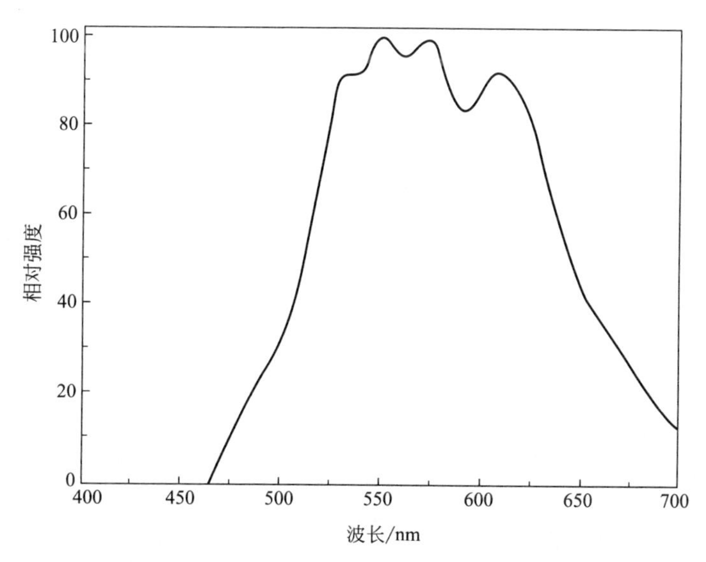

图 10-46 显微组分（角质体）荧光光谱示意图

九、思考题

1. 煤中有哪些显微组分具有荧光？
2. 测定显微组分荧光光谱有什么意义？
3. 显微组分荧光光谱参数（λ_{max}、Q）随变质程度的变化有什么规律？

十、知识扩展

韩志文，周怡. 煤和油源岩的荧光性研究［M］. 北京：地质出版社，1993.

（煤炭科学技术研究院有限公司　王越执笔）

实验六十五　煤显微组分相对荧光强度测定法（参考 MT/T 595—1996）

一、实验原理

在反射荧光显微镜下，用专用干物镜获取粉煤光片（或者块煤光片）中特征显微组分在546nm下的激发荧光，用显微光度计记录显微组分的荧光强度，并与铀酰玻璃标样的荧光强度进行对比，从而确定显微组分的相对荧光强度。

二、定义

相对荧光强度：显微组分的反射荧光强度与标准样品（铀酰玻璃）反射荧光强度的对比值。

三、仪器

采用德国ZEISS公司生产的Axioshop 40反射荧光显微镜及美国3Y International生产的MSP UV-VIS 2000显微光谱仪进行测试。荧光显微镜的主要结构见图10-44，显微光谱仪的测试界面见图10-47。

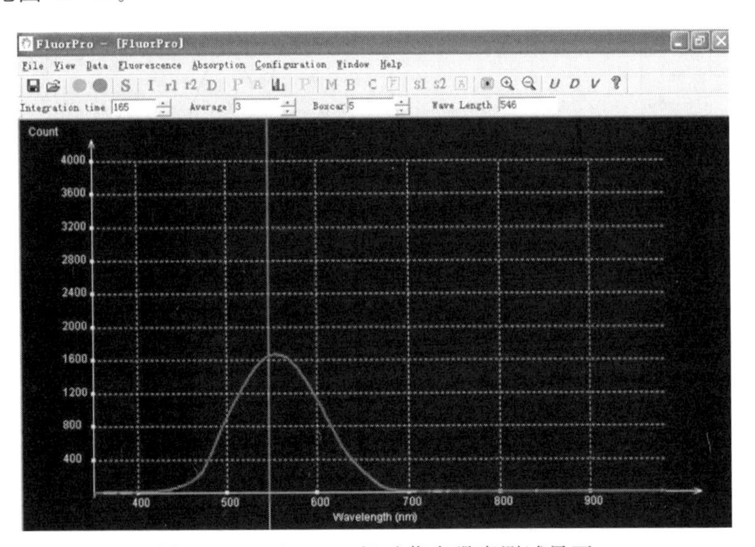

图10-47　Fluorpro相对荧光强度测试界面

四、试剂和材料

试剂和材料同煤岩光片制备，需要注意的是制备煤岩光片的胶结物最好为无荧光或者弱荧光，如 Palatal P4 或者 506 粉。

五、准备工作及仪器调节

① 将反射光源与荧光光源之间的光源转换旋钮置于荧光光源位置。

② 将蓝光滤光片 BG12 置于垂直照明器的光路中。

③ 将高压汞灯的弧像调节到显微镜光路中心线上，并调节灯泡与聚光镜之间的距离，使视场内激发光均匀。

④ 调节显微镜的视域光阑和测量光阑，使视域光阑中心与测量光阑在视场中成像的中心点重合。

注：视域光阑的直径一般为测量光阑的 2～3 倍。

⑤ 将高压汞灯电源及显微光谱仪电源启动并预热 15min。

六、实验步骤

① 打开 Fluorpro 测试软件，新建测试。

② 单击●，开始相对荧光强度测试。

③ 在波长选择框Wave Length□中输入 546，即选择测试 546nm 下的荧光强度。

④ 单击▮▮▮，进入相对荧光强度测试设置界面，选择“Statistic”下“Set Range”输入荧光强度统计的起止数值及统计间隔。

⑤ 将铀酰玻璃标样放置在载物台上，将测量光阑拉至最小（直径约 3.6μm），在 Fluorpro 测试软件中单击I，记录荧光强度。

注：测量光阑直径选择 3.6μm 是考虑小孢子体测量。

⑥ 移动铀酰玻璃标样，重复步骤⑤，记录标样另外两点的荧光强度。

⑦ 将待测样品放置在载物台上，从目镜中观察待测样品中的显微组分，发现符合测试要求的组分（面积大于测量光阑），单击S进入统计界面，单击I记录该点的荧光强度。

⑧ 在显微镜下继续寻找待测组分，对符合要求的待测组分，单击I记录该点的荧光强度。

⑨ 当被测组分的测点数大于 10（含）时，结束测试。

⑩ 将测试结果导入 Microsoft Office Excel 工作表中，将铀酰玻璃标样的平均荧光强度值定为 100%，并计算被测组分的相对荧光强度均值及分布直方图。

七、注意事项

① 相对荧光强度的测试要快，尽量在 20s 内完成，时间过长会导致显微组分荧光强度变化。

② 样品如果进行多项煤岩测试，最好制备平行双样，一个样品用于反射率测定等常规煤岩项目，另一个样品专用于荧光测量。

③ 为延长高压汞灯的使用寿命，打开汞灯 15min 后才可以关闭，以免水银蒸发不完全而损坏电极。电源关闭后，高压汞灯内的汞蒸气尚未恢复到液态，内阻极小，此时施加电压，易引起短路导致汞灯爆炸，不仅损坏电器，还会导致汞蒸气溢出形成污染，因而高压汞

灯关闭后 30min 才可以再次打开。

④ 高压汞灯工作时会散发大量的热量，因此工作环境温度不宜太高，并且有良好的散热条件。

⑤ 高压汞灯发出的光含有紫外线，对人眼有损害作用，必须安装紫外防护罩。

八、数据记录与报告

数据记录与报告可参考表 10-11。

表 10-11　显微组分相对荧光强度测试报告

实验室编号:2017-01	来样编号:××-×××
实验室温度:23℃	标准物质:铀酰玻璃标样
显微镜型号:Zeiss Axioshop 40	显微光度计型号:MSP UV-VIS 2000
被测对象:基质镜质体	镜质体反射率(R°_{max}):0.57%
显微组分荧光色:红褐色	采样条件:
相对荧光强度:0.22%	标准差:0.063
总测点数:22	测试依据:MT/T 595—1996

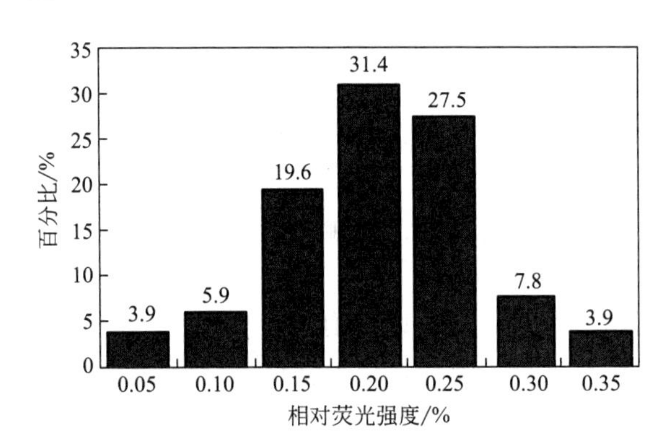

相对荧光强度分布图	
主检:	审核:
煤炭科学技术研究院有限公司	
2017-××-××	

九、思考题

1. 煤中壳质组的相对荧光强度随变质程度的变化有什么规律？
2. 煤中镜质组/腐植组的相对荧光强度随变质程度的变化有什么规律？
3. 显微组分的相对荧光强度测试对煤的加工转化利用有何指导意义？

十、知识扩展

周师庸，赵俊国. 炼焦煤性质与高炉焦炭质量 [M]. 北京：冶金工业出版社，2005.

（煤炭科学技术研究院有限公司　王越执笔）

实验六十六　低阶烟煤的镜质组及惰质组密度离心分离方法（参考 MT/T 807—1999）

一、实验原理

煤岩组分的物理性质及化学性质存在较大差异。因而煤岩组分分离的方法大致可以归纳为两类：一类利用煤岩组分密度、润湿性、光泽、抗破碎性质、介电常数等物理及物理化学性质差异进行分离；另一种采用浓硝酸、过氧化氢等氧化剂使镜质组氧化，其他显微组分因为具有抗氧化性而得以富集。

低变质烟煤中镜质组和惰质组的密度差异较大，利用两种组分密度差异能够获取镜质组、惰质组高纯度样品（含量＞90%）。

二、纯度定义

按照 GB/T 8899—2013《煤的显微组分组和矿物测定方法》测定镜质组或者惰质组的体积分数。

三、实仪器

1. 离心机

采用北京医用离心机厂生产的 LD4-2 型落地式电动离心机进行组分分离，主要结构见图 10-48。离心机俯视图见图 10-49。

图 10-48　LD4-2 型离心机正视图

1—转速调节杆（用于调节离心机的转速）；2—电源；3—离心机开关；4—离心机机身；5—离心机顶盖；6—顶盖开关；7—转速显示器

图 10-49　离心机俯视图

1—离心罐支撑架；2—离心罐；3—离心管盖；4—离心管；5—转速显示器

2. 其他设备

破碎机、球磨机、搅拌机、托盘天平、分析天平、充氮干燥箱、真空泵（极限真空度在

0.6Pa以上)、方孔筛(1mm)、圆孔筛(200目)、液体密度计(测量范围1.000~2.000g/cm^3,测量精度0.001g/cm^3)、偏光显微镜(同镜质体最大反射率测试或者煤的显微组分组和矿物测定实验)。

四、设备、试剂和材料

1. 试剂

苯(分析纯)、四氯化碳(分析纯)。

2. 材料

玻璃棒、试管刷、胶皮手套、烧杯(500mL或者1000mL)、瓷盘、布式漏斗、滤纸、洗瓶、实验勺。

五、准备工作

① 采集实验所需的样品,要求新鲜并且是块样。

② 从待分析样品中缩分样品,并按照GB/T 16773—2008《煤岩分析样品制备方法》制备煤岩分析样品,按照GB/T 6948—2008《煤的镜质体反射率显微镜测定方法》及GB/T 8899—2013《煤的显微组分组和矿物测定方法》测试实验样品的镜质体反射率及显微组分组含量。

③ 煤岩组分结合程度复杂性评判

按照MT/T 263—1991《烟煤宏观类型的划分与描述》评判块煤样品中主要煤岩成分(镜煤、亮煤、丝炭)的结构及构造。如果镜煤、亮煤及丝炭的结构以条带状为主,可以初步富集待用。

六、注意事项

离心分离所用的密度液均为有毒、易挥发有机物,因而实验应在通风条件良好的通风橱内进行。

七、实验步骤

① 将待分离样品置入球磨机中进行研磨,筛分至95%的样品粒度小于0.071mm(200目),装入磨口瓶中,以防止氧化。

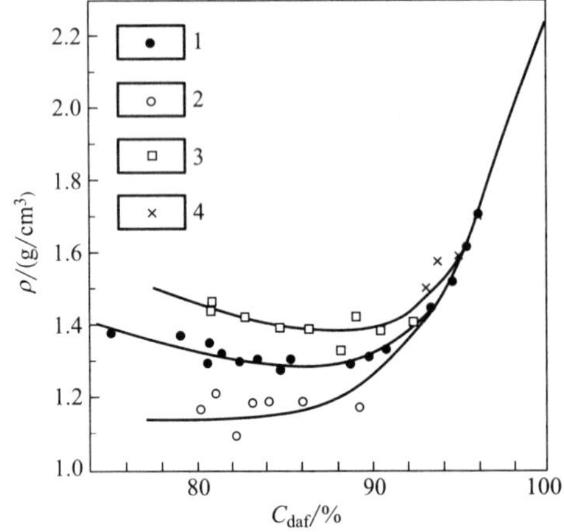

图10-50 煤中显微组分的密度(真相对密度)
1—镜质组;2—壳质组;3—粗粒体;
4—丝质体(据D. W. van Krevelen,1981)

② 根据待分离样品的镜质组反射率值,参考图10-50确定镜质组和惰质组分离的密度分布范围。

③ 将苯(密度$\rho=0.871g/cm^3$)及四氯化碳(密度$\rho=1.592g/cm^3$)按照表10-12配制所需密度范围的密度液,置于锥形瓶中待用。

④ 称取(15±1)g煤样置入离心罐中,加入少量调配好的密度液,并用玻璃棒充分搅拌,使煤样完全浸润;再加入同一级的密度液至离心管高度的2/3处,用搅拌机(或者手工)搅拌3~5min,以煤颗粒充分离散在密度液中为止;然后继续加入同级密度液至液面高度距离离心管口约5mm为止,并用玻璃棒轻搅混匀。密度液的总

加入量 40～50mL。

对另外 3 个离心管实施相同的操作，并将 4 个离心管分别套入相应的离心罐中。

⑤ 将 4 个离心罐分别两两放置在托盘天平两端，在较轻的一端倒入同级的密度液，直至两端的质量相等，并放置在离心机的对称位置上。

注：该步骤非常必要，不仅能降低离心机工作时的噪声，而且避免因离心管偏斜导致分离效果差。

⑥ 启动离心机，缓缓将转速升至 800r/min 时稳定约 1min，再缓缓将转速升至 3000～3500r/min 稳定 20～25min 以充分离心分离。

⑦ 将离心机缓缓停机，取出离心罐置于离心罐架上。打开离心罐盖，用玻璃棒沿离心罐壁轻轻拨动浮物，然后迅速将离心罐中的浮物及密度液倒入烧杯中，用洗瓶冲洗离心罐壁上黏着的浮物粒至烧杯中。

将离心管中的沉物用实验勺轻轻刮下，置入瓷盘 A 中。

⑧ 在布式漏斗内铺上滤纸，以密度液润湿，开动真空泵使其紧贴漏斗。将烧杯中的浮物及密度液倒入布式漏斗中过滤，并回收密度液。

⑨ 取下布式漏斗，待滤纸上的密度液挥发之后，将滤纸上的煤样轻轻刮下，置于瓷盘 B 中。

⑩ 将瓷盘 A 和瓷盘 B 中的样品，分别在充氮干燥箱中以不超过 50℃的温度进行干燥，干燥样品装入磨口瓶中并密封保存。

⑪ 将分离的样品按照 GB/T 16773—2008《煤岩分析样品制备方法》制备煤岩分析样品，按照 GB/T 8899—2013《煤的显微组分组和矿物测定方法》测试显微组分组含量。

⑫ 如果分离的样品纯度满足实验要求，则结束实验。否则，调整步骤 2 中的密度液，重复步骤③～⑪，直至样品纯度和质量满足实验要求为止。

八、思考题

1.随变质程度提高，煤岩组分密度差异发生变化的原因是什么？

2.煤岩组分离心分离的操作要点是什么？

3.褐煤、高变质烟煤及无烟煤为什么不宜采用密度离心分离的方法？

九、知识扩展

周师庸.应用煤岩学［M］.北京：冶金工业出版社，1985：89-95.

表 10-12 密度液配制推荐表

所配溶液密度/(g/cm^3)	一定体积的四氯化碳所需苯的体积/mL							
	100	200	250	500	750	1000	1250	1300
1.100	214.8	429.7	537.1	1074.2	1611.4	2148.5	2685.6	2793.0
1.105	208.1	416.2	520.3	1040.6	1560.9	2081.2	2601.5	2705.6
1.110	201.7	403.3	504.2	1008.4	1512.6	2016.7	2520.9	2621.8
1.115	195.5	391.0	488.7	977.5	1466.2	1954.9	2443.6	2541.4
1.120	189.6	379.1	473.9	947.8	1421.7	1895.6	2369.5	2464.3
1.125	183.9	367.7	459.6	919.3	1378.9	1838.6	2298.2	2390.2
1.130	178.4	356.8	445.9	891.9	1337.8	1783.8	2229.7	2318.9

续表

所配溶液密度/(g/cm³)	一定体积的四氯化碳所需苯的体积/mL							
	100	200	250	500	750	1000	1250	1300
1.135	173.1	346.2	432.8	865.5	1298.3	1731.1	2163.8	2250.4
1.140	168.0	336.1	420.1	840.1	1260.2	1680.3	2100.4	2184.4
1.145	163.1	326.3	407.8	815.7	1223.5	1631.4	2039.2	2120.8
1.150	158.4	316.8	396.1	792.1	1188.2	1584.2	1980.3	2059.5
1.155	153.9	307.7	384.7	769.4	1154.0	1538.7	1923.4	2000.4
1.160	149.5	299.0	373.7	747.4	1121.1	1494.8	1868.5	1943.3
1.165	145.2	290.5	363.1	726.2	1089.3	1452.4	1815.5	1888.1
1.170	141.1	282.3	352.8	705.7	1058.5	1411.4	1764.2	1834.8
1.175	137.2	274.3	342.9	685.9	1028.8	1371.7	1714.6	1783.2
1.180	133.3	266.7	333.3	666.7	1000.0	1333.3	1666.7	1733.3
1.185	129.6	259.2	324.0	648.1	972.1	1296.2	1620.2	1685.0
1.190	126.0	252.0	315.0	630.1	945.1	1260.2	1575.2	1638.2
1.195	122.5	245.1	306.3	612.7	919.0	1225.3	1531.6	1592.9
1.200	119.1	238.3	297.9	595.7	893.6	1191.5	1489.4	1548.9
1.200	119.1	238.3	297.9	595.7	893.6	1191.5	1489.4	1548.9
1.205	115.9	231.7	289.7	579.3	869.0	1158.7	1448.4	1506.3
1.210	112.7	225.4	281.7	563.4	845.1	1126.8	1408.6	1464.9
1.215	109.6	219.2	274.0	548.0	821.9	1095.9	1369.9	1424.7
1.220	106.6	213.2	266.5	533.0	799.4	1065.9	1332.4	1385.7
1.225	103.7	207.3	259.2	518.4	777.5	1036.7	1295.9	1347.7
1.230	100.8	201.7	252.1	504.2	756.3	1008.4	1260.4	1310.9
1.235	98.1	196.2	245.2	490.4	735.6	980.8	1226.0	1275.0
1.240	95.4	190.8	238.5	477.0	715.4	953.9	1192.4	1240.1
1.245	92.8	185.6	232.0	463.9	695.9	927.8	1159.8	1206.1
1.250	90.2	180.5	225.6	451.2	676.8	902.4	1128.0	1173.1
1.255	87.8	175.5	219.4	438.8	658.2	877.6	1097.0	1140.9
1.260	85.3	170.7	213.4	426.7	640.1	853.5	1066.8	1109.5
1.265	83.0	166.0	207.5	415.0	622.5	829.9	1037.4	1078.9
1.270	80.7	161.4	201.8	403.5	605.3	807.0	1008.8	1049.1
1.275	78.5	156.9	196.2	392.3	588.5	784.7	980.8	1020.0
1.280	76.3	152.6	190.7	381.4	572.1	762.8	953.5	991.7
1.285	74.2	148.3	185.4	370.8	556.2	741.5	926.9	964.0
1.290	72.1	144.2	180.2	360.4	540.6	720.8	901.0	937.0
1.295	70.0	140.1	175.1	350.2	525.4	700.5	875.6	910.6
1.300	68.1	136.1	170.2	340.3	510.5	680.7	850.8	884.8
1.305	66.1	132.3	165.3	330.6	496.0	661.3	826.6	859.7

续表

所配溶液密度/(g/cm³)	一定体积的四氯化碳所需苯的体积/mL							
	100	200	250	500	750	1000	1250	1300
1.310	64.2	128.5	160.6	321.2	481.8	642.4	803.0	835.1
1.315	62.4	124.8	156.0	311.9	467.9	623.9	779.8	811.0
1.320	60.6	121.2	151.4	302.9	454.3	605.8	757.2	787.5
1.325	58.8	117.6	147.0	294.1	441.1	588.1	735.1	764.5
1.330	57.1	114.2	142.7	285.4	428.1	570.8	713.5	742.0
1.335	55.4	110.8	138.5	276.9	415.4	553.9	692.3	720.0
1.340	53.7	107.5	134.3	268.7	403.0	537.3	671.6	698.5
1.345	52.1	104.2	130.3	260.5	390.8	521.1	651.4	677.4
1.350	50.5	101.0	126.3	252.6	378.9	505.2	631.5	656.8
1.355	49.0	97.9	122.4	244.8	367.3	489.7	612.1	636.6
1.360	47.4	94.9	118.6	237.2	355.8	474.4	593.0	616.8
1.365	46.0	91.9	114.9	229.8	344.6	459.5	574.4	597.4
1.370	44.5	89.0	111.2	222.4	333.7	444.9	556.1	578.4
1.375	43.1	86.1	107.6	215.3	322.9	430.6	538.2	559.7
1.380	41.7	83.3	104.1	208.3	312.4	416.5	520.6	541.5
1.385	40.3	80.5	100.7	201.4	302.0	402.7	503.4	523.5
1.390	38.9	77.8	97.3	194.6	291.9	389.2	486.5	506.0
1.395	37.6	75.2	94.0	188.0	282.0	376.0	469.9	488.7
1.400	36.3	72.6	90.7	181.5	272.2	362.9	453.7	471.8
1.405	35.0	70.0	87.5	175.1	262.6	350.2	437.7	455.2
1.410	33.8	67.5	84.4	168.8	253.2	337.7	422.1	439.0
1.415	32.5	65.1	81.3	162.7	244.0	325.4	406.7	423.0
1.420	31.3	62.7	78.3	156.6	235.0	313.3	391.6	407.3
1.425	30.1	60.3	75.4	150.7	226.1	301.4	376.8	391.9
1.430	29.0	58.0	72.5	144.9	217.4	289.8	362.3	376.7
1.435	27.8	55.7	69.6	139.2	208.8	278.4	348.0	361.9
1.440	26.7	53.4	66.8	133.6	200.4	267.1	333.9	347.3
1.445	25.6	51.2	64.0	128.0	192.1	256.1	320.1	332.9
1.450	24.5	49.1	61.3	122.6	183.9	245.3	306.6	318.8
1.455	23.5	46.9	58.6	117.3	175.9	234.6	293.2	305.0
1.460	22.4	44.8	56.0	112.1	168.1	224.1	280.1	291.3
1.465	21.4	42.8	53.5	106.9	160.4	213.8	267.3	277.9
1.470	20.4	40.7	50.9	101.8	152.8	203.7	254.6	264.8
1.475	19.4	38.7	48.4	96.9	145.3	193.7	242.1	251.8
1.480	18.4	36.8	46.0	92.0	137.9	183.9	229.9	239.1
1.485	17.4	34.9	43.6	87.1	130.7	174.3	217.8	226.5

续表

所配溶液密度/(g/cm³)	一定体积的四氯化碳所需苯的体积/mL							
	100	200	250	500	750	1000	1250	1300
1.490	16.5	33.0	41.2	82.4	123.6	164.8	206.0	214.2
1.495	15.5	31.1	38.9	77.7	116.6	155.4	194.3	202.1
1.500	14.6	29.3	36.6	73.1	109.7	146.3	182.8	190.1
1.505	13.7	27.4	34.3	68.6	102.9	137.2	171.5	178.4
1.510	12.8	25.7	32.1	64.2	96.2	128.3	160.4	166.8
1.515	12.0	23.9	29.9	59.8	89.7	119.6	149.5	155.4
1.520	11.1	22.2	27.7	55.5	83.2	110.9	138.7	144.2
1.525	10.2	20.5	25.6	51.2	76.8	102.4	128.1	133.2
1.530	9.4	18.8	23.5	47.0	70.6	94.1	117.6	122.3
1.535	8.6	17.2	21.5	42.9	64.4	85.8	107.3	111.6
1.540	7.8	15.5	19.4	38.9	58.3	77.7	97.2	101.0
1.545	7.0	13.9	17.4	34.9	52.3	69.7	87.2	90.7
1.550	6.2	12.4	15.5	30.9	46.4	61.9	77.3	80.4
1.555	5.4	10.8	13.5	27.0	40.6	54.1	67.6	70.3
1.560	4.6	9.3	11.6	23.2	34.8	46.4	58.1	60.4
1.565	3.9	7.8	9.7	19.5	29.2	38.9	48.6	50.6
1.570	3.1	6.3	7.9	15.7	23.6	31.5	39.3	40.9
1.575	2.4	4.8	6.0	12.1	18.1	24.1	30.2	31.4
1.580	1.7	3.4	4.2	8.5	12.7	16.9	21.2	22.0
1.585	1.0	2.0	2.5	4.9	7.4	9.8	12.3	12.7
1.590	0.3	0.6	0.7	1.4	2.1	2.8	3.5	3.6

（煤炭科学技术研究院有限公司　王越执笔）

实验六十七　焦炭光学组织的测定（参考 YB/T 077—1995）

一、实验原理

将由焦炭试样所制成的光片置于反光偏光显微镜下，利用正交偏光，并插入石膏检板，用油浸物镜观察焦炭的气孔壁组织。根据等色区尺寸、形态、凸起等特征进行鉴定，用数点法统计各光学组织的体积分数。

二、定义

（1）焦炭光学组织（optical texture of coke）　用反射偏光显微镜在油浸物镜下总放大倍数为 400～600 倍时，所观察到的焦炭气孔壁组织。

（2）各向同性组织（isotropic texture）　煤干馏时活性组分经软化熔融所形成的各方向具有相同光学性质的组织，具有结构致密、表面平坦、气孔边缘平滑等特征，插入石膏检板后干涉色一级红色，转动载物台时颜色不变。

（3）各向异性组织（anisotropic texture）　煤干馏时活性组分经软化熔融所形成的形态各异、等色区尺寸大小不同、各方向具有不同光学性质的组织，插入石膏检板后呈现红、黄、绿等不同颜色，转动载物台时颜色交替呈现变化，一般将镜下等色区尺寸相近及形态相似的各向异性组织划分为同一类型。

三、仪器

采用德国蔡司生产的 Imager A2m 煤岩显微镜进行焦炭光学组织的测定，显微镜的主要结构见图 10-51，正交偏光照明器及石膏检板如图 10-52 和图 10-53 所示。

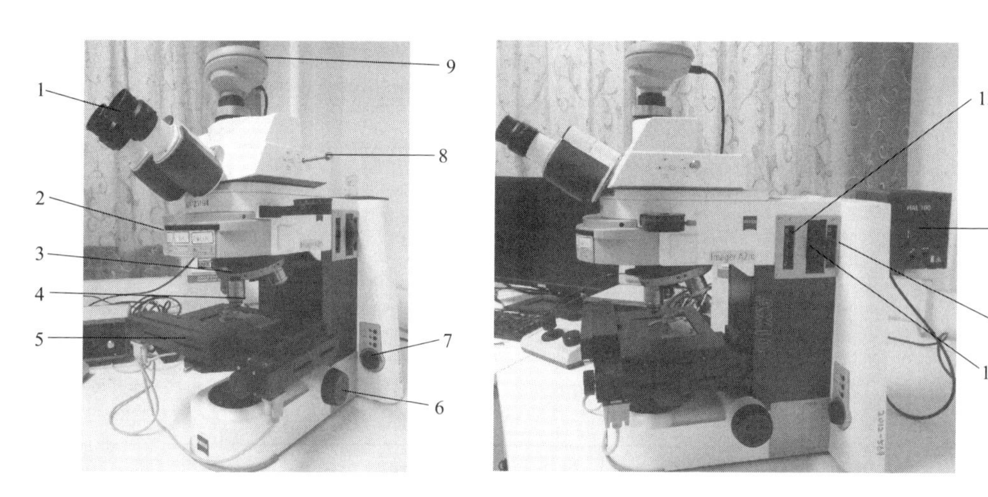

图 10-51　ZEISS Imager A2m 型煤岩显微镜

1—目镜；2—垂直照明器；3—物镜旋座；4—50 倍油浸物镜；5—AYZ 三轴电动平台；6—调焦旋钮；7—灯电流调节钮；8—观测调节杆；9—CCD 显微数码相机；10—HAL 100 灯箱；11—孔径光阑；12—滤光片组合；13—视域光阑

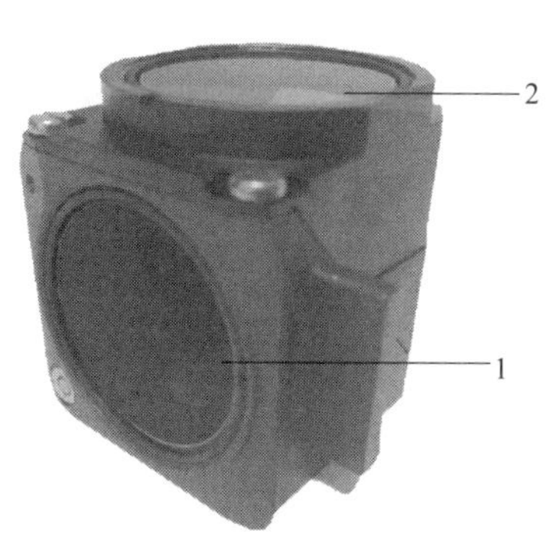

图 10-52　正交偏光照明器

1—起偏镜；2—检偏镜

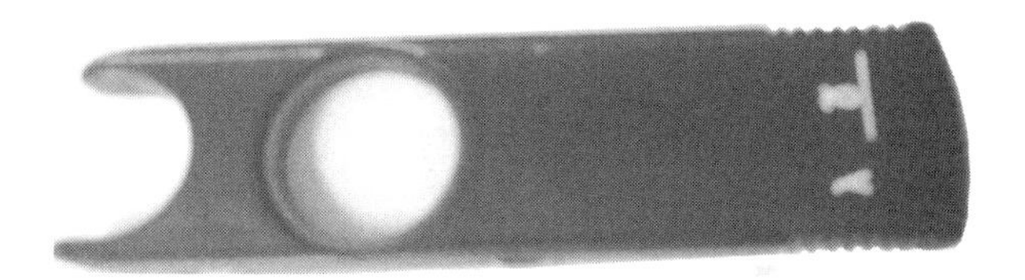

图 10-53　石膏检板（1λ）

四、设备、试剂和材料

试剂和材料同煤岩光片制备。

五、焦炭光学组织划分方案

不同国家和组织对焦炭光学组织的划分方案不同。我国的焦炭光学组织划分方案如表10-13所示，典型特征如图10-54所示。

表10-13 我国焦炭光学组织的划分方案（YB/T 077—1995）

焦炭光学组织来源	大类	小类	镜下特征
由煤中熔融组分形成的组织	各向同性	各向同性	气孔边缘平滑、表面平坦
	镶嵌状	细粒镶嵌状	各向异性单元尺寸＜1.0μm
		中粒镶嵌状	各向异性单元尺寸介于1.0～5.0μm
		粗粒镶嵌状	各向异性单元尺寸介于5.0～10.0μm
	纤维状	不完全纤维状	各向异性单元尺寸宽＜10.0μm，长介于10.0～30.0μm
		完全纤维状	各向异性单元尺寸宽＜10.0μm，长≥30.0μm
	片状	片状	各向异性单元尺寸宽及长均≥10.0μm
由煤中惰性组分形成的组织	丝质及破片状	丝质及破片状	保持煤中原有丝质结构及其他一些小片状惰性结构，呈各向同性或各向异性
其他组织	基础各向异性	基础各向异性	由高煤化度的贫煤及无烟煤形成的组织，等色区尺寸与颗粒尺寸接近
	热解炭	热解炭	沿焦炭气孔及裂隙周边所形成的气相沉积碳，多呈镶边状，也见镶嵌状

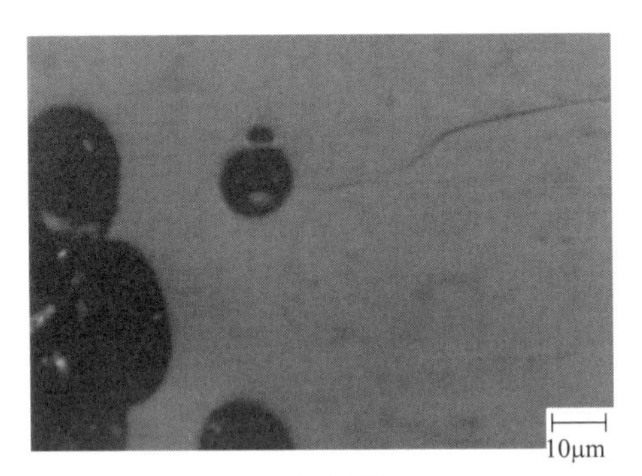

(a) 各向同性

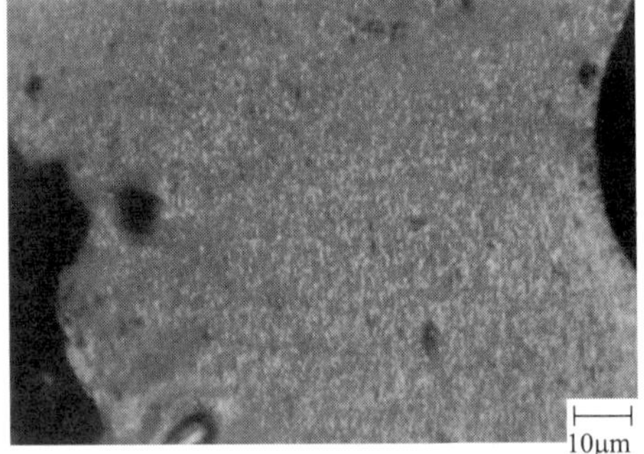

(b) 细粒镶嵌

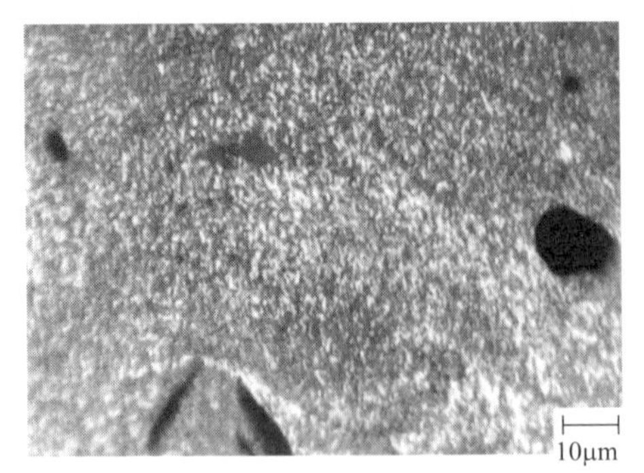

(c) 中粒镶嵌

(d) 粗粒镶嵌

(e) 纤维状　(f) 片状

(g) 基础各向异性　(h) 热解炭(孔隙边缘)

图 10-54　焦炭光学组织示意图（见彩色插页）

六、准备工作及仪器调节

① 将制备的粉焦光片放置在带有胶泥的载玻片上，压平后置于载物台中，并准焦，调节物镜中心；

② 调节显微镜光源、孔径光阑和视域光阑，使整个视域内亮度适中、成像清晰；

③ 调节起偏镜、检偏镜（图 10-52），使两者正交，并置于显微镜的垂直照明器［图 10-51（2）］中；

④ 将石膏检板（1λ）插入显微镜中，使视域呈现一级红的干涉色。

七、注意事项

① 起偏镜与检偏镜要严格正交，否则观测到的焦炭光学组织干涉色与标准谱图不一致；

② 测试焦炭光学组织时需要将显微镜的滤光片取出，这样观测到的光学组织颜色纯正、特征清晰，便于识别。

③ 在块焦光片上测定光学组织的含量，结果的代表性较差；可结合分析目的选取代表性的块焦样，参照粉焦光片的测定方法进行定量。

八、实验步骤

① 打开 BRICC Imager 分析测试软件，新建测试。

② 单击，进入设置界面，如图 10-55 所示。

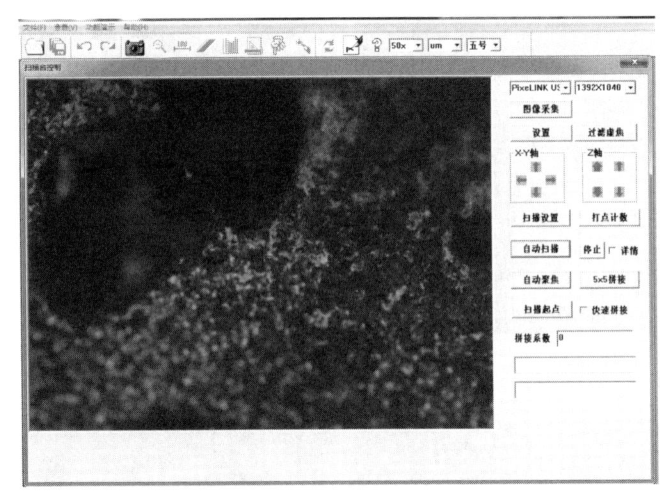

图 10-55　焦炭光学组织测试界面

③ 选择“扫描设置”菜单（图 10-56），设定设置 X 方向间距（点距）和 Y 方向间距（行距）；扫描延时和聚焦频率均设为 0；采集方式选择“手动”，勾选“十字丝”。

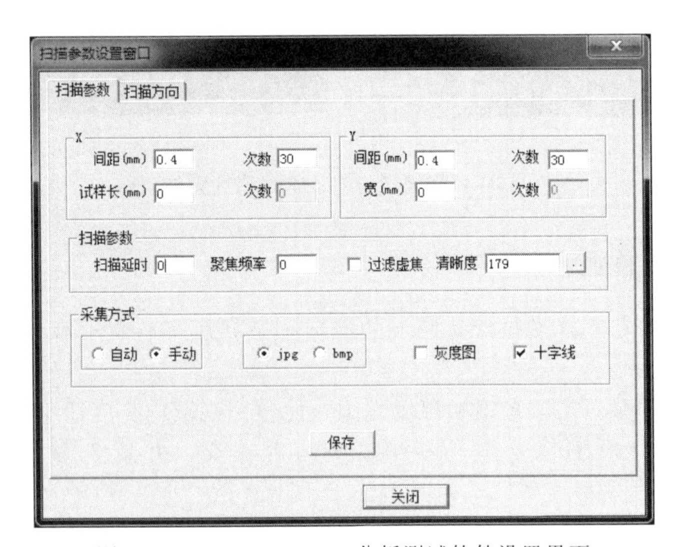

图 10-56　BRICC Imager 分析测试软件设置界面

④ 选择“打点计数”，出现如图 10-57 界面，从试样的一端开始，鉴定十字丝交点下的物质，记入相应的计数键中；遇到胶结物、气孔、裂隙、光学组织中的胞腔视为无效点，不予统计；当十字丝落在不同光学组织的边界时，按 GB/T 8899《煤的显微组分组和矿物测定方法》规定，从右上角象限开始按顺时针方向选取无边界线存在的象限中的组织。

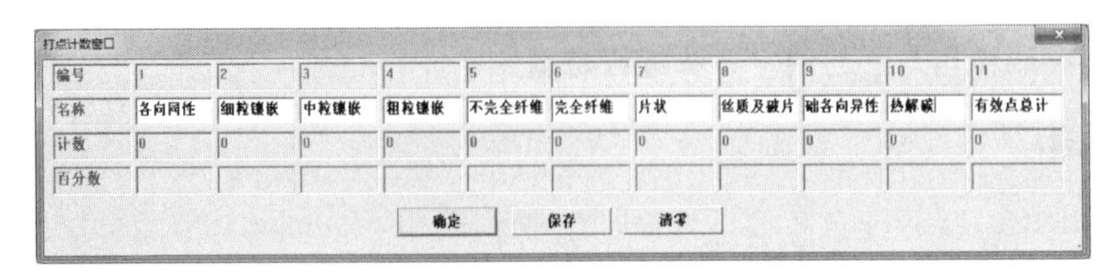

图 10-57　焦炭光学组织统计界面

⑤ 重复步骤④，直至不少于400个有效测点均匀布满全片为止。

⑥ 将焦炭光学组织统计结果修约至小数点后1位，记入统计表格。

九、精密度

焦炭光学组织测试的重复性如表10-14所示。

表10-14　焦炭光学组织测试的重复性

光学组织的体积分数 V_i/%	重复性/%
$V_i \leqslant 10$	2
$10 < V_i \leqslant 30$	3
$V_i > 30$	4

焦炭光学组织的两次测值之差等于或者小于规定的重复性限时，取平均值作为最终结果报出；大于规定的重复性时，需要重新测定，直到其中两次连续测值之差等于或者小于规定的重复性限为止，取连续不超差的两次测值的平均值作为最终结果报出。

十、实验结果

实验结果与报出可参考表10-15。

表10-15　焦炭光学组织定量统计报告

实验室编号	2018-×××	来样编号	—
各向同性			
细粒镶嵌状			
中粒镶嵌状			
粗粒镶嵌状			
不完全纤维状			
完全纤维状			
片状			
丝质及破片状			
基础各向异性			
热解碳			
总测点数			

测定条件：反光，正交偏光，oil，10×50×，点、行距0.5mm×0.5mm

测定依据：YB/T 077—1995　GB/T 15588—2001　GB/T 8899—2013　　报告日期：××年××月××日

主验：________　　审核：________　　批准：________

十一、思考题

1. 原煤变质程度对焦炭光学组织的种类有什么影响？
2. 焦炭光学组织对焦炭质量有什么影响？

十二、知识扩展

傅永宁. 高炉焦炭［M］. 北京：冶金工业出版社，1994：31-40.

（煤炭科学技术研究院有限公司　王越执笔）

附录

附录一　常用玻璃仪器标准

1. GB/T 11414—2007 实验室玻璃仪器 瓶
2. GB 12803—2015 实验室玻璃仪器 量杯
3. GB/T 12804—2011 实验室玻璃仪器 量筒
4. GB/T 12805—2011 实验室玻璃仪器 滴定管
5. GB/T 12806—2011 实验室玻璃仪器 单标线容量瓶
6. GB 12807—1991 实验室玻璃仪器 分度吸量管
7. GB 12808—2015 实验室玻璃仪器 单标线吸量管
8. GB/T 12809—2015 实验室玻璃仪器 玻璃量器的设计和结构原则
9. GB/T 12810—1991 实验室玻璃仪器 玻璃量器的容量校准和使用方法
10. GB/T 14149—1993 实验室玻璃仪器 互换球形磨砂接头
11. GB/T 15723—1995 实验室玻璃仪器 干燥器
12. GB/T 15724—2008 实验室玻璃仪器 烧杯
13. GB/T 15725.4—1995 实验室玻璃仪器 双口、三口球形圆底烧瓶
14. GB/T 15725.6—1995 实验室玻璃仪器 磨口烧瓶
15. GB/T 21297—2007 实验室玻璃仪器 互换锥形磨砂接头
16. GB/T 21298—2007 实验室玻璃仪器 试管
17. GB 21549—2008 实验室玻璃仪器 玻璃烧器的安全要求
18. GB 21749—2008 教学仪器设备安全要求 玻璃仪器及连接部件
19. GB/T 22067—2008 实验室玻璃仪器 广口烧瓶
20. GB/T 22362—2008 实验室玻璃仪器 烧瓶
21. GB/T 28211—2011 实验室玻璃仪器 过滤漏斗
22. GB/T 28212—2011 实验室玻璃仪器 冷凝管
23. GB/T 28213—2011 实验室玻璃仪器 培养皿
24. GB/T 28214—2011 实验室玻璃仪器 吸量管颜色标记
25. JJG 196—2006 常用玻璃量器检定规程

26. QB/T 2110—1995 实验室玻璃仪器 分液漏斗和滴液漏斗
27. QB/T 2561—2002 实验室玻璃仪器 试管和培养管

附录二 常用标准溶液和分析实验室用水标准

1. GB/T 6682—2008 分析实验室用水规格和试验方法
2. GB/T 601—2016 化学试剂 标准滴定溶液的制备
3. GB/T 602—2002 化学试剂 杂质测定用标准溶液的制备
4. GB/T 603—2002 化学试剂 试验方法中所用制剂及制品的制备

附录三 煤炭及煤化工产品分析标准

1. GB/T 483—2007 煤炭分析试验方法一般规定
2. GB/T 35985—2018 煤炭分析结果基的换算
3. GB/T 3715—2007 煤质及煤分析有关术语
4. GB/T 7186—2008 选煤术语
5. GB/T 5329—2003 试验筛与筛分试验术语
6. GB/T 31428—2015 煤化工术语
7. GB/T 9977—2008 焦化产品术语
8. GB/T 35058—2018 提质煤煤质特征评价技术指南
9. GB/T 35062—2018 低阶煤提质技术术语
10. GB/T 16772—1997 中国煤炭编码系统
11. GB/T 31429—2015 煤炭实验室测试质量控制导则
12. MT/T 619—2007 煤炭实验室评定导则
13. GB/T 33303—2016 煤质分析中测量不确定度评定指南
14. GB/T 29164—2012 煤炭成分分析和物理特性测量标准物质应用导则
15. YB/T 5155—2018 焦化产品测定方法通则
16. YB/T 2305—2007 焦化产品试验用玻璃温度计
17. GB/T 8170—2008 数值修约规则与极限数值的表示和判定
18. SN/T 4430—2016 进口煤炭检验规程
19. GB/T 5751—2009 中国煤炭分类
20. GB/T 17607—1998 中国煤层煤分类
21. GB/T 26128—2010 稀缺、特殊煤炭资源的划分与利用
22. GB/T 17608—2006 煤炭产品品种和等级划分
23. GB/T 15224.1—2018 煤炭质量分级 第1部分：灰分
24. GB/T 15224.2—2010 煤炭质量分级 第2部分：硫分
25. GB/T 15224.3—2010 煤炭质量分级 第3部分：发热量
26. GB/T 20475.1—2006 煤中有害素含量分级 第1部分：磷
27. GB/T 20475.2—2006 煤中有害素含量分级 第2部分：氯
28. GB/T 20475.3—2012 煤中有害元素含量分级 第3部分：砷
29. GB/ T 20475.4—2012 煤中有害元素含量分级 第4部分：汞

煤中有害元素含量分级 第5部分：氟（正在起草）

30. SN/T 4023—2013 进出口动力煤质量评价要求
31. MT/T 560—2008 煤的热稳定性分级
32. MT/T 561—2008 煤的固定碳分级
33. MT/T 596—2008 烟煤黏结指数分级
34. MT/T 849—2000 煤的挥发分产率分级
35. MT/T 850—2000 煤的全水分分级
36. MT/T 852—2000 煤的哈氏可磨性指数分级
37. MT/T 853.1—2000 煤灰软化温度分级
38. MT/T 853.2—2000 煤灰流动温度分级
39. MT/T 964—2005 煤中铅含量分级
40. MT/T 965—2005 煤中铬含量分级
41. MT/T 966—2005 煤中氟含量分级
42. MT/T 967—2005 煤中锗含量分级
43. MT/T 1074—2008 煤中碱金属（钾、纳）含量分级
44. MT/T 1160—2011 煤的镜质组含量分级
45. MT/T 1161—2011 煤的壳质组含量分级
46. GB/T 18342—2018 商品煤质量 链条炉用煤、
47. GB/T 26126—2018 商品煤质量 煤粉工业锅炉用煤
48. GB/T 7562—2018 商品煤质量 发电煤粉锅炉用煤
49. GB/T 7563—2018 商品煤质量 水泥回转窑用煤
50. GB 34170—2017 商品煤质量 民用型煤
51. GB 34169—2017 商品煤质量 民用散煤
52. GB/T 31862—2015 商品煤质量 褐煤
53. GB/T 13593—1992 民用蜂窝煤
54. GB/T8729—2017 铸造焦炭
55. GB/T1996—2017 冶金焦炭
56. GB/T 18666—2014 商品煤质量抽查和验收方法
57. GB/T 31087—2014 商品煤杂物控制技术要求
58. GB/T 31356—2014 商品煤质量评价与控制技术指南
59. GB 25960—2010 动力配煤规范
60. GB/T 23251—2009 煤化工用煤技术导则
61. GB/T 35064—2018 煤油共炼原料技术条件
62. GB/T 26126—2018 中小型煤粉工业锅炉用煤技术条件
63. GB/T 18512—2008 高炉喷吹用煤技术条件
64. GB/T 397—2009 炼焦用煤技术条件
65. GB/T 7562—2018 发电煤粉锅炉用煤技术条件
66. GB/T 7563—2018 水泥回转窑用煤技术条件
67. GB/T 9143—2008 常压固定床气化用煤技术条件
68. MT/T 1010—2006 固定床气化用型煤技术条件
69. GB/T 29721—2013 流化床气化用原料煤技术条件
70. GB/T 29722—2013 气流床气化用原料煤技术条件
71. GB/T 18342—2018 链条炉排锅炉用煤技术条件

72. GB/T 23810—2009 直接液化用原料煤技术条件
73. GB/T 25210—2010 兰炭用煤技术条件
74. MT/T 1011—2006 煤基活性炭用煤技术条件
75. MT/T 1030—2006 烧结矿用煤技术条件
76. MT/T 746—1997 煤系腐植酸复混肥料技术条件
77. GB/T 29164—2012 煤炭成分分析和物理特性测量标准物质应用导则
78. GB/T 14181—2010 测定烟煤粘结指数专用无烟煤技术条件
79. GB/T475—2008 商品煤样人工采取方法
80. GB/T482—2008 煤层煤样采取方法
81. GB/T19494.3—2004 煤炭机械化采样 第 3 部分 精密度测定和偏倚试验
82. GB/T 19222—2003 煤岩样品采取方法
83. MT/T 1034—2006 生产煤样采取方法
84. MT/T 621－2006 矿井生产检查煤样采取方法
85. GB/T 1997—2008 焦炭试样的采取和制备
86. GB/T 1999—2008 焦化油类产品取样方法
87. GB/T 2000—2000 焦化固体类产品取样方法
88. GB/T 19494.1—2004 煤炭机械化采样 第 1 部分 采样方法
89. GB/T 19494.2—2004 煤炭机械化采样 第 2 部分 煤样的制备
90. MT/T 915—2002 工业型煤样品采取方法
91. MT/T 916—2002 工业型煤样品制备方法
92. GB/T 2291—2016 煤沥青试验室试样的制备方法
93. YB/T 5298—2009 沥青焦试样的采取和制备方法
94. GB/T 474—2008 煤样的制备方法
95. GB/T 477—2008 煤炭筛分试验方法
96. GB/T 478—2008 煤炭浮沉试验方法
97. GB/T 6003.1—2012 试验筛 技术要求和检验 第 1 部分：金属丝编织网试验筛
98. GB/T6003.2—2012 试验筛技术要求和检验 第 2 部分 金属穿孔板试验筛
99. GB/T 6003.3—1999 电成型薄板试验筛
100. GB/T 6005—2008 试验筛 金属丝编织网、穿孔板和电成型薄板 筛孔的基本尺寸
101. GB 4757—2013 煤粉（泥）实验室单元浮选试验方法
102. GB/T 2005—1994 冶金焦炭的焦末含量及筛分组成的测定方法
103. GB/T 33689—2017 选煤试验方法一般规定
104. MT/T 109—1996 煤和矸石泥化试验方法
105. GB/T 16417—2011 煤炭可选性评定方法
106. GB/T30046.1—2013 煤粉（泥）浮选试验 第 1 部分：试验过程
107. GB/T 30046.2—2013 煤粉（泥）浮选试验 第 2 部分：顺序评价试验方法
108. GB/T 30046.3—2013 煤粉（泥）浮选试验 第 3 部分：释放评价试验方法
109. GB/T 30047—2013 煤粉（泥）可浮性评定方法
110. GB/T 30048—2013 煤泥压滤性试验方法
111. GB/T 30049—2013 煤芯煤样可选性试验方法
112. GB/T 30050—2013 煤体结构分类
113. GB/T 34164—2017 选煤厂浮选工艺效果评定方法

114. GB/T 36167—2018 选煤实验室分步释放浮选试验方法
115. GB/T 33688—2017 选煤磁选设备工艺效果评定方法
116. GB/T 26918—2011 选煤厂煤的转筒泥化试验方法
117. GB/T 26919—2011 选煤厂煤泥水自然沉降试验方法
118. GB/T 35052—2018 选煤厂重介质旋流器悬浮液中磁性物含量的测定方法
119. MT/T 1—2007 商品煤含矸率和限下率的测定方法
120. GB/T 18702—2002 煤炭安息角测定方法
121. GB/T 211—2017 煤中全水分的测定方法
122. GB/T 2288—2008 焦化产品水分测定方法
123. GB/T 35059—2018 提质煤复吸水分测定方法
124. GB/T 213—2008 煤的发热量测定方法
125. MT/T 751—2007 工业型煤发热量测定方法
126. GB/T 212—2008 煤的工业分析方法
127. GB/T 30732—2014 煤的工业分析方法 仪器法
128. MT/T 1087—2008 煤的工业分析方法 仪器法
129. GB/T 2001—2013 焦炭工业分析测定方法
130. GB/T 214—2007 煤中全硫的测定方法
131. GB/T 2286—2017 焦炭全硫含量的测定方法
132. GB/T 31391—2015 煤的元素分析
133. GB/T 476—2008 煤中碳和氢的测定方法
134. GB/T 35984—2018 煤和焦炭的固体残余物中全碳、可燃碳和碳酸盐碳的测定方法
135. GB/T 19227—2008 煤中氮的测定方法
136. GB/T 215—2003 煤中各种形态硫的测定方法
137. GB/T 218—2016 煤中碳酸盐二氧化碳含量测定方法
138. GB/T 25214—2010 煤中全硫测定 红外光谱法
139. MT/T 750—2007 工业型煤中全硫测定方法
140. GB/T 30733—2014 煤中碳氢氮的测定 仪器法
141. SN/T 4764—2017 煤中碳、氢、氮、硫含量的测定 元素分析仪法
142. MT/T 384—2007 煤中铀的测定方法
143. GB/T 4633—2014 煤中氟的测定方法
144. SN/T 3596—2013 进出口煤炭中总氟含量的测定氧弹燃烧/离子选择电极法
145. GB/T 3558—2014 煤中氯的测定方法
146. GB/T 3058—2008 煤中砷的测定方法（煤中砷、硒、汞的测定 原子荧光光谱法，正在起草）
147. GB 16658—2007 煤中铬、镉、铅的测定方法
148. GB/T 216—2003 煤中磷的测定方法
149. GB/T 35069—2018 焦炭 磷含量的测定 还原磷钼酸盐分光光度法
150. GB/T 8207—2007 煤中锗的测定方法
151. GB/T 8208—2007 煤中镓的测定方法
152. GB/T 16659—2008 煤中汞的测定方法
153. SN/T 2087—2008 煤中氯含量的测定 高效液相色谱法
154. SN/T 3521—2013 进口煤炭中砷、汞含量的同时测定 氢化物发生-原子荧光光谱法

155. SN/T 4762—2017 煤中氟和氯含量的测定 离子色谱法

156. SN/T 2263—2017 煤或焦炭中砷、溴、碘的测定 电感耦合等离子体质谱法

157. SN/T 4369—2015 进出口煤炭中砷、汞、铅、镉、铬、铍的测定 微波消解-电感耦合等离子体质谱法

158. GB/T 29161—2012 中子活化型煤炭在线分析仪

159. GB/T 7560—2001 煤中矿物质的测定方法

160. GB/T 219—2008 煤灰熔融性的测定方法

161. GB/T 31424—2015 煤灰黏度测定方法

162. DL/T 660—2007 煤灰高温粘度特性试验方法

163. GB/T 1574—2007 煤灰成分分析方法

164. DL/T 1037—2016 煤灰成分分析方法

165. MT/T 1014—2006 煤灰中主要及微量元素的测定方法 电感耦合等离子原子发射光谱法

166. SN/T 1600—2005 煤中微量元素的测定 电感耦合等离子体原子发射光谱法

167. SN/T 1599—2005 煤灰中主要成分的测定 电感耦合等离子体原子发射光谱法

168. SN/T 2493—2010 煤沥青中钙、铁、钠、镍、硅、钛、钒的测定 电感耦合等离子体原子发射光谱法

169. MT/T 1086—2008 煤和焦炭灰中常量和微量元素测定方法 X 荧光光谱法

170. SN/T 2697—2010 进出口煤炭中硫、磷、砷和氯的测定 X 射线荧光光谱法

171. SN/T 2696—2010 煤灰和焦炭灰成分中主、次元素的测定 X 射线荧光光谱法

172. GB/T 479—2016 烟煤胶质层指数测定方法

173. GB/T 5447—2014 烟煤黏结指数测定方法

174. GB/T 5448—2014 烟煤坩埚膨胀序数的测定 电加热法

175. GB/T 5449—2015 烟煤罗加指数测定方法

176. GB/T 5450—2014 烟煤奥阿膨胀计试验

177. GB/T 25213—2010 煤的塑性测定 恒力矩吉氏塑性仪法

178. GB/T 220—2018 煤对二氧化碳化学反应性的测定方法

179. GB/T 1572—2018 煤的结渣性测定方法

180. GB/T 1573—2018 煤的热稳定性测定方法

181. GB/T 31426—2015 气化水煤浆

182. GB/T 18855—2014 燃料水煤浆

183. GB/T 18856.2—2008 水煤浆试验方法 第 2 部分：浓度测定、

184. GB/T 18856.4—2008 水煤浆试验方法 第 4 部分：表观粘度测定、

185. GB/T 18856.7—2008 水煤浆试验方法 第 7 部分：pH 值测定、

186. GB/T 18856.6—2008 水煤浆试验方法 第 6 部分：密度测定

187. GB/T 33304—2016 煤炭燃烧特性试验方法 热重分析法

188. GB/T 15588—2013 烟煤显微组分分类

189. GB/T 15589—2013 显微煤岩类型分类

190. MT 264—1991 煤的显微硬度测定方法

191. GB/T 6948—2008 煤的镜质体反射率显微镜测定方法

192. GB/T 8899—2013 煤的显微组分组和矿物测定方法

193. GB/T 15591—2013 商品煤混煤类型的判别方法

194. MT/T 807—1999 烟煤的镜质组密度离心分离方法
195. MT/T 594—1996 煤显微组分荧光光谱测定方法
196. MT/T 595—1996 煤显微组分荧光强度测定方法
197. YB/T 077—2017 焦炭光学组织的测定方法
198. GB/T 217—2008 煤的真相对密度测定方法
199. GB/T 6949—2010 煤的视相对密度测定方法
200. MT/T 739—2011 煤炭堆密度小容器的测定方法
201. MT/T 740—2011 煤炭堆密度大容器的测定方法
202. GB/T 2565—2014 煤的可磨性指数测定方法 哈德格罗夫法
203. GB/T 15458—2006 煤的磨损指数测定方法
204. GB/T 18511—2017 煤的着火温度测定方法（自动测定法）
205. AQ 1045—2007 煤尘爆炸性鉴定规范
206. GB/T 19224—2017 烟煤相对氧化度测定方法
207. MT/T 748—2007 工业型煤冷压强度测定方法
208. MT/T 1073—2009 工业型煤热强度测定方法
209. MT/T 749—2007 工业型煤浸水强度和浸水复干强度的测定方法
210. MT/T 918—2002 工业型煤视相对密度及孔隙率测定方法
211. MT/T 736—1997 无烟煤电阻率测定方法、
212. DL/T 1287—2013 煤灰比电阻的试验室测定方法
213. GB/T 24521—2018 炭素原料和焦炭电阻率测定方法
214. MT/T 752—1997 煤的甲烷吸附量测定方法（高压容量法）
215. GB/T 19560—2008 煤的高压等温吸附试验方法
216. AQ 1080—2009 煤的瓦斯放散初速度指标（ΔP）测定方法
217. GB/T 23561.12—2010 煤和岩石物理力学性质测定方法 第12部分：煤的坚固性系数测定方法
218. GB/T 20104—2006 煤自燃倾向性色谱吸氧鉴定法
219. GB/T 2566—2010 低煤阶煤的透光率测定方法
220. GB/T 480—2010 煤的铝甑低温干馏试验方法
221. GB/T 11957—2001 煤中腐植酸产率测定方法
222. GB/T 1575—2018 褐煤的苯萃取物产率测定方法
223. GB/T 4632—2008 煤的最高内在水分测定方法
224. GB/T 16416—2007 褐煤中溶于稀盐酸的钠和钾测定用的萃取方法
225. GB/T 1341—2007 煤的格金低温干馏试验方法
226. GB/T 2292—2018 焦化产品甲苯不溶物含量的测定
227. GB/T 2293—2008 焦化沥青类产品喹啉不溶物试验方法（正在修订）
228. GB/T 30044—2013 煤炭直接液化 液化重质产物组分分析 溶剂萃取法分析
229. YB/T 5178—2016 炭黑用原料油 沥青质含量的测定 正庚烷沉淀法
230. GB/T 18255—2000 焦化粘油类产品馏程的测定
231. GB/T2282—2000 焦化轻油类产品馏程的测定
232. YB/T 4493—2015 焦化油类产品馏程的测定 自动馏滴法
233. GB/T 2012—1989 芳烃酸洗试验法
234. GB/T 2281—2008 焦化油类产品密度试验方法

235. GB/T 3711—2008 酚类产品中性油及吡啶碱含量测定方法
236. GB/T 2601—2008 酚类产品组成的气相色谱测定方法
237. GB/T 2602—2002 酚类产品中间位甲酚含量的尿素测定方法
238. GB/T 4000—2017 焦炭反应性及反应后强度试验方法
239. YB/T 4494—2015 焦炭反应性及反应后强度机械制样技术规范
240. GB/T 2006—2008 焦炭机械强度的测定方法
241. GB/T 4511.1—2008 焦炭真相对密度、假相对密度和气孔率的测定方法
242. GB/T 4511.2—1999 焦炭落下强度测定方法
243. GB/T 18589—2001 焦化产品蒸馏试验的气压补正方法
244. GB/T 24199—2009 纯吡啶中吡啶含量的气相色谱测定方法
245. GB/T 24200—2009 粗酚中酚及同系物含量的测定方法
246. GB/T 24206—2009 洗油 15℃结晶物的测定方法
247. GB/T 24207—2009 洗油酚含量的测定方法
248. GB/T 24208—2009 洗油萘含量的测定方法
249. GB/T 24209—2009 洗油黏度的测定方法
250. GB/T 24214—2009 煤焦油水分快速测定方法
251. GB/T 2294—1997 焦化固体类产品软化点
252. ASTM D3104-14a Standard Test Method for Softening Point of Pitches (Mettler Softening Point Method)
253. ASTM D3461-14 Standard Test Method for Softening Point of Asphalt and Pitch (Mettler Cup-and-Ball Method)
254. GB/T 2295—2008 焦化固体类产品灰分测定方法
255. SN/T 2725—2010 煤焦油和蒽油中钠、钾和铁含量测定 原子吸收光谱法
256. SN/T 0542—2010 出口煤焦油中喹啉不溶物的测定
257. GB/T 3069.2—2005 萘结晶点的测定方法
258. GB/T 3145—1982 苯结晶点测定法
259. GB/T 3710—2009 工业酚、苯酚结晶点测定方法
260. GB/T 6701—2005 萘不挥发物的测定方法
261. GB/T 6702—2000 萘酸洗比色试验方法
262. GB/T 1815—1997 苯类产品溴价的测定
263. GB/T 1816—1997 苯类产品中性试验
264. GB/T 3208—2009 苯类产品总硫含量的微库仑测定方法
265. GB/T 3209—2009 苯类产品蒸发残留量的测定方法
266. GB/T 6706—2005 焦化苯酚水分测定结晶点下降法
267. GB/T 8033—2009 焦化苯类产品馏程的测定方法
268. GB/T 8034—2009 焦化苯类产品铜片腐蚀的测定方法
269. GB/T 8035—2009 焦化苯类产品酸洗比色的测定方法
270. GB/T 8036—2009 焦化苯类产品颜色的测定方法
271. GB/T 8037—2009 焦化苯类产品中硫醇的检验方法
272. GB/T 8039—2009 焦化苯类产品全硫含量的还原分光光度测定方法
273. GB/T 8727—2008 煤沥青类产品结焦值的测定方法
274. GB/T 14326—2009 苯中二硫化碳含量的测定方法

275. GB/T 14327—2009 苯中噻吩含量的测定方法
276. YB/T 031—2012 煤沥青筑路油 萘含量测定 气相色谱法
277. YB/T 032—2012 煤沥青筑路油 蒸馏试验
278. YB/T 033—2012 煤沥青筑路油 粘度的测定
279. YB/T 4020—2007 黄血盐钠中氰化物含量的测定方法
280. YB/T 4021—2007 萘中全硫含量的测定方法还原滴定法
281. YB/T 5025—2008 古马隆和茚含量的测定方法
282. YB/T 5072—2014 粗轻吡啶中吡啶及其同系物含量的测定方法
283. YB/T 5074—2005 吡啶类产品水分含量测定方法
284. YB/T 5078—2010 煤焦油 萘含量的测定气相色谱法
285. YB/T 5082—2016 粗酚灼烧残渣的测定方法
286. YB/T 5086—2014 工业蒽中蒽含量测定方法
287. YB/T 5087—2012 工业蒽中油含量测定方法
288. YB/T 5094—2016 固体古马隆—茚树脂外观颜色测定方法
289. YB/T 5095—2016 固体古马隆—茚树脂酸碱度测定方法
290. YB/T 5097—2007 1，8-萘二甲酸酐含量测定方法
291. YB/T 5098—2007 1，8-萘二甲酸酐熔点测定方法
292. YB/T 5154—2016 工业甲基萘 甲基萘和萘含量的测定 气相色谱法
293. YB/T 5171—2016 木材防腐油试验方法 40℃结晶物测定方法
294. YB/T 5172—2016 水材防腐油试验方法 闪点测定方法
295. YB/T 5173—2016 木材防腐油试验方法 流动性测定方法
296. YB/T 5176—2016 炭黑用原料油 钾、钠含量的测定 原子吸收光谱法和火焰光度法
297. YB/T 5178—2016 炭黑用原料油 沥青质含量的测定 正庚烷沉淀法
298. YB/T 5282—1999（2006）（原 ZB G18002—90）工业喹啉密度测定方法
299. YB/T 5284—2016 工业喹啉折射率测定方法
300. YB/T 5300—2009 沥青焦真比重的测定方法
301. YB/T 5325—2015 黄血盐钠含量的测定方法
302. YB/T 5326—2006 黄血盐钠水不溶物的测定方法
303. GB/T 8038—2009 焦化甲苯中烃类杂质的气相色谱测定方法
304. GB/T 3144—1982 甲苯中烃类杂质的气相色谱测定法
305. GB/T 28901—2012 焦炉煤气组分气相色谱分析方法
306. GB/T 29747—2013 煤炭直接液化 生成气的组成分析 气相色谱法
307. GB/T 27884—2011 煤基费托合成原料气中 H_2、N_2、CO、CO_2 和 CH_4 的测定 气相色谱法
308. GB/T 27885—2011 煤基费托合成尾气中 H_2、N_2、CO_2 和 $C_1 \sim C_8$ 烃的测定 气相色谱法
309. GB/T 30045—2013 煤炭直接液化 油煤浆表观黏度测定方法
310. GB/T 30043—2013 直接液化 液化残渣软化点的测定 环球法
311. GB/T 29748—2013 煤炭直接液化 液化残渣灰分的测定方法
312. GB/T 33690—2017 煤炭液化反应性的高压釜试验方法
313. SN/T 4114—2015 炭黑中蒽的测定气相色谱-质谱法
314. GB/T 3780.2—2017 炭黑 第 2 部分：吸油值的测定

315. GB/T 3780.4—2017 炭黑 第 4 部分：压缩试样吸油值的测定
316. GB/T 3780.5—2017 炭黑 第 5 部分：比表面积的测定 CTAB 法
317. GB/T 3780.10—2017 炭黑 第 10 部分：灰分的测定
318. GB/T 3780.18—2017 炭黑 第 18 部分：在天然橡胶（NR）中的鉴定方法
319. GB/T 3780.24—2017 炭黑 第 24 部分：空隙体积的测定
320. HG/T4862—2015 甲醇制低碳烯烃催化剂反应性能试验方法
321. GB/T 34273—2017 煤基费托合成 馏分燃料十六烷指数计算法 四变量公式法
322. GB/T 32066—2015 煤基费托合成 液体蜡
323. GB/T 29720—2013 煤基费托合成 柴油组分油
324. GB/T 31090—2014 煤炭直接液化柴油组分油
325. GB/T 36562—2018 煤直接液化制混合芳烃
326. GB/T 36563—2018 甲醇制汽油组分油
327. GB/T 36564—2018 煤基费托合成 汽油组分油
328. GB/T 36565—2018 煤基费托合成 石脑油
329. GB/T 36566—2018 煤直接液化 石脑油
330. GB T 33962—2017 焦炉热平衡测试与计算方法
331. GB/T 29163—2012 煤矸石利用技术导则
332. GB/T 29162—2012 煤矸石分类
333. GB/T 35986—2018 煤矸石烧失量的测定
334. GB/T 34230—2017 煤和煤矸石淋溶试验方法
335. GB/T 33687—2017 煤矸石检验通则
336. GB/T 34231—2017 煤炭燃烧残余物烧失量测定方法
337. GB/T 28754—2012 煤层气（煤矿瓦斯）利用导则
338. GB T 33804—2017 农业用腐殖酸钾
339. GB/T 35106—2017 矿物源游离腐殖酸含量的测定
340. GB/T 35107—2017 矿物源腐殖酸肥料中可溶性腐殖酸含量的测定
341. GB/T 35111—2017 腐殖酸类肥料 分类
342. GB/T 35112—2017 农业用腐殖酸和黄腐酸原料制品 分类
343. GB/T 535—1995 硫酸铵
344. GB/T 2279—2008 焦化甲酚
345. GB/T 2283—2008 焦化苯
346. GB/T 2284—2009 焦化甲苯
347. GB/T 2285—2018 焦化二甲苯
348. GB/T 2290—2012 煤沥青
349. GB/T 2405—2013 蒽醌
350. GBT 2449.1—2014 工业硫黄 第 1 部分 固体产品
351. GBT 2449.2—2015 工业硫黄 第 2 部分 液体产品
352. GB/T 2600—2009 焦化二甲酚
353. GB/T 6699—2015 焦化萘
354. GB/T 6705—2008 焦化苯酚
355. GB/T 24211—2009 蒽油
356. GB/T 24212—2009 甲基萘油

357. GB/T 24216—2009 轻油
358. GB/T 24217—2009 洗油
359. YB/T 030—2012 煤沥青筑路油
360. YB/T 034—2015 铁合金用焦炭
361. YB/T 2303—2012 重苯
362. YB/T 4138—2017 焦粉和小颗粒焦炭
363. YB/T 4150—2018 β-甲基萘
364. YB/T 5022—2016 粗苯
365. GB/T 32159—2015 纯吡啶
366. YB/T 5070—1993（2005）α-甲基吡啶
367. YB/T 5071—2015 β-甲基吡啶馏分
368. YB/T 5075—2010 煤焦油
369. YB/T 5079—2012 粗酚
370. YB/T 5085—2010 工业蒽
371. YB/T 5093—2016 固体古马隆-茚树脂
372. YB/T 5096—2007 1，8-萘二甲酸酐
373. GB/T 32160—2015 工业甲基萘
374. YB/T 5168—2016 木材防腐油
375. YB/T 5174—2016 炭黑用焦化原料油
376. YB/T 5194—2015 改质沥青
377. YB/T 5281—2008 工业喹啉
378. YB/T 5299—2009 沥青焦
379. YB/T 5324—2006 黄血盐钠
380. GB/T 35074—2018 焦化浸渍剂沥青

附录四　实验室常见设备的使用

一、真空泵使用注意事项

（1）泵体内充有一定液位的真空泵油。真空泵油的存在是建立一定真空度的必要条件之一。泵体内的真空泵油保持在指示线处；

（2）启动泵之前应“盘车”两转以上，以便排出气室内的存油；

（3）启动泵前，应取下排气嘴的橡胶塞，停泵期间应塞上该橡胶塞，以免落入污物；

（4）如真空泵油变污或含水分过多，应更换新鲜真空泵油；

（5）在湿度过大的环境下工作或抽吸有腐蚀性气体时，应先经吸滤设备；

（6）正常工作时有清脆之“塔塔”声，如有异声，应停泵检修；

（7）应有接地线，以保安全。

二、通风橱的正确使用

（1）不要把设备或化学物质放在靠近通风橱后面隔板的齿缝开度处，也不要把它们放在通风橱的前面边缘处。若通风橱里堆满凌乱物质会阻碍空气的流通，降低通风橱的俘获效率。

（2）保持罩框玻璃清洁。不要在窗框、罩框上放置纸或其他物品，以免阻挡视线。

（3）在通风橱里工作时，不要突然地移动。在通风橱前走动会阻碍气流，将通风橱里的蒸汽带出；头要保持在通风橱外；在通风橱后面尽可能远的地方放置设备；在通风橱后面尽可能远的地方工作。

（4）氯酸可能把爆炸性残留物留在通风橱里、排放系统或风扇上；氯酸和有机化合物可能形成爆炸性物质。因此，在通风橱里使用氯酸前，要仔细计算氯酸的量。

三、淋浴器及眼睛冲洗设备

操作过程中，使用者的眼睛可能会接触到腐蚀性物质、引起疼痛的物质、造成机体组织永久性伤害的物质或有毒物质。因此，每个实验室或工作区都应配有眼睛和面部冲洗设备。这些设备应设在实验室里，也可设在离可能发生危险最近的地方，以便能够方便使用。

假如接触了化学物质或其他有害物质，立即把眼睛或身体其他部位冲洗 15min，必须脱掉接触过这些物质的衣服。可以用消防毯和干净的实验服装来保暖和避免尴尬。情节严重者必须及时到医院救治。

四、气体钢瓶的标志

气瓶是一种具有爆炸危险的特种产品。它所充装的介质一般具有易燃、易爆性质，甚至具有剧毒、强腐蚀性质。而使用环境又因其移动和重复充装的特点，比其他压力容器更为不安全。一旦发生泄漏或爆炸，往往并发火灾和中毒。气瓶中有一定压力，氢、氧、氮等压缩气体最高压力可达 15MPa。若受日光直晒或靠近热源，由于瓶内气体受热膨胀，压力迅速上升，当超过钢瓶耐压强度时，容易引起钢瓶破裂而发生爆炸。另外，可燃性压缩气体的泄漏也会造成危险。如氢气泄漏或含氢尾气排放，当氢气与空气混合后浓度达到 4%～75.2%（体积分数）时，遇明火会发生爆炸。氢与氧、氯与乙炔、氧与油脂相遇会发生危险事故。为此，压缩气体钢瓶要用不同颜色以区分，并标明气体名称。标注方法见表 A-1。

表 A-1　气体钢瓶的标志

气瓶名称	外表面颜色	字样	字样颜色	横条颜色	阀门出口螺纹
氧气瓶	天蓝色	氧	黑色	—	
氢气瓶	深绿色	氢	红色	红色	反扣
氮气瓶	黑色	氮	黄色	棕色	正扣
氦气瓶	棕色	氦	白色	—	正扣
压缩空气瓶	黑色	压缩空气	白色	—	正扣
石油气体瓶	灰色	石油气体	红色	—	反扣
氯气瓶	草绿色	氯	白色	白色	正扣
氨气瓶	黄色	氨	黑色	—	正扣
丁烯气瓶	红色	丁烯	黄色	黑色	反扣
二氧化碳气瓶	黑色	二氧化碳	黄色	—	正扣
乙烯气瓶	紫色	乙烯	红色	—	反扣
氩气瓶	灰色	氩	绿色	—	—
硫化氢气瓶	白色	硫化氢	红色	—	—

续表

气瓶名称	外表面颜色	字样	字样颜色	横条颜色	阀门出口螺纹
二氧化硫气瓶	黑色	二氧化硫	白色	黄色	
光气瓶	草绿色	光气	红色	红色	—
氖气瓶	褐红色	氖	白色	—	
氧化亚氮气体	灰色	氧化亚氮	黑色	—	—
环丙烷气体	橙黄色	环丙烷	黑色	—	—
乙炔气体	白色	乙炔	红色	—	—
氟氯烷气瓶	铝白色	氟氯烷	黑色	—	—
其他可燃性气体气瓶	红色	气体名称	黄色	—	反扣
其他非可燃性气体气瓶	黑色	气体名称	黄色	—	正扣

五、气体减压阀的安全使用

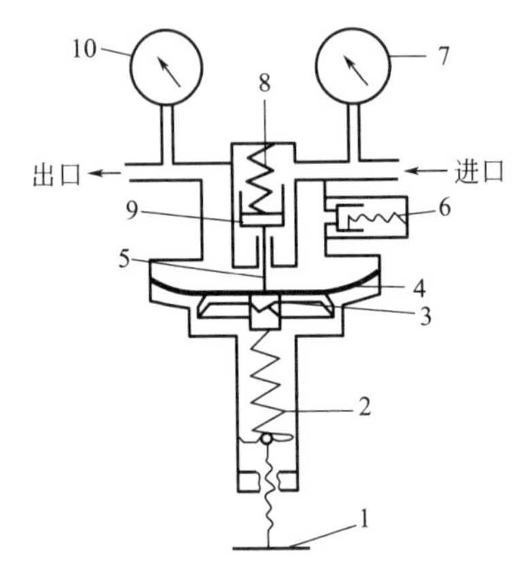

图 A-1　气体减压阀工作原理示意图

1—手柄；2—主弹簧；3—弹簧垫块；4—薄膜；5—顶杆；6—安全阀；7—高压表；8—压缩弹簧；9—活门；10—低压表

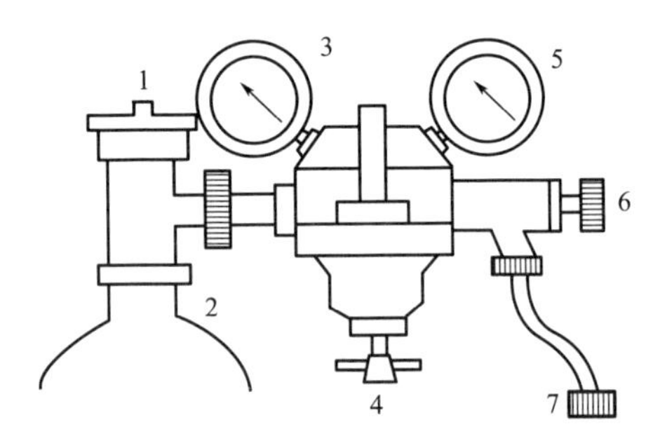

图 A-2　气体减压阀

1—钢瓶总阀门；2—气表与钢瓶连接螺旋；3—总压力表；4—调压阀门；5—分压力表；6—供气阀门；7—接进气口螺旋

气体减压阀的结构原理如图 A-1 所示。当顺时针方向旋转手柄 1 时，压缩主弹簧 2，作用力通过弹簧垫块 3、薄膜 4 和顶杆 5 使活门 9 打开，这时进口的高压气体（其压力由高压表 7 指示）由高压室经活门调节减压后进入低压室（其压力由低压表 10 指示）。当达到所需压力时，停止转动手柄，开启供气阀，将气体输到受气系统。

停止用气时，逆时针旋松手柄 1，使主弹簧 2 恢复原状，活门 9 由压缩弹簧 8 的作用而密闭。当调节压力超过一定允许值或减压阀出现故障时，安全阀 6 会自动开启排气。

安装减压阀时，应先确定尺寸规格是否与钢瓶和工作系统的接头相符，用手拧满螺纹后，再用扳手上紧，防止漏气。若有漏气应再旋紧螺纹或更换皮垫。

如图 A-2（氧气压力表）所示，在打开钢瓶总阀 1 之前，首先必须仔细检查调压阀门 4 是否已关好（手柄松开是关）。切不可在调压阀 4 处在开放状态（手柄顶紧是开）时，突然打开钢瓶总阀 1，否则会出事故。只有当手柄松开（处于关闭状态）时，才能开启钢瓶总阀 1，然后再慢慢打开调压阀门。

停止使用时，应先关钢瓶总阀 1，等压力表下降到零时，再关调压阀门（即松开手柄 4）。

1. 减压器使用结束时注意事项

（1）关闭气瓶阀。

（2）开放气体出气口，排出减压器及管道内剩余气体。

（3）剩余气体排完后，关闭出口阀门。

（4）逆时针旋松调压把手，使调压弹簧处于自由状态。

（5）片刻之后，检查减压器上的压力表是否归零，以检查气瓶阀是否完全关闭。

（6）如需要的话，卸下减压器，并用保护套将减压器进出气口套好。

2. 日常检查

（1）气体减压器中没有气体时，确认压力表指针回零。

（2）在气体减压器中含有气体时，用肥皂水（或家用中性洗涤剂加 10～20 倍的水制成的液体）检查各螺纹及连接部位是否有泄漏。

（3）供气后，确认可对气体流量（或压力）进行连续调节。

（4）供气后，确认没有气体从安全阀中泄漏。

3. 维护及修理

如有下列情况发生，就需要更换零部件，此时切不可自行拆装，请与经销商联系。

（1）气体减压器中含有气体时，气体从各螺纹连接处泄漏。

（2）气体减压器中含气体时，压力表指针不回零。

（3）供气后，流量（或压力）不能连续调节。

（4）供气后，压力表指针并不抬起。

（5）供气后，气体从安全阀中泄漏。

（6）压力表损坏（或流量计损坏）。

（7）调压把手处于旋松状态时有气体从减压器出气口排出。

务请注意：自行拆装气体减压器的零部件，将会造成设备损坏，甚至严重的人身伤害。

4. 使用二氧化碳减压器时注意事项

（1）只限于与非虹吸式二氧化碳气瓶配用。

（2）如减压器为电加热式，则须确认所使用的电压。注意不得用错，否则将有可能损毁设备，引起电击伤，导致严重后果。

（3）如减压器为电加热式，使用前须预热 5～10min。

务请注意：当开启气瓶上的阀门时，切不可站在气体减压器的前面（亦即压力表的前面）。开启瓶阀时，调压把手必须处于完全旋松状态。

六、压缩气钢瓶的安全使用

使用气瓶应注意以下几点。

（1）气瓶使用时，放置地点严禁靠近火源、热源和电气设备，不应接触有电流通过的导体。按规定可燃性气体钢瓶与明火距离应在 10m 以上，易燃气体气瓶与明火距离不小于 5m。盛装易起聚合或分解反应的气体气瓶应避开放射线、电磁波及振动源。氢气瓶最好隔离放置。气瓶常保存于 40℃以下，－15℃以上的地点。在夏季使用时，更应注意防止曝晒、雨淋和水浸。气体应按不同种类分别加以存放，可燃性气瓶应与氧气瓶分开存放。例如，不能把氧气与氢气或可燃性气体放在一个地方。氧气瓶和乙炔气瓶同时使用时，应尽量避免放在一起。氧气瓶及可燃性气体钢瓶的附近，不要放置自燃或易燃性高的化学品。储藏室内严禁烟火，并且要注意室内经常换气，即使漏出气体，也不致滞留不散。使用钢瓶时必须牢靠地固定在架子上、墙上或实验台旁。气瓶应专瓶专用，不能随意改装其他种类的气体。气瓶应存放在阴凉、干燥、远离热源的地方；氧气瓶、可燃气体瓶最好不要进楼房和实验室。氢气瓶应放在远离实验室的专用小屋内，用紫铜管引入实验室，并安装防止回火的装置。如发现钢瓶进气口处有油渍或润滑油，则停止使用并拿到附近的维修站清理。特别是氧气瓶，绝对不可沾油。使用氧气钢瓶时，任何情况下都应严禁在钢瓶附件或连接管路上黏附油脂等物，不得用沾有油脂及油污的手套、工具去接触氧气瓶，特别是气瓶出口和压力表上。氧气钢瓶的阀门和减压阀都不能用可燃性（橡胶）垫片连接。因为在急速的氧气流冲击下，可能着火，甚至引起爆炸。运送钢瓶时，应戴好钢瓶帽和橡胶安全圈。输送或使用时都应严防钢瓶摔倒或受到撞击，以免发生意外爆炸事故。气瓶搬运应确保护盖锁紧后才进行。气瓶要配置防震胶圈。压力容器吊起搬运不得用电磁铁、吊链、绳子等直接吊运。在有条件的情况下，气瓶移动尽量使用手推车，务求安稳直立。以手移动气瓶，应直立移动，不可卧倒滚运。气瓶使用时，应立放（乙炔气瓶和液化石油气钢瓶必须立放）。装有导管的大容积液化气体气瓶卧放使用时（限于体型和重量），气体导管应朝上，液体导管应朝下。使用可燃性气体气瓶时，必须备有与气体性质相适应的消防器材。使用毒性气体气瓶时，必须备有防毒面具和解毒药品。工作间应保证有良好的通风。如果在使用中瓶阀或减压器冻结，只能用温度不超过 40℃的热水浇在包住瓶阀或减压器的布上，使其解冻。严禁用温度超过 40℃的热源对气瓶直接加热或用火焰烧烤。储存气瓶的仓库或临时仓库，必须使用防爆开关和灯具。周围禁止动用明火，禁止堆放易燃可燃物资，使用后的空瓶，应移至空瓶存放区，并加上空瓶的标识，严禁空瓶与实瓶混存。

（2）确认气瓶及气瓶内气体的用途无误时方可使用。每月应定期检查气瓶及其管路是否漏气。试漏时可用肥皂水，严禁用明火试漏。如发现气瓶漆色标记不符合有关规定、钢印识别不清、瓶阀出口结构与所装气体不符、超过检验期限或超期未检、气瓶明显变形且损伤超过规定、气体质量与标准规定不符等情况，应拒绝使用。氧气瓶、乙炔气瓶、液化石油气瓶的检验周期为 3 年，氩气瓶、氮气瓶的检验周期为 5 年。装腐蚀性气体的钢瓶每两年检查一次。使用者必须到已办理充装注册或经销注册的单位购气。

气瓶使用时应装减压阀和压力表。可燃性气瓶（如 H_2、C_2H_2）气门螺丝为反丝；不燃性或助燃性气瓶（如 N_2、O_2）为正丝。各种压力表一般不可混用。气体使用前应检查压力表是否正常。使用压缩气体钢瓶必须连接减压阀或高压调节阀，不经上述部件直接与钢瓶连接是十分危险的。因为在钢瓶上安装的阀门是截止阀，它不能调节气体的流量和压力，这就常常会因不能控制气体排出量而造成大量气体冲出，从而造成一系列安全事故。例如，压力不能控制则使系统内的设备超压破裂；大量氧气冲出引起着火事故；大量氢气或可燃气体冲出引起爆炸；大量氮气或二氧化碳冲出使实验室缺氧，致使工作人员呼吸困难甚至窒息。开启或关闭瓶阀时，只能用专用扳手缓慢进行，防止因高速产生静电。绝对不准使用锤子、管钳等工具进行开闭，以免阀件或压力表受冲击而失灵。开启钢瓶阀门应轻缓，先检查减压阀螺杆是否松开，关气时应先关闭钢瓶阀门，放尽减压阀中气体，再松开减压阀螺杆。开启气瓶阀门时操作者必须站在气体出口的侧面，不准将头或身体对准气瓶总阀，以防万一阀门或气压表冲出伤人。关闭瓶阀应轻而严，不能用力过大，避免关得太紧、太死。注意如减压器带有浮子式流量计，则流量计必须处于直立状态。

（3）气体钢瓶的开启

① 在钢瓶上装上配套的减压阀。检查减压阀是否关紧，方法是逆时针旋转调压手柄至螺杆松动为止。

② 打开钢瓶总阀门，此时高压表显示出瓶内储气总压力。

③ 慢慢地顺时针转动调压手柄，至低压表显示出实验所需压力为止。

④ 停止使用时，先关闭总阀门，待减压阀中余气逸尽后，再关闭减压阀。

(4) 气瓶内储存的气体品种很多，但不管是什么气体、何种气体，在使用中，都必须留有一定压力的余气，即气瓶内气体不可用尽，以防倒灌。因为外界空气进入气体倒灌至钢瓶，重新充气时会发生危险。如果气瓶内没有余气，则空气或其他气体就会进入气瓶内，气瓶内的气体不纯，使用时就会发生事故。例如，氮气本身不燃，被广泛用于置换易燃、易爆气体（如氢气），以便进行化学反应或设备检修等。如果氮气瓶内进入空气，空气中含有氧气，在用氮气置换时，就溜进了氧气，氧气若与易燃气体混合势必发生危险。再如，有的场合（如化学分析等），对所用气体的纯度要求很高，稍有不纯，即影响数据的正确性而使工作失败。

当压缩气体钢瓶使用到瓶内压力为 0.5MPa 时，应停止使用。压力过低会给充气带来不安全因素，当钢瓶内压力与外界大气压力相同时，会造成空气的进入。对危险性气体来说，由于上述情况在充气时发生爆炸事故已有许多教训。乙炔钢瓶规定剩余压力与室温有关，详见表 A-2。

表 A-2　乙炔钢瓶的剩余压力与环境温度的关系

环境温度/℃	<0	0～15	15～25	25～40
剩余压力/MPa	0.05	0.1	0.2	0.3

(5) 在可能造成回流的使用场合，使用设备必须配置有防止倒灌的装置，如单向阀、止回阀，以防止其他种类的物料，特别是与瓶内气体化学性质相抵触的物料逆流进入气瓶（物料倒灌是造成化学爆炸的主要原因）。利用气瓶内的气体作原料通入反应设备时，必须在气瓶与反应设备之间安装缓冲罐，其容积应能容纳倒流的全部物料。

七、一些气瓶的特殊规定

1. 氧气瓶特殊规定

(1) 氧气瓶在安装减压阀前，先将阀门慢慢打开吹掉接口内外的灰尘和金属物质，开启阀门时，操作者应站在与气瓶成垂直方向的位置，以免气流射伤人体。

(2) 氧气瓶和乙炔气瓶并用时，须保持 5m 的安全距离。两个气瓶的减压阀不能成相对状态，以免气流射出时冲击另一支气瓶的压力表，造成爆炸事故。采用氧乙炔火焰进行作业时，氧气瓶、溶解乙炔气瓶及焊（割）炬必须相互错开，氧气瓶与焊（割）炬明火的距离应在 10m 以上。

(3) 使用氧化性气体气瓶时，操作者要仔细检查自己的双手、手套、工具、减压器、瓶阀等有无沾染油脂。凡沾有油脂的，必须脱脂后，方能操作。夏季室外作业时，需要用隔热物质遮盖气瓶，以免阳光曝晒。

(4) 不准把氧气瓶代替压缩空气或把氧气作通风使用。

(5) 氧气瓶泄压装置的防爆紫铜片不准私自调换。

(6) 氧气瓶卧放时必须固定，瓶头朝向一边，排列整齐，高度不超过 5 层。氧气储存注意事项：储存于阴凉、通风的库房。远离火种、热源。库温不宜超过 30℃。应与易（可）燃物、活性金属粉末等分开存放，切忌混储。储区应备有泄漏应急处理设备。氧气瓶不得与可燃气体气瓶同室储存。

(7) 开启瓶阀和减压阀时，动作应缓慢，以减轻气流的冲击和摩擦，防止管路过热着火。

(8) 禁止用压缩纯氧进行通风换气或吹扫清理，禁止以压缩氧气代替压缩空气作为风动工具的动力源，以防引发燃爆事故。

(9) 现场急救措施：常压下，当氧浓度超过40%时，有可能发生氧气中毒。吸入40%～60%的氧时，出现胸骨后不适感、轻咳，进而胸闷、胸骨后烧灼感和呼吸困难，咳嗽加剧；严重时可发生肺水肿，甚至出现呼吸窘迫综合征。吸入氧浓度在80%以上时，出现面部肌肉抽动、面色苍白、眩晕、心动过速、虚脱，继而全身强直性抽搐、昏迷、呼吸衰竭而死亡。长期处于氧分压为60～100 kPa（相当于吸入氧浓度40%左右）的条件下可发生眼损害，严重者可失明。应迅速脱离现场至空气新鲜处，保持呼吸道通畅。如呼吸停止，立即进行人工呼吸，就医。

(10) 氧气瓶的灭火方法：用水保持容器冷却，以防受热爆炸，急剧助长火势。迅速切断气源，用水喷淋保护切断气源的人员，然后根据着火原因选择适当灭火剂灭火。

(11) 氧气泄漏应急处理：应迅速撤离泄漏污染区人员至上风处，并进行隔离。严格限制出入，切断火源。建议应急处理人员戴自给正压式呼吸器，穿棉制工作服。避免与可燃物或易燃物接触。尽可能切断泄漏源，合理通风，加速扩散，漏气容器要妥善处理，修复、检验后再用。

(12) 特别提醒。

① 操作高压氧气阀门时必须缓慢进行，待阀门前后管道内压力均衡后方可开大（带均压阀的截止阀必须先开均压阀，待压力均衡后方可开截止阀）。

② 氧气严禁与油脂接触（与油脂接触会自燃）。

③ 严禁使用氧气作试压介质；严禁使用氧气作仪表气源。

④ 氧气的密度大于空气，易沉积在低洼处。因此在坑、洞、容器内，室内或周边通风不良的情况下，必须检测氧含量。氧含量小于等于22%、大于18%方可作业。

⑤ 氧气放散时周边30m范围内严禁明火。

⑥ 氧气设施、容器、管道等检修时必须可靠切断气源，并插好盲板。

⑦ 凡与氧气接触的备品、备件等必须严格脱脂。

⑧ 作业人员穿戴的工作服、手套严禁被油脂污染。

⑨ 氧气管道要远离热源。

2. 乙炔气瓶特殊规定

(1) 乙炔气瓶的瓶阀在使用过程中必须全部打开或全部关死，否则易漏气。要使用专用扳手开启乙炔气瓶。开启时操作者应站在阀口的侧后方，动作要轻缓。

(2) 乙炔气瓶的减压阀和瓶阀的连接处必须可靠、严密。乙炔胶管应能承受5kg气压，各项性能应符合GB 2551《乙炔胶管》的规定，颜色为黑色。

(3) 乙炔气瓶必须安装专用减压阀和回火防止器。开启时，操作者要站在阀口的侧后方，动作要轻缓。对工作地点不固定，移动较多的乙炔瓶，应装在专用安全架上。

(4) 严禁使用铜、银、汞等制品的工具与乙炔气瓶接触。乙炔瓶不得靠近热源和电气设备。与明火的距离一般不应小于10m。严禁放置在通风不良及有放射线的场所使用，且不得放在橡胶等绝缘物上。使用时，乙炔瓶和氧气瓶应距离10m以上。使用乙炔瓶的现场、储存处与明火或散发火花地点的距离不得小于15m，且不应设在隐藏部位或空气不流通处。

(5) 严禁敲击、碰撞和施加强烈的震动，以免瓶内多孔件填料下沉而形成空洞，影响乙炔的储存。

（6）乙炔瓶应直立放置，严禁卧放使用。因为卧放使用会使瓶内的丙酮随乙炔流出，甚至会通过减压器而进入橡皮管，造成火灾爆炸。

（7）瓶内气体严禁用尽。冬天应留 0.1～0.2MPa，夏天应留 0.1～3MPa。

（8）乙炔瓶体温度不应超过 40℃。夏天要防止曝晒。因瓶内温度过高会降低对乙炔的溶解度，而使瓶内乙炔的压力急剧增加。瓶阀冬天冻结，严禁用火烤。必要时可用不含油性的 40℃以下的热水解冻。

3. 液化石油气瓶特殊规定

（1）气瓶与炉灶和火枪应至少保持 1m 的安全距离，胶管长度以 1.5m 为宜。

（2）每次换气前，应检查减压阀上的胶圈有无脱落。一旦发现气瓶泄漏，要严禁一切明火、金属摩擦和电气火花，应立即打开门窗，进行自然通风扩散。

4. 氢气瓶特殊规定

（1）氢气的储存注意事项：室内必须通风良好，保证空气中氢气含量不超过 1%（体积分数）。室内换气次数每小时不得少于 3 次，局部通风每小时换气次数不得少于 7 次。

（2）氢气瓶与盛有易燃、易爆物质及氧化性气体的容器和气瓶的间距不应小于 8m。

（3）氢气瓶与明火或普通电气设备的间距不应小于 10m。

（4）氢气瓶与空调装置、空气压缩机和通风设备等吸风口的间距不应小于 10m。

（5）禁止敲击、碰撞，气瓶不得靠近热源；夏季应防止曝晒。

（6）必须使用专门的氢气减压阀。开启气瓶时，操作者应站在阀口的侧后方，动作要轻缓。

（7）阀门或减压阀泄漏时，不得继续使用；阀门损坏时，严禁在瓶内有压力的情况下更换阀门。

（8）氢气瓶内气体严禁用尽，应保留 0.2～0.3MPa 以上的余压。

（9）使用前要检查连接部位是否漏气，可涂上肥皂液进行检查，确认不漏气后再进行使用。

（10）使用结束后，先顺时针关闭钢瓶总阀，再逆时针旋松减压阀。

5. 氯气瓶特殊规定

（1）氯气储存注意事项：氯气钢瓶应远离热源，严禁用热源烘烤和加热钢瓶。防止高温。当气温在 30℃以上时，严禁钢瓶瓶体在太阳下曝晒。应将钢瓶放入库房，或者在钢瓶上加盖草包并用水喷洒冷却。

（2）操作人员必须配备专用的个人防毒面具，各使用地应配备有预防氯气中毒的解毒药物。

（3）氯气不得与氧气、氢气、液氨、乙炔同车（船）运送，不得与易燃品、爆炸品、油脂及沾有油脂的物品同车（船）运送。

（4）应设有专用仓库储存氯气钢瓶，不应与氧气、氢气、液氨、乙炔、油料等化工原材料同仓存放。储存氯气的仓库地面应干燥，防止潮湿，仓库要阴凉、通风良好，避免阳光曝晒和接近火源。

（5）氯气钢瓶不能直接与反应器连接，中间必须有缓冲器。

（6）金属钛和聚乙烯等材料不得应用于液氯和干燥氯气系统。

（7）通氯气用的铜管应尽量少弯折，以防铜管折破；发现铜管破损后应及时更换。如果空气中有大量泄漏的氯气，则可以使用氯气捕消器，使用时一定要佩戴好自动供氧形式的呼吸面具，以防止使用过程中缺氧而产生意外。

（8）如果钢瓶破裂或者瓶阀泄漏而导致泄漏，则应尽快将事故钢瓶滚入氯气破坏池，并向池中加入碱液破坏氯。用氨气中和空气中的氯气，并打开破坏池引风，以防止氯气外泄。

（9）对于氯气极易溶解的物料，要防止氯气溶解后形成真空倒吸物料。

（10）对于氯气钢瓶用完后要换瓶时，首先关反应釜的通氯阀门，之后迅速（防止缓冲包压力过高）关氯气钢瓶瓶阀并拧紧。接着关掉铜管另一头的阀门，用扳手将瓶阀一边的铜管与瓶阀脱开。

（11）拧紧铜管之后要用手转动或摇动铜管，目测一下是否拧紧，拧紧之后打开铜管与气包一头阀门，用气包余压以及氨水先试验钢瓶接头处是否泄漏，如果发现氨气与氯气产生白雾，则需要重新拧紧瓶阀至无泄漏为止。

（12）急性氯气中毒的抢救措施

① 进入高浓度氯气区，必须佩戴完好的氧气呼吸器，否则不能进入此区域。

② 一旦出现氯气逸散现象时，在场人员应立即逆风向和向高处疏散，迅速离开现场。如污染区氯气浓度大，应忍着呼吸离开，避免接触吸入氯气造成中毒。

③ 应立即把氯气中毒者抢救出毒区，急性中毒患者必须立即转移到阴凉新鲜空气处脱离污染区静卧，注意保暖并松解衣带。

④ 当有液氯溅到人员身上时，应在脱离污染区后，除去被污染的衣服，然后用温热水冲洗受伤部位，用干净毛巾小心擦干水。

6. 氮气瓶特殊规定

（1）氮气储存注意事项：储存于阴凉、通风的库房。远离火种、热源。库温不宜超过30℃，储区应备有泄漏应急处理设备。

（2）氮气现场急救措施：空气中氮气含量过高，使吸入氧气分压下降，引起缺氧窒息。吸入氮气浓度不太高时，患者最初感胸闷、气短、疲软无力；继而有烦躁不安、极度兴奋、乱跑、叫喊、神情恍惚、步态不稳等表现，称之为“氮酩酊”，可进入昏睡或昏迷状态。吸入高浓度氮气，患者可迅速昏迷，甚至因呼吸和心跳停止而死亡。应迅速脱离现场至空气新鲜处，保持呼吸道通畅。如呼吸困难，应输氧。呼吸心跳停止时，立即进行人工呼吸和胸外心脏按压术，就医。

（3）氮气泄漏应急处理：应迅速撤离泄漏污染区人员至上风处，并进行隔离，严格限制出入。建议应急处理人员戴自给正压式呼吸器，穿一般作业工作服。尽可能切断泄漏源，合理通风，加速扩散。漏气容器要妥善处理，修复、检验后再用。

（4）氮气瓶灭火方法：本品不燃，尽可能将容器从火场移至空旷处。喷水保持火场容器冷却，直至灭火结束。

（5）特别提醒：

① 进入坑、洞、容器内、室内或周边通风不良的情况下作业，必须检测氧含量。含氧量大于18%、小于22%方可作业。

② 在氮气大量放散时应通知周边人员。

③ 在使用氮气吹、引煤气等可燃气管道、容器时必须检测氮气中含氧量小于2%方可使用。

④ 氮气设施、容器、管道等检修时必须可靠切断气源，并插好盲板防止窒息事故发生。

7. 氩气瓶特殊规定

（1）氩气储存注意事项：储存于阴凉、通风的库房。远离火种、热源。库温不宜超过30℃。应与易（可）燃物分开存放，切忌混储。储区应备有泄漏应急处理设备。

（2）氩气现场急救措施：常压下无毒。高浓度时，使氧分压降低而发生窒息，氩浓度达50%以上，引起严重症状；75%以上时，可在数分钟内死亡。当空气中氩浓度增高时，先出现呼吸加速，注意力不集中。继之，疲倦乏力、烦躁不安、恶心、呕吐、昏迷、抽搐，以至死亡。应脱离污染环境至空气新鲜处，必要时输氧或人工呼吸，进行胸外心脏按压术，就医。液态氩可致皮肤冻伤，眼部接触可引起炎症。

（3）氩气泄漏应急处理：迅速撤离泄漏污染区人员至上风处，并进行隔离，严格限制出入。建议应急处理人员戴自给正压式呼吸器，穿一般作业工作服，尽可能切断泄漏源。合理通风，加速扩散。漏气容器要妥善处理，修复、检验后再用。

（4）氩气瓶的灭火方法：本品不燃，切断气源；喷水冷却容器或者将容器从火场移至空旷处。

（5）特别提醒：

① 氩气的密度大于空气，易沉积在低洼处。因此在坑、洞、容器内，室内或周边通风不良的情况下，检修作业前必须检测氧含量大于18%、小于22%方可作业。

② 在氩气大量放散时应通知周边人员。

③ 在使用氩气吹、引煤气等可燃气管道、容器时必须检测氩气中含氧量小于2%方可使用。

④ 氩气设施、容器、管道等检修时必须可靠切断气源，并插好盲板防止窒息事故发生。

8. 二氧化碳气瓶特殊规定

（1）使用方法

使用前检查连接部位是否漏气，可涂上肥皂液进行检查，调整至确实不漏气后才进行实验。使用时先逆时针打开钢瓶总开关，观察高压表读数，记录高压瓶内总的二氧化碳压力，然后顺时针转动低压表压力调节螺杆，使其压缩主弹簧将活门打开。这样进口高压气体由高压室经节流减压后进入低压室，并经出口通往工作系统。使用后，先顺时针关闭钢瓶总开关，再逆时针旋松减压阀。

（2）注意事项

① 防止钢瓶的使用温度过高。钢瓶应存放在阴凉、干燥、远离热源（如阳光、暖气、炉火）处，不得超过31℃，以免液体CO_2随温度的升高，体积膨胀而形成高压气体，产生爆炸危险。

② 钢瓶千万不能卧放。如果钢瓶卧放，打开减压阀时，冲出的CO_2液体迅速气化，容易发生导气管爆裂及大量CO_2泄漏的事故。

③ 减压阀、接头及压力调节器装置正确连接且无泄漏、没有损坏、状态良好。

④ CO_2不得超量填充。液化CO_2的填充量，温带气候不要超过钢瓶容积的75%，热带气候不要超过66.7%。

八、处理各种高压气体应注意的事项（见表A-3）

表A-3 处理各种高压气体应注意的事项

氧气	氧气只要接触油脂类物质，就会氧化发热，甚至有燃烧、爆炸的危险。因此，必须十分注意，不要把氧气装入盛过油类物质的容器里，或把它置于这类容器的附近。调节器之类的器械，要用氧气专用的装置。压力计则要使用标明“禁油”的氧气专用的压力计。连接氧气部位，不可使用可燃性的衬垫。在器械、器具及管道中，常常积有油分，因此若不把它清除掉，接触氧气时是很危险的。此外，将氧气排放到大气中时，要查明在其附近不会引起火灾等危险后，才可排放。保存时，要与氢气等可燃性气体的钢瓶隔开

续表

氢气	使用氢气时，若从钢瓶急剧地放出氢气，即便没有火源存在，有时也会着火。氢气与空气混合物的爆炸范围很宽，当含氢气4.0%～75.6%（体积分数）时，遇火即会爆炸。氢气要在通风良好的地方使用，或者可考虑用导管尽量把室内气体排到大气中。试漏时，可用肥皂水之类的东西进行检查。不可使氢气靠近火源，操作地点要严禁烟火。使用氢气的设备，用后要用氮气等不活泼气体进行置换，然后才可保管。注意不可与氧气瓶一起存放
氯气	即使数量甚微，也会刺激眼、鼻、咽喉等器官。因而，使用氯气要在通风良好的地点或通风橱内进行。调节器等要用专用的器械。如果氯气中混入水分，就会使设备产生严重腐蚀，因此每次使用都要除去水分。即使这样，仍会有腐蚀现象，故充气六个月以上的氯气钢瓶，不宜继续存放
氨气	氨气也会刺激眼、鼻、咽喉。使用时要注意防止冻伤。氨能被水充分吸收，故可在允许洒水的地方使用及储藏
乙炔	乙炔非常易燃，且燃烧温度很高，有时还会发生分解爆炸。要把储存乙炔的容器置于通风良好的地方，在使用、储存过程中，一定要竖起。要严禁烟火，注意漏气。在调节器出口，其使用压力不可超过0.1MPa，因而适当打开气门阀即可（一般旋开阀门不超过一圈半）。调节器等要使用专用的器械。乙炔与空气混合时的爆炸范围是，含乙炔2.5%～80.5%（体积分数）
可燃性气体	使用场所要严禁烟火，并设置灭火装置。在通风良好的室内使用，要预先充分考虑到发生火灾或爆炸事故时的措施。使用时必须查明确实没有漏气。为了防止因火花等引起着火爆炸，操作地点要使用防爆型的电气设备，并设法除去其静电荷。在使用可燃性气体之前及用后，都要用不活泼气体置换装置内的气体。可燃性气体与空气混合的爆炸范围很宽，要加以充分注意。同时，考虑到气体与空气的相对密度关系，要注意室内换气
毒气	使用毒气，要具备足够的知识。要准备好防毒面具，对于防毒设备或躲避之类的措施，也要考虑周全。要在通风良好的地方使用，并经常检测有无毒气泄漏滞留。把毒气排入大气中时，要将它转化成完全无毒物质，然后才可排放。毒气会腐蚀钢瓶，使其容易生锈、降低机械强度，故必须十分注意加强钢瓶的保养。毒气钢瓶长期储存会发生破裂，此时要把它交给管理人员处理
不活泼气体	不活泼气体有时也填充成高压的，因而要遵守使用高压气体一般应注意的事项，谨慎地进行处理。用量大时，要注意室内通风，避免在密闭的室内使用

（昆明理工大学　李艳红；煤炭科学技术研究院有限公司　毛学锋执笔）

参考文献

[1] 李英华.煤质分析应用技术指南.第2版.北京：中国标准出版社，2009.

[2] 段云龙.煤炭试验方法标准及其说明.第3版.北京：中国标准出版社，2004.

[3] 韩立亭.煤炭试验方法标准及其说明.第4版.北京：中国标准出版社，2015.

[4] 全国煤炭标准化技术委员会.中国标准出版社.煤炭国家标准汇编（上、下卷）.北京：中国标准出版社，2014.

[5] 焦化产品及其试验方法标准汇编.第3版.北京：中国标准出版社，2012.

[6] 陈文敏，丁华，刘淑云.煤质及化验知识问答.第3版.北京：化学工业出版社，2016.

[7] 杨金和，陈文敏，段云龙.煤炭化验手册.北京：煤炭工业出版社，2004.

[8] 国家认证认可监督管理委员会.出入境检验检疫行业标准汇编化工品、矿产品及金属材料卷——矿产品.北京：中国质检出版社和中国标准出版社，2012.

[9] 全国煤炭标准化技术委员会.煤炭行业标准汇编：煤质、检测、加工、利用卷.北京：化学工业出版社，2006.

[10] 韩德馨.中国煤岩学.徐州：中国矿业大学出版社，1996.

[11] 中国煤田地质总局.中国煤岩学图鉴.徐州：中国矿业大学出版社，1996.

[12] 张双全.煤化学实验.徐州：中国矿业大学出版社，2010.

[13] 黄瀛华，王曾辉，杭月珍.煤化学及工艺学实验.上海：华东化工学院出版社，1988.

[14] 王翠萍，赵发宝.煤质分析及煤化工产品检测.北京：化学工业出版社，2009.

[15] 彭建喜，谷丽琴.煤炭及其加工产品检验技术.北京：化学工业出版社，2006.

[16] 陈亚飞，姜英，陈文敏.煤炭化验结果的审核与计算.北京：煤炭工业出版社，2003.

[17] 孙建平.最新煤炭化验及其结果审核计算实用技术手册.北京：煤炭工业出版社，2006.

[18] 竺清筑，石彩祥.选煤厂煤质分析与技术检查.徐州：中国矿业大学出版社，2010.

[19] 国家安全生产监督管理总局政策法规司编.安全生产标准汇编（第7辑）.北京：煤炭工业出版社，2016.

[20] 傅景山，傅晓臣.化验室化学分析实用手册.北京：化学工业出版社，2015.

[21] 郑燕龙，潘子昂.实验室玻璃仪器手册.北京：化学工业出版社，2007.

[22] 李艳红，唐晓宁.石油加工专业实验.北京：中国石化出版社，2018.

[23] 全国标准信息公共服务平台：http：//www.std.gov.ch/